環境保全の
法と理論

髙橋信隆・亘理 格・北村喜宣 編著

北海道大学出版会

はしがき

　「環境法や環境問題に関心はあるが，なにから読み始めたらよいのか迷っている，あるいは環境法とはどのようなものかを知りたいが，いきなり難しい法律の条文を読むのはしんどい，そんな人も多いことだろう。本書のねらいは，そのような人に向けて，環境法の仕組みや考え方をできるだけ分かりやすく説明し，環境法のおもしろさを知っていただくことにあ」り，「読者のみなさんに私が伝えたいことを選びだし，重点的に説明をくわえたものである。」「私が環境法・環境問題について考えていること，あるいは考えてきたことを知っていただければ，うれしい限りである。」
　この文章は，畠山武道先生の最新の書である『考えながら学ぶ環境法』(三省堂，2013年) の「はしがき」で述べられているものである。この簡潔で平易に表現された文章には，「わかりやすく環境法を講ずる」ことに最も高い価値を見いだし，学生教育に心血を注いでこられた畠山先生の研究者，教育者としての生き方，そしてまた，畠山先生の人間性とでもいうべきものが凝縮されているように思う。

　畠山武道先生は，2014年4月24日，めでたく古稀を迎える。これまで，立教大学，北海道大学，上智大学，早稲田大学などで研究・教育にあたられたが，わたしたちは，先生の古稀を心よりお慶び申し上げるとともに，先生から受けた直接・間接のご指導に深く感謝して，本書を先生に献呈する次第である。
　畠山先生は，行政法，租税法，環境法を中心に多くの貴重な著作を公にされ，それぞれの分野の発展に指導的役割を果たされてきたが，本書は，畠山先生がとりわけ精力を傾けて取り組まれた環境法の主要論点について，環境法分野で活躍する第一線の研究者の協力を得て，学部の授業やゼミまたは法

科大学院のテキストもしくは副教材として，最新の研究成果や判例動向を踏まえつつ，一定の水準を確保しつつも平易な叙述により，広く使用可能な書物となるよう企画されたものである。先生の古稀の祝賀とこれまでの学恩に感謝すべく企画された本書の編者がとりわけ心がけたのは，学生教育を何よりも大切にされてきた畠山先生のお姿をしっかりと認識し，本書においてそれを表現したいという想いであった。

近年の環境問題をみれば明らかなように，その解決のためには，法律学だけではなく，隣接諸科学の知見が不可欠である。かつて学際的という言葉で環境法の多様性・複雑性を表現することもあったが，環境「法」の学習にとっては，それらの知見は所詮は「寄せ集め」にすぎない感すら否めなかった。

そのことは，環境法を学習する学生からすると，結局のところ環境法とは何かがよくわからないという印象につながる。近年になって数多く出版されている環境法の概説書も，各法律の細部にわたって詳細かつ適切な説明が加えられているものの，環境法を学びはじめたばかりの学生にとっては，全体として何をどのような視点から学習すれば環境法を理解したことになるのか，そしてまた，民法や行政法などの既存の法律学とどのように違うのか，さっぱりわからない。ここには，環境法および環境法学というものに向けられた本質的課題が潜んでいる。

畠山先生の著作を拝見すると，法律学以外のさまざまな分野の知見はもちろん，小説，エッセイからガイドブック，パンフレットに至るまで，一見すると学問とは直接には結びつかないと思われるような，実にさまざまな資料を踏まえた記述に遭遇する。それらを用いつつ畠山先生が表現されようとしたこと，後進の者に伝えようとしたことは，環境法はもちろんのこと，学問の基礎にはつねに生身の人間が存在し，それゆえ，その日々の営みのなかから学問のあるべき方向性を模索すべきであって，知識や理論だけが先行してはならない，ということだったのではないかと思う。

大学院生だった編者が畠山先生の研究室を訪ねた折，当時いろいろと批判

されていたある高名な先生の論文について,「理論的にはどうかな」とおっしゃりつつも,「言いたいことは分かるし,なかなか人間的でいいんだけどな」とつぶやかれたことがあったが,このさりげないつぶやきのなかにこそ,畠山先生の研究・教育の原点が明確に示されているように思う。前掲書物には「環境法の内容を理解する（おぼえる,暗記する）ことよりは,『環境法を考える』,あるいは『環境法を使って考える』ことを重視」するという表現も登場するが,そこには,行政法や環境法を学ぶことで,単に知識を得るだけではなく,それをとおして社会のあり方,そしてまた自らの生き方をも考えてほしい,それこそが学問を志す者のあるべき姿だ,という畠山先生の信念と,学生も含めた後進の者に対する強いメッセージが込められているように感じる。重厚な研究書ばかりが参考にすべき資料ではなく,生身の人間の生き方や苦悩が表現された小説,まちづくりに奔走する人々の自己表現とでもいうべき観光パンフレット,そういうもののなかにこそ,研究者が取り組むべき現実があり,学生に伝えるべき真実がある,ということではないだろうか。

　畠山先生からのそのような教えを編者が体現できているか,はなはだ心許ないが,編者にとっては,そのさりげないひとことが,学問に取り組む姿勢,研究のあるべき方法を考える大きな転機になったことは間違いないし,そこには,学生教育をとおして自らも成長できるという,畠山先生の研究・教育に対する確固たるお姿を垣間見ることができる。それこそが,まさに,後進の者が学生に伝えるべき本質であるようにも思う。

　本書は,畠山先生のご指導を受けた執筆者により,「授業での使用に耐える書物」を公にすべく企画した。そのような企画の趣旨を徹底し,全体としての統一性を確保すべく,入稿していただいた原稿を編者が読み込み,必要な場合には,失礼であることを承知しつつも執筆者に修正をお願いもした。執筆者各位には,たいへんなご迷惑をおかけすることになったが,畠山先生が常日頃わたしたちにお示しくださった学問に対する姿勢や想いを引き継ぎたいという編者の意図は,多少なりともご理解いただけたのではないかと思っている。

また，ほとんどの原稿が入稿した段階で，編者全員が顔をつきあわせて読み込む作業をしたが，その席には畠山先生にもご同席いただき，さまざまなご意見やご指導をいただいた。畠山先生のご恩に報いるべく企画した本書の編集会議の席での改めてのご指導に，忸怩たる思いを禁じ得なかったが，同時に，久しぶりに畠山先生の研究教育方針に触れる機会を得たことは，編者一同，望外の喜びであった。『環境保全の法と理論』という本書の書名も，その折に畠山先生にお決めいただいた。

　古稀をお迎えになった現在においても，畠山先生の学問的関心は尽きることがない。今後とも，ますますご健勝にてご活躍なさることを祈念するとともに，変わらぬご指導を賜りたくお願い申し上げる次第である。

　最後になったが，昨今の厳しい出版事情にもかかわらず，本書の出版をお引き受けいただいた北海道大学出版会，および，編者のさまざまな要望に対応し，本書の内容的充実のために奔走していただいた滝口倫子さんには，心より御礼申し上げたい。

2014 年 3 月

編者を代表して
髙橋 信隆

目　次

はしがき ……………………………………………髙橋信隆……i
略語一覧 …………………………………………………………xvii

第Ⅰ部　環境法の基本的考え方

第1章　環境法における権利と利益──環境権論を中心に
……………………………………………亘理　格……2
1. 環境法における公益と私的権利利益　2
2. 環境権論　4
3. 環境権論再構成の諸類型　7
4. 環境権論の将来像　12
   〈注〉　18

第2章　持続可能な開発………………………磯崎博司……20
1. 環境と開発　20
2. 持続可能性の確保　24
3. 行政規則の連携　29
   〈注〉　38

第3章　環境対策の費用負担………………………大塚　直……41
1. 環境対策の費用負担　41
2. 環境法における各局面での費用負担　50
3. 課題と展望　51
   〈注〉　54

第 4 章　環境リスク　………………………………岸 本 太 樹……56

1. 科学的不確実性　56
2. 環境リスク——法的対応の難しさ　58
3. リスク関連情報の収集とリスク評価　59
4. リスク予防措置の決定——リスク管理　62
5. 再評価と検証　66
6. リスク評価・管理手続の体系化　68
   〈注〉　69

第 5 章　未然防止と予防　………………………………堀 口 健 夫……71

1. 環境損害の事前対処に関わる概念の発展　71
2. 国際法における未然防止と予防の概念　72
3. わが国の国内法における展開　80
4. 展望と課題　84
   〈注〉　87

第 6 章　環境法における比例原則　…………………桑 原 勇 進……89

1. 比例原則の意義　89
2. 環境法における比例原則の限界　91
3. 新たな比例原則——過少禁止的比例原則　96
   〈注〉　100

第 7 章　環境法における国と自治体の役割分担
……………………………………………………………大久保規子……103

1. 地方分権と環境行政　103
2. 環境分野における地方分権の経緯　104
3. 現行法における国と自治体の役割分担　108
4. 自治体環境条例の体系　110
5. 今後の展望　112
   〈注〉　117

環境法事件簿 1　景観利益と国立マンション訴訟　……………河 東 宗 文……119

1. 景観の権利性について　119
2. 国立マンション訴訟とは　119
3. 国立におけるまちづくり　120
4. 国立マンション訴訟における裁判状況　121
5. 本件マンションが，地区計画および建築物制限条例に違反する違反建築物であるかどうか　123
6. 景観の権利性について　123
7. 最高裁判決の問題点　125
   〈参考文献〉　125

第Ⅱ部　環境管理の法的手法

第8章　環境法規制の仕組み……………………北村喜宣……128

1. 現代行政法としての環境法　128
2. 意思決定へのアプローチ　129
3. 規制手法とその概要　130
4. 個別環境法の基本構造　131
5. 環境法の実施主体としての中央政府と地方政府　144
   〈注〉　144

第9章　経済的手法………………………………藤谷武史……146

1. 経済的手法とは何か　146
2. 経済的手法の基本原理と構造　150
3. 経済的手法の具体的設計上の論点と「ポリシー・ミックス」の意義　152
4. 経済的手法の具体例　158
5. 経済的手法の展開可能性　161
   〈注〉　162

第10章　情報的手法・自主的手法 ………………黒川哲志……165

1. 環境影響の「見える化」による規制　165

2. グリーン化した市場を利用した規制手法　166
   3. 環境ラベル　170
   4. 自主的な取組み　173
   5. 法律に基づく仕組み　175
   6. 「見える化」が機能するために　177
   〈注〉　178

第11章　市民参画 ……………………………………山下竜一……180
   1. 環境法における市民参画の必要性　180
   2. 市民参画の概念　181
   3. 市民参画の機能・種類　183
   4. 参画手続の種類　184
   5. 参画手続の適正化　186
   6. 市民参画の要件　188
   7. 市民参画の効果　192
   〈注〉　194

第12章　環境アセスメント法の論点とその評価
……………………………………………………田中　充……197
   1. 環境アセスメントの導入と法制度の判定　197
   2. 環境影響評価の定義と制度運用の実績　198
   3. 環境影響評価法の改正に至る経緯　199
   4. 改正法制度の主な手続の流れ　200
   5. 改正環境影響評価法における主な論点　202
   6. 環境影響評価法の改正における今後の課題　209
   7. 環境アセスメント制度の発展に向けて　214
   〈参考文献〉　214
   〈注〉　215

環境法事件簿2　沖縄ジュゴンと米国NHPA訴訟
——米国国家歴史保存法の域外適用条項第402条を中心に ……関根孝道……217

1. 米国 NHPA 訴訟とは　217
2. 本訴訟命令の意義　218
3. 第一次中間命令　219
4. 第二次中間命令　220
5. 今後の展望　222
　〈参考文献〉　223

第Ⅲ部　公害対策法の仕組みと課題

第13章　大気・水環境管理における規制的手法
　…………………………………………………柳　憲一郎……226
1. 大気・水環境管理における規制的手法　226
2. 大気・水環境管理に関する法的対応　227
3. 大気・水質に係る環境基準　228
4. 直接規制の枠組み　233
5. 汚染源の多様化に対応する環境保全措置　240
6. 直接規制による履行確保の強化　242
7. 大気・水環境管理法の課題　244
　〈注〉　245

第14章　土壌汚染対策法制の現状と課題………牛嶋　仁……247
1. 土壌汚染とその対策法制　247
2. 土壌汚染対策法　248
3. 土壌汚染をめぐる訴訟　257
4. 土壌汚染対策法の運用と実務　258
5. 土壌汚染対策法の課題　260
　〈注〉　261

第15章　化学物質管理法制の現状と課題
　…………………………………………高橋　滋・織　朱實……263
1. 化学物質規制の特色　263
2. 化学物質管理政策の変遷　265

3. 化審法　268
   4. PRTR法　274
   5. 化学物質管理政策の課題　280
   〈注〉　282

環境法事件簿3　水俣病とこれからの法　………………………北見宏介……284
   1. 水俣病の確認から公害認定まで　284
   2. 患者らによる訴えの提起と救済　285
   3. 水俣病事件が示すこと　287
   〈参考文献〉　289

第Ⅳ部　廃棄物・資源循環法制の仕組みと課題

第16章　一般廃棄物・資源循環法制の現状と課題
　　　　　………………………………………………………勢一智子……292
   1. ゴミと法の視点　292
   2. モノからの分離──廃棄物法の成立　294
   3. 産業廃棄物との分流──一般廃棄物処理法体制の確立　295
   4. 産業廃棄物との部分的合流──リサイクル制度による変化　297
   5. モノへの再合流──資源管理としての一般廃棄物法政策　299
   6. ゴミと法の将来──一般廃棄物・資源循環法制の課題と展望　302
   〈注〉　304

第17章　産業廃棄物法制の現状と課題　………………福士　明……307
   1. 産業廃棄物法制の課題　307
   2. 産業廃棄物法制と処理の責任主体　308
   3. 産業廃棄物法制と適正処理の法政策
      ──2000年改正廃棄物処理法以前　312
   4. 産業廃棄物法制と「産業廃棄物分野の構造改革」
      ──2000年法以降の法政策　317
   5. 循環型社会における産業廃棄物法制の課題　321

環境法事件簿 4　大量生産・大量消費社会と豊島事件………小川一茂……327
　1. 豊島事件の概要　327
　2. 調停・判決の内容　329
　3. 事件の影響　330
　〈参考文献〉　331

第Ⅴ部　自然保護・都市環境管理法の仕組みと課題

第18章　自然環境保全……………………………………髙橋信隆……334
　1. 「自然保護」から「生物多様性の保全」へ　334
　2. 自然保護法制の展開と環境法体系における位置づけ　335
　3. 環境政策の新たな枠組みとしての環境基本法　338
　4. 保護と利用の調和的両立に向けた自然保護の方向性　340
　5. 環境法としての自然保護法制の確立に向けた若干の課題　343
　〈注〉　346

第19章　都市環境管理………………………………………荏原明則……348
　1. 問題の所在　348
　2. 都市計画法制の展開　349
　3. 現行法制の概要と問題点　350
　4. 都市環境問題　356
　5. 都市環境問題と景観保護　359
　6. 残された課題　370
　〈注〉　370

第20章　公共事業と環境保全 ………………………………下井康史……373
　1. 公共事業についての法　373
　2. 土地収用法　374
　3. 都市計画法　380
　〈注〉　388

環境法事件簿5　アイヌ民族と二風谷ダム訴訟 …………鈴木　光……390
　1．訴訟に至るまでの経緯　390
　2．札幌地方裁判所判決　391
　3．事件の意義　395
　〈参考文献〉　396

第VI部　環境法と隣接学問分野

第21章　環境経済学 ………………………………………有村俊秀……398
　1．経済学と環境問題　398
　2．市場の効率性　398
　3．市場の失敗——外部不経済　400
　4．政策手段　402
　5．環境権利の利用——排出量取引　405
　6．各国で進む温暖化対策としての排出量取引制度　409
　7．経済的なアプローチの可能性　412
　〈注〉　412

第22章　環境社会学 ………………………………………柿澤宏昭……414
　1．本章で論じる内容　414
　2．環境社会学の特徴　415
　3．環境問題の社会学研究　418
　4．環境共存の社会学研究　420
　5．災害と環境社会学　422
　6．環境ガバナンスの構築に向けて　424
　〈引用文献〉　426

第23章　環境倫理学 ………………………………………交告尚史……428
　1．生態系への配慮と環境倫理学　428
　2．欧米の環境倫理——奄美「自然の権利」訴訟の訴状から　430
　3．関係性理論の創造——奄美「自然の権利」訴訟の第2ステージ　432

目　次　xiii

　4．ノルウェーの環境倫理と環境法　436
　5．生態学的共同体の概念　440
　　〈注〉　443

環境法事件簿6　奄美「自然の権利」訴訟の価値 …………籠橋隆明……446
　1．アマミノクロウサギ訴訟の始まり　446
　2．事件の背景　446
　3．「自然の権利」　447
　4．自然保護思想としての「自然の権利」　448
　5．奄美「自然の権利」と原告適格　449
　6．沖縄ジュゴン「自然の権利」訴訟　451
　　〈参考文献〉　451

第Ⅶ部　環境保全と被害救済

第24章　環境民事訴訟……………………………………前田陽一……454
　1．損害賠償訴訟　454
　2．差止訴訟　466
　3．今後の課題　471
　　〈注〉　473

第25章　環境行政訴訟……………………………………越智敏裕……475
　1．環境行政訴訟とは　475
　2．環境行政訴訟の歴史と分野　477
　3．環境行政訴訟の形式と紛争類型　479
　4．環境行政訴訟の諸課題と課題解決の方向性　480
　5．環境行政訴訟の展望　488
　　〈注〉　489

第26章　公害紛争処理と公害被害補償 ……………下村英嗣……492
　1．行政救済の必要性　492
　2．環境紛争の行政的解決──公害紛争処理法　492

xiv 目　次

　　3. 公害被害の行政的救済　498
　　4. 特定原因物質に特化した救済制度――石綿救済法　502
　　5. 行政救済に関する今後の課題と期待　505
　　〈注〉　505

環境法事件簿 7　西淀川公害訴訟 ……………………………村 松 昭 夫……507

　　1. 大気汚染公害訴訟の経過　507
　　2. 西淀川公害訴訟の経過　508
　　3. 訴訟の和解内容と意義　510
　　4. 積み重ねた貴重な成果　512
　　〈参考文献〉　512

第Ⅷ部　国際環境法と国内環境法

第 27 章　地球温暖化をめぐる国際法と日本の温暖化法制
………………………………………………………………………高村ゆかり……514

　　1. 地球温暖化問題に対処する法の役割　514
　　2. 地球温暖化をめぐる国際条約の展開　515
　　3. 日本における温暖化防止の国内法の展開　521
　　4. 温暖化をめぐる EU の法制度　525
　　5. 日本の温暖化法制の特質　527
　　6. 国内法制の今後の課題　530
　　〈注〉　531

第 28 章　生態系保全・絶滅種保護対策 …………………及 川 敬 貴……533

　　1. 生物多様性をめぐる国際・国内制度――その増殖と相互関係　533
　　2. 国際制度の発展――条約レジームの生成と展開　534
　　3. 国内制度の発展――条約レジームと基本法の重なりと距離　540
　　4. 基本法新時代の制度間関係
　　　　――国内制度から国際制度へのフィードバック　548
　　〈注〉　549

目　次　xv

第29章　有害廃棄物対策 ……………鶴田　順・島村　健……552
1. バーゼル条約採択の背景とその内容　552
2. バーゼル条約の日本における実施のための国内法整備　555
3. バーゼル法の運用の実態と問題点　563
4. 再生可能資源貿易の潜在的汚染性と潜在的資源性　565
　〈注〉　566

環境法事件簿8　鞆の浦世界遺産訴訟…………………日置雅晴……568
1. 提訴の背景　568
2. 訴訟戦略と画期的な差止判決　570
3. 公判における訴訟活動と支援の拡大　571
　〈参考文献〉　573

結語　環境基本法体制——20年の歩みと展望 ……………畠山武道……575
1. 環境基本法の10年と20年　575
2. 環境基本法制定時の日本の環境政策　577
3. 環境基本法体制10年の成果と課題　580
4. 環境基本法体制20年の成果と課題　583
5. 残された課題——21世紀の環境法制の拡充に向けて　588
　〈注〉　594

畠山武道先生　主要著作目録 ……………………………………………597
畠山武道先生　略歴 ………………………………………………………610
索　引 ………………………………………………………………………611
　事項索引　611
　判例索引　620
執筆者紹介　625

略語一覧

〈判例集・判例評釈書誌〉
　判例集・判例評釈書誌，定期刊行物の略称は，法律編集者懇話会作成「法律文献等の出典の表示方法」にしたがった。

　ジュリ：ジュリスト
　重判解：重要判例解説(ジュリスト臨時増刊)
　曹時：法曹時報
　判タ：判例タイムス
　判時：判例時報
　判自：判例地方自治
　判評：判例評論
　ひろば：法律のひろば
　法教：法学教室
　法セミ：法学セミナー
　法時：法律時報
　民集：最高裁判所民事判例集
　民録：大審院民事判決録

〈法律〉
温暖化対策法：地球温暖化対策の推進に関する法律
外為法：外国為替及び外国貿易法
化審法：化学物質の審査及び製造等の規制に関する法律
家電リサイクル法：特定家庭用機器再商品化法
カルタヘナ法：遺伝子組換え生物等の使用等の規制による生物の多様性の確保に関する法律
海洋汚染防止法：海洋汚染等及び海上災害の防止に関する法律
家畜排せつ物処理法：家畜排せつ物の管理の適正化及び利用の促進に関する法律
家電リサイクル法：特定家庭用機器再商品化法
環境確保条例：都民の健康と安全を確保する環境に関する条例
環境配慮契約法：国等における温室効果ガス等の排出の削減に配慮した契約の推進に関する法律
環境配慮促進法：環境情報の提供の促進等による特定事業者等の環境に配慮した事業活動の促進に関する法律
行訴法：行政事件訴訟法
グリーン購入法：国等による環境物品等の調達の推進等に関する法律
原子力損害賠償法：原子力損害の賠償に関する法律
公害罪法：人の健康に係る公害犯罪の処罰に関する法律
公害防止組織法：特定工場における公害防止組織の整備に関する法律
公調委設置法：公害等調整委員会設置法
公健法：公害健康被害の補償等に関する法律
小型家電リサイクル法：使用済小型電子機器等の再資源化の促進に関する法律
湖沼法：湖沼水質保全特別措置法
再生可能エネルギー買取法：電気事業者による再生可能エネルギー電気の調達に関する特別措置法
資源有効利用促進法：資源の有効な利用の促進に関する法律
自動車 NOx・PM 法：自動車から排出される窒素酸化物及び粒子状物質の特定地域における総量

の削減等に関する特別措置法
自動車リサイクル法：使用済自動車の再資源化等に関する法律
循環基本法：循環型社会形成推進基本法
省エネ法：エネルギーの使用の合理化に関する法律
情報公開法：行政機関の保有する情報の公開に関する法律
食品リサイクル法：食品循環資源の再生利用等の促進に関する法律
水質保全法：公共用水域の水質の保全に関する法律
組織犯罪処罰法：組織的な犯罪の処罰及び犯罪収益の規制等に関する法律
ダイオキシン法：ダイオキシン類対策特別措置法
温暖化対策法：地球温暖化対策の推進に関する法律
鳥獣保護法：鳥獣の保護及び狩猟の適正化に関する法律
特定外来生物法：特定外来生物による生態系等に係る被害の防止に関する法律
毒劇法：毒物及び劇物取締法
特定外来生物法：特定外来生物による生態系等に係る被害の防止に関する法律
農用地土壌汚染防止法：農用地の土壌の汚染防止等に関する法律
廃棄物処理法：廃棄物の処理及び清掃に関する法律
バーゼル法：特定有害廃棄物等の輸出入等の規制に関する法律
バーゼル法告示：「特定有害廃棄物等の輸出入等の規制に関する法律第2条第1項第1号イに規定する物」
ビル用水法：建築物用地下水の採取の規制に関する法律
フロン回収・破壊法：特定製品に係るフロン類の回収及び破壊の実施の確保等に関する法律
容器包装リサイクル法：容器包装に係る分別収集及び再商品化の促進等に関する法律
PRTR法：特定化学物質の環境への排出量の把握等及び管理の改善の促進に関する法律
RPS法：電気事業者による新エネルギー等の利用に関する特別措置法

〈条約〉
オーフス条約：環境問題における情報へのアクセス，意思決定への市民参加及び司法へのアクセスに関する条約
気候変動枠組条約：気候変動に関する国際連合枠組条約
生物多様性条約：生物の多様性に関する条約
バーゼル条約：有害廃棄物の国境を越える移動及びその処分の規制に関するバーゼル条約

第Ⅰ部
環境法の基本的考え方

志布志町(現志布志市)市街にて(撮影:畠山武道・1982年)

第*1*章 環境法における権利と利益——環境権論を中心に

亘理　格

　　環境権は，公共財としての環境と人々が享受する環境利益とを調整・架橋するための権利概念である。環境権は，良質な生活環境の享受を一般的に保障する憲法上の権利であり，具体的には，その適正な共同利用を違法に妨げられない実体的権利とともに，環境情報へのアクセス，環境上重要な事項に関する決定過程への参加および種々の環境訴訟提起を可能ならしめる手続的権利の一般的な保障を内容とするものである。

1. 環境法における公益と私的権利利益

(1) 公共財としての環境

　人の生命・身体や財産は，その人自体に帰属する私的なものであるのに対し，環境は，特定の人には帰属しない公共のものである。このことを定めた法律は，わが国には存在しないが，諸外国では，近時，環境が国民共通の資産であることを法律で明確に定めた例が稀ではない。一例を挙げるならば，環境関係の諸法令を体系的に編集した法典を有するフランスの環境法典(Code de l'environnement)は，その冒頭の規定において，「自然空間，自然資源及び自然環境，景観及び風景地，大気の質的状態，動植物，及び動植物の総体からなる生物学的な多様性と均衡，以上のものはすべて国民共通の資産である」と定めている(フランス環境法典・法律篇110-1条1項)。

(2) 環境法における利害関係

　以上のように，環境それ自体は国民共通の資産という意味で(したがって，経済学上の意味での公共財とは必ずしも一致しないが)，公共財である。もっとも，

たとえば公害の加害者と被害者間の法律関係や，産業廃棄物処理業や産業廃棄物処理施設設置の許可申請を行った事業者と許可権者である都道府県知事との法律関係等に典型的に示されるように，環境法においても，人と人との法律関係や人と公権力との法律関係を想定することができる。特にわが国の環境法は，当初，公害被害者の救済のための賠償請求や差止請求の成立要件をめぐる議論を中心に形成されたため，被害者の生命・健康や身体等の人格権や財産権等に関する被害者救済が焦点となっており，その意味で個人に帰属する最も基本的な権利の保護救済が問題となっていた。しかし，このように人の生命・身体や財産権という典型的な個別的法益が害される公害問題も，常に，大気汚染や海・河川等の水質汚濁という公共財に対する負荷を通して被害が発生しているのであるから，人格権や財産権に対する侵害を未然に防止するには，その前段階である環境に対して過剰な負荷が及ばないように防止または抑制する必要がある。

　他方，今日の環境法は，動植物や生態系等の自然の保護，自然景観や町並み景観の保護等のように，特定の人には帰属しない多様な利益や価値を保護するための法的規範や制度を組み込むようになっており，そのなかには，元来個々人の権利利益とは異なった公共的な価値や利益にかかわるものも含まれる。しかし，このように本来公共的な環境保護分野においても，特定の動植物や自然景観あるいは町並み景観等とそれに日常的に接してその恵沢を享受してきた利害関係者との間には，少なくとも事実上，他の一般人とは異なった結びつきが存在しており，かかる利害関係者相互間には，特定の動植物や景観を介して共通の利害関係が成立する。そこで，そのような共通の利害関係は，訴訟も含む法的な保護ないし救済の対象となりえないかが問題となる。

(3)　環　境　権

　以上のように，環境法では，環境という公共財と環境にかかわる権利利益や共同利益とをいかにして調整し架橋するかが，常に問われることとなるが，そのような架橋のための道具概念として今日まで提唱されてきたのが，環境権である。この意味で，環境権は，「公共的な利益を保護するために特定の

個人に認められた権利」なのである[1]。

そこで，以下では，環境権をめぐる今日までの議論を振り返りつつ，環境権を今後どのように論ずべきかを検討する。とりわけ，環境権は一般に，「憲法上の権利」と認められるといわれているが，この「憲法上の権利」とはどのような意味かが問題となる。また，今日の環境権は，私法上の権利というより，むしろ「公法上の権利」でしかも「手続的権利」として論じられることが多いが，それはいかなる意味でなのかという点も問題となる。環境権の論じ方は環境法の本質にかかわる問題であることから，以上の疑問に答えることが本章の課題である。

2. 環 境 権 論

(1) 主 張 内 容

環境権は，環境侵害作用(行為や事業等)に対して損害賠償や差止等の私法上の請求権を根拠づける権利の概念であり，1970年9月の日本弁護士連合会第13回人権擁護大会公害シンポジウムにおいて，大阪弁護士会環境権研究会の報告により理論化されたものである。同報告によれば，環境は本来，誰もが自由に使用しうるものなのではなく，その利用は「万人に平等に保障されていなければならない」ものである。環境を，このように「万人の共有に属すべき財産」として捉えるという理念(「環境共有の法理」)から，人々には，「環境を支配し，良き環境を享受しうる権利」としての環境権が保障されるべきであり，環境をみだりに汚染・破壊する妨害行為に対しては，かかる環境権に基づき「妨害の排除または予防を請求しうる権利」が認められるべきであるとされた。また，公害に対する国や地方公共団体の公法的規制についても，「地域住民のもつ環境権に基づく予防請求権，差止請求権を公的機関が住民の側の信託によって一括してこれを行使するものだと考えなければならない」とされた[2]。

環境権論は，とりわけ，不法行為上の違法性に関する受忍限度論の壁を乗り越えるための理論として提唱された。加害行為の社会的価値(公共性)や損害防止措置の困難性等を理由に受忍限度のハードルを高く設定する当時の通

説的見解を克服するとともに，損害賠償のみならず差止請求をも直接的に根拠づけ，また故意・過失の客観化を通して予見可能性の要件を軽減させるための論拠として，環境権は提唱された[3]。

環境権をこのように具体的請求権を根拠づける私法上の権利概念として提唱する理論(私法上の権利としての環境権論)は，裁判を含む法的な保護および救済の対象として環境を想定する点で，特定の人に所属することを前提に成立する財産権や人の生命や身体等を保護法益とする人格権等，従来の権利概念とは異質の権利を主張するものである。また，環境権が侵害された場合の救済手段として，損害賠償請求権や差止請求権等の私法上の請求権を根拠づけようとするものである。とりわけ，環境権には環境に対する絶対的支配権たる性質が認められるとする見解のもと，環境権侵害から直ちに当該侵害行為に対する差止請求権を帰結せしめようとする点で，従来の権利論とは異質の考え方であった。

(2) 功　　績

環境権論は，わが国の公害法および環境法にさまざまな影響を及ぼしており，その功績はきわめて大きい。環境権論は，生命や身体を対象とした権利にとどまらず，物的空間としての環境を対象とした利益に保護法益性を認める必要性に注意を喚起したことにより，対症療法的な公害対策法から環境管理法としての環境法の体系的整備への展開に理論的動機づけを提供した。この面で，環境権論は，主として立法や法改正および行政機関による法執行を介して，環境各分野における法制度および環境政策の体系的整備を促す原動力となった。

さらに，損害賠償や差止あるいは仮処分の判断等に関する裁判例は，受忍限度論の基本枠は維持しながらも，環境権論の主張を部分的に受け入れてきたことが明らかになっている。従来の不法行為判例における受忍限度論による違法性判断が，明確な基準や指針のないままでの利益衡量に依拠してきたため，大気汚染や水質汚濁による被害の発生源である工場や，騒音・振動等の被害の発生源である空港・鉄道・高速道路等の施設について，高度の公共性を理由にその加害行為を違法ではないと結論づける可能性が高かった。こ

れに対し，環境権論は，被害者や汚染された環境の被害の重大性を権利侵害の名のもとに明確化することを通して，利益衡量に対して一定の指針を示し，手放しの公共性論に歯止めをかけるという役割を果たしてきた。この他にも，被害の広範性を加害行為の反社会性の考慮要素として重視し，また，被害発生の因果関係の立証責任を部分的に加害者側に転換し，加害行為の違法判断の重要な要素として事前の環境影響評価の実施の有無，環境情報の提供の有無，住民との話し合いの実施状況を勘案する等の面で寄与してきたことが，明らかになっている[4]。

(3) 弱　　点

以上のような功績にもかかわらず，環境権論に対しては，①環境権によってカバーされる権利の内容および地域的範囲が不明確であり，権利として保障されるべき価値や利益に客観性が欠けている，②物権的請求権や人格権によっても同様の被害者救済が可能であり，環境権を認める必要はない，③個人の人格権を中心とした包括的な権利保障規定とされる憲法13条や一般にはプログラム規定にとどまると見なされる同25条を直接の根拠に，私法上の具体的請求権を導出することは困難である，④差止請求等の私法上の請求権の成否の判断に際して，侵害される権利利益の法的性質や重要度，侵害行為の性質や態様（侵害行為の悪性度，公益性の有無と程度等）および環境損害の程度等，具体的な諸事情や関係諸利益間の比較衡量を要することなく，絶対的な支配権としての環境権の侵害から直ちに差止その他の私法上の請求権を帰結するのは，硬直的な結論を導くこととなり妥当性を欠く，⑤良好な環境が有する価値や利益というのは，本来，公共的な価値または利益であって，かかる公共的利益に絶対的支配権としての私法上の権利たる性格を認めることには無理がある，等々の疑問が投げかけられてきた[5]。そして，損害賠償請求や差止請求を根拠づける私法上の権利の承認という環境権説の「中核的」ないし「核心的」な部分を認めた裁判例は，今日まで存在しない[6]。

上述の批判のなかには，環境権論に対する決定的な批判とはいえないものもある。例えば批判①については，東京都国立市内で生じたマンション建築をめぐる建築主と近隣住民間の民事上の景観紛争に関する事案（国立マンショ

ン民事差止訴訟事件)において，最高裁は，都市の市街地景観について，「都市の景観は，良好な風景として，人々の歴史的又は文化的環境を形作り，豊かな生活環境を構成する場合には，客観的価値を有するものというべきである」として，景観が各人の主観的評価のみに依存するものではなく，良好な都市景観には一定の客観的価値を認めうることを認めている(最一小判平成 18 年 3 月 30 日民集 60 巻 3 号 948 頁，環境法判例百選〔第 2 版〕75 事件)。このように，状況次第では景観利益に客観的な価値を認めうるというのであれば，環境利益一般に関しても，客観的な価値を認めうる場合があるというべきであろう。また，環境権論は，上述のように，環境に対する侵害という，人の生命・身体や財産に対する侵害が生ずる前段階での訴訟的救済を可能ならしめるための根拠として唱えられたものである。したがって，環境権論は，物権的請求権や人格権によっては救済できない範囲をカバーしようとするものであるから，批判②も環境権論に対する決定的な批判とはいえない。

　これに対し，批判③〜⑤については，環境権論の弱点を的確に指摘するものであるといえよう。とりわけ批判⑤は，環境という公共財を対象とした権利概念である環境権の本質にかかわる批判である。実際，私法上の権利としての環境権論は，公共財を対象とした私法上の支配権を認めうるかという難問を解決するために必要な説明を，十分に提供できていなかったといわざるをえない。以上により，今日的な環境権は，損害賠償や差止を直接根拠づける私法上の絶対的支配権という考え方とは多少とも異なった概念として，再構成されようとしている[7]。

3. 環境権論再構成の諸類型

(1) 共通項と対立軸

　以上のような環境権論の弱点をめぐるさまざまな議論を経て，今日，環境権の法的性質および権利内容については，以下の点でほぼ共通の了解が成立しているように思われる。

　第 1 に，環境権は，憲法 13 条(生命，自由及び幸福追求の権利保障)および 25 条 1 項(健康で文化的な最低限度の生活を営む権利保障)によって憲法上の権利とし

て根拠づけられる。憲法上の権利としての環境権は，何よりもまず立法権および行政権には，現在および将来の国民が良好な環境の恵沢を享受するため，環境への負荷の少ない活動を促し生態系を保護する等の環境保護をはかるべき責務が課されることを意味する。そのための具体的な法形成は主として立法権による法制化に委ねられるという意味で，主としては綱領的ないしプログラム的性質の権利であって，そこから直ちに具体的請求権を導き出しうるものではない。しかし，このような基本原理を国民の視点からみれば，現在および将来の国民には良好な環境の恵沢を享受する権利が認められべきだ，と表現することが可能である。そのような環境法の基本原理を簡潔に表明した一般的な権利概念として，環境権を把握することができる[8]。

第2に，環境権は，損害賠償や差止等の具体的請求権を根拠づける私法上の絶対的支配権として性格づけるべきものではなく，地域住民その他一定の範囲内にある人々の「共同利用」を保護するための共同利益性に着目した概念として，捉えるべきものである[9]。

しかし，具体的な請求権を直接的に根拠づけることのできない「環境権」なるものに，権利性を認めることが妥当なのかという新たな問題も生ずる。確かに，環境権保障の主たる趣旨が，国や地方公共団体の一般的な責務を意味するにとどまるのであれば，それは権利と呼ぶに値しないのではないかが問題となる。ここでは，環境権を権利として構成することの是非への態度決定が問われている。そこで，環境権論の再構成をめぐる議論には，環境権の権利性をなおも重視し，法的性格と内容を再構成された新たな環境権概念を提起しようとするもの(権利志向の再構成)がある一方，良好な環境を支配する客観的ルールの体系としての環境秩序を重視し，権利としての環境権を介することなく，客観的な環境秩序への違反から損害賠償や差止等の具体的請求権を導き出す可能性を追求しようとする見解(環境秩序志向の再構成)も，唱えられることとなる。以上の点が，今日の環境権論における第1の対立軸である。

今日の環境権をめぐる諸議論における第3の共通項として，環境権の具体的な権利内容を実体的権利と手続的権利という2つの局面に区別するとともに，環境権の新局面として特に手続的側面を重視しようとする傾向が強まっ

ている。もっとも，実体面と手続面それぞれの具体的な権利内容については
さまざまな見解が提起され百花繚乱の感を呈しているとともに，実体面と手
続面それぞれの重要度に関しては，なお実体的な共同利用権としての側面
を重視しその充塡化をはかろうとする見解が示される一方，手続的権利とし
ての環境権に大きく傾斜した見解も示されており，かかる実体面の扱い方の
相違が，今日の環境権をめぐる諸議論の第2の対立軸となっている。

以下では，今日的な環境権論のなかで，以上2つの対立軸に照らして典型
的と見なしうる代表的な環境権論を取り上げることにしよう。

(2) 権利志向型の再構成

当初の環境権論に対し指摘されてきた種々の弱点にもかかわらず，大多数
の学説は，権利としての環境権概念を維持しつつその再構成をはかろうとし
ている。その意味で，環境権をめぐっては，権利志向の再構成論が今日にお
いても支配的である。

そのような権利志向の再構成をはかろうとする代表的見解として，淡路剛
久による実体的環境権の多元化の主張がある。淡路は，一貫して「環境権保
護の手続的アプローチ」[10] を唱えてきた論者として知られるが，同時に，実
体的権利面でも，一般的な環境権を入浜権や日照権，眺望権・景観権，静穏
権などの多元的な権利として再構成し，かかる個別的環境権の根拠づけと権
利内容の緻密化をはかるべきであるとの見解を示されてきた[11]。

また，髙橋信隆は，環境権は，個々人の人格権に密接にかかわるものから
地域住民の集合的・集団的利益として捉えるべきものまで，さまざまな性格
を併せ持つ複合的権利であるとし，また同時に，共同利用権(「共同で利用する
権利」)という点で共通の「公共的性格」を有するとされる。そのうえで，立
法・行政過程への参加および行政訴訟の提起を通しての「参加権としての環
境権」の保障のみならず，環境権の実体的側面についても肯定的な評価を維
持しようとの見解を提起される。高橋説によれば，良好な環境の共同利用を
めぐって住民間に形成された「慣行的利益」は，新たな立法または行政手続
によらなければ変更または廃止することができない。その意味で，慣行的な
共同利用権は，「慣習法と同様」の法的保護の対象となるとされる[12]。

(3) 環境秩序志向型の再構成

これに対し，損害賠償や差止等の具体的請求権を，環境権によってではなく，客観法的な環境秩序によって根拠づけようとする学説も提起されている。代表的学説は，吉田克己が環境権論の発展的・批判的継承の名のもとに提唱される「秩序違反＝違法を要件とする差止論」である。この説によれば，環境権論は，人の生命・身体等の侵害に至る前段階での差止による救済を認めることにより「救済の前倒し・権利防御線の前進」をはかろうとする点で正当であったが，環境権論が，「環境共有の法理」に依拠し排他的私権としての環境権を主張するのに対し，環境や景観は本来，公共的なものであり，排他的私権とは相容れないものである。そこで，差止請求権の成否を「権利」構成から解放し，「環境保全秩序・環境利用秩序に関する法規範の違反」によって根拠づけるべきであるとされる。吉田説のベースには，環境法や競争法等の法分野においては，「人格・権利その他の利益侵害」による違法と，競争秩序，占有秩序，環境利用秩序等の「秩序違反」による違法という2種類の違法概念が成り立ちうるとの理解がある。かかる一般理論を背景に，具体的請求権を帰結しうる法的根拠は権利侵害に限定されず，法制度上の行為規範への違反もその法的根拠となしうると主張するものである[13]。

吉田説は，環境権概念自体を否定する趣旨のものではないと思われるが，少なくとも，権利としての環境権概念に期待される役割は後退することとなる。

(4) 手続志向型の再構成

環境権における，公法上のかつ手続的な権利としての側面を強調する代表的学説は，北村喜宣の環境権論である。北村説は，「良好な環境が維持されることは社会共同の利益である」として，環境保護の「共同利益性」を承認するものであり，そのような立場から，環境権を人格権の外延として位置づけようとしてきた従前の環境権論の発想方法を，明確に退ける。そして，環境権論は，全国，広域，地域という各レベルにおける良好な環境の維持という共同利益に，「個人がどのように関与できるかというアプローチ」により

構築すべきであるとされる。その結果,北村説によれば,従来環境権として主張されてきた権利内容は,人々の共同利益が私的諸利害の主張とその統合・調整を経て「環境公益」として確定されるに至るまでの段階(「環境公益確定過程」)と,確定した「環境公益」を実現する段階(「確定後の実現過程」)とに分けて論ずべきであるとされ,この2つの段階に応じて,環境権は,「純粋私人の環境公益形成参加権」および「公的市民の環境公益実現請求権」とに類型化されることとなる[14]。

(5) 小括——権利として論ずることの意義

以上のように,環境権の再構成をめぐる議論は,今日,上述の2つの対立軸をめぐって流動的な状況にある。したがって,環境権論が今後進むべき方向を探るための前提条件として,まずは,2つの対立それぞれに関する私見を明らかにしておく必要がある。

まず,権利志向の再構成か秩序志向の再構成かという第1の対立について。仮に権利志向の再構成の途を維持したとしても,その権利は,すでに述べたように,賠償請求や差止請求を直接に根拠づけうる性質のものではない。にもかかわらず権利としての環境権概念を維持することは,良質な生活環境を維持形成すべき国や地方公共団体の義務が,権利主体である国民や住民等に対するものであることの明確化に通ずる。かかる権利義務は,確かに,一般的でプログラム的な権利義務にとどまる。しかし,確保すべき良好な環境の質的水準および参加手続や司法へのアクセス等の手続保障の水準が,すべて国や地方公共団体の立法政策的裁量に委ねられるものではないことを明確化し,また,かかる実体的・手続的な保障水準が司法審査の対象ともなりうることを明確化することにも資する。以上の理由により,権利としての環境権概念は今後とも維持すべきであるように思われる。もっとも,以上のような権利論は,差止請求の根拠を権利侵害と秩序違反のどちらに求めるべきかという請求権の具体的根拠づけをめぐる問題に回答を与えるものではないことにも,留意すべきである。

つぎに,実体的権利としての環境権を今後とも維持すべきかという第2の対立軸について。後述のように,良質な生活環境の適正な利用を妨げられな

い権利という,環境権の実体的な面には軽視しえないものがあるように思われる。また,生命・自由・幸福追求権(憲法13条)や生存権(憲法25条)の権利内容は時代とともに変化する可変的なものであることを踏まえれば,環境権も将来的発展の可能性を秘めた開かれた権利であり,実体的な権利面でも今日よりはるかに豊かな権利内容を有することとなる可能性を秘めている。以上の理由から,憲法上の実体的内容を伴った権利としての環境権概念は,今後とも維持すべきであるように思われる。

なお,以上のような実体権としての環境権概念については,環境権の定義に関する畠山武道の見解が参考になる。氏は,「環境権を行政法の次元でとらえ,かつ手続的側面を重視する」という近時の傾向をひとまず受容され,環境情報へのアクセス,環境に関する公的決定への市民参加手続および環境保護のための訴訟手続という3類型に及ぶ手続的権利保障の具体化を提唱されるが,他方,環境権の定義については,「現在及び将来の世代の人間が健全で恵み豊かな環境の恵沢を享受する権利」という実体法的定義を維持される。手続的権利保障は,実体的な環境権からの「派生的な効果」として把握すべきだとされるのである[15]。

以上により,実体的側面も含めた権利概念としての環境権を基本的には維持することを前提に,以下では,今後の環境権論が進むべきと思われる方向性について,若干の検討を加えることにしよう。

4. 環境権論の将来像

(1) 憲法上の環境権の意味――「良質な生活環境」の保障

憲法上の権利としての環境権の保障は,人の生命・身体や財産の保護に限定されたものではなく,「良質な生活環境」の保障までカバーするような洗練されたものでなければならない[16]。元来,憲法13条が保障しようとする「幸福追求」の権利や憲法25条が保障しようとする「健康で文化的な最低限度の生活」を営む権利とは,社会の変遷とともに変化すべき性質のものであると解すべきであるから,文明や文化の発達水準や生活の質的需要の発展に応じた良質な環境を享受する権利が,保障されると解すべきである。

もっとも,「良質な生活環境」を確保することは,国や地方公共団体が達成すべき国家目標ではあっても,国民に保障された権利とまではいえないという反論が予想される。また,「良質な生活環境」は,人の生命・身体や財産権のように個々人に帰属するものではなく,公的社会に帰属する公共財であることからすれば,それを個々人に保障するか否かおよびいかなる内容の生活環境を確保するかは,公的社会が民主的手続に則って決定すべき事柄であり,憲法上個々人に保障された権利として把握すべきものではないという批判も予想される。これらの批判は確かに説得力に富んでおり,これを反駁することは困難を極める。しかし,①上述のように,憲法13条および25条に「良質な生活環境」の保障を読み込むことは,文理解釈上は可能である。また,②個々の地域や街区における「良質な生活環境」の維持形成をめぐって,住民らはすべて,当該「良質な生活環境」を維持するために共通のルールを遵守する義務を負うとの暗黙の了解がある反面,当該「良質な生活環境」を享受できる地位にあると解しうる場合には,このような互換的利害関係のもとで各人に割り当てられた「良質な生活環境」を享受する地位には,他の者たちが負う義務との関係で法的保護利益性が認められるとも解しうる[17]。さらに,③国家が自らの憲法上の任務として「良質な生活環境」という「質」の保障にまで踏み込んだ場合には,個々の良質な環境下で生活する者たちとの協働が必要不可欠となるが,かかる必須の条件である住民等の自発的協力と自己抑制を調達するために,当該「良質な生活環境」自体を当該住民等の権利として保障することが暗黙の了解となっているとも考えられる[18]。

(2) 実体的権利としての環境権
(ア) 共同利益保障としての環境権

　生命・身体は個人に固有のものとして帰属し,また財産権も,共有の場合も含めて人に固有のものとして帰属するのに対し,「良質な生活環境」は,個々人が享受しうるものではあっても,その人固有に帰属するものではない。この意味で,「良質な生活環境」の保障は,それを享受する複数の人々に共通の利用を保護しようとするものである。したがって,「質」に着眼した環

境権の保障は，多数もしくは複数の市民や地域住民に共通する良質な環境の享受という共同利用状態が，憲法上の権利として保護されることを意味する。この意味で，今日的な環境権概念は，一定範囲の市民や地域住民に共通の共同利益の憲法的保障に他ならない。

したがって，良好な環境は特定の人には帰属するものではなく，共通のルールにしたがって利用する限りは誰にも平等な利用可能性が認められるべきものである。換言すれば，個々の良質な生活環境については，法令に基づき利用自体が禁止または制限されない限り，誰にでも，不法に自らの日常的かつ適正な利用を害されない権利が保障されるというべきである。その意味で，環境権は，良質な生活環境の適正な共同利用を違法に妨げられない権利として再構成することができる。

(イ) 適正な利用を違法に妨げられない権利

共同利益としての環境権の保障は，立法権および行政権に対する関係でのみならず，司法権に対する関係においても及ぶと解すべきである[19]。司法権との関係での環境権保障とは，環境保護にかかわる個々の訴訟事案において，裁判所は，「良質な生活環境」保護の要請を，重要な考慮事項として斟酌すべきであるということを意味する。したがって，良質な生活環境を日常的に享受している者が，当該良質な生活環境に対する侵害を違法であるとして民事訴訟や行政訴訟を提起した場合において，裁判所は，当該良質な生活環境が原告にとってどの程度重要なものであり，また当該良質な生活環境を適正に享受する利益がいかなる程度および態様において害されるか等を，当該侵害の違法性判断の重要な要素として考慮しなければならない。この意味で，良質な生活環境がもたらす恵沢を日常的に享受している者にとって，当該良質な生活環境が違法に侵害されないことには，個別的保護利益性が認められるといえよう[20]。ここでは，違法な侵害との関係で相対的に個別的保護利益性が認められるにとどまるという点に，公共財たる環境を対象とした権利概念である環境権に特有の制約がある。

問題は，いかなる条件が満たされれば侵害行為が違法と評価されるかである。この点について，国立マンション民事差止訴訟上告審判決(上述)は，

「ある行為が景観利益に対する違法な侵害に当たるといえるためには，少なくとも，その侵害行為が刑罰法規や行政法規の規制に違反するものであったり，公序良俗違反や権利の濫用に該当するものであるなど，侵害行為の態様や程度の面において社会的に容認された行為としての相当性を欠くことが求められると解するのが相当である」と判示した。当該判示が，刑罰法規や行政法規への違反または公序良俗違反や権利の濫用等がない限り，景観利益に対する侵害が違法と評価される余地はありえない，という趣旨であるとするならば，それは違法判断の可能性を不当に狭めるものであると思われる。しかし，当該判示の力点は，むしろ，「侵害行為の態様や程度の面において社会的に容認された行為としての相当性を欠くことが求められる」とする点にあると解される。そうすると，なかば慣習法化した地域的ルールに違反するような環境侵害も，違法と評価すべき場合にあたるのではないか[21]が問題となる。また，そもそも，違法性判断の枠組みとして，環境権の重みを適正に考慮した利益衡量を通して違法であるとの結論を導き出す余地も，残しておくべきであろう。

(3) 手続的権利としての環境権
(ア) 参加権の保障

環境は公共財であり，特定の者の絶対的支配権に本来服してはならないものであることを前提とするならば，環境はむしろ，民主主義的手続を通して公共的決定がなされるべきものである[22]。再三引用している国立マンション民事差止訴訟上告審判決(上述)も，この点について，「景観利益の保護は，一方において当該地域における土地・建物の財産権に制限を加えることとなり，その範囲・内容等をめぐって周辺の住民相互間や財産権者との間で意見の対立が生ずることも予想されるのであるから，景観利益の保護とこれに伴う財産権等の規制は，第一次的には，民主的手続により定められた行政法規や当該地域の条例等によってなされることが予定されているものということができる」との見解を表明している。公共財である環境の利用や管理をめぐる利害調整や決定は，第一次的には民主的な立法手続により解決すべきものであるという点で，異論の余地はない。

もっとも，良質な生活環境の維持管理を，行政法規や条例等に関する既存の立法手続にしたがって決定しさえすれば，手続的権利としての環境権保障の趣旨が満たされるわけではない。手続的権利としての環境権保障の見地からは，立法および政策や計画の策定過程において，利害関係者や住民等に実効的参加の機会が確保されるべきである。

　この点で参考となるのは，憲法上の環境権を「環境自主権」と捉え，環境情報へのアクセス保障，環境上重要な決定への国民や住民の参加と地方自治権の拡充，および，環境事件に関する司法へのアクセス保障を唱える淡路説である。もっとも，この説にとって，環境権が憲法上の権利であることから「環境自主権」をいかにして導き出しうるかが，最大の難問であると思われるが，淡路説は，これを，憲法上の権利としての環境権の根幹を「生活の質」の保障として捉え，「生活の質」の保障には環境現場に身近な者の情報アクセスと参加および司法アクセスが欠かせないというロジックにより論証する[23]。実体面と手続面の双方にまたがる統一的視点から環境権概念を再構成しようとする考え方として，説得力がある。

(イ)　司法へのアクセス保障

　司法権との関係では，環境訴訟における違法性の判断に際しては，侵害された当該環境が有する価値や利益が重要考慮事項として斟酌されるべきである。同時に，環境訴訟に関する個人や団体の原告適格や処分性その他の訴訟要件論に関しても，「良質な生活環境」の擁護のための訴訟提起の可能性を過剰に抑制しないことが要請される。さらに，法令上定められた参加手続等の民主的決定過程確保のための諸手続をとることを違法に怠った場合等には，当該決定過程への参加権や関係情報へのアクセス権を保障された個人または団体は，当該手続的違法の瑕疵を理由に当該決定を違法として，その取消等を求めることができると解すべきである。なぜなら，環境の「質」が問われる時代には，「良質な生活環境」の中身と水準の決定過程への参加および環境情報へのアクセスの保障は，環境権の核心部分を構成していると考えられるからである。

（ウ）　国際的動向——オーフス条約

　国際的な動向に目を転じれば，わが国の環境法上の手続的権利保障は，決して先進的なものではない。この点では，むしろ，国連ヨーロッパ経済委員会の環境閣僚会議が締結したオーフス条約が参考になる。

　同条約は，市民の参加と権利保障の拡充および環境保護団体等の役割の増進が，環境保護の推進にとって必要かつ有益であるとの理解のもとで，1998年にデンマークのオーフス(Aarhus)において締結されたものであり，今日では，締約国を中心としたヨーロッパ諸国における環境保護のための手続法整備を促す指針として重要な機能を果たしている[24]。同条約は，①環境情報への公衆のアクセス保障と情報公開，②環境に影響を及ぼす個別的処分や政策・計画の策定および決定過程への公衆参加，③環境分野での裁判を受ける権利の保障を，条約上の義務として要求するものであり，各締約国は，本条約にしたがい国内法上の立法その他の措置を講じなければならない(1条)。特に，各締約国に対して，環境に影響を及ぼす個別的処分や計画・政策等の決定の際の公衆参加手続について，「公衆参加が，手続の開始時点すなわち，ありとあらゆる選択肢や解決策の採用がいまだ可能な時点で開始され，また公衆が，現実の影響力を行使することができる」ように，国内法上の立法措置を講ずることを要求している点(6条4項，7条)等に注目すべきである。

(4)　環境権の全体像

　環境権論の将来像につき以上に論じてきたことを整理すると，次のようになる(図表1-1参照)。すなわち，環境権の保障は，良質な生活環境を享受する権利が，憲法上，国民に一般的に保障されることを意味しており，その結果，立法権及び行政権に対しては，良質な生活環境を確保するための実体的及び手続的な措置を講ずべき使命が，課されることとなる。しかし，環境権の保障は，同時に，司法権に対する関係でも，具体的な環境紛争の解決に当たって，良質な生活環境の確保を重要な価値利益として考慮することを要求するものなのであり，その結果，裁判所には，かかる環境の適正な共同利用を違法に阻害する行為に対して厳正な適法性審査をなすべき使命が，実体と手続双方にわたって課されることとなる。

図表 1-1　環境権論の将来像

環境権の権利内容 ＼ 環境権の性質	立法権・行政権に対するプログラム的権利としての側面	重要考慮事項としての側面
共同利用権	「良質な生活環境」確保のための権利保障を内容とする実体法整備を促す法原理として機能。	適正な共同利用を違法に妨げられない権利の保障。 →①適正利用の違法な阻害に対する出訴権の保障。 ②違法事由としての環境権侵害または環境秩序違反。
手続的権利	環境情報へのアクセス，環境の利用・管理に関する重要決定への国民や住民の参加，環境訴訟に関する裁判へのアクセスを保障するための立法措置を促す機能。そのなかには，環境保護団体への参加権保障や団体訴訟提起資格の付与等も含まれる。	法令に基づく情報アクセス権や決定過程への参加権の保障に違反する処分や決定に対する， ①手続違背を理由とする出訴権の保障， ②かかる情報アクセスや参加手続が適法に確保されていれば異なった処分や決定に至った可能性が否定できない場合において，当該手続違反等を違法事由として主張する可能性の承認。

〈注〉

1) 畠山武道「環境権，環境と情報・参加」法教 269 号(2003 年)17 頁。
2) 大阪弁護士会環境権研究会『環境権』(1973 年，日本評論社)50-51，54-55，77-79，90-91 頁(仁藤一・池尾隆良の両氏執筆)。
3) 大阪弁護士会環境権研究会・前掲(注 2)99-117 頁(久保井一匡，滝井繁男，木村保男の各氏執筆)。
4) 淡路剛久『環境権の法理と裁判』(有斐閣，1980 年)23-24，68-72，83-84 頁および大塚直『環境法〔第 3 版〕』(有斐閣，2010 年)57，682 頁参照。
5) 代表的な批判として，たとえば原田尚彦『環境権と裁判』(弘文堂，1977 年)10-12，60-61，67-70 頁参照。
6) 大塚・前掲(注 4)57 頁および 682 頁参照。同旨として，淡路・前掲(注 4)23 頁参照。
7) 特に，淡路・前掲(注 4)22-25 頁参照。
8) 環境権概念の再構成に際して，憲法上の基本権としての環境権概念の確立が最優先課題であることを論じたものとして，淡路・前掲(注 4)26-30 頁，特に 28 頁参照。
9) 共同利用に着目した環境権概念の提唱については，特に中山充『環境共同利用権──環境権の一形態』(成文堂，2006 年)103 頁以下，特に 111 頁参照。
10) 淡路剛久「権利生成のための法解釈学──環境権訴訟を例として」曹時 50 巻 6 号(1998 年)1585 頁。また，淡路・前掲(注 4)44 頁以下，同「環境と開発の理論」池上惇ほか編『21 世紀への政治経済学』(有斐閣，1991 年)203-206 頁，同「自然保護と環

境権」環境と公害25巻2号(1995年)10-12頁，同「環境権」ジュリ1247号(2003年)76-78頁参照。
11) 淡路・前掲(注4)81-84，85頁以下参照。
12) 髙橋信隆編著『環境法講義』(信山社，2012年)88頁以下，特に97-100頁。また，大塚直「環境権(2)」法教294号(2005年)113頁も参照。
13) 吉田説は，市民社会の基本的秩序に関する広中俊雄の理論が，「人格秩序」の「外郭」に位置するものとして想定する「生活利益秩序」に関する議論や，差止請求の要件について権利侵害を不要とする原島重義の議論等から示唆を得て構築された。詳細については，吉田克己「景観利益の法的保護──《民法と公共性》をめぐって」慶應法学3号(2005年)79頁以下，特に89-96頁，同「環境秩序と民法」吉田克己編著『環境秩序と公私協働』(北海道大学出版会，2011年)67頁以下，特に75-79頁参照。
14) 北村喜宣『環境法〔第2版〕』(弘文堂，2013年)48-54頁。
15) 畠山・前掲(注1)17-18頁。
16) 環境や生活の「質」の確保を重視した環境権論の必要性については，淡路が，フランス法における「生活の質」(qualité de la vie)の観念などを援用しつつ強調してきたところである。淡路・前掲(注4)28-30，45頁。
17) 互換的利害関係論については，山本隆司『行政上の主観法と法関係』(有斐閣，2000年)305-318頁，特に306-307頁参照。
18) パネルディスカッションにおける私の発言として，環境法政策学会編『まちづくりの課題』(商事法務，2007年)103頁参照。
19) 日本国憲法13条の規定における「国政」には，立法権と行政権のみならず司法権も含まれると解すべきであり，それゆえ，「生命，自由及び幸福追求に対する国民の権利」に対して「最大の尊重」を払うべき職責を負う公権力のなかには，司法権も含まれると解すべきであろう。
20) 考慮事項と「法律上保護された利益」との関連性全般について，芝池義一「行政決定における考慮事項」法学論叢116巻1-6号(1985年)576-579頁参照。
21) 注(12)所掲の文献参照。
22) 阿部泰隆「景観権は私法的(司法的)に形成されるか(上)(下)」自治研究81巻2号(2005年)6-7頁・3号(2005年)16-19頁および北村・前掲(注14)51-54頁参照。
23) 淡路・前掲(注4)44頁以下。
24) オーフス条約およびEU諸国におけるその実施状況について，高村ゆかり「情報公開と市民参加による欧州の環境保護」静岡大学法政研究8巻1号(2003年)1頁以下，大久保規子「オーフス条約とEU環境法──ドイツ2005年法案を中心として」環境と公害35巻3号(2006年)31頁以下，大久保規子「オーフス条約と環境公益訴訟」環境法政策学会編『公害・環境紛争処理の変容』(商事法務，2012年)133頁以下参照。

第2章 持続可能な開発

磯崎博司

持続可能な開発は、経済分野および環境分野の多くの条約が定性的義務として定めている。その実施確保のために、原則、基準、指標および手続を定める指針も採択されている。国内実施にあたって、それらが国内法令に受け継がれる必要がある。それが不十分で条約違反が疑われる場合には、国内法令を当該条約に則して補完的に解釈することも必要である。

1. 環境と開発

第二次世界大戦による破壊からの復興開発とともに、新たに独立した開発途上国の経済格差の是正は、戦後国際社会の主要課題とされた[1]。しかし、その是正はなかなか進んでいない。一方で、戦後復興や経済開発に伴い、環境の汚染と生物資源の過剰利用が顕在化した。これらの環境問題は、人口の増加に伴う産業化の進展とともに量的にも質的にも拡大し深刻になってきており、国際的な対策が必要とされている[2]。

開発途上国および低開発状態にある人々に必要とされる開発促進と環境保全をめぐる論点は、後述のように、持続可能な開発とは何か、そして、持続可能性とは何かに収斂されている。以下では、環境と開発との関係を概観したうえで、関連する条約やその下の指針などに定められている原則、基準、指標、手続などに基づいて、持続可能性とは何かを探ることとする。

(1) 南北問題

開発途上国と先進国との間の経済格差の問題は、東西問題に対比して南北問題と称される。その解決に向けて、当初は資金援助に関心が集まっていた

が，その後は，より根源的，構造的な要因にも目が向けられた。たとえば，貿易制度，金融制度，流通制度，一次産品市場，技術市場，知的財産権制度，国際経済秩序などが不公正であるとされ，特恵関税の導入，国際金融機関の意思決定手続の改善，自然資源に対する恒久主権，多国籍企業の規制，制限的商慣行の規制，技術移転の促進管理，新国際経済秩序の樹立，国家の経済的権利義務などについて拘束力のある国際文書を採択することが主張された。それらのなかには，特恵制度の導入，国際機関の意思決定手続の改正，商取引制度の改善など，部分的に実現されたものもある。

また，必要とされる資金のために，先進国による援助，鉱物資源，深海底資源，大陸棚資源，海洋資源，公海漁業資源，遺伝資源，炭素オフセット，生物多様性オフセット，REDD（Reducing Emissions from Deforestation and Forest Degradation：森林減少・劣化による温室効果ガス排出の削減）[3]，各種国際取引に対する国際課税，そして各種国際基金の設立など，新たな財源探しも行われてきている。しかしながら，それらによる資金確保はほとんど効果を上げておらず，依然として，先進国による援助や基金に依存している。

開発途上国によるこれらの要求は，主権的権利の強化と国際共同管理の強化という反対方向を向いた2つのアプローチに基づいている。前者には，自然資源に対する恒久主権，新国際経済秩序，経済権利義務憲章，制限的商慣行，多国籍企業，排他的経済水域とそこに賦存する資源，遺伝資源，伝統的知識に関する主張が含まれる。後者には，公海，深海底，南極および宇宙という国際公域とそこに賦存する資源の管理，また，科学，技術，知見，教育などの移転に関する主張が含まれ，人類の共同遺産という概念に基づくことも多い[4]。

(2) 持続可能な開発

南北問題は，経済だけでなく，政治，社会，その他の側面を含む構造的問題であり，環境問題にも深くかかわっている。また，環境問題による被害は社会経済的弱者に集中するために，貧困対策は環境対策としても位置づけられる。そのため，1970年代以降は，経済格差の是正だけでなく，汚染危害の防止，生態系の保全，人権保障なども含む，先進国の後追いでない開発が

求められるようになった。

(ア) 持続可能性に関する国連会議

1972年に開かれたストックホルム会議(国連人間環境会議)において，開発途上国は環境問題の主要な原因が南北問題にあることを指摘した。開発途上国においては，貧困または低い開発レベルのために，汚染物質の垂れ流し的な状況があるからであり，また，身近な自然資源への依存度が高い一方で加工や貯蔵のシステムが不備なため，それらの資源が無駄になっていたり，過剰に利用されたりしていることが多いからである。その結果，人や動植物への汚染被害，森林や草地の減少，土壌の浸食，洪水の増加，砂漠化の拡大などが発生している。こうした貧困や低開発による環境問題を克服するために，早急な社会開発が必要であると主張したのである。ストックホルム会議において採択された人間環境原則は開発途上国の主張を反映しており，環境保全の観点からの原則とともに，経済社会開発の必要(原則8)，低開発の改善(原則9)，資金援助(原則9)，一次産品価格の引き上げ(原則10)，開発を阻害しない環境政策(原則11)，開発途上国の特別な事情(原則12)など，南北問題の観点を含む原則が並べられている。

その後，同様の概念は，1990年ごろから，持続可能な開発として広まった。1992年に開かれたリオ会議(国連環境開発会議，地球サミット)で採択されたリオ原則にも，開発の権利(原則3)，持続可能な開発(原則4)，貧困の撲滅(原則5)，開発途上国の特別な事情(原則6)，共通だが差異ある責任(原則7)など，南北問題にかかわる原則が含まれている。なお，リオ会議の合意の達成評価のために2002年に開かれたヨハネスブルグ会議(持続可能な開発世界サミット)においては，主テーマが持続可能な開発とされた。

しかしながら，これらの努力にもかかわらず，根本的な問題解決には至っていない。そのため，国連は，2001年以降の新たな千年紀に向けて，MDGs(Millennium Development Goals：ミレニアム開発目標)を策定した[5]。それは，南北問題および持続可能な開発に関する総合計画であり，2015年までに達成すべき以下の8つの目標を掲げているが，それも達成は困難な様子である。このように，南北問題の解決が進まない一方で，環境を理由にして開

発が制約されることに，開発途上国は不満を高じさせている。リオ会議から20年目である2012年にはリオ＋20（国連持続可能な開発会議）が開かれたが，環境と開発との間での綱引きが再現された。その準備段階から，MDGsのフォローアップに向けて，グリーン経済を2015年以降の基本枠組みとすること，その目標や指標として，GDP(Gross Domestic Product：国内総生産)に加えて，環境や社会面の健全さを含めることが検討されていた。その背景には，世界経済において，また，援助資金においても，新興経済諸国の占める割合が増えてきていることがある。しかしながら，開発途上国や新興諸国は，自国の経済戦略への環境面からの国際的制約を嫌って，グリーン経済を基本枠組みにすることに反対を貫いた。最終的に，グリーン経済については，内容に立ち入らず，持続可能な開発の観点での重要性の認識にとどめることとされた[6]。他方で，SDGs(Sustainable Development Goals：持続可能な開発の目標)を基本枠組みとすること，また，その目標や指標についての検討を始めることなどが合意された[7]。

（イ）　資源開発条約と環境保全条約

このように，開発または経済の観点から持続可能な開発または持続可能性の基準や指標を詳細に定めようとする努力はされてきているが，開発途上国による反発もあり，その努力は完結していない。なお，水産業や林業については，以前から開発または経済の観点から持続可能な開発・利用を達成するための基準や手法が整備されてきていた。ところが，近年，自然資源の開発・利用に対する環境の観点からの批判が強くなったことを受けて，以下で取り上げるように，水産業や林業に関する条約のなかには，環境要素を取り入れた基準や手法を導入しているものもある。

他方で，環境条約の多くが，環境保全だけではなく，持続可能な開発または持続可能な利用も目的としており，経済社会開発や貧困対策，また，資金援助について定めている。たとえば，生物多様性条約の第20条4項は，「開発途上締約国によるこの条約に基づく約束の効果的な履行の程度は，先進締約国によるこの条約に基づく資金および技術の移転に関する約束の効果的な履行に依存しており，経済および社会の開発ならびに貧困の撲滅が開発途上

締約国にとって最優先の事項であるという事実が十分に考慮される」と定めている。

2. 持続可能性の確保

持続可能な開発の概念および開発の権利については，多くの分析や論説が表されてきている。本節では，それらの議論には立ち入らず，環境とのかかわりに焦点をしぼり，関連条約などに定められている定義やそれらの下の指針に基づいて検討することとする。

(1) 関連条約における位置づけ

まず，水産業においては，持続可能な開発・利用の確保は以前から中心的課題であり，最適利用(optimum utilization)またはMSY(Maximum Sustainable Yield：最大持続可能漁獲量)に基づく利用が目的とされていた。最近は，伝統的な漁区，漁期，漁法の規制に加えて，生態的要素を重視して混獲規制なども導入されるようになってきている。たとえば，国連海洋法条約の下で，沿岸国は，最適利用を確保するために，環境要因や関連魚種の状況を勘案して，MSYに基づき当該水域における総漁獲可能量や管理措置を定めることとされている(61条, 62条)。同様に，国際捕鯨取締条約は，鯨類の保存と最適利用を目的としており，MSYに基づく改定管理方式が導入された。その他，公海漁業協定[8]，ミナミマグロ条約，その他の漁業関連条約，また，国連食糧農業機関の責任ある漁業行動綱領も，最適利用または持続可能な利用を目的にしており，MSYを基礎としつつ生態系配慮を重視している。

つぎに，生物多様性条約は，生物の多様性の保全，その構成要素の持続可能な利用，および，遺伝資源の利用から生ずる利益の公正かつ衡平な配分を目的としている(1条)。これら3つの目的は，それぞれ対象範囲が異なるとともに，内容的に前後関係にある。基盤は生物多様性の保全であり，その後に生物資源の持続可能な利用と遺伝資源の利用が成り立つとされている。また，持続可能な利用とは，「生物多様性の長期的な減少をもたらさない方法および速度で生物多様性の構成要素を利用し，もって，現在および将来の世

代の必要と願望を満たすように生物多様性の可能性を維持することをいう」と定義されている(2条)。

　他方，ラムサール条約においては，持続可能な利用は，賢明な利用という語句で表されており，同条約の主目的のひとつである。その条文では定義されていないが，締約国会議の決議において，「湿地の賢明な利用とは，持続可能な開発の趣旨に沿って，生態系アプローチの実施を通じて達成される，湿地の生態学的特徴の維持をいう」と定められている[9]。この定義も，生物多様性条約の定義と同様に，生態系の維持を，持続可能な利用の前提および究極目的としている。

　すなわち，持続可能性は，人間活動に対して生態系が有している支持力または許容力の持続可能性を意味するのであり，事業や活動の持続可能性または継続可能性を意味するのではない。生態系の許容量を超える汚染，負荷，損傷，破壊などを当該生態系に生じさせる人間活動は，持続可能とはいえない。そして，生態系の支持力または許容力は，生物多様性が維持されていることに根ざしている[10]。

　このように，自然や生態系の保全を基盤とするとともに，究極的に生物多様性の維持に資することを，持続可能な利用の条件とすることは，ワシントン条約，世界遺産条約，国際熱帯木材協定，植物遺伝資源条約などの，自然にかかわる諸条約において共通している。

(2) 持続可能性の基準と指標

　しかし，以上のような定義によっても，持続可能な開発・利用はどのようにしたら達成できるのかは，必ずしも明白ではない。そのため，いくつかの条約の下にもう少し詳しい基準や指標が採択されている。以下では，それらのうち，公海漁業協定の附属書，生物多様性条約の持続可能な利用指針[11]，ラムサール条約の賢明な利用に関するハンドブック[12]，また，温寒帯林の持続可能な管理に関するモントリオールプロセス[13]に定められている基準，指標，手法，手続などを概観してみる。

（ア）　公海漁業協定および国際捕鯨取締条約

　公海漁業協定は，漁業資源の持続可能な利用を確保するために，科学的証拠を基礎とする規制管理について定めている．それを受けて，正確なデータを収集するための手法が附属書Ⅰに定められており，特に，予防的対応が重視されている．附属書Ⅱには，そのための指針が定められている．そこでは，限界基準値と目標基準値という，漁業資源ごとに定められるべき2つの予防的基準値が導入されている．限界基準値は，MSY の達成を可能とする生物学的に安全な範囲内に資源量をとどめるための限界を示し，また，目標基準値は，管理のための目標を示す．具体的には，漁業管理戦略を策定するにあたって，漁獲量が限界基準値を超えないようにすること，資源量が限界基準値を下回るおそれのあるときには必要な保存管理措置をとること，また，漁獲量の平均値が目標基準値を超えないようにすることが求められている．旗国には，船舶の登録，船舶および漁具に対するマーキング，船舶の位置や漁獲データの記録と報告，並びに，監視・査察・検査などに関する制度を通じて，確実な管理と取締をすることが義務づけられている．

　なお，国際捕鯨取締条約も同様の管理規則を定めているが，そこでは，資源区分，基準値および捕獲量について具体的数値が示されている（付表10(a)～(c)）．

（イ）　生物多様性条約およびラムサール条約

　生物多様性条約の持続可能な利用指針には，生物資源の持続可能な利用に関する根底条件および実践原則が示されている．根底条件としては，①安定的な生物学的存続レベル以上を対象種に確保，利用はその生物学的許容レベル以下を確保，②変化に対する柔軟な対応，③利用成果の生態系保全への還元，④生態系サービスの維持，⑤内在的な生物学的特性による制約の認識，⑥予防的対応，⑦先住民および地元共同体による伝統的利用という7条件が示されている．つぎに，実践原則としては，[1]支援のための政策，法律，組織の整備，[2]資源利用に関する権利と責任の地元利用者への付与，[3]市場をゆがめ生息地破壊をもたらす政策・法律・規則の廃止，[4]適応型管理，

[5]生態系に対する悪影響の回避，[6]学際的な研究の促進・支援，[7]生態的・社会経済的範囲に対応した空間および時間枠の設定，[8]国際協力(特に，共有資源の場合)，[9]分野横断的な参加型管理，[10]生物多様性に関する多面的・長期的な価値の認識と評価，[11]利用に伴う汚染や廃棄物の最小化，[12]先住民および地元共同体への衡平な利益配分，[13]保全管理費用の内部化と利益配分への組み入れ，[14]CEPA(Communication, Education, Participation and Awareness：対話・意思疎通，教育，参加および啓発)という14原則が示されている。

また，これらの原則を運用するために，詳細な指針が定められている。そのすべてをここで記すことはできないが，主なものは以下である(数字は上記の実践原則に対応する)。[1]慣習法の考慮，[1]伝統的利用の考慮，[1]必要な調整と改正，[2]当事者への権限付与，[2]必要な法令改正，[2]能力構築，[2]伝統的利用の奨励，[3]市場のゆがみの是正，[4]モニタリング，[4]速やかな見直し，[5]生態系の広がりと連環，[5]絶滅のおそれ，[5]予防的対応，[5]複合的影響，[5]復元・回復，[6]成果の活用，[6]地元の知見，[6]CEPA，[6]成果の公開，[7]責任の明確化，[7]参加の確保，[8]協定，[8]国際委員会，[9]情報交換，[9]参加，[10]経済評価，[10]環境勘定，[11]経済誘導措置，[11]最善技術，[12]経済誘導措置，[12]衡平性，[12]非金銭的価値，[12]すべての利害当事者，[13]内部経済化，[13]認証，[14]優良・失敗事例，[14]広範な対話。

他方，ラムサール条約の賢明な利用に関するハンドブックにも，上記と同様の項目が定められており，特に，外来種の防止と駆除，統合的管理，文化社会面の評価，地元共同体の主導性，国内規則・計画の策定，不服申立の保障などが保障されている。

なお，以上の項目に関して，生物多様性条約の下には，生態系アプローチ指針[14]，CEPAツールキット[15]，生物多様性環境影響評価指針[16]，先住民文化影響評価指針[17]，先住民倫理行動綱領[18]および外来種指針原則[19]が定められており，それぞれ詳細な手続きが示されている。また，ラムサール条約の下には，統合的管理指針[20]，地元参加指針[21]およびCEPA指針[22]が採択されている。

特に，ラムサール条約は，国際登録されていない湿地についても，それらの保護または持続可能な利用のための措置をとることを義務づけている。その湿地の定義は広いため，一般的な持続可能性を考えるうえで，ラムサール条約の各指針は欠かすことができない

（ウ）モントリオールプロセス

モントリオールプロセスにおいては，温寒帯林の持続可能な利用とその持続可能な管理のために，以下の7基準が掲げられている。基準〈1〉生物多様性の保全，基準〈2〉森林生態系の生産力の維持，基準〈3〉森林生態系の健全性と活力の維持，基準〈4〉土壌および水資源の保全と維持，基準〈5〉地球的炭素循環への森林の寄与の維持，基準〈6〉社会の要望を満たす長期的・多面的な社会・経済的便益の維持および増進，基準〈7〉持続可能な森林管理を促進する法律・政策・制度的な枠組みの存在。

基準〈1〉から〈6〉に対応する44指標のうち，主なものは以下である（数字は上記の基準に対応する）。〈1〉各種森林の面積と割合，〈1〉森林の分断度合，〈1〉生物種の数，〈1〉絶滅のおそれのある種の数，〈2〉森林の総蓄積・成長量・収穫量，〈3〉生物的要因（疫病，昆虫，侵入種）または非生物的要因（火災，暴風雨，開拓）の影響を受けた面積と割合，〈4〉保護林の面積と割合，〈4〉土壌劣化している森林の面積と割合，〈5〉炭素の総蓄積と収支，〈5〉バイオマス利用により回避された化石燃料からの炭素放出量，〈6〉木質生産物の生産額と生産量，〈6〉非木質生産物の生産額，〈6〉輸出量と輸入量，〈6〉林産物の再利用の割合，〈6〉各種の投資額，〈6〉森林部門の平均賃金，〈6〉観光利用の実態。

また，基準〈7〉については，以下の10指標が示されている。〈7.1.a〉持続可能な森林管理を支える法律および政策，〈7.1.b〉政策および計画の分野横断的な調整，〈7.2.a〉持続可能な森林管理に影響を与える税制度およびその他の経済戦略，〈7.3.a〉土地および資源並びに財産に関する権利の明確性およびその権利保障，〈7.3.b〉森林に関する法律の執行，〈7.4.a〉持続可能な森林管理を支える計画・施策・その他の措置，〈7.4.b〉持続可能な森林管理のための調査および技術開発および適用，〈7.5.a〉持続可能な森林管理を支える協働，〈7.5.b〉森林に関する意思決定における公衆参加および紛争解決，

〈7.5.c〉持続可能な森林管理に向けた進展に関するモニタリング・評価・報告。

(3) 持続可能性に関する基準，指標，手続

以上のように，持続可能性の基準は絶滅のおそれの基準よりも前段階の位置に設定されている。また，社会的な要因が大きいため特定の数値によって定量的に示すことが困難であり，定性的な基準となっている。そのため，いくつかの指標とその評価のための手続をセットにして提示されている。それらは一般的かつ包括的なセットであるため，個別の分野や事例について，それぞれの場合に最も適切な目標値や目標範囲を設定し，それに基づいて規制管理措置を定める必要がある。それぞれの指標について，目標値や目標範囲をどこに設定するかで，規制管理の段階やレベルを調整することができるため，先進国か開発途上国かを問わずあてはめることができる。それらの基準や指標を適用し，必要な手続を順次尽くすことで，持続可能な開発・利用の達成が確保される。

3. 行政規則の連携

持続可能性に関する上記の基準や指標などが効果を持つためには，それらが各国の国内法令に受け継がれていなければならない。

(1) 国際法における行政規則

締約国会議などの条約機関は，当該条約の実施・運用を管理する行政機能を果たしている。一般的には，締約国会議が採択する文書は法的拘束力を有していないとされる。しかし，それが条文規定の解釈を定める場合やその実施のための運用規則または手続を定める場合には，公権的な性格を有し，事実上の拘束力を有することがある。このような性格の文書は，はじめから法的拘束力のある法規，すなわち，ハードローに対して，ソフトローと呼ばれる。それらは，国内法制度において行政機関が定める施行令や施行規則などと同様に，国際法の実施を確保するための行政規則としての機能を果たしている。

こうした国際法における行政規則は，条約に定められている場合もあるが，上記で触れているように締約国会議などによって採択される文書に定められている場合が多い。

さて，持続可能性に関して前節で概観した条約などおよびその下の文書に定められている原則や基準などは，以下のように，基本枠組，対応方法および実施手法に大きく分類することができる。

(ア) 基本枠組

この分類は，一般的な社会制度の基本枠組にかかわるものであり，平等および衡平の原則，防止および予防の原則，並びに透明性の原則からなる。平等および衡平の原則にかかわる基準としては，権利と義務の平等，負担と利益の公平，弱者の支援があり，差別の禁止，公正かつ衡平な利益配分などが指標とされている。防止および予防の原則にかかわる基準としては，防止と予防があり，科学的に予測可能な汚染や被害の防止義務，および，科学的不確実性を伴う事態への対応と合意形成のための手続にかかわる。透明性の原則にかかわる基準としては，科学性，安定性，説明責任，情報公開，および参加の確保がある。そのうち，後3者の基準については，ラムサール条約および生物多様性条約の CEPA 指針，また，ラムサール条約の地元参加指針に詳細な手続が定められている。

(イ) 対応方法

この分類は，持続可能性の確保に向けた対応をとるときの基本的視座にかかわるものであり，それには，生態系基盤の原則，統合性の原則，地元主導の原則，内部経済化の原則が含まれる。生態系基盤の原則は，持続可能性の根底原則であり，生物多様性の保全，生態系の許容範囲内の確保，再生産量以下の利用，および生物多様性の主流化という基準からなる。このうち，前3者の基準には，生態系や動植物の状況を正確に把握するために科学調査と定期観測が不可欠であり，それに基づいた評価手続，利用活動の限界設定と効果的管理が必要とされる。これらの基準については，生物多様性条約の生態系アプローチ指針および持続可能な利用指針に詳細が定められている。も

う1つの基準である主流化は愛知目標の基本であり[23]，下記の，他分野の制度との統合という基準と類似している。

　つぎに，統合性の原則にかかわる基準としては，文化と社会，社会的許容性，他分野の制度，産業の実態と調整，適応型の制度がある。それらは文化・社会的側面を重視しており，その価値認識，その考慮義務，評価手法，相互調整手続などが指標とされる。また，状況に応じて柔軟に見直すことができるよう，適応型の管理制度が求められる。統合性の原則については，ラムサール条約の統合的管理指針が詳細な手続を定めている。また，文化的側面については，生物多様性条約の先住民文化影響評価指針に詳細が定められている。

　地元主導の原則にかかわる基準としては，地方分権，慣習的権利の尊重，伝統的知識の保護，管理運営への参加がある。それらは，利用活動や生態系の最も近くで生活している地元共同体を基礎とした権限配分，管理運営段階への参加などを指標とするとともに，先住民社会の慣習の尊重や伝統的知識の保護を求めている。この原則については，ラムサール条約の地元参加指針および生物多様性条約の先住民倫理行動綱領が詳細を定めている。内部経済化の原則は，環境会計の導入，経済的誘導措置の適切性を基準としているが，WTO（World Trade Organization：国際貿易機関）制度との調整も必要とする。

（ウ）　実施手法

　この分類は，以上の各原則や基準などを実現するための手法を示しており，全体にかかわるものと一部にかかわるものがある。全体にかかわる手法としては，CEPA，評価，および法令整備がある。そのうちCEPAは，対話，情報公開，参加，広報，啓発，教育，および訓練を含み，特に，双方向の意思疎通と信頼醸成を基礎としている。なお，前述のように，CEPAについてはラムサール条約および生物多様性条約の下に作成されている指針に，また，参加についてはラムサール条約の地元参加指針に，それぞれ詳細手続が定められている。

　つぎに，評価には事前および事後の手続があり，事前手続には，環境影響評価，戦略的環境評価，および協議が含まれ，事後手続には，モニタリング，

第三者評価，点検見直しが含まれる。それらの指標としては，空間と時間枠の適切性，文化・社会側面の評価項目，対象とされる上位計画および法令，点検見直しの頻度と範囲，経過と結果の公表などが挙げられる。これらの評価項目については，生物多様性環境影響評価指針および先住民文化影響評価指針に詳細が定められている。

また，法令整備については，権利保障，公共価値，財産権，規制措置，経済措置，行政機構，紛争解決，慣習法，および弱者支援の各側面について整備する必要がある。その際，取締，公益性，新たな財産権，経済措置の活用，紛争解決を促進する手法，慣習的権利の新たな位置づけ，法技術面での支援などに注意を払うべきである。

他方，一部に該当する手法として，科学調査・観測がある。特に，透明性の原則の科学性基準，並びに，生態系基盤の原則の生物多様性保全，生態系許容範囲，および再生産量の各基準については，科学調査・観測は欠かすことができない。科学調査・観測については，定期調査，設備機器，資金，および調査人員を充実させる必要がある。

(2) 国内行政規則による対応

上記のように，定性的な義務の具体化は各条約の下の国際行政規則を通じて整備されるため，そのような条約義務の国内実施にあたっては，国内行政規則が国際行政規則に対応していることが必要となる。ここで，国内行政規則とは，国際法における行政規則に相応するものを意味しているため，施行令や施行規則などを指す場合が多いが，本則がかかわる場合もある。また，それには，環境分野にとどまらず，環境以外の分野または地方的なものも含まれる。

他方，国内行政規則による対応は，別の観点，すなわち，立法府(議会)に対する義務づけが難しいこと，行政府は国際法の立法者であること，法律の執行は行政規則によって左右されること，公共事業などの行政行為の影響が大きいことなどからも必要とされている。実際，立法とともに，政策や行政計画の策定を義務づける条約が増えている。

このように，環境条約は，行政府に対する行為規範としての機能を整えて

きている。

（ア）対応の確保に向けて

持続可能性に関する上記の各条約および国際行政規則を，相応する日本の国内法令と対照してみると，大枠では必要な対応は行われているといえよう。たとえば，平等，防止，透明性，生態系の基盤性，統合性，地元主導性，内部経済化などの原則についても，また，CEPA，評価，法令整備，科学調査・観測などの手法についても，さまざまな分野の法律や規則などにおいて定められ，位置づけられている。

しかしながら，形式面では確保されているとしても，適切な指標の組み合わせ，必要とされる目標設定などの実質面では十分とはいえない。特に，予防，生態系の基盤性，統合性，地元主導性という原則，また，CEPA，公開と参加という手法については，関連する条約指針と対照すると改善の余地がある。前述のように，持続可能性に関する国際法における行政規則には定性的なものが多いため，そのまま受け継いでも効果は薄い。関連指針に実質面で適合するよう改善するためには，個々の分野にかかわる基準が達成されているか否かを評価し判断するために適切な指標のセットが整えられているか，個別事例についてはその分野のセットのなかから最も適切な指標が選ばれているか，選ばれた指標について目標とする数値や範囲が設定されているか，そのような選定や設定のための手法と手続が定められているか，また，実施と管理のための計画が策定され運用されているかの検証が必要である。

同様に実質面での確保という観点では，手続的手法が自己目的化し，ひとり歩きしないようにしなければならない。それらの手法が，原則や基準の達成に向けて方向づけられていることの再確認とフィードバックが常に必要である。

ただし，国内の法律と行政規則に条約以上のレベルが定められている場合には，国内法令を条約レベルに適合させる必要はない。かえって，先進国には，条約レベル以上の国内法令の策定が奨励されている。

（イ）　条約違反と国内判例

次に，国内行政規則による対応が不十分な場合，または，条約の実体義務に違反する場合にどのようなことが必要とされるか検討してみよう。

環境条約には，「可能な限り」「適切な場合」などの字句を含んで国内法令の整備義務を定めるものが多い。それらの条文は，締約国に裁量を認める一方で，実質的に効果のある対応を締約国に義務づけている[24]。したがって，当該条約の目的や趣旨に反する事態が明らかであって，前述の国際規則への対応が不十分な場合は，法令整備が行われていたとしても，実質的には可能な限りの適切な措置をとる義務が果たされていないこととなりうる。

そのような義務違反の解消のためには新たな法令整備が必要とされ，それには時間がかかるという事態が想定される。しかし，その間であっても，締約国は，実質的に適切な最大限の措置が確保できるように，現行法令を当該条約およびその下の規則や指針の関連規定に沿って補完的に解釈適用することによって義務違反を避けることができるし，それを行わなければならない。なぜならば，条約の法令整備義務は，立法府のみでなく，行政府および司法府を含む広範な国内実施過程を対象にしているからである。

この論点を含む国内裁判事例として，ナキウサギ裁判，アマミノクロウサギ裁判，やんばるの森裁判，えりもの森裁判などがある。それらの裁判において，関係国内法令に加えて，開発行為の持続可能性は生物多様性の保全を前提とするという観点から，生物多様性条約をはじめとする環境条約が原告によって援用されてきている[25]。原告側は，まず，一般的に条約に国内効力があること，また，生物多様性条約は直接適用力を有し，不十分な内容の国内法令は生物多様性条約とその指針によって補完されると述べた。また，生物多様性条約の8条は行政に対して明確な義務を設定しており，保全措置をとらないだけでなく，生物多様性条約の目的または趣旨に反する行為は，条約違反であり，裁量権の逸脱にあたると論じた。他方，被告側は，一般的にも，また，義務内容が具体的でないため個別的にも，環境条約の直接適用は否定されること，各条約および国内法令のもとで求められる行為について行政に裁量権があることなどを主張した。

いずれの事件においても，裁判所は，環境条約の義務は具体的でなく，それは政策的責務にすぎないとして，その直接適用を排してきた。そのような中で2013年9月に，北見道路裁判において画期的な判断が札幌地裁によって示された[26]。

(ウ) 北見道路裁判

北見道路裁判においては，道路建設の是非が問われた。生態系を基盤とする持続可能性の確保が争点となり，原告は環境条約について従来と同様の主張を行った[27]。また，国際法の観点からの意見書および意見書に対する証人喚問においては，上記に加えて，定性的義務は締約国会議において採択される原則・基準・指標・手続きなどの国際行政規則によって実施されること，条約は法律とともに国内行政規則についても裁量の範囲を定めていること，条約は行政行為に対しては直接適用されていること，条約の解釈適用に関する最終判断は条約体制によることなどが強調された[28]。他方で，被告および参加人(国)も条約適用について従来と同様の主張を行った[29]。

裁判所は，生物多様性条約の効力と機能について，次のように判断した。「本件条約8条は，締約国に対し，生物の多様性を維持するために，一定の制度を設けること等を求めているもので，『可能な限り，かつ，適当な場合には』ともあるように，本件のような個別の道路建設事業等を行うに当たり，参加人に対し，直ちに一定の具体的な行為を義務づけているものと解することはできない。」「ただし，生物多様性基本法，環境基本法，環境影響評価法，絶滅のおそれのある野生動植物の保存に関する法律等関連する法令の解釈指針としては，本件条約が機能するものといえるし，例えば，締約国である参加人によって，希少生物の生息地を何らの保全措置もとらずに破壊する等の本件条約8条の趣旨を著しく没却するような行為が行われた場合等には，裁量権の範囲を逸脱するものとして，そのような行為が違法と評価される可能性もあるものというべきである。」[30]

その判断に基づいて，条約8条の趣旨に反していたかどうかを審査し，「本件建設地の自然環境に相当程度影響を与えており，生物多様性保全の観点からルートの選定や工法が最適なものであったかは疑問もあること，参加

人による移植が失敗した植物重要種もあることが認められる」としながらも，環境影響評価法に基づいて道路構造の工夫や移植保全が行われ，また，その移植にある程度の成果は得られているとして，「参加人は，生物多様性の保全にそれなりの配慮をしながら本件道路の建設事業を実施しているものと認め」た。そして，「参加人の行っている保全措置が適切なものであったか否かは，さらに継続的な検証を要するものではあるが，参加人が行っている生物多様性の保全に対する一定の配慮を考慮すると，本件道路の建設について，直ちに参加人に裁量権の逸脱があったということはでき」ないと結論づけた[31]。

　国内裁判における条約の直接適用については，人権分野または経済分野が先行しており，環境分野は遅れていた。本判決は，国内の法律および行政規則の解釈指針としての条約の機能，国の裁量権の条約による制約，条約の趣旨に反する行為の違法性という点について，環境分野での前進を記したと言えよう。また，「直ちに一定の具体的な行為を義務づけているものと解することはできない」と記すことで，生物多様性の保全義務のような具体的ではない定性的義務への対応の必要を残し，それに続く文章で，条約を解釈指針にして，本件で選択された行為の違法性が評価されるとの認識を示した。

　ただし，本判決の結論としては，条約違反に当たらないという判断であった。しかしながら，それも，「直ちに逸脱があったということはでき」ないという表現にとどまっている。その背景としては，自然環境への相当な影響，ルートや工法の最適性への疑問，および，重要な保全措置の失敗が認定されたこと，また，保全措置の適切性は継続的検証を必要とすると確認されたことがある。したがって，環境条約の直接適用が認められるとしても，経済学，生物学や生態学などの専門的観点から行われる持続可能性および生物多様性の実体評価が重要であることに変わりはない。

(エ)　今後の課題

　さて，本判決を経て，持続可能性に関する条約の国内効力については，重要な課題も浮き彫りになった。それは，国内法令整備の適切性および個別行為の適切性を提示することに関わり，後者は，開発行為の適切性および生物

多様性の保全措置の適切性に分かれる。本判決は，生物多様性の保全措置の適切性については条約の効力と機能を認めているが，そのほかの適切性については論じていない。

まず，国内法令整備の適切性とは，本件判決が述べている「一定の制度を設ける」べき締約国としての義務の裁量範囲を示すことである。それには，定性的義務を方向付けるために諸条約間で相互発展的に整備されてきている持続可能性に関する基準や指標などの国際行政規則が条文義務と一体であることを示し，国内の法律および行政規則が条約および国際行政規則に適合すべきことを論証する必要がある。

次に，個別行為の適切性とは，行政機関が個別事業に携わる場合の裁量範囲を示すことである。そのうち，生物多様性の保全措置の適切性について，本判決は，解釈指針として条約が機能することを認定したが，さらに進めて，国際行政規則に基づいて判断すべきことを論証する必要がある。なお，この生物多様性の保全措置の適切性は，開発行為の適切性の前提部分である。その開発行為の適切性それ自体は，本事件では詳細に取り上げられていないが，それは，本稿が触れている持続可能性の確保のことである。どちらの適切性についても，上述の適合が不十分な国内法令は，条約および国際行政規則に沿って補完的に解釈適用されるべきことを論証する必要がある。

他方で，本判決は，国内法令の解釈指針としての機能という言い方で，生物多様性条約の間接適用を示唆している。ただし，その後に，具体的な国内法令がどのように解釈適用されるべきかという論理展開は示されていない。一方で，生物多様性の保全のための国内法令や施策の整備を義務づけられている「締約国である参加人」自身が行う道路建設事業については，生物多様性条約8条の趣旨から大きく逸脱しないことが求められるとして，生物多様性条約の直接適用を示唆している。ところが，判決文は，両方の文章を「例えば」で結んでおり，また，私人と行政機関との区別は明示されていない。したがって，直接適用と間接適用との間の整理ならびに私人と行政機関との間の適用条件の違いの整理も必要である。

これらの課題に応えられるように，環境条約の適用とその機能に関する法理論を精緻化しなければならない。

〈注〉

1) Development という用語に対しては，開発または発展という用語が当てられてきている。本章においては，各種資源を対象とする活動に触れることが多く，その場合は発展という用語はそぐわないため，開発という用語に統一している。

2) 開発と環境に関わる論説は多数あるが，国際法の観点からのものとしては以下を参照。高島忠義「国際法における開発と環境」国際法学会編集『日本と国際法の100年 第6巻 開発と環境』(三省堂，2001年)1-27頁。

3) REDD に対しては，温室効果ガスの量のみが基準とされることに懸念が示されており，気候変動条約と生物多様性条約の下で，生物多様性保全と人権保障を確保するための基準や指標を設定することが必要とされている。その検討にあたっては，本稿で扱う持続可能性の原則，基準，指標や手続きと同様の項目が提示されてきている。なお，その観点については，磯崎博司「持続可能な開発に関するセーフガード——望ましい REDD＋に向けて」地球環境学8号(2013年)1-14頁を参照。

4) これらの主張のうち，技術，知的財産権，深海底資源および遺伝資源に関しては，磯崎博司「環境条約における技術移転メカニズム」特許研究50号(2010年)38-44頁を参照。

5) http://www.un.org/millenniumgoals/index.shtml (2012年12月10日アクセス)

6) ただし，「持続可能な開発と貧困撲滅の観点におけるグリーン経済」との限定が付されており，第58項の(a)から(p)には，その観点を示す要素が詳細に記されている。Paras. 56-74, III. Green economy in the context of sustainable development and poverty eradication, Future We Want - Outcome document, Rio＋20 United Nations Conference on Sustainable Development. http://sustainabledevelopment.un.org/futurewewant.html (2012年12月10日アクセス)

7) Paras. 245-251 V. Framework for action and follow-up, B. Sustainable development goals, Future We Want, *Ibid*.

8) 正式名称の日本語公定訳は，以下である。分布範囲が排他的経済水域の内外に存在する魚類資源(ストラドリング魚類資源)及び高度回遊性魚類資源の保存及び管理に関する1982年12月10日の海洋法に関する国際連合条約の規定の実施のための協定。

9) Para. 22, A Conceptual Framework for the wise use of wetlands and the maintenance of their ecological character (Resolution IX.1 Annex A). 和訳は以下に収録されている。http://www.env.go.jp/nature/ramsar/09/9.01_A.pdf (2012年12月10日アクセス)

10) その考え方は，「持続可能な開発とは，人々の生活の支持基盤となっている各生態系の許容能力限度内で生活しつつ，その生活の質的改善を達成すること」という定義によって明確に示されている。IUCN/UNEP/WWF, *Caring for the Earth: A Strategy for Sustainable Living* (1991), p. 10, Box 1.

11) Addis Ababa Principles and Guidelines on Sustainable Use of Biodiversity (Decision VII/12).

12) The Ramsar Handbooks for the wise use of wetlands, 4th edition (2010). http://www.ramsar.org/cda/en/ramsar-pubs-handbooks-ramsar-toolkit-21323/main/ramsar/1-30-33%5E21323_4000_0_ (2012年12月10日アクセス)
13) Montréal Process Criteria and Indicators for the Conservation and Sustainable Management of Temperate and Boreal Forests, Third Edition, June 2009. http://www.montrealprocess.org/documents/publications/techreports/2009p_2.pdf (2012年12月10日アクセス)
14) Ecosystem Approach (Decision V/6); Ecosystem Approach: Further Conceptual Elaboration (UNEP/CBD/SBSTTA/5/11, 23 October 1999). 一部和訳は以下に収録されている。http://www.biodic.go.jp/biodiversity/wakaru/treaty/files/ecosystem.pdf (2012年12月10日アクセス)
15) Toolkit CEPA, CBD/IUCN/CEC. http://www.cbd.int/cepa/toolkit/2008/cepa/index.htm (2012年12月10日アクセス)
16) Voluntary Guidelines on Biodiversity-inclusive Impact Assessment (Annex I, Decision VIII/28).
17) Akwé:Kon Voluntary Guidelines for the Conduct of Cultural, Environmental and Social Impact Assessment regarding Developments Proposed to Take Place on, or which are Likely to Impact on, Sacred Sites and on Lands and Waters Traditionally Occupied or Used by Indigenous and Local Communities (Decision VII/16).
18) Tkarihwaié:ri Code of Ethical Conduct to Ensure Respect for the Cultural and Intellectual Heritage of Indigenous and Local Communities Relevant to the Conservation and Sustainable Use of Biological Diversity (Annex, Decision X/42). 和訳は以下に収録されている。http://www.biodic.go.jp/biodiversity/wakaru/library/files/COP10results_pamph_detail.pdf (2012年12月10日アクセス)
19) Guiding Principles for the Prevention, Introduction and Mitigation of Impacts of Alien Species that Threaten Ecosystems, Habitats or Species (Annex, CBD Decision VI/23).
20) Principles and guidelines for incorporating wetland issues into Integrated Coastal Zone Management (ICZM) (Resolution VIII.4). http://www.env.go.jp/nature/ramsar/08/0404.pdf
21) Guidelines for establishing and strengthening local communities' and indigenous people's participation in the management of wetlands (Resolution VII.8) (和訳としては，林業経済56巻7号(2003年)11-16頁)。
22) Programme on communication, education, participation and awareness (CEPA) 2009-2015 of the Convention on Wetlands (Resolution X.8, 2008). 和訳は以下に収録されている。http://www.env.go.jp/nature/ramsar/conv/ramsa/ketugi8.pdf (2012年12月10日アクセス)

23) Strategic goal A, Strategic Plan for Biodiversity 2011-2020 and the Aichi Biodiversity Targets (Annex, Decision X/2). 和訳は以下に収録されている。http://www.biodic.go.jp/biodiversity/wakaru/library/files/COP10results_pamph_detail.pdf(2012年12月10日アクセス) 生物多様性の保全は社会・経済分野の活動に左右されるため、それらの分野において生物多様性に関わる措置や手続きが確実に実施される必要がある。そのため、すべての分野・活動に生物多様性への配慮を組み入れること、すなわち、生物多様性を主流化することが提唱されているのである。その背景には、個別活動の持続可能性にとどまらず、制度・法令の持続可能性、また、社会・共同体の持続可能性も求められるようになってきていることがある。ただし、持続可能性の対象を、このように経済から社会に広げることに対しては、開発途上国は警戒感を強めている。
24) この論点については、磯崎博司「環境条約の地元における日常的な実施確保──自然環境に関する条約を中心に」大塚直ほか編『社会の発展と権利の創造──民法・環境法学の最前線』(有斐閣、2012年)740-745頁を参照。
25) これらの裁判に関しては以下を参照。大雪山のナキウサギ裁判を支援する会『大雪山のナキウサギ裁判』(緑風出版、1997年)、自然の権利セミナー報告書作成委員会『報告 日本における「自然の権利」運動』(山洋社、1998年)、自然の権利セミナー報告書作成委員会『報告 日本における「自然の権利」運動 第2集』(山洋社、2004年)。
26) 平成23年(行ウ)第26号 公金支出金返還請求事件(2013年9月19日判決)。LEX/DB文献番号25502559。
27) 北見道路判決・前掲(注26)13-16頁(なお、未公刊のため判決原本のページ数を示す)。
28) 「意見書」は筆者が提出した。その内容に関する証人喚問は2013年1月24日の公判において行われた。
29) 北見道路判決・前掲(注26)16-17頁。
30) 北見道路判決・前掲(注26)35頁。
31) 北見道路判決・前掲(注26)35-36頁。

第3章 環境対策の費用負担

大塚　直

環境対策の費用は，原因者負担原則を中心とし，例外的に公共負担がなされる。ほかに，受益者負担とされる場面もある。環境個別法においては，近時，原因者概念の拡大(特に，拡大生産者責任論の展開)，原因者負担の強化が見られる。本章では，①環境負荷の防止費用，②環境負荷による事後的な費用，③環境保全の費用のそれぞれについて現行法がどのような仕組みをもっているかを把握するとともに，費用負担に関する課題を掲げる。

1. 環境対策の費用負担

環境汚染の防止，原状回復，環境の保全等には費用がかかる。このような環境対策の費用については，原因者負担(汚染者負担)か公共負担かが問題とされることが多いが，原因者負担(汚染者負担)を優先させることが原則とされている。

(1) 原因者負担原則(汚染者負担原則)の意義

1972 年に採択された OECD(経済協力開発機構)による「環境政策の国際経済面に関するガイディング・プリンシプルの理事会勧告」2 項〜5 項に示された「汚染者負担原則(Polluter-Pays-Principle：PPP)」とは，受容可能な状態に環境を保持するための汚染防止費用は，汚染者が負うべきであるとする原則である。ここでいう「汚染防止費用」には，規制基準の遵守，有害物質の含有規制等に係る費用，環境税として徴収される費用などが含まれる。

この原則の目的は，次の2点にある。第1は，環境汚染という外部不経済に伴う社会的費用を財やサービスのコストに反映させて内部化し，希少な環境資源を効率的に配分することであり(外部不経済の内部化)，第2は，国際貿

易,投資において歪みを生じさせないため,汚染防止費用について政府が補助金を払うのを禁止すること(補助金の禁止)である。もっとも,OECDの汚染者負担原則は,2つの制約を有していた。第1は,これは汚染防止費用に対する原則にすぎず,原状回復のような環境復元費用や損害賠償のような被害救済費用を含まない点である。第2は,この原則が最適汚染水準(汚染による損害〔環境損害〕と汚染防止費用との合計が最小になる汚染水準までしか汚染を防除しない)ことを前提としている点である。

しかし,このようなOECDの汚染者負担原則に対し,わが国では,公害問題とそれへの対策の経験から,独特の汚染者負担原則が生まれた。それは,①環境復元費用や被害救済費用などの事後的費用についても適用され,②効率性の原則というよりもむしろ公害対策の正義と公平の原則として捉えられたのである。この考え方は1976年3月10日の中央公害対策審議会費用負担部会答申「公害に関する費用負担の今後のあり方について」に示されている。また,公害防止事業費事業者負担法(1970年制定。72年のOECD勧告の前であることに注意されたい)や公害健康被害の補償等に関する法律(前身の公害健康被害補償法は1973年制定)は,もこれを具体化した立法である。

これは,OECDのPPPの勧告以前からわが国で発展してきた,OECDとは異なる「日本版PPP」であり,わが国には定着してきた考え方といえよう。なお,OECDでは1990年代から,EUでは特に,2004年の環境損害責任指令[1]において,事後的な費用についてもPPPの対象とする傾向が表れている。

このように,わが国の汚染者負担原則は,法学上の原則としての意味を色濃く有しており,元来環境経済学上の原則である汚染者負担原則とは区別する必要がある。このような観点から,費用負担を法的に問題とするときは「原因者負担」の語を用いることにしたい。

(2) 基本原則とは何か

原因者負担原則(汚染者負担原則)は,環境法の基本原則の1つである。EU運営条約(191条2項),フランス環境法典(L 110-1条Ⅱ項3号)のほか,ドイツの環境法典草案(2008年12月4日草案1条2項4号)に明記されている。これら

の影響を受け，わが国でも，環境法の基本原則が語られることが少なくない。そこでいう「原則」とは，ドゥオーキン(R. Dworkin)によれば，特定の事実に対して直ちに特定の法的解決を導くものである「ルール」(法文の規定)とは異なり，必ずしも法文に表れていない法的な提案であり，実定法が従うべき一般的な志向や方向性を示すものである。「原則」には，厳密な意味での法的拘束力はないが，「ルール」の形成に影響を与える[2]。具体的には，①立法府に対して制定する法律が目指すべき一般的方向を示す，②法令上の裁量・解釈の余地が残されている場合に，行政府に対して一定の方向に誘導する，③裁判所が実定法を解釈し適用するに際して指針を提供するという機能がある。このように，「原則」は，それだけで厳密な意味での法的拘束力があるわけではないが，一定の方向性を示す役割を果たすのである。

　なお，原因者負担原則は，先進国を中心として，国内の環境政策として用いられているものである。国際文書においては，リオ宣言第16原則に定められているほか，OSPAR条約，油濁事故対策協力(OPRC)条約，残留性有害汚染物質に関するストックホルム条約等に規定されているが，国際慣習法上の原則かについては見解が分かれている。

(3) 原因者負担原則の実質的根拠

　それでは，原因者負担原則の実質的根拠はどこにあるだろうか。ドイツの環境法学者であるクレッパー(Kloepfer)によれば，原因者主義(原因者負担)原則の実質的根拠として，(i)経済学的・目的合理性，(ii)規範的・社会倫理学的合理性，(iii)環境政策的合理性，(iv)規範的・法的合理性をあげている[3]。原因者負担原則の根拠も同様に考えてよい。

　ここでクレッパーのいう(i)は経済的効率性，(ii)と(iv)は公平性，(iii)は環境保全の実効性の問題である。(i)に関しては，汚染防止費用については原因者主義が最も効率的である(OECDの汚染者負担原則参照)。また，(iii)に関しては，原因者負担が最も適切であると考えられる。原因者が汚染防止費用を支払えば汚染を最小化(未然防止)できるし，後に自ら修復(原状回復)しなければならないことが明らかであれば予め汚染をしないように注意を払うのが合理的な行動となるからである。他方，(ii)と(iv)の公平性に関しては，原

因者負担が非常に有力であるが，唯一の方法というわけではない。クレッパーにおいても，(ii)に関しては，分配の公正についての社会福祉国家的理解から，原因者の経済的能力についての配慮が必要であること，(iv)に関しては，租税法，民事法等の帰責原理を排除するものではないことが指摘されている。

このようにみると，原因者負担原則は，(i)と(iii)については他の負担方式を圧倒する根拠を有しており，非常に有力な原則であることが明らかになったといえよう。

もっとも，このように原因者負担原則は環境法にとって極めて重要であるものの，憲法・行政法の原則として認められている比例原則によって制約されるものであることは否定できない。

(4) 環境基本法の費用負担規定と，環境法における原因者負担の6つの性格

環境基本法は，環境対策の費用負担について一部定めている(原因者負担について，環境基本法8条1項，21条，22条2項，37条，受益者負担について38条，公共負担について22条1項，23条以下，39条)。もっとも，どのような場面でどのような規定を適用するかについては判然としておらず，また，環境対策の費用負担について網羅的な規定を置いているわけでもない。なお，第4次環境基本計画は第1部第3章(1)で，「環境政策における原則等」の項目の中で，「汚染者負担の原則」について取り上げている。

広い意味で原因者負担を捉えた場合，わが国の環境法で原因者負担を定める規定には，主に6つの性格のものが含まれていると考えられる。

①行政規制の結果として生ずる費用負担(環境基本法8条1項，21条，各種規制法)

②経済的負担を課する手法を採用した結果として生ずる費用負担(環境基本法22条2項)

③原状回復，支障等の除去命令等の履行にあたって生ずる費用負担(廃棄物処理法19条の4以下，自然公園法34条，土壌汚染対策法7条，水質汚濁防止法14条の3など)

④公共事業にあたっての原因者負担(環境基本法37条，公害防止事業費事業者負担法2条の2，自然環境保全法37条，自然公園法59条，外来生物法16条)
⑤損害賠償それ自体，またはその前払いないし立替払い(大気汚染防止法25条，水質汚濁防止法19条，公害健康被害の補償等に関する法律。事後的費用負担)
⑥事業者の社会的責任に基づく負担(公害健康被害の補償等に関する法律の予防事業，公害防止事業費事業者負担法における緩衝緑地設置事業，廃棄物処理法の下の原状回復基金)

　このうち，環境基本法は，①，②，④(国・地方公共団体が公害又は自然環境の保全上の支障を防止するための事業を行う場合における原因者負担)について規定を置いているのみである。①の事業者の責務についての規定では，廃棄物に係る製造者等の責務が定められている(8条2項・3項)ことが注目される。

　なお，環境基本法では，「原因者負担」(さらに，「受益者負担」)の語は，同法37条，38条に見られるように，行政が事業を実施しその後に私人からかかった費用を回収をする場合に限定して用いられている(④)。これは行政法学上の原因者負担等と同様であるが，環境法の費用負担においては，行政が事業を実施する場合に限定されず，規制の結果被規制者に生ずる汚染防止費用の負担を含めて，より一般的な原因者ないし汚染者，受益者の負担が問題とされることに注意してほしい。

(5)　原因者負担と他の負担方式との関係

　原因者負担と他の負担方式との関係として，原因者負担と受益者負担，土地所有者等の責任の関係，原因者負担と公共負担の関係について触れることにしたい。

(ア)　原因者負担と受益者負担，土地所有者等の負担

　環境基本法の下では，国・地方公共団体が自然環境の保全が特に必要な区域についてのその保全のための事業を行う場合における受益者負担の規定(38条)が置かれている。これは，①公共事業によって一定の者が特別の利益を得る場合といえよう。環境基本法は受益者負担についてこの点を定めるのみであるが，環境法における受益者負担には，ほかの場合も含まれる。

OECD勧告の汚染者負担原則(PPP)において「受容可能な状態に環境を保持する」ことがその目標にされていた点にも示されているように，原因者負担は，汚染ないし環境負荷を，行政が決める一定の基準以下に抑えるために用いられる。これに対し，②行政が決める一定の基準を超えてさらに積極的に環境保全をする場合には，原因者負担は問題とならない。そこでは，受益者負担が問題となる(この場合には公共負担のこともある)[4]。水道水の高度処理の費用負担，河川の上流の森林地域の荒廃のケースにおける下流地域による森林整備の費用負担などはこのケースである。自然保護についても，受益者負担ないし公共負担が問題とされてきた[5]。

さらに，③原因者との因果関係が不明確な場合にも受益者負担を適用することが是認される。石綿による健康被害の救済に関する法律の下で設置された「石綿健康被害救済基金」に，労災保険適用事業主等が拠出する金員は，受益者負担の考え方に基づくと考えられる[6]。

また，土地所有者等の責任は，土壌汚染のように土地と関連する問題については問われうる。土壌汚染対策法の制定時の議論では，土地所有者等は，土地を所有・支配しているという状態責任を根拠として責任を負うと説明された[7]。

もっとも，受益者負担及び土地所有者の負担は，環境法全体に関わる問題とはいい難く，基本的には，特別な場合に用いられる費用負担形式というべきであろう。

(イ) 原因者負担と公共負担

国や地方公共団体には，国民(住民)の健康を保持し，一定の快適な環境を維持する義務(その多くの部分を国家の基本権保護義務から基礎づけることも可能である)があるところから，環境保全費用を国・自治体が負担しなければならない場面がある(公共負担)。その中には，国・自治体が独自に環境保全等の措置を実施する場合と，他の者が行う環境保全等の措置に対して国・自治体が助成をする場合が含まれる。環境基本法においても，環境の保全に関する施設の整備その他の国による事業の推進等(23条以下)，国による助成(22条1項)に関する規定，国が地方公共団体の環境保全施策の費用について，財政上の

措置を講ずるよう努める規定(39条)がおかれている(ただし,どのような場面で公共負担が行われるべきかについて定めているわけではない)。

しかし,環境政策においては,このような公共負担については,原因者(汚染者)負担との関係では,後者の方が優先するものと考えられている[8](わが国では,上記の1976年の中央公害対策審議会答申参照)。原因者負担原則の根拠としてあげたところがその理由付けとなる。前述の(3)(i)〜(iv)の根拠を分析したところから示されるように,原因者負担原則は非常に有力な原則であり,原因者負担原則が優先されるべきものと考えられるのである。

とはいえ,例外的に公共負担が行われるべき場合はある。それは,どのような場合であろうか。

OECDの1972年,74年,81年の理事会勧告は,①過渡的期間中の助成,②研究開発,③適切な再配分型賦課金システム[9]と組み合わせて行われる資金援助の場合をあげている。

また,1976年の上記の中央公害対策審議会答申によれば,1)ナショナル・ミニマムの達成に必要な場合,2)短期間での対策が強く要請されている場合の過渡的措置としての助成,民間の重要な環境保全技術開発に対する助成,地域間格差の是正等特別な経済社会目標を達成するための施策に付随して行われる公害規制目的の助成といった例外的な公的助成の認められるべき場合,3)原因者(汚染者)への追及が不可能(不明,不存在)な場合があげられている。2)はOECD勧告の①,②と重なる。

公共負担が適当な場合としては,上記のほかにも,5)国や自治体レベルでの環境汚染防止・環境保全が必要な場合,環境汚染・リスクが極めて広範囲にわたる場合,6)——5)と重なる場合もあるが——行政が決める一定の基準を超えて積極的に環境保全をする場合(この場合には,上記のように受益者負担となるときもある)があげられる。また,7)原因者の責任を法律制定前に遡及して認める場合には一定額については公共負担をすることが検討されるべきであると考えられる(もっとも,これら7つが公共負担のなされる場合を網羅的に扱ったものというわけではない。新たな問題の発生に応じて公共負担すべき場合が増加する可能性も否定できない)。

(6) 原因者概念の拡大と原因者負担の強化

環境基本法制定後，原因者負担原則の原因者概念が拡大し，また，原因者負担自体が強化されてきた。

(ア) 原因者概念の拡大

わが国では，2つの点で原因者概念が拡大してきた。

(a) 産業廃棄物の排出事業者責任の強化

第1は，2000年の「廃棄物の処理及び清掃に関する法律」(廃棄物処理法)改正で導入された，産業廃棄物の排出事業者責任の強化である。排出事業者は「産業廃棄物について発生から最終処分が終了するまでの一連の処理の行程における処理が適正に行われるために必要な措置を講ずるように努めなければならない」(現12条7項)という一般的な注意義務を前提としつつ，一定の場合には，適法な委託をしていても処理業者等の不適正処理の際に排出事業者に対して措置命令を出すことができるようになった(19条の6)。ドイツの循環経済法と同様に，許可業者に委託をしても公法上の処理責任は残るとしたことになる。この場合の排出事業者は間接的な原因者と位置付けられているといえよう[10]。

(b) 拡大生産者責任(EPR)の発展

第2は，廃棄物リサイクルの分野での拡大生産者責任(EPR)の発展である[11]。

EPRとは，2000年のOECDのガイダンスマニュアルによれば，「物理的及び／又は金銭的に，製品に対する生産者の責任を製品のライフサイクルにおける消費後の段階まで拡大させるという，環境政策アプローチである」[12]。このような考え方は，1991年のドイツの「包装廃棄物の発生抑制に関する法規命令」ではじめて導入された。その後EPRは，OECDにおいても，環境配慮設計(Design for Environment：DfE)の促進と，それによる総合的な廃棄物最小化の実現のための一手法として，1994年から検討されてきた。そこでは，拡大生産者責任論は，「廃棄物の最小化」を経済面，環境面の双方から効率的に実現する手法として位置づけられており，その背景には，消費後の製品のリサイクル・処理の責任を自治体から民間へ移行しようとする政策

がある。拡大生産者責任論の目的は，①外部不経済(外部性)の内部化のために，製品のライフサイクルにおける環境影響に関して生産者に対し適切なインセンティブとシグナルを与えること，②わが国の一般廃棄物にあたるものについて民営化を進めることにある[13]。

このような EPR の考え方は，わが国においても導入された。その萌芽は，環境基本法が，事業者の責務の中で，廃棄物に係る製造者等の責務が定めていたところ(8条2項・3項)に表れていたが，後に，「容器包装に係る分別収集及び再商品化の促進等に関する法律」(容器包装リサイクル法)，「特定家庭用機器再商品化法」(家電リサイクル法)，「使用済自動車の再資源化等に関する法律」(自動車リサイクル法)のほか，特に循環型社会形成推進基本法(循環基本法)(2000年)に EPR の一般的な規定が入れられたことが注目される(11条，18条3項など)。

なお，EPR と，原因者負担原則(ないし汚染者負担原則)との関係については議論があるが，ここでは，OECD においては，生産者は，原因者の概念に包含され，EPR は汚染者負担原則の派生物と捉える考え方が採用されていることに触れておきたい。1992年に出された OECD のモノグラフによれば，汚染者概念の動揺ないし拡張がみられ，このような傾向は，その後の EPR 概念の発展とも平仄が合っているとみられるのである[14]。さらに，EPR の考え方は，上記の②の点に着目すれば，公共負担から原因者負担への移行を図るものとみることができよう。原因者ないし生産者の双方の義務を基礎づける考え方については見解が分かれるが，法と経済学にいう，最も安価に費用を回避できる者(最安価費用回避者)であるからであると考えられる[15]。

(イ) 環境基本法制定後の原因者負担の強化

環境基本法制定の後，わが国の環境立法は文字通り爆発的に行われてきた。その中で注目されるのは，原因者負担の強化である。以下では，その例をあげておきたい。

事後的な費用に関して，規制による原状回復等としての原因者負担(→(4)③)を命ずるものとしては，1996年の水質汚濁防止法改正による特定事業場の設置者(ただし，その者が，地下浸透時に設置者であった者と異なる場合には，地下

浸透時に設置者であった者)に対する地下水浄化の措置命令の規定の導入(14条の3)，2002年の土壌汚染対策法制定による原因者[16]に対する措置命令の規定の導入が重要である(7条)。他方，1999年のダイオキシン類対策特別措置法(ダイオキシン法)は，公害防止事業費事業者負担法と関連させることにより，公共事業を行った上での原因者負担(→上記④)を定めている(29～32条)。ダイオキシン類の場合には，リスクの広がり，大きさ，社会的関心の高さから，公共事業とする必要性が特に高かったと解することができよう。

一方，経済的負担を課する手法による原因者負担(→上記②)としては，2001年から，電気自動車，メタノール車等のいわゆる低公害車，低燃費車について，自動車税，自動車取得税の税率を軽減し，環境負荷の大きい車齢11年超のディーゼル車，同13年超のガソリン車の自動車税の税率を重課する「税率差別制度」が用いられていたし(地方税法における自動車税制のグリーン化)，2012年には，地球温暖化対策税が，石油石炭税の税率の特例という形で導入・施行された。また，地方自治体では，一般廃棄物に関し，事業系廃棄物，さらに家庭系廃棄物についても，排出者に処理手数料として賦課金を徴収する市町村が増加しているし(ごみ処理料金の有料化。地方自治法228条1項を根拠とする。これは受益者負担とみることも可能である)，新たな環境税の導入もみられる。すなわち，相当数の県で産業廃棄物税が導入されているし，東京都杉並区ではレジ袋税が導入された(ただし，施行せず廃止)ことが注目される。そのうち，ごみ処理料金の有料化の進展は，公共負担から原因者負担への移行を示すものとみることができよう。

2. 環境法における各局面での費用負担

環境法における費用負担は，環境負荷の防止，環境負荷による被害救済・原状回復，環境保全というそれぞれの局面でどのように行われるか。ここで現行の環境法における各局面での費用負担を整理しておこう[17]。

①環境負荷の防止費用が問題となる場合としては，各種の行政規制(環境基本法21条，個別法)の結果生ずる費用負担のほか，産業廃棄物の排出事業者の処理責任(廃棄物処理法11条)，ごみ処理料金の有料化がある。地方公共団体

で徐々に導入されている環境税，東京都で導入された温暖化対策としての排出枠取引もその例である(経済的手法については環境基本法22条2項)。拡大生産者責任(循環基本法18条3項，容器包装リサイクル法，家電リサイクル法，自動車リサイクル法)に基づく回収・リサイクル費用の負担は，それが環境負荷の低減を目指している点で，この例となる。

②環境負荷による事後的な費用が問題となる場合としては，被害救済費用については，公害健康被害補償制度がある(「公害健康被害の補償等に関する法律」(公健法))。原状回復費用については，公害防止事業費事業者負担制度が原因者負担を基本としているほか，土壌汚染対策法が，都道府県知事が原因者又は土地所有者等に対して措置命令を発すること(7条)及び，土地所有者等が汚染の除去等を行った場合に一定の要件の下に原因者に求償できること(8条)が例としてあげられる。また，廃棄物の不適正処理の場合の生活環境保全上の支障等の除去の措置命令は処理業者に対して行われるのが基本であるが，2000年の廃棄物処理法改正により，産業廃棄物については，都道府県知事は，一定の場合には適法な委託をした排出事業者にも措置命令を出すことができるようになった(廃棄物処理法19条の6)。この場合の排出事業者は間接的な原因者と位置づけられているといえよう。自然公園法にも原状回復の規定がある(34条)。また，石綿健康被害救済法の特別拠出金はこのカテゴリーに入るものとみることができる。

③環境保全の費用負担，すなわち，行政が決める一定の基準を超えて積極的に環境保全をする場合の費用については，環境負荷に対する場合と異なり，受益者負担又は公共負担の問題となる。森林が荒廃している場合に，その水源涵養機能によって環境保全の恩恵を受けてきた下流地域の自治体等が上流の森林地域の自治体に対して助成をする例がみられるが，これは受益者負担の発想に基づくものといえよう[18]。

3. 課題と展望

環境対策に関する費用負担についての今後の展望として，8点あげておきたい[19]。

第1は，費用負担に関する絶え間のない再検討が行われるべきである。具体的には，上記の原因者負担の優位性からすれば，原因者負担原則の漸次強化の検討がなされるべきである。

　第2は，フランス環境法典，ドイツ環境法典草案のように，わが国においても，環境基本法に原因者負担優先原則が導入される必要がある。現行の環境基本法は，原因者負担について明確な規定がなく，そのために費用負担についてアドホックな対応がなされることが多いとみられる。

　第3に，原因者負担原則の徹底のため，EUのような環境損害に対する責任の導入の検討が必要である。水・土壌・生物多様性という環境自体の保護は重要であるし，原因者による原状回復(修復)のみでなく，原因者による未然防止を徹底させる観点，未然防止及び修復についての義務を課する要件を統一的に設定する観点からも，環境損害の導入は検討されるべきであろう。また，環境損害に対する責任を認めることは，環境関連の損害の包括的把握，環境政策の費用便益分析の基礎の形成にも役立つといえよう[20]。

　第4に，EPRを効率性の観点から徹底するためには，外部費用の内部化(類似)の考え方，すなわち，使用済み製品の引き取りを無償にしてリサイクルを製造業者に行わせる必要があるが，現行のわが国のリサイクル法は無償引き取りのものと有償引取のものに分かれる。前者を「第1種製品廃棄物」，後者を「第2種製品廃棄物」とすることにより，回収リサイクルにおける費用負担の在り方に焦点を当てることが必要である。市場においては無償引取か有償引取かは大きな問題ではないが，実際上は，有償引取は事業者による「リサイクル独占」となる危険も含むものであり，両者の相違は重要である[21]。また，2003年の廃棄物処理法改正で問題となった点であるが，在宅医療の注射針，スプレー缶など，回収時の危険防止を目的とするEPRの制度化も必要であることを付言しておきたい。

　第5に，容器包装リサイクル法についてみると，EPRが徹底されていないことが目につく。同法が定める再商品化義務量に関して，特定容器利用事業者と特定容器製造事業者の責任比率について，同利用事業者の比率が9割を超えることが問題とされているが，これは当該年度の販売見込み額を基礎として責任比率を算定するために生ずる問題である。商品の販売予定額，及

び販売量のうち容器包装廃棄物として排出される見込量を基礎とするのみではなく，製品の環境負荷に着目する原因者負担的な発想を取り入れるべきである[22]。再商品化義務量についての両者の争いは，東京地判平成20年5月21日判タ1279号122頁(ライフ・コーポレーション事件)でも見られたところである。

　第6に，原因者負担と公共負担との関係の一環として，原因者負担原則の行き過ぎた適用が問題となる場合がある。具体的には，原因者負担原則を適用する体裁を維持することを目的として熊本水俣病のチッソを倒産させずに公費を投入し続けたのではないか，が問われてきたが[23]，2013年夏以降，福島第1原発近くからの海への汚染水の漏出が問題とされており，これも東電に対する原因者負担原則の適用の体裁を維持し，国が前面に立って対策をとらなかった結果ではないかという問題がある。行政が一旦負担して対策を実施し，後に原因者に対して費用回収をすることによっても，原因者負担原則は貫徹されるのであり，原因者負担原則を，行政が自らの対策を怠る口実に用いてはならないというべきである。

　第7に，費用負担の根本的な課題として，原因者負担(ないしEPR)について法文の規定をおいて義務付ける考え方と，事業者等の自主的な取組に委ねる考え方との関係をどう捉えるかという問題がある。規制緩和の観点から，パソコン回収リサイクルは事業者の自主的取組によって実施されているが，その回収率は1割に満たない。このように自主的取組の問題点としては，①効果を法的に担保できない，②履行の状況についての正確な情報が得られにくい，③フリーライダーが発生することを抑制しにくく，当事者間の不公平を招くなどの点があげられる。自主的取組で履行を確保できるかについて個別具体的に検討しつつ，徐々に原因者負担の法制化をしていくことが望ましいといえよう。

　第8に，原因と環境損害の間の因果関係が必ずしも明確でない場合には，原因者負担原則をそのまま採用することはできないため，事業者の社会的責任を問う場合がある(1(4)⑥)。廃棄物処理法の原状回復のための基金は，行為者としての原因者が不明等の場合に用いられるものであり，それに対する産業界の拠出は，その発足当初は，「企業の社会的責任(Corporate Social

Responsibility：CSR)」に基づくものと整理されていた。もっとも，この基金は2009年10月に，産業界の任意拠出について積み増し期間を3年間に限定することとされたため，それ以後，どのような仕組みを設けるかについて早急な議論が必要となっている。強制的に拠出させる法律を制定することについては，広義の原因者負担や，潜在的加害者は損害に対して全体としての法的共同体に共通の義務を負うとする社会連帯責任[24]の考え方によって可能であるという立場と，困難であるという立場が分かれている。これについては，排出者ではなく有害物質の生産者に賦課金を課する方法や，全国的な産業廃棄物税を徴収する方法などの方法が考えられる[25]。

〈注〉
1) 2004/35/EC (OJ L 143, 30.4.2004, p. 56.).
2) Dworkin, Taking Rights Seriously, 1977, p. 24(ロナルド・ドゥウォーキン著, 木下毅ほか共訳『権利論〔増補版〕』(木鐸社, 2003年)17頁以下).
3) Kloepfer, Umweltrecht, 3. Aufl., 2004, S. 191.
4) 原因者負担を受益者負担の一形態とする見解もあるが，両者はこの点で異なっている。さらに，PPP(ないし原因者負担)と受益者負担をともに「特別の利益」によって根拠づける見解については，そうであれば，原因者負担に基づいて負担すべき額は「特別の利益」の大きさによって規定されるべきであるが，環境破壊のケースで「特別の利益」の大きさと，環境破壊によって生じた被害の大きさ(そしてそれに応じた事後的対策の費用)が一致する保証はないとする批判がなされている(除本理史『環境被害の責任と費用負担』(有斐閣, 2007年)45頁)。正当な批判というべきである。
5) なお，自然保護のための費用負担については，日本版PPPが中央公害対策審議会費用負担部会で出されたのと同じ1976年に，自然環境保全審議会自然環境部会の「自然保護のための費用負担問題検討中間報告」が出されており，そこでは，主に受益者(利用者)負担と公共負担との関係が議論された。大塚直「環境法における費用負担」新美育文ほか編『環境法大系』(商事法務, 2012年)220頁注28参照。
6) 大塚直『環境法〔第3版〕』(有斐閣, 2010年)652頁。
7) ほかに，廃棄物処理法において土地所有者は，措置命令の対象の関与者に入りうるほか，同法の2010年改正により，不適正に処理された廃棄物を発見したときに土地所有者等に，都道府県知事又は市町村長に対する通報努力義務が定められた(5条2項)。不適正処理においては，土地所有者が不法投棄者と結託している例もないではなく，この改正により，土地所有者の責任を強化する契機を作ったことになる。
8) ドイツでも同様である。Kloepfer, a.a.O., S. 196.
9) これに関しては，大塚直「環境賦課金(2)」ジュリ981号(1991年)99頁注19参照。

10) この改正の法的な説明については，大塚直「産業廃棄物の事業者責任に関する法的問題」ジュリ 1120 号(1997 年) 40 頁以下参照．
11) この点について，詳しくは，大塚直「環境法における費用負担論・責任論——拡大生産者責任(EPR)を中心として」『融ける境・超える法』(東京大学出版会，2005 年) 113 頁，大塚直「リサイクル関係法と EPR」環境法政策学会編『リサイクル関係法の再構築——その評価と展望』(商事法務，2006 年) 17 頁以下参照．
12) OECD, Extended Producer Responsibility, 2001, 1.4.
13) もっとも，上記の 2000 年のガイダンスマニュアルのように，「実施責任(物理的責任)」と「金銭的責任」を対等のものとみる立場が適切かについては議論のあるところである(大塚・前掲(注 5) 218 頁注 24 参照)．
14) OECD, The Polluter-Pays Principle OECD Analyses and Recommendations, 1992, p. 7.
15) 筆者はかねてから主張してきたが(大塚直「政策実現の法的手段」『岩波講座　現代の法 4　政策と法』(岩波書店，1998 年) 206 頁)，近時，北村喜宣氏に支持された(北村喜宣『環境法〔第 2 版〕』(弘文堂，2013 年) 62 頁)．
16) 土地所有者等も措置命令の対象となるが，土地所有者等が汚染の除去等を行った場合には，一定の要件の下に原因者に求償することができる仕組みとなっている(同法 8 条)．
17) 詳しくは，大塚直「環境法における費用負担」三田学会雑誌 96 巻 2 号(2003 年) 63 頁，大塚直「環境法における費用負担」植田和弘・山川肇編『拡大生産者責任の環境経済学』(昭和堂，2010 年) 260 頁．
18) 大塚直・前田陽一「森林の水源涵養機能保全のための基金・協定制度等について」季刊環境研究 102 号(1996 年) 120 頁．
19) 2013 年現在，近い将来の環境対策に関する費用負担の課題として検討すべき事項としては，水銀に関する水俣条約に対する国内対応，消費税増税に伴い自動車重量税が変更された場合における公害健康被害補償制度の原資についての改変の可能性とそれに対する対処といった問題があげられよう．
20) 大塚直「環境損害に対する責任」ジュリ 1372 号(2009 年) 49 頁以下．
21) 大塚・前掲(注 11) 136 頁．EPR を中心とする残された課題について，大塚直「残された法制上の課題」廃棄物学会監修『循環型社会をつくる』(中央法規出版，2009 年) 199 頁参照．
22) 大塚直「容器包装リサイクル法制の課題」月刊廃棄物 2012 年 9 月号 6 頁．
23) 大塚・前掲(注 5) 228 頁．
24) 松村弓彦『環境法の基礎』(成文堂，2010 年) 126 頁．
25) 大塚・前掲(注 5) 230 頁以下．

第*4*章

環境リスク

岸本太樹

　　　　被害の実態や原因，被害発生のメカニズム等について科学的不確実性が存在する環境リスクへの対応は，現代環境法学が取り組むべき最重要課題の一つである。環境リスクへの対応は，科学的不確実性という暗闇の中を手探りの状態で進むようなものであり，いわば試行錯誤の連続である。それだけに，リスク分析・評価は，公正かつ客観的に，また定期的かつ継続的に実施されなければならず，リスク予防措置も，定期的に再検証し，知見の向上に応じて適時かつ適切に改善されなければならない。

1. 科学的不確実性

　人類は，自らの生存を脅かす疾病や食糧難等の自然の脅威を克服し，また生活の利便性を向上させるために，さまざまな科学技術を高度に発展させてきた。携帯電話や電子レンジ等の家電製品，医療用と一般用あわせて2万種類を超える医薬品，高度先進医療技術によるがん治療，害虫抵抗性や除草剤耐性を備えた大豆やトウモロコシ等の遺伝子組換え作物等は，いずれも，日々，開発競争のもとで急速に進化・発展する高度な科学技術を基礎としている。

　だがその一方で，人類は，自らが発展させてきた科学技術の背後に潜む極めて現代的な危険性に直面している。

【事例1】
　大型のキングサーモンの成長ホルモン遺伝子に，水温が低い深海に住むゲンゲと呼ばれる魚の調整遺伝子を組み合わせたものをアトランティックサーモンの卵に注入すると，孵化したサーモンは冬場でも成長ホルモンを分泌し続けるため，成長速度が約2倍になり，出荷サイズになるまでの期間が従来

の半分程度になる。食味も野生のものと大差なく，養殖の効率も上がることから，天然物の漁獲量減少や人口増加に伴う需要拡大に対応できる技術として注目を集め，開発に成功した企業は，このたび，アメリカ食品医薬品局(FDA)に承認申請を行った。

FDAに所属する科学者は，このサケを「安全」と評価したが，成長ホルモンによるアレルギー発症を懸念する市民団体は承認に反対し，また外部の専門家で構成されるFDAの諮問委員会でも，一部の科学者から「安全と評価するだけの十分な科学的データが不足している」との声が上がったため，諮問委員会は明確な結論を示せないまま終了した[1]。

【事例2】
世界保健機関(WHO)の一機関である国際癌研究機関(IARC)は，2012年5月31日，携帯電話が発する電磁波につき，「動物を対象にした研究では明確な関連性はなく，根拠はまだ限定的」としながらも，「発がん性の可能性がある」との分析結果を発表し，携帯電話の長時間使用に警鐘を鳴らした[2]。

これらの事例に共通するのは，科学技術の実用化に付随する負の事象が「懸念」されてはいるものの，そこに確固とした科学的裏づけが存在しない点である。遺伝子組換えサケの安全性をめぐっては，科学者の間でも見解が分かれている。また，携帯電話が発する電磁波による発がんの可能性に警鐘を鳴らしたIARC自身，「発がん性の可能性を示す証拠は限定的で，動物実験では明確な関連性がみられなかった」としており，携帯電話が発する電磁波と発がんの可能性の間に「科学的に裏づけられた因果関係が存在する」とまでは結論づけていない。

このように，人の健康や生態系への悪影響が懸念されてはいるものの，被害の実態，被害の原因，被害発生のメカニズム等に関する科学的解明が十分でないものを，環境法学では，「環境リスク(または単にリスク)」という。先に掲げた事例以外にも，酸性雨による森林枯死，外来生物や遺伝子組換え作物，化学物質等による人体や生態系への影響，温室効果ガス等による地球温暖化など，懸念される被害の実態や被害の原因，被害発生のメカニズム等が

科学的に解明されていない事例は多数存在する。現代社会および環境法学は，こうした不確かなリスク，未知のリスクへの対応を迫られている[3]。

2. 環境リスク──法的対応の難しさ

(1) 危　険──危険防御・未然防止

従来，行政法学は，「ある行為や状態がそのまま継続すれば十分な蓋然性をもって損害が発生する状態」を「危険(Gefahr)」と呼び，当該危険を除去すること(これを危険防御または未然防止という)を行政の中核的な任務に位置づけてきた。危険防御を目的とした規制を，一般に「警察規制または警察権の行使」という。古典的行政法学の課題は，危険防御の名のもとに警察権が恣意的に行使され，個人の自由が過度に制約されることがないよう，警察権の行使を統制し，それを法的に限界づけることであった。危険防御の法としての警察法領域が，いまなお行政法学の中核に位置づけられるのも，そのためである。そこでは，法治主義の原則に従い，警察権は法律に基づいて行使されなければならず，また警察消極の原則により，その行使は危険防御の局面に限定された。また，いわゆる「比例原則」のもと，警察権の発動によって市民に要求される措置は，①それを実施することで危険の除去という目的が達成されるという因果関係を有すること(適合性)，②目的を達するために最小限の負担を要求するものでなければならないこと(必要性)，③負担が目的と明らかに不均衡なものであってはならないこと(狭義の比例性)とされた[4]。こうした危険防御を目的とした警察規制(および警察法理論)は，かつて発生した激甚な公害事件に対処することを目的として制定された各種の公害規制立法の基盤となったが，今日においても，それが公害・環境政策において基本とされていることに変わりはない。

(2) リスク予防

これに対し，懸念される損害の性質や程度，損害の発生原因，損害発生のメカニズム等に関していまだ十分な科学的裏づけが存在しない「環境リスク」については，近年，危険防御を目的とした古典的警察規制の方法では十

分な対応ができないことが共通の認識となっている。というのも，損害の発生メカニズム等に科学的不確実性が存在する環境リスクにあっては，規制の対象となる者(被規制者)の範囲，規制の対象となる行為，および具体的な規制内容を確定することが困難だからである。また，環境リスクにあっては，十分な蓋然性をもって生じる損害の発生を未然に防止する(除去する)という警察権行使の正当化根拠が存在しない(または弱い)のである。

　なるほど，リスクの顕在化による損害の発生を回避するためには，リスク予防の観点から何らかの対応措置を講じる必要があり，「深刻または不可逆的な損害が発生するおそれが存在する場合においては，十分な科学的確実性がないことをもって，環境悪化を防止するための費用対効果に優れた対策を延期する理由としてはならない」(リオ宣言第15原則)というべきであろう(これを一般に予防原則または予防的アプローチという[5])。

　しかしその一方で，――不確実性の程度にもよるが――損害発生のメカニズムがいまだ科学的に十分解明されていない段階で直ちに規制に入ることは，「憶測に基づく過剰規制である」との批判を招きかねない。

　ここにリスクに関する法的対応の難しさが存在する。したがって，リスクの顕在化による損害の発生を予防するにあたっては，科学的不確実性というリスクの特性を踏まえつつ，リスク固有の対応方法を別途構築する必要が生じることになる。その際基盤となるのが，「リスク評価(科学的不確実性の分析・評価)」と「リスク管理(科学的不確実性を前提とした具体的対応策の構築)」という二段構えの対応である。以下では，わが国の実定環境法制にも目を向けながら，これらを順に検討することにしよう。

3. リスク関連情報の収集とリスク評価

　リスクの顕在化による損害の発生を予防するためには，科学技術の背後に潜むさまざまなリスクの実態を可能な限り正確に把握することが必要となる。科学的不確実性を伴うリスクへの対応は，不確実性という暗闇のなかを多かれ少なかれ「手探り」の状態で進むようなものであるが，逆に暗闇のなかを手探りで進まなければならないからこそ，まずは，リスクという暗闇の実態

を可能な限り正確に把握するためにリスクを分析し，評価することが重要となる。「リスク分析」と「リスク評価」，およびその前提となる「リスク関連情報の収集」は，リスク対策の基盤であり，また出発点である。

(1) 事業者によるリスク関連情報の調査・収集・報告

この局面における国家の役割は，「不確実性という暗闇の中で柔軟な対応を行うために必要なあらゆる情報を多角的かつ継続的に収集し，それを科学的かつ客観的に分析・評価する仕組みを構築すること」である。ただしそれは，リスク関連情報を国家自らが単独で収集しなければならないことを意味しない。むしろ，技術等の開発や製品化を行う事業者が多数のリスク関連情報を保有し，またこれを入手しやすい状況にあることに鑑みれば，第一次的にはリスク発生源たる事業者に情報を収集させ，これを行政に報告させるやり方が合理的である。事業者に化学物質の環境への排出量や廃棄物の移動量を把握させ，都道府県を経由して国への届出を義務づける「特定化学物質の環境への排出量の把握等及び管理の改善の促進に関する法律」(PRTR法)は，まさに，そうした考え方を基盤としている[6]。

他方，これと関連して，わが国の環境法令のなかには，リスク評価を行うための事前審査手続を設定したうえで，当該リスク評価手続が完了し，承認・条件つき許可，登録等を受けるまで，審査の対象となったリスク内在行為を禁止するとともに，――程度と方法の細かな違いはあれ――リスク関連情報の収集と提出を，リスク発生源者たる事業者等に課すシステムを採用したものが複数存在する。環境影響評価法，農薬取締法，「化学物質の審査及び製造等の規制に関する法律」(化審法)，「遺伝子組換え生物等の使用等の規制による生物の多様性の確保に関する法律」(カルタヘナ法)，「特定外来生物による生態系等に係る被害の防止に関する法律」(特定外来生物法)などがそれである[7]。

このうち，例えばカルタヘナ法は，環境への拡散を防止しないやり方で遺伝子組換え生物(LMO)を使用する場合(第一種使用)においては，第一種使用規程を定めるとともに，LMOの第一種使用によって生物多様性にどのような影響が生じるのかを調査・検討し，その結果を記載した図書(生物多様性影響

評価書)を添付したうえで承認申請を行う義務を，開発・輸入業者等に課している。また農薬取締法も，農薬の登録申請にあたり，製造業者および輸入業者に対し，農薬の効用・薬害・毒性・土壌残留性等に関する試験成績を記載した書類を提出させる仕組みをとっている[8]。

(2) 定期的かつ継続的な情報収集体制の確立

他方，リスク分析・評価を行ううえで不可欠なリスク関連情報の収集に関しては，「定期的かつ継続的な情報収集体制の確立」という視点が重要となる。というのも，リスク対応が，科学的不確実性という暗闇のなかでの手探りの対応である以上，それは，必然的に試行錯誤のプロセスとならざるをえないからである。したがって，リスク対応にあたっては，新たな知見を絶えず獲得しつつ，状況の変化に応じて，迅速かつ柔軟に対応方法をシフトさせる必要がある(学習能力の向上)[9]。農薬取締法が登録の有効期間を3年とし，登録更新に際して再度データを提出させ，そのときどきの新たな科学的知見に基づいて見直しを行う仕組みを採用し，またカルタヘナ法が，事業者に対し，第一種使用規程が承認された後も継続的にモニタリングを行う義務(6条)を課すとともに，主務大臣に対し，新たな科学的知見が明らかになった場合には，第一種使用規程の承認の変更・廃止を検討し(7条)，必要に応じて措置命令を発動する権限(10条2項)を付与しているのも，そのためである。

(3) リスク分析・リスク評価

こうして多角的かつ継続的に収集されたリスク関連情報を基盤に，各リスクの危険度が分析・評価・判定されることになる。「リスク分析・リスク評価の手続」がこれである。リスク分析・評価手続は，①リスクの定性的評価(動物実験や疫学調査などによる有害性の質的判定)と，②リスクの定量的評価(人体等への暴露量・暴露経路等の分析および推定)を主とし，その意味では純粋に科学的な判断過程である。

ただし，科学的不確実性が存在するところにリスクのリスクたるゆえんがある以上，情報の分析と評価にあたり専門家の間で意見が対立し，見解の一致に至らないことの方が，むしろ通常である。携帯電話が発する電磁波によ

る発がんの可能性につき，限定的ながら一定の科学的知見を踏まえた上で警鐘を鳴らしたIARCの決定に対し，一部の科学者集団が「時期尚早」との批判を発表した事実，また遺伝子組換えサケの食品としての安全性と環境への影響につき，安全と評価したFDAの科学者に対し，諮問委員会を構成する外部の専門家が「データ不足」との懸念を表明した事実は，いずれも，リスク分析・リスク評価が，科学的な判断過程でありながら，分析・評価に携わる科学者の主観とは無縁ではないこと，また，リスク評価機関によって導かれた結論も，あくまで，限られた情報のもとで導かれた暫定的な評価結果でしかないことを物語っている(評価の暫定性)。リスク関連情報の継続的な収集とその定期的な再評価が，リスク対応にとって不可欠とされる所以がここにある。

4. リスク予防措置の決定——リスク管理

以上述べた「リスク関連情報の収集・分析・評価の手続」を経て，つぎに行われるのが「リスク管理手続」である。それは，予防措置の選択肢を抽出し，それらのメリットとデメリットを相互に比較衡量したうえで，講ずべき予防措置を最終的に決定するプロセスである。以下では，個々のリスク予防措置が，いかなる視点を基盤に，具体的にどのような形で決定されてゆくべきかについて論じ，併せて，関連するわが国の実定環境法令を概観することにしよう。

(1) 領域横断的科学

高度に発展した現代の科学技術は，単に社会に恩恵をもたらすだけでなく，現在の科学技術の水準では完全に解明しきれないリスクをも含んでいる。ゆえに，科学技術の実用化に際しては，その背後に潜むリスクへの具体的対応策を同時並行で考える必要があり，またその際，単に専門家(科学者)の視点だけでなく，実際に科学技術の恩恵を受け，またリスクにさらされるさまざまな社会構成員の視点が考慮されなければならない。クローン技術，ES細胞による再生医療技術，脳死患者からの臓器移植等は，なるほど科学に関連

する問題ではあるが，しかし，それらは同時に生命倫理や文化・宗教観にも関連する問題である。また，遺伝子組換え農作物の安全性とその商品化をめぐる議論も，科学の問題であると同時に，他方では食文化に関連する問題でもある[10]。科学技術の実用化と，その背後に潜むリスクへの対応方法をめぐる議論が，「サイエンス(科学)の問題でありながら，科学のみでは答えきれない——その意味で，科学的問いの領域を超える(領域横断的科学＝トランス・サイエンス)」といわれる所以である。そこにおいては，専門家の知識(または専門家の多数意見)が意思決定の唯一の根拠になるのではない。科学技術の実用化・商品化にあたり，「一体，どこまでのリスクであれば許容できるのか」，また，「具体的にどのような予防措置を講ずるべきなのか」をめぐる議論は，まさにトランス・サイエンスの問題として，多種多様な価値判断に基づく総合的な意思決定とならざるをえないのである[11]。

近年，「リスクに対してどのような対応を為すべきかという判断は，科学的知見が前提になるとはいえ，最終的には複雑な政策判断が不可避となる」旨が指摘され，併せて，具体的なリスク予防措置の選択にあたっては，立法者に広い裁量の余地を認めざるをえないこと，また，柔軟な対応を確保するため，不確定法概念の使用により，行政裁量が認められる局面が拡大することが指摘されるのも，そのためである[12]。

(2) リスク管理手法の多様性

しかしながら，リスク予防措置の選択・決定にあたって立法府の裁量と行政府の裁量が一定程度拡大することを認めざるをえないとしても，それは，リスク予防措置の選択・決定に際して法的統制が全く及ばないことを意味するわけではない。選択されたリスク予防措置が「過剰な規制」とならないよう，「比例原則」による統制を受けるからである。

なるほど，特定物質の規制等によるオゾン層の保護に関する法律(オゾン層保護法)や特定製品に係るフロン類の回収及び破壊の実施の確保に関する法律(フロン回収破壊法)のように，科学的不確実性を前提としつつも，敢えて規制的手法の導入に踏み切った立法事例も存在しないわけではない。しかし今日，環境協定等の合意的手法や，自主的取組手法(ISO規格等の環境マネジメント・環

境監査システム)，経済的インセンティブや情報を用いた各種誘導手法(エコカー減税やエコマーク等)がリスク管理手法の一翼を担っているのも，上記「比例原則」を考慮してのことである[13]。

(3) リスク・コミュニケーション，市民参加

このように，リスクへの対応と具体的な予防措置をめぐる議論が，科学の問題であると同時に，社会・経済・文化・倫理的な価値判断とも密接に関連し，したがって，そこでの意思決定が複雑な政策判断とならざるをえず，──比例原則による法的統制に服すとはいえ──立法府の裁量と行政府の裁量が一定程度拡大することを認めざるをえないとすれば，それだけいっそう，情報を広く公開し，一般国民や消費者団体，環境NGO等の多様な法主体を何らかの形で政策決定に参加させ，リスク管理のあり方につき密度の濃いコミュニケーションを行うことが重要となる。「社会的な合意形成を通じて，リスク予防措置の社会的正当性・合理性を確保する」という視点である[14]。

この点，「市民参加およびリスク・コミュニケーションの促進」という視点から眺めた場合，わが国の実定環境法令のなかには，改善の余地があることを指摘せざるをえないものが複数存在する。

環境基本法についてみるならば，同法は，「環境教育，学習，民間団体等が自発的に行う環境保全活動の促進のために，国が必要とする情報を提供する」旨の規定をおく(27条)ものの，肝心の「市民参加」について触れた規定は存在しない。

他方，個別法に目を転じると，先述のカルタヘナ法は，遺伝子組換え生物(LMO)の第一種使用にあたって策定される第一種使用規程に関し，学識経験者の意見聴取(4条4項)と承認した第一種使用規程の公表(8条)に関する規定をおく他，国民への情報提供と意見聴取に関して第35条をおき，「国は，この法律に基づく施策に国民の意見を反映し，関係者相互間の情報及び意見の交換の促進を図るため，生物多様性影響の評価に係る情報，……を公表し，広く国民の意見を求めるものとする」と規定する。しかし同法は，承認申請の対象となっている個々のLMOの承認について事前に情報を公開し，承認に先立って国民等の意見を聴取する仕組みはとっておらず，市民参加の要素

は弱いといわざるをえない。同様のことは，特定外来生物法についてもあてはまる。同法には，そもそも，情報公開や公衆参加に関する規定が存在しないのである[15]。

　リスク対応が，暗闇のなかでの試行錯誤の連続であり，科学的なデータが限られた範囲でしか正当化・合理化機能を果たしえないこと，また，リスク対応のあり方をめぐる議論が，科学の問題でありながら，同時に社会・経済・文化・倫理的価値判断とも密接にかかわる事柄であることに鑑みれば，多様な法主体間での「リスク・コミュニケーション」を促進するとともに，リスク規制にかかわる政策決定過程への市民参加を充実させることの意義は大きいといわなければならない。以下に述べるコンセンサス会議は，そうした取組みの一つに位置づけられる。

(4) コンセンサス会議

　コンセンサス会議とは，「政治的・社会的利害をめぐって論争状態にある科学的もしくは技術的話題に関して，素人からなるグループが専門家に質問し，専門家の答えを聞いた後に，この話題に関する合意(コンセンサス)を形成し，最終的に彼らの見解を記者会見の場で公表するためのフォーラム」である。1987年にデンマークで始まったコンセンサス会議は，その後，欧州各国に広がった。わが国でも，遺伝子治療(1998年)，インターネットテクノロジー(1999年)をテーマにコンセンサス会議が試験的に開催され，2000年には，農林水産省の外郭団体が遺伝子組換え農作物をテーマにコンセンサス会議を開催している。その特徴は，公募で選ばれた一般の市民が専門家との間で複数回に及ぶ「対話(コミュニケーション)」を行った後，議論の対象となった科学技術をめぐるさまざまな論点を検討し，実用化それ自体の是非や，実用化にあたって懸念されるリスクへの具体的対応方法等を評価し，市民の視点から具体的な提案を行うところにある。この制度は法律に根拠をもつ正式の制度ではなく，参加者は，市民ではあっても国民の代表ではなく，また討論の時間も限られたものであるため，会議を経て参加者が導き出した結論を機械的に採用し，政策内容に直結させることはできない。とはいえ，コンセンサス会議は，国民に情報を提供し意見を聴取する従来の仕組み(世論調査やパブ

リック・コメント等)とは異なり,双方向的な討議・コミュニケーション過程を通じて形成された市民の意見を政策決定にあたっての基礎(参考資料)とすることをめざした試験的な試みであり,市民参加のひとつの形態として注目されよう[16]。

5. 再評価と検証

(1) 措置の暫定性

先述の通り,環境リスクへの対応は,試行錯誤の連続である。したがって,リスク評価の結果はもちろん,これを基盤に構築された個々のリスク予防措置は,あくまで,その時々の限られた情報を基礎とした暫定的なものにすぎない(措置の暫定性)。それゆえ,継続的な情報収集(モニタリング)を通じて新たな知見を絶えず獲得しつつ,定期的にリスクの再評価を実施したうえで,既存の予防措置を定期的に検証し,知見の向上や状況の変化に応じて,柔軟にこれを再構築することが特に重要となる。

(2) リスク情報の公表と補償の要否

他方,「措置の暫定性」との関係で問題となるのが「補償の要否」をめぐる議論である。それを示す典型事例が,大阪O-157食中毒損害賠償訴訟である。

この事件は,大阪府堺市の市立小学校において多数の学童等に腸管出血性大腸菌O-157による集団食中毒が発生したことに伴い,国(厚生省:当時)が専門家による疫学的調査を実施し,厚生大臣が,調査継続の過程で取りまとめられた中間報告——貝割れ大根については,原因食材であるとは断定はできないが,その可能性も否定できない——を公表するとともに,質疑応答のなかで,「原因食材と疑われている貝割れ大根は,特定一社の生産業者から納入されたものである」旨の回答を行っていたところ,中間報告公表直後から貝割れ大根の売上げが激減し,多くの生産者に経済的損失が生じた,という事案である。厚生大臣は,集団下痢症状が発生し,国民が食品全般に不安を感じていることに鑑み,貝割れ大根が集団食中毒の原因食材として断定は

できない状況下でその可能性を指摘する中間報告を敢えて公表することにより，国民に注意を喚起し，食中毒事故の拡大防止と再発防止をはかろうとしたのであって，本件中間報告の公表は，一種の「リスク予防措置」であったといいうる。ただ，その後の調査結果を踏まえて公表された最終報告では，「特定の生産施設から特定の期間に出荷された貝割れ大根が，食中毒の原因として最も可能性が高い」とはされたものの，結局のところ，名指しされた特定の生産施設が特定の期間に出荷した貝割れ大根と，本件 O-157 による集団食中毒との間に因果関係が存在することが科学的に解明・断定されたわけではなかった。

　この点，各報告において汚染源の可能性を指摘された生産者が提起した国家賠償請求訴訟において，大阪地判平成 14 年 3 月 15 日(判時 1783 号 97 頁以下)は，「一般に，調査途中においても，経過報告をする必要がある場合も存するし，本件の場合でも，本件集団下痢症の原因については国民の重大な関心事であったことから，適切な時期に調査の途中経過を報告することも必要なことではあった」としつつも，「中間報告が，その結論部分において合理性がないとはいえないとしても，当時の O-157 感染症の発生状況に照らし，これからさらなる調査を重ねなければならない状況下において，かかる過渡的な情報で，かつ，それが公表されることによって対象者の利益を著しく害するおそれのある情報を，……十分な手続的保障もないまま，厚生大臣が記者会見まで行って積極的に公表する緊急性・必要性は全く認められなかったといわざるを得ない」と結論づけ，中間報告公表の違法性を認めている(その控訴審である大阪高判平成 16 年 2 月 19 日(訟務月報 53 巻 2 号 541 頁)もほぼ同旨である)。

　これに対し，風評被害による経済的損失を理由に同業者および業界団体が提起した国家賠償請求訴訟を審理した東京地判平成 13 年 5 月 30 日(判時 1762 号 6 頁)は，本件各報告の内容の合理性，公表の必要性および公法方法の相当性のいずれも認め，その違法性を否定したが，その控訴審である東京高判平成 15 年 5 月 21 日判決(判時 1835 号 77 頁)は，本件中間報告の内容自体の相当性は認めつつも，「厚生大臣が，記者会見に際し，一般消費者及び食品関係者に『何について』注意を喚起し，これに基づき『どのような行動』を

期待し,『食中毒の拡大,再発の防止を図る』目的を達成しようとしたのかについて,所管する行政庁としての判断及び意見を明示したと認めることはできない」としたうえで,国民に伝達すべき情報を的確に明示することなく中間報告の内容をそのまま公表したことが,本件風評被害による経済的損失が発生した一要因であることを認め,原告の請求を一部認容した。ただし,同高裁判決は,「原告らの主張する損害が,すべて,被控訴人の注意義務違反によるものと認めることはでき［ない］」として,その大半は,原告の負担とする内容の判決を下している（なお,最決平成16年12月14日［判例集未登載］は,国の上告を棄却している）[17]。

本件は,国民の不安感を解消しまたは被害の拡大・再発を防止することを目的としたリスク関連情報の公表に関し,公表の時期(タイミング),内容,方法または態様等を考えるうえでの格好の検討素材を提供するものである。いずれも公表の違法性を争点とした国家賠償請求訴訟の形態をとっているが,公表等の予防的措置によって生じる経済的損失の補償問題については,損失補償の法理または立法措置による解決の可能性を探るとともに,補償の要否をめぐる具体的な判別基準,補償範囲等についても,今後,別途詳細な検討が必要となろう[18]。

6. リスク評価・管理手続の体系化

以上,本章においては,被害の発生が懸念されてはいるものの,被害の実態や原因,被害発生のメカニズム等について科学的不確実性が存在する環境リスクに焦点を当て,「リスクの顕在化(被害発生)を可能な限り予防し,リスクを適切に制御するための法的枠組み—リスク評価及びリスク管理」を検討した。環境リスクは,現在,環境法学が取り組むべき最重要課題の一つに数えられる。国家は,科学的不確実性が存在する状況下において,「リスク予防措置を講じるか否か—講じるとして—具体的にいかなる予防措置を講ずるべきか」を適時かつ適切に判断しなければならない。この判断の正当性及び合理性を担保するのは,リスク分析・評価手続の公正性,客観性,透明性であり,またリスク予防措置の定期的検証と恒常的な改善可能性である。環境

法学の課題は，リスクの特性を見極めながら，リスク評価・管理手続を整序・類型化しつつ，相互に整合性を保ちながらこれを体系化してゆくことにある。

〈注〉
1) 朝日新聞2010年10月22日朝刊(第25面)。
2) 朝日新聞2011年6月2日朝刊(第6面)。
3) 環境リスクを取り扱う文献は，枚挙に暇がないが，さしあたり，大塚直「リスク社会と環境法」日本法哲学会編『リスク社会と法』(有斐閣，2009年)54頁以下，人間環境問題研究会編『環境リスク管理と予防原則』環境法研究30号(2005年)所収の各論考の他，黒川哲志『環境行政の法理と手法』(成文堂，2004年)，桑原勇進「環境と安全」公法研究69号(2007年)178頁以下，下山憲治『リスク行政の法的構造』(敬文堂，2007年)，高橋滋『先端技術の行政法理』(岩波書店，1998年)，同「環境リスク管理の法的あり方——議論の到達点の整理」森島昭夫・塩野宏編『変動する日本社会と法』(有斐閣，2011年)219頁以下，高橋信隆『環境行政法の構造と理論』(信山社，2010年)，戸部真澄『不確実性の法的制御』(信山社，2009年)，畠山武道「科学技術の開発とリスクの規制」公法研究53号(1991年)161頁以下，山田洋「リスク管理と安全」公法研究69号(2007年)69頁以下，山本隆司「リスク行政の手続法構造」城山秀明・山本隆司編『環境と生命』(東京大学出版会，2005年)3頁以下などを参照。
4) 比例原則については，須藤陽子『比例原則の現代的意義と機能』(法律文化社，2010年)の他，**第6章**「環境法における比例原則」をあわせて参照。
5) 予防原則・予防的アプローチについては，大塚直「未然防止原則，予防原則・予防的アプローチ(1)〜(6)」法教(2004〜2005年)284号70頁以下，285号53頁以下，286号63頁以下，287号64頁以下，289号106頁以下，290号86頁以下，および**第5章**「未然防止と予防」を併せて参照。
6) PRTR法については，**第15章**「化学物質管理法制の現状と課題」を併せて参照。
7) 大塚直『環境法〔第3版〕』(有斐閣，2010年)55頁。なお環境影響評価法については，畠山武道・井口博『環境影響評価法実務』(信山社，2000年)の他，第12章「環境アセスメント法の論点とその評価」を，また化審法については，第15章「化学物質管理法制の現状と課題」を併せて参照。
8) カルタヘナ法については，大塚・前掲(注7)606頁以下，同・法教286号66頁以下を，また農薬取締法については，大塚・前掲(注7)401頁以下，同・法教287号64頁以下を参照。
9) 高橋信隆・前掲(注3)53頁以下(特に129頁以下)は，「学習能力の向上を保証しうる理論的・制度的枠組みを構築すること」こそが，科学的に不確実な環境リスクへの法的対応にあたっての基本視角であると同時に，リスク管理法としての環境法学に課せられた重要課題であるとの認識を示す。

10) 米国モンサント社の COE はつぎのようにいう。「わたしたちはこの問題は科学の問題であって，科学の専門家が決定するのが当然だと思っていた。だから，多くの人が主張していたような倫理的，宗教的，文化的，社会的，さらには経済的問題であるということには十分耳を傾けてこなかった。科学としての食品と文化としての食には大きな隔たりがある。食は多くの文化や国家の中で，栄養の必要性をはるかに超えた重要な位置を占めるものであって，言葉に表せないほど感情に強く影響するものだ。」（ビル・ランブレクト（柴田穣治訳）『遺伝子組み換え作物が世界を支配する』（日本教文社，2001 年）369 頁）。

11) 小林傳司『誰が科学技術について考えるのか』（名古屋大学出版会，2004 年）153 頁以下。

12) 山田・前掲（注 3）69 頁以下（84 頁）。

13) 環境管理の法的手法については，第 8 章「環境法規制の仕組み」，第 9 章「経済的手法」，第 10 章「情報的手法・自主的手法」を参照。

14) 市民参加については，畠山・前掲（注 3）168 頁以下，環境法政策学会編『環境政策における参加と情報的手法』（商事法務，2003 年）の他，第 11 章「市民参画」を併せて参照。

15) 大塚・前掲（注 7）605 頁以下，同・609 頁以下。なお，リスク・コミュニケーションの促進という視点から，わが国の実定環境法制の問題点を指摘・分析するものとして，奥真美「環境リスク管理とリスクコミュニケーション」人間環境問題研究会編『環境リスク管理と予防原則』環境法研究 30 号（2005 年）70 頁以下が有益である。

16) コンセンサス会議については，小林・前掲（注 11），佐々木毅・金泰昌編『科学技術と公共性（公共哲学第 8 巻）』（東京大学出版会，2002 年）182 頁以下を参照。

17) O-157 訴訟の判例評釈として，阿部泰隆・判自 236 号 114 頁，久保茂樹・自治研究 79 巻 1 号 122 頁，瀬川信久・判タ 1107 号 69 頁，藤原静雄・判評 529 号 168 頁，村上裕章・ジュリ 1258 号 112 頁，横田光平・平成 15 年重判解 44 頁などを参照。

18) 措置の暫定性を特徴とする予防措置をめぐる補償問題を議論するものとして，参照，島村健「予防的介入と補償」石田眞・大塚直編『労働と環境』（日本評論社，2008 年）215 頁以下。

第5章 未然防止と予防

堀口健夫

　本章では、今日の環境法秩序における未然防止と予防の概念の意味・展開・課題を明らかにする。国際法では、国家の行為を直接に規律する法規範として未然防止の義務が確立しているのに対して、予防概念はむしろそうした法規範の発展・解釈を、科学的に不確実な環境リスクに対処する方向に指針づける機能を果たしている。そしてかかる予防概念の採用を明文化する環境条約上の義務の実施を通じて、わが国の環境法令の予防化が進んでいる側面もあり、同時に国際法規範の動態性への対応といった課題も生じている。

1. 環境損害の事前対処に関わる概念の発展

　国際法・国内法を問わず環境法に共通する特色の一つは、損害の事後救済のみならず、むしろ損害が発生しないよう事前の対処を強く志向する点にあり、「未然防止(prevention)」や「予防(precaution)」と呼ばれる考え方が発展しつつある。日常用語としては「未然防止」も「予防」もしばしば同義で用いられる言葉だが、環境法学では区別して論じられている。本章は、これらの概念の確立に少なからぬ影響を与えてきた国際法の発展状況の検討を出発点に、両概念の意味・展開・課題を明らかにすることを目的とする。

　なお、国際・国内環境法の文献や文書等では、ここで扱う2つの概念は、「未然防止的アプローチ」・「未然防止原則」あるいは「予防的アプローチ」・「予防原則」等と呼ばれることが一般的である。そして、ここでそれぞれ「原則」ではなく「アプローチ」と表現される場合には、拘束力のある法規範ではないことが含意されることが多い。しかし、本章ではそれらが法規範か否かという問題自体も取り扱うため、さしあたりこの問題に中立的な表現として、端的に「未然防止」・「予防」という語を用い、またそれらを「概念」と呼ぶこととする。その意味内容の核心部分は、「未然防止的アプロー

チ」・「未然防止原則」あるいは「予防的アプローチ」・「予防原則」と呼ばれるもののそれと同一であると考えてよい。

2. 国際法における未然防止と予防の概念

(1) 未然防止
(ア) 学説
　国際法学では，「未然防止的アプローチ(preventive approach)」という表現を目にすることは実は少なく，「(未然)防止原則(preventive principle)」等と呼ばれることの方が多い。環境損害の未然防止が国家の法的義務であるとの見方が，ほぼ通説化しているためである。

　もっとも，その基本理解については，国際慣習法として確立してきた伝統的な「損害禁止規則(no-harm rule)」が環境保護の文脈でさらに発展したとみる見解(A説)と，環境条約における未然防止義務の実定規則化に主に着目し，伝統的な損害禁止原則とは一応別個の法規範とみる見解(B説)に分かれる。国際司法裁判所(ICJ)はパルプ工場事件判決(2010年)で前者の立場を示した(パラ101)。他方，後者の代表的論者はSandsである。

(イ) 損害禁止規則とその発展
　A説が論ずる伝統的な損害禁止規則は，もともとは近隣国間の領域主権の調整という文脈において発展したもので，汚染等による重大な越境損害を禁ずる。この規範を認めた国際裁判例であるトレイル溶鉱所事件仲裁判決(最終判決(1941年))[1]は，「……国際法の諸原則によれば，煤煙による損害が深刻な結果を伴い，また当該損害が明白かつ説得的な証拠(clear and convincing evidence)により立証される場合には」，他国内の財産等に対して損害を発生させうるような領域使用等の権利は認められないとする。

　さらに1972年に採択されたストックホルム人間環境宣言第21原則は，「自国の管轄又は管理の下における活動が他国の環境または管轄外の地域の環境を害さないことを確保する責任を負う」とし，同規則を環境保護の文脈で改めて宣言するとともに，自国領域外の活動(例：自国を旗国とする船舶の公

海における活動)をも同規則がカバーすべきこと，並びに国際公域(例：公海)への越境損害をも禁止の対象とすべきことを明らかにした。かかる内容の規範については，近年ICJも一般国際法(＝原則としてすべての国家が拘束される法規範)として妥当することを認めるに至っている(核兵器使用の合法性に関する勧告的意見(1996年)パラ29)。

(ウ) 環境条約上の未然防止義務

他方B説は，条約上の規範，特に20世紀後半以降に締結された環境条約で定められた未然防止義務に特に着目する。海洋環境条約が定める汚染防止義務がその典型であり，たとえばロンドン海洋投棄条約(1972年)第1条は，海洋汚染を未然に防止するために締約国は実行可能なあらゆる措置をとらねばならないと定める。B説の論者によれば，これらの義務に具体化される未然防止の概念は，近隣国の領域主権の尊重というより，むしろ環境保護それ自体を目的としており，越境損害のみならず，自国管轄内(例：自国の領海や排他的経済水域内)の環境損害への事前対処をも射程に入れているという。

(エ) 環境損害の未然防止義務に共通する内容

確かに，ストックホルム宣言第21原則で表明された未然防止義務と，個別の環境条約上で合意された未然防止義務との間では，その厳密な射程にズレを指摘しうる。だがB説の論者が，<u>自国管轄内</u>の環境損害の未然防止義務もまた一般国際法上確立していると主張しているのであれば，学説の支持は少なく，ICJもそこまでは明確に認めていない。

またA説の立場では，環境条約上の未然防止義務は第21原則の具体化と整理されることが多いが，B説の論者も環境条約上の義務と第21原則の定める義務の意味内容に基本的な共通点があることまで否定していない。第1に，未然防止の対象となるのは一定規模以上の損害が発生する可能性(リスク)である。今日では「重大な(significant)」損害という基準が一般化しつつあるが，その基本的な含意は些細な損害のおそれは対象としない点にある。第2に，未然防止すべき環境リスクは予見可能なものに限定される。合理的に予見ができないような環境リスクは義務の対象外であり，問題の活動に起

因する損害の発生可能性について一定の科学的証拠(あるいは経験則)が存在することが前提とされる。第3に,その義務は相当の注意義務である。要求される具体的な注意の程度は,リスクの大きさや適用可能な国際基準等に左右されるのであり,重大な損害の発生をもって自動的にその違反が生じるわけではない。A説・B説いずれの立場に立っても,以上の3点が未然防止義務の基本的内容だという点については争いが少ない。

(2) 予 防
(ア) 予防概念の発展
これに対して,予防なる概念が「予防的アプローチ」・「予防原則」と呼ばれて国際的に議論されるようになるのはより最近のことである。同概念が広く国際社会において認知され,また支持を集める主たる契機となったのは,1992年に開催されたリオデジャネイロ環境開発会議(いわゆる地球サミット)であったといってよい。たとえば同会議で採択された「環境と開発に関するリオ宣言」(以下「リオ宣言」)の第15原則は,「環境を保護するため,予防的アプローチ(precautionary approach)は,各国により,その能力に応じて広く適用しなければならない。深刻なまたは回復し難い損害の恐れが存在する場合には,完全な科学的確実性の欠如を,環境悪化を防止する上で費用対効果の大きい措置を延期する理由として用いてはならない」とする。環境問題については,決定的な科学的知見の確立を待っていては手遅れとなりうるとの認識が,国際社会において広く共有されるに至ったのである。

このような考え方を採用すべきことは,気候変動に関する国際連合枠組条約(気候変動枠組条約)(1992年)3条3項,生物の多様性に関する条約(生物多様性条約,1992年)前文のほか,越境水路に関するヘルシンキ条約(1992年)5項,国連公海漁業協定(1995年)6条,バイオセーフティーに関するカルタヘナ議定書(2000年)1条,残留性有機汚染物質に関するストックホルム条約(2001年)1条等,その後のさまざまな環境関連条約や国際文書において明文化されるようになっている。また争いはあるが,同概念の採用は国際慣習法(＝一般国際法)上の要請であるとの見解も近年ますます有力化しつつある。この点,国際裁判所は長らく判断を控えてきたが,近年,国際海洋法裁判所(ITLOS)

海底裁判部は，深海底における保証国の義務に関する勧告的意見(以下「深海底勧告的意見」)(2011年)において，多くの条約・国際文書における採用を通じて，「予防的アプローチを国際慣習法の一部とする傾向」(パラ135)が生じているとした。

　もっとも，上記の条約や国際文書における予防概念の定式のされ方は，必ずしも一様ではない。だが，①事前対処行動をとらなければ無視できない環境損害が発生するおそれがある場合には，②当該環境損害の因果関係等に関する科学的不確実性を理由に，③事前対処行動を控えることは正当化できない，という点が予防概念の内容の核心であることについては，学説や諸国の見解においても異論は少ないといえる[2]。

(イ)　予防概念の基本要素1――環境損害の発生可能性(環境リスク)

　上述の①については，前述のリオ宣言第15原則にあるように，「深刻な或いは回復不可能な(serious or irreversible)」な損害のおそれの存在が挙げられることが比較的多い。このうち深刻性の基準は損害の規模にかかわり，未然防止の義務で論じられる重大性の基準よりも程度の大きな損害を一般に意味するが，他方の回復不可能性の基準はむしろ損害の性質にかかわる。基本的にこれらの基準は，科学的不確実性が残る段階からの事前対処行動を正当化する事情があるか否かの判断にかかわる。一般に損害に対する法的な対処としては，原状回復・金銭賠償等の事後救済で十分であるという場合もありえる。しかし予防概念が要請される典型的な局面は，損害の規模や性質に照らして，基本的にそうした事後救済が困難あるいは不適切であると評価すべき場合だと考えることができる。たとえばICJも，ガブチコボ・ナジュマロスダム事件判決(1997年)において，「環境保護分野においては，環境に対する損害がしばしば回復不可能な性質を有し，またこうしたタイプの損害に対してはまさしく賠償のメカニズムに本来的に限界があることを考慮して，警戒(vigilance)と事前対処が求められる」とする(パラ140)。

(ウ)　予防概念の基本要素2――科学的不確実性

　また②にあるように，予防概念の特徴が，科学的に不確実な環境リスクへ

の対処を求める点にあることについては，国際社会で広く見解の一致がある。ここでいう科学的不確実性が何を意味するのかについては，具体的な事案に適用される条約等の規定ぶりにもよるが，関連情報の不足や対立的な知見が存在するために，因果関係等が十分に立証できない場合を一般的に指す[3]。少なくともトレイル溶鉱所事件判決が示したような，「明白かつ説得的な証拠」の要求は緩和されうる。他方，何の合理的根拠もないリスクはその射程外である。たとえば前述の深海底勧告的意見は，リオ宣言第15原則を念頭におきつつ，「問題の活動の影響範囲や潜在的な悪影響に関する科学的証拠が不十分であっても，潜在的なリスクに関する説得的な指摘(plausible indication)が存在する場合」に，事前対処が求められるとする(パラ131)。具体的にいかなる程度の根拠が求められるかについては，その定式のされ方は条約や国際文書によって必ずしも一様ではないが，一般的には，懸念される損害の規模等の程度が大きければ大きいほど，より不確実な段階での事前対処が要請・正当化される，と考えることには合理性があろう。

(エ) 予防概念の基本要素3――事前対処措置の採用

最後に③について，予防概念は損害の事前対処に効果的な措置の採用を一般的に求めるといえても，それ以上に具体的に何らかの措置等を指示するわけではない。利用可能な最良の技術基準(BAT基準)に基づく排出規制や，環境影響評価手続等，同概念の実施に重要だと今日考えられている措置はあるが，これらは，従来，未然防止義務の実施手法としても論じられていた。不確実な環境リスクに効果的に対処すべく関連国が採用した措置は，広く予防概念に基づく措置であると評価されうる。

このような措置は，リスクを伴う原因活動の制御に必ずしも限定されない。特にリスクをめぐる科学的不確実性が調査等の不足に起因する場合には，モニタリングや科学的研究等，科学的知見を高める措置が重要な意味をもつ場合がある。たとえばMOX工場事件暫定措置命令(2000年)においてITLOSは，問題の工場の操業にかかわる環境リスクにつき科学的不確実性の残る状況において，協議やモニタリング等の協力を紛争当事国に命じた。

もっとも，予防概念は，環境保護の目的に効果的であれば，それに伴う費

用や損失を度外視してまで措置を講ずることを要求しているわけではない。たとえば前述のリオ宣言第15原則は，「費用対効果の高い(cost-effective)」措置の採用を求めている。このようにその効果と費用・損失の観点から，事前対処行動には一定の限界があると主張されることが近年増えてきている。後述する比例原則をめぐる議論もそうした限界に関わる(4(2)参照)。

なお予防概念の固有の意義として，「立証責任の転換(reversal of burden of proof)」がしばしば指摘されるが，実際にそこで論じられているものには，行政手続上の議論と訴訟手続上の議論がある。前者は，環境に潜在的に悪影響を与えうる活動を計画する者は，当該活動が行政当局に許可される条件として，事前に許容し難い有害性がないこと等を説明・証明しなければならない，とするものである(事前の無害証明)。この点については，特別に条約で合意されている場合はともかく(たとえば後述の海洋投棄規制をみよ，3(2)参照)，予防概念の一般的要求とまでいえるかどうかは定かではない。また後者の訴訟手続上の立証責任の転換についても，実際に国際紛争の当事国が主張した事例がみられ(たとえば前述のMOX工場事件におけるアイルランド，パルプミル事件におけるウルグアイ等)，また法的にも理論的にも正当化されうるとする学説もみられるが[4]，近年ICJパルプミル事件判決(2010年)は否定的に解した(パラ164)。

このように，予防概念自体は，条約等で具体的な事前対処措置に合意しない限りは，効果的な措置の選択にあたって国家に広く裁量を認めている。しかもリオ宣言第15原則によれば，予防概念は各国の能力に基づいて適用される。ここでいう「能力」は必ずしも明確な概念とはいいがたいが，前述の深海底勧告的意見によれば，能力の評価にあたっては，当該国家の有する科学的知見と技術の程度が特に重要であるという(パラ162)。その一方で，不確実性の残る状況で採用されるこうした措置の妥当性は，今後の知見等の発展に照らして継続的に再検討されるべきものである。つまり，そうした措置は本来的に暫定的性格をもつ。

(3) 未然防止と予防との関係

(ア) 科学的確実性／不確実性を基準とした区別とその問題性

　以上の未然防止と予防の概念については，事前に対処すべき環境リスクの科学的確実性／不確実性を基準として区別する理解が今日広く見受けられる。すなわち，科学的に確実なリスクへの事前対処が未然防止であり，不確実なリスクへの事前対処が予防だとの整理である。上述した予防概念の3つの基本要素でいえば，特に②の要素に予防概念の固有の意義が見出されているわけである。

　もっとも，現実に採用された事前対処措置がいずれの概念に基づくものかを判断することは必ずしも容易ではなく，実際のところ両概念の連続性・相対性を指摘する論者は少なくない[5]。このような連続的理解を突き詰めていけば，予防は未然防止をも当然に要求している，との理解に帰着しうる。こうした考え方に立てば，もし今日予防概念が国際法規範として確立しつつあるのであれば，それとは別に未然防止に関する国際法規範を論ずることの意味も乏しくなりつつあることになる。

(イ) 両者の規範的機能の差異

　しかしながら，未然防止の文脈で参照される損害禁止規則や環境条約上の未然防止義務については，それらが法規範(法的義務)であることについてはほぼ問題とされてこなかったのに対して，予防概念についてはそもそもそれが法規範といえるのかという疑念が，当初から繰り返し提起されてきた。規範として国家に指示する行動の内容が必ずしも明確ではないこと，また少なくともその適用の結果を予見することが困難であるとの認識があるためであり，同概念がしばしば「アプローチ」と称されるのもそのためである。

　だが，たとえば伝統的な損害禁止規則と同様に国家の行為を規律しえないとしても，それゆえに予防概念が何らの法的意義ももたないと考えるべきではない。第1に，予防概念の採用を求める条約規定は，そもそも異なる機能を期待されて条文化されている場合が少なくない。たとえば気候変動枠組条約は，「条約の目的を達成し，また条約を実施するための措置をとるにあたっての指針」である「原則(principle)」のひとつとして条文化している(第

3条3項)。また予防概念の採用は一般国際法上の要請であると主張される場合も，やはりそれは「準則(rule)」ではなく「原則」であることが強調されることが多く，損害禁止規則のように国家の行為を直接的かつ一義的に規律する法規範であるというよりは，むしろそうした法規範の定立・解釈をある方向に(科学的に不確実なリスクに慎重に対処する方向に)指針づけるという機能が強調されることが多い。実際の国際紛争処理においても，たとえば ITLOS のみなみまぐろ事件暫定措置命令(1996年)は，海洋法条約の解釈において，裁判所が予防概念を黙示的に考慮したとの評価が可能な事例である。また ICJ パルプミル事件判決(2010年)も，予防概念の採用を明文化していない二国間の河川条約の解釈において，同概念が考慮されうると述べた(パラ 164)。このように予防概念については，損害禁止規則の場合とは異なる上述のような機能が少なくとも論じられ，またそうした機能が実際に展開しつつある。

かかる機能の展開には，国際法の発展状況が大きく影響している。トレイル溶鉱所事件判決のころは，そもそも越境損害に適用可能な国際法規範が十分発展していない状況にあった。そのため，学説の主たる問題関心は，わずかな条約実践や既存の一般原則に依拠しながら，それ自体で国家の行為を規律するような一般国際法上の義務を検討することに向けられ，その結果，損害禁止規則が発展をみた。だが，予防概念が本格的に提唱され始めた1980年代末から90年代以降は，損害禁止規則や条約上の未然防止義務等をはじめ，環境問題の規律にかかわりうる基本的な国際法規範はおおむね整備された状況にある。むしろ，昨今のより重要な課題は，既存のそうした法規範をより環境保護に効果的なかたちに発展させることや，非環境分野の国際法規範(たとえば漁業分野や自由貿易分野の法規範)と環境保護との調和をはかること等にある。こうした法の発展状況を背景に，予防概念が今日提唱され機能しつつある点は十分認識されねばならない。

予防概念の以上のような機能の特性は，同概念が国家に対する義務賦課の文脈のみならず，国家の事前対処行動を正当化する文脈においても援用されつつある点からも伺うことができる。たとえば，予防概念の採用を明文化しているバイオセーフティーに関するカルタヘナ議定書は，バイオテクノロジーで改変された生物に関して，その悪影響につき科学的不確実性が残る状

況で輸入禁止措置等を決定する輸入国の権利を定めている(10条6項等)。こうした予防的な輸入制限については，自由貿易に関する国際法規範(WTO法)との関係では適法性に疑義が生じかねないところ，予防概念を基礎に国家の権利として明文化されたわけである。従来もっぱら義務賦課の文脈で議論されてきた未然防止概念とは対照的だといえよう。

以上のように，予防概念は，損害禁止規則のように国家の行為を直接規律するのではなく，いわば国家による議論や主張を枠づけるという異なる機能を展開させつつある。予防概念は，未然防止にかかわる従前の国際法規範にとって代わるような法規範として提唱されたというよりは，それらの既存の法規範の潜在的な射程(つまり不確実なリスクをも対象としうること)を明確にする点にその基本的意義があるといった方が正確である。つまり，未然防止に関する既存の国際法規範が，予防概念に照らして今日再解釈されつつあるのである。たとえば国際法の法典化を担う国際法委員会が採択した防止条文草案(2001年)は，損害禁止規則(草案は「越境損害防止義務」と呼んでいる)は予防概念を反映しうると述べるが(第3条の注釈パラ14)，そうした再解釈の適切性を認めるものだといえよう[6]。

3. わが国の国内法における展開

(1) 概　説
(ア) 学　説

以上，国際法における未然防止・予防の概念の発展をみてきたが，わが国の国内法ではどうか。近年の学説の展開をみると，国際法における議論とほぼ同様に，防止すべき環境リスクに関する科学的確実性・不確実性を基準として，両概念を区別する考え方が広く見受けられる[7]。特に予防に関しては，リオ宣言第15原則が参照されることが多く，前述のような科学的不確実性の要素と結びつけられた基本理解は，日本の国内環境法学においても一般的に共有されつつある。またそれゆえに，未然防止と予防の概念の連続性の問題をここでも指摘することが可能である。そして国際法学における議論と比較すると，前述のような規範的機能の差異はさほど議論されていない。

（イ）　日本の国内法令における未然防止・予防概念

　その一方で，これらの概念が，果たしてどこまでわが国の国内法令に反映しているかは，やはり別途実証的な検討を要する。この点につき，従来の環境法令の下ではやはり未然防止の考え方が支配的であったが，近年では変化がみられる。たとえば環境基本法4条は，「環境保全は，…科学的知見の充実の下に環境の保全上の支障が未然に防がれることを旨として，行われなければならない」と定めるが，同条が上記の引用部分の前でしばしば予防概念の目的とされる「持続的発展」の理念に言及していること等に鑑みると，これは科学的確実性の要素と結びついた未然防止概念の表明というよりも，端的に事前対処一般の必要性を明らかにしたものだというべきであろう。また第3次環境基本計画(2006年)や生物多様性基本法は，予防概念(「予防的な取組方法」)の採用を明文化している。個別の環境法令においても，科学的に確実な知見を必ずしも前提とせずに進められている大気汚染防止法における揮発性有機化合物(VOC)規制や，特定外来生物法における未判定外来生物(「生態系等に係る被害を及ぼすおそれがあるものである疑いのある外来生物」と定義される)の輸入手続等，予防概念の適用例といいうるものが存在する。このように今日のわが国の環境法制においても，未然防止にとどまらず予防の概念に基づいた法の発展を認めることができる。ただし現段階では，少なくとも予防概念については，裁判基準たりうる法規範として一般的に確立していないとする見解が有力である[8]。

　このような法の発展状況において1つ注目すべきは，わが国の国内法制における予防概念の展開に，国際法が少なからぬ影響を与えつつある点である。すなわち，わが国は予防概念を採用したさまざまな国際条約の締約国となっているが，そうした条約の目的は各国の国内法制を通じて実現されるのが通常であり，締約国は国内で必要な立法や行政上の措置等をとることをしばしば条約で国際的に義務づけられる。そのため，当該条約上の義務の実施という形で(条約の国内実施)，日本の国内法制における予防概念の受容と具体化が進んでいるケースも見受けられるのである。海洋投棄規制を例にこの点を具体的にみていくこととしよう。

(2) 条約の国内実施を通じた国内法制の予防化
――海洋投棄規制のケース
(ア) 海洋投棄の国際規制の展開

　海洋投棄とは，海洋において廃棄物その他のものを船舶等から故意に処分することを主に意味し，わが国の国内法制では海洋投入と呼ばれている。海洋投棄は比較的早くから国際規制の対象となっており，1972年に廃棄物その他の物の投棄による海洋汚染の防止に関する条約(以下「72年条約」)が締結されている。さらに1996年には，同条約の内容を全面的に改正する議定書(1972年の廃棄物その他の物の投棄による海洋汚染の防止に関する条約の1996年の議定書)(以下「96年議定書」)が締結され，海洋投棄は原則禁止されるに至った。日本はいずれにも締約国として参加している。

　72年条約と96年議定書とでは，基本的な国際規制のあり方が大きく転換した。すなわち，72年条約においては，附属書Ⅰ(ブラックリスト)と附属書Ⅱ(グレイリスト)に有害と考えられる廃棄物等をリスト化したうえで，前者の投棄を禁止し，後者の投棄も各国の規制当局が個別に発する特別許可に服するものとされた。他方，リスト外の廃棄物等は規制当局による一般的な許可を条件に投棄可能となっている。このように，有害な物質等をあらかじめ列挙し規制対象とする手法はリスト方式と呼ばれている。これに対して96年議定書では，投棄を原則禁止し，例外的に投棄が検討されうる物質をリスト化している。こうした手法はリバースリスト方式と呼ばれている。しかも，そうした例外的な投棄は，各国の規制当局による個別の許可に服し，申請者は海洋投棄の必要性や海洋環境に対する潜在的影響がないことを示さなければならない。96年議定書におけるこうした規制手法の転換は，前述した「事前の無害証明」を実質的に制度化したものであると考えられ，予防概念をかなり厳格な形で具体化したものと評価しうる(同議定書は予防概念の採用を明文化している)。

(イ) 日本における国内実施

　従来よりわが国の国内法では，72年条約上の義務の実施は，主に海洋汚

染等及び海上災害の防止に関する法律(海防法)と廃棄物の処理及び清掃に関する法律(廃棄物処理法)を通じて確保されてきた。しかし，その後96年議定書への批准を進めるにあたり，海防法・廃棄物処理法や関連法令に必要な改正が加えられることとなった。第1に議定書のリバースリストへの対応であるが，実は従来から海防法は，廃棄物等の海洋への排出を原則禁止し，指定された特定の廃棄物等につき一定条件のもとで投棄を許容するという条文構造にはなっていた。そこで，そうした基本構造は維持する一方，議定書上のリバースリストの内容との整合性を確保すべく，省令(廃棄物処理法施行令)の改正により投棄可能な廃棄物や基準が改められた。第2に議定書の要求する許可制度への対応としては，例外的に認められうる廃棄物等の海洋投棄は，すべて環境大臣の事前の個別許可に服することとなり，排出事業者は海洋投棄の必要性と海洋環境に対する安全性の説明が求められるようになった。また環境大臣の許可が発給された投棄を実施する際には，排出を行う者は海上保安庁長官による確認も要求される。さらに投棄後も，許可を受けた者は関連海域の監視を行い，結果を環境大臣に報告しなければならない。このように，96年議定書における予防概念に基づく規制の転換に伴い，同議定書の締約国となったわが国においても，議定書上の義務を実施するため，関係国内法令が改正され，「事前の無害証明」を制度化したといえるような法制度が実現しつつある。

　わが国は，海洋投棄の他にも，温暖化防止，生物多様性保全等，予防概念を採用したさまざまな国際条約に参加している。問題領域によって予防の具体化のあり方は異なりうるが，上述のように国際条約上の義務等の実施を通じて，わが国の国内法制の予防化が進展してきている側面もあることは十分に認識されなければならない。予防概念に明示的に言及するわが国の国内法令は多くないが，少なくとも環境条約の国内実施法といいうる法令の解釈が問題となる場合には，必要に応じて当該条約の目的・趣旨等にも考慮が及ぶべきであろう(96年議定書との関係でこの点肯定的といえなくもない裁判例として，たとえば東京地判平成23年12月16日(海洋投棄の不許可処分の取消訴訟)判例集未登載)[9]。

4. 展望と課題

　以上のように，今日の環境法秩序は，国際法と国内法の相互作用も含みながら，科学的に不確実な環境リスクへの対処をも志向するようになっている。最後に，その展望と課題について，主に国際法と国内法との関係にかかわる論点に着目しながら，いくつか指摘しておきたい。

(1) 環境条約の国内実施の動態性

　前述のように，国際環境条約の目的は主として各締約国の国内法制を通じて実現されるわけだが，少なくともわが国では，条約違反の問題が生じないように条約上の義務の実施に必要な国内法令をあらかじめ確認し，必要ならば改正や新規立法を行って当該条約の批准に備えることが通常である。しかし，それでもなお，特に予防概念を採用する近年の環境条約に関しては，国内法と条約との整合性が批准後も継続的に問われ続ける可能性がある。その主たる要因は，国際法規範の動態性である。第1に，科学的に不確実なリスクへの対処においては，科学的知見や技術の進展等に対応した動態的な規制が要請されるため，今日の環境条約はいわゆる枠組条約＝議定書方式を採用する等して，継続的な規律を制度化する傾向がある。そのため締結された条約自体の規定は必ずしも具体的内容を伴うわけではなく，その後の締約国会議(COP)の決議等を通じて規範が次第に具体化されたり，改正されたりすることが予定されている。温暖化規制はその一例である。各締約国は，このように継続的に展開する国際法規範に応じて，国内法令の整備・運用をはかっていかねばならない。

　また，以上のプロセスとも関連して，第2に，環境リスクの社会的受容にかかわる問題がある。予防概念を採用した環境条約では，予防的な基準・義務を設定することで，一定の環境リスクを国際的に管理することを目的とする。しかし，とりわけ不確実な環境リスクをどこまで受容するかについては，リスクを伴う活動の便益等も考慮し，各国でその判断が異なることは十分にありうる。そして，その判断の差異が，場合によっては，予防的に設定され

た国際基準や義務の解釈の対立として顕在化し，特定の国に対して国内法の改正に向けた国際的な圧力が形成される可能性がある。実際，たとえば前述の96年議定書に関連して，わが国は赤泥(アルミニウムの原料であるアルミナをボーキサイトから抽出する過程で発生する残渣)が議定書のリバースリストに列挙されている「不活性な地質学的無機物質」に該当する(つまり例外的に投棄が検討されうる)との立場であったが，赤泥が海洋環境への深刻な脅威であると主張する他の締約国やNGOからの強い批判にさらされてきた。このように条約の国内実施にあたっては，国際的な条約解釈の動向の考慮も必要となってくるのであり，特定の条約解釈を主張・維持するとしても，その正当性・合理性の説明が国際的に求められる場合がある。

以上のように，特に不確実なリスクへの対処を求める予防概念の採用により，環境条約による規制の動態性がいっそう強まる傾向があり，継続的に展開する国際法規範に適切に対応していくことも，同概念を受容しつつあるわが国の国内法制の一つの課題となっている(なお動態的に展開する国際法規範に対して国内法は常に受け身であるわけではもちろんない。国際法は各国の合意により形成されるのが原則である以上，各国の国内法制のあり方が国際法規範の形成・発展に影響するという側面も当然ある)。

(2) 比例原則の展開

また，予防概念にかかわる重要な論点として，近年その適用に関する指針・基準が論じられるようになっている。そもそも同アプローチについては，過度の環境保護を国家に義務づけたり，あるいは正当化しうるのではないかとの懸念がしばしば指摘され，予防概念の採用に否定的な見解が生じる要因となってきた。これに対して，近年，その適用の射程をより精緻化しようという動きもみられる。たとえば欧州委員会における同概念の扱いを明らかにした「予防原則に関する欧州委員会からのコミュニケーション」(2000年)は，その「適用に関する一般原則(general principles of application)」として，比例性，一貫性，無差別性，費用便益の検討，科学的発展の検討を列挙している。とりわけ比例性(比例原則)は，わが国の国内環境法学においても関心を集めるようになっている[10]。

そもそも国際法学における議論に目を向けると，発生のおそれのある損害の規模や，不確実性の程度，事前対処措置の厳格さとの間に一種の比例性を認めるべきだとの指摘は，特に損害禁止規則の適用に関連して，近隣国の領域主権の調整という文脈で従来から議論がみられた。しかし，近年議論のある比例性は，WTO法やEU法，あるいは国内行政法において発展してきた目的と手段の間の比例性の要請であり，特にEU法や国内法の文脈では，「比例原則」としてそれ自体法規範の性格をもつとの議論がみられる。

国際法上，こうした新たな性格の比例性に焦点があてられるようになったのは，無論WTO法やEU法の影響は否定できないものの，予防概念を採用する国際条約がその目的の実現を各国の国内法制に依存しているなかで，同概念の適用にあたり国内法の基本原則への配慮が求められているところも大きいように思われる。問題領域や地域を問わず比例原則が予防概念の射程を一般的に規律するものだといえるかどうか，比例原則の内容をどのように理解すべきか，国際法上の比例性と国内法上の比例性に相違はないか，といった点のさらなる解明は今後の課題であり，また国際法学と国内法学の対話が特に期待される論点であるといえよう。

(3) 手続法規範の発展

最後に，不確実な環境リスクにいかに対処するかという問題については，結局のところ社会的に合意を形成していく他はない。その意味で，当該リスクにかかわる意思決定過程のあり方は，関連制度の正統性や実効性に大きな影響を与えうる。今日の国際環境法のもう一つの特色は，そうした関連国の意思決定過程にかかわる手続的な法規範（手続法規範）が発展してきている点である[11]。たとえば，近隣国に対するリスクの事前通報・協議，（越境）環境影響評価，公衆参加等が挙げられる。前述の海洋投棄に関する96年議定書が定める事前許可制度も，そうした手続に広く含めて理解することが可能であろう。

予防概念が提唱される以前の時期においても，たとえば国際河川利用をめぐって，事前通報や協議といった手続が国際法上発展したが，従来，それらは資源配分をめぐる国家間紛争の防止や処理の機能を主に期待された。しか

し，今日では，予防概念のもと，国際的な環境リスクをめぐる適切な意思決定への関与の機会を利害関係国・関係者に確保することに，手続法規範の主たる目的がシフトしてきているように思われる。このことは，国際法レベルにおいても，そうした手続法規範の違反が原因活動の差止めを国際的に請求する根拠となりうるか，という興味深い論点を提起している(たとえば前述のICJパルプミル事件判決では，アルゼンチンが手続法規範の違反から差止めを求める主張を展開した)。

いずれにせよ基本的に重要だと思われるのは，そうした手続的な国際法規範の発展により，リスクをめぐる国内の意思決定過程のあり方についても国際法上の制限が及びつつあるという点である。たとえば前述した海洋投棄に関する96年議定書の締約国は，例外的に許容される海洋投棄のリスク評価・管理のあり方について比較的詳しい指針を採択している(これらの指針はWAF・WAGと呼ばれている)。また，越境環境リスクに関する関連国への事前通報・協議や環境影響評価の実施については，特定の条約上の義務にとどまらず，一般国際法上の義務として確立しているとの見方が近年広く支持されつつある(たとえば環境影響評価について前述の深海底勧告的意見パラ145)。

このように国際環境法における手続法規範の現状と今後の発展は，環境リスクに関するわが国の意思決定プロセスのあり方にも大きな影響を与える可能性がある。無論この点についても，むしろ国内法制のあり方が国際法規範の形成に影響を与えているという側面もある。たとえば，国境を越える環境リスクの影響評価(越境環境影響評価)に関する国際法規範の形成・受容には，各国国内の環境影響評価制度の発展状況が少なからず影響している。科学的に不確実な環境リスクへの対処をも志向する今日の環境法秩序においては，国際法と国内法とのこうした相互作用のなかで，効果的かつ正統な意思決定過程の構築が模索されているのである。

〈注〉
1) United Nations Report of International Arbitral Awards, vol. 3, p. 1905.
2) この3点が予防概念のさまざまな定式の共通要素だと指摘するものとして，J. Camreon and J. Abouchar, The Status of the Precautionary Principle in Interna-

tional Law, in D. Freestone and E. Hey eds., *The Precautionary Principle and International Law* (Kluwer Law, 1996) p. 44.

3) 科学的確実性・不確実性の概念については，たとえば J. Zander, *The Application of the Precautionary Principle in Practice* (Cambridge, 2010) pp. 9-17 を見よ。

4) たとえば C. E. Foster, *Science and the Precautionary Principle in International Courts and Tribunals* (Cambridge, 2011) pp. 240-277.

5) たとえば A. Trowbourst, *Precautionary Rights and Duties of States* (Martinus Nijhoff Publishers, 2006) p. 94. 他方，未然防止と予防は依然として区別すべきだとする見解として，たとえば U. Beyerlin and T. Marauhn, *International Environmental Law* (Hart Publishing, 2011) p. 54.

6) なお，損害禁止規則や環境条約上の未然防止義務も，他の法規範の定立や解釈の指針づけといった機能を果たしうる。また，今後の法の発展により，予防概念が国家の行為を直接規律するような独自の規範的内容を獲得する可能性が全くないとまではいえないだろう。以上の意味で，ここでの規範的機能の差異は絶対的なものではないことには注意が必要である。

7) たとえば北村喜宣『環境法〔第2版〕』(弘文堂，2013年)71頁，大塚直『環境法〔第3版〕』(有斐閣，2010年)51頁。

8) たとえば北村・前掲(注7)78-79頁は，現段階では予防的アプローチは(そして未然防止的アプローチも)法規範だとはいえないと述べる。もっとも，裁判所が予防的アプローチを考慮したと評価しうる裁判例はある。前掲78頁をみよ。わが国の国内法学では，国際法学ほどには，準則／原則の区別に依拠した議論は展開されていない。

9) なお，実際の裁判や行政実務においては，国内法令の解釈・適用において環境条約が考慮されることは少ない。国内法令で条約上の義務の履行をきちんと確保している以上，条約にまで遡る必要はないという理解がその背景にあると考えられるが，そうした理解が適切であるかは，本論で述べる課題((4)参照)等にも照らして，個別に確認される必要がある。

10) たとえば北村・前掲(注7)78-81頁。なお，国内法学では，リスクから保護されるべき利益の側からの統制原理として逆比例原則の議論も展開されている。この点については，桑原勇進「リスク管理・安全性に関する判断と統制の構造」磯部力ほか『行政法の新構想Ⅰ』(有斐閣，2008年)300-304頁もみよ。国際法学では，適正な保護水準の確保という観点からの精緻な議論はまだ未成熟であり，せいぜい本章で言及した目的実現に対する効果という一般的要求を指摘しうるにとどまる(2(2)参照)。

11) 国際環境法における手続法規範の発展については，M. Koyano, The Significance of Procedural Obligations in International Environmental Law: Sovereignty and International Co-operation, in *Japanese Yearbook of International Law*, vol. 54 (2011) pp. 97-150 をみよ。

第6章 環境法における比例原則

桑原勇進

　比例原則は，適合性・必要性・狭義の比例原則からなる法原則である。それは，基本権の原理としての法的性質から根拠づけられ，日本国憲法では13条の根拠となる。比例原則は過剰禁止を求めるもので，環境保護とは対立する。環境保護の観点からは，過少禁止を要請する新たな比例原則が要請され，それは，保護構想の存在・保護構想の実効性・保護の最大性・比例性から構成される。これもまた，原理としての基本権保護義務から根拠づけられ，憲法13条が条文上の根拠となる。

1. 比例原則の意義

(1) 比例原則とは

　比例原則(狭義の比例原則と区別して広義の比例原則とも呼ばれる)とは，一定の目的を達成するためにとられる手段がその目的との関係で過剰であってはならない，という原則である。それは，目的達成のための手段の適合性，目的達成のための手段の最小限度性という必要性，達成される目的と被侵害利益との均衡という狭義の比例原則からなるとされており，これが広義の比例原則の内容として一般に承認されている[1]。これは，立法・行政を含む国家活動全般に妥当する原則である。

　比例原則は，ドイツ法に由来する法原則であり，ドイツにおいても最初から一義的にその内容が確定されていたわけではないが，近年のドイツ公法学において，比例原則は適合性，必要性，狭義の比例原則からなる，という理解でほぼ一致しているし，日本においても同様の理解が定着しつつある。そこで，ここでも，比例原則を三部分原則からなる法原則として捉えることとする[2]。

(2) 比例原則の根拠

以上のように理解した場合における比例原則の法的根拠は何であろうか。ドイツにおいては，法治国原理や基本権の本質といったものが主要な根拠とされている(両者は相互排他的なものではない)。この場合，法治国原理は，自由主義的国家思想を背景として，すべての国家活動は個人の自由を保障すべく拘束されているという観念として理解される。ここから，不合理で不必要な自由の制限は許されないという比例原則が根拠づけられる[3]。ところで，ドイツの連邦憲法裁判所は，比例原則を基本権の本質自体から生ずるものである旨述べたことがある[4]。とすると，基本権の本質が比例原則の根拠の根源的なものであるようにも思われる。では，基本権の本質から，どのようにして比例原則が導かれるのであろうか。基本権理論的に比例原則を根拠づける議論として，アレクシー(R. Alexy)の所説をみてみよう。

まず，前提として，アレクシーは，基本権を原理(Prinzip)として理解する。原理とは，法的・事実的可能性との相関で可能な限りの実現を要求する規範である[5]。比例原則は，このような原理としての基本権の性質から導き出される，とアレクシーはいうのである。

適合性の原則からみていくと，その導出過程はつぎのようである。手段(Mittel)M1が原理(Prinzip)P1から要求される目的の促進や達成に役立たない(適合的でない)場合，P1からすると，M1が実施されるか否かはどうでもよいことである。しかし，M1が原理としての性格を有する基本権規範P2の実現を阻害する場合(たとえば，M1の実施によるP1にとっての貢献は0だが，P2にとっては-3)，M1はP2により禁止される。M1がとられることは，P2が(事実的可能性との相関で)最大限に実現されることを妨害するからである。

次に必要性の原則は，以下のようにして導出される。原理P1によって要求される目的(Zweck)Zを同じように実現ないし促進する手段としてM1，M2があり，M2はM1よりも，原理である基本権規範P2から要請されることの実現にとっての障害の度合いが小さいとする(たとえば，M1の実施はP1にとって+3，P2にとっては-5，M2の実施はP1にとってM1の場合と同じく+3，P2にとっては-2)。このとき，P1からは，M1とM2のどちらが実施されようとどちらでもよい。しかし，P2からするとM1よりもM2の方が選

択されるべきことになる。M1を選択するよりもM2を選択する場合の方が，P2がより高い(例示の場合に即していうと3ポイント)程度で実現される(実現されない程度が低い)からである。したがって，M1の選択は禁止される。

最後に，(狭義の)比例原則の導出の論理はつぎのようである。原理としての性格を有する基本権規範が対抗する原理と競合する場合，基本権規範の実現の法的可能性は対抗原理にかかっている。原理は適用可能な限り適用することが要請され，競合する場合の適用には利益衡量が不可欠であるから，基本権規範の原理としての性格は，それが対抗原理と競合するときは利益衡量が要請される，という意味を内包している[6]。

以上がアレクシーの説く比例原則の根拠であるが，日本においては，比例原則の根拠は憲法13条に求めることができよう。すなわち，同条後段は，「生命，自由及び幸福追求に対する国民の権利については，公共の福祉に反しない限り，立法その他の国政の上で，最大の尊重を必要とする」と定める。最大限に尊重するということは，可能な限り最大の実現を要求するというまさにアレクシーの説く原理としての性格を基本的人権が有することを憲法が承認していることを意味すると解しうる。そうすると，日本国憲法のもとでも，基本的人権の原理としての性格から，アレクシーが説くところと同様に，比例原則が導かれる，ということになろう[7]。

2. 環境法における比例原則の限界

(1) 比例原則の適用例
(ア) 共有林分割規制違反判決

最高裁の判例にも，環境法の分野ではないが，比例原則を適用して法律を違憲としたとみられるものがある。たとえば，共有林分割規制違憲判決(最大判昭和62年4月22日民集41巻3号408頁)は，共有森林について持分価額2分の1以下の共有者の分割請求権を否定する森林法186条の規定に関し，同条の目的を，森林の細分化を防止することにより森林経営の安定化をはかるものと解したうえで，①森林が共有となることによって当然に共有者間に森林経営のための目的的団体が形成されることになるわけではないこと等から，

森林が共有であることと森林の共同経営とは直接関連するものではない，②持分の価額が等しい二人の共有者間において共有森林の管理等につき意見の対立があった場合，保存行為しかできず，かえって森林荒廃という事態を招来しかねず，分割請求権を否定することはこのような事態の永続化を招くだけである，③森林の安定的経営のために必要な最小限度の面積を定めることが可能であり，分割後の面積が必要最小限度の面積を下回るか否かを問わず一律に分割を認めないことは立法目的を達成するのに必要な限度を超える，④当該森林の伐採期ないし計画植林の完了時期等を何ら考慮せず無期限に分割請求を否定することも立法目的達成に必要な限度を超えた不必要な規制である，といった理由で違憲と判断した。①②は，判決は立法目的との間に合理的関連性がないといういい方をしているが，比例原則にいう適合性に欠けるという意味に解することができる（②に至っては，立法目的を阻害する手段だという理由である）。③④は，判決は必要最小限度の規制を超えているという表現をしているが，同様に立法目的を達することができるより規制の度合いの少ない他の手段がある，ということをいっているわけで，比例原則にいう必要性に欠けるから違憲，という意味に理解しうる。

（イ）　薬局距離制限規定違憲判決

　薬局距離制限規定違憲判決（最大判昭和50年4月30日民集29巻4号572頁）も，①競争激化 ― 経営の不安定 ― 法規違反 ― 不良医薬品の供給という因果関係は，単なる観念上の想定にすぎない，②医薬品流通の全過程の規制，不良医薬品の廃棄命令，施設の構造設備の改善命令，薬剤師の増員命令等の行政措置によっても不良医薬品の供給という弊害は防止できる，といった理由で，薬事法上の薬局距離制限規定を違憲としたが，①は距離制限規定という手段と不良医薬品の供給防止という立法目的との間には関連性がなく適合性の要件に欠ける，②はより制限的でない手段で立法目的を同様に達成できるので必要性の要件に欠ける，という趣旨に解することができる（①は，許可制という厳しい手段をとるほどには蓋然性がない，ということであれば，立法目的との関係で厳しすぎるということで，狭義の比例性の要件に欠けるという趣旨に解することもできる）。

（ウ） 廃棄物処理業取消の無限連鎖のケース

　環境法の事件を例に，比例原則の適用を考えてみよう。「廃棄物の処理及び清掃に関する法律」(廃棄物処理法)は一定の欠格要件に該当する場合，廃棄物処理業の許可を必ず取り消さなければならないこという義務的取消の規定をおいている(7条の4，14条の3の2)。たとえば，許可を得て処理業を営んでいる法人の役員のひとりが刑法犯で禁固以上の刑に処せられた場合，その犯罪の態様いかんにかかわらず，義務的取消となる。さらに，2010年改正前の規定によれば，法人Aの役員であるaが義務的取消の規定に該当して法人Aの処理業許可が取り消された場合，aが処理業を営む別の法人Bの役員を兼ねていた場合，Bの処理業許可も義務的に取り消されることとされていた。より重大なのは，Bの役員bが別の法人Cの役員を兼ねていた場合，Cの業許可も取り消されることとされていた。このように，無限に取消しが連鎖する可能性があった[8]。こういう規定の仕方，とりわけ，無限連鎖取消規定は，比例原則に反しないかどうかが問題となる。義務的取消についていえば，役員が違法な行為をするような法人は廃棄物処理法の定める処理基準を遵守しない可能性がある(すべての違法行為がそうかは問題だが)ので，一律に取り消すという手段は，適正処理の確保という目的を促進する効果があるから，適合性の要請は満たす。しかし，必要性はどうだろうか。東京地判平成19年9月26日(判例集未登載)は，つぎのように判示している。

　「廃棄物処理法14条の3の2第1項1号による規制は，不法投棄等の不適正処理の防止等を図るためにされた類似の法改正で欠格要件が順次拡大され，同要件に該当するに至った廃棄物処理業者に対する許可の取消しを各地方自治体における裁量に任せると，その判断の過程に不当な圧力が介在するおそれがあるし，そうでなくとも，廃棄物の不適正処理が悪質化，深刻化の一途をたどる状況下にあって，各地方自治体においていたずらに不適正処理に対する行政指導を繰り返すなどして許可の取消しが不当に遅延したり，ついには許可の取消しがされなかったりするようなおそれがあったことから，そのようなことがないように，廃棄物処理業者が欠格要件に該当するに至った場合には全国一律に許可を取り消さなければならないこととして，行政における裁量の余地を残さないことを立法府が決定したものである。このような不

法投棄等の不適正処理の状況や，廃棄物処理法の改正の経緯に照らすと，この場合における許可の取消しを裁量的なものにとどめても，許可の取消しを義務的なものとする場合と同様に規制目的を十分に達成することができるとは直ちに認めることができない。」

ここでは，「取り消すことができる」という裁量的取消規定では，適正処理の確保という目的に関して義務的取消と同等の効果を得られないから必要性の原則も満たしている，という判断が示されている[9]。しかし，仮にそうだとしても，狭義の比例原則を満たしているといえるかどうかはまた別の話である。業の許可が取り消されるとなると，当該法人は廃棄物処理業を営めなくなるわけで，法人にとっての打撃はかなり大きいといいうるし，その従業員の生活等への影響も大きいわけで，不適正処理をする蓋然性の程度との関係で，不釣合いに打撃の程度が大きいと評価される場合もありえないではない。そのように評価される場合には，義務的取消規定の適用違憲という判断をせざるをえないであろう。

連鎖的許可取消の問題については，先の東京地裁判決はつぎのように述べている。

「法律の規定は，可能な限り，憲法の精神に則し，これと調和し得るよう，合理的に解釈されるべきものであるところ，憲法22条1項が職業の自由を保障している趣旨に則して考えれば，廃棄物処理法14条の3の2第1項1号及び14条5項2号ニの規定の文言上，取消しの無限連鎖を招来するように読めるとしても，廃棄物の適正な処理体制をより一層確保するために欠格要件を設けた廃棄物処理法の趣旨を超えて，役員同士の相互監督義務の履行を期待することができない場合にまで許可の取消しを連鎖させることはできないと解釈することも可能である……。」

取消しの無限連鎖は憲法違反であるとの判断が基底にあるように読めるが，そうだとして，その理由は不明である。役員同士の相互監督義務の履行を期待することができないのだから，そもそもこのような場合の取消しは適正処理の確保という目的達成との間に関連性がないから適合性の原則に反するともいいうるし，これほど厳しくない他の手段でも目的を同程度に達成できるから必要性の原則に反するとも解しうる。また，取消しの無限連鎖は，その

影響が大きすぎ，狭義の比例原則に反するともいいうるであろう[10]。

（エ）　環境アセス対象事業の限定

この他，裁判となったケースではなく，立法に関するものであるが，環境アセスメント対象事業が一定規模ないしカテゴリーの開発行為に限られているのは，それらの環境影響可能性が社会的にみて特に重要な関心事であることとアセスメントに要する費用を衡量した結果であって，比例原則を考慮したためである旨のことがいわれることがある[11]。アセスには費用がかかるから，アセスを義務づける対象はそれに見合うだけの環境影響を有しうるものに限られる，という趣旨であればその通りであるが，これは，狭義の比例原則に配慮してされた立法例ということである。ただし，狭義の比例原則は，当該措置をとることによる費用とそれによって得られる利益の比較衡量の問題であるということに注意すべきである。小規模な開発であって一般的には環境影響が大きくはないとみられる行為であっても，国立公園特別地域内のような貴重な自然環境が残されている地域等では重大な環境影響を生じさせる可能性のある場合もありうるので，環境アセスメントを一定規模ないしカテゴリーのものに限定しないと，即狭義の比例原則違反になるわけではない。比較衡量に乗せられるのは事業による(潜在的)影響の大きさで，事業規模や事業内容ではないのであって，事業の種類や規模に比べて要求される費用が過大かどうかということではない[12][13]。事業規模や事業費用に比べてアセス費用が高くつくということは，比例原則違反を構成しないのである[14]。

(2)　環境法における比例原則の限界

(1)で述べたことから明らかなように，比例原則は，環境法の分野でも適用されるが，それは環境保護の観点から立法や行政を統制する法原則ではない。自由や財産を守るという観点から(環境保護のために自由や財産に制約を加えようとする)立法や行政を統制しようとする法原則であり，環境保護とはむしろ敵対的な関係にある法原則だといいうる。比例原則からは，環境保護を求めるような要請は出てこない。環境保護の分野では，適合性は，ある規制手段が一定の環境保護目的に多少なりとも資することを要求するが，より環境

保護に資する手段をとることを要請しない。十分に実効的な保護に資さないから適合的でないとはならない[15]。必要性も，とられた手段よりも侵害的でない他の同等の代替手段が存するかどうかのみを問題にするものであって，環境保護目的が十分に達成されるか否かを問うものではない。狭義の比例原則も，自由に対する侵害的手段がそれによって達成される環境目的との関係で適切か否かを問うものであり，達成される環境利益が当該手段によって生ずる不利益に比べて小さくないか否かを問うものではない(ただし，この点に関しては，後述のように，異論がある)。比例原則は，あくまで自由に対する過剰な制約を排除するための法原則なのであって，十分な環境保護のための強い規制を要請する法原則ではないのである。

3. 新たな比例原則——過少禁止的比例原則

(1) 過少禁止的比例原則の必要性

上記のように，従来の比例原則は，規制が過剰になることを防止するにすぎない。したがって従来の比例原則だけではバランスがとれないことになる。というのは，国家 — 被規制者(加害者としての立場でもある) — 受益第三者(国家活動により保護される立場にある)という三極関係のなかで，被規制者のみが国家に対して比例原則により少ない規制(より小さい制約)を要求することができ，受益第三者は国家に対してより多い規制(よりよい保護)を求めることができないからである。このような視角からすると，従来の比例原則(これを過剰禁止的比例原則と呼ぶことができる[16])に加えて，新しい比例原則(これを過少禁止的比例原則と呼ぶことができる)の必要性が浮かび上がってくる。

この点に関して，従来の比例原則においても，受益第三者の適切な保護が図られる，とする見解がある。この見解は，必要性，狭義の比例原則を通じて比例原則によって保護されるのは行政介入の相手方の権利・利益だけでなく，他の個人や公衆の利益もそこに含まれるとするドイツの学説を踏まえたうえで，規制による受益者も規制が「過少」であることから比例原則違反を主張できる，というものである[17]。自由主義的国家思想を背景とした法治国原理に基づく比例原則の根拠づけからすると，過少禁止が比例原則から導

かれることはないと思われるが、その点は措くとしても問題がある。確かに比例原則により保護される利益に第三者や公衆のそれが含まれるとするドイツの学説は存するが、しかしそれはあくまでそのような利益がとられる措置により不必要ないし不相当に害される場合には当該措置をとることは違法である(当該措置をとるべきでない＝当該警察権限を行使すべきでない)というものであって、第三者の利益のためにもっと積極的に厳しい措置をとらないと比例原則に反するという趣旨ではない[18]。つまり、過少規制を禁止するものではない。また、なぜ過少な保護が禁止されるのか(なぜ国ないし行政が第三者の利益を保護しなければならないのか)ということも問題となる。この点について、この見解は、その根拠を任務規範に求める[19]。これは一つの見識である。しかし、任務規範を根拠とするだけでは立法の過少禁止・比例原則違反を根拠づけることはできない、あるいは、憲法から立法者の第三者保護「任務」が導かれなければならない、という別の問題が発生する(新たな比例原則を構想する場合にもその根拠づけという問題は同じく発生するが、これについては(2)で後述する)。さらに、この見解では、後述する過少禁止的比例原則の保護の最大性は要請されず、その意味で過少禁止になっていない、という問題もある[20]。

(2) 過少禁止的比例原則の意義とその根拠

新たな比例原則が必要であるとして、それはどのような内容のものであろうか。それは次のようなものである[21]。

①保護構想の存在。他の私人による侵害から保護されるべき基本権的利益について、保護のための構想が存しなければならない。保護のために何らかの対策を立てなければならないということである。

②保護構想の実効性。この保護構想は基本権的利益の実効的な保護に資するものでなければならない。

③保護の最大性。他者の権利ないし公益をより強く害することなくより実効的な保護を与えうる他の保護構想が存する場合はそちらを採用しなければならない。

④比例性。保護は、それと対抗する法益と釣り合っていなければならない。

いきなりこれが新たな比例原則として求められるものだといわれても、戸

惑ってしまうかもしれない。しかし，これは，論理的に導き出されるものなのである。アレクシーによる比例原則の根拠づけを想起してもらいたい。アレクシーは，原理規範としての基本権という性格づけから比例原則を根拠づけた。それと同じように，国家作用により制約を受ける基本権(三極関係における被規制者)だけでなく，それにより保護されるべき基本権的利益(三極関係における受益第三者)の保護にも原理としての性格が与えられるとすれば，これも可能な限り最大限の実現が要請されることになる。実効的に保護しうるものでなければならないという実効性の原則については，保護に資さない措置では保護したことにならないし，当該措置が他者の自由権を害するものであれば，無駄に自由を制約するもので，過剰禁止的比例原則にも反する。保護の最大性については，環境利益の保護(P1)をある程度実現するM1とよりよく実現するM2があり，どちらもこれと対抗する自由権P2を同程度にしか制約しない場合，P2からするとM1とM2のどちらが実施されてもかまわないが，P1からするとM2がとられるべきことになる。最後の比例性については，過剰禁止的比例原則と同様で，環境保護(P1)がどこまで実現されるかはそれと対抗するP2との利益衡量による，ということである。保護のための構想が存しなければならないという点は過剰禁止的比例原則の構造と異なるところであるが，自由権の場合国が何もしなければその侵害にはならない(国の不作為は過剰禁止的比例原則違反にならない)のに対し，他者による侵害から基本権的利益を保護するためには国の作為が必要となることから必然的に生じる違いである。以上のようにして，環境保護についての過少禁止的比例原則が根拠づけられる。

　比例性の原則から，とられる措置によって残存する危険ないしリスクが，当該措置がとられた後に残る利益との衡量で，なお受忍できないという結論に至った場合には，当該措置は保護措置として軽きにすぎ，違法であるということになる。したがって，もっと実効的(より規制的)な措置をとることが考慮されることとなり，その措置の実効性や保護の最大性といった要件充足性を改めて審査することになる。

　さて，以上のようにして過少禁止的比例原則が導かれるとしても問題はなお残る。他者による侵害からの基本権的利益の保護に原理としての性格が与

えられることを，上記では前提にしていた。しかし，基本権的利益を他者による侵害から保護すべき義務が国にはあるのか否か，それが原理なのか否か，それぞれ問題となりうる。本章筆者はこの点について以下のように考えている[22]。憲法13条は，「すべて国民は，個人として尊重される」と定めている。個人として尊重されるとは，誰に干渉されることなく自律的に自己の生を形成していくことができる状態であろう。思想信条や生命・身体が他者から不当に侵害されては自律的に生を営むことにならない。したがってこのような基本権的利益は国家から侵害されてはならないし(自由権)，私人によって侵害される場合には国家は保護しなければならない(基本権保護義務)という帰結が導かれる。そして，これは「国政の上で，最大の尊重を必要とする。」自由権も基本権保護義務も個人として尊重されるために同等に重要だからである。したがって，基本権保護義務も原理としての性格を付与されることになる。

(3) 過少禁止的比例原則の適用

過少禁止的比例原則を具体的に適用するとどうなるかを示してみよう。まず，実効性からみると，環境への負荷(を通じた基本権的利益の侵害)が懸念される場合に，望ましくない結果が生ずることを防止するために必要な措置をとるよう行政指導がなされることがある。たとえば，廃棄物が不法投棄された場合に，当該投棄をした者に対して元に戻すよう指導するなどである。行政指導は，法的拘束力を有しないが，一概に実効性がないとはいえないので，保護に資する(適合性がある)と一応はいいうる。しかし，何度も指導しているのに一向に原状回復しないといった場合には，さらに行政指導で済まそうとするのは，違法である。もはやそのような保護の構想には実効性がないからである。

次に保護の最大性について。化学物質A,Bがあり，どちらも産業的に同程度に有用で，価格も同じであるが，AはBよりも有害性が大きいとする。産業利用しようとする者にとってはA,Bどちらも同価値である。このような場合，Bの製造・使用についても何らかの規制が必要かもしれないが，Aの製造・使用については禁止すべきである。Aの製造・使用が禁止されて

も産業的には何ら不利益はなく，かつ，その方がより実効的な保護が期待されるからである。

最後に，比例性について。水俣病事件をめぐって適用が問題となったことがある当時の食品衛生法4条を例にみてみよう。1972年改正前の食品衛生法4条は，「有毒な，若しくは有害なものが含まれ，若しくは付着しているもの」を食品や食品の添加物として使用したり販売したりすることを禁じていた。これは被害発生を防止することに資するので実効性の要件を満たす。保護の最大性も仮に満たしているとしよう。しかし，なお，この規制によっても残るリスクが受忍可能かどうかは問題である。有毒，有害なものを含みまたは付着しているおそれのあるにすぎないものは(解釈論上はともかく明文の文言上は)規制対象とならないため，なおリスクが存するからである。有毒・有害なものが含まれているおそれがある食品を摂取することによって生じうる水俣病という被害の重大性に鑑みれば，この程度の規制によりなお残る自由(有毒・有害なものを含みまたは付着しているおそれのあるものを販売等する自由)と当該規制によってもなお残る危険ないしリスクとは釣り合っておらず，この程度の規制は比例性の原則に反し違法(違憲)であるということになる。

〈注〉
1) 萩野聡「行政法における比例原則」芝池義一ほか編『行政法の争点〔第3版〕』(有斐閣，2004年)22頁以下。川上宏二郎「行政法における比例原則」『行政法の争点〔新版〕』(1990年)18頁も同旨。
2) 比例原則を立法の違憲審査基準であるLRAの行政作用適法性審査バージョンとする理解(比例原則の内容は必要性のみで，適用対象は行政作用に限定。宇賀克也『行政法概説Ⅰ〔第5版〕』(有斐閣，2013年)55頁。阿部泰隆『行政法解釈学Ⅰ』(有斐閣，2008年)395頁も，比例原則をLRAと同様の発想であるとする)，(とられる措置が)警察違反状態を排除するために必要でなければならないことと，目的と手段が比例していなければならないことを，比例原則の内容だとする理解(必要性，狭義の比例性。塩野宏『行政法Ⅰ〔第5版補訂版〕』(有斐閣，2009年)84頁)などがみられる。
3) 邦語文献として，柴田憲司「憲法上の比例原則について(一)」法学新報116巻9・10号224頁以下，柴田憲司「憲法上の比例原則について(二・完)」法学新報116巻11・12号(2010年)194頁以下参照。
4) BVerfGE65, 1など。
5) アレクシーの原理理論を紹介する文献は多数あるが，桑原勇進『環境法の基礎理

6) 以上につき，Alexy, Theorie der Grundrechte, 2. Aufl., 1994, S. 100 ff. なお，詳しくは，柴田・前掲(注 3)法学新報 116 巻 11・12 号 218 頁以下参照。
7) 問題点の指摘も含めて，柴田・前掲(注 6) 255 頁以下参照。
8) 北村喜宣『環境法〔第 2 版〕』(弘文堂，2013 年) 490 頁以下参照。
9) ここでは裁量の取消が義務的取消との比較の対象とされているが，義務的営業停止命令のような手段(営業停止期間中に法令遵守が期待できるか否か審査する)が別に考えられ，本当に義務的取消という手段が必要性の原則を満たすといいうるかどうか，なお慎重な検討が必要なように思われる。
10) 阿部泰隆「廃棄物処理業者の許可に関する業務と無関係の違反を理由とする義務的取消しと連鎖的取消制度の違憲性」自治研究 89 巻 8 号 (2013 年) 18 頁は，連鎖的取消を必要性・合理性に欠け違憲であると断じている。
11) 北村喜宣『自治体環境行政法〔第 6 版〕』(第一法規，2012 年) 153 頁。
12) また，ある事業が環境に与える影響が小さくとも，アセスメントにかかる費用も小さければ，それはそれで(狭義の)比例原則には適合するのであって，(潜在的環境影響が小さいとみられる)小規模事業について，いわゆる簡易アセスを要求することが比例原則に反するというわけではない。
13) ただし，小規模事業者に対して要求することが過大な費用をもたらすような措置の場合，これをもって狭義の比例原則違反とする見解もありうる(Unzumutbarkeit)。何らかの対策を講ずることが莫大な費用を生じさせ，倒産の憂き目にあわせるといったような場合である。しかし，これでは，必要な対策の程度を個々の事業者の経済的能力に依存させることになってしまい，不合理である。
14) 比例原則ということばを，何かと何かの間にバランスがとられる(べき)ことを比喩的に示すために用いる場合がある。たとえば，公共性の高い決定や権力性の強い決定の場合にはそれに応じて慎重な判断をすべしというバランスを「一種の比例原則」と称する例がある(北村喜宣『環境法』(弘文堂，2011 年) 101 頁)。しかし，これは比例原則とは関係がない。適合性や必要性と無関係であることは明らかであろう。狭義の比例原則についても，決定によって実現される高い公共性(これは大きな利益といえるが公権力性はそれ自体としては利益ではない)と天秤にかけられるのは当該決定によって失われる(環境)利益であって「判断の慎重さ」ではないので，無関係である。また，公共性が高くなくとも，大きな(環境)利益が失われるのであれば狭義の比例原則に反するはずでもある。したがって，上記のような表現は，比例原則を比喩的に用いたものと解さざるをえないが，誤解を招くおそれ，少なくとも混乱を招くがある。また，比例原則はそれに反すれば違法となるという意味で強い法的拘束力のある法原則であるが，上記のごときバランスがとられるべしという要請は，それに反すれば違法と判断されるようなものなのだろうか。仮にそうではないとすると，それを比例原則と称することは，比例原則の法的拘束力を動揺させることになりかねない。
15) ドイツの一部学説は，十分実効的でない手段は適合的でないとするが(Hain, Das

Untermaß in der Kontroverse, ZG 1996, S. 79），そうすると，より侵害の程度の強い手段は適合的で適法だが，より侵害の程度の小さい手段は実効的でないから適合的でなく違法だということになってしまう。Bröneke, Umweltverfassungsrecht (1998) S. 278 参照。

16) 北村・前掲(注14)78頁以下で伝統的比例原則と呼ばれているものに相当する。(なお，北村・前掲(注8)80頁では，伝統的比例原則の内容から「合目的性」(本章でいう「適合性」に相当)が消えている)。

17) 須藤陽子『比例原則の現代的意義と機能』(法律文化社，2010年)54，85頁。したがってこの見解は，比例原則を過剰禁止と称することに反対する(同書17頁以下)。

18) 須藤・前掲(注16)で引用されている文献のひとつである Drews/Wacke/Vogel/Martens, Gefahrenabwehr, 9. Aufl. (1986) S. 391 は，「警察の行為によって引き起こされる不利益(これは第三者のそれである――引用者注)が除去ないし防止すべき危険よりも相当に重大であれば，警察は意図した措置を見合わせなければならない」と記述している。ちなみに，クネマイヤーが狭義の比例原則に関して警察措置により第三者に及ぶ負の影響のゆえに当該措置が違法になる例として挙げているのは，静謐を乱す者を拘束すると，この者が重病にり患している女性に医薬品をもっていくことを妨げることになる，というものである。Knemeyer, Polizei- und Ordnungsrecht, 7. Aufl. (1998) S. 145. ここでいう第三者が，警察措置がとられることにより不利益を受ける者であることは明らかである。さらに，これらの学説は基本的にドイツの特定の条文(警察法模範草案2条)の解釈論であって，(憲法13条から根拠づけられる)比例原則に無条件に妥当する議論ではない。

19) 須藤・前掲(注17)38，111頁以下。類似の説として，藤田宙靖『行政法の基礎理論上巻』(有斐閣，2005年)391頁以下。

20) 過剰禁止と過少禁止の異同について，ドイツでは論争がかつてあり，過少禁止は過剰禁止に対応しないという学説が(少なくとも環境法においては)優位であったように思われる(この論争については，小山剛『基本権保護の法理』(成文堂，1998年)99頁以下，柴田・前掲(注6)204頁参照)。このような理論状況からすると，従来の比例原則はそれとして温存しつつ，それとは別に過少禁止的比例原則を構想する方が無難だし妥当であろう。

21) これについては，本章筆者は，すでに，桑原・前掲(注5)273頁以下などで述べたことがある。

22) 詳細は，桑原・前掲(注5)124頁以下等を参照されたい。

第7章 環境法における国と自治体の役割分担

大久保規子

　持続可能な社会の構築には，国土の全域にわたり環境への負荷をできる限り低減する取組みが行われる必要がある。そのためには，住民自治の充実と国による適切な義務付け・枠付けの確保が重要であり，参加の最低基準を保障することは国の役割である。施策の総合的推進は，自治体の基本的な役割であり，環境とまちづくり・都市計画との統合が促進されるべきである。

1. 地方分権と環境行政

　地方分権の推進は，日本の行政改革の潮流であり，環境行政もその例外ではない。2000年4月に「地方分権の推進を図るための関係法律の整備等に関する法律」(地方分権一括法)が施行された後(第1次地方分権改革)，2006年には地方分権改革推進法が制定され，第2期地方分権改革が進められてきた[1]。環境行政は，それぞれの地域の自然的社会的条件を適切に考慮する必要があり(環境基本法7条参照)，また，日本では，環境先進自治体が環境法の発展を牽引してきた。そのため，環境分野では，地域のことは地域で決めるべきであるという補完性原理が，とくに重視されてきた。

　しかし，同時に，環境法は発展途上の比較的新しい法分野であり，化学物質規制のように，最新の科学的知見に基づき不断の改革が必要とされる。また，たとえば，生物多様性のように，新しい概念や施策の重要性が小さな自治体にいたるまで十分浸透しているとは言いがたい分野や，家庭部門の温室効果ガスの排出量削減のように，基礎自治体での施策が不可欠であるにもかかわらず，その取組状況に大きな格差のある分野もある。さらに，開発志向の強い自治体の存在や環境影響の広域性に鑑みて，地方分権を進めることに対する強い懸念が存在することも確かである。

持続可能な社会の構築には，公平な役割分担のもと，国土の全域にわたり環境への負荷をできる限り低減する取組みが行われる必要があり，施策の空白地帯やフリーライダーが生じないようにしなければならない。本章では，地方分権と環境サステナビリティの確保を両立させるためには，住民自治の充実と国による適切な義務付け・枠付け等の確保が重要であるという観点から，国と自治体の役割分担について論じる。

2. 環境分野における地方分権の経緯

(1) 自治体環境法の展開

歴史的にみると，日本の環境法は，被害者の救済と公害企業の取締りを柱とする公害対策法から出発した。その牽引役となったのは大都市の自治体であり，1970年代に国が本格的に環境法を整備し始めた後も，国の基準よりも厳しい基準を定め(上乗せ規制)，国が規制していない物質や汚染源を規制する(横出し規制)条例が次々に制定された。現在に至るまで，国に先駆けて条例による対策がとられた事例は枚挙にいとまがなく，環境先進自治体は，要綱や協定等，条例以外の手法も活用して，地域の課題を解決するための工夫を凝らしてきた。

もっとも，環境法の黎明期においても，独自条例を整備することができたのは，全体としてみれば，一部の自治体にとどまっていた。また，国の環境法令が整備されるにつれ，法律の明文規定がない限り独自の規制を自制する傾向や，国の法律を引き写したような条例も目立つようになった。

また，産業公害対策が進み，公共事業による環境破壊がクローズアップされるようになると，自治体環境行政の限界も露呈するようになる。たとえば，都道府県の埋立事業について知事が免許を行うような場合には，行政のチェックはセルフチェックとなり，行政が事業者を規制・監督するという構造が必ずしも有効に機能しない。

さらに，とくに1990年代以降は，環境リスクの問題をはじめ，最新の知見を要する問題も増え，自治体が国の調査や検討結果を待つことも珍しくなくなった。また，温室効果ガスの削減目標のように，まず，国の目標が決

まってから，その政策措置を織り込んで，自治体の目標を決定しようとする動きも加速した。

(2) 第1次地方分権改革のポイント

第1次地方分権改革では，事務そのものが廃止されたものや国の直接執行事務とされたものを除いて，機関委任事務が自治体の事務となり，自治事務と法定受託事務に再編された[2]。具体的に，環境関連の機関委任事務246項目のうち，182項目(73.9％)は自治事務，37項目(15.0％)は法定受託事務(一部は新設)，27項目(10.9％)は国の直接執行事務[3]とされた。公害分野では，個々の事業者に対する規制的措置の多くが自治事務とされたのに対し，廃棄物分野のうち，産業廃棄物に関しては，施設や業の許可，改善命令，措置命令等，各種の処分が，国民の生命，健康等に直接関係する事務であることを理由に法定受託事務とされた。

(3) 第2期地方分権改革のポイント

第2期地方分権改革[4]では，2008年5月から2009年11月にかけて，地方分権改革推進委員会の4つの勧告が出され，「地方分権改革推進計画」(2009年12月15日)，「地域主権戦略大綱」(2010年6月22日)および「地域主権推進大綱」(2012年11月30日)が閣議決定された。そして，2011年から2013年にかけて，「地域の自主性及び自立性を高めるための改革の推進を図るための関係法律の整備に関する法律」という同じ名前の3つの法律(いわゆる第1次一括法[平成23年法律37号]，第2次一括法[平成23年法律105号]，第3次一括法[平成25年法律44号])が成立した。

第1次地方分権改革の柱は事務区分の見直しであったのに対し，第2期改革の焦点は，立法権の分権であった。地方分権改革推進委員会の第2次勧告(2008年12月8日)では，自治体に対する活動の義務付けやその手続・判断基準等の枠付けの見直しが柱に位置付けられた。そして，自治事務のうち，法令による義務付け・枠付けをし，条例で自主的に定める余地を認めていないものであって，一定のメルクマールに該当しないものは，廃止等の見直しをするという方向性が示された。メルクマールとしては，①義務付け・枠付け

の存置を許容する場合のメルクマールと②①には非該当だが，残さざるを得ないと判断するもののメルクマールの2種類が示された。①には国民の生命，身体の保護に関するもの(狩猟者登録の拒否等)，②には多大な環境負荷をもたらす施設の設置許可等の手続・基準(振動の規制基準の設定等)も含まれており，環境分野を念頭に置いたメルクマールもないわけではなかったが，環境法の検討対象規定の多くが，メルクマール非該当と判断された。

地方分権改革推進計画は，第3次勧告のうち，自治体の要望の強い事項を盛り込んだもので，第1次一括法の基礎となったものである。具体的に，義務付け・枠付けの見直しに関しては，①施設・公物設置管理の基準，②協議，同意，許可・認可・承認，③計画等の策定およびその手続の見直し等が盛り込まれた(第1次見直し)。環境省所管事項では，②との関係で，大気汚染防止法等，4つの法律に係る6項目について，環境大臣への協議を廃止し，または同意を要する協議を同意を要しない協議とすることとされた。数的にみれば限られた内容であったが，都道府県自然環境保全地域の特別地区の指定等に係る環境大臣への協議(2011年改正前の自然環境保全法49条1項)の廃止をめぐっては，地方分権改革推進委員会の環境省ヒアリングにおいて激しいやりとりがあり，メルクマールに非該当であるとする推進委員会の委員と特別地区の保護の必要性を論じる環境省の担当者との議論がかみ合わないままであった[5]。

地域主権戦略大綱は，地方分権改革推進計画よりも，広範な内容のものである。義務付け・枠付けの見直しと条例制定権の拡大(第2次見直し)のほか，基礎自治体への権限移譲，国の出先機関の原則廃止，ひも付き補助金の一括交付金化，緑の分権改革の推進等，全10項目から構成されている。

環境面から注目されるのは，第1に，緑の分権改革の推進[6]である。地域資源を最大限活用し，中央集権型の社会構造を分散自立・地産地消・低炭素型としていくことにより，「地域の自給力と創富力(富を生み出す力)を高める地域主権型社会」の構築を目指すというコンセプトは，基本的に首肯できるものである。

第2に，環境に関する第2次見直しの内容をみると，まず，施設・公物設置管理基準に関しては，「鳥獣の保護及び狩猟の適正化に関する法律」(鳥獣保

護法)と「廃棄物の処理及び清掃に関する法律」(廃棄物処理法)に関して条例への委任が拡大されたが，いずれも基準の詳細(標識の寸法等)に係る小規模な改革である。また，協議，許可等については，自然環境保全法等，8つの法律について，環境大臣等の関与の縮減が盛り込まれた。環境分野では，もともと許可等が設けられている事項がほとんどなく，縮減の内容は，基本的に同意を要する協議を同意を要しない協議に変更するものであった。

　第3に，第2次勧告および第3次勧告では，計画策定およびその手続に関し，①策定の義務付けについては廃止，②内容の義務付けについては，廃止または条例制定の余地の許容，③策定手続のうち，意見聴取，公表等の義務付けについては，廃止または条例制定の余地の許容を行うという方針が示された(廃止には，単なる奨励にとどめることを含む)。地域主権戦略大綱には，その方針に沿った内容が盛り込まれ，第2次一括法により，24の環境省所管法が改正された。

　まず，各種法定計画の内容に関し，義務付けの一部が削除されたり(廃棄物処理法6条に基づく一般廃棄物処理計画等)，努力義務化された(水質汚濁防止法14条の9に基づく生活排水対策推進計画等)。計画を策定する義務自体を緩和したものは少ないが，従来，環境大臣の指示により，同大臣の同意を要する協議を経て作成されてきた公害防止計画については，「できる」規定化が図られ，大臣協議が廃止された(環境基本法17条)。

　次に，計画策定の手続に関しては，公表に関する義務付け規定の多くが努力義務規定化された(指定ばい煙総量削減計画に係る大気汚染防止法5条の3第4項等)。また，公聴会の義務付けも廃止された。たとえば，ダイオキシン類対策特別措置法に基づく総量削減計画(11条2項)については「公聴会の開催その他の住民の意見を反映させるために必要な措置」という例示規定化が図られ，鳥獣保護法に基づく特定鳥獣保護管理計画については，単に「利害関係人の意見を聴く」という文言に改められた(7条5項)。

　第4に，複数の公害関係の事務について，規制地域の指定(騒音規制法3条1項)，常時監視(同18条)等が，都道府県からすべての市へ権限委譲された。

3. 現行法における国と自治体の役割分担

(1) 役割分担の基本的考え方

　国と自治体の役割分担について，地方自治法は，「住民に身近な行政はできる限り地方公共団体にゆだねることを基本」とするとして，補完性原理について定めている(1条の2第2項)。環境基本法には，国は，基本的かつ総合的な施策を策定・実施し(6条)，自治体は，①国の施策に準じた施策，②自治体の自然的社会的条件に応じた施策を策定・実施(7条)する旨の責務規定が置かれている。また，同法36条では，自治体は，①，②に加え，③施策の総合的かつ計画的な推進を図ると定められており，同種の規定は，生物多様性基本法(27条)にも置かれている。上乗せ規制や横出し規制は①にあたり，合成洗剤の規制等，国が規制措置を講じていない施策は②にあたるというのが立法者の整理である[7]。

　基本法以外の個別法では，分野ごとに大なり小なり異なる規定が設けられており，「ものとする」規定と「努める」規定が使い分けられている。たとえば，「地球温暖化対策の推進に関する法律」(温暖化対策法) 4 条では，自治体は，自然的社会的条件に応じた施策を推進するものとされ(1項)，また，温室効果ガス削減のために自ら率先行動を行うとともに，事業者・住民の取組みを促進するため情報提供等に努めるものとされている(2項)。

　次に，都道府県と市町村の役割分担については，地方自治法において，都道府県は，①広域にわたるもの，②市町村に関する連絡調整に関するもの，③一般の市町村が処理することが適当でないと認められるものを処理し，市町村は，都道府県が処理するものを除き，一般的に，地域における事務等を処理するものとされている(2条3項・5項)。また，環境基本法では，都道府県は，主として，広域にわたる施策の実施および市町村が行う施策の総合調整を行うものとされている(36条)。

(2) 国と自治体の権限分配

　個別の環境法においては，役割分担の基本的な考え方に従って，権限分配

がなされている。たとえば，公害のうち，広域性を有する水質汚濁や大気汚染については，規制対象施設は政令により定められ(水質汚濁防止法2条2項等)，規制基準(同3条等)や各種基本方針(同4条の2等)は環境省令または環境大臣によって定められる。ただし，規制基準に関しては，上乗せ条例や横出し条例が明文で認められている(同3条3項・29条等)。また，個別の規制的措置の実施は，基本的に自治体の事務である。①各種総量削減計画(大気汚染防止法5条の2等)を作成し，②総量規制基準を定め(同5条の2等)，③届出受理(同6条等)，計画変更命令(同9条等)，改善命令(同14条等)等の規制的措置を実施し，④常時監視(同22条等)等，主要な事項について権限を有するのは都道府県知事(同施行令で定める事務については政令指定都市の長を含む)である。計画の作成や個別の規制的措置は基本的に自治事務であるが，総量規制基準の設定や常時監視は法定受託事務である(同31条の2等)。

　これに対し，公害の中でも，近隣公害の要素の強い騒音，振動および悪臭に係る事務は，基本的に基礎自治体の自治事務である。個別の規制的措置の実施(騒音規制法12条2項に基づく改善命令等)はもともと市町村長の権限であったが，これに加え，第2次一括法により，規制地域の指定(同3条)についても，都道府県からすべての市への権限委譲が図られている。

　自然保護に関しては，基本的に，基本方針の決定は国の役割であり(自然環境保全法12条，鳥獣保護法3条等)，保護地域の指定や行為規制は保護の重要度による。たとえば，自然公園法の国立公園に関する事務は，一部を除き原則として国の直接執行義務であり，県立公園に係る事務は，自治事務である。また，国定公園については，公園区域の指定(自然公園法5条)や公園計画の決定(同7条)は環境大臣の役割であり，地域・地種の指定(同20条1項等)は都道府県の法定受託事務，公園事業の決定・執行(同9条，16条等)や行為規制(同20条3項等)は都道府県の自治事務である。

　自治体の事務について，環境大臣は，地方自治法に定める関与のほか，個別法に基づく関与を行うことができる。前述のように，環境分野では，国の関与としての許可等が個別法に設けられている例は限られているが，協議が定められている例は珍しくない。第2期地方分権改革により，同意を要する協議は，基本的に協議を要しない協議に改められたが，実務上は，協議の規

定が設けられていれば，協議が整うことを前提とするのが通例であるから，実質的には大差はない。また，協議を通じて予算確保の見通しの得られることが少なくないから，自治体にとっても，協議にはメリットがあり，通常，その全面廃止を望んでいない。なお，公害分野では，国民の健康・生命・安全確保の観点から，健康被害防止に係る緊急時に，自治事務についても，国の指示が広く認められている(水質汚濁防止法24条の2等)。また，施設設置者等に対する通常時の報告徴収，立入検査は，都道府県知事の権限に属する事務であるが，健康・生活環境被害に係る緊急時には，環境大臣もこれを行うことができる並行権限が認められている(同22条等)。大規模災害時の安全弁の確保として，妥当な措置である。

4. 自治体環境条例の体系

(1) 環境条例の整備状況

環境分野の条例には，法律に根拠のあるものと根拠のないものがあり，前者には，法律を施行するために制定することが必要な条例(必須)と任意の条例がある。環境条例の制定状況は，都道府県と市町村で大きく異なっており，また，市町村の中でも，人口規模による違いが大きい。

比較的多くの自治体が制定しているのは，環境基本条例である。2011年に行った自治体アンケート調査[8]によれば，都道府県と市町村を合わせ，計964の回答自治体のうち，587団体(約6割)が制定している。環境基本法と異なり，前文であれ，本文であれ，環境権について定める自治体が半数以上(309自治体)あることや環境優先の理念を定める条例が少なくないことが大きな特徴である。

環境基本条例以外には，公害対策条例[9]またはこれを発展させた生活環境保全条例を制定しているところが少なくない。また，環境影響評価については，多くの都道府県と政令指定都市が独自の条例を定めている。政令指定都市以外の市で環境影響評価条例を有するところは限られているが，大阪府や兵庫県では，複数の市条例が制定されている(尼崎市，枚方市等)。

その他の分野別条例の中で，比較的数や種類が多いのは，第1に，水に関

する条例であり，①水源保全条例，②地下水の利用規制条例，③清流条例，④水辺レジャーの規制条例(滋賀県等)等，さまざまなバリエーションが存在する。第2に，循環型社会に関しては，①美化条例や空き缶等のポイ捨て条例，②廃棄物処分場の紛争調整手続に関する条例，③リサイクル製品の利用推進条例(秋田県等)，④循環型社会形成推進条例(岩手県等)等が制定されている。第3に，低炭素社会に関しては，①温暖化対策条例(京都市，京都府等)のほか，②低炭素社会推進条例(滋賀県等)，③自然エネルギー条例(湖南市，飯田市等)を定めるところが現れている。第4に，自然保護に関しては，自然環境保全条例のほか，希少種保護条例が制定されている。地域性を反映し，ギフチョウ保護条例(揖斐川町等)，ウミガメ保護条例(紀宝町等)をはじめ，特定の種に特化した条例も制定されている。第5に，公害紛争処理や被害者救済の分野では，独自の公害健康被害補償条例(川崎市等)を定める自治体がある。なお，滋賀県や御嵩町では，環境基本条例に基づき環境オンブズパーソン制度が設けられている。

(2) 法律と条例の関係

地方公共団体は，法令に違反しない限りにおいて，自治事務についても，法定受託事務についても条例を制定することができる(憲法94条，地方自治法14条)。前述のように，都道府県や政令指定都市では，環境問題全般にわたり基本的な条例の整備が進んでいるのに対し，とくに小規模市町村では，稀少種保護条例のように，部分的に地域課題に応じた条例が制定されているものの，独自条例がほとんど存在しない場合も珍しくない。"Think globally, act locally"といわれるように，環境問題の解決にはコミュティレベルの取組みが不可欠であるが，多岐にわたる環境事項について，独自の施策を策定・実施するインセンティブやリソースをもたない自治体が多いのである。

それゆえ，法律と条例の関係を考える場合にも，地域の創意工夫を阻害しないようにするという視点(地方自治法2条13項)とともに，法律において最低限の対策の実施を確保し，また，施策のメニューを示したり，パンフレットや事例集の提供等を通じて，率先的取組みを促進するという視点が重要である。

条例には，①法律が存在しない領域に関する条例，②法律と目的を異にする条例，③法律と同一目的の条例があり，法律と条例の関係も，この3つを区別して論じられてきた(徳島市公安条例事件に関する最大判昭和50年9月10日刑集29巻8号489頁，判時787号24頁参照)。これら3種類の条例のうち，その適法性が最も問題となるのは③の場合である。伝統的に，公害対策の分野では，個別法に基づく規制基準は，一般に全国一律の最低基準(ナショナルミニマム)であるから，自治体は，条例により，地域の事情に適したより厳しい規制を行うことができると主張され，また，横出し規制や上乗せ規制を許容する旨の規定が法律に設けられてきた。

しかし，法律と同一目的の条例を設ける場合，横出しや上乗せ以外にも，さまざまな類型があり得る。この点，第2期地方分権改革では，施設・公物設置管理の基準を条例に委任する場合の国の基準について，①条例が従うべき基準，②合理的な理由がある範囲内で，異なる内容を定めることが許容される標準的な基準，③自治体が十分参酌した結果としてであれば，異なる内容を定めることが許容される参酌すべき基準という3つの類型を設けている。このような類型は，施設・公物以外の分野にも応用可能である[10]。また，別の方法として，許認可等の要件について，法律が「公益に支障」等の抽象的要件を設けている場合に，審査基準，処分基準の具体化に際し，地域性を反映させるということも考えられる[11]。

もっとも，第2次一括法施行後の状況をみると，政令指定都市，中核市以外の市町村では，改正対象事項に関する条例制定は必ずしも迅速に行われたとは言いがたかった。社会福祉施設や保育所等については，独自基準を設定する動きが浸透しているが[12]，環境条例の制定を促すためには，環境分野の特性に応じたさらなる工夫が求められよう。

5. 今後の展望

(1) 住民自治の強化
(ア) 地方分権の前提条件
補完性原理は，環境法における国と地方の役割分担を考えるうえで，最も

重視すべき原則の1つであるが，その際，団体自治と住民自治の2つの側面から考える必要がある。地方分権が進み，基礎自治体の首長に権限が集中すればするほど，決定に関わるキーパーソンが少なくなり，特定利益の影響を受けやすくなる。環境利益のように不特定多数の人に広く関わる利益は，経済的利益に比して組織化されにくく，また，伝統的な個人の権利保護システムによる保護を十分受けることができず，意識的に適正な環境配慮の仕組みを保障しない限り，軽視されがちとなる。環境基本条例等において，環境優先の理念が掲げられることがあるのも，そのような背景によるものである。換言すれば，参加の権利が保障され，環境民主主義が有効に機能していることが，地方分権と環境サステナビリティの確保を両立させるための前提である。国際的にも，参加の最低基準を定めて，これを保障しようという動きが広がっている。1998年に採択された「環境問題における情報へのアクセス，意思決定における市民参加及び司法へのアクセスに関する条約」(オーフス条約)は，情報アクセス権，意思決定への参加権および司法アクセス権という，3つの手続的権利の保障について定めており，同様の動きは，オーフス条約の加盟国以外にも広がっている。

　日本では，住民自治のあり方は，まさに地域で決めるべき事柄であるという考え方が強く，前述の自治体アンケート結果によれば，3割以上の自治体が，自治基本条例や参加・協働条例等を制定している。そのうち参加の権利について定める自治体も約75%に上っている。しかし，環境条例と同様に，参加条例の整備状況には自治体の規模によって大きな違いがあり，人口50万人以上の自治体では制定率が70%を超えているのに対し，人口1万人以下の自治体では15%にとどまっている[13]。また，環境関連の条例をみても，特徴のある参加規定を設けているところは意外に限られている。

　このような状況の中，第2期分権改革においては，前述のように，計画の公表規定等が努力義務化等された(2(3)参照)。この改正により，実際に公表等を取りやめる自治体が現れるかどうかはともかくとして，法定計画の公表は情報アクセスに係るナショナルミニマムともいうべきものであり，この改正のコンセプト自体に疑問がある。

（イ）参加の最低基準保障の必要性

　基本的には，環境に関する行政立法，基本的な政策や計画，環境に影響を与える事業の許認可等の法定事務について，参加の最低基準を保障するのは，国の役割である。第2次勧告のメルクマールに敢えて当てはめるとすれば，地方自治に関する基本的な準則(民主政治の基本に関わる事項)にあたると考えるべきものである。

　しかし，現状では，インフラ関連の法律をみても，たとえば，河川と道路では参加規定の整備状況に大きな違いがある。しかも，原子力分野のように，環境や住民への影響が極めて大きいにもかかわらず，全く参加規定が設けられていない分野もあり，その違いは，必ずしも合理的な理由によるものではない。参加のあり方は，ワークショップ方式，協議会方式等，多様化しているが，従来の参加が形式的なものになりがちであったことを踏まえれば，より実質的な参加が確保されるような形で，自治体の裁量を広げる工夫が必要である。たとえば，第2次一括法では，公聴会の開催が義務規定から例示規定等に改められたが，その場合には，公聴会の開催に加えて，協議会の設置，住民協議の実施等，公聴会の開催以上に手厚い措置を合わせて例示することなどが考えられる。

（ウ）環境情報の収集と普及の充実

　参加の前提となる環境情報の収集と普及体制の確保も，重要な国の役割である。現在，公害分野では，常時監視が基本的に都道府県の法定受託事務として行われているが，測定が義務付けられている環境基準項目が増えているにもかかわらず，次第に予算が削減され，要監視項目の測定等に手が回らなくなってきている[14]。また，自然環境・生物多様性については，もともと断片的なデータしか存在せず，自然環境保全法4条に基づく自然環境基礎調査(緑の国勢調査)の予算確保も容易ではない。また，都道府県から市に権限委譲された事務については，都道府県と基礎自治体の間でも情報が共有されなくなり，都道府県が把握する情報も，分野によっては櫛の歯が欠けたような状況となっている。

　国際的にみると，たとえば，欧州景観条約は，国土の全域について，地域

の景観の特徴を明らかにすることを義務付けている。環境の状況を適切に把握できなければ，政策の適否を合理的に判断することは困難であるから，日本全域の基本的な環境情報を収集し，環境マップ等の形で公表・普及する体制を整備することは国の役割であり，その実施を自治体の事務にするのであれば，負担金方式等により，国が必要な予算措置を行う必要がある。

(2) 施策の総合的推進

　施策の総合的な推進は，自治体の基本的な役割である。地域において，個別の環境政策のみならず，環境と福祉等，さまざまな分野の施策の統合を推進することが求められる(たとえば，総合交通計画の作成)。縦割りで作られた各省所管の法律をそのまま執行するだけでは施策を総合的に推進することは困難であり，自治体の創意工夫(独自条例の制定等)と，総合的な視点を有する人材の育成が欠かせない。

　施策を総合的に推進するうえで検討すべきであるのは，第1に，計画の取扱いである。地方分権の影響により，最近の法律には，自治体の計画作成に関する規定を盛り込むことが難しくなっている。確かに，20世紀末以降，法定計画の数が増え，自治体が計画作成やその実施状況の点検・評価に追われて，本来，具体的な施策に向けられるべきリソースを確保できないという弊害がみられるようになった。

　しかし，計画は，施策を計画的・総合的に推進するための基本的な手法であり，小さな市町村にとって，以前は馴染みのなかった施策(温暖化対策等)を推進するきっかけとなるものである。第2次一括法では，計画の義務付けの見直しが行われたが，義務付けが不要となった計画規定を削除等すると同時に，時代の進展に応じ，新たな法定計画を設けたり，その作成の義務付けを躊躇するべきではない。重要なのは，計画作成が自己目的化したり，過度の負担となることのないようにすることであり，たとえば，複数の法定計画の内容を1つの計画にまとめて記載することを認めるなどの工夫が考えられよう。

　また，たとえば，都市計画と公害防止計画の場合のように，土地利用関連の計画について環境関連の計画への適合を求めたり(都市計画法13条)，法定

計画への適合を公共事業等の要件にすること(公有水面埋立法4条3号)や,計画の作成を予算措置とリンクすることにより,計画の有効性は大きく向上する[15]。たとえば,温暖化対策推進法において,自治体の実行計画について(20条の3第4項),都市計画等との連携に関する明文規定が設けられただけでも,環境部局が都市計画部局と調整する足がかりができた。都市計画部局等が環境政策との連携の必要性を十分認識していない場合には,国土交通省所管の環境関連法を整備することに加え(都市の低炭素化の促進に関する法律等),環境省所管法との連携規定をくさび型に設けておく意義は小さくない。自治体の環境基本計画に地域ごとの環境情報や施策を書き込んで,環境指標を定めたりしたうえで,たとえば,都市計画法のマスタープラン(6条の2)について,自治体の環境基本計画との調和規定を置くことも一案である。

　第2に,環境影響評価も,施策の総合的な推進を図るうえで重要な手法である。国の環境影響評価法は,基本的に環境への影響の著しい大規模な公共事業を対象としているが,横断条項による実効性の確保を図るために,当該事業に関し,事業官庁の許認可権限または国の関与が確保されていることが前提とされている。そのために,今の仕組みでは,公共事業の許認可権限等について地方分権が進み,国の関与が縮減されればされるほど,それと連動して国の環境影響評価の対象も削減されるという構造になっている。実際,第1次地方分権改革においては,公有水面埋立法に関する国の関与の縮減により,従来の環境影響評価法の対象事業の一部が対象外となった。事業官庁による関与の要否と法律に基づく環境影響評価の要否は別物であるから,本来,環境への影響が著しい事業については,事業官庁の関与に依存しない形で,環境大臣による環境面からのチェックの仕組みが担保されるべきである。

　以上のように,地方分権を進めるうえでは,法律を整備し,国の役割を強化すべき事項も少なくない。すべての主体,すべての地域における取組みが求められる事項について努力義務規定を置いたとしても,小さな市町村では,なかなか施策が実施されない。しかし,たとえば,家庭部門における二酸化炭素の排出削減施策のような事務は,本来,見通しのきく小さな市町村やコミュニティ単位で,工夫を凝らして行う方が効果的である。したがって,それらの事務を市町村の自治事務とすることは適切であるが,重要なのは,基

礎自治体の取組みを促進する仕組みを同時に整えることである。

　地方分権をすれば，自治体自身の手で住民自治や適切な環境配慮の仕組みが自動的に整備されるわけではない。不要な義務付け・枠付け等を常に見直すだけでなく，必要な義務付け・枠付け等は新たに適切に行うという発想の転換が必要な時期に来ているといえよう。

〈注〉
1) 地方分権一括法を含め1995年の地方分権推進法に基づく改革については，これを「第1次地方分権改革」と呼ぶ用語法が定着している。これに対し，第2次地方分権改革がどの期間を指すのかについては，必ずしも一致がみられない。また，2006年の地方分権改革推進法に基づく改革は，「第2期地方分権改革」と呼ばれることが一般的であることから，本章もこの用語法に従う。この点について，地域主権改革研究会『地域主権改革』(国政情報センター，2011年)49頁参照。
2) 環境分野の第1次地方分権改革については，たとえば，大久保規子「地方分権と環境行政の課題」季刊行政管理研究91号(2000年)39頁以下，斎藤誠「地方分権と環境法のあり方」ジュリ1275号(2004年)122頁以下(同『現代地方自治の法的基層』(有斐閣，2012年)所収)参照。
3) 国の直接執行事務とされたのは，国立公園内の工作物設置許可等，すべて自然保護関係の事務である。ただし，これらの事務のうち，政令に定める指定区域内の特定の事務は，都道府県の法定受託事務として処理されている(自然公園法施行令附則3項参照)。
4) 環境分野の第2期地方分権改革については，たとえば，北村喜宣「地方分権推進と環境法」新見育文ほか編『環境法大系』(商事法務，2012年)381頁以下参照。
5) 第62回地方分権改革推進委員会(2008年10月21日)議事録17頁以下参照。
6) たとえば，椎川忍『緑の分権改革』(学芸出版社，2011年)参照。
7) 環境省総合政策局総務課『環境基本法の解説〔改訂版〕』(ぎょうせい，2002年)158，305頁以下参照。
8) このアンケートは，最先端・次世代研究開発支援プログラム研究(内閣府総合科学技術会議)「持続可能な社会づくりのための協働イノベーション─日本におけるオーフス3原則の実現策」の一環として行ったものである。アンケート調査の概要については，同研究プロジェクトのホームページ(http://greenaccess.law.osaka-u.ac.jp/summary)参照。
9) 公害防止条例に関する最近の詳細な研究として，人見剛ほか編著『公害防止条例の研究』(敬文堂，2012年)参照。
10) 第2期地方分権改革を念頭において，条例と法律の関係について論じるものとして，たとえば，鈴木庸夫「条例論の新展開」自治研究86巻1号(2010年)58頁以下，北村

喜宣「分任条例の法理論」自治研究 89 巻 7 号(2013 年)17 頁以下参照。また，松本英昭「地方分権改革推進委員会の『第 1 次勧告』と政府の『地方分権改革推進要綱(第 1 次)』を読んで」自治研究 84 巻 9 号(2008 年)27 頁以下，松本英昭「地方制度改革の取り組みを振り返って(2)条例による法令の規定の補正等(条例による法令の『上書き』等)」地方財務 665 号(2009 年)162 頁以下(松本英昭『自治制度の証言』(ぎょうせい，2011 年)所収)も参照。

11) 北村喜宣『自治体環境行政法〔第 6 版〕』(第一法規，2012 年)39 頁以下参照。

12) 施設・公物設置管理に関する独自基準の設定状況については，2013 年 10 月までに，5 回の条例制定状況調査(義務付け・枠付けの見直しに係る条例制定状況調査)がなされている。その概要については，内閣府地方分権改革推進室のホームページ〈http://www.cao.go.jp/bunken-suishin/gimuwaku/gimuwaku-index.html〉(2013 年 10 月 20 日最終アクセス)参照。

13) http://greenaccess.law.osaka-u.ac.jp/wp-content/uploads/2011/11/b28ddfb6840897e0e5701a37831dbf671.pdf

14) 大塚直「『地方分権と環境行政』に関する問題提起」季刊環境研究 142 号(2006 年)142 頁参照。

15) 北村・前掲(注 11)143 頁以下参照。

環境法事件簿 1　景観利益と国立マンション訴訟

最一小判平成 18 年 3 月 30 日民集 60 巻 3 号 948 頁，判時 1931 号 3 頁，環境法判例百選〔第 2 版〕75 事件

河東宗文

1. 景観の権利性について

　景観は，しばしば眺望と対比される。景観の権利性については，これまで否定的に捉えられてきたが，国立マンション訴訟判決において，最高裁は，一定の条件を有する景観に対して，法的利益性を認めた。すなわち，都市の景観において，良好な景観に近接する地域内に居住し，その恵沢を日常的に享受している者は，良好な景観の恵沢を享受する利益(景観利益)は，法律上，保護に値するというのである。

2. 国立マンション訴訟とは

　JR 国立駅南口を出ると，駅前のロータリーから南に向けて幅員 44 m の広い公道が直線状に延びる。そのうち江戸街道までの約 1.2 km の道路は，「大学通り」と称され，そのほぼ中央付近の両側に一橋大学の敷地が接している。大学通りの緑地部分には，桜や銀杏などが植樹されて連なり，周囲の建築物とも調和して美しい並木道になっている。

　この大学通りに，M 株式会社が高さ 44 m の高層マンション(以下「本件マンション」という)を建築しようとした。そこで，国立市住民らは，大学通り周辺の景観について景観権ないし景観利益を有しているところ，本件マンションの建築により受忍限度を超える被害を受け，景観権ないし景観利益を違法に侵害されたとして，その侵害による不法行為に基づき，①M 株式会社らに対し，本件マンションの撤去を，また，②景観を破壊されたことによ

写真 大学通りの本件マンション(撮影：筆者，2012年4月8日)

る慰謝料等の支払を求めた。これが，国立マンション訴訟である。

争点としては，①地区計画に基づく建築物制限条例の本件マンションに対する適用の可否，②景観の権利性，③日照権等である。このうち③の日照権については，日影規制にも抵触しておらず，また日照被害も重大なものとはいえないという事実認定であり，重要な争点ではなく，①と②が，主に争われたが，本章では以下，②を中心に説明する。

3. 国立におけるまちづくり

(1) 国立のまちづくり

国立市には，長いまちづくりの歴史がある。その歴史が長く，その実績があればあるほど，地域住民と，まちづくりを阻害する者との衝突は激しいものとなる。

国立のまちづくりは，東京商科大学(現一橋大学)が関東大震災で焼け出されたため，当時の箱根土地株式会社に依頼して，独の学園都市ゲッチンゲンをモデルに，理想の学園都市をつくるべくまちづくりを始めたことに端を発する。1952年には，隣接する立川市の米軍基地の関係で，文教地区指定運動が始まり，同指定を獲得して学園都市としての環境は確かなものとなった。

現在では，一橋大学，国立音楽大学，都立国立高校，桐朋学園，東京女子体育大学，東京キリスト教学園，国立学園，滝乃川学園，郵政大学校等様々な教育施設が集っている。

(2) 一種住専運動および用途地域について

国立におけるまちづくりについて，詳細に論じる紙面もないが，特筆すべきは一種住専運動である。1970年の建築基準法の改正に伴う用途地域の全面見直しに際し，東京都のガイドラインに倣えば，大学通りと道路奥行き沿道20mの住宅地は第二種住居専用地域となるところ，まちを二分する激論が展開された。国立市民は，大学通りの景観保全を求めて署名運動を展開し，第一種住居専用地域にするように求めた。一般論として，土地の価格は，場所性とともにその容積率によるところが大きいが，わざわざ規制の厳しい用途地域を選択したのである。その結果，1973年10月，現在の一橋大学以南の道路と沿道20mが，第一種住居専用地域に指定された。幅員44mという広幅員道路であるにもかかわらず，大学通りの奥行き20mの地域は，第一種住居専用地域になっているのである。

そうすると本件土地は，第一種住居専用地域に指定されているはずである。そうであれば，本件マンションは建築されるはずのないところ，例外的に第二種住居専用地域に指定された。その主な理由は，本件土地上には，当時4階建てで床面積18,616 m² もの東京海上の計算センターがあったため，その既存不適格化を避けるためであった。但し，それでも大学通りの本件マンション側の沿道部分においては，僅か18 cmであるが，第一種住居専用地域に指定されている。

4. 国立マンション訴訟における裁判状況

本件マンションを巡っては，住民，行政，業者が三つ巴となって多くの訴訟がある。

まず建築禁止仮処分申立事件から始まる。東京高裁の抗告審において，抗告棄却の決定ではあったが，本件マンションが，建築物制限条例に違反する

違法建築物であることが認定された。ついで，国立住民が，M株式会社を相手取り，本件マンションの撤去等を求めた民事訴訟がある。東京地裁判決(東京地判平成14年12月18日判時1829号36頁)では，本件マンションのうち20mを超える部分の撤去が認められた。最高裁判決では，撤去等は認められなかったものの，景観利益を認めた。

　次いで国立住民が，東京都多摩西部建築指導事務所長等を相手取り，本件マンションが違法建築物であることから建築禁止等の是正命令権限を行使しないことが違法であることの確認等を求めた行政訴訟がある。東京地裁判決(平成13年12月4日判時1791号3頁)は，本件マンションが違法建築物であることを認定し，是正命令権限を行使しないことが違法であることが確認された。そしてM株式会社が国立市に対し，建築物制限条例の無効確認および4億円の損害賠償を求めた行政訴訟がある。東京地裁判決(平成14年2月14日判時1808号31頁，判タ1113号88頁)では，4億円の損害賠償請求が認められ，控訴審(東京高判平成17年12月19日判時1927号27頁，判時1950号180頁《判例評論》)では，減額されたものの国立市行政に中立性と公正性を欠いていた面があることを理由として，国立市はM株式会社に対し，2,500万円を支払うよう命じられた。この高裁判決に対し，国立市議会は上告に同意せず上告しなかったため，補助参加人である国立市住民が上告するという異例の事態となった。上告審は門前払いの決定(平成20年3月11日)であり，東京高裁判決が確定する。国立市はM株式会社に対し，遅延損害金を加えた3,120万円を支払い，M株式会社は，同額を国立市に対して寄付をし，本件マンションをめぐる訴訟としては，これで全ての訴訟は決着するかと思われた。

　しかしながら，国立市としては法的な義務として支払をし，M株式会社は債権放棄ではなく寄付という形式であったため，国立市住民4名が，国立市に対し，国立市が支払った金員を上原公子前市長に対し請求せよという住民訴訟を提起した。第1審の東京地裁は，住民側請求を認めたため(平成22年12月22日判時2104号19頁)，上原市長の後継者であった関口博市長は，控訴したが，2011年4月の地方選挙で関口氏は敗北し，対立候補の佐藤一夫氏が国立市長として当選した。佐藤市長は，同年5月控訴を取り下げ，東京地裁判決が確定することとなった。国立市は，同年12月，上原前市長に対

し，東京地裁に訴訟提起し，訴訟係属中であるが，平成25年12月に，国立市議会は，上原元市長に対する権利放棄の決議をした。

5. 本件マンションが，地区計画および建築物制限条例に違反する違反建築物であるかどうか

建築基準法3条2項の解釈問題であり，本件マンションが違反建築物であるかどうかは，裁判においては重大論点で，違反建築物と認定する仮処分における東京高裁の決定や行政訴訟東京地裁判決もあった。しかしながら，東京高裁の判決としては，いずれも適法建築物との認定であり，その最高裁も特段の判断をしていないため，現在では，この争点に関しては，ほとんど問題視されていない。

6. 景観の権利性について

(1) 問 題 点
本件マンションは，国立の大学通りの景観を破壊しているかどうか。また景観権ないし景観利益が認められるか。認められるとすれば，その権利者は誰か。景観侵害はどのような場合に認められるのかである。これらの点が問題になる。

(2) 否定的見解
これまで景観は，しばしば眺望と対比され，私的利益の問題である眺望と公共空間利益の問題を含んだ景観とは区別されてきた。眺望阻害の場合は，受忍限度論の枠組みで違法性を判断されてきたが，景観の権利性については，これまでの伝統的理解には，否定的に解してきた。国立マンション民事訴訟の東京高裁判決(平成16年10月27日判時1877号40頁，判タ1180号119頁《判例評釈》)では，つぎの様に判示されている。

「良好な景観は，我が国の国土や地域の豊かな生活環境等を形成し，国民及び地域住民全体に対して多大の恩恵を与える共通の資産であり，それが現

在及び将来にわたって整備，保全されるべきことはいうまでもないところであって，この良好な景観は適切な行政施策によって十分に保護されなければならない。しかし，翻って個々の国民又は個々の地域住民が，独自に私法上の個別具体的な権利・利益としてこのような良好な景観を享受するものと解することはできない。」「景観は，当該地域の自然，歴史，文化，人々の生活等と密接な関係があり，景観の良否についての判断は，個々人によって異なる優れて主観的で多様性のあるものであり，これを裁判所が判断することは必ずしも適当とは思われない。」「良好な景観を享受する利益は，その景観を良好なものとして観望する全ての人々がその感興に応じて共に感得し得るものであり，これを特定の個人が享受する利益として理解すべきものではないというべきである。…(略)…良好な景観の近隣に土地を所有していても，景観との関わりはそれぞれの生活状況によることであり，また，その景観をどの程度価値あるものと判断するかは，個々人の関心の程度や感性によって左右されるものであって，土地の所有権の有無やその属性とは本来的に関わりのないことであり，これをその人個人についての固有の人格的利益として承認することもできない。」

(3) 最高裁判決(平成18年3月30日)(民集60巻3号948頁，判時1931号3頁，環境法判例百選〔第2版〕75事件)・肯定的見解

「都市の景観は，良好な風景として，人々の歴史的又は文化的環境を形作り，静かな生活環境等を構成する場合には，客観的価値を有するものというべきである。」「良好な景観に近接する地域内に居住し，その恵沢を日常的に享受している者は，良好な景観が有する客観的な価値の侵害に対して密接な利害関係を有するものというべきであり，これらの者が有する良好な景観の恵沢を享受する利益(景観利益)は，法律上，保護に値するものと解するのが相当である。」「原審の確定した前記事実関係によれば，……大学通り周辺の景観は，良好な風景として，人々の歴史的又は文化的環境を形作り，豊かな生活環境を構成するものであって，少なくともこの景観に近接する地域内の居住者は，上記景観の恵沢を日常的に享受しており，上記景観について景観利益を有するものというべきである。」

7. 最高裁判決の問題点

　最高裁判決によれば，景観利益は認められたものの，その侵害行為を現実に排除することは，極めて困難である。

　すなわち，最高裁は，「景観利益は，これが侵害された場合に被侵害者の生活妨害や健康被害を生じさせるという性質のものではないこと，景観利益の保護は，一方において当該地域における土地・建物の財産権に制限を加えることとなり，その範囲・内容等をめぐって周辺の住民相互間や財産権者との間で意見の対立が生ずることも予想されるのであるから，景観利益の保護とこれに伴う財産権等の規制は，第一次的には，民主的手続により定められた行政法規や当該地域の条例等によってなされることが予定されているものということができることなどからすれば，ある行為が景観利益に対する違法な侵害に当たるといえるためには，少なくとも，その侵害行為が刑罰法規や行政法規の規制に違反するものであったり，公序良俗違反や権利の濫用に該当するものであるなど，侵害行為の態様や程度の面において社会的に容認された行為としての相当性を欠くことが求められる。」と判示する。

　この最高裁判旨からは，景観を破壊するような行為，たとえば，高層マンションのような場合は，建築確認を得ているのが通常であるから，刑罰法規や行政法規に違反する等のことは考えにくい。マンション建築行為を景観破壊行為と捉えて，排除することは事実上困難である。

〈参考文献〉
五十嵐敬喜・上原公子『国立景観訴訟』(公人の友社，2012年)
淡路剛久「景観権の生成と国立・大学通り訴訟判決」ジュリ1240号(2003年)73頁
大塚直「国立景観訴訟最高裁判決の意義と課題」ジュリ1323号(2006年)70頁
前田陽一「景観利益の侵害と不法行為の成否」法の支配143号(2006年)88頁
吉村良一「国立景観訴訟最高裁判決」法時79巻1号(2007年)141頁
富井利安「景観利益判決を超える地平」修道法学32巻2号(2010年)57頁
見上崇洋『地域空間をめぐる住民の利益と法』(有斐閣，2006年)
吉田克己「『景観利益』の法的保護」判タ1120号(2003年)67頁

第II部

環境管理の法的手法

危うく難をのがれた日光太郎杉(撮影:畠山武道・1997年)

第8章 環境法規制の仕組み

北村喜宣

　環境法においては，環境負荷発生者の意思決定を良好な環境質の実現へと向けるため，実体や手続に関する規制が，強制や任意のアプローチを用いて規定される。まず，政策的に決定される目的のもとで，規制対象が特定される。そして，それに対して，一定行為の作為や不作為が，サンクションを背景に義務づけられたり(強制手法)，金銭や情報を用いて誘導がされたりする(誘導手法)。さらに，法律とは別に，行政と事業者の合意を通じて，個別的な義務づけがされることもある(合意手法)。

1. 現代行政法としての環境法

　法の計画化，法の非完結性，法主体および行政手法の多様化は，現代行政法の大きな特徴である[1]。なかでも環境法は，こうした特徴を最も強く体現している法分野であり，行政法総論にも，多くの研究素材を提供している[2]。
　環境法のエッセンスは，現在および将来の環境質の状態に影響を与える関係主体の意思決定を，社会的に望ましい方向に向けさせるための制度を規定することにある[3]。そのための具体的な法システムが，個別環境法である。個別環境法においては，1条に規定される目的，および，それを具体化すべく策定される基本方針[4]や基本計画のなかで示される内容を実現するために，さまざまな政策手法が規定され，そして，それらを相互に関連させたシステムが構築されている。そうした政策手法の究極的な作用対象は，環境負荷の発生に関係する意思決定をする個人である。
　本章では，個別環境法の理解を促進するためのモデル的な仕組みを説明する。環境負荷発生主体の意思決定に対して，環境法はどのような法的アプローチをしているのだろうか。そのアプローチは，マクロ的およびミクロ的に整理できる。マクロ的整理は，法が規制対象にどのような内容を求めるか

(実体と手続)，および，どのような態様で求めるか(強制と任意)という観点からなされる。ミクロ的整理は，モデル的な環境法を想定して，そこに規定される構成要素(政策手法および政策資源)の法的性質や課題の分析[5]という観点からなされる[6]。

2. 意思決定へのアプローチ

(1) 実体と手続

環境法が「求める内容」は，大きく 2 つに分類される。第 1 は，「ある結果の実現」であり，それを求めることを実体規制と呼ぶ。実現するための手続については中立的である。「ある結果」は，環境負荷発生者の行為により直接的に実現される場合もあれば，間接的に実現される場合もある。第 2 は，「あるやり方の履行」であり，それを求めることを手続規制と呼ぶ。実体規制とは異なり，手続履行の結果については中立的である。到達点(ゴール)を問題にするのが実体規制であり，過程(ルート)を問題にするのが手続規制である。ひとつの法律のなかには，実体規制および手続規制のいずれも規定されることが通例である。

いずれを選択するかは，種々の事情を踏まえた法制度設計者の裁量である。いずれかに法政策的優位があるわけではないが，現行法を踏まえると，つぎのような傾向が観察できる。実体規制を正当化するだけの科学的知見がなかったり社会的な納得がされていなかったりする場合，あるいは，環境負荷発生源が多種多様な場合には，手続規制が選択される。

(2) 強制と任意

環境法が「求める態様」も，大きく 2 つに分類される。第 1 は，求める内容を拘束的に実現することであり，強制である。第 2 は，拘束的には実現しないことであり，任意である。

強制アプローチは，「命令管理」型アプローチ(command-and-control approach)と呼ばれる。拘束力をもたせるためには，つぎにみる規制手法である強制手法が基本的に用いられる。

押さえつけてでも従わせようとするのが強制アプローチであるのに対して，ある行動の選択を期待はすれどもその履行確保までは制度化しないのが任意アプローチである。もっとも，現実には，法律のなかである行動が規定される場合，任意ゆえに放任かといえばそうではなく，期待される方向に行動を向かわせようとするための仕組みが設けられることが多い。現実の法制度においては，積極的に任意としたいからそうするのではなく，本来は強制アプローチにしたいのであるがそれができない事情があるために，いわば「次善の策」として任意アプローチが選択されていることが多い。

(3) 現実の法制度のなかでの組み合わせ

「実体と手続」「強制と任意」を，「都民の健康と安全を確保するための環境に関する条例」(環境確保条例)が規定する温室効果ガスの削減を例にして整理をしてみよう。同条例は，国内初の温室効果ガス排出量取引を制度化したものとして有名である[7]。

特定地球温暖化対策事業所に対して，一定量の削減を義務づけるのは，強制アプローチによる実体規制である(5条の11)。不履行に対しては，刑罰の担保のある措置命令が出される(8条の5，159条1号)。一方，事業所をもつ地球温暖化対策事業者に対しては，前年度の温室効果ガス排出量などを記載した地球温暖化対策報告書の作成と提出が義務づけられているが(8条の23)，その不履行に対しては，行政指導である勧告までが規定されるのみである(9条)，結果的に，任意アプローチによる手続規制となっている。

3. 規制手法とその概要

法目的の効果的な実現のために，強制アプローチおよび任意アプローチのもとで，さまざまな規制手法が規定される。それをいくつかのカテゴリーに分けると，①強制手法，②誘導手法，③合意手法，④事業手法，⑤調整手法，⑥情報収集手法，⑦市民参画手法，がある。なお，「規制」ということばは，「強制」と同義に用いられることがあるが，本来は，人の意思決定を制御するというほどの広い含意をもつ。本章では，広義に用いる[8]。②および③に

図表 8-1　環境法のモデル

目的と戦略	・目的 ・規制の戦略
規制対象	・地域 ・行為 ・項目
規制内容	・環境基準 ・規制基準
規制手法	・強制手法 ・誘導手法（経済的手法，情報的手法） ・合意手法 ・事業手法 ・調整手法 ・情報収集手法（報告徴収，立入検査） ・市民参画手法

ついては，本書第9章および第10章で，詳しく説明される。

　個別法においては，まず目的が規定され，法律が働きかける対象が確定される。そして，規制内容が規定され，その実現のために種々の手法が規定されるのである。以下では，モデル的な環境法をもとにして，それらを解説する。全体像は，**図表 8-1** の通りである[9]。

4. 個別環境法の基本構造

(1) 目的と規制戦略

　法律の第1条には，通常，目的が規定される。そのなかで，当該法律が実現すべき目標，取り組む方法，配慮すべき事項，保護法益などが述べられる。法律は，政治的利害調整の産物である。調整結果次第では，目的が明確に規定される場合もあれば，玉虫色に規定される場合もある。

個別環境法をみると，保護法益に関しては，「国民の健康保護」「生活環境の保全」「公衆衛生の向上」「国民の健康で文化的な生活の確保」などが規定されることが多い。このうち規定内容に具体的な影響を与えるのは，「国民の健康保護」および「生活環境の保全」である。両者とも規定されることが多いなかで，たとえば，土壌汚染対策法とダイオキシン類対策特別措置法（ダイオキシン法）は，前者のみを規定している。もちろんこれは，意識的な限定である。生活環境の汚染を通じて健康に影響が現れるというメカニズムを前提にすると，未然防止を旨とする環境法としては，生活環境の汚染をもたらす行為に対応する必要がある。しかしそれは，対応すべき対象が多くなることをも意味する。そこで，同法においては，「確実な対応」という観点から，敢えて保護法益をしぼるという選択がされたのである。

　規制の戦略を明らかにする目的規定として有名なのは，いわゆる「調和条項」である。「調和」というときの天秤の両側に載せられたのは，当初は，「第1次産業」と「第2次産業」（例：1958年12月制定の「水質の保全に関する法律」（水質保全法））であり，その後は，「生活環境の保全」と「経済の健全な発展」（例：1970年5月改正の水質保全法）である。要するに，高度経済成長時代において経済発展を牽引する第2次産業を天秤の片方の皿に載せ，それと釣り合う範囲でもう一方の皿に規制の強化という分銅を載せていくというようなイメージをもてばよい。結果的に，「無理のない規制」が制度化され，対応が後手に回り，公害被害の深刻化に拍車をかけたのであった。

　環境法に規定されていた調和条項は，1970年12月のいわゆる「公害国会」における法律改正で全廃された。しかし，規制にあたっての「財産権尊重条項」が残存している点に留意が必要である（例：自然環境保全法3条，自然公園法4条，「絶滅のおそれのある野生動植物の種の保存に関する法律」（種の保存法）3条）。比例原則からすれば当然の内容であり，明文規定を設ける法的意味はないが，規定が存在することにより権限行使に抑制的になる牽制球的効果がある。2008年制定の生物多様性基本法にこうした規定はみられないことから，削除されてしかるべきである。

(2) 規 制 対 象
(ア) 地　　域

　環境法の制度設計にあたっては，まず，どの地域の環境を保全するのかを決定する必要がある。これがない限り，全国が規制対象地域となる。

　自然環境保全法や自然公園法は，そもそも制度として一定地域をゾーニングして，当該地域の環境保全をしている。騒音規制法は，都道府県知事によって指定された指定地域に立地する特定施設に規制基準の遵守を義務づける(3～5条)。人間の生活に影響のある地域が指定されることになるが，生物の多様性保全という観点からは，人間居住のみを基準にするのは適切さを欠くかもしれない。

　現在では，全国どこにおいても，廃棄物の不法投棄は，「廃棄物の処理及び清掃に関する法律」(廃棄物処理法)のもとで直罰制により処罰される(16条，25条1項14号)。ところが，1970年の制定当時は，一般廃棄物に関しては，一定区域内における不法投棄のみが処罰対象であった。具体的には，奥深い山のなかに捨てても犯罪にはならなかったのである。水質規制については，制定時の水質保全法は，その適用区域を，「公共用水域のうち，当該水域の水質の汚濁が原因となって関係産業に看過し難い影響が生じているもの又はそれらのおそれのあるもの」(5条1項)としていた。現在の水質汚濁防止法は，単に「公共用水域」とするのみである。

(イ) 行　　為

　環境法においては，種々の行為が規制対象となる。これには，規模を問わない場合と一定規模未満を排除する場合とがある。後者の措置を，「スソ切り」という。環境負荷発生にかかる施設の規模により決定されるのが通例である。

　大気汚染防止法を例にすると，規制対象となるばい煙発生施設は，同法施行令に規定されているところ，ボイラーについては，「環境省令で定めるところにより算定した伝熱面積……が10平方メートル以上であるか，又はバーナーの燃料の燃焼能力が重油換算1時間当たり50リットル以上」とされている(2条，別表第一「一」)。これは，従業員数人を雇うクリーニング工場

あるいは3〜4階建てのビルのボイラー程度であり，かなり小さい規模までが規制対象にされている。

一方，悪臭防止法は，規制地域内の規制をするが，対象は単に「事業場」とだけされ，規制基準の遵守が求められている(3〜7条)。これは，悪臭原因物を発生させる施設をカテゴリー化して特定することが困難であるからである。規制対象施設の範囲に曖昧さが残るがゆえに，規制基準違反は直罰制にはされていない。

(ウ) 項 目

事業活動によって環境中に排出される負荷を規制する場合には，規制対象となる項目が指定される。物質の指定もあれば，「汚染状態」という指定もある。たとえば，水質汚濁防止法のもとでは，「人の健康に被害を及ぼすおそれのある物質」(健康項目)として，カドミウムやシアンなどが施行令で指定されている(施行令2条)。一方，その他に「水の汚染状態」(生活環境項目)として，水素イオン濃度(pH)なども施行令で指定されている(施行令3条1項)。

(エ) 決定にあたっての考慮事項

規制対象とする地域，行為，項目を決定する際の考慮事項としては，①規制対象行為から生ずる環境影響，②行政リソース，③実現可能性がある。

環境影響が大きい場合には，指定地域制ではなく日本全国，あるいは，一定規模以上の事業者だけでなくすべて，というように，より広範囲が規制対象に取り込まれる。水質汚濁防止法の規制は，全国の公共用水域に及んでいる。規制対象事業者については，健康項目の規制は規模を問わない。しかし，生活環境項目の規制は，1日の平均排水量が50 m³以上の事業場に限られている。

先にみたように，土壌汚染対策法が「国民の健康保護」のみを保護法益としたのは，行政リソースをそれに集中して，確実な成果をあげることを期待したからであった。これは，実現可能性についての配慮でもある。「国民の健康保護」という目的が実現できれば，そのつぎのステップとして，「生活環境の保全」をも射程に入れた規制システムを作ることが予定されてはいる。

(3) 規制内容
(ア) 環境基準

個別の法律がどのような状態を実現したいと考えているかを表現する方法には、いくつかがある。本章では、環境基準と規制基準についてみておこう。

環境基本法16条1項は、「政府は、大気の汚染、水質の汚濁、土壌の汚染及び騒音に係る環境上の条件について、それぞれ、人の健康を保護し、及び生活環境を保全する上で<u>維持されることが望ましい基準</u>を定めるものとする」と規定する(下線筆者)。「公害」には、上記4つに加えて振動、地盤沈下、悪臭があるが、これらについては、十分な科学的知見がないことを理由に対象外となっている。環境基本法に根拠をもつ環境基準を踏まえて、個別法において、次にみる規制基準値が決定される[10]。

下線部の規定ぶりのゆえに、環境基準には、法的拘束力がないとされている。二酸化窒素の環境基準を緩和する改定告示の取消しが求められた事件において、裁判所は、処分性を否定した(東京高判昭和62年12月24日判タ668号140頁、環境法判例百選〔第2版〕10事件)。大気汚染防止法のもとでの排出基準値や総量規制基準値との法的連動関係がないことが理由とされている。

もっとも、環境基準が常にそうした性質をもつというわけではない。環境基準は、基準値とそれが利用される制度とを分けて理解するのが適切である。たとえば、廃棄物処理法は、一般廃棄物および産業廃棄物の焼却施設を許可制にするが、その基準のひとつとして、「施設の過度の集中により大気環境基準の確保が困難となると認めるとき」(8条の2第2項、15条の2第2項)がある。この場合、環境基準が達成されていない地域においては、申請は不許可になるのであり、法的拘束力を有する制度のなかで使われている。

環境基準は、環境状態に関する基準である。誰かに遵守が義務づけられるものではない。したがって、「環境基準の違反」を観念することはできない。

(イ) 規制基準

目標を実現するために個別の環境負荷発生者に対して適用される基準として、排出基準と許可基準をみておこう。

環境負荷物質の事業場外部への排出を規制するのが，排出基準である。水質汚濁防止法や大気汚染防止法などに規定される伝統的な手法である。環境法は，事業場からの外部環境への影響を制御しようとする。それゆえ，基本的に，排出基準は，敷地境界線においての遵守が問題になる。ところが，大気汚染防止法のばい煙規制制度では，施設の排出口における遵守が求められる(13条1項)。本来，事業場をドームで覆ってその上に出た煙突からの排気を規制すればよいのであるが，それが技術的に困難なために，いわば「次善の策」として施設排出口(開口部)での規制をしているのである。濃度規制である排出基準の限界に対応する総量規制基準，施設の使用・管理の方法を規定する施設基準も，環境負荷物質の排出を規制する基準である。

　許可は，一般的に禁止されている行為の禁止を，個別申請を踏まえて解除する処分である。許可基準は，行為の規制に直接に関係している。基準が緩やかであれば，環境負荷発生行動を十分に制御することはできない。環境法においては，許可基準は，法律実施を通じて認識される問題点に対応するかたちで，厳格化されていることが多い。廃棄物処理法の業許可基準は，その典型例である。

(4) 規 制 手 法
(ア) 強 制 手 法
　一定の行為を法的に義務づけるのが，強制手法である。その内容としては，「……しなければならない」という作為義務と，「……してはならない」という不作為義務がある。義務づけがポイントである[11]。

　義務違反に対して何の対応もしなければ，あるいは，勧告のような行政指導だけを規定するのであれば，義務づけていても結果的に「訓示規定」となり，任意アプローチである。これに対して，強制手法と観念する場合には，義務違反に対する対応が規定される。この対応には，行政法的対応と刑事法的対応がある。

　行政法的対応としては，改善命令や許可取消のような不利益処分が典型的である。刑事法的対応は，規制基準の違反に対して直接に刑事責任を問う直罰制である。また，改善命令違反や無許可行為に対しても，刑罰が適用され

ることが通例である。制度全体として，義務づけ内容の履行を強制するのである。

(イ) 誘導手法
(a) 誘導のためのふたつのアプローチ

強制手法が，サンクションを背景に，いわば力づくにより義務履行を実現しようとするのに対して，あくまでも環境負荷発生者の自主的な判断の結果として，法律が求める行動の実現を期待するのが誘導手法である。これには，経済的インセンティブを用いる経済的手法，および，情報を用いる情報的手法がある。

(b) 経済的手法

経済的手法には，行為者に対して，①インセンティブを与えるもの，②ディスインセンティブを与えるものがある。①は，それを獲得するために積極的に行為をする（＝何かをする）ことを予定するものであり，代表例としては，補助金や税制優遇措置がある。②は，それを回避するために消極的に行為する（＝何かをしない）ことを予定するものであり，代表例としては，税や課徴金がある。

環境基本法においては，①については22条1項が，②については22条2項が，それぞれ規定を設けている。1項に比べると，2項の複雑さが顕著である[12]。

■22条1項　国は，環境への負荷を生じさせる活動又は生じさせる原因となる活動（以下この条において「負荷活動」という。）を行う者がその負荷活動に係る環境への負荷の低減のための施設の整備その他の適切な措置をとることを助長することにより環境の保全上の支障を防止するため，その負荷活動を行う者にその者の経済的な状況等を勘案しつつ必要かつ適正な経済的な助成を行うために必要な措置を講ずるように努めるものとする。

■22条2項　国は，負荷活動を行う者に対し適正かつ公平な経済的な負担を課すことによりその者が自らその負荷活動に係る環境への負荷の低減に努めることとなるように誘導することを目的とする施策が，環境の保全上の支障を防

止するための有効性を期待され，国際的にも推奨されていることにかんがみ，その施策に関し，これに係る措置を講じた場合における環境の保全上の支障の防止に係る効果，我が国の経済に与える影響等を適切に調査し及び研究するとともに，その措置を講ずる必要がある場合には，その措置に係る施策を活用して環境の保全上の支障を防止することについて国民の理解と協力を得るように努めるものとする。この場合において，その措置が地球環境保全のための施策に係るものであるときは，その効果が適切に確保されるようにするため，国際的な連携に配慮するものとする。

　日本の環境法政策においては，伝統的に，行為者に対して受益的効果をもつ①が用いられてきた。これは，受益的であるがゆえに，財政面での問題はあるが，政治的にも導入コストが低くなる。これに対して，②に関しては，環境基本法22条2項の条文に明らかなように，導入に極めて慎重な姿勢がみてとれる。同法が制定された1993年当時においての，多くの官庁的利害関係の「呉越同舟」「同床異夢」であって，「霞ヶ関文学の粋」と皮肉られる文章である。

　モデル的に整理すると，補助金や税制優遇措置の場合には，それを与える決定が，行政と事業者の間で個別的になされる。この関係は垂直的であり，行政は事業者に対して，強い影響力を行使できる。これに対して，税や課徴金の場合には，行動の決定は，基本的に事業者に委ねられる。競争が発生するのであり，それがさらに環境負荷を発生させない行動を導くことになる。事業者に対する行政の関与は，かなり低くなる。

　いずれも経済的手法であるが，以上のような特質を踏まえれば，①は「非市場的経済手法」，②は「市場的経済手法」ということができる。国際的に，日本の環境法政策は，①を重視し②を軽視していると評され，その是正が勧告されている[13]。政治的に導入が容易ということに加えて，②となると，少なくとも短期的には直接に影響を受ける産業界の反発の他，所管産業界に対する影響力低下が不可避になることに対する経済官庁の反発もあろう。これは，内閣の分担管理原則のもとで運営されている国の法政策ゆえであるのかもしれない。規制対象者の構造の違いもあるが，東京都知事の強い影響力のもとで，二酸化炭素の削減義務づけ，および，その実現方法のひとつとし

ての排出量取引のいずれもが実現した環境確保条例に基づく自治体法政策との比較で考えると，明らかであろう。

もっとも，最近では，租税特別措置法2011年改正により導入された「地球温暖化対策のための税」(90条の3の2)にみられるように，変化の兆しもみられる。②については，効果実現に関して不確実性があることから消極的な評価がある。しかし，競争状態の創出がもたらす技術革新効果に期待するのは合理性がある。

(c) 情報的手法

経済的手法が「金にモノをいわせる」仕組みであるとすれば，情報手法は「世間体にモノをいわせる」仕組みといえる。環境負荷発生者に「名誉，不名誉」を意識させることにより，法律が望ましいと考える方向に意思決定をさせようとする。行政が保有する情報を，公表などを通じて市場に提供することにより，市場がその情報に反応して事業者の経済活動に影響を与えることを予定する[14]。提供される情報には，「地球温暖化対策の推進に関する法律」(温暖化対策法)のもとでの温室効果ガス算定排出量のように価値中立的なものもあれば(21条の2〜21条の7)，「食品循環資源の再生利用等の促進に関する法律」(食品リサイクル法)のもとでの判断基準履行勧告不服従の際の不服従事実の公表制度のように非難の意味を込めたものもある(10条)。

なお，後者のような制裁的公表は，勧告という行政指導の履行確保を目的として規定されることがある。不利益処分や刑罰を課(科)せないがゆえに規定されるのであろうが，これは，行政手続法32条2項が禁止する「不利益な取扱い」であり違法である。

情報提供者が事業のこともある。廃棄物処理法は，廃棄物処理施設の操業記録に関して，これを利害関係者の求めに応じて閲覧させることを施設設置者に義務づけている(8条の4，15条の2の4)。インターネットによる公表も義務づけられている(8条の2第2項，15条の2の3第2項)。「環境情報の提供の促進等による特定事業者の環境に配慮した事業活動の促進に関する法律」(環境配慮促進法)が特定事業者に義務づける環境報告書の公表や(9条)，環境影響評価法が事業者に求める準備書や評価書の公表も(7条，16条)，情報的手法の例である。

(ウ) 合意手法

環境法のもとでは，一般に，事業者は，法律が一方的に決定した内容の履行をただ求められる存在である。しかし，法目的実現の観点からは，そうした位置づけのみを与えることが適切というわけでは必ずしもない。一律規制の硬直性を是正すべく，行政と事業者とが交渉をして合意をした内容に基づき，事業者が行動するという合意手法も，現実には活用されている[15]。個別法がそれを予定し規定を設けるものと，特段の根拠のないものとがある。前者としては，自然公園法のもとでの風景地保護協定(43〜48条)，都市緑地法のもとでの緑地協定(45〜54条)がある。後者としては，公害防止協定・環境保全協定がある。

環境法において注目されるのは，法定外の公害防止協定・環境保全協定である[16]。自治体行政と事業者の間で締結されるものが一般的である。1950年代から利用されており，長い歴史をもつ。環境法的論点としては，協定の法的性質論がある。拘束力を認めるか否かが問題となり，否定説としての紳士協定説と肯定説としての契約説がある。

紳士協定説によれば，事業活動に対する法的制約は，法治主義に基づけば，議会の議決にかかる法律または条例によってのみ可能であり，合意を根拠に規制強化を認めるのは国民の自由への脅威となるとする。これに対して，契約説によれば，強行法規に違反せず公序良俗に反しない限り，事業者がその自由な意思表示により事業活動へのより大きな負担を積極的に負うことを否定する理由はないとして，一般的に拘束力を認める。拘束力が認められる限りにおいて，民事訴訟を通じて義務履行を求めることができる。現在では，基本的に，契約説によりつつも，協定に規定される条文を個別に判断して拘束力の有無や程度を決すべきという立場が通説・判例となっている（最二小判平成21年7月10日判時2058号53頁，環境法判例百選〔第2版〕68事件）。

(エ) 事業手法

環境法の基本的考え方である汚染者支払原則(Polluter-Pays-Principle：PPP)の被害補塡・原状回復の局面での理解によれば，汚染・破壊された環境の復

元は，原因者の負担でされるべきとなる。ところが，原状回復命令などの不利益処分手続にはそれなりの時間を要することから，汚染の拡大や健康リスクの増大の観点からは，迅速な対応が求められることがある。そこで，一定の場合には，とりあえず公金を用いて行政が望ましい状態の実現を行うことがある。ダイオキシン法のもとでは，ダイオキシン類による市街地土壌汚染の除去は，都道府県が実施する（31条）。「農用地の土壌の汚染防止等に関する法律」(土壌汚染防止法)のもとでは，カドミウムなどに汚染された農用地について，都道府県が汚染対策事業を実施するとされる（5条）。いずれの場合も，原因者に対しては，公害防止事業費事業者負担法に基づく費用請求がされる（2条2項3号）。しかし，回収できなければそれまでであるし，支払可能な範囲で事業をするというわけではない。

　事業には費用が必要であるが，それを基金として造成するのが，廃棄物処理法のもとでの不法投棄原状回復制度である。原状回復命令の義務者が措置を講じないとき，過失なく名宛人を確知できないとき，命令を出す時間的余裕がないときには，都道府県知事は略式代執行によって自ら原状回復措置を実施できる（19条の8）。その費用は，適正処理推進センターに造成された基金から支出される（13条の15，「特定産業廃棄物等に起因する支障の除去等に関する特別措置法」5条）。

　（オ）　調整手法

　調整手法は，環境法実施にあたって発生するコストやベネフィットを調整するためのものである。金銭的な調整が中心である。

　第1に，損失補償を挙げておこう。日本国憲法29条3項は，「私有財産は，正当な補償の下に，これを公共のために用ひることができる。」と規定する。それを具体化した規定が，盛り込まれることがある。代表的なものは，不許可補償である。たとえば，自然公園法64条および77条は，指定された自然公園区域内において行為許可申請をした場合になされた不許可処分により発生する「通常生ずべき損失」を補償すると規定する。もっとも，補償事例はない。訴訟にまで至った事件においては，許可申請内容が，自然公園における環境を公園設置の趣旨を没却するほどまでに変容させるものであった

(例：東京高判昭和 63 年 4 月 20 日判時 1279 号 12 頁，環境法判例百選〔第 2 版〕79 事件，東京地判平成 2 年 9 月 18 日判タ 742 号 43 頁)[17]。それほどまでではない利用の場合には，なんとか許可基準をクリアするように行政指導がされそれを受け入れた申請内容となるために，現実には不許可にはならないようである[18]。

第 2 は，受益者負担・原因者負担である。環境基本法 38 条は，受益者負担を法政策の基本とすることを明記する。具体的な規定としては，自然環境保全法 38 条や自然公園法 58 条がある。中央政府や自治体が公園事業の一環として，国立公園や国定公園において道路を整備した結果，特定の民間宿泊施設の経営に著しい利益を生じさせたような場合，その限度において，道路整備費用を一部負担させることが予定されている。これは，「予期せぬ受益」が特定私人に帰属した場合であるが，これとは逆に，特定私人の行為によって「予期せぬ負担」が中央政府や自治体に与えられた場合の調整として，原因者負担という方針に基づく制度が規定されることがある。環境基本法 37 条が一般的に規定する。個別法については，自然環境保全法 37 条や自然公園法 59 条に例がある。

第 3 は，不法収益の没収である。環境法違反の動機は経済的なものであることが多い。環境犯罪は経済犯罪でもある。そこで，それによる利益を剥奪する制度を設けることが合理的である。「組織的な犯罪の処罰及び犯罪収益の規制等に関する法律」(組織犯罪処罰法)が，廃棄物処理法違反をはじめいくつかの環境法違反を対象にしている。なお，この手続は，刑事的なものであるところ，課徴金のような行政法的手法によって違法収益を剥奪する制度を設けるべきという主張は強くある。環境汚染それ自体のコストをそうしたかたちで支払わせるべきという主張も強い[19]。

(カ) 情報収集手法

(a) 報 告 徴 収

規制が的確に履行されているかどうかを行政が確認するためには，正確な情報の収集が不可欠である。そこで，環境法は，実施にあたる行政に対して，関係者に必要な報告を求める権限を与えている。実際には，行政指導により情報提供が求められているが，制度的には，刑罰による間接強制を背景に，

報告命令を出すことも可能である(例：水質汚濁防止法22条1項，33条4号)。報告内容は問題ではないから，強制的アプローチによる手続規制ともいえる。

　ダイオキシン法28条のように，法律が直接に，事業者に対して，行政への情報提出を命じる場合もある。廃棄物処理法12条の3第7項は，産業廃棄物管理票(マニフェスト)に関する報告書の行政への提出を，交付者に義務づける。

　(b)　立 入 検 査

　規制基準の遵守状況を的確に把握するには，事業場に立ち入って関係施設を検査し，場合によっては，サンプルを採取する必要がある。そのために，法律のなかで，行政に立入検査権限が与えられるのが通例である。

　立入検査にあたっては，操業記録がチェックされることもある。記録自体は，水質汚濁防止法や大気汚染防止法により義務づけられているが，その虚偽記載に対しては罰則が規定されていなかった。これは，基準違反の排出行為が直罰制であることから，事業者は正確に記録するはずであるという性善説に基づく法政策であった。ところが，大企業による記録改竄事件が相次いで露見したため，両法の2010年改正によって，虚偽記録は直罰化された(水質汚濁防止法14条1項・2項・5項，33条3号，大気汚染防止法16条・35条3号)。

　(キ)　市民参画手法

　伝統的な行政法システムにおいては，行政と事業者との二極関係が前提とされ，行政による法律の的確な実施や事業者による法律の的確な遵守によって良好な環境が実現されるとしても，それは市民にとっては反射的利益にすぎないとされていた。しかし，最近では，そうした古典的な理解ではなく，環境行政の目標は「環境公益の実現」であるとして，市民はその形成に大きく関与するとともに，実現を行政に信託するだけではなくそれに参画することについて大きな利害関係を有していると整理されるようになっている[20]。

　もっとも，それは法的利益であるとしても抽象的なものにとどまっており，個別法の規定をもってはじめて実現すると考えられる。先にみた廃棄物処理法のもとでの操業記録閲覧請求制度はその例といえるし，ダイオキシン法のもとでの総量規制地域の指定を環境大臣に対して都道府県知事が申し出るよ

う住民が求める制度もその例である(10条6項)。これらは，権利利益防衛参画という性格をもっている。

5. 環境法の実施主体としての中央政府と地方政府

　個別環境法の目的実現のため，立法者は，行政に権限を与え，その的確な実施を命じている。連邦制をとらない日本において，国の機関である国会は，国の事務はもとより，自治体の事務を創出することもできる。国の事務は中央政府が，自治体の事務は地方政府が，それぞれこれを担当する。中央政府のみを実施者とするものもあるが(例：「特定有害廃棄物等の輸出入等の規制に関する法律」(バーゼル法)，「特定外来生物による生態系等に係る被害の防止に関する法律」(特定外来生物法))，多くの環境法は，中央政府と地方政府の両者を規定している。

　この両者の役割をいかに適切に制度化して，法目的の実現を図るかが，現在の環境法の大きな課題である。**本書第7章**が解説するところである。とりわけ地方分権改革の以前に制定された法律は，自治体の事務に関しても，国が法律や政省令などを通じて，多くを「決めすぎている」状態にある。私たちは，こうした法状態に慣れきってはいるけれども，将来的には，国がより「引いた」なかで，現在世代が享受でき，そして，将来世代に継承できる良好な環境を実現できる仕組みを作ることを考える必要がある[21]。

〈注〉
1) 遠藤博也「計画における整合性と実効性——法制度・行政法学からのアプローチ」『行政過程論・計画行政法』(信山社出版，2011年)299頁以下・305-307頁，遠藤博也「現代型行政と取消訴訟」『行政救済法』(信山社出版，2011年)5頁以下・5頁参照。
2) 大橋洋一『行政法Ⅰ〔第2版〕現代行政過程論』(有斐閣，2013年)18頁参照。
3) 北村喜宣『環境法〔第2版〕』(弘文堂，2013年)4頁参照。
4) 基本方針に関しては，小幡雅男「「基本方針」の機能(上)・(下)——個別法で多用されている実態」自治実務セミナー40巻9号32頁以下・10号28頁以下(2001年)参照。
5) 政策手法および政策資源という概念については，礒崎初仁『自治体政策法務講義』(第一法規，2012年)74-75頁参照。
6) 本章の記述に関しては，北村・前掲(注3)110頁以下，北村喜宣「環境法のアプ

ローチと手法(1)・(2)」法教 371 号 140 頁以下・372 号 141 頁以下(2011 年)を前提にしている。また，阿部泰隆・淡路剛久編『環境法〔第 4 版〕』(有斐閣，2011 年)51 頁以下[阿部泰隆・執筆]，大塚直『環境法〔第 3 版〕』(有斐閣，2010 年)77 頁以下も参照。

7) 環境確保条例の温室効果ガス規制に関しては，小澤英明ほか『東京都の温室ガス規制と排出量取引』(白揚社，2010 年)参照。
8) 黒川哲志「環境行政手法の概要と本書の構造」『環境行政の法理と手法』(成文堂，2004 年)1 頁以下・2 頁も，同様の認識である。
9) 北村・前掲(注 3)120 頁以下の内容を，若干簡略にしている。
10) この点で，個別法のなかで環境基準と規制基準が規定されるダイオキシン法は例外的である。これは，同法が，議員立法であったことが大きく影響している。化学物質対策法制研究会『知っておきたいダイオキシン法』(大蔵省印刷局，2000 年)参照。
11) 桑原勇進「規制的手法とその限界」新美育文ほか編『環境法大系』(商事法務，2012 年)237 頁以下参照。
12) 大塚・前掲(注 6)90 頁以下，片山直子「経済的手法とその限界」新美ほか編・前掲(注 11)285 頁以下参照。
13) OECD 編『第 3 次 OECD レポート——日本の環境政策』(中央法規出版，2011 年)5 頁参照。
14) 大塚・前掲(注 6)104 頁以下参照。
15) 島村健「合意形成手法とその限界」新美ほか編・前掲(注 11)307 頁以下参照。
16) 協定に関しては，大塚・前掲(注 6)84 頁以下，北村・前掲(注 3)162 頁以下，北村喜宣『自治体環境行政法〔第 6 版〕』(第一法規，2012 年)58 頁以下，野澤正充「公害防止協定の私法的効力」大塚直・北村喜宣編，『環境法学の挑戦』(日本評論社，2002 年)129 頁以下参照。
17) 桑原勇進「自然環境の保全」大塚直・北村喜宣編『環境法ケースブック〔第 2 版〕』(有斐閣，2009 年)249 頁以下・260-264 頁参照。
18) 阿部・淡路編・前掲(注 6)394 頁[加藤峰夫・執筆]は，「実際には地域の指定に際して，その土地所有者等と行政との間の話し合いによって解決されてきたためであるともいわれる」と説明する。
19) 政策手法としての課徴金に関しては，阿部泰隆『行政の法システム(上)〔新版〕』(有斐閣，1997 年)291 頁以下参照。
20) 北村・前掲(注 3)48 頁以下参照。
21) 北村喜宣「地方分権推進と環境法」新美ほか編・前掲(注 11)377 頁以下参照。

第9章

経済的手法

藤谷武史

　経済的手法は，環境負荷活動主体に対して当該活動に伴う環境負荷＝社会的費用を内部化させ，経済的インセンティブを通じてその行動を誘導し，費用効率的な環境制御を実現するための手法である。従来は，その環境経済学的側面＝費用効率性が強調される傾向があったが，今後の具体的制度化のためには，規制的手法との組合せ（ポリシー・ミックス）論の深化に加えて，法的性質に関する論点（特に所得分配の公平との関係）の検討が必要である。

1. 経済的手法とは何か

(1) 環境管理手法としての経済的手法

　環境法が制御対象とする環境負荷（例：温室効果ガスや汚水の排出）は，利潤最大化を追求する企業の生産活動や，可処分所得のなかで満足最大化を追求する家計の消費活動に付随して生じる。環境管理手法としての「経済的手法」とは，大きな(小さな)環境負荷を伴う経済活動にはより大きな(小さな)費用がかかるような法制度を設定し，自己利益の最大化をめざして行動する経済主体の「損得勘定」に訴えかけること(経済的インセンティブの設計)を通じて，環境負荷活動を縮減する方向へと経済主体の行動を誘導する仕組みの総称である。近年，地球温暖化対策の手法として期待される環境税（環境賦課金・課徴金等さまざまな名称が用いられるが，以下では「環境税」に統一する[1]）や排出枠取引制度が経済的手法の代表例であるが，低燃費車や再生可能エネルギー等，環境負荷を低減する技術開発や環境負荷の小さい製品の消費を促進するための補助金（低利融資や税制優遇措置なども含む[2]）や，廃棄物回収への経済的インセンティブをもたせる手段としてのデポジット（預託金）制度なども，経済的手法に含まれる。

環境管理手法としてはより直截な方法である直接規制と比較した場合，経済的手法の利点として，費用効率的に環境管理を実現できること，汚染削減への継続的インセンティブを与えること，の2点が指摘され，1970年代以降，環境政策の「新しい手法」として注目されるようになった。その先駆は，1960年代末から欧州各国で水質管理政策手段として導入された排水課徴金であり，温暖化対策としての環境税も，1990年代初頭の北欧諸国による炭素税の導入を皮切りに，2000年代にはイギリスやドイツ等主要国へと広がっていった。わが国でも，1993年制定の環境基本法22条2項に，(環境)「負荷活動を行う者に対し適正かつ公平な経済的な負担を課すことによりその者が自らその負荷活動に係る環境への負荷の低減に努めることとなるように誘導することを目的とする施策」の実現に向けての指針規定が盛り込まれ，その後も議論が重ねられてきたが，2012年にようやく従来のエネルギー税制を改組するかたちでの「地球温暖化対策のための税」が導入されたところである(後述4(1)参照)。他方，排出総量を規制したうえで，一定の単位に区分された排出量を経済主体間で売買することを認める排出枠取引制度(キャップ・アンド・トレード)も，酸性雨問題対策として1990年代に米国で硫黄酸化物を対象とした排出許可証取引制度が導入されたことを嚆矢として，温室効果ガスを対象とする排出枠取引制度が，英国(UK ETS：2002年～)，欧州連合(EU ETS：2005年～)等，国際的な広がりをみせており，わが国でも東京都が2008年の「都民の健康と安全を確保する環境に関する条例」(環境確保条例)改正によって，「温室効果ガス排出総量削減義務と排出量取引制度」を導入・実施している。京都議定書による「京都メカニズム」(第27章参照)のひとつとしてのCDM(クリーン開発メカニズム)も，現排出量を出発点に排出削減事業による排出削減分を認定し売買可能とする方式(ベースライン・アンド・クレジット方式)であるが，広義の排出枠取引制度のひとつといえる。

(2)　伝統的な金銭的賦課の仕組みとの相違
　上では経済的手法を環境政策の「新しい手法」と述べたが，「金銭的インセンティブによって経済主体の意思決定に作用する」という発想自体は，古くから法制度内部に存在してきた。伝統的な環境規制法の一部を構成する，

環境行政法上の義務違反に対する過料や環境刑事罰としての罰金[3]，(公害訴訟に典型的な)民事不法行為責任による損害賠償[4]がそれである。これらの仕組みは，行政法・刑事法・民事法の違いはあるものの，いずれも広い意味では環境負荷発生者に金銭的負担を課すことで同様の行動を(将来的に)抑止するという性質ないし機能を有している。では，経済的手法はこれらの「伝統的な」金銭賦課と何が違うのだろうか。

伝統的な金銭賦課は，いずれも行政法・刑事法・民事法によりあらかじめ設定された法的義務の存在を前提とし，その義務違反に対して金銭的な不利益を課す，という仕組みである[5]。法の建前としては，法的義務が遵守され，そもそも金銭賦課の対象となる活動が行われないことが前提であり，金銭賦課は例外的な事態として位置づけられる。そして，賦課が発動される場合には，不利益処分に係る行政手続，刑事罰の場合の刑事訴訟手続，あるいは原告の訴訟提起に始まる民事訴訟手続，といったかたちで，名宛人の権利保護のための法的手続が要求されるのが一般的である。

これに対して，経済的手法においては，「適法／違法」の判定の基礎となる法的義務があらかじめ設定されるのではなく，環境負荷活動それ自体が量的に把握され，これに価格メカニズムを通じた金銭的インセンティブを与える，という点に違いがある[6]。環境税を例にとって説明しよう。温室効果ガスであるCO_2の排出(環境税の具体的な制度設計については後述3参照)は，現在の技術水準のもとではほぼすべての経済活動に不可避的に付随するものであり，これを「違法」(である以上，法の建前としてはこれを全く行わないことが要求されるはずである)として禁圧することは，現実的ではない。そこで，本来的には緊張関係に立つ環境と経済を，市場メカニズムに環境管理の要素を埋め込むかたちで調和させようとするのが，経済的手法の主眼のひとつである。もちろん，直接規制においても，適切な環境基準の設定というかたちで両者の調和が模索されるが，適法／違法という法的評価によって効果に差を設けず，いわば「連続的に」環境管理作用を及ぼすことに，経済的手法の特徴がある，ということができる[7]。

この点，伝統的な規制方法のように明確に法的義務が設定される方が，私人はその義務を遵守する限りは行動の自由が保障されるので，法治主義の観

点からは好ましい，という批判もありえないではないが，第1に，義務違反を摘発するための情報収集コスト・執行を行うための手続コストが大きいために，伝統的な仕組みはしばしば「執行の欠缺(過少)」に直面するという問題があり(これは本来，法治主義に反する事態であろう)，第2に，「法的義務の設定」はその前提として一般的行為の自由を想定する(したがって，環境負荷活動がその範囲に収まる場合，被害を受けた側に「受忍義務」があるとされる)と思われるところ，環境負荷の場合，個々の主体の活動量は僅少でも，それらが累積することによって大きな影響をもたらすという性質があり(その最たる例が地球温暖化である)，違法／適法の閾値を設けない連続的な行動制御でなければうまく対処できない，という指摘が可能である。いわば，自由／義務という二分法に馴染みにくい領域における環境管理手法として，法的義務の設定を伴わない金銭的インセンティブ設定としての経済的手法に独自の意義が認められる，ということができよう。もちろん，現実には「直接規制か経済的手法か」の二者択一は有益ではなく，両者を適切に組み合わせる「ポリシー・ミックス」が要請されることはいうまでもない。

(3) 環境費用負担の仕組みとの相違

環境法における金銭賦課としては，環境費用負担の枠組みの存在も重要である(第3章参照)。これは，環境政策遂行(汚染除去・原状回復や，公害による健康被害者に対する補償等)に必要なさまざまな財源の調達手段として，環境負荷に責任を有する者に金銭的負担を課すものである。たとえば，「公害健康被害の補償等に関する法律」(公健法)は，ばい煙発生施設等設置者に対し，おおむねその年間排出量に応じた金額の汚染負荷量賦課金の徴収し，大気汚染による特定疾病の認定を受けた被害者に対する補償給付制度の財源にあてることを規定し(52条)，公害防止事業費事業者負担法は，公害防止事業の費用負担を事業者負担金として公害の原因となる事業を行う者に課している(2条の2)。

これらの仕組みにも，経済主体の活動に付随する環境負荷を明示してその費用関数に「内部化」させることで，経済主体の行動を制御するという側面があり，経済的手法との区別は相対的なものといえる[8]。しかし，これら環境費用負担の仕組みが，すでに生じてしまった(生じつつある)具体的な環境費

用をどのように公正に分配するか，という点に主眼をおく(原因者負担原則はこの文脈で意味をもつ)のに対して，経済的手法はより抽象的に(具体的損害を特定することなく)将来に向けて環境管理を行う点に特徴がある。もちろん，現実の制度の多くは，公正な環境費用負担(財源調達)と誘導目的の両方を追求するものとなっており(たとえば後述4(2)で触れる産廃税)，必ずしも截然と区別されるわけではない。以上の整理はあくまでも環境管理手法としての経済的手法の特質を明らかにするためのものにすぎない。

2. 経済的手法の基本原理と構造

　環境税や排出枠取引制度のような経済的手法は，直接規制に比べて「費用効率的に」環境管理目標を達成できる，とされる。以下では主に法制度設計の観点から，経済的手法の基本原理を概観する。また，説明の便宜上，CO_2 排出抑制手段としての環境税を素材としつつ，これとの比較で排出権取引や環境補助金の構造を論じることとする。

(1) 経済的手法による環境負荷活動抑制の仕組み

　今日，ほぼすべての企業活動・消費活動は，CO_2 排出を伴う。CO_2 排出は累積的に環境に影響を及ぼし，将来的に環境損害＝社会的費用をもたらすが，現在の排出について特段の規制がない場合，経済主体はこうした社会的費用を考慮することなく，自らの利潤最大化・満足最大化を追求する(環境負荷の発生＝負の外部性)。ここで環境税が導入され，仮に CO_2 排出1ｔあたり100円という値段がつけられたとしよう。この場合，ある経済主体の CO_2 排出量＝環境負荷量が大きくなるほどに，当該主体の経済的費用が増大する。この結果，①企業の生産活動に伴う限界費用が増加するため，(需要その他の条件が一定ならば)市場均衡点での生産量(＝環境負荷)は減少し，家計はいまや割高となった環境負荷財の消費量を減らすことになる。また，② CO_2 排出量を削減して同じ経済的成果を挙げられる代替技術への移行も(そのための追加的費用を企業が自発的に負担してもなお経済的に見合う場合には)促進される可能性がある。さらに，③こうした移行を見越して代替技術(例：低燃費車)の研究開

発投資が促進され，経済活動を萎縮させることなく効果的に CO_2 の削減が実現する可能性もある。

(2) 経済的手法の利点

このような経済的手法を理解するうえで重要なのが，市場の価格メカニズムを利用することで，環境負荷削減の費用を各主体間で効率的に配分できるという性質である。

たとえば，すでに代替技術を導入し環境負荷の点で効率性の高い企業Aと，そうではない企業Bが存在する市場に，環境税が導入されたとしよう。この場合，企業Bの方が，単位生産量あたりの排出量が多いため，環境税負担(＝生産に伴う限界費用の増加額)が大きくなる。①このまま行けば企業Bの方が競争上不利となり，市場から淘汰されるか少なくとも生産量を減らすが，そうなれば CO_2 排出削減が，環境効率性の低い企業Bの負担において実現したことになる。または，②企業Bはこれまで環境技術に投資していないため，比較的容易に利用可能な(≒安価な)既存技術の導入により CO_2 排出を削減できると考えられる。これに対して企業Aは，現在利用可能な技術を既に用いているため，さらなる CO_2 削減は難しい(非常に大きな費用がかかる)ことから，排出量を減らさず操業を続ける。この場合，社会全体(企業A＋企業B)としては，両者一律に CO_2 削減を義務づける規制と比較して，より小さな費用で一定の CO_2 削減が実現できたことになる[9]。

そして，以上の意味で「費用効率的な」環境管理は，価格メカニズムを通じて(価格に反応して個々の経済主体が自らの費用関数を踏まえつつ自己利益を考えて行動を調整する結果として)実現されるため，規制当局は情報収集費用を大幅に節約できる(たとえば，企業Aと企業Bが実際にどの程度の費用で排出量削減できるのかという情報を知る必要がない)。この点も，直接規制に対する経済的手法の大きな利点であるといわれる。

(3) 環境税・環境補助金・排出枠取引制度の比較

以上，環境税を例にとって説明してきたが，環境管理の要素を市場の価格メカニズムに埋め込むという点では，補助金や排出枠取引制度も本質的には

同じである(経済的手段に関する「等価命題」)。

　すなわち,環境負荷活動(例：CO_2排出)1単位あたりの限界費用をX円増加させるのが環境税であるのに対して,環境負荷活動を1単位減らすごとにX円の補助金を与える(＝限界費用をX円減少させる)のが環境補助金(ピグー補助金)である。これらはいずれも「環境負荷活動1単位の実施による私的利益」と「X円の税負担増加または補助金喪失」(＝いずれにせよX円の限界費用)のトレード・オフを経済主体に迫るという点で,全く同じ価格効果を有する。他方,排出枠取引の場合,税率(補助金率)を規制当局が設定する環境税や補助金と異なり,この「X円」の値が,規制当局により設定された排出量の総量(供給)と排出量に対する経済主体からの需要が排出枠取引市場において均衡する結果として決まる点では異なるが,排出枠取引制度の対象となるすべての経済主体に等しく価格効果が及ぶ結果,各経済主体の排出削減の限界費用が等しくなり,市場全体として最も費用効率的に所定の削減量が実現するという点では,やはり本質的に同じである。

　もちろん,誘導メカニズムとしての等価性とは別に,環境税・環境補助金・排出枠取引制度の間には,現実の政策手段として無視できない相違が存在する。まず,環境税と環境補助金とでは,所得分配上の帰結は正反対であり,原因者負担原則に反するとの批判もある(後述3(4)参照)[10]。排出枠取引制度の場合,排出許可証の初期配分をオークションによって行えば環境税と同じ費用負担分配となるが,既存排出源への無償配分を行う方式(グランドファザリング)の場合,所得分配上の帰結は大きく異なる。また,費用負担総額の大きさが継続的な技術革新へのインセンティブ(動学的効率性)に影響するとすれば,所得分配上の効果が環境政策としての実効性にも影響することになる。もちろん,政治的な受容可能性も無視できない要素である。次節ではこれらの要素を検討しよう。

3. 経済的手法の具体的設計上の論点と「ポリシー・ミックス」の意義

　以上にみた経済的手法のメカニズムの核心は,理論的には「あらゆる環境

負荷活動に「値段」をつけて価格メカニズムに反映させる」ことに尽きる。しかし現実には，以下に検討するような，制度設計上のさまざまな考慮要素のために，ある単独の経済的手法のみで環境管理を実現することには困難が伴う。これが，環境管理手法として，直接規制・環境税・排出枠取引制度等を組み合わせる例(ポリシー・ミックス)が多くみられる理由である。

(1) 環境負荷活動の捕捉方法

第1に，環境負荷活動に「値段」をつけて価格メカニズムに組み込むためには，当該活動を定量的に捕捉する必要があるが，多数・分散的な経済主体によって行われる環境負荷活動の場合，これは極めて困難である。環境税の先駆であった排水賦課金や，酸性雨対策としての硫黄酸化物の排出枠取引制度の場合，排出源となる工場の数は限られており，ある程度具体的に特定できるのに対し，温室効果ガスのようにおびただしい数の排出源が存在する場合，何らかの代替的な方法が必要となる。温暖化対策として化石燃料に賦課される炭素税の場合，化石燃料の種類と重量からその燃焼に伴う CO_2 排出量が化学式によって特定され，かつ，化石燃料の生産者は比較的少数であることから，流通過程の上流(化石燃料の元売り)段階で化石燃料の量に応じて課税すれば，流通経路の下流へと転嫁され，結果的に多数の CO_2 排出源に課税したのと同じ効果が達成できる。ところが，同じく温室効果ガスである，家畜等から排出されるメタンガスについて同様の仕組みを設けることは困難である。また，排出枠取引制度は，そもそも個別主体ごとの排出量を義務づけし監視してはじめて機能する仕組みであり，この点では直接規制手法と同等の執行体制を前提としていることに注意が必要である。したがって，排出枠取引制度への参加資格は，現実的にモニタリング可能な一定規模以上の企業(事業所)に限定せざるをえない[11]。

もっとも，技術革新によって個別排出源の捕捉が可能になる場合もある。たとえば，交通渋滞は環境負荷的な現象であるが，これを緩和するためのロードプライシング(渋滞税)は，ETC や GPS などの技術によって執行が容易になると思われる(ただし，プライバシー保護等，別の問題は生じうる)。また，環境負荷量を示す代理変数(proxy)を利用する方法もある。たとえばゴミ袋

の有料化は,(ゴミ袋自体の環境負荷というよりは)家庭ゴミ排出量自体を捕捉する代わりに,ゴミ袋の容量を代理変数として用いる手法として理解できる[12]。ただし,代理変数であることから,これを環境管理目標と一致させるための追加的な執行コスト(不法な投棄の規制等)を伴う。

(2) 環境負荷活動の「価格」づけの方法

第2の問題は,価格メカニズムに組み込む前提としての「値段」をいかに設定するか,である[13]。これについては二つの考え方がありうる。

まず,追加的な環境負荷活動1単位に伴う環境損害を社会的費用として金銭換算し,その分を課税によって上乗せするという方法である(「ピグー税」本書第21章参照)。理論的には,これによって負の外部性が「内部化」され,環境効率性と経済効率性が(理論上は完全に)調和することになる。しかし,たとえば温暖化がもたらす損害の総体を客観的に金銭換算することには困難が伴い(農作物や健康への害は推定可能であるが,生物多様性の毀損等,損害はさらに広範に及びうる),さまざまな推計方法の間での合意は容易ではない。しかし,適切な税額を設定できなければ,そもそも環境税を導入することすらできない。

そこで,現実に存在する多くの環境税は,何らかの総量的な削減目標を設定し,社会全体としてその削減水準を実現するために必要な強度の金銭的インセンティブを課す手段として用いられている。この場合,さまざまな経済モデルを通じた試算によって「CO_2排出1単位にx円の課税を行う場合にy%の削減効果」であると見積もって税率を設定することになる。しかし現実には予想した削減水準に一致するとは限らず,税率設定は試行錯誤を繰り返すことになる(この仕組みは「ボーモル=オーツ税」と呼ばれる)。

他方,環境税と並ぶ経済的手法である排出枠取引制度の場合,排出総量を先に決定したうえで(したがってこの点では上記のボーモル=オーツ税と同じ発想である),それを細分化して取引可能にした「排出許可証」を売買することになるので,環境負荷活動の削減総量における不確実性は環境税に比べて小さい。他方で,排出枠取引市場における価格は「実需」のみで決まるとは限らず,投機的行動による価格の攪乱の可能性も指摘されている。このような場合に,環境税と組み合わせる(ポリシー・ミックス)ことで,排出枠の価格騰貴に対す

る「安全弁」としての機能を果たさせる(投機によって排出枠の価格が上昇した場合，経済主体は環境税を払って排出を行うことを選択するから，排出枠の価格は環境税率(1単位あたりX円)を上回ることができない)という方法が指摘されている[14]。

(3) 環境負荷活動の特性に応じた設計の必要性

第3に，環境負荷活動が特定地域に集中することで環境被害が大きくなる集積性・蓄積性汚染の場合，経済的手法だけでは十分な対処ができない。このような場合には，しばしば直接規制と経済的手法の組合せ(ポリシー・ミックス)が用いられる。たとえば，米国の1990年大気清浄法改正法による酸性雨対策プログラムとして全国レベルでの二酸化硫黄排出許可証制度が導入されたが，同法には地域ごとの直接規制の制度も定められており，両者が併存することで，排出枠取引制度を通じて費用効率的な汚染削減を追求しつつ，直接規制(当該地域の汚染集積状況を反映した基準設定が可能である)が最低基準として機能し，汚染が狭い地域に集中し深刻化する「ホット・スポット」問題の防止に貢献したという例が指摘されている[15]。

(4) 金銭を媒介させる仕組みとしての特性

経済的手法は環境負荷活動の遂行に伴う金銭的負担(環境税や排出枠の購入)または削減に伴う金銭的利益(補助金や排出枠の売却)による誘導作用を目的とするものであるが，金銭を媒介させる仕組みに付随する固有の課題として，①所得分配上の懸念，②「規制」との関係，③財政収入の扱い，を挙げることができる。

第1の所得分配の問題については，環境税の逆進性(経済力の小さな主体ほど税負担の割合が大きくなる性質)が懸念材料として指摘される。たとえば家計が暖房等に用いる化石燃料(やそれに由来する電力)の量は，所得が増加しても必ずしも比例的に増加するわけではない(また省エネ家電・家屋はしばしば高付加価値商品として，低所得者層には手が出しにくい)。そのため，温暖化対策税の負担は，燃料・電力価格の上昇を通じて，所得水準の低い家計においていっそう大きな負担感を与えることが考えられる[16]。この問題については，消費税の逆進性対策と同様，何らかの給付制度との組合せによって，一定の対処が

可能である。

　また，化石燃料エネルギー集約型の産業(電力・石油化学・運輸等)に負担が集中し，環境税を導入していない国との関係でこれら企業の国際競争力を損なうとの懸念や，一般に中小企業に過重負担となるとの指摘もみられる。これらは直接規制についても妥当する議論であるが，直接規制が分野ごと・企業規模ごとに設定されやすいのに対して，環境税は分野横断的に一律に賦課されることが原則であることから(また，そうでなければ産業部門横断的な汚染削減の費用効率性が実現しない)，特にこの問題が表面化しやすい。現実には，特定産業に対する環境税賦課を軽減したり，産業補助金と組み合わせたりする例が多くみられる。これは環境政策の観点からは説明が困難である(ただし，仮に環境税賦課により産業流出を招いた場合，排出源が国外に移動したのみで排出総量抑制にはつながらない(カーボン・リーケージ)ことに注意が必要である)が，政治的受容性を高めるための妥協とみることもできよう。

　なお，以上の説明は，オークション方式の排出枠取引制度にも全く同様に妥当する。逆にいえば，所得分配上の考慮や政治的受容性の観点からは，無償配分型の排出枠取引制度を用いる誘惑が働くことになる[17]。

　第2に，直接規制との対比で，どのような場合に金銭賦課を伴う手法を用いることが法的に許容されるか，という問題がある。たとえば直接規制としては許容されないであろう強度・態様の環境負荷活動の抑止を環境賦課金の形式を用いて行うことは許されるか(比例原則違反とされる可能性はないか)。逆に，全く誘導効果がなく，もっぱら財政収入のみをもたらす環境賦課金が許されるか。

　わが国ではひとたび「租税」と認定されれば広範な立法裁量が認められる傾向がある一方で(→「租税」に内在する制約については後述5を参照)，ドイツのように租税以外の金銭賦課を各種の法形式に分節し各々の法的限界を議論する傾向には乏しいが[18]，合理的な経済的手法の設計・利用の促進という観点からは，たとえば，①誘導目的との関係で当該金銭賦課が必要性と比例性を満たすものとなっているか，②特定の人的集団と環境上の利益・損害との間に，特別な金銭負担を求めることを正当化するに足りる関係があるか否か，といった検討が有益であると思われる。そして，金銭賦課の形式をとってい

ても，賦課額が極めて高額であるために，実質的には当該活動の禁止として作用する場合には，直接規制の場合と同等の基準で審査されるべきであるし，逆に誘導効果がほとんどない場合には，実質的に租税と同視して，負担の公平という観点からの精査が必要である(その際には財源の使途も重要な要素となろう)。もっとも，先に述べたように，わが国においてこのような観点から環境賦課金等の効力が法的に否定されることは考えにくい。

　第3に，経済的手法の主目的は誘導作用であるが，環境税収や排出枠のオークション販売収入等の財政収入を伴うのが一般的である。そこで，この財政収入をどのように扱うべきか，という(直接規制の場合には生じない)問題が存在する。

　そもそも，誘導目的の観点からは，財政収入＝経済主体の金銭的負担(＝経済的手法の導入後の排出量水準×税率または排出枠価格)は，長期的には動学的効率性へのインセンティブの源泉となる一方で，短期的誘導効果の観点からは不必要である可能性がある(「残余汚染」に伴う税負担[19])。したがって，追加的な財政収入をもたらさない，無償配分型の排出枠取引制度または環境税収の一括還付方式であっても，短期の誘導効果は変わらない。経済的手法が，現実に既に生じた環境費用(汚染除去・健康被害補償等)の公正な負担分配の問題と性質を異にする点である。もちろん，たとえ最適水準であっても環境負荷が生じていることに変わりはない，と考えれば，原因者負担原則に従って排出主体にこの部分の金銭的負担を求めるべき，という議論にもなりそうである。とはいえ，本節(2)で論じたように，経済的手法の制御対象となっているのは，環境負荷活動(社会的費用)の一部分のみであることには注意が必要である(たとえば，森林資源に負荷をかける紙の利用について現在のところ特段の課税はない)。

　財政収入の使途に関するひとつの考え方は，環境税収を一般財源に充当する一方で，経済活動に大きな歪みをもたらす他の税目(たとえば法人税)を軽減し，環境管理と経済効率性の両方が促進されるべきである，というものである(「環境税制改革」論)。他方で，現実の環境税や排出枠取引における誘導目標が，経済政策や所得分配への配慮のために，持続可能性の観点からは十分な水準となっていない場合には，追加的な財政収入を環境技術投資や誘導補助金として用いることで一段の排出削減を促すことに合理的な理由があると

いえよう。

4. 経済的手法の具体例

1970年代から徐々に用いられ始めた各種の経済的手法は，現在ではさまざまな領域(温暖化対策・大気および水質管理・廃棄物・リサイクル等)へと広がっている。以下では，具体例をいくつか取り上げて解説を加えることとする。

(1) 地球温暖化対策のための税

経済的手法，特に環境税の有効性が期待されているのが，地球温暖化対策の分野である。温室効果ガスであるCO_2の主要排出源は，火力発電，企業や家計による化石燃料の熱源としての利用，自動車等の内燃機関，であるが，化石燃料に課税し(エネルギー課税)，あるいは自動車等に課税する(車体課税)ことで，化石燃料の消費を抑制し，あるいは燃費効率のよい交通手段への移行を促すことが可能になる。特に，直接規制(およびそれを前提とする排出枠取引制度)による捕捉が困難な，少量・多数分散型の発生源である家計に誘導効果を及ぼすには，環境税のみが現実的な手段といえる。

ところで，CO_2の排出源としての化石燃料・自動車等には，わが国のみならず多くの先進国が伝統的に課税をしてきた(「環境関連税制」[20])が，その理由は環境目的ではなく，「担税力」の論理であった。たとえば自動車のような高価な財の購入は，税負担の基礎となる経済力の徴表とされ，特別な課税が正当化されてきた。現代の課税理論では，このように一部の「贅沢品」のみに重課することの合理性は否定されているが，政治的に受容されやすかった(「税は取りやすいところから取る」)ことは無視できない。特にわが国では，石油関連諸税も「道路整備のための特定財源である」という応益課税の論理によって，比較的高い税率が受け入れられてきたという経緯がある。ところが，環境税としては，環境負荷の程度が大きいほど税率を高くすべきところ，伝統的なエネルギー課税はむしろ異なる考慮に基づき設計されており，たとえば石油石炭税は，石炭(CO_2排出量／エネルギーの効率で最も劣る)に石油・天然ガスよりも低い税率を課してきた。その意味では，純粋な環境税とは言い難い

ものであった。

　これに対して，2012年10月に施行された「地球温暖化対策のための税」は，石油石炭税に上乗せするかたちで導入され，はじめて全化石燃料に対してCO_2排出量に応じた税率を課す(税率は当初は289円/CO_2t，2016年4月までの3年半で段階的に引き上げ)，純粋な「環境税(炭素税)」である。

　また，同じく2012年度の税制改正で，時限措置ではあるが，いわゆるエコカー減税(自動車重量税・自動車取得税・自動車税につき，環境性能を満たす自動車には軽減税率ないし非課税とする)と，新車登録から十数年を経過した自動車につき自動車税の重課を行う措置(「車体課税のグリーン化」)が実施されている。これらは，景気への配慮もあり，環境「税」(ネガティブ・インセンティブ)よりはむしろ税制優遇による環境「補助金」としての性格が強いものであるが，わが国における経済的手法の展開における画期をなすものといえよう。

(2)　地方環境税(特に産業廃棄物税を中心に)

　むろん，環境税が利用されるのは，温暖化対策の分野のみではない。特に注目されるのが，2000年代前半の地方分権の気運のなかで広がりをみせた，地方自治体の自主税制としての環境保全関連税制の展開である。主要なものとしては，①森林環境税(森林環境保全財源にあてるために，主として県民税均等割の超過課税として実施。2003年の高知県を先頭に，2012年4月現在33県が導入し，267億円の税収)，②産業廃棄物税等(2002年の三重県を先頭に，法定外目的税として2012年4月現在27道府県と1政令市が導入し，81億円の税収)，を挙げることができる[21]。

　このうち，森林環境税については，水源等としての森林の公益的機能に着目し，森林の維持管理費用を，都市住民を含めた「流域」という単位で共通負担する仕組みを創出するものであり，課税根拠としても原因者負担／受益者負担とは異なる「参加型税制」(県民が所得の多寡にかかわらず等しい負担によって森林環境の保全に税制を通じて参加する)が謳われる[22]など，租税理論の観点からも極めて興味深い試みであるが，同税制がもつアナウンスメント効果を除けば，基本的には財源調達型の環境税であり，環境負荷活動の費用効率的削減へのインセンティブを与えることを直接の目的としないため，本章の「経

済的手法」としての環境税とは性質を異にする。

　他方，産業廃棄物税(産廃税)の目的としては，産業廃棄物の発生・排出の抑制や再生利用に向けたインセンティブ機能と，適正処理の施策に要する財源調達機能の両方が挙げられるのが一般的である。産廃税が制御の対象とするのは，産廃の発生・排出であるが，産廃排出事業者は小規模なものまで含めると多数かつ分散的であり，さらに産廃がしばしば地方自治体の範囲を超えて移動する性質を有することから，公平かつ適切な捕捉の可否が課題となる(前述3(1))。

　産廃税の課税方式としては，①排出事業者申告納付方式，②最終処分業者特別徴収方式(納税義務者である排出事業者に代わって最終処分業者が自治体に納税を行う)，③焼却処理・最終処分業者特別徴収方式(②に加えて焼却処理業者も課税対象とする)，④最終処分業者申告納付方式(①～③と異なり最終処分業者を納税義務者とし，最終処分場への産廃受入量を申告し納税する)がある。産廃の発生・排出自体を抑制し再生利用を促進する誘導目的からは①が最も望ましいが，すべての事業者を対象とする場合には執行コストが高くなる。そこで①方式を用いる三重県・滋賀県では，排出量が一定量以下の事業者を免税としているが，課税の公平の観点からは問題が生じる。他方，②～④は執行コストと課税の公平という点では優れるが，排出事業者や中間処理業者への税の転嫁が不十分であれば，誘導効果も減少することになる[23]。

　また，産廃税の賦課は，価格効果を通じて産廃排出抑制につながりうる一方で，不法投棄という抜け道への誘惑を強める。したがって，不法投棄の監視強化(直接規制)が同時に行われる必要がある。産廃税収を規制強化の財源にあてる例も多い。また，すべての自治体に一律の産廃税が存在しないために，産廃税のない(軽い)自治体への産廃流出という問題も指摘される。この点，国による全国一律の産廃税という構想もあるが，自治体ごとの産廃対策の重要な財源となっていることから慎重な見方も強い。

　廃棄物のような「バッズ(負財)」流通(「静脈経済」)においては，特に「悪貨が良貨を駆逐する」問題が生じやすい。産廃税の難しさもここにある。制度上，産廃税を負担するのは適正な処理を行う業者であり，不正処理を行う業者にはそもそも負担が及ばないからである。市場メカニズムを利用する経済

的手法は多くの場合，他の環境管理手法と組み合わせて用いられることでいっそう効果的となるが，産廃税の場合には特にあてはまるといえよう。

5. 経済的手法の展開可能性

すでに述べてきたように，環境管理の課題が広範な経済活動にかかわる場合に，環境管理を市場メカニズムに組み込む経済的手法の強みが発揮される。環境税や排出枠取引制度が特に地球温暖化対策の領域で用いられてきたことはその証左であり，今後もその重要性は高まりこそすれ，減ずることはないであろう。

このうち，排出枠取引制度は，2000年代前半，京都メカニズムのもと，取引市場の整備が急速に進み，温暖化対策の主役の座に躍り出た感があった[24]。特に，CDMが排出削減余地の大きい途上国への技術・資金支援の流れを制度化した意味は大きく，さらに先進国企業にとっての「ビジネス・チャンス」への熱狂もこれを後押ししたものと思われる。確かに，国家間でのゼロサム・ゲームになりがちな地球温暖化問題について，この仕組みが政治的受容可能性を拡大した意義は過小評価すべきではない。しかし，結局のところ，排出枠取引制度は，排出量の監視・遵守という直接規制の強度と実効性に依存する仕組みであり（前述3(1)），総量規制の執行が不完全な場合や，そもそも緩やかな削減目標しか設定されない場合（また，将来に向けて削減目標を強化していかなければ動学的効率性が働かないことにも注意）には，環境管理手法としての実を挙げることはできない。現実にも，京都議定書の第二約束期間（日本は不参加）をめぐる混乱のなかで，排出枠取引制度の今後は不透明である。

他方，環境税に関しては，少なくともわが国においてはいまだ萌芽段階にあり，なお潜在的な展開可能性を秘めている。当面の課題は，2012年度税制改正で方向性が示されたエネルギー課税の炭素税化と車体課税のグリーン化の推進である[25]が，フロンのような環境負荷物質に対する個別消費税や，廃棄物税の拡充による資源循環経済へのインセンティブ強化（ただし前述4(2)で指摘した問題がある）などを通じて，経済構造全体の「グリーン化」を促すことが，次の課題となろう。税制は導入に際して政治的抵抗が最も大きい手法

であるが，一度導入されれば，中長期的に経済構造をより環境配慮的なものへと誘導する効果が期待される。

　もっとも，税制全体のグリーン化(現在の税制を環境負荷に応じた税負担を課すものへと置き換えていくこと，「環境税制改革」とも呼ばれる)が深化するにつれて，従来の税制に求められてきた諸機能との緊張関係も顕在化することが予測される。まず，誘導効果の実現と税収確保が相反する関係に立つ環境税は，安定的な税収確保という税制の機能とは調和しにくい。環境的持続可能性と，経済的持続可能性や社会保障の持続可能性をバランスさせる必要がある。また，「環境負荷に応じた負担」という考え方は，仮に環境負荷の定義が適切であれば，市場の失敗までも考慮したうえでの「税制の中立性」の原則とは調和可能であると思われるが，「公平な課税」の原則との関係については，なお議論の余地があろう。従来，何らかの意味での「経済力」(その指標を「所得」とするか「消費」とするかが，現在進行中の消費増税の評価を分けるのであるが)に即した課税が「公平」であると考えられてきたが，「環境負荷」「社会的共通資本の利用の対価」といった考え方をこれと調和させることが可能か，という問題[26]は，理論的であるのみならず優れて実践的な問いであるように思われる。

〈注〉
1) なお，環境税には，4(2)で触れる森林環境税や産業廃棄物税のように(環境政策実施のための)財源調達型環境税も含まれるが，これについては本章の対象とする「経済的手法」とは区別するのが有益であろう。本文で述べるのはインセンティブ型の環境税である。また，広義の「環境税」のうち，「租税」とそれ以外の「賦課金」「課徴金」等の法形式上の相違については，3(4)における議論を参照のこと。
2) さらに，再生可能エネルギー市場を創出するための固定価格買取制度なども広義の経済的手法に含めうるが(たとえば参照，環境省・税制全体のグリーン化推進検討会「税制全体のグリーン化の推進に関するこれまでの議論の整理(中間整理)」(平成24年9月4日)2頁)，本章では扱わない。
3) 行政処分を介在させない仕組み(直罰主義)の例として水質汚濁防止法31条など。
4) 一般に参照，大塚直『環境法〔第3版〕』(有斐閣，2010年)663頁以下。
5) 周知の通り，不法行為の目的は抑止か損害塡補か，課徴金に制裁目的は含められるか，といった問題があるが，ここでは立ち入らない。
6) 環境政策に限らず，行政の実効性確保手段という観点から広く(法令上の義務違反

の場面に視野を限定せず)「サンクション」という視点をいち早く提示した先駆的業績が,畠山武道「サンクションの現代的形態」『岩波講座　基本法学8　紛争』(岩波書店,1983年)である。

7) 他方,実際に存在する環境賦課金のなかには,環境基準の遵守の有無によって賦課金額に差を設ける結果として,経済的手法の性質を必ずしも徹底していないものも多い。たとえば,ドイツ排水課徴金は環境基準を遵守した排出者に割引料率を適用しており,限界排出費用削減の均等化による費用効率性の実現という経済的手法の特徴を有していない(諸富徹『環境税の理論と実際』(有斐閣,2000年)110頁以下)が,ポリシー・ミックスの観点からはむしろ肯定的に評価されうる(後掲(注19)参照)。

8) 実際,北村喜宣『環境法〔第2版〕』(弘文堂,2013年)157頁は,これらを「ネガティブ・インセンティブ」として経済的手法に含める。なお,大阪府の火力発電所におけるSOx排出削減の主な要因は公健法賦課金ではなく公害防止協定であったとの実証研究がある(松野裕・植田和弘「公健法賦課金」植田和弘ほか編著『環境政策の経済学——理論と現実』(日本評論社,1997年))。

9) 環境税導入後の均衡点では,各企業の限界排出削減費用の均等化が実現され,最も費用効率的な排出削減が実現している。詳細につきたとえば参照,諸富・前掲(注7)書54頁以下。

10) また補助金の場合,そもそも家電エコポイント制度のように「環境政策に名を借りた景気対策」が紛れ込むケースも少なくない。

11) たとえば東京都は,温室効果ガスの排出量が相当程度大きい事業所(燃料,熱及び電気等のエネルギー使用量が,原油換算で年間1500キロリットル以上の事業所)を「指定地球温暖化対策事業所等」として,これらを対象に,その所有者に排出削減義務を課すとともに,排出量取引制度への参加を認めている。

12) なお,ゴミ有料化料金の法的性質については,北村・前掲(注8)157頁を参照のこと。

13) 環境経済学において「環境評価論」として論じられてきた領域である。参照,諸富徹ほか『環境経済学講義』(有斐閣,2008年)第3部。

14) 朴勝俊「温暖化対策税を中心としたポリシー・ミックスの考え方」諸富徹編著『環境政策のポリシー・ミックス』(ミネルヴァ書房,2009年)45頁。

15) 浜本光紹「「環境政策におけるポリシー・ミックス論」再考」諸富編著・前掲(注14)23頁。

16) すでに高い税率で環境税を実施している欧州各国では「燃料貧乏(fuel poverty)」の問題が議論されている。参照,OECD『環境税の政治経済学』(中央法規出版,2006年)。

17) なお,無償配分型であっても,排出枠総量の設定が適切であれば,費用効率的な削減は達成可能である。しかし,既存排出源企業に有利に働き,新規企業にとっての参入障壁となる点に問題がある。

18) この点の検討として参照,島村健「環境賦課金の法ドグマーティク」環境法政策学

会編『生物多様性の保護——環境法と生物多様性の回廊を探る』(商事法務，2009年) 183-193頁。
19) 諸富ほか・前掲(注13)77頁は「残余汚染」を「最適水準まで排出を削減したあと，なお排出される汚染」と定義する。残余汚染に対する税負担は，動学的効率性には資する反面，政治的受容可能性を低下させ，所得分配上の懸念も伴う。ドイツ排水課徴金やイギリスの気候変動税が，別途設定された規制水準を満たす納税者について割引税率を認めていることは，こうした懸念に応えるためのポリシー・ミックスとして評価できる，と分析されている。
20) 「環境関連税制」の税収は無視できない重みを占めている。OECD諸国平均では，税収の6%弱を占めており，わが国の場合，国・地方をあわせた税収の10%に及んでいる。参照，OECD/EEAデータベース<http://www2.oecd.org/ecoinst/queries/TaxInfo.htm>(2014年1月13日アクセス)。
21) 環境省資料<https://www.env.go.jp/policy/tax/conf/conf01-01/mat03.pdf>(2014年1月13日アクセス)による。なお，同資料8頁には，核燃料税等も地方の環境保全関連税に含められているが，環境税とはかなり異質であるため，本文では除外した。
22) 参照，高知県「森林環境保全のための新税制(森林環境税)の考え方」(平成14年12月)<http://www.pref.kochi.lg.jp/uploaded/attachment/31302.pdf>(2014年1月13日アクセス)，藤田香「流域ガバナンスと水源環境保全」諸富ほか・前掲(注13)236頁。
23) 笹尾俊明『廃棄物処理の経済分析』(勁草書房，2011年)は，計量的な分析を行い，(景気等の影響を除外した)産業廃棄物税による廃棄物削減効果は認められず，現状では財源調達税として機能していると指摘する。
24) 地球温暖化対策としての排出枠取引制度の全般的な検討として参照，「特集 公開シンポジウム「どうする，地球温暖化——排出枠取引の最前線」」新世代法政学研究4号(2009年)。
25) 環境省・税制全体のグリーン化推進検討会・前掲(注2)参照。
26) 仮に，環境負荷に応じた税負担を課しておいて，その結果生じた所得分配上の不都合をさらに従来型の租税によって調整する，というのであれば，「担税力」や「分配の公平」の指標はあくまでも従来と同じ金銭的尺度(所得・消費・資産)に拠っていることになり，「環境負荷」等を独自の担税力指標としては用いていないことになる。

第10章───────── 情報的手法・自主的手法

　　　　　　　　　　　　　　　　　　　　　黒川哲志

　商品あるいは事業活動が環境に与える影響についての情報を消費者や住民に伝達する仕組みは，環境規制として機能する。このような環境影響の「見える化」の仕組みとして，エコマークのような環境ラベルがよく知られている。環境に配慮した商品は，グリーン化した市場で評価されて競争力を獲得するので，「見える化」は事業者に環境配慮への誘因となる。事業者も，環境負荷低減に自主的に取り組んでいると市場にアピールする必要性を認識し，その手段として環境管理規格の取得がなされている。

1. 環境影響の「見える化」による規制

　環境規制における「情報的手法」ということばは，エコマークのような環境ラベル制度やPRTR(Pollutant Release and Transfer Register：汚染物質排出移動登録)のような環境情報開示の制度に，事業者の環境配慮を促す働きのあることに着目して，これを規制手法と捉えて構成しようとするときに用いられることばである。情報的手法は，有害物質の排出による直接的な健康被害が問題となる伝統的な産業公害においてではなく，地球温暖化のように地球規模での環境負荷の集積によって持続可能性が脅かされるタイプの環境問題や資源保全の問題における対応手法として，活用が期待されている。

　地球温暖化の原因となるCO_2の排出は，現在の大気中の濃度を前提にすると，それ自体で人の健康に影響を与えるものではなく，地球規模での集積によってはじめて問題を引き起こすものである。CO_2は，火力発電による電気の使用も含めて，化石燃料の利用を伴うエネルギー使用によって発生する。人々の生活や事業活動にはエネルギー使用が伴うが，人々の活動量を権力的に制限してCO_2の発生量を抑制するのは，過剰な公権力による干渉であると感じられる。そこで，人々の行動をCO_2排出量の削減の方向に誘導

する強権的でないやり方が模索される。温暖化問題だけでなく，森林資源保全のような天然資源の持続可能な利用の促進や，リスクが不確実性に囲まれているために，経済的自由も含む自由の制限には実質的な正当化根拠を要求する自由主義との関係で権力的規制が容易でない化学物質のコントロールの局面でも，情報を用いた誘導の果たす役割は大きい。

情報的手法の多くは，商品や事業活動が環境に与える影響を数値や記号等を通じて可視化すること，すなわち「見える化」を通じて，商品や事業者についての環境情報を消費者らに伝えるコミュニケーションのツールとなっている。カーボン・フットプリント制度によって，商品が店頭に並ぶまでに排出されたCO_2の排出量についての判断材料を提供するのも，この「見える化」の一例である。そして，伝達された環境情報に対するグリーン化した市場の反応が，事業者に市場の選択というかたちで示されて，環境配慮対応を要求することになる。事業者が環境管理規格の認証を取得して自主的に環境配慮に取り組むのも，グリーン化した市場にアピールして市場競争力を高めようとするものである。このように，自主的な環境取組みがなされる構造も，グリーン化した市場への応答という点で，情報的手法と同じものである。

2. グリーン化した市場を利用した規制手法

(1) マクロなコントロール

重金属，有機塩素化合物あるいは硫黄酸化物の環境中への排出のように，人の健康に直接的に被害をもたらす物質の排出については，確実にその排出量をコントロールする必要性が高いので，排出基準・排水基準を設定して，行政処分や刑罰での威嚇によってでも，個々の事業者にその基準の遵守を強制するやり方が必要である。このような有害性の高い物質の排出は，健康被害惹起の蓋然性が高いので，それ自体で不法性が高いと評価されうるし，一般的な事業活動からではなく特殊専門的な知識が必要とされる事業活動からなされるのが通常なので，権力的な規制に馴染みやすい。それゆえ，重金属などの有害物質の規制は，今日でも命令管理型アプローチが重要な役割を担っている。

しかし，CO_2 のように人の健康に直接的に悪影響を与えるものではないがその集積によって不都合を引き起こす物質の排出を抑制したいとき，あるいは天然資源を用いた製品の使用を抑制したいときに，政府が基準を作ってその違反者には行政処分や刑罰を課すという強権的なやり方は，直ちには正当性があるとはいいがたい。火やエネルギーの使用は昔から咎められることなく自由に行われてきたものなので，環境政策実現のためにこれらの行為を違法と評価して権力的に強制を加えるには，これを正当化する理由を示すことが必要であろう[1]。

重金属のような有害物質は，ひとつの発生源からの排出によっても健康被害を引き起こすので，ひとつひとつの発生源を確実にコントロールする必要がある。しかし，CO_2 の排出のように地球規模の集積が問題となるものは，ひとつひとつの発生源での排出量の増減があっても，全体として排出量の減少という結果を得ることができれば，問題は改善に向かったといえる。したがって，集積型の環境問題に対しては，個々の発生源の排出量を確実にコントロールするミクロの視点の規制手法ではなく，全体としての排出量をコントロールするマクロの視点の管理手法がふさわしい。全体としての排出量が減るように排出者らに誘因を与えて，総排出量の減少という集計結果を得る方法として，経済的手法と情報的手法がある。

(2) 市場を利用した規制手法

経済的手法と情報的手法は，市場を利用した規制手法としての側面を有する。市場の失敗として説明される公害・環境問題への対応として，市場を利用するというのは逆説的に聞こえるかもしれないが，以下のように，これらの手法の制度化において，市場の失敗を克服して，市場の機能の回復がはかられている。

事業所からの汚染物質によって周辺住民に被害が発生して，これが放置されたままのとき，社会全体でみると住民の被害というかたちで費用が発生して住民に帰属したままとなり，事業者の会計計算に組み込まれない。これが，公害問題における外部性(外部不経済)の発生である。この結果，この被害＝費用が製品の価格に反映せず，本来の価格よりも低価格で販売されることに

なり，本来よりも大きな需要が生じて，資源配分のゆがみが発生すると説明される。この問題の克服のために外部不経済の内部化が要請され，排出課徴金や排出枠の取得などのかたちで事業者に環境費用の支払を求める経済的手法が登場する。ただし，実際の経済的手法は，外部不経済の内部化という論理に忠実ではなく，汚染行為を抑止するための経済的誘因という観点から実施されるのが通例である。

　公害防止措置を実施せずに公害を発生させている事業者の商品は，公害防止費用を負担していない分，低価格で提供されることがあるが，この事情を知らないで低価格の商品を購入する消費者は，結果として，この公害の発生に加担することになってしまう。このようなかたちでの公害発生への加担は，環境問題に関心をもつ消費者にとっては，不本意なことであろう。消費者がこのような事実を知らないという問題，すなわち情報の偏在(非対称性)という問題を克服するには，情報が伝達される仕組みを作ることが必要であり，その仕組みが情報的手法として位置づけられる。情報的手法は，製品・サービス(商品)あるいは事業活動が環境に与える影響を「見える化」して，消費行動における判断材料を消費者に提供するものである。

　情報的手法の多くは，政府そのものによる規制ではなく，政府が設立等に深くかかわるものの，民間の団体によって作られ，運営される。政府による権力的な規制ではなく，グリーン化した市場の力の利用という性格が，このような現象を生み出している。これを規制と呼ぶのは伝統的なことば遣いからは外れるが，政府がこれらの取組みを利用して事業者を誘導して環境管理を実現していることを踏まえるならば，ソフトな規制として捉えるのが現実に即していると思われる。したがって，このような非権力的なやり方も含めて，環境規制における情報的手法として議論を進めていきたい。

(3)　グリーン化した市場への応答

　今日の日本では，環境意識の高い市民の割合が増えており，このことは消費に際して環境への配慮が考慮事項となるグリーン・コンシューマーの増加につながっている[2]。グリーン・コンシューマーにとっては，環境保全や公害防止のための費用負担を免れることによって低価格で提供されている商品

を購入して，環境破壊や公害の発生に加担することは，ぜひとも回避すべきことである。また，製造から廃棄までの製品のライフサイクルをみて，より環境負荷の少ない製品を選択すべきである。このような選好をもった個々のグリーン・コンシューマーの選択が集積されて，環境配慮製品に対する需要の増大という市場のメッセージが生まれる。逆にいえば，環境に負荷を与える製品に対する需要の減少というメッセージとなり，事業者はこのメッセージへの対応を迫られることになる。ここに，製品やサービスあるいは事業者にかかわる環境情報の提供が，市場を通じて事業者に環境負荷低減への誘因を与えるという情報的手法の構造をみることができる。

　市場のグリーン化の要因は，グリーン・コンシューマーの増加だけではない。「国等による環境物品等の調達の推進等に関する法律」(グリーン購入法)に基づいて，国，地方公共団体その他の公的な主体が，再生資源その他の環境への負荷の低減に資する原材料，製品あるいはサービスを優先的に購入しているし，「国等における温室効果ガス等の排出の削減に配慮した契約の推進に関する法律」(環境配慮契約法)に基づいて，グリーン契約がなされている。また，事業者も環境イメージの向上のためにグリーン購入を行うようになっており，グリーン購入ネットワークも設立されている。日本のような豊かな社会において，商品の購入という消費行為の少なくないウエイトはイメージ＝記号の消費にあるといえる。エコなイメージも消費の対象である。また，ブランドも消費の対象となるので，環境問題に消極的なブランドは輝きを失って消費対象としての魅力を失い，市場で選択されなくなるおそれがある。これを避けるために，事業者は環境配慮に取り組んでいることをアピールしていかなくてはない。このアピールの手段として，グリーン購入が行われ，ISO(国際標準化機構)14001規格などの環境管理規格の認証が取得される。また，PRTR制度やCO_2排出量の報告制度によって開示される情報によって環境イメージが悪化することは避けたいので，排出量削減に取り組まざるをえない。

3. 環境ラベル

(1) エコマーク

　製品等の環境にかかわる情報を伝達する表示は，環境ラベルと呼ばれる。日本では，1989年から実施されているエコマークが，よく知られている。環境ラベルには，消費者に製品等にかかわる環境情報を提供して，消費者の合理的な意思決定をサポートする役割が期待されている。環境ラベルは，伝達された環境情報への消費者の反応の集積が，市場を通じて，需要の増減というかたちで事業者に伝えられ，これに応答して事業者が環境配慮に誘導されるというコミュニケーションの道具である。このコミュニケーションプロセスが，事業者に環境に配慮した製品等の提供を促すという規制的な機能をもつ。

　エコマークを商品に表示するためには，認定を受けなければならない。認定を得るには，「商品の製造，使用，廃棄などによる環境への負荷が，他の同様の商品と比較して相対的に少ないこと」，あるいは「その商品を利用することにより，他の原因から生ずる環境への負荷を低減することができるなど環境保全に寄与する効果が大きいこと」が要求される。エコマーク認定を受けると，環境・地球のイニシャルであるeのかたちをした人の手が地球を包んでいるデザインのロゴマークを商品に使用・表示することが認められる。ロゴマークと一緒に「再生ペット繊維60％」などの環境情報の表示も認められる。当初は，ライフサイクルを通じた評価が反映されないという弱点を有していたが，今日では基準が改善されて認定基準にライフサイクル・アセスメントが組み込まれている。

　エコマークは，法律に基づく制度でもなく，また，政府が直接に運営している制度でもない。エコマークは，財団法人である日本環境協会が実施する事業である。日本環境協会は，非政府組織(NGO)ながら1977年に設立された実績のある組織であり，エコマーク事務局には専門家が多数関与する仕組みも整えられており，信頼できる公正なエコマーク認証がなされることが期待される。そして，ほとんどの場合に，エコマーク認定基準がグリーン購入

法にいう「判断の基準」と同等以上であるので，エコマーク商品を選べばグリーン購入法適合となるので，間接的ではあるが，グリーン購入という制度的なサポートを受けているといえる。

(2) FSC その他の環境ラベル

世界的に認知度が上がっている第三者認証タイプの環境ラベルとして，NGO である森林管理協会(Forest Stewardship Council：FSC)が運営する環境ラベルがある。FSC 認証は，環境保全の観点から適切で，社会的な利益にかない，そして経済的にも持続可能な森林管理を認証し，認証を受けた森林から産出された木材・木材製品に FSC 認証のロゴマークを付けることを認めるものである。海のエコラベルとして知られる MSC 認証ラベルは，海洋管理協議会(Marine Stewardship Council：MSC)が，持続可能な漁業が実践されていると認定された漁業から得られた水産物に使用が認められるものである。

環境 NGO が審査して使用済み牛乳パックを原料とした製品に環境ラベルの使用を認める牛乳パック再利用マークや，業界団体がリサイクルの容易な環境への負荷の少ないパソコンを認証して使用を認める PC グリーンラベルのようなタイプも存在する。業界団体が基準を作って，書類上の審査だけで環境ラベルの使用を認める古紙利用についてのグリーンマークや PET ボトルリサイクル推奨マーク，スタイルだけ定めておいて各事業者の判断で利用が可能となる再生紙使用マークのようなものもある。さらに，製品の環境品質を事業者が自己宣言し，それを市場にアピールする手段として，独自につくった環境ラベルを使用することも行われている。

第三者による客観的なチェックの有無という観点とは別に，表示内容によっても環境ラベルを分類することができる。エコマークのように一定の基準に適合していることを示す環境ラベルの他に，環境情報を定量的に表示するタイプのものがある。再生紙使用マークでは，古紙の配合率が数値で表示される。カーボン・フットプリント(carbon footprint：CFP)は，製品のライフサイクルを通じた温室効果ガスの排出量を CO_2 の排出量に換算して表示するものである。エコリーフ環境ラベルは，製品の全ライフサイクルステージにわたる環境情報を定量的に開示する仕組みであるが，ラベルそのものに環

境情報が載るものではなく，ラベルに表示される登録番号を手がかりにエコリーフのホームページにアクセスするものである。これは，一覧性を犠牲にしながらも包括性と詳細性を重視したものである。「エネルギーの使用の合理化に関する法律」(省エネ法)によって家電販売店での表示の努力義務が課されている統一省エネラベル[3]には，年間消費電力量と省エネ基準達成率が示されている。

(3) 環境ラベルの効果と認知度

エコマークのような環境によいか否かという評価の入ったシンプルな情報の提供は，消費者にわかりやすく，グリーン・コンシューマーへの誘因が大きいと思われる。これに対して，CFP のような CO_2 排出量の生のデータを受け取っても，標準的な数値なのか，あるいは環境に標準よりも負荷を与えるものなのか，一般の消費者には判断できない。ただし，同種の製品を比較する場合には，その数値の具体性が有効に働く。売り場で環境情報が認識できないエコリーフは，一般消費者向けの誘導制度としては弱いが，包括的で多面的な情報を知りたい者には役に立つであろう。

環境ラベルが環境配慮消費行動への誘因となるためには，各環境ラベルが消費者に認知されていることが必要である。しかし，環境省の研究会が行った消費者アンケート調査結果(2012年1月)[4]によれば，主要な環境ラベルについてその意味・内容をある程度以上理解している者の割合は，エコマークと低排出ガス車認定ステッカーが約9割，グリーンマークが約8割強，統一省エネラベルが約7割であり，その他のラベルでは3割未満である。環境ラベルの種類は，環境省の環境ラベル等データベースに登録されている日本国内の環境ラベルだけでも，優に100を超えている[5]。このような環境ラベルの氾濫ともいえる情況では，環境ラベルを通じたインパクトのある環境情報の提供は容易でない。

4. 自主的な取組み

(1) 環境管理規格

　自主的に環境保全に取り組む事業者も増えている。環境管理規格は，これをサポートする仕組みである。環境管理規格は，事業者が環境方針・目標を自ら設定し，その実現のためのプランを作って，組織・体制・手順を整備してプランを実施し，その実施状況をチェックし，プランの見直しをするシステムを規格化したものである。国際的には，ISO14001環境管理規格やEUのEMAS(Eco-Management and Audit Scheme：環境管理・監査スキーム)が有名である。グリーン化した市場の空気を読んだ事業者が，環境管理規格の認証取得を通じて環境配慮に取り組んでいる事業者であるとアピールし，市場での評価を高めて競争上も優位な地位を獲得しようとしている。政府が，このような情況を補強し，あるいは利用することは，事業者の環境配慮の体制整備を増進することになり，全体として環境負荷の低減につながる。したがって，政府は，これをソフトな規制の仕組みと把握して，環境政策の一環として，意識的に整備・利用すべきである。

　標準的な環境管理規格は，事業活動が環境へ与える影響を継続的に改善する仕組みとして，計画(plan)・実施(do)・チェック(check)・改善(act)のPDCAサイクルの構築を要求し，改善が次の計画に反映されることにより，継続的に環境影響の改善がなされるというスパイラルアップの仕組みである。環境管理規格は，単に環境規制法令を遵守するという最低限度の水準にとどまらず，それを超えて事業活動の及ぼす環境負荷のいっそうの低減をめざすので，事業者の環境パフォーマンスの継続的な向上を実現する。すなわち，事業者が自らの環境との関係を検証して，その改善に自ら取り組むという内省的な営みの組込みである[6]。

　PDCAにおける実施状況のチェックとして，事業者自らによる内部環境監査に加えて，第三者機関による外部環境監査がなされると，環境取組み姿勢に対する信頼性が向上する。そして，監査の内容が環境報告書として公表されると，事業者の環境配慮に対する信頼性がより高まるであろう[7]。なお，

ISO14001 規格では，規格に相当する体制を整備していると自己宣言することも認められているが，客観的信頼性を付与するものとして，第三者機関である審査登録機関による審査をパスしたうえで認証・登録される仕組みを利用するのが通例である。

　ISO14001 規格の認証取得は，費用もかかり負担が大きいので，わが国では，簡易の環境管理規格としてエコアクション 21 認証・登録制度が設けられている。これは，一般財団法人である持続性推進機構のエコアクション 21 地域事務局によって認証される。エコアクション 21 では PDCA による環境負荷低減の取組みに加えて，環境活動レポートの作成と公表が求められる。2011 年 9 月における認証・登録者数は約 6,800 件である[8]。従業員 30 人以下の事業所が登録全体の約 7 割を占めている。エコアクション 21 の他にも，地方自治体や環境 NGO などによって運営される地方版の環境管理規格もある。

(2) CSR の一環として

　事業者の環境への取組みは，企業の社会的責任(Corporate Social Responsibility：CSR)の一環としてなされることが少なくない。持続可能な発展の実現を課題とする現代社会では，事業活動に伴う環境負荷の低減が事業者の社会的責任であるという認識が浸透している。これを受けて，従前は環境報告書というかたちで作成・公表されていたものが，CSR 報告書に衣替えして，そのなかに環境報告書に該当する内容も盛り込まれることが多くなった[9]。事業者の CSR としての環境保全活動として，本業における環境負荷低減のための取組みと，例えば海外での植林活動のように本業とは離れたところで行う取組みとの間の意義の相違については注意が必要である。環境報告書の作成・公表をサポートするガイドラインとして，環境省の「環境報告ガイドライン(2007 年版)」などがある。

(3) 自主的な環境取組みの背景

　ISO14001 規格やエコアクション 21 のような環境管理規格を事業者が自主的に取得して環境負荷の低減に取り組み，さらに環境報告書を自主的に作

成・公表して環境への取組みをアピールするようになった背景には，やはりグリーン化した市場からの要請がある。特に，消費者と向かい合う企業にとっては，グリーン・コンシューマーからエコでないと思われて，ブランドの輝きを失うことは致命的である。また，2009年に実施されたエコアクション21の「認証取得事業者に対する調査」の結果では，その認証取得の動機として，全体の48％の事業者が「取引先又は親会社等の要請」を挙げていて，納入先の企業からのサプライチェーン管理の結果なされる環境配慮要請が大きな要因となっていることがわかる。さらに同調査は，エコアクション21認証事業者の34％が，自治体等による入札における加点評価を認証取得動機として挙げていることを示している[10]。ISO14001規格あるいはエコアクション21の取得者に対して，銀行からの借入れ利率が低減される金融商品も多数販売されており，金融市場からの働きかけもある。社会的責任投資(Socially Responsible Investing)の考え方も普及しており，いわゆるエコファンドが多数存在し，環境に配慮した事業活動に投資しているので，資本市場からも環境配慮へのメッセージが届いている。これらに対応するために，自主的に，環境管理規格を取得し，かつ環境配慮をアピールすることが事業者にとって有利な戦略となる。

5. 法律に基づく仕組み

これまでみてきたような事業者の自主的な判断に基づいて行われている環境情報制度の他に，法律で一定の環境情報の報告を一般的に義務づけるものもある。これらの制度は報告を求めるだけで汚染物質等の排出削減を法的に義務づけるものではないが，事業者による環境利用の見える化が強制され，グリーン化した市場で活動する社会的責任ある事業者としては，環境負荷の低減に取り組まざるをえない。

地球温暖化に関して，「地球温暖化対策の推進に関する法律」(温暖化対策法)の温室効果ガス算定排出量報告(21条の2)，および「エネルギーの使用の合理化に関する法律」(省エネ法)のエネルギー使用定期報告(15条)がある。温室効果ガス算定排出量報告は，温室効果ガス算定・報告・公表制度として

2005年に導入されたもので，政令で定める多量の温室効果ガスを排出する事業者に温室効果ガスの排出量の報告を求めるものである。報告された情報はファイル化され，事業者から権利利益保護の申請がなければそのままのかたちで開示される。エネルギー使用定期報告は，「エネルギーの使用量その他エネルギーの使用の状況(エネルギーの使用の効率及びエネルギーの使用に伴って発生する二酸化炭素の排出量に係る事項を含む)」ものであり，この提出は温暖化対策法の温室効果ガス算定排出量報告の提出とみなされる(温暖化対策法20条の10)。温暖化対策法の温室効果ガス算定排出量報告については，排出事業者の競争上の利益等を保護するために，詳細データの開示を回避する「権利利益の保護に係わる請求」の制度が整備されているが(同法21条の3)，省エネ法のエネルギー使用定期報告についてはそれがなく，情報公開法に基づく開示請求があったときに問題となる。最二小判平成23年10月14日判時2159号53頁は，工場単位での各種の燃料・電気の使用量等の数値情報が，公にすることにより当該法人等の権利や競争上の地位その他正当な利益を害するおそれのあるものにあたるとした。

「特定化学物質の環境への排出量の把握等および管理の改善の促進に関する法律」(PRTR法)の構築する汚染物質排出移動登録(PRTR)制度も重要である。PRTRは，事業者が事業所から環境中へ排出する化学物質の種類と量および廃棄物としての移動量を把握して政府に報告することを求め，提出された情報が開示される制度である。実際には，インターネット上で公表されている[11]。排出情況を知って環境汚染の不安を感じた周辺住民は，当該事業者に改善を求めて交渉することができる。PRTRで報告・開示の対象となる462種類の化学物質のほとんどは，排出基準による直接規制の対象ではないが，人の健康や生態系への支障のおそれがあるので，それらの排出について住民も関心をもつものである。地域社会の眼にさらされることになる事業者は，化学物質による環境リスクの低減に取り組まざるをえなくなる。

廃棄物処理法のもとでは，廃棄物処理施設については，毎月の処理した廃棄物の種類・量そして排出ガスの測定値などを，「インターネットの利用その他の適切な方法により公表しなければならない」(8条の3第2項)とされ，「廃棄物処理施設の維持管理に関し環境省令で定める事項を記録し，これを

当該一般廃棄物処理施設に備え置き，当該維持管理に関し生活環境の保全上利害関係を有する者の求めに応じ，閲覧させなければならない」(8条の4)とされ，環境影響に透明性が与えられている。なお，自らが排出した廃棄物の適正な処理に関心のある排出事業者との関係では，排出した廃棄物の流れを把握することを助けるマニフェスト(管理票)の義務化と，処理業者選択の手助けとなる優良産廃処理業者認定制度(14条2項・7項，14条の4第2項・7項)も，情報的手法の採用である。

　法律が，環境管理規格のように，事業活動に環境配慮システムを組み込むものもある。例えば，省エネ法では，エネルギー使用量の多い事業者に，省エネに必要な知識・技能についての講習を受けたエネルギー管理員の設置を義務づけ(13条)，さらにエネルギー管理士の免状をもつエネルギー管理者の選任を求めている(8条)。加えて，これらの事業者は，省エネの目標の達成のための中長期的な計画を作成して主務大臣に提出することが要求されているが(14条)，これを実施する者としてエネルギー管理統括者およびエネルギー管理企画推進者を選任することが義務づけられている(7条の2および7条の3)。また，エネルギー管理者およびエネルギー管理員の意見を尊重し，指示に従うことを求めている(19条の3)。このような仕組みは，環境負荷の低減をめざして計画を立てて，その実施に必要な組織を整備して，計画を実行するものであり，定期報告も義務づけられており，まさに法定の環境管理規格ともいえる。計画の策定までは要求しなくても，公害防止管理者等(特定工場における公害防止組織の整備に関する法律)の組織の設置を義務づけるだけでも，無知あるいは無責任に起因する環境負荷の発生を防止することにつながるといえる[12]。環境配慮システムの組み込みという点では，環境影響評価法による環境アセスメントの義務づけも，事業活動に環境配慮システムを埋め込むものと評価できる。

6.「見える化」が機能するために

　情報的手法および自主的手法は，商品や事業活動が環境に与える影響の可視化，すなわち，「見える化」を通じて，グリーン化した市場から事業者に

対して環境配慮へのサンクションを与える環境規制のやり方である。このような手法は，地球温暖化問題のような通常の産業活動や日常生活からの不法とはいえない排出行為の集積に起因し，マクロなコントロールを必要とする環境問題に有効なものである。

　情報的手法と経済的手法は，ともに市場を利用した規制手法であり，両者あいまって，より効果を発揮する。環境配慮型商品はそうでないものと比べて割高なことも少なくないので，グリーン・コンシュマーにとっても家計事情が苦しくなれば割高な環境配慮型商品の購入を続けることは容易ではなくなる。そこで，情報的手法を実効的なものとするには，環境に配慮した商品を購入する方が経済的に有利となるように，制度を構築することが必要となる。例えば，リーマンショック後の需要創出政策として実施されたエコポイント制度は，エコポイント付与製品は同種製品と比べて環境負荷が少ないという情報を提供するとともに，エコポイントによる実質割引によって経済的にも報いるものであった。

　環境情報を人々に伝えることの重要性は，環境と開発に関するリオ宣言第10原則や「環境に関する情報へのアクセス，意思決定における公衆参画，および司法へのアクセスに関する条約」(オーフス条約)でも言及されている。環境情報の見える化は，環境に関する民主的な決定の基盤を提供するとともに，本章でみてきたようにコミュニケーションをツールとした規制としての機能ももつことも意識して，制度構築が行われるべきである。

〈注〉
1) ただし，CO_2の排出については，地球温暖化問題への理解も浸透し，地球温暖化対策税が導入されるなど，ネガティブな評価が社会通念として定着してきつつある。
2) 消費者・事業者の環境配慮に対する意識・行動と市場グリーン化の実態分析については，参照，環境省グリーンマーケット+(プラス)研究会「市場の更なるグリーン化に向けて(グリーンマーケット+(プラス)研究会　とりまとめ)平成24年1月」。
3) 省エネラベルは，省エネ法81条および86条に基づく制度である。
4) 環境省グリーンマーケット+(プラス)研究会で行われたもの。同アンケート調査結果11頁図2-2環境ラベルの認知度を参照〈http://www.env.go.jp/policy/g-market-plus/com/rep/mat03.pdf〉(2014年2月12日アクセス)。
5) 環境省の環境ラベル等データベースでは，「国及び第三者機関の取組による環境ラ

ベル」23種,「事業者団体の取組による環境ラベル」14種,「地方公共団体の環境ラベル」64種などが掲載されている〈http://www.env.go.jp/policy/hozen/green/ecolabel/f01.html〉(2014年2月12日アクセス)。
6) 応答的環境法(reflexive environmental law)としてこれを論じるものして,参照,曽和俊文『行政法執行システムの法理論』(有斐閣,2011年)267頁。
7) EMASは環境声明書の第三者外部環境監査人による認証・公開を規格に含むが,ISO14001は,第三者の外部環境監査も環境報告書の作成・公表も義務づけていない。
8) 参照,財団法人地球環境戦略研究機関持続性センターエコアクション21中央事務局「エコアクション21認証・登録制度の概要とその成果(7年間の取組の総括)(平成23年9月)」10頁。
9) 経済産業省の「環境報告書プラザ」サイトに800社以上の企業等が発行した環境報告書・CSR報告書が収録されている〈http://www.ecosearch.jp/ja/〉(2014年2月12日アクセス)。
10) 参照,財団法人地球環境戦略研究機関持続性センターエコアクション21中央事務局・前掲(注8)11-12頁。因みに,ISO14001規格の認証件数は,2014年2月で約2万600件である。
11) 一般の人にもみやすく加工して公開するものとして,NGOである有害化学物質削減ネットワークのサイトにあるPRTR検索がある〈http://prtr.toxwatch.net/〉(2014年2月12日アクセス)。
12) たとえば,参照,平成16年に制定された大阪府循環型社会形成推進条例の採用する産業廃棄物管理責任者の制度趣旨〈http://www.pref.osaka.jp/attach/3907/00000000/kannrisekininnsya.pdf〉(2014年2月12日アクセス)。

第**11**章

市民参画

山下竜一

　市民参画は市民が主体の活動であり，行政が市民参画を受ける法的仕組を参画手続とよぶ。まず，日本では参画手続の整備が遅れており，行政手続の適正化論を参考にしながら，参画手続の適正化の要請を憲法・国際法上根拠づける作業が必要である。つぎに，現在の多様な参画手続については，環境アセスメント法のような先進的な参画手続を手がかりにして他の参画手続の補完・底上げをはかるべきである。そして，これらの議論を市民参画の要件・効果論にまとめていく必要がある。

1. 環境法における市民参画の必要性

　人間の(生産・消費・廃棄)活動は，多かれ少なかれ環境に影響を与える。この影響は，一定の限界までは環境が受容できるが，限界を超えると環境を侵害することとなる。この限界を明確に線引きするのは困難であるが，従来，法律や行政活動によってこの線引きが行われてきた。

　この線引きは，大気汚染防止法3条の排出基準や水質汚濁防止法3条の排水基準のように数値基準によってなされる場合もあれば，自然・生活環境を破壊するおそれのある公共事業に関して，土地収用法20条4号が「公益上の必要がある」ことを事業認定の要件としているように，総合的な利益衡量によってなされる場合もある。前者による線引きは明確であるが，排出・排水基準は環境省令で定められるため(大気汚染防止法3条，水質汚濁防止法3条)，いかなる基準を定めるかについては行政に裁量が認められる。後者による線引きの場合も，行政に裁量が認められる。そして，行政が裁量に基づき排出・排水基準を定め，あるいは，事業認定するかどうかを判断する場合には，環境利益だけでなく，事業者の利益を含めて考慮され，しかも，環境利益が

他の利益と比べて無視・軽視されることが多かった。たとえば，道路の拡幅工事に対する事実認定に関し，日光太郎杉事件(東京高判昭和49年7月13日判時710号23頁，環境法判例百選〔第2版〕87事件)は，「本件土地付近のもつかけがいのない文化的諸価値ないしは環境の保全という本来最も重視すべきことがらを不当，安易に軽視し，……オリンピックの開催に伴なう自動車交通量増加の予想という，本来考慮に容れるべきでない事項を考慮に容れ」たとして，行政の姿勢を厳しく批判している(このように環境利益を無視・軽視して人間の活動を広く認める方向で線引きされることを「人間中心主義的傾向」を呼ぶ)。

ところが，1970年のいわゆる公害国会による公害法の制度化以降，そのときどきの経済等の状況に左右されつつも，徐々に環境利益が重視され，環境保護のために人間の活動をより制限する方向で線引きがされつつある。環境中心主義的傾向が強まりつつあるといってよい。しかし，議会により制定される法律や役人によって行われる行政活動は，なお人間中心主義的傾向が強い。そこで，より環境中心主義的な法律が制定されるように立法過程に市民が参画する必要があり，あるいは，行政活動がより環境中心主義的になされるように行政過程に市民が参画する必要が出てくる。

立法・行政活動がより環境中心主義的傾向をもつようになるために，なぜ市民参画が必要かというと，市民によって新たな環境情報が得られたり(例：環境アセスメント手続における希少野生動植物種に関する情報)，住民投票の結果，多くの住民が環境利益を重視していることが明らかになったり，立法・行政過程をガラス張りにすることによって立法・行政担当者が市民の目を意識しなければならなくなったりするからである。いいかえると，立法・行政担当者のみで行われていた線引きに，市民も加わることによって，環境利益をより重視する方向にシフトできる可能性が大きくなるのである[1]。

2. 市民参画の概念

本章は，市民参画を「環境に影響を及ぼす行政活動に関する手続に環境保護の観点から市民が関与すること」と捉える[2]。以下，若干の説明を加える。

(1) 環境保護活動としての市民参画

環境の立場から人間の活動をみると、人間の活動は大きく、環境を汚染・破壊する活動と環境を保護・再生する活動に分けることができる（以下では、これらの活動をそれぞれ、「環境侵害活動」と「環境保護活動」という。）[3]。環境保護活動を行う主体は、国際機関、国家、自治体、事業者、NPO、市民とさまざまであるが、市民参画は、市民が主体となる環境保護活動である。

本章でいう市民には、個人だけでなくNPOその他の団体も含まれる。そして、参画する市民の意見はさまざまであり、環境保護よりも人間活動を重視する立場から参画する市民もいる。しかし、環境法において市民参画が重視されるのは、前述のように、市民参画によって立法・行政活動が環境保護をより重視する方向にシフトする可能性が高まると考えられているからであり、市民参画における環境保護の側面に期待が向けられているといえる（市民参画概念における「環境保護の観点」の部分）。

(2) 市民による二次活動としての市民参画

本章は、市民参画の対象となる活動を一次活動、市民参画自体を二次活動という[4]。一次活動には、広義では、他の市民も含めた各種団体が行う環境に影響を及ぼす活動が含まれるが、本章は、国家や自治体による行政活動に限定する。また、環境侵害活動の許否のように、行政の判断が環境への影響を左右するような行政活動が主に扱われる（市民参画概念における「環境に影響を及ぼす行政活動」の部分）[5]。

(3) 市民参画と参画手続

市民参画とは、行政法学において、それが「行政過程と個人」（今村成和）あるいは「行政過程における私人」（塩野宏）の中で扱われていることからもわかるように、市民が主体の活動である。これに対し、国家や自治体は、市民参画を受け入れる立場に立つ。そして、国家や自治体は、環境に影響を及ぼす一次活動を行う際、市民参画を受け入れるため、あらかじめ法的仕組を用意していることがある。このような法的仕組を参画手続と呼ぶ。参画手続の多くは、環境アセスメント手続のように、一次活動（同手続では、さしあたり、国

の事業実施や国の許認可を一次活動とみなす)に関する事前手続であるが,廃棄物処理施設に関する操業記録閲覧請求制度(「廃棄物の処理及び清掃に関する法律」(廃棄物処理法)8条の4,15条の2の4,15条の2の3第2項)のように,一次活動(施設の設置)に関する事後手続である場合もある。

3. 市民参画の機能・種類

(1) 市民の役割からみた市民参画の機能

市民参画の機能として,北村喜宣は,つぎのようなものを挙げる[6]。

> ①問題発見・提起者としての参画,②情報提供者としての参画,③政策提案者としての参画,④自己の権利利益防衛者としての参画,⑤公益保護・形成者としての参画,⑥不当・違法な行政決定の是正者としての参画,⑦事実上の拒否権保持者としての参画,⑧行政活動の監視者としての参画,⑨行政活動の補助者としての参画,⑩事業活動の監視者としての参画,⑪合意形成関係者としての参画,⑫法律実施のパートナーとしての参画

北村は,これらの機能は相互排他的ではなく,ひとつの仕組みが複数の機能をもっている場合もあることも指摘するが,さらに次の点も指摘できる。

第1に,これらの機能は,参画する市民の役割・(法的)地位の違いに注目するものである。たとえば,④は,一次活動が市民の権利利益に影響を及ぼす場合に認められる市民参画であるのに対し,⑤は,市民の権利利益への影響いかんにかかわりなく認められる市民参画である。一次活動が市民の権利利益に及ぼす影響は,たとえば,当該活動と市民の居住地との空間的距離によって異なるから,参画する市民個々人の立場も当然異なってくる。その意味で,④と⑤の違いは相対的である。第2に,北村も指摘するよう[7],近年,行政のリソース不足が問題視されるが,①②③⑨⑫といった機能は,市民参画が行政のリソース不足を補っている側面に関係する。第3に,⑥⑦⑧⑩といった機能は,市民参画が人間中心主義的な行政活動を是正する側面に関係

する。

(2) 一次活動への影響からみた市民参画の機能

市民参画の機能・種類は，一次活動への市民参画の影響の違いによっても区別できる。上述の市民参画概念における「市民(が)関与」は，一次活動への影響の違いによって，さらにいくつかの種類に区別することができよう。その点で，いわゆる「参加の梯子」論は，大いに参考となる。この議論は，参加をつぎの8つの段階に分け，決定権限への市民の関与が強くなるほど高い評価をする。

①あやつり(Manipulation)，②セラピー(Therapy)，③お知らせ(Informing)，④意見聴取(Consultation)，⑤懐柔(Placation)，⑥パートナーシップ(Partnership)，⑦委任されたパワー(Delegated Power)，⑧市民によるコントロール(Citizen Control)

この議論によると，①②は市民参画とはいえず，③④⑤は，印としての市民参画であり，⑥⑦⑧が市民の力が生かされる市民参画であるとする[8]。一次活動への影響の違いについて，7「市民参画の効果」においてもう一度扱う。

4. 参画手続の種類

市民参画を受け入れる法的仕組，つまり，参画手続にも，さまざまなものがある。参画手続は，行政による法令の執行過程に応じて，さしあたり，行政計画参画手続，行政立法参画手続，行政決定参画手続，実施参画手続に分けることができる。

(1) 行政計画参画手続

代表例は，環境アセスメント法・条例に基づく参画手続である。行政計画はさらにいくつかの段階に分けることができるが，現在の課題は，環境アセ

スメント法・条例が適用される段階よりも前の段階でのいわゆる戦略的環境アセスメントの導入である[9]。

(2) 行政立法参画手続

環境に関する行政立法も含む行政立法一般に関して，いわゆるパブリックコメント手続がある(行政手続法38条以下)。

(3) 行政決定参画手続

行政決定の手続一般に関する行政手続法は，いわゆる権利保護手続を中心に規定されており，行政決定参画手続に関しては，申請に対する処分に関する公聴会の規定(10条)があるだけである。

一方，環境法のなかには，いわゆる地域指定の際に参画手続をおく法律がいくつかある。代表的なものは，自然環境保全法22条に基づく自然環境保全地域の指定手続や種の保全法36条に基づく生息地等保護区の指定手続である。

(4) 情報公開制度

以上のような法令の執行過程とは関係なく，市民参画を受け入れる次のような参画手続もある。まず，市民参画が適切に行われるためには，参画する市民が一次活動に関する情報を事前に知っておく必要がある。環境に関する情報を含め一次活動に関する情報は国や自治体が保有していることが多いため，情報公開が必要である。これに関しては，情報公開法・条例に基づく情報公開が有益である。もっとも，いわゆる意思形成過程情報が例外的に非公開となっていることは(「行政機関の保有する情報の公開に関する法律」(情報公開法)5条5号参照)，市民参画にとって障害となっている。

(5) 住民投票制度

住民投票は，地域にとって重要な一次活動に関して，条例に基づき直接，住民の意思を問うものである。住民投票の対象となる一次活動にはさまざまなものがある。実例としては，原子力発電所の設置(1982年高知県窪川町，96年

新潟県巻町)や産業廃棄物処理施設の設置(97年岐阜県御嵩町, 小林市, 98年岡山県吉永町, 白石市, 千葉県海上町, 2001年三重県海山町)等, 環境にかかわるものが多い。住民投票の結果にどの程度の拘束力を認めるかが課題である。

5. 参画手続の適正化

(1) 参画手続適正化論の必要性

3, 4でみたように, 市民参画をめぐる議論は, 近年盛んになりつつある。しかし他方で, 参画手続の整備が順調に進んでいるわけではない。これは, いわゆる権利保護手続の整備と比較すると明らかである。そこで, 以下では, 参画手続の整備(適正化)を進めるため, 権利保護手続の整備をめぐる議論を参考にしながら, 試行的に, 参画手続適正化論を行う。

権利保護手続については, 周知のように, 戦後, 英米における行政手続法思想が日本に紹介されるなかで, 日本でも「行政手続の適正化」の必要性が意識されるようになった。そして, 行政手続適正化の憲法上の根拠に関し, 憲法31条説, 憲法13条説等が展開された。これらの議論は, 行政手続法の制定(1993年)という形で結実した。

これに対し, 日本の参画手続の現状は, 権利保護手続でいえば行政手続法制定以前の状況である。したがって, まず, 「参画手続の適正化」が法的に要請されていること, 特に「参画手続の適正化」が憲法上あるいは国際法上要請されていることを明らかにすべきである。

(2) 参画手続適正化の憲法上の根拠

参画手続適正化の要請を憲法上どう位置づけるかに関しては, 人見剛の議論が大いに参考となる[10]。人見の議論は, 都市行政への参加権を法的に根拠づけようとするものであるが, この議論は, ほぼ環境行政への参加権にも妥当するからである。

人見は, 参加権を適正手続的参加権, 基本権的参加権, 民主主義的参加権に分ける。そして, 本章の関心に引き付けて説明すると, 人見は, 第1に, 憲法31条, 13条等に根拠づけられる「行政手続の適正化」の要請を処分の

相手方だけでなく処分に利害関係を有する第三者にまで拡大することによって「参画手続適正化の要請」を根拠づけようとする(適正手続的参加権)。

第2に，人見は，ドイツの「行政手続による基本権保護」論を手がかりにして，基本権から参加権を根拠づけようとする。日本にあてはめるなら，憲法13条に基づく幸福追求権や憲法13条あるいは25条に基づく環境権から「参画手続適正化の要請」を根拠づけようとすることとなる(基本権的参加権[11])。

第3に，人見は，前二者のような権利防御型参加が認められない場合は，国民主権(憲法前文および1条)に基づく民主主義あるいは憲法92条に基づく住民自治が「参画手続適正化の要請」の根拠になるとする(民主主義的参加権[12])。

このように，参画手続適正化の憲法上の根拠としては，さしあたり憲法31条・13条(の拡大)，憲法13条・25条，国民主権・憲法92条が考えられる。これらの根拠は相互排他的なものとみなす必要はなく，むしろ，これらの議論を組み合わせながら参画手続の具体化をめざすべきである。

(3) 参画手続適正化の国際法上の根拠

環境法においては，参画手続適正化の要請を国際法からも引き出すことができる。国際法上の有力な根拠として，1992年に採択されたリオ宣言の第10原則[13]と「環境問題における情報へのアクセス，意志決定における市民参加及び司法へのアクセスに関する条約(Convention on Access to Information, Public Participation in Decision-Making and Access to Justice in Environmental Matters)」(通称「オーフス条約」The Aarhus Convention)があるが，特に注目されるのは後者である。

1998年に採択されたオーフス条約[14]を日本は批准していないため，同条約が「参画手続適正化の要請」の直接的な法的根拠とはなりえない。しかし，オーフス条約は単に理念を謳っているのではなく，参画手続についてより具体的な要請を含んでいる。したがって，オーフス条約は，環境法における参画手続の「世界標準」として，日本で参画手続を整備する場合には，大いに参考にすべきである。

同条約は，情報へのアクセス権，政策決定(decision-making)への公衆参加

(public participation)権，司法へのアクセス権の3つの権利をすべての人に保障することを目的としている(1条)。そのうち，政策決定への公衆参加権が市民参画にかかわる。同条約は，政策決定を，①許可決定，②計画(plans)・プログラム(programmes)・政策(policies)の策定，③行政立法の3つの段階での参画を要請する(6~8条)。これは，4「参画手続の種類」で述べた行政決定参画手続，行政計画参画手続，行政立法参画手続の段階に対応する。同条約はまた，許可決定の段階での参画手続について，①早い段階での情報提供・参画，②十分な時間の確保，③意見書等の提出，④参画の結果の考慮，⑤結果の公表を求めており(6条2項~9項)，日本において参画手続の整備する際には，考慮すべきである。

6. 市民参画の要件

参画手続の適正化を進めるためのさらなる作業として，市民参画の要件(いかなる場合に市民参画が認められるか)を検討する。もっとも，市民参画(参画手続)のあり方は多様であり，市民参画の類型ごとに検討する必要がある。

そこで，以下では，環境法においてよくみられる参画手続の類型のいくつか，すなわち，①住民投票制度，②環境アセスメント制度，③廃棄物処理法に基づく生活環境影響調査制度および④自然環境保全法に基づく自然環境保全地域の指定制度を取り上げる。なお，各制度を比較する際，市民参画・参画手続が実施される要件，市民参画の仕組み(組合せ)，参画資格，市民の具体的な参画活動(市民参画のあり方)に注目する。

(1) 市民参画と法律の根拠の要否

市民参画の要件論としてまず，法律の根拠なしに市民参画が認められるのかが問題となる。これに関しては，参画手続適正化の要請が憲法・国際法上根拠づけられるなら，理論的には，個別法に参画手続がなくても市民は国や自治体に市民参画を請求できよう[15]。しかし，判例では，権利保護手続に関して最一小判昭和46年10月28日民集25巻7号1037頁，判時647号22頁(個人タクシー事件)や最一小判昭和50年5月29日民集29巻5号662頁，

判時779号21頁(群馬中央バス事件)が，個別法(道路運送法)の手続規定を手がかりにしながら行政手続の適正化を求めている。また，環境アセスメント条例の適用外の事業に対して県が環境アセスメントを実施するよう住民が求めた事件につき，横浜地判平成19年9月5日判自303号51頁，環境法判例百選〔第2版〕61事件は，「住民が環境アセスメントの実施を訴訟で直接請求することまで予定していると解することはできない。」として住民の請求を棄却している。これらを考慮するなら，個別法の参画手続があるのであればそれを手がかりにし，さらに憲法，国際法あるいは先進的な個別法・条例も根拠にしながら参画手続の適正化(補完，底上げ)をはかるべきである。

(2) 二面関係的市民参画と三面関係的市民参画

市民参画には，行政と市民の二面関係を前提として市民が参画手続の実施を請求する場合と，許認可手続に組み込まれている参画手続のように，行政・事業者・市民の三面関係を前提として，市民が第三者として参画する場合がある(以下では，前者を二面関係的市民参画，後者を三面関係的市民参画という)。二面関係的市民参画の代表例は，以下で述べる(3)住民投票制度である。これに対し，(4)環境アセスメント制度，(5)廃棄物処理法に基づく市民参画，(6)自然環境保全法に基づく市民参画は，三面関係的市民参画である。

前述の住民による環境アセスメント実施請求権に関する裁判例は，三面関係的市民参画に関するものである。この場合，仮に市民に「市民参画権」が認められるとしても，二面関係的市民参画における「市民参画権」と比べると，前者の方が権利性が弱いように思われる。なぜなら，二面関係的市民参画の場合には，市民が当事者となるからである。しかし，現実には，後で見るように，三面関係的市民参画手続の方が比較的整備されている。三面関係的市民参画手続は，行政と事業者間の行政手続の中に組み込まれていることが多く，第三者たる市民は，参画そのものをあえて請求しなくても参画できる。これに対し，二面関係的市民参画は，住民投票制度のように，市民が参画そのものを請求する必要がある。つまり，現実には，市民は，第三者としてなら参画させてもらっているのである。

(3) 住民投票制度

　一口に住民投票制度といってもさまざまなものがある。ここでは，常設型のひとつである高浜市住民投票条例を例にする。

　同条例によると，住民投票の対象は，「市政運営上の重要事項」(2条)である。また，住民投票が実施される要件は，市議会による請求や市長の発議の他，投票資格者名簿に登録されている者の総数3分の1以上の連署をもってその代表者が市長に住民投票を請求すること(3条1項)である。この要件は，地方自治法における解散，解職請求(76条，80条，81条)を参考にしたものであるが，極めてハードルが高い。住民投票権は，年齢満18年以上の日本国籍を有する者または永住外国人で，同市に3月以上居住している者である(同条例10条，15条)。この制度における市民参画のあり方は，署名と投票である。

(4) 環境アセスメント制度

　環境影響評価法によると，環境アセスメントの対象は，①特定された12事業種と政令指定に係る事業であって(事業種要件，2条2項1号)，②規模が大きく環境影響の程度が著しいものとなるおそれがあり(規模要件，2条2項1号)，③国が実施または許認可等を行う事業(国関与要件，2条2項2号)である。環境アセスメント制度では，当該事業が環境アセスメントの対象にあたると判断されれば，法律(あるいは条例)が予定している参画手続であれば当然に実施されるため，住民投票制度とは異なり，市民が参画手続の実施そのものをあえて請求する必要はない(ただし，次に述べる計画段階環境配慮書作成段階での意見の聴取)。

　市民参画の機会は，①計画段階環境配慮書作成，②方法書作成，③準備書作成，④評価書作成の4つの段階で予定されている。市民参画のあり方としては，①では事業者による意見の聴取(市民による意見の提出：同法3条の7)しか予定されず，しかも努力義務に止まっている(したがって，市民が意見の聴取を求めるなら，市民による積極的な働きかけが必要であろう)。また，④でも評価書の縦覧・公表(27条)にとどまっている。これに対し，②③では方法書あるいは準備書の縦覧・公表(7条，16条)，説明会(7条の2，17条)，意見書の提出(8

条, 18条)といった参画手続が組み込まれている。縦覧・説明会の実施・意見書の提出がセットとなった市民参画(参画手続)の仕組みは, わが国では先進的なものといえる。なお, 公的機関が実施する場合には, 説明会ではなく公聴会が行われる。

説明会の参加資格, 意見書の提出資格について特に限定はされず, 情報公開制度と同じく, いわば「何人も」(情報公開法3条)説明会に参加でき, 意見書を提出できる。なお, 意見書を提出できるのは, 方法書あるいは準備書「について環境の保全の見地からの意見を有する者」(環境影響評価法8条, 18条)とあるが, これは意見書の内容に関する限定であり, 提出資格についての限定ではない。

(5) 廃棄物処理法に基づく生活環境影響調査制度

廃棄物処理法によると, 産業廃棄物処理施設を設置しようとする者は都道府県知事の許可を受けなければならない。事業者による許可申請によって開始される許可手続の中には, 生活環境影響調査制度という参画手続が組み込まれているため(三面関係的市民参画, 15条3項以下), 環境アセスメント制度と同じく, 市民が生活環境影響調査の実施そのものをあえて請求する必要はない。

生活環境影響調査制度とは, 産業廃棄物処理施設の設置者は「当該産業廃棄物処理施設を設置することが周辺地域の生活環境に及ぼす影響についての調査の結果を記載した書類を添付しなければならない」(15条3項)というものである。この制度における市民参画のあり方としては, 生活環境影響調査書の縦覧(同条4項)および意見書の提出(同条6項)である。

生活環境影響調査制度と環境アセスメント制度における方法書・準備書作成段階の市民参画と比べると, 前者には説明会が予定されていない点や前者において意見書を提出できるのは「当該産業廃棄物処理施設の設置に関し利害関係を有する者」(同条6項)という限定がなされている点で, 前者の方が, 市民参画の範囲が限定的である。もっとも, 3(1)で述べたように, 自己の権利利益防衛者としての参画と公益保護・形成者としての参画は相対的であるから,「利害関係を有する者」の範囲は緩やかにとらえるべきである。

(6) 自然環境保全法に基づく自然環境保全地域の指定制度

　自然環境保全法によると，環境大臣は，「自然的社会的諸条件からみてその区域における自然環境を保全することが特に必要なものを自然環境保全地域として指定することができる」(22条1項)。そして，この地域指定には，地域指定案の縦覧(22条4項)，意見書の提出(同条5項)，公聴会(同条6項)といった参画手続が組み込まれている。

　環境アセスメント制度と同様に，縦覧・意見書の提出・公聴会の開催という市民参画(参画手続)の仕組みは，わが国では先進的なものといえる。もっとも，意見書の提出資格が「当該区域に係る住民及び利害関係人」に限定されている点や「案について異議がある旨の意見書の提出があつたとき，又は当該自然環境保全地域の指定に関し広く意見をきく必要があると認めたとき」に公聴会を開催することとされている点で，環境アセスメント制度よりも市民参画の範囲が限定的である。その理由の一つは，自然環境保全法に基づく地域指定の参画手続が民主主義手続というよりも権利保護手続と捉えられている点にあると思われる[16]。しかし，繰返しになるが，とりわけ環境法における権利保護手続と民主主義手続は相対的であり，意見書の提出資格を緩やかに解し，公聴会の開催を義務的に解することは可能であると思われる[17]。

7. 市民参画の効果

　市民参画は，一次活動に何らかの影響を与えてはじめて意味をもつ。3(2)で紹介した「参加の梯子」論でいえば，パートナーシップ，委任されたパワー，市民によるコントロールのように，市民の力が生かされる市民参画にしなければならない。そこで，以下では，市民参画がいかなる効果をもつか，いいかえると，参画手続が違法であった場合，一次活動の適法性にいかなる影響を与えるかといった問題を扱う。この問題についても，市民参画の類型ごとに検討する必要がある。

(1) 住民投票制度

多くの住民投票条例は，住民投票の結果の尊重義務を定める(たとえば，高浜市住民投票条例25条)。しかし，一般には，尊重義務は住民投票の結果に拘束力を認めるものではないと考えられている[18]。たとえば，名護市米軍ヘリポート基地建設住民投票事件において，那覇地判平成12年5月9日判時1746号122頁は，「仮に，住民投票の結果に法的拘束力を肯定すると，間接民主制によって市政を執行しようとする現行法の制度原理と整合しない結果を招来することにもなりかねない」と述べ，市長に住民投票の結果に従うべき法的義務があるとまではいえないとした。

拘束的住民投票の可能性については，さまざまな議論がある。特に，住民投票の結果を尊重できない場合には特段の合理的な理由が必要であるとし，長がこの説明義務を懈怠して結果に関する行為をした場合は違法となるとする手続的拘束力説[19]が，注目される。

(2) 環境アセスメント制度

環境アセスメント制度では，各段階の参画手続を通じて市民の意見が取り入れられ，最終的に，評価書に反映されることになる。そして，評価書の記載事項に基づき，行政庁は，許認可の審査に際し，「環境の保全についての適正な配慮がなされるものであるかどうかを審査しなければならない」(環境影響評価法33条1項)。このいわゆる横断条項によって，参画手続で出された市民の意見許認可という一次活動において配慮されることとなる。

問題は，配慮義務が認められるとして，行政庁は評価書あるいはそれに反映された市民の意見をどの程度配慮しなければならないかである。この点に関して，北村は「重大な環境影響が生ずることが明らかと評価書に記載されているにもかかわらず許可すれば，違法となる」と述べる[20]。配慮義務と許認可の適法性の関係については，さらに検討する必要がある。

(3) その他の制度

廃棄物処理法の生活環境影響調査において市民が提出した意見書の内容が，がその後の許可手続においてどのように扱われるのか。同法は，「周辺地域

の生活環境の保全…について適正な配慮がなされたものであること」を許可要件の一つとしているから(15条の2第1項2号)，その限りで，意見書の内容が配慮される。しかし，問題は，環境アセスメント制度と同様，どの程度配慮されるかである。

これに対し，自然環境保全法における参画手続の仕組みは，環境アセスメント制度と同様，先進的なものと考えられるが，提出された意見書の内容や公聴会で出された意見が自然環境保全地域の指定の判断においてどのように扱われるかについては規定がない。しかし，少なくとも配慮義務が認められるであろう。

(4) 市民参画の効果論に関する今後の課題

問題を一般化すれば，行政庁は市民参画の結果(住民投票の結果，参画手続を通じて出された意見)をどの程度配慮しなければならないかである。試論的に述べるなら，第1に，法令で予定されている参画手続が実施されずに一次活動が行われた場合には，それだけで，一次活動の違法性が認められるべきである。第2に，一次活動に裁量が認められるなら，市民参画の結果を尊重・配慮すること(尊重・配慮義務)は普遍的考慮事項であるという理論を介して，まずは，市民参画の結果を一次活動の要件に組み入れるべきである。第3に，一次活動に裁量が認められない場合には，立法論として，環境アセスメント制度における横断条項のような規定を定めるべきである[21]。

〈注〉
1) 線引きは，いわば公的活動のひとつである。この言葉を用いるなら，本文は，立法・行政担当者のみによって行われてきた公的活動に市民が参画することによって，公的活動が環境保護をより重視したものに変化しうるかという問題を扱ったものであるが，変化の可能性を示したものにとどまる。例に，畠山武道「地方自治と住民参加」都市問題88巻5号(1997年)47頁は，住民参加に「硬直した官民分担論を打破し，伝統的な官(行政)の領域でありながら住民によって担われる新たな『公』領域の生成可能性を見いだしたい」と述べる。芝池義一「行政法における公益・第三者利益」『行政法の争点〔第3版〕』(2004年)13頁も，公益の国家独占が近年，行政による公益の発見・実現の過程に国民が参加する現象が見られるようになり，今後は，国民が行政から離れて公益を担うことがあるかが問題となると述べており，両者の問題意識は

一致している。
2) 北村喜宣『環境法〔第 2 版〕』(弘文堂，2013 年) 97 頁は，「市民参画」を「市民参加」よりも広範で実質的に行政決定に関与するものと捉えているが，本章では，「市民参画」と「市民参加」を特に区別せずに用いる。また，「市民」と「住民」も特に区別しない。
3) なお，たとえば，原発による発電は，火力発電と比べると温暖化防止には役立つが，原発事故による放射能汚染という大きなリスクを有しているように，ある環境を保護するが，別の環境を汚染する活動もある。
4) 近年，これまで行政のみが行ってきた活動を，市民とともに行う，あるいは，市民のみが行うという「協働」という法現象が増えつつある。市民による積極的活動である点で，参画と協働に違いはないが，本章では，参画を二次活動と捉えるので，一次活動である協働は含まれない。
5) 広義では，一次活動には，行政活動だけでなく立法活動や司法活動，さらには，企業活動も含まれる。
6) 北村・前掲(注 2) 99 頁。
7) 北村・前掲(注 2) 100 頁。
8) S. R. Arnstein, A Ladder of Citizen Participation, *Journal of American Institute of Planners* (1969), pp. 216-224. 世古一穂『協働のデザイン』(学芸出版社，2001 年) 40 頁，篠原一『市民参加』(岩波書店，1977 年) 115 頁以下も参照。
9) 北村・前掲(注 2) 316 頁参照。
10) 人見剛「都市住民の参加と自律」『岩波講座　現代の法 9　都市と法』(岩波書店，1997 年) 283 頁以下。
11) 畠山武道「環境権，環境と情報・参加」法教 269 号(2003 年) 16 頁以下も，環境権を憲法上の権利と位置づけるが，その意義は，個々の市民が国家の意思形成過程に参加することによって基本権(環境権)を現実化する点にあるとする。したがって，畠山の議論もこの説に位置づけられる。
12) 芝池義一『行政法総論講義〔第 4 版補訂版〕』(有斐閣，2006 年) 278 頁以下も，参画手続の憲法上の根拠を民主主義に求める。なお，塩野宏『行政法Ⅰ〔第 5 版補訂版〕行政法総論』(有斐閣，2013 年) 366 頁も参照。
13)「環境問題は，それぞれのレベルで，関心のあるすべての市民が参加することによって，最も適切に扱われる。国内レベルでは，各個人が，有害物質や地域社会における活動の情報を含め，公共機関が有している環境保護関連情報を適切に入手し，そして，意思決定過程に参加する機会を有しなくてはならない。各国は，情報を広く行き渡らせることにより，国民の啓発と参加を促進しかつ奨励しなくてはならない。賠償，救済を含む司法及び行政手続への効果的なアクセスが与えられなければならない。」
14) オーフス条約については，高村ゆかり「情報公開と市民参加による欧州の環境保護」静岡大学法政研究 8 巻 1 号(2003 年) 1 頁以下が詳しい。本章訳は，同条約の英語

版〈http://www.unece.org/env/pp/treatytext.html〉も参照した。
15) 人見・前掲(注10) 289頁以下は，基本権的参加権なら法律の根拠なしに参加手続が認められるが，民主主義的参加権についてはなお検討が必要であるとする。
16) 自然環境保全地域の指定自体から何らかの拘束力が生じるわけではないが，自然環境保全法は2段階の地域指定制度をとっており，同地域内でさらに特別地区，野生動植物保護地区，海域特別地区が指定されることがある。これらの地域に指定されない普通地域も含めて，これらの地域内では市民の一定の活動に対し許可あるいは届出が求められ，禁止されている点で，市民の権利利益に影響を及ぼすため(25条1項, 4項, 26条1項, 3項, 27条1項, 3項, 28条1項)，第1段階の自然環境保全地域の指定において参画手続が用意されたと思われる。したがって，この参画手続は民主主義手続というよりも権利保護手続である。
17) 自然公園法における地域指定は，自然環境保全法のそれと類似しているが，市民参画(参画手続)が十分でない。自然公園法は，①国立公園・国定公園の指定(5条)，②同公園内での特別地域，海域公園地区の指定(20条1項, 22条1項)と，2段階の地域指定制度がとられている。そして，特別地域や海域公園地区では，市民の一定の活動に対し許可が求められているから(20条3項, 22条3項)，①あるいは②の段階で，自然環境保全法と同様の市民参画が認められてもよさそうであるが，そのような規定はおかれていない(畠山武道『自然保護法講義〔第2版〕』(北海道大学図書刊行会, 2004年)231頁以下参照)。先進的な自然環境保全法にならって自然公園法における参画手続を適正化(補完・底上げ)すべきである。
18) 新潟地判平成13年3月16日判自217号59頁が，土地を住民投票の結果の尊重を期待しうる者に町有地を随意契約の方法によって売却したことは，明らかに不合理であるということができないとし，町長に委ねられた裁量権の範囲内で住民投票の結果の尊重する政策をとることを認めている。
19) 三辺夏雄「巻町原発住民投票の法的問題点」ジュリ1100号(1996年)43頁
20) 北村・前掲(注2) 326頁。
21) 住民の同意がないことを理由とする産業廃棄物処理施設の設置不許可処分に関し，札幌高判平成9年10月7日判時1659号45頁は，廃棄物処理法15条の許可に関し，知事には要件裁量はともかく効果裁量はないとして不許可処分を取り消している。効果裁量を否定する同判決には異論もあるが，仮にこの判決にしたがうなら，やはり法令で横断条項をおくべきである。さらなる問題は，条例によって上乗せ的に横断条項を規定することが可能かどうかである。

第12章 環境アセスメント法の論点とその評価

田中 充

　環境影響評価法は，施行後10年を経て2011年に改正法が成立，2013年4月から全面施行されている。改正に際しては，計画段階配慮書手続および環境影響評価後の実施段階の報告書手続の創設の他，対象事業の拡大，方法書等における環境大臣意見の提出，方法書等の電子縦覧の義務化など，制度全体の環境配慮の確保と手続の充実，透明性の向上等の点で大きく改善が図られた。本章は，改正制度の内容を検証するとともに，残された課題について検討する。

1. 環境アセスメントの導入と法制度の判定

　環境アセスメント(EIA：Environmental Impact Assessment，本章では「環境アセス」と略記することがある。)制度は，1969年に米国の国家環境政策法(NEPA: National Environmental Policy Act)において世界ではじめて制度化され，以来各国で導入が進んできた。日本では，1972年に政府の閣議了解「各種公共事業に係る環境保全対策について」により，公共事業に対する環境影響評価手続が導入[1]されたことを端緒とし，その後1980年代には閣議決定要綱に基づく環境アセス制度(以下「閣議要綱アセス」)の運用が開始された。地方自治体においても，1970年代後半から環境影響評価条例の動きが始まったが，政府の閣議要綱アセスの制定を受けて1980年代以降は要綱による制度づくりが広がった。その後約十数年間は，国レベルでは閣議要綱アセスが実施されてきた。

　1993年に環境基本法が制定され，同法20条に環境アセスメント制度の根拠が明文化された。これにより改めて法制化の検討が始まり，審議会等での検討を経て1997年6月に環境影響評価法が成立し，1999年4月より施行さ

れた．環境影響評価法は施行後10年を経て見直しが行われ，2011年4月に新たな手続等を盛り込んだ改正環境影響評価法が成立し，2013年4月に全面施行されている．

そこで本章は，新たに運用が始まった改正後の環境影響評価法について，その主な論点を分析するとともに，環境配慮の実現という観点から改正制度の内容を評価し，残された課題について検討する．なお，「環境アセスメント」と「環境影響評価」の用語について，前者を政策等を含めたより広義の影響評価の概念とし，後者を事業レベルで行われる狭義の評価手続と区別する使い方が行われる場合もあるが，本章では同義に使用する．

2. 環境影響評価の定義と制度運用の実績

環境影響評価法2条では，「環境影響評価」を「事業(土地の形状の変更並びに工作物の新設及び増改築をいう)の実施が環境に及ぼす影響について，環境の構成要素に係る項目ごとに調査，予測及び評価を行うとともに，これらを行う過程において事業に係る環境保全の措置を検討し，この措置が講じられた場合における環境影響を総合的に評価すること」と定義している．これによると，環境影響評価とは，もっぱら土地の形状の変更等の開発事業を対象とすること，それらの事業の実施段階の手続であること，環境要素の項目ごとに評価を行い環境保全措置を検討すること，条文上で明文的には住民意見の聴取が含まれていないこと等の点で，限定された概念である点に注意が必要である．

また，「事業の実施が環境に及ぼす影響」は，端的には「工事の実施段階で生じる環境への影響」を意味するが，条文ではこの箇所の「事業の実施が環境に及ぼす影響」の後ろに括弧書きで(当該事業の実施後の土地又は工作物において行われることが予定される事業活動その他の人の活動が当該事業の目的に含まれる場合には，これらの活動に伴って生ずる影響を含む．以下単に「環境影響」という．)と補足する．すなわち，環境影響評価の対象である「影響」とは，一義的に「事業の実施が環境に及ぼす影響」を意味するが，そこには事業実施後の土地や工作物の供用段階の活動に伴う環境に及ぼす影響も(追加的に)含まれるとい

図表 12-1 環境影響評価法に基づく制度の実施状況

2012年3月31日現在

区 分	道路	河川	鉄道	飛行場	発電所	処分場	埋立・干拓	面整備	合計
手続実施	77(22)	8(0)	16(4)	9(0)	56(12)	6(1)	15(3)	20(9)	203(50)
手続中	12(0)	2(0)	4(1)	1(0)	12(0)	2(0)	4(0)	2(0)	37(1)
手続終了	56(21)	5(0)	10(3)	7(0)	41(12)	4(1)	9(2)	14(7)	142(45)
手続中止	9(1)	1(0)	2(0)	1(0)	6(0)	—	2(1)	4(2)	24(4)
環境大臣意見	56(21)	5(0)	11(3)	7(0)	41(12)	—	—	14(8)	134(44)

注：（ ）内は途中から法に基づく手続に乗り換えた案件で内数。ふたつの事業が併合して実施されたものは合計では1件とした。

出典：環境影響評価情報支援ネットワーク「環境アセスメント事例統計情報」⟨http://www.env.go.jp/policy/assess/index.html⟩（2013年3月30日アクセス）

う概念を示している。

　環境影響評価制度の運用実績として，十数年間の閣議要綱アセスに基づく実施件数は472件[2]である。また，1999年施行の環境影響評価法については，2012年3月末時点で手続が完了した案件は142件である(図表12-1参照)。このうち45件は手続の途中から法制度の手続に乗り換えた案件であり，手続の最初から法制度に基づき実施されたものは97件である。施行実績を事業種別にみると，道路整備が56件と約4割を占めて最も多く，ついで発電所建設が41件，土地区画整理事業などの面整備が14件となっている。

　なお，2012年4月以降の状況をみると，後述するように，今般の制度改正により「発電所」として「風力発電所」が追加されたことを受けて，直近の実績では風力発電所案件が急増している。このため，2013年3月末時点では発電所建設が最多となっている。

3. 環境影響評価法の改正に至る経緯

　1999年4月に施行された環境影響評価法では，附則7条において，政府は法律施行後10年を経過した場合に施行の状況について検討を加え，必要な措置を講ずる旨が規定されている。2011年の改正は，この規定を踏まえて10年に及ぶ法制度の運用の実態を総括し，その課題を取り込むとともに，この間の社会状況の変化や環境政策の進展等を踏まえ，特に生物多様性保全

や地球温暖化対策等への対応を視野において見直しが行われたものである。

　政府は，2010年3月「環境影響評価法の一部を改正する法律案」を閣議決定して国会に提出した。法案は3回の国会審議を経て2011年4月に原案のまま成立し，公布された。改正法の施行に際しては，電子縦覧の義務化など比較的対応が可能な軽易な事項は公布1年後の2012年4月から，技術的手法の整備や関係者への周知等が必要となる計画段階配慮書手続等の改正事項については公布2年後の2013年4月から，と2段階で施行されている。

　ところで，環境影響評価法の体系は，やや複雑である。法律本文とともに，対象事業の規模等を具体的に規定する法施行令，方法書等の公告・縦覧の具体的な方法を定める法施行規則，主務省令の指針等が一定の水準を保ちつつ適切な内容が定められるようすべての事業種に共通する基本的な考え方を規定した基本的事項，そして基本的事項を受けて事業種ごとに環境影響評価を行う際の具体的な内容を定める主務省令から構成されている。

4. 改正法制度の主な手続の流れ

　改正法に定める基本的な手続の流れを概観する(図表12-2参照)。まず対象事業に関して，新規に導入された「計画段階配慮書手続」が行われる。これは事業の計画段階の手続として位置づけられ，事業の位置・規模等を検討する段階で適用される措置である。

　その後，当該事業の位置・規模等の選定が行われ，事業計画の諸元がおおむね固まった段階で，事業が法の対象事業の規模要件に該当する場合(第一種事業)には，つぎの実施段階の手続に進む。これに対し，対象規模要件は下回るもののおおむね75％以上である一定規模の事業(第二種事業)の場合には，改めて手続を課す必要があるか否かを判定する「スクリーニング」が行われる。スクリーニングの結果，対象に該当すると判定された事業は，以後は法の対象事業として実施段階手続に進むことになる。

　事業実施段階として，まず環境影響評価の手法や評価項目等を絞り込む「方法書手続」が実施される。これにより，事業者は環境影響評価の実施に際して調査等の範囲や評価項目，予測手法等が固まり，調査等の手戻りを避

第12章 環境アセスメント法の論点とその評価　201

図表 12-2　改正環境影響評価法に基づく手続フロー

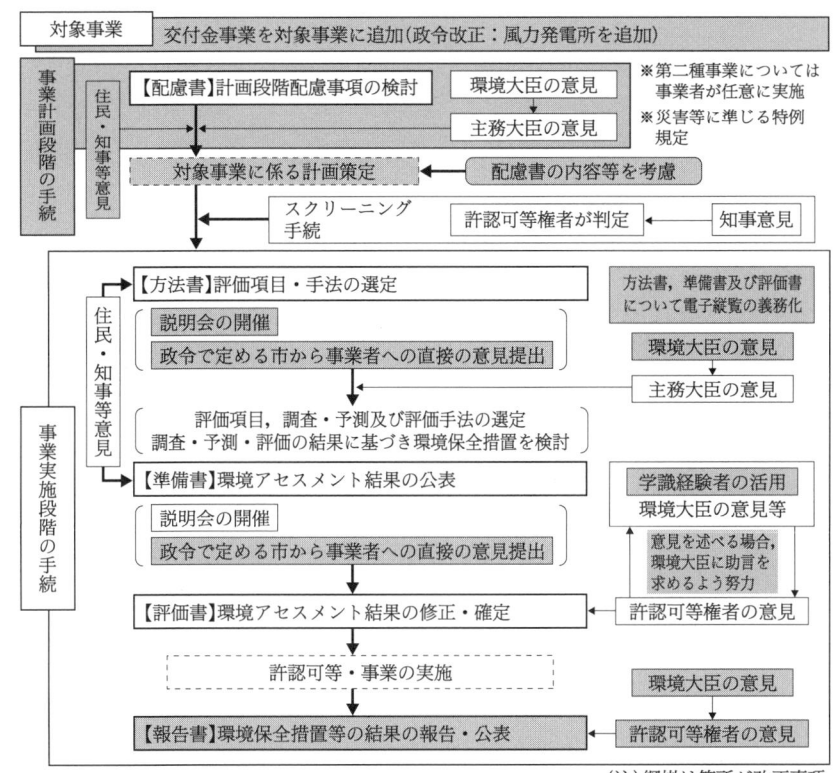

出典：環境省総合環境政策局『環境アセスメント制度のあらまし』(環境省, 2012年)に一部加筆。

　けて効率的な影響評価が行われることが期待される。

　続いて「準備書手続」が実施される。事業者は，方法書に基づき環境影響評価を行い，その結果を踏まえて必要な環境配慮の措置を検討し，環境影響の低減の状況等を記載した準備書を取りまとめる。事業者は，準備書を公開し，関係する住民や自治体から意見を受けて，準備書の内容を検討する。

　この後は「評価書手続」が実施される。事業者は，住民や自治体の意見を踏まえて準備書を修正して評価書を作成し，許認可等権者に送付する。許認可等権者は，評価書に関し，環境大臣の意見を勘案して自らの意見を取りまとめて事業者に送付する。事業者は，許認可等権者の意見を踏まえ，記載事

項について検討して必要な範囲で評価書を補正する。補正後の評価書を許認可等権者に送付するとともに，公告・縦覧に供する。

評価書の送付を受けた許認可等権者は，対象事業の許認可等の審査にあたり，環境について適正な配慮がなされるものであるか否かを審査し，許認可等に反映することにより，適正な環境配慮を確保する。事業者は，許認可等権者から許可等を受け，事業の着手・実施に至る。

事業の実施後は，新設された「報告書手続」に移る。事業者は，事業の実施後に講じた環境保全措置の内容，事後調査[3]の項目や手法，調査の結果等について報告書を作成し，許認可等権者に送付するとともに，これを公表する。許認可等権者は，送付された報告書について環境保全の見地から意見を述べることができる。

5. 改正環境影響評価法における主な論点

(1) 対象事業の拡大

環境影響評価法は，国の立場からみて環境影響評価の実施により環境保全上の配慮を行う必要があり，そうした環境配慮を国として確保できるものを対象事業として設定している。すなわち，事業規模が大きく環境に著しい影響を及ぼすおそれがあり，かつ，国が実施しまたは許認可等(国に免許，届出受理，認可，補助金交付等の権限がある)を行う事業であり，道路新設や河川ダム建設など13種類の開発事業を指定している(図表12-3)。こうした対象事業に関し，この間の法制度をめぐる状況の変化や政策的な課題を勘案して，改正制度により2つの点で見直しが行われた。

第1は，法制度では，法的関与要件の一つとして「国の補助金等の交付対象事業」が規定されているが，従前の制度では交付金は当該要件の範囲に含まれていなかった。このため，補助金が廃止されて交付金となることにより，これまで対象であった事業が制度対象外となる可能性がある。そこで改正法では交付金事業が追加された。対象となる交付金は，改正後の環境影響評価法施行令4条で規定された地域自主戦略交付金，沖縄振興自主戦略交付金および社会資本総合整備交付金の3種類である。

図表 12-3 環境影響評価法の対象事業と規模要件

事業の種類	第一種事業	第二種事業
1. 道路		
・高速自動車国道	すべて	
・首都高速道路など	4車線以上のもの	
・一般国道	4車線以上・10 km 以上	4車線以上・7.5〜10 km
・林道	幅員 6.5 m 以上・20 km 以上	幅員 6.5 m 以上・15〜20 km
2. 河川		
・ダム, 堰	湛水面積 100 ha 以上	湛水面積 75〜100 ha
・放水路, 湖沼開発	土地改変面積 100 ha 以上	土地改変面積 75〜100 ha
3. 鉄道		
・新幹線鉄道	すべて	
・鉄道, 軌道	長さ 10 km 以上	長さ 7.5〜10 km
4. 飛行場	滑走路長 2,500 m 以上	滑走路長 1,875〜2,500 m
5. 発電所		
・水力発電所	出力 3 万 kw 以上	出力 2.25 万〜3 万 kw
・火力発電所	出力 15 万 kw 以上	出力 11.25 万〜15 万 kw
・地熱発電所	出力 1 万 kw 以上	出力 7,500〜1 万 kw
・原子力発電所	すべて	
・風力発電所	出力 1 万 kW 以上	出力 7,500〜1 万 kw
6. 廃棄物最終処分場	面積 30 ha 以上	面積 25〜30 ha
7. 埋立, 干拓	面積 50 ha 超	面積 40〜50 ha
8. 土地区画整理事業	面積 100 ha 以上	面積 75〜100 ha
9. 新住宅市街地開発事業	面積 100 ha 以上	面積 75〜100 ha
10. 工業団地造成事業	面積 100 ha 以上	面積 75〜100 ha
11. 新都市基盤整備事業	面積 100 ha 以上	面積 75〜100 ha
12. 流通業務団地造成事業	面積 100 ha 以上	面積 75〜100 ha
13. 宅地の造成の事業(「宅地」には, 住宅地, 工場用地も含まれる)	面積 100 ha 以上	面積 75〜100 ha
○港湾計画	埋立・堀込み面積の合計　300 ha 以上	

出典:図表 12-1 に同じ。

　第 2 に, 再生可能エネルギーの普及の拡大に伴い, 地域で立地する風力発電事業の大幅な増加が見込まれるなかで, 風力発電所による騒音等への苦情や鳥類被害等も指摘されている。このため, 発電所事業のなかに風力発電所を新たに加えることとし, 法改正後の環境影響評価法施行令 1 条に定める別表 1 の改正により 2012 年 10 月から対象事業として追加された。

(2) 計画段階配慮書手続の導入

　従来の環境影響評価は，事業実施段階で適用される手続であることから，事業の実施に係る環境保全に効果を有する一方，すでに事業の枠組みが決定されているため，事業者が環境保全措置の実施や複数案の検討等について柔軟な措置をとることが困難な場合がある[4]と指摘されてきた。このような課題に対し，より早期の段階から環境配慮を盛り込むことを可能にする仕組みとして，事業の位置等の検討段階において環境配慮を検討する「配慮書手続」が創設された。

　配慮書手続は，2007年に環境省が策定した「SEAガイドライン」を受け継ぐものであり，2010年2月の中央環境審議会答申では「戦略的環境アセスメント」(SEA：Strategic Environmental Assessment) と呼ばれていた。しかし，SEAは，国際的にはより上位の計画や政策の検討段階を含めて適用される手続の考え方であり，今回の配慮書手続は，SEAにおける最も事業レベルに近い段階，あるいは事業レベルのEIAの最上位に位置づけられる手続であることから，これを上位の計画等を主に対象とするSEAの第一歩として，「計画段階配慮書手続」と呼ばれることとなった。

　配慮書手続は，重大な環境影響の回避・低減をはかることを目的とし，事業の計画立案段階において，事業の想定区域における複数案を設定して環境に配慮すべき事項について検討する手続である。複数案は，事業の位置・規模または事業に係る建造物等の構造・配置について作成することを基本とし，位置・規模に関する計画案の設定を優先する。また，現実的である限り，法対象事業以外の施策や事業により事業目的を実現する計画案(ゼロ・オプション[5])も，複数案に含まれる。事業特性や地域特性等から複数案が設定されない場合には，その理由を明らかにする必要がある。配慮書手続では，こうした複数案について重大な環境影響の比較整理により評価し，計画立案段階において重大な影響の回避・低減を検討することになる。

　具体的な手続として，事業者は，計画段階で環境保全のために配慮すべき事項について検討した結果を「計画段階環境配慮書」に取りまとめ，これを事業の主務大臣に送付し，要約書とともに公表する。主務大臣は，配慮書の

写しを環境大臣に送付して意見を求め，環境大臣からの意見を勘案して，事業者に対して配慮書に関する意見を提出する。また，事業者は，関係自治体の長や一般公衆から，配慮書の案または配慮書について意見を求めるよう努める。この意見の聴取は，計画立案の複数の段階で意見を求めることとし，可能な限り配慮書の案について意見を聴くこと，一般からの意見を求め，次に自治体からの意見を求めること[6]などが定められている。配慮書について，主務大臣には義務として意見を求める定めであるが，関係自治体と一般による意見は努力義務である。

　この後，事業者は，配慮書の内容等を考慮し，また主務大臣等の意見を踏まえて事業計画を策定し，事業の実施段階に移行することになる。

　なお，配慮書手続は，第一種事業の事業者には義務であるが，第二種事業の場合は，実施は任意であり，その者の自主的な判断により配慮書手続を行うことができる。

(3)　方法書手続の改正

　環境影響評価の実施に入る前に，環境面の調査や評価項目，影響評価方法等を検討する方法書手続が行われる。方法書手続の意義としては，環境影響評価を行う前の段階で，環境影響評価の方法等に関して広く住民等の意見を聴くことにより，調査項目の見落とし等による調査等の手戻りが避けられること，効率的でメリハリの効いた環境影響評価が可能となることが挙げられる。

　事業者は，事業に係る環境影響評価の調査，予測および評価の手法等について明らかにした方法書を作成し，都道府県知事および市町村長に送付するとともに，住民等に公告・縦覧を行う。方法書について，環境保全の見地からの意見を有する者や関係自治体は意見を述べることができ，事業者はこの意見を考慮して方法書の内容に検討を加え，環境影響評価の項目並びに調査，予測および評価の手法を選定する。

　今回の法改正に伴い，方法書の新たな記載事項として，配慮書段階における調査，予測評価の取りまとめ結果，配慮書に係る主務大臣の意見と事業者の見解，自治体の長や一般からの意見と事業者の見解等を盛り込むことが定

められた。また、方法書の周知や環境大臣の意見の提出等についても改善が図られている。すなわち、方法書の周知に関し、これまでは事業者が方法書縦覧を行い、自らの事務所や市町村等の庁舎で縦覧に供されることが一般的であったが、縦覧場所が限られているなかで閲覧に制約が生じるため、図書の電子縦覧が義務[7]づけられた。また、説明会の開催は、従来は準備書においてのみ義務づけられていたが、方法書には最大500頁を超えるものがあり、専門用語が使用される等により、内容を住民等が理解することが困難な場合もみられたことから、方法書段階の説明会が義務づけられた。なお、図書の電子縦覧は、方法書の他に準備書、評価書においても事業者に同様の義務が課されることとなった。

また、方法書段階での環境大臣の関与として、事業者は必要に応じて主務大臣に対して技術的な助言を求めることができ、その際に主務大臣は環境大臣の意見を聴く手続が規定された。これにより、早い段階で事業者が国の助言を求めることで、準備書段階に至ってから国の意見を受けて調査等をやり直すといった「手戻り」のリスクを回避する仕組みが整えられた。

(4) 準備書手続の改正

準備書は、環境影響評価の結果について、環境保全の見地からの住民等の意見を聞くための準備として作成する文書である。主な記載事項として、方法書への住民および都道府県知事等の意見の概要と事業者の見解、環境項目ごとの調査、予測および評価の結果の整理、評価の結果を踏まえた環境保全措置、事業着手後の調査、環境影響の総合的評価等の事項がある。

これまでの制度は、方法書と準備書の段階では、市町村長の意見を集約して都道府県知事が事業者に対して意見を述べる仕組みであったが、地方分権の進展等を背景として、改正法では、事業の環境影響が単独の市の区域内のみに収まる場合には、当該市の長から直接事業者に意見を述べることと改められた。事業者に直接意見を述べることができる市は、環境影響評価条例を制定していることや審査会等の審査体制を有することなど、一定の条件を満たす自治体であって、政令で定める市に限られる。2011年10月の施行令改正により、法施行令11条で全国17市[8]がこれに指定されている。

こうした政令で定める市からの直接の事業者への意見の提出は，方法書と準備書において適用される。また，政令で定める市からの意見提出と並行して，当該事業が行われる地域を管轄する都道府県知事は，広域的な観点から，必要に応じて事業者に対して意見の提出を行うことができる。

(5) 評価書手続の改正

事業者は，準備書への住民や知事等の意見を踏まえ[9]，準備書を修正して環境影響評価書を作成し，許認可等権者へ送付する。環境大臣は，許認可等権者に対して環境保全の見地からの意見を提出し，許認可等権者は，当該意見を踏まえて事業者に意見を提出する。事業者は，許認可等権者の意見を受けて評価書を検討して事業計画や評価書について必要な補正を行い，改めて最終的な補正後の評価書を作成する。事業者は，これを許認可等権者に送付するとともに，都道府県知事および市町村長に送付し，また公告・縦覧に供して内容を公表する。

当初から法に基づく手続を行い手続を完了した事例をみると，9割以上にあたる事業において，準備書から補正後の評価書に至る過程で環境影響評価の方法等の改善が行われている[10]。これは，公告・縦覧や意見聴取の手続を経ることで，環境影響評価の適切な実施や環境に配慮した事業内容への変更が促されているとみることができる。

(6) 許認可審査における環境配慮

事業者は，評価書(補正が行われた場合は補正後の評価書を指す)の公告・縦覧が行われるまでは，事業の着手が制限される。許認可等権者は，対象事業の許認可等の審査にあたり，評価書の記載事項および評価書に対して述べた許認可等権者の意見に基づき，事業が環境保全について適正な配慮がなされるものであるかを審査し，許認可等に反映する。環境保全への適正な配慮が確保されていないと判断する場合には，許認可等を拒否する処分，または許認可等に必要な条件を付与することができる。

事業者は，評価書に記載されている環境保全について配慮して事業を実施することとなり，事業における環境配慮が確保される。この場合の許認可等

とは，許認可，補助金・交付金の交付，法人の監督，自ら事業を実施する場合が該当する。

(7) 報告書手続の創設

準備書および評価書には，これまでも，環境保全措置や環境保全の措置が将来判明すべき状況に応じて講ずるものである場合には，環境状況の把握のための措置について記載する旨が規定されていた。しかし，従来の仕組みでは，こうした事業実施後の環境保全措置の結果や環境状況の把握のための調査結果に関する公表は，自主的な取組みにとどまり，法的な担保はなかった。そこで，改正法の重要な改正点として，事業者に対し，事業実施後に行われる環境状況の把握の措置の状況やその調査結果等に関して報告書の作成等を義務づける「報告書手続」が創設された。

報告書手続の主な内容[11]として，事業者は，報告書を事業(対象事業に係る工事)が完了した段階で1回作成することを基本とし，事業の実施に際して講じた環境保全措置の効果を確認したうえで，その結果を報告書に含める。事業者は，作成した報告書を許認可等権者に送付し，それを公表する。許認可等権者は，送付を受けた報告書の写しを環境大臣に送付し，環境大臣は必要に応じて環境保全上の意見を許認可等権者に提出する。許認可等権者は，環境大臣の意見を勘案して事業者に意見を提出する，という流れである。報告書は，事業完了時に作成することが基本であるが，事業者は，必要に応じて工事中または供用後において事後調査や環境保全措置の結果等を公表する，とされている。

報告書の記載範囲は，法38条の2により，(ア)環境の保全のための措置，(イ)環境の保全のための措置が将来判明すべき状況に応じて講ずるものである場合には環境状況の把握のための措置，(ウ)環境状況の把握により判明した環境状況に応じて講ずる環境保全のための措置，という3つの内容が規定されている。このうち(ア)は「回復することが困難であるためその保全が特に必要であると認められる環境に係るものであって，その効果が確実でないものとして環境省令で定めるものに限る」と付記され，全般的な環境保全措置ではなく，保全が特に必要である環境要素であって環境保全措置の効果が

確実でない措置に限り記載する，と限定されている点に注意を要する。法施行規則では，回復が困難である希少な動植物の生育環境または生育環境の保全に係る措置等[12]の内容を指定している。

報告書の具体的な記載事項は，基本的事項の「第六　報告書作成指針に関する基本的事項」により規定されている。上述のように，報告書は建設工事中に講じた措置を主な対象としている。これは，法の規定で「事業の実施が環境に及ぼす影響」とは，一義的には「工事の実施段階で生じる環境への影響」を指し，あわせて事業実施後の土地や工作物の供用段階の活動に伴う影響も含まれるという概念を定めていることに対応して，まずは工事の実施段階での環境影響に関する事後調査や環境保全措置の結果を対象範囲とするよう設定していると解釈することができる。

6. 環境影響評価法の改正における今後の課題

環境影響評価法に基づく環境アセス制度は，1999年に施行が始まって以来これまでに手続終了のものは140件を超え，実績が積み重ねられてきた。この結果，環境保全に配慮した事業の実施を確保する機能を果たしてきたが，他方では，この間の制度の運用を通じて課題が明らかになり，新たな社会状況の変化や環境対策の進展などに対応して制度の見直しへの要求も高まっていた。環境影響評価法の改正は，こうした課題に対応するものであるが，改正の論点を改めて点検すると，次のような課題が見出せる。

(1)　体系的な手続の整備と環境配慮制度の深化

今般の改正により，環境保全を検討する手続面で体系的な整備が行われ，環境配慮制度の深化がはかられている。特に，計画立案時の配慮書手続と事業実施後の報告書手続が創設され，これまでの方法書，準備書，評価書という手続の前後に配置されることにより，事業計画の検討熟度に応じて各々の節目で環境配慮が検討される手続が整備された。事業計画の進展に沿った5つのアセス図書の作成と公開，各時点において関係者の意見の聴取と反映を取り入れる手続を整備したことにより，事業の実施段階における環境配慮の

検討手順が盛り込まれ，体系的な環境配慮の仕組みが整えられた。

また，環境行政の側からの意見反映の仕組みも強化された。環境大臣からの事業者への意見提出の機会は，従来の制度では最終取りまとめの評価書段階のみであったが，改正制度では，早期の計画立案時の配慮書段階，環境影響評価の方法等を絞り込む方法書段階，従来と同様に評価書段階，そして事業実施後の事後調査結果をまとめる報告書段階という4つの手続で実施される仕組みに拡充されている。事業者と環境行政との間の段階的な意見の反映・交流を通じて，実効あるかたちで環境配慮が実現されることが期待される。

(2) 情報公開とコミュニケーション機能の強化

改正制度では，地域の意見の反映等の仕組みが充実し，情報公開とコミュニケーション機能の面で強化が図られたことも指摘できる。早期の計画段階や事業着手後の事後段階における図書の作成と公表の手続が制度化され，特に早期の計画段階配慮書では，住民意見の提出の機会が導入されている。情報公開による事業者の取組みの透明性の確保と，地域の住民等の意見の反映を通じた信頼性の向上の点では，より開かれた仕組みに改善されたと評価できる。ただし，事後の報告書手続では，報告書の公表にとどまり，住民や関係自治体の意見聴取の機会は設けられていない点は課題である。この点は，先行している自治体制度では，いくつかの条例で事後調査報告書に対する一般からの意見提出の機会を定めている仕組み[13]があり，参考になる。

こうした図書公開の機会の拡大に加えて，電子縦覧の義務化により図書閲覧に伴う迅速性や利便性の向上等が図られ，また方法書段階の説明会の開催が義務化されたことにより，住民等への情報公開とコミュニケーション機能は大きく強化されている。

(3) 制度の対象事業の拡充

社会経済状況の変化にあわせ，特に風力発電は，地球温暖化対策の有力な方策であり，「電気事業者による再生可能エネルギー電気の調達に関する特別措置法」(再生可能エネルギー買取法)により固定価格買取制度の対象である風

力発電事業のいっそうの拡大が見込まれている。こうしたなかで，改正制度により，風力発電事業が環境アセスの対象となったことにより，地域環境と調和した風力発電施設の設置に向けた手続の活用が期待される。

(4) 配慮書手続の意義と限界――本格的な SEA 制度の展開へ

これまでの事業実施段階のアセスメントは，事業計画の基本的な枠組みである立地場所やルート等がすでに決定された時点の手続であることから，重大な環境影響が生じることが予測される場合であっても，事業者が複数案の検討等を行い重大な影響の回避等について柔軟な措置を講じることが困難な場合がみられた。改正により新設された計画段階配慮書は，こうした課題に対応して事業実施段階のアセスメントの限界を補うため，計画段階における複数の事業計画案について比較検討を行うことを義務づけることにより，重大な環境影響の回避・低減につながることを企図して導入されたものである。

この手続により，事業者は，計画段階において適切な複数案の設定により環境配慮事項について検討して配慮書を作成するとともに，環境保全の見地からの環境大臣および主務大臣の意見を受けてこれを勘案する。また，努力義務ではあるが，地域の自治体および住民の意見を聴取すること等の手続を通じて，早期の段階から環境配慮を取り入れることになる。方法書および準備書・評価書手続と連結して，事業計画レベルの環境配慮の反映では，一定の水準が確保される仕組みである。

残された課題として，より上位の計画等を対象としたアセスメント制度，すなわち個別事業の実施に枠組みを与える上位計画の立案段階や政策制度の検討段階を対象とした本格的な SEA(戦略的環境アセスメント)の制度化が挙げられ，今後の取組みに期待される。SEA は，特に持続可能な社会の実現に向けて早期の段階から環境配慮の視点を政策形成の意思決定に統合する政策手段として活用されるものであり，環境基本法 19 条「国は，環境に影響を及ぼすと認められる施策を策定し，及び実施するに当たっては，環境の保全について配慮しなければならない」との規定に対応して，これを具体化する意義を有するものである。SEA は，制度対象の設定，適用時期，予測・評価の手法等の面で，これまで運用してきた EIA の概念や手法等とは異なる

ことから，環境影響評価法とは別の枠組みとして策定することは有力な方向であり，広い観点からの検討が必要である。

(5) 報告書手続の導入と拡大

改正制度では，新設された報告書手続により，事業者は，事業の実施段階の環境保全措置の実施状況や環境状態の測定結果等に関する報告書の公表，さらに自主的であるが，供用段階における環境保全措置や環境の測定結果等を取りまとめることが求められる。これにより，事業の実施状況に即して環境保全措置が効果的に実施されること，環境保全措置の効果が適切に把握されること等が期待できる。特に，事前の予測結果に基づく環境保全措置に対し，環境配慮の観点から測定等の実態を踏まえた保全措置が追加されること等が行われ，事業の実施段階および供用段階における環境配慮のいっそうの充実に寄与するものになる。調査結果の公表に伴う住民等からの信頼性の確保，透明性と客観性の向上，不確実性を有する予測評価に関する事後の検証を通じた予測・評価技術の改善に資することなど，間接的なものも含めて幅広い効果が期待される。

課題として，改正制度では，供用段階の報告書の作成等は自主的な対応とされている。この点，自治体制度では，供用段階の環境測定等もあわせて報告書を作成し，首長へ送付する手続を取り入れているものもあり，参考になる。2010年改正では事業者の自主的な取組みとされた供用段階の報告書について，取りまとめと公表等の手続を義務として制度化することを検討すべきであろう。

さらに，供用後の環境測定の結果に関して，環境影響評価制度において事業者が掲げる環境配慮の目標水準や許認可等の条件との整合の確認と，通常の規制行政の大気規制や水質規制等における規制基準の適合確認との関係について整理する必要がある。環境影響評価では，許認可等権者による評価書の審査に基づき付与された環境配慮上の許認可等条件に対し，事業者が報告書を作成して許認可等権者に送付し，その意見を受ける範囲では許認可等条件と照合される。しかし，環境影響評価の手続が終了し，許認可等権者への報告書送付が行われなくなり，実質的に環境部局による規制監視に移行して

いくなかでは，通常の規制監視の対応では関係法令および条例に基づく規制基準の遵守にとどまる。そこで，供用時の事業活動の監視体制や追加的措置の権限等について整理しておく必要があろう。

(6) 対象とする影響評価の範囲，評価項目の拡大

制度の対象とする環境影響の範囲や評価項目に関しては，今回の法改正では大きな論点とならずに，従来の枠組みがそのまま継続されている[14]。これは，環境影響評価法に基づく調査等の範囲が環境基本法に掲げる「環境」の枠内に限定されていることによる。これに対して，自治体アセスメント制度では，「環境」の概念を広義に捉えており，たとえば歴史的文化的環境，電波障害や風害，日照阻害等の建造物影響の他，社会環境の範疇にも含まれる可能性があるレクリエーション資源，交通事故，安全，地域分断なども評価項目の範囲に含めている。社会経済活動が多様に拡大しているなかで，環境に係る範囲も複雑化しており，こうした点も考慮して，住民の生活環境を対象として幅広く保全の確保をはかる観点から，今後は広義の「環境」の範囲に拡張することが考えられる。

また，直近の課題として，東京電力福島第一原子力発電所事故に端を発した放射性廃棄物に係る環境問題への対応が求められる。環境基本法は，これまで放射性物質による大気汚染等の防止の措置について，原子力基本法や関係法律の枠組みのなかで適切に処理されることを前提とし，これらの法律に対応を委ねてきた。しかし，2011年3月の原子力発電所事故により大量の放射性物質が一般環境中に放出されたことにより，放射性物質による大気，水質等の環境汚染が広がっており，これを防止する措置を講ずる必要がある。環境影響評価法に関しても，放射性物質に係る環境汚染について適用除外としてきた規定を削除し，環境影響評価手続の対象とする改正法が成立[15]している。環境影響評価の枠組みにおいては，これまで大気，水質，土壌等の環境要素において放射性物質に係る項目は設定されていなかったことから，これらに関する環境影響評価の調査，予測評価の手法等の整備は喫緊の課題として急がれている。

7. 環境アセスメント制度の発展に向けて

1970年代に公共事業に係る環境保全対策として始まったわが国の環境アセスメントは，閣議要綱アセス，自治体条例制度，国の環境影響評価法の制定等の変遷を経て制度の対象を広げ，また手続の充実化が図られてきた。今般の環境影響評価法の改正は，計画段階手続を導入し，事後の報告書手続を具備するなど，実施段階の環境アセスメントの仕組みとして一定の到達点に至ったとみることができよう。

しかし，たとえば持続可能な社会づくりに向けた本格的な戦略的環境アセスメントの導入など，いまだ課題も残されており，その意味ではなお制度の改善と発展の余地がある。今後は，新たな法制度の着実な実施により，その普及・定着をはかるとともに，戦略的環境アセスに係る運用上の課題の抽出や先進事例の分析，急がれる放射性物質アセス手法の開発等を通じて，制度のさらなる充実強化を進めることが期待される。

〈参考文献〉

環境アセスメント学会『環境アセスメント学の基礎』(恒星社厚生閣，2013年)
環境省総合環境政策局『環境影響評価法に基づく基本的事項等に関する技術検討委員会報告書』(環境省，2012年)
環境法政策学会編『環境影響評価──その意義と課題』(商事法務，2011年)
北村喜宣『環境法〔第2版〕』(弘文堂，2013年)
田中充・沖山文敏「地方公共団体における環境アセスメント制度の歴史からの教訓──川崎市環境影響評価条例の制定・運用経緯を中心に」環境アセスメント学会誌8巻2号(2010年)6-16頁
日本環境アセスメント協会『日本の環境アセスメント史』(日本環境アセスメント協会，2003年)
畠山武道・井口博編『環境影響評価法実務』(信山社，2000年)
原科幸彦『環境アセスメントとは何か──対応から戦略へ』(岩波書店，2011年)
上杉哲郎「環境影響評価法の改正に伴う地方自治体条例の改正状況について」(環境アセスメント学会誌11巻1号，2013年)13-16頁
岡山県ホームページ，岡山県環境影響評価等に関する条例〈http://www.pref.okayama.jp/page/detail-34331.html〉(2013年3月30日アクセス)

沖縄県ホームページ，環境影響評価(環境アセスメント)〈http://www.pref.okinawa.jp/site/kankyo/seisaku/hyoka/assess.html〉(2013年3月3日アクセス)

神奈川県ホームページ，かながわの環境アセスメント〈http://www.pref.kanagawa.jp/cnt/f247/〉(2013年3月30日アクセス)

国土交通省道路局，構想段階における市民参画型道路計画プロセスのガイドライン〈http://www.mlit.go.jp/road/pi/2guide/guide.pdf〉(2013年3月30日アクセス)

〈注〉

1) 1972年6月，政府は「各種公共事業に係る環境保全対策について」を閣議了解し，公共事業に伴う環境汚染，自然破壊を未然に防止するための取組みを導入した。
2) 環境省環境影響評価制度総合研究会『環境影響評価制度総合研究会報告書——環境影響評価制度の現状及び課題について』(環境省，2009年)。
3) 「事後調査」とは「環境影響評価法の規定に基づき主務大臣が定めるべき指針に関する基本的事項」(平成24年，環境省告示第63号)の「第五　環境保全措置指針に関する基本的事項」において，「工事中及び供用後の環境の状態等を把握するための調査」と規定されている。
4) 中央環境審議会答申「今後の環境影響評価制度の在り方について」(2010年)。
5) ここでいうゼロオプションは，事業や施策を実施せずそのまま推移するノーアクション(NA)やBAU(Business As Usual)，ベースラインの概念とは異なる。
6) 「環境影響評価法の規定に基づき主務大臣が定めるべき指針に関する基本的事項」(平成24年，環境省告示第63号)の「第二　計画段階意見聴取指針に関する基本的事項」において定めている。
7) 図書の電子縦覧に関して，環境影響評価情報支援ネットワーク「環境影響評価図書のインターネットによる公表に関する基本的な考え方」〈http://www.env.go.jp/policy/assess/2-2law/pdf/sonota_02-2.pdf〉(2013年3月30日アクセス)。
8) 17市として札幌市，仙台市，さいたま市，千葉市，横浜市，川崎市，新潟市，名古屋市，京都市，大阪市，堺市，吹田市，神戸市，尼崎市，広島市，北九州市および福岡市が指定されている。
9) 条文上は法21条において，知事らの自治体の長の意見に対しては「これを勘案して」，一般からの意見に対しては「配意して」と規定されている。
10) 環境影響評価制度総合研究会・前掲(注2)16頁。
11) 「環境影響評価法の規定に基づき主務大臣が定めるべき指針に関する基本的事項」(平成24年，環境省告示第63号)。
12) 環境影響評価法施行規則19条の2では「希少な動植物の生育環境又は生育環境の保全に係る措置」「希少な動植物の保護のために必要な措置」などを規定している
13) たとえば埼玉県環境影響評価条例30条の3，神奈川県環境影響評価条例71条などが参考になる。
14) 厳密には，基本的事項の改正により「騒音」が「騒音・低周波音」と改められてい

る。
15) 2013年4月19日「放射性物質による環境の汚染の防止のための関係法律の整備に関する法律案」が閣議決定，国会に提出され，同年6月成立，6月21日公布されている。

環境法事件簿 **2**　沖縄ジュゴンと米国 NHPA 訴訟
────米国国家歴史保存法の域外適用条項第 402 条を中心に

Okinawa Dugong (Dugong Dugon) v. Robert Gate, US District Court Northern District of California, No.C 03-4350 MHP (01/24/2005)

関根孝道

1. 米国 NHPA 訴訟とは

本訴訟は，2003 年 9 月 25 日に米国カリフォルニア北部地区連邦地裁に提訴され，2005 年 3 月 2 日に第一次中間命令(Okinawa Dugong (Dugong Dugon) v. Donald H. Rumsfeld, US District Court Northern District of California, No.C 03-4350 MHP (03/02/2005))，2008 年 1 月 24 日に第二次中間命令(Okinawa Dugong (Dugong Dugon) v. Robert Gate, US District Court Northern District of California, No. C 03-4350 MHP (01/24/2005))が下され，いまなお係属中である。沖縄ジュゴンの保護を求めて米国で提訴されたこと，中間命令が原告の主張を認めたことから注目を集めた。

同訴訟において，沖縄の住民 3 名とこれを支援する日米の環境・平和 6 団体が原告となり，米国政府(国防省)を被告とし，辺野古沖の普天間代替施設の建設に際し，米国国家歴史保存法(National Historic Preservation Act：NHPA)に違反して同施設がジュゴンに及ぼす影響に「配慮」しなかったことの違法確認，同法を遵守するまで建設関与禁止の差止め，その他の裁判所が適当と認める法的救済が求められた。裁判所は，本件への同法 402 条の域外適用につき，原告の主張が法の正しい解釈だとして全面的に支持した。本訴訟が米国で提訴できたのは環境原告適格理論など米国環境法の先進性によるが，その詳細を日本に紹介された畠山先生の功績は大きく，環境訴訟実務に与えた影響も甚大であった。弁護団会議にも気さくに参加していただき貴重なアドバイスを受けるなど，謦咳に接する光栄を得たことを特記しておき

写真　辺野古沖の攻防(提供：筆者)

たい。

2. 本訴訟命令の意義

　本訴訟命令の射程はかなり広い。世界展開する史上最強の米軍に対し，諸外国の文化財を保護すべき手続上の義務を課したこと，従来，司法的チェックが十分に及ばなかった外交・軍事の聖域でも，司法審査を可能とする法解釈論が示されたことには，大きな意義がある。これは「法の支配」の勝利でもある。米国法に与える影響も大きい。
　日本法の解釈上も，例えば，沖縄の個人原告3名が主張したジュゴン保護という環境上の「具体的な利益は，国防省の国家歴史保存法違反により引きおこされた手続上の利益侵害と直接的な関係性を有し，その理由は，(ジュゴンへの影響を)『配慮する』という手続を遵守することが，ジュゴンへの危害

を回避または緩和する限りにおいて，原告らの利益の対象そのものを保存し，また保護しうるからである。更に，……ジュゴンを歴史的・文化的な財産として保存することによる原告らの利益は，まさしく国家歴史保存法によって保護された射程内の利益にほかならない」と判示されるなど，日本の原告適格論にも多大の影響を与える。

　これは手続的な利益の侵害による法的救済の理論であるが，法の適正な手続と裁判所の役割論に根ざしている。つまり，行政府は法の手続を遵守することで正しい判断に達することができ，裁判所はこの行政府の手続違反を厳密にチェックする考え方である。反対に，日本法の解釈のもとでは，行政府は手続違反があっても——官僚は「全知全能」と擬制されるので——正しい実体的判断ができるという前提に立ち，あげくの果てには，手続の「治癒」という法「理論」により，行政府の手続違反に法的「救済」まで与えられる。誤った「結果オーライ」主義である。これでは行政による手続遵守は徹底的にサボタージュされてしまう。国民の手続的利益の犠牲において，行政府が無罪放免される仕組みともいえる。日本法が本件訴訟命令に学ぶ点は少なくないと思う。

3. 第一次中間命令

　同命令はNHPA 402条の域外適用の要件を判示した最初のものである（詳しくは，後掲『南の島の自然破壊と現代環境訴訟』99頁以下参照）。同条は，「世界遺産目録または当該外国における(米国の)ナショナル・レジスター(歴史的文化財目録)と同等のもの(equivalennt)に登録された遺産(property)に対し，直接的に悪影響を及ぼしうる連邦行為(federal undertaking)であって，米国外におけるものを承認するに先立ち，当該連邦行為につき直接的または間接的な管轄をもつ連邦機関の長は，当該悪影響を回避または緩和するために，当該連邦行為が当該遺産に及ぼす影響について配慮するものとする」と定める。同条の解釈適用をめぐり，以下の3点が争われた。

　第1に，史跡などの非生物的なものを文化財とする米国の文化財目録と，天然記念物という生物的なものも文化財とする日本のそれが「同等」のもの

といえるかである(以下「同等性の要件」という)。第2に,日米安全保障条約・地位協定の解釈上,在日米軍施設は日本が建設して米国に提供し,米国がこれを受領して米軍施設になるとされるので,海上ヘリ基地の「建設」は日本の一方的な行為で,そこに米国の「連邦行為」の存在を認定できるかである(以下連邦行為性の要件)。第3に,上記各要件が充足されるとしても,日米間の外交問題・安全保障といった高度の政治性のゆえに,裁判所は判断を控えるべきかであった。いわゆる統治行為論の問題である。

これらの論点につき裁判所は画期的な判断を示した(詳しくは,上掲書99-100頁参照)。同等性の要件や連邦行為性の要件については,原告の主張が全面的に支持された。正確にいうと,統治行為論に関しては第二次中間命令において,原告の主張を善解し,本訴訟の評価対象は,日米トップ級の閣僚による政治的合意——いわゆるロードマップ合意——ではなく,遅くともその時点までに,米軍基地建設がジュゴンに及ぼす影響に配慮しなかった担当官レベルの同条に違反した不作為的行為だとして,これを司法審査の対象としても主権免責や統治行為の法理に反しないとされた(詳しくは,後掲「世紀のショー・ダウン! 沖縄ジュゴン対米国防省——米国国家歴史保存法第402条の域外適用に関する米国連邦地裁命令訳と解説」225頁以下参照)。

4. 第二次中間命令

同命令は46頁にも及ぶ大作であり,36を超える判例が引用されている。法解釈上の連邦議会意思の探求,重要な憲法・行政法・訴訟法上の法理論——最終連邦行為性(final agency action),原告適格(standing),事件の成熟性(ripeness),主権免責(act of state),必要的当事者(necessary and indispensable party),等々——についても,突っ込んだ解釈論が展開されている。ここでは,国防省の違反が認定されたジュゴンへの悪影響について「配慮する(take into account)」義務の内容と,今後,国防省がなすべき行為について判示した判決主文の2点にしぼって紹介したい。

(1) ジュゴンへの悪影響を「配慮する」とは

この「配慮する」義務の具体的な内容は，NHPAの域外適用を定めた同法402条に明記されているが，以下のようなものとされた。

「402条の文言そのものが，(上述した)明確な立法目的と一体となって，402条に基づく配慮するプロセスがいかなるものであるか，その基本的な構成要素に関する確たる議会の意思を明らかにするものである。その配慮するというプロセス(判断過程)は，最低限，(1)保護された遺産の特定，(2)いかに当該行為が当該歴史的遺産に影響を及ぼすかに関する情報の作出(generation)，収集(collection)，考慮(consideration)及び衡量(weighing)，(3)悪影響の有無に関する決定(determination)，及び(4)必要であれば，当該悪影響を回避(avoid)又は緩和(mitigate)しうる当該行為の代替案(alternatives)又は修正案(modifications)の策定(development)と評価(evaluation)を含む必要がある。この基本的なプロセスを果たす責任を担う者は，当該行為に係る管轄権をもつ者であり，当該プロセスの遵守は当該行為が承認される前になされる必要がある。加えて，連邦機関は，部外者を交えない身内だけの手続で，当該配慮するというプロセス(判断過程)を完結させるのではなく，ホスト国その他適当な民間団体及び個人との協働関係の下において，(当該配慮するというプロセスを)履践する必要がある。」

(2) 命令主文

以下の通り判示された。

「1. 被告らは国家歴史保存法402条の定める義務に違反し(同法第470a-2条)，この違反は時機を失した違法な不作為(unreasonably delayed and unlawfully withheld)による連邦行為(agency action)である(行政手続法706条(1))。

2. 被告らに対し，国家歴史保存法402条の遵守を命じ，普天間代替施設がジュゴンに及ぼす影響を評価するに必要な情報が創出され，かつ，被告らにおいて，ジュゴンへの悪影響を回避または緩和するために，当該情報に配慮するまで，本件訴訟手続を停止(in abeyance)

する。
　3．被告らに対し，本命令の日から90日以内に，(1)普天間代替施設がジュゴンに及ぼす影響を評価するために，いかなる追加的な情報が必要かを示し，(2)適当な個人・団体・政府機関を含め，いかなる情報源から当該情報が入手できるかを明らかにし，(3)日本政府による環境評価の性質及び射程に関し，現時点において知り又は予想されること，並びに，日本政府による当該評価が国家歴史保存法に基づき被告らに課せられた義務の履行として十分なものかどうかを明らかにし，(4)影響緩和(mitigation)のための情報を審査し考慮する権限(authorization)と責任(responsibility)をもった国防省担当官を特定し，以上のことを記した文書記録にまとめて(documentation)，裁判所に提出することを命ずる。
　4．原告らにおいて，上記提出記録に反論するのであれば，被告らによる提出後45日以内にその機会が与えられるものとする。」

5．今後の展望

　沖縄ジュゴン訴訟は本件訴訟命令の宣告によって終結したわけではない。
　上記主文に明らかなように，今後は，裁判所における訴訟手続を通じて，普天間代替施設の建設がジュゴンに及ぼす影響について確定し，その悪影響を回避・緩和する措置を模索し，最終的には，ジュゴン保護プログラムの策定がめざされることになる。その過程において，原被告，利害関係者，ジュゴン研究者，自然保護団体などが意見・資料を出し合い，協議をして，合意形成が図られることになる(詳しくは，『南の島の自然破壊と現代環境訴訟』88-90頁，参照)。NHPAには手続的な効果しかないので，極論すれば，国防省はこの協議義務——手続的義務——を果たしたうえで，ジュゴンに悪影響を及ぼす実体的な決定を下すこともできる。この協議手続の詳細を定めた連邦行政規則によると，合意形成が不可能と判断されるなど，一定時点で協議を打ち切ることもできる。
　それゆえ，今後は，協議不能に持ち込まれないギリギリのところで，国防

省と対峙していくことになる。命令主文の適切な執行が今後の課題である。

〈参考文献〉
関根孝道『南の島の自然破壊と現代環境訴訟』(関西学院大学出版会，2007年)61-127頁
関根孝道「世紀のショー・ダウン！ 沖縄ジュゴン対米国防省──米国国家歴史保存法第402条の域外適用に関する米国連邦地裁命令訳と解説」関西学院大学総合政策研究28号(2008年)205-242頁

第III部

公害対策法の仕組みと課題

岡山県倉敷市水島コンビナート(撮影:畠山武道・2003年)

第**13**章 大気・水環境管理における規制的手法

柳　憲一郎

　　　伝統的な環境法領域である大気汚染と水質汚濁に対する法的対応の特徴，汚染
　　源の多様化に対応する環境保全措置や環境リスク問題に対応すべく発展している
　　状況を整理し，今後の大気・水環境管理の課題を論ずる。具体には，大気・水管
　　理における直接規制の枠組み，規制対象や排出基準，遵守違反への制裁と無過失
　　賠償責任，直接規制による履行の確保などのほか，大気環境や水環境の特性に応
　　じた未然防止対策の現状について説明する。

1. 大気・水環境管理における規制的手法

　大気・水環境管理は，多くの公害規制法と同様に，主として直接的な規制的手法(command-and-control approach)によって行われている[1]。これは規制行政庁が，汚染の原因となる事業活動その他の人の活動を規制したり，制限したり，禁止したりする手法である(以下直接的規制手法ないし直接規制)。具体的には，大気汚染，水質汚濁等の公害発生の原因となる一定の施設等について基準を定め，基準遵守のための規制手続を定める。規制的手法を規定する環境法としては，(i)公害発生源の規制を定める法律(大気汚染防止法，水質汚濁防止法，「農用地の土壌の汚染防止等に関する法律」(土壌汚染防止法)，騒音規制法，振動規制法，工業用水法，「建築物用地下水の採取の規制に関する法律」(ビル用水法)，悪臭防止法，建築基準法)，(ii)二次的公害の防止に関する法律(「廃棄物の処理及び清掃に関する法律」(廃棄物処理法))，(iii)その他事業者の義務を定める法律(「特定工場における公害防止組織の整備に関する法律」(公害防止組織法)，「人の健康に係る公害犯罪の処罰に関する法律」(公害罪法))，(iv)地方公共団体による条例規制などがある。

　規制的手法では，各種の個別規制法によって排出基準を設定し，全国一律

に，もしくは，自治体がより強化する上乗せ基準を制定して，個別の工場等の発生源に適用することにより公害の規制を行っている。公害発生施設の設置者は，公害規制法により排出基準の遵守義務を課せられている。公害規制行政庁は，発生源の監視のため，①設置の届出，②立入調査，③改善命令や報告徴収等の権限をもっており，義務違反がある場合には，行政罰の適用がある。特に，大気汚染防止法，水質汚濁防止法の排出基準違反には直罰主義が採用されている。

すなわち，大気・水環境管理にあたって，有害物質の排水については，設定された環境基準の 10 倍の濃度[2]で規制基準を設定し，また，大気汚染の排出については，原因物質によって汚染の重合性や排出形態等の相違を踏まえ，個別に排出基準を設定し，その遵守を工場・事業場に義務付ける。そして，違反には直罰を科すといった直接規制的措置を中心とする政策手法[3]により，環境保全上の支障の防止にその効果を発揮してきた[4]。

この一連の規制過程により，工場等の公害発生源からの汚染物質の排出削減が実現され，良好な環境の確保が図られる。なお，環境基準が達成されない場合には，下水道等の生活環境施設の整備状況や発生源の公害防止技術の開発状況等を踏まえつつ，逐次，規制基準(排出基準・排水基準)を改定することにより，規制を強化することとなっている。

この直接的規制手法のメリットとして，規制行政庁が事業者等に必要な行為を具体的に指示できるという明確性と一定の期間に望ましい環境状態を実現しうるという確実性が指摘される[5]。他方，デメリットとしては，一律規制では事業者による費用対効果のある汚染削減が図りにくいことや不確実なリスクへの対応の場面では，規制をすべき根拠や対象とその範囲など，規制的手法では対応し難いという限界と制約が指摘されている[6]。

そこで，近年は，こうした公害規制法においても長期的な環境リスクに対応するため，自主的取組手法[7]の導入がみられる。

2. 大気・水環境管理に関する法的対応

大気汚染防止法は，1962 年制定のばい煙の排出の規制等に関する法律に

代わって，工場・事業場からのばい煙の排出などを規制したり，自動車排ガスの許容限度などを設定するなどして，大気汚染の防止と国民の健康の保護および生活環境の保全を図る法律として，1968年に制定された。人の健康を保護し生活環境を保全する上で維持されることが望ましい基準として，(旧)公害対策基本法の下で「環境基準」が設定されたが，この環境基準を達成することを目標に規制を実施している。具体的には，固定発生源(工場や事業場)から排出される大気汚染物質について，物質の種類および排出施設の種類・規模ごとに排出基準等が定められており，大気汚染物質の排出者にはこの基準の遵守義務が課されている。移動発生源(自動車等)についても，自動車排ガス規制等が実施されている。

　一方，水質汚濁防止法は，1970年の公害国会において，これまでの水質二法[8]に代わって，制定された。現在の水質汚濁防止法の目的は，「工場及び事業場から公共用水域に排出される水の排出及び地下に浸透する水の浸透を規制するとともに，生活排水対策の実施を推進すること等によって，公共用水域及び地下水の水質の汚濁の防止を図り，もって国民の健康を保護するとともに生活環境を保全し，並びに工場及び事業場から排出される汚水及び廃液に関して，人の健康に係る被害が生じた場合における事業者の損害賠償の責任について定めることにより被害者の保護を図ること」とされている(1条)。すなわち，水質汚濁防止法の中心的役割は，特定事業場から公共用水域への排水を規制することにある。

3. 大気・水質に係る環境基準

　公害防止の個別対策を進めるにあたっては，終局的に，大気，水，土壌，静けさなどをどの程度に保持するかの目標を明確に決め，その対策を実施していくことが必要である。その目標値として定められている具体的数値が，環境基準である。

　(旧)公害対策基本法9条12項を引きついだ環境基本法16条1項は，「政府は，大気の汚染，水質の汚濁，土壌の汚染及び騒音に係る環境上の条件について，それぞれ，人の健康を保護し，及び生活環境を保全するうえで，維

持されることが望ましい基準を定めるものとする」として，政府の環境基準の設定の義務を明らかにしている。

また，同条4項では，「政府は，……公害の防止に関するもの（以下公害の防止に関する施策）を総合的かつ有効適切に講ずることにより，第1項の基準が確保されるように努めなければならない」と規定し，環境基準が政府としての努力目標値であることを明確にしている。このように，環境基準は，「維持されることが望ましい基準」であり，最大許容限度とか受忍限度ではない。また，環境基準は，その限度を超えると直ちに健康被害等の影響を及ぼすものではないが，逆にこの程度まで汚染しても良いと解されてはならない。

このように，環境基準は改善目標であり，個別規制法に基づき個々の工場に対して遵守が求められる排出基準とは異なる。環境基準は，遵守されないからといって，直ちに個々の工場・事業場の責任が問われるわけではない。当該基準は，行政目標として重要ではあるが，それ自体は国民の権利義務を形成したり，その範囲を確定する法的効果を伴うものではない。それゆえ，行政訴訟では，環境基準の設定行為は，抗告訴訟の対象となる処分性をもたないと解されている（東京高裁昭和62年12月24日行集38巻12号1807頁，判タ668号140頁，環境法判例百選〔第2版〕10事件，二酸化窒素環境基準告示取消請求事件）。一方，排出基準は，汚染物質の許容限度であり，違反の場合には改善命令が発動され，罰則の適用など法的効果を生ずるものとしての性質を有する。

大気の環境基準としては，これまで二酸化いおう，一酸化炭素，浮遊粒子状物質，光化学オキシダントの各物質について環境上の条件が設定されている（「大気の汚染に係る環境基準について」昭和48年環告25号）。二酸化窒素の環境基準は，1983年に改訂された（「二酸化窒素に係る環境基準について」昭和53年環告38号）。また，有害大気汚染物質の長期低濃度暴露による健康影響を未然に防止する観点から，ベンゼン等による大気の環境基準が設定されている（平成9年環告4号）9)。また，ダイオキシン類対策特別措置法（ダイオキシン法）7条により，ダイオキシンに係る大気環境基準（平成11年環告68号）が定められている。なお，浮遊粒子状物質に関しては，2009年9月に中央環境審議会の答申を受け，微小粒子状物質に係る環境基準が設定され，告示された（平成21年9月環告33号）。なお，これらの環境基準は，工業専用地域，車道その他

一般公衆が通常生活していない地域または場所については適用されない。

一方，水質の汚濁の定義には，「水質以外の水の状態又は水底の底質が悪化することを含む」が，環境基準には，「水質以外の水の状態又は水底の底質が悪化すること」を含まない(環境基本法2条3項)。すなわち，現在のところ水底の底質に係る環境基準は，ダイオキシン法7条に基づき，ダイオキシン類による水質の汚濁に係る環境基準(平成11年環告68号)において，公共用水域の水底の底質についてのみ設定されている。

水質環境基準は，対象となる項目により，人の健康の保護に関する基準(健康項目)と，生活環境の保全に関する基準(生活環境項目)とに二分して，定められている(「水質汚濁に係る環境基準について」昭和46年環告59号)。前者は，カドミウム等27項目であり，すべての公共用水域[10]において常に維持されることが望ましい基準として，一律に適用される(図表13-1，図表13-2，図表13-3)。その基準値のレベルは，水道法に基づく水質基準とほぼ同じ値を

図表13-1　人の健康の保護に関する環境基準

項　目	基　準　値	項　目	基　準　値
カドミウム	0.003 mg/ℓ 以下	1,1,2-トリクロロエタン	0.006 mg/ℓ 以下
全シアン	検出されないこと。	トリクロロエチレン	0.03 mg/ℓ 以下
鉛	0.01 mg/ℓ 以下	テトラクロロエチレン	0.01 mg/ℓ 以下
六価クロム	0.05 mg/ℓ 以下	1,3-ジクロロプロペン	0.002 mg/ℓ 以下
砒素	0.01 mg/ℓ 以下	チウラム	0.006 mg/ℓ 以下
総水銀	0.0005 mg/ℓ 以下	シマジン	0.003 mg/ℓ 以下
アルキル水銀	検出されないこと。	チオベンカルブ	0.02 mg/ℓ 以下
PCB	検出されないこと。	ベンゼン	0.01 mg/ℓ 以下
ジクロロメタン	0.02 mg/ℓ 以下	セレン	0.01 mg/ℓ 以下
四塩化炭素	0.002 mg/ℓ 以下	硝酸性窒素及び亜硝酸性窒素	10 mg/ℓ 以下
1,2-ジクロロエタン	0.004 mg/ℓ 以下	ふっ素	0.8 mg/ℓ 以下
1,1-ジクロロエチレン	0.1 mg/ℓ 以下	ほう素	1 mg/ℓ 以下
シス-1,2-ジクロロエチレン	0.04 mg/ℓ 以下	1,4-ジオキサン	0.05 mg/ℓ 以下
1,1,1-トリクロロエタン	1 mg/ℓ 以下		

備考　1　基準値は年間平均値とする。ただし，全シアンに係る基準値については，最高値とする。
　　　2　略
　　　3　海域については，ふっ素及びほう素の基準値は適用しない。
　　　4　略

出典：「水質汚濁に係る環境基準について」(昭和46年環告59号)別表1をもとに作成。

図表 13-2 生活環境の保全に関する環境基準（河川）

項目／類型	利用目的の適応性	水素イオン濃度 (pH)	生物化学的酸素要求量 (BOD)	浮遊物質量 (SS)	溶存酸素量 (DO)	大腸菌群数	該当水域
AA	水道1級 自然環境保全 およびA以下の欄に掲げるもの	6.5以上 8.5以下	1 mg/ℓ 以下	25 mg/ℓ 以下	7.5 mg/ℓ 以上	50 MPN/100mℓ 以下	第1の2の(2)により水域類型ごとに指定する水域
A	水道2級 水産1級 水浴 およびB以下の欄に掲げるもの	6.5以上 8.5以下	2 mg/ℓ 以下	25 mg/ℓ 以下	7.5 mg/ℓ 以上	1,000 MPN/100mℓ 以下	
B	水道3級 水産2級 およびC以下の欄に掲げるもの	6.5以上 8.5以下	3 mg/ℓ 以下	25 mg/ℓ 以下	5 mg/ℓ 以上	5,000 MPN/100mℓ 以下	
C	水産3級 工業用水1級 およびD以下の欄に掲げるもの	6.5以上 8.5以下	5 mg/ℓ 以下	50 mg/ℓ 以下	5 mg/ℓ 以上	―	
D	工業用水2級 農業用水 およびEの欄に掲げるもの	6.0以上 8.5以下	8 mg/ℓ 以下	100 mg/ℓ 以下	2 mg/ℓ 以上	―	
E	工業用水3級 環境保全	6.0以上 8.5以下	10 mg/ℓ 以下	ごみ等の浮遊が認められないこと。	2 mg/ℓ 以上	―	

備考 1 基準値は，日間平均値とする（湖沼，海域もこれに準ずる。）。
2 農業用利水点については，水素イオン濃度6.0以上7.5以下，溶存酸素量5 mg/ℓ以上とする（湖沼もこれに準ずる。）。
3以下　略

出典：「水質汚濁に係る環境基準について」（昭和46年環告59号）別表2をもとに作成。

図表 13-3　生活環境の保全に関する環境基準(河川)

項目 類型	水生生物の生息状況の適応性	基　準　値			該当水域
		全亜鉛	ノニルフェノール	直鎖アルキルベンゼンスルホン酸およびその塩	
生物 A	イワナ、サケマス等比較的低温域を好む水生生物およびこれらの餌生物が生息する水域	0.03 mg/ℓ 以下	0.001 mg/ℓ 以下	0.03 mg/ℓ 以下	第1の2の(2)により水域類型ごとに指定する水域
生物 特A	生物Aの水域のうち、生物Aの欄に掲げる水生生物の産卵場(繁殖場)または幼稚仔の生育場として特に保全が必要な水域	0.03 mg/ℓ 以下	0.0006 mg/ℓ 以下	0.02 mg/ℓ 以下	
生物 B	コイ、フナ等比較的高温域を好む水生生物およびこれらの餌生物が生息する水域	0.03 mg/ℓ 以下	0.002 mg/ℓ 以下	0.05 mg/ℓ 以下	
生物 特B	生物Aまたは生物Bの水域のうち、生物Bの欄に掲げる水生生物の産卵場(繁殖場)または幼稚仔の生育場として特に保全が必要な水域	0.03 mg/ℓ 以下	0.002 mg/ℓ 以下	0.04 mg/ℓ 以下	

備考　1　基準値は、年間平均値とする。(湖沼、海域もこれに準ずる。)
出典:「水質汚濁に係る環境基準について」(昭和46年環告59号)別表2をもとに作成。

とっている。後者については、水素イオン濃度等10項目[11]が設定され、河川、湖沼および海域ごとに、利水目的を考慮した水域群別に設定されている(水域群別方式:図表2)。水質環境基準のあてはめは、閣議決定によって行なわれることとなっていたが、1971年6月に「環境基準に係る水域及び地域の指定権限の委任に関する政令」(昭和46年政令159号)の制定により、国によって類型指定される県際水域を除いて、都道府県知事に指定の権限が委任されている(この政令はその後廃止され、現在は、「環境基準に係る水域及び地域の指定の事務に関する政令」(平成5年政令371号)に代わっている)。

なお、これに伴い、1970年に下水道法が改正され、下水道法の目的のなかに公共用水域の水質の保全に資するという文言が明確に加えられた。下水道への排出水の規制は、下水道法によるが、終末処理場からの排出水は、水質汚濁防止法によって規制されることとなり、下水道の水質保全への役割は増大した。

水質環境基準については、地下水の水質汚濁に係わる環境基準(平成9年環

告10号)が定められている。また，生活環境項目については，新たに公共用水域における水生生物およびその生息または生育環境を保全する観点から水生生物に係る水質環境基準(平成15年環告123号)が定められ，これに全亜鉛の基準値が設定されている。

4. 直接規制の枠組み

(1) 大気汚染防止法による規制枠組

大気汚染の規制は，大別すると，ばい煙排出規制，粉じん規制，からなる。法の中核をなすものは，ばい煙排出規制である。その内容は，(ア)ばい煙の排出基準および指定ばい煙の総量規制基準の設定(3条, 5条の2)，(イ)ばい煙等の排出制限(13条, 13条の2, 18条の10)，(ウ)ばい煙発生施設の設置・変更の届出(6条, 8条, 10条, 18条)，(エ)計画変更命令(9条, 18条の8)，(オ)改善命令(14条, 18条の11)，(カ)燃料使用規制(15条)，(キ)ばい煙等の測定義務(18条の12)，(ク)緊急時の措置(23条)，(ケ)報告徴収・立入検査(26条)などからなっている。このうち，燃料規制については，①季節による燃料使用に関する措置と②指定地域における燃料使用に関する措置がある。①は都市中心部のビル街等における硫黄酸化物による汚染状況に対応するものであり，②は指定地域の特定工場以外の工場等の大気の改善を図るものである。法の体系を**図表13-4**に示す。

(ア) ばい煙排出規制の対象と排出基準

大気汚染防止法では，固定発生源(工場や事業場)から排出される大気汚染物質について，物質の種類ごと，排出施設の種類・規模ごとに排出基準等が定められており，大気汚染物質の排出者にはこの基準の遵守義務が課されている。規制の対象となるばい煙とは，①硫黄酸化物，②すすや微粒粉などのばいじん，③カドミウム，塩素，鉛，窒素酸化物などの有害物質である(法2条1項)。工場・事業場に設置されるばい煙発生施設(33カテゴリー中，一定規模以上の施設)が，規制対象となる。

ばい煙の排出基準は，大別すると，i)一般排出基準(ばい煙発生施設ごとに国

234　第Ⅲ部　公害対策法の仕組みと課題

図表13-4　大気汚染防止法の体系

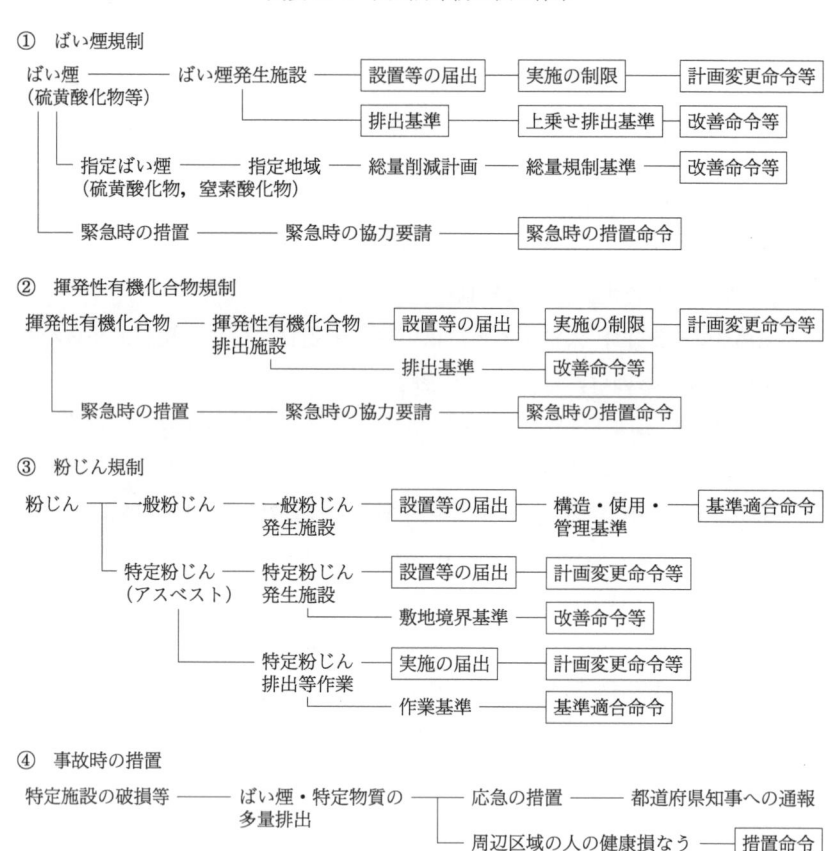

① ばい煙規制

ばい煙（硫黄酸化物等）── ばい煙発生施設 ─┬─ 設置等の届出 ── 実施の制限 ── 計画変更命令等
　　　　　　　　　　　　　　　　　　　　└─ 排出基準 ── 上乗せ排出基準 ── 改善命令等
├─ 指定ばい煙（硫黄酸化物，窒素酸化物）── 指定地域 ── 総量削減計画 ── 総量規制基準 ── 改善命令等
└─ 緊急時の措置 ── 緊急時の協力要請 ── 緊急時の措置命令

② 揮発性有機化合物規制

揮発性有機化合物 ── 揮発性有機化合物排出施設 ─┬─ 設置等の届出 ── 実施の制限 ── 計画変更命令等
　　　　　　　　　　　　　　　　　　　　　└─ 排出基準 ── 改善命令等
└─ 緊急時の措置 ── 緊急時の協力要請 ── 緊急時の措置命令

③ 粉じん規制

粉じん ─┬─ 一般粉じん ── 一般粉じん発生施設 ── 設置等の届出 ── 構造・使用・管理基準 ── 基準適合命令
　　　　└─ 特定粉じん（アスベスト）─┬─ 特定粉じん発生施設 ─┬─ 設置等の届出 ── 計画変更命令等
　　　　　　　　　　　　　　　　　　　　　　　　　　　└─ 敷地境界基準 ── 改善命令等
　　　　　　　　　　　　　　　　　└─ 特定粉じん排出等作業 ─┬─ 実施の届出 ── 計画変更命令等
　　　　　　　　　　　　　　　　　　　　　　　　　　　　　└─ 作業基準 ── 基準適合命令

④ 事故時の措置

特定施設の破損等 ── ばい煙・特定物質の多量排出 ─┬─ 応急の措置 ── 都道府県知事への通報
　　　　　　　　　　　　　　　　　　　　　　　　└─ 周辺区域の人の健康損なう（おそれ）── 措置命令

（注）☐の違反には罰則規定あり。

出典：環境省ホームページ〈http://www.env.go.jp/air/info/pp_kentou/02/mat02.pdf〉（2014年2月10日アクセス）。

が定める基準）(3条2項)，ii)特別排出基準(大気汚染の深刻な地域において，新設されるばい煙発生施設に適用されるより厳しい基準)(硫黄酸化物，ばいじん)(3条3項)，iii)上乗せ排出基準(一般排出基準，特別排出基準では大気汚染防止が不十分な地域において，都道府県が条例によって定めるより厳しい基準)(ばいじん，有害物質)(4条)，iv)総量規制基準(上記に挙げる施設ごとの基準のみによっては環境基準の確保が困難

な地域において，大規模工場に適用される工場ごとの総量基準)(硫黄酸化物および窒素酸化物のみ)(5条の2, 5条の3)，などの基準がある。

この排出基準は，硫黄酸化物，ばいじん，有害物質ごとに異なる方式で定められる。硫黄酸化物については，K値規制[12]を導入し，ばいじんには，排出施設の種類と規模ごとの濃度規制により，また，有害物質については，有害物質の種類と施設の種類ごとに濃度規制を採用している。

総量規制は，K値規制と濃度規制の不十分さを補うものとして，1974年の改正の際に，公害対策先進県の条例で採用されていた規制方式を導入したものである。これは，工場・事業場が集合している地域で，従来の一般排出基準等によっては環境基準の確保が困難な地域にある特定工場から発生する指定ばい煙について，都道府県知事が，①特定工場の削減目標量，②計画の達成の期間，方途を内容とする指定ばい煙総量削減計画を作成し，この計画に基づき，工場または事業場を単位とし，指定ばい煙の合計量の許容限度などから総量規制基準を定めて，排出の制限を特定工場等(一定規模以上の工場または事業場)に課す規制方式である。

総量規制基準は，一律排出基準，特別排出基準，上乗せ排出基準では，環境基準の確保が困難である指定地域において指定ばい煙を排出する特定工場等に適用される基準である。このように，ばい煙規制には，K値による量規制，ばいじんや有害物質に対する濃度規制，さらに，指定ばい煙に対する総量規制の方法が採用されている。

(イ) 粉じん規制

「粉じん」とは，物の破砕，選別その他の機械的処理またはたい積に伴い発生・飛散する物質である(2条4項)。現在，石綿(アスベスト)が特定粉じんとして指定されているが，それ以外の粉じんを一般粉じんといい，規制の対象となる施設を一般粉じん発生施設(コークス炉，ベルトコンベア等の5カテゴリーのうち，一定規模以上のもの)という。

石綿を飛散させるプレス，研磨機等の9種類の機械で一定規模以上のものは，特定粉じん発生施設として指定されている。なお，石綿については，人の健康へのリスクが高いため，石綿を発生・飛散させる原因となる建材を特

定建設材料に指定し，それが使用されている建築物解体等を特定粉じん排出等作業と定義し(2条8号)，作業方法に関する作業基準の遵守を義務づけしている(18条の17)。

(ウ) 移動発生源対策

大気汚染の原因としては，工場などの固定排出源だけではなく，自動車などの移動排出源も大きな割合を占めている。移動排出源の場合には，不特定多数の発生源から排出される上，発生源が移動することから，排出行為を直接規制することは困難である。そこで，新車に対する排出ガス規制[13]が実施され，以後，排出規制の対象とする汚染物質[14]や車種の拡大，現に運行の用に供している車の規制などの自動車排出ガス低減対策が講じられている。

(2) 水質汚濁防止法による規制の枠組
(ア) 規制対象と排水基準

水質汚濁防止法の中心的役割は，特定事業場から公共用水域への排水を規制するにある。法の体系を**図表13-5**に示す。

規制の対象として，特定施設を設置する工場・事業場から公共用水域に排出される水(排出水)には，一律排水基準が適用される(**図表13-6**，**図表13-7**)。なお，生活環境項目については，一日当たり平均排水量50 m³未満は除かれている。特定施設とは，汚水または廃液を排出する施設で，ほぼ全業種にわたり定められている(2条2項，施行令1条および別表第1)。届出の対象となる特定事業場は，特定施設の設置等をする地域と，工場・事業場(特定事業場)の排水量により，届出が必要となる。排水基準については，都道府県は国の定める一律の排水基準にかえて，それよりも厳しい上乗せ基準を適用することができる(3条3項)。

(イ) 規制方式

水質汚濁防止法は，1978年6月の改正によって，いわゆる閉鎖性水域の水質保全対策として，従来の濃度規制に加え，水質総量規制の導入を図るなど，強化された。これは瀬戸内海環境保全臨時措置法の制定に伴うもので

図表 13-5　水質汚濁防止法の体系

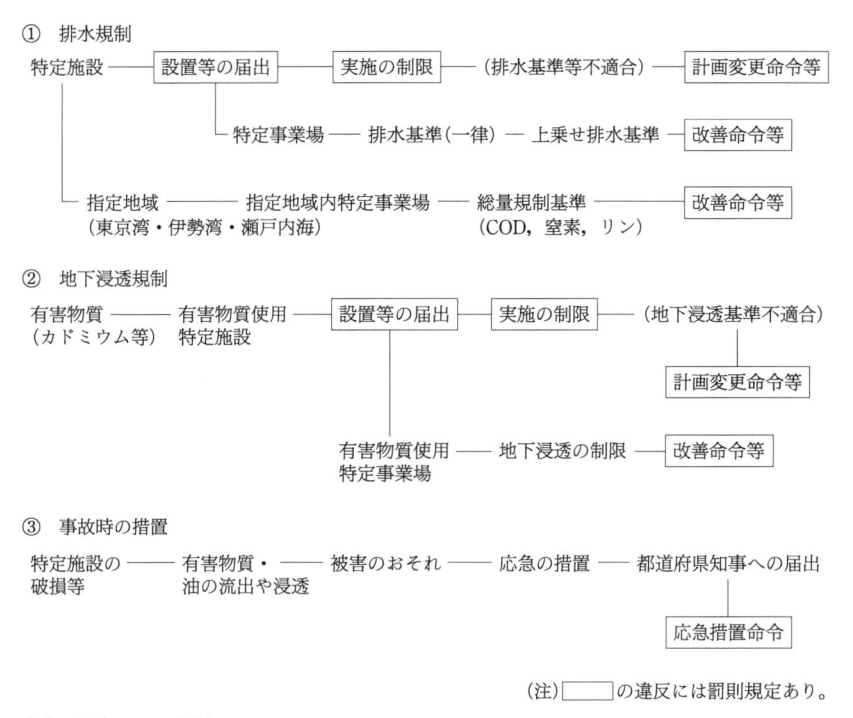

① 排水規制

特定施設 ─┬─ 設置等の届出 ─ 実施の制限 ─（排水基準等不適合）─ 計画変更命令等
　　　　　├─ 特定事業場 ─ 排水基準(一律) ─ 上乗せ排水基準 ─ 改善命令等
　　　　　└─ 指定地域 ─ 指定地域内特定事業場 ─ 総量規制基準 ─ 改善命令等
　　　　　　　（東京湾・伊勢湾・瀬戸内海）　　　　（COD, 窒素, リン）

② 地下浸透規制

有害物質 ─ 有害物質使用 ─┬─ 設置等の届出 ─ 実施の制限 ─（地下浸透基準不適合）─ 計画変更命令等
（カドミウム等）特定施設　└─ 有害物質使用 ─ 地下浸透の制限 ─ 改善命令等
　　　　　　　　　　　　　　特定事業場

③ 事故時の措置

特定施設の ─ 有害物質・ ─ 被害のおそれ ─ 応急の措置 ─ 都道府県知事への届出 ─ 応急措置命令
破損等　　　油の流出や浸透

（注）□ の違反には罰則規定あり。

出典：図表 13-4 に同じ。

あった。その後，1979 年 6 月に COD の総量削減方針が定められ，東京湾等において水質総量規制が実施された。また，湖沼等の閉鎖性水域の水質保全のために，1984 年に湖沼水質保全特別措置法(湖沼法)が制定されたことによって，水質汚濁防止法による水質総量規制は，もっぱら閉鎖性海域を対象とするものになった。

（ウ）　地下浸透規制

　水質汚濁防止法は，工場および事業場(以下「工場等」)から公共用水域に排出される水を規制することにより，公共用水域の水質汚濁の防止を主目的とするものであるが，近年のトリクロロエチレン等有機塩素系の有害物質による地下水汚染の実態が明らかにされたことに伴い，暫定指導指針による指導

図表 13-6　健康項目に関する排水基準

有　害　物　質　の　種　類	許　容　限　度
カドミウムおよびその化合物	0.1 mg/ℓ
シアン化合物	1 mg/ℓ
有機燐化合物(パラチオン，メチル　パラチオン，メチルジメトンおよび EPN に限る。)	1 mg/ℓ
鉛およびその化合物	0.1 mg/ℓ
六価クロム化合物	0.5 mg/ℓ
砒素およびその化合物	0.1 mg/ℓ
水銀およびアルキル水銀その他の水銀化合物	0.005 mg/ℓ
アルキル水銀化合物	検出されないこと
ポリ塩化ビフェニル	0.003 mg/ℓ
トリクロロエチレン	0.3 mg/ℓ
テトラクロロエチレン	0.1 mg/ℓ
ジクロロメタン	0.2 mg/ℓ
四塩化炭素	0.02 mg/ℓ
1,2-ジクロロエタン	0.04 mg/ℓ
1,1-ジクロロエチレン	1 mg/ℓ
シス-1,2-ジクロロエチレン	0.4 mg/ℓ
1,1,1-トリクロロエタン	3 mg/ℓ
1,1,2-トリクロロエタン	0.06 mg/ℓ
1,3-ジクロロプロペン	0.02 mg/ℓ
チウラム	0.06 mg/ℓ
シマジン	0.03 mg/ℓ
チオベンカルブ	0.2 mg/ℓ
ベンゼン	0.1 mg/ℓ
セレンおよびその化合物	0.1 mg/ℓ
ほう素およびその化合物	海域以外　10 mg/ℓ 海域　230 mg/ℓ
ふっ素およびその化合物	海域以外　8 mg/ℓ 海域　15 mg/ℓ
アンモニア，アンモニウム化合物亜硝酸化合物および硝酸化合物	(*)100 mg/ℓ
1,4-ジオキサン	0.5 mg/ℓ

(*)アンモニア性窒素に 0.4 を乗じたもの，亜硝酸性窒素および硝酸性窒素の合計量。
備考　略

出典：「排水基準を定める省令」(昭和 46 年総令 35 号)別表第 1 をもとに作成。

図表 13-7　生活環境項目に関する排水基準

生 活 環 境 項 目	許 容 限 度
水素イオン濃度(pH)	海域以外　5.8-8.6 海域　　　5.0-9.0
生物化学的酸素要求量(BOD)	160 mg/ℓ（日間平均　120 mg/ℓ）
化学的酸素要求量(COD)	160 mg/ℓ（日間平均　120 mg/ℓ）
浮遊物質量(SS)	200 mg/ℓ（日間平均　150 mg/ℓ）
ノルマルヘキサン抽出物質含有量 （鉱油類含有量）	5 mg/ℓ
ノルマルヘキサン抽出物質含有量 （動植物油脂類含有量）	30 mg/ℓ
フェノール類含有量	5 mg/ℓ
銅含有量	3 mg/ℓ
亜鉛含有量	2 mg/ℓ
溶解性鉄含有量	10 mg/ℓ
溶解性マンガン含有量	10 mg/ℓ
クロム含有量	2 mg/ℓ
大腸菌群数	日間平均　3000 個/cm³
窒素含有量	120 mg/ℓ（日間平均　60 mg/ℓ）
燐含有量	16 mg/ℓ（日間平均　8 mg/ℓ）

備考　1　「日間平均」による許容限度は，1日の排出水の平均的な汚染状態について定めたものである。
　　　2　この表に掲げる排水基準は，1日当たりの平均的な排出水の量が50立方メートル以上である工場または事業場に係る排出水について適用する。
　　　3〜7　略

出典：「排水基準を定める省令」（昭和46年総令35号）別表第2をもとに作成。

の経緯等を踏まえて，1989年改正により，地下水汚染対策および事故時の対策の導入が図られた。この改正によって，法の目的の中に，「地下に浸透する水の浸透を規制すること等によって地下水の水質の汚濁の防止を図ること」が加わった。これらの有害物質を含む水の地下への浸透を禁止し(12条の3)，このことを担保するための措置が設けられた。

このほか，知事には，地下水の水質の汚濁の状況を常時監視し(15条)，かつ，地下水の水質の汚濁の状況を公表し(17条)，また毎年，地下水の水質の測定計画を作成する(16条)等の責務が課されている。さらに，1996年の法律改正によって，地下水浄化措置命令制度の導入と事故時対策の充実が図られた。地下水汚染によって健康被害が生じ，または生じるおそれがある場合に

は，都道府県知事は汚染原因者に浄化措置を命じることができる(14条の3)。その場合，12条の3の浸透規制の適用対象者は，有害物質使用特定事業場から水(特定地下浸透水)を排出する者のみに限定されるが，14条の3の適用対象者は，その限定はなく，特定事業場の設置者すべてに適用される。すなわち，すべての地下浸透水を規制していることに留意する必要がある。

(エ) 遵守違反への制裁と無過失賠償責任

大気や水質の排出基準を遵守しなかった場合には，改善命令等を経ずして直ちに罰則が科される直罰制が導入されている(大気汚染防止法第13条，33の2条および36条，水質汚濁防止法第12条，31条および34条)。罰則には，直罰と間接罰があるが，いわゆる1970年の公害国会による法改正によって，当時の大気汚染や水質汚濁の状況に鑑み，この直罰方式が導入された。この罰則(大気汚染防止法33条以下，水質汚濁防止法30条以下)には，違反行為者のみならず法人にも罰金刑を科す両罰規定(大気汚染防止法36条，水質汚濁防止法35条)が設けられている。

なお，測定義務違反に対する罰則は，直罰導入時の改正により，大気の測定義務については削除された。また，水質汚濁の測定義務違反も直罰導入により罰則規定は設けられなかった。なお，1973年の総量規制の導入時に総量規制基準については記録義務違反，または虚偽の記録に対する罰則が置かれたが，総量規制基準違反に対する直罰は規定されなかった。

また，健康被害物質[15]の大気中への排出，あるいは，有害物質の汚水または廃液に含まれた状態での排出または有害物質の地下への浸透により，人の生命または身体を害した場合，過失がなくとも損害賠償の責任を負う無過失責任の規定が盛り込まれている(大気汚染防止法25条，水質汚濁防止法19条)。

5. 汚染源の多様化に対応する環境保全措置

(1) 自主的取組手法の活用による環境対策

大気汚染防止法は，有害大気汚染物質を「継続的に摂取される場合には人の健康を損なうおそれがある(長期毒性を有する)物質で大気の汚染の原因とな

るものであって，同法による工場・事業場規制の対象物質を除くもの」として規定(2条9項)するとともに，各主体の責務を定めている。

特に，事業者は有害大気汚染物質[16]について自主管理計画を作成し，排出抑制に取り組むとされている(18条の21)。この有害大気汚染物質については，十分な科学的知見が整っていないが，未然防止の観点から，早急に発生抑制を行わなければならない物質(指定物質)として，ベンゼン，トリクロロエチレン，テトラクロロエチレン，ジクロロメタン，ダイオキシン類が指定され，それぞれ環境基準および排出抑制基準が定められている。

なお，有害大気汚染物質については，「特定化学物質の環境への排出量の把握等及び管理の改善の促進に関する法律」(PRTR法)の指定物質の政令改正の2009年の施行を踏まえ，2010年9月，有害物質リストに248物質，優先取組物質に23種類が掲げられることになった。

(2) 揮発性有機化合物対策

2004年には，大都市地域を中心として全国で環境基準の達成率が低かった浮遊粒子状物質(SPM)および光化学オキシダント(Ox)の一つである揮発性有機化合物(Volatile Organic Compounds：VOC)に係る工場等の固定発生源からの排出規制措置等を講ずるため，大気汚染防止法が一部改正された。この改正で，目的規定にVOCの規制を追加し，工場・事業場に設置される施設で，VOCの排出量が多いためにその規制を行うことが特に必要なものを排出規制の対象施設(VOC排出施設)とした。施策の指針として，VOCの排出規制と事業者の自主的取組とを適切に組み合わせて，効果的な排出抑制を図ることを定めた。排出規制として，①対象施設の都道府県知事への届出，②排出口からの排出濃度による規制基準の遵守，等を義務づけた。この他，事業者等に対するVOCの排出抑制等に係る責務規定，改善命令等に違反した場合の罰則を設けている。

6. 直接規制による履行確保の強化

(ア) ばい煙・排出水等の測定結果の改ざん等に対する罰則の新設

　ばい煙・排出水等の測定結果の記録に改ざんが行われた場合，都道府県が定期的に立入検査を実施しても，排出基準に適合しない排出があった事実を把握することができず，当該事業場に対する改善命令等の必要な措置を講ずる機会を逸するのみならず，ひいては人の健康や生活環境に係る被害を生ずるおそれを惹起する可能性がある。そのため，2010年改正により，ばい煙・排出水等の測定結果の記録義務の確実かつ適正な履行を図る目的で，当該測定結果の記録義務に罰則を設けることになった。

　これまでも，測定義務及び測定頻度については規定がある。ところが，測定記録義務違反や虚偽記録に対する罰則については，先に述べたように，大気汚染防止法制定時の1968年に罰則規定を付していたが，公害国会の法改正(1970年)時に測定記録義務に関する罰則規定は削除されたという経緯がある。1968年制定時において，ばい煙等の排出基準については，遵守義務を課したが，その一方で，その違反には罰則規定を設けていなかった。しかし，1970年の改正時にその排出基準の遵守違反に直罰規定を新たに設ける等，規制強化を図ったことで，測定記録義務の違反および虚偽記録に対する罰則は削除された。その背景には，排水基準違反に直罰を採用したことから，測定記録等まで罰則を置くのは事業者性善説の建前からみて不適当であり，それには義務づけのみで良いのではないかと考えられていたからである[17]。

(イ) 改善命令の発動要件の見直し

　2010年の大気汚染防止法改正では，継続的な大気汚染の基準超過に対する改善命令の発動要件が見直された。

　ばい煙発生施設については，排出基準または総量規制基準に係る違反が生じても，直ちに一般環境大気測定局における測定により，大気汚染の環境基準に不適合が発生する事態は生じにくかったが，排出基準の不適合が継続的に現出するようになると，当該ばい煙発生施設周辺の住民の健康また生活環

境に係る被害が発生するおそれがある。そこで，14条が規定する改善命令等の発動要件のうち，「その継続的な排出により人の健康又は生活環境に係る被害を生ずると認めるとき」を削除し，「排出基準に適合しないばい煙を継続して排出するおそれがある場合」に改善命令を発することができると改められた。

　他方，2010年の水質汚濁防止法改正では，汚水の流出事故時の対策強化のため，これまでの規制対象施設や物質以外による汚水流出事故にも対応できるよう制度の拡充が図られた。すなわち，事故時の対応として，指定物質を製造する施設(指定施設)を設置する工場等の設置者に対し，事故によりこれらの物質を含む水が排出された場合等における応急の措置および都道府県知事への届出が義務づけされた。

（ウ）未然防止対策

　大気汚染防止法では，2028年頃をピークとして石綿使用の建築物の解体が増加することから，特定粉じん(石綿)の飛散による被害の防止対策として，2013年の法改正により，①石綿の飛散を伴う解体等工事の実施の届出義務者を，工事施工者から発注者に変更し，発注者にも一定の責任を担わせること，②解体等工事の受注者に，石綿使用の有無の事前調査の実施および発注者への調査結果等の説明を義務づけること，③都道府県知事等による立入検査の対象に解体等工事に係る建築物等を加えるとともに，報告徴収の対象に解体等工事の発注者または自主施工者を加えること，などの規制の強化を図っている(18条の15，18条の17)。

（エ）地下水の未然防止対策

　2011年，水質汚濁防止法の改正により，①有害物質を貯蔵する施設の設置者等(有害物質使用特定施設設置者又は有害物質貯蔵指定施設設置者)についての届出規定を創設し，有害物質を貯蔵する施設の設置者等に対し，当該施設の構造，設備，使用の方法等についての届出を義務づけること(5条3項)，②基準遵守義務を創設し，有害物質を貯蔵する施設の設置者等は，有害物質による地下水の汚染の未然防止を図るため，構造等に関する基準を遵守すること

(12条の4），③基準遵守義務違反時の改善命令を創設し，都道府県知事は，届出があった施設が基準に適合していない場合，構造等に関する計画の変更または廃止を命ずることができること，また，構造等に関する基準を遵守していないと認めるときは，構造等の改善，施設の使用の一時停止を命ずることができること(13条の3)，④定期点検義務を創設し，有害物質を貯蔵する施設の設置者等に対し，定期的にその施設の構造等を点検し，その点検結果の記録に加え，その記録の保存を義務づけている(14条5項)。

（オ）水環境保全のための面源対策

炊事，洗濯，入浴等の人々の日常生活に伴い排出される生活排水は，公共用水域の水質汚濁の主要な原因の一つになっている。このため，水質汚濁防止法では，都道府県は生活排水対策が特に必要と認められる地域を生活排水対策重点地域として指定し，重点地域内では，浄化槽設置や生活排水対策の普及啓発を推進することとしている。また，閉鎖性水域である湖沼の水質の保全を図るため，国が湖沼水質保全基本方針を定め，水質の汚濁に係る環境基準の確保が緊要な湖沼について水質の保全に関し実施すべき施策に関する計画の策定および汚水，廃液その他の水質の汚濁の原因となる物を排出する施設に係る必要な規制を行う等の特別の措置を講じる湖沼法を制定している。

しかし，法施行後20年以上が経過した現在も湖沼の水質改善が停滞している現状を踏まえ，2005年の改正により，湖沼に流入する汚濁負荷を削減することで一層の水質改善を図るため，①流出水対策地区の新設(25条)，②工場・事業場に対する規制の見直し，③湖辺環境保護地区の新設(29条)，④湖沼計画の策定手続に関係住民の意見聴取を位置づけること(4条4項)，等の措置を講じている。特に，②では，これまでは新増設の工場・事業場についてのみ実施していた負荷量規制を既設事業場に対しても適用するとしている(旧11条の既設施設は適用除外とする規定の削除)。

7. 大気・水環境管理法の課題

大気・水環境管理は，これまで規制項目を個別に特定し，工場等の指定と

排出規制の実施による管理を行い，一定の成果をあげているが，一方で，2010年の欧州産業排出指令(IED指令)[18]にみるように大気・水・土壌の各環境媒体の管理を統合的に規制し，工場等の許可の際に利用可能な最善な技術(Best Available Techniques：BAT)を活用するような対応策の検討も課題としてあげられる。

また分野横断的な課題として，放射性物質の適用除外に係る環境法令の整備の課題がある。従来，環境基本法13条の規定により，放射性物質による汚染等は，原子力基本法等に対応を委ねてきたが，2011年3月11日に発生した東日本大震災による東京電力福島第一原子力発電所からの放射性物質が一般環境中に放出されたことから，原子力規制委員会設置法の附則より，環境基本法13条は削除された。他方，個別の環境法については，適用除外規定を有した状態となっていたが，2013年6月，大気汚染防止法及び水質汚濁防止法については，放射性物質に係る適用除外規定(大気汚染防止法27条および水質汚濁防止法23条)を削除し，環境大臣が放射性物質による大気汚染・水質汚濁の状況を常時監視することとする，「放射性物質による環境の汚染の防止のための関係法律の整備に関する法律」が制定された。放射性物質や震災による有害物質等に係る大気環境，水環境の保全のため，環境モニタリングが強化されることになったが，有効かつ迅速な除染等の課題が残されている。

〈注〉
1) 規制的手法については，桑原勇進「規制的手法とその限界」新美育文ほか編『環境法大系』(商事法務，2012年)239-256頁参照。
2) 「水面に汚染水の水滴を落とした時に濃度が10倍に薄められる」という経験則によるとの解説がある。北村喜宜『環境法〔第2版〕』(弘文堂，2013年)354頁参照。
3) 規制的手法は，社会全体として達成すべき一定の目標と最低限の遵守事項を示し，これを法令に基づく統制的手段を用いて達成しようとする手法である。第四次環境基本計画(第1部26頁)では，直接的規制手法として紹介されている。
4) 本章のテーマに関する主要文献として，松村弓彦ほか『ロースクール環境法〔第2版〕』(成文堂，2010年)168-191頁，大塚直『環境法〔第3版〕』(有斐閣，2010年)332-380頁，北村・前掲(注2)334-405頁，淡路剛久「大気汚染防止法・水質汚濁防止法の課題と展望」新美ほか編・前掲(注1)525-536頁などを参照されたい。

5) 大塚直『環境法 BASIC』(有斐閣, 2013 年) 57 頁。
6) 大塚・前掲(注5) 57 頁。
7) 自主的取組手法とは, 事業者などが自らの行動に一定の努力目標を設けて対策を実施するという取組みを促す手法である。技術革新への誘因となり, 関係者の環境意識の高揚や環境教育・環境学習にもつながるという利点が指摘されている。第四次環境基本計画(第1部26頁)参照。
8)「公共用水域の水質の保全に関する法律」と「工場排水等の規制に関する法律」。
9) 対象物質として, ベンゼン, トリクロロエチレン, テトラクロロエチレンおよびジクロロメタン。
10) 公共用水域とは, 河川, 湖沼, 港湾, 沿岸海域その他公共の用に供される水域およびこれに接続する公共溝渠, 灌漑用水路その他公共の用に供される水路(終末処理場を設置する公共下水道および流域下水道)をいう(水質汚濁防止法2条)が, 生活環境の保全に関する環境基準は, 河川, 湖沼および海域に設定されている。
11) 水素イオン濃度, 生物化学的酸素要求量, 浮遊物質量, 溶存酸素, 大腸菌群数, 全亜鉛, 全窒素, 全燐, 化学的酸素要求量, n-ヘキサン抽出物質である。
12) 全国を100以上の地域に細分し, その地域ごとに定める定数(K値といい, 16種類ある)を一定の計算式に代入し, ばい煙発生施設ごとにその排出口の高さに対応して算出される一時間当たりの排出許容限度量として示される(大気汚染防止法施行規則3条)。
13) 環境大臣が自動車排出ガスの量の許容限度を定める。新たに生産される自動車一台ごとの排出ガス量に対する規制である。それは, 自動車排出ガスの排出重量または排出濃度として定められる。この値は, 規制対象となるすべての自動車の排出量がそれを超えてはならない上限値であり, 道路運送車両法に基づく保安基準としても同じ値が規定されている。
14) 規制対象物質は, 一酸化炭素, 炭化水素, 鉛が法定され(大気汚染防止法2条14項), その他に窒素酸化物と粒子状物質が政令指定されている(大防法施行令4条)。また, 粒子状物質のうちディーゼル黒煙も「自動車排出ガスの量の許容限度」(昭和49年環告1号)として告示されている。
15) ばい煙, 特定物質または粉じんで, 生活環境のみに係る被害を生ずるおそれがある物質として政令で定めるもの以外のものをいう(大気汚染防止法25条)。
16) 該当する可能性のある物質として234種類。そのうち特に優先取組物質23種類。
17) 環境庁大気保全局監修『逐条解説大気汚染防止法』(ぎょうせい, 1984年) 190 頁。
18)「産業排出物(統合公害防止及び管理)に関する2010年11月24日の欧州議会及び理事会指令2010/75/EU」"Directive 2010/75/EU of the European Parliament and of the Council of 24 November 2010 on industrial emissions (integrated pollution prevention and control)", Official Journal of the European Union, L334, 17.12.2010, pp.17-119.

第14章 土壌汚染対策法制の現状と課題

牛嶋 仁

　土壌汚染対策法は，土壌汚染による人の健康被害を防止するための法律である。同法は，汚染調査義務が生じる場合を定め，調査により同法令が定める汚染が判明したとき，土地所有者等または汚染原因者には，リスク管理のための対策義務が生じる。この対策義務(その方法は，掘削除去や浄化のみではない)が課されたことにより，土地の評価や取引等に影響が生じている。

1. 土壌汚染とその対策法制

(1) 土壌汚染の意義と性格

　土壌汚染とは，工場等の事業活動や廃棄物の投棄等によって土壌が有害物質に汚染されている現象をいう。環境基本法が定める典型7公害の一つである(2条3項)[1]。わが国においては，土壌汚染による農作物被害及び深刻な健康被害が生じた例として，足尾銅山鉱毒事件(1890年頃以降)，イタイイタイ病の原因となった富山県神通川流域のカドミウム農地汚染事件(1950年代後半以降)が有名である。1970年代以降は，市街地にある工場等の汚染や有害物質廃棄による汚染(重金属や揮発性有機化合物)が，産業構造の転換による土地の転用により判明し，各地で問題となった。

　土壌汚染は，ストック型汚染である。すなわち，次のような性格がある。第一に，有害物質が蓄積して汚染されることが多い(蓄積性)。第二に，浄化しない場合汚染状態が継続する(不可逆性)。第三に，特に，市街地汚染については，地下水汚染を引き起こしたり[2]，開発等により汚染部分が露出しない限り，汚染による健康被害またはそのおそれが顕在化することが多くない(局地性と暗数の存在)。第四に，汚染土壌のある土地が私権の対象であり，一般に膨大な対策費用を要することがある。このため，土壌汚染対策は，大気

汚染や水質汚濁等他の汚染に遅れてその法制が整備されることとなった。

　一方，土地取引に先立ち，法律上義務付けられた調査の対象となっていない場合でも土壌汚染の自主調査が行われることは少なくない。このことからこの自主調査の結果をどのように活用するかも重要である(2(3)(オ)参照)。

(2) 土壌汚染対策法制の歴史

　土壌汚染対策を最初に法制化したのは，神通川流域カドミウム汚染を契機とし，農用地の土壌汚染対策を目的とし，1970年に制定された「農用地の土壌の汚染防止等に関する法律」(農用地土壌汚染防止法)であった。同法によれば，事業主体は，国または都道府県であり(公共事業型)，費用負担者は，公害防止事業費事業者負担法によって汚染原因者とされていた(2条2項3号, 3条)。このしくみは，1999年に制定されたダイオキシン類対策特別措置法(ダイオキシン法)にも採用されている。ちなみに，農用地土壌汚染防止法による神通川流域カドミウム汚染地の修復には，1979年から2012年まで33年の歳月を要している。

(3) 土壌汚染対策法制定前の状況

　土壌汚染対策法(以下，単に「法」と呼ぶことがある)制定前，土壌汚染が存在することが判明した場合，汚染原因者に対しては，土地の瑕疵担保責任や不法行為責任(汚染被害が生じた場合)等民事上の責任を問うことしかできなかった。そこで，工場跡地等を抱える自治体は，要綱に基づく行政指導により自主的な対策を求め，それらは，後に条例化されていった[3]。条例によっては，対策の契機として，工場・事業場の廃止の他，土地の区画形質の変更を定めたものがあり，後に2009年改正土壌汚染対策法における仕組みの参考とされた。

2. 土壌汚染対策法

(1) 土壌汚染対策法(2002年)制定とその改正(2009年)

　土壌汚染対策法[4]は，農用地以外の土壌汚染について対策を講じるため，

2002年に制定された[5]。その背景として，上記のとおり，国内において農用地以外の土壌汚染の問題が顕在化したことや諸外国において土壌汚染対策法制の整備が進展し，参考とされたことによる（OECDからは，2002年に法制整備の勧告を受けていた）。

土壌汚染対策法は，対策として掘削除去＋汚染土壌の搬出が数多く利用されたことや規制対象範囲が狭く，法の対象とならない調査や対策が多かったことなどから，2009年に改正され，①土壌汚染状況調査の契機の拡大，②指定区域を2種類に増やすことによる環境リスク管理の充実，③汚染土壌の搬出・運搬・処理規制の創設等を行った[6]。

(2) 土壌汚染対策法の特徴
(ア) 目的は，人の健康保護

土壌汚染対策法は，土壌汚染による人の健康被害を防止するために制定された。すなわち，「国民の健康保護」(1条) が立法目的であり，生活環境の保全や土壌汚染自体の未然防止は，目的とされていない。

(イ) 規制対象物質

規制対象物質は，汚染土壌を直接摂取した場合と土壌汚染が地下水を引き起こしその飲用によって摂取する場合を想定し，人の健康被害を防止するため，**図表14-1** のとおり定められている（2条1項，施行令1条）。

自然由来汚染は，人の健康保護のためには汚染原因によって区別する必要がないことから，2009年改正法の施行通知において新たに対策対象とされた。ただし，区域台帳（2(3)(オ)参照）には，その旨が記載され，調査方法や規制の緩和が図られている。

ダイオキシン類及び放射性物質については，各々ダイオキシン法，「平成二十三年三月十一日に発生した東北地方太平洋沖地震に伴う原子力発電所の事故により放出された放射性物質による環境の汚染への対処に関する特別措置法」が規制しているので，土壌汚染対策法の対象とはされていない。

図表 14-1　土壌汚染対策法が定める規制対象物質と規制基準

分　類	特定有害物質の種類	土壌溶出量基準 (mg/L)	土壌含有量基準 (mg/kg)
第一種 特定有害物質	四塩化炭素	0.002 以下	―
	1,2-ジクロロエタン	0.004 以下	―
	1,1-ジクロロエチレン	0.02 以下	―
	シス-1,2-ジクロロエチレン	0.04 以下	―
	1,3-ジクロロプロペン	0.002 以下	―
	ジクロロメタン	0.02 以下	―
	テトラクロロエチレン	0.01 以下	―
	1,1,1-トリクロロエタン	1 以下	―
	1,1,2-トリクロロエタン	0.006 以下	―
	トリクロロエチレン	0.03 以下	―
	ベンゼン	0.01 以下	―
第二種 特定有害物質	カドミウム及びその化合物	0.01 以下	150 以下
	六価クロム化合物	0.05 以下	250 以下
	シアン化合物	検出されないこと	50 以下 (遊離シアンとして)
	水銀及びその化合物	水銀が 0.0005 以下，かつ，アルキル水銀が検出されないこと	15 以下
	セレン及びその化合物	0.01 以下	150 以下
	鉛及びその化合物	0.01 以下	150 以下
	砒素及びその化合物	0.01 以下	150 以下
	ふっ素及びその化合物	0.8 以下	4,000 以下
	ほう素及びその化合物	1 以下	4,000 以下
第三種 特定有害物質	シマジン	0.003 以下	―
	チオベンカルプ	0.02 以下	―
	チウラム	0.006 以下	―
	ポリ塩化ビフェニル	検出されないこと	―
	有機りん化合物	検出されないこと	―

第一種特定有害物質(揮発性有機化合物)には，地下水等経由リスクがあり，土壌ガス調査の結果，土壌ガスが検出された場合，土壌溶出量調査が行われる(施行規則 8 条)。第二種特定有害物質(重金属等)には，直接摂取リスクがある。第三種特定有害物質(農薬等)には，地下水等経由リスクがある。

出典：規制対象物質については，施行令 1 条，施行規則 6 条 1 項参照。土壌溶出量基準については，施行規則 31 条 1 項，同別表第 3 参照。土壌含有量基準については，施行規則 31 条 2 項，同別表第 4 参照。上記以外に第二溶出量基準(施行規則 9 条 1 項 2 号，同別表第 2)もある。

（ウ）　調査・対策主体は，私人（規制型）

　農用地土壌汚染防止法，ダイオキシン法のように公共事業型を採用する法律もあるが，土壌汚染対策法は，規制型を採用した。すなわち，調査・対策主体は，土地所有者・管理者・占有者(以下「土地所有者等」。私人)である。もっとも，対策は，原因者が判明している場合，原因者が行う(2(2)(エ)，2(3)(ウ)参照)。

（エ）　費用負担者は，土地所有者等または汚染原因者

　〈土地所有者等の責任〉　調査・対策の費用負担につき，第一義的には土地所有者とした。その背景にあるのは，「状態責任」である。すなわち，危険な土地を所有している者は，その危険による被害を防止する責任があるという考え方である。

　〈汚染原因者の責任〉　汚染原因者が判明している場合には，原因者が負担する(しかしながら，関係者が複数であったり，入れ替わったりしていることがあるため，その立証が容易でないこともある)。汚染原因者が判明している場合の原因者負担を強調すれば，原因者負担原則に従っていることになる。

　土地所有者等は，当該土地において対策を講じた場合，原因者に対し，当該対策費用を請求することができる。ただし，次の場合には，請求権は消滅する。すなわち，①当該指示措置等を講じ，かつ，その行為をした者を知った時から3年間行わない場合，②当該指示措置等を講じた時から20年を経過した場合である(8条)。

　〈日本法の費用負担に関する考え方〉　以下のとおり，4点の特徴がある。第1に，土地所有者が第一義的責任を負う。その根拠は，前述の状態責任であるが，それに加えて日本の場合には，土地所有権が比較的強く保障されていることや登記制度により土地所有者を比較的容易に確認しやすいことも理由にあげられる。第2に，無過失・遡及責任である。汚染(原因者)と土地取得(土地所有者)について法施行前の行為に対する遡及適用がある。有害物質の使用が適法であったかどうかは関係がない。無過失責任と遡及責任について，状態責任(土地所有者等)と原因者負担原則(汚染原因者)がその根拠である。第3に，連帯責任ではない。潜在的責任当事者間で紛争が生じにくい制度と

する必要があるためである。第4に、比例原則が適用される。すなわち、汚染原因者の場合、各々の汚染寄与分に応じて責任を負い、土地所有者の場合、その持ち分に応じて責任を負う。

　(オ)　規制基準

　土壌汚染対策法・施行令の定める特定有害物質が環境省令で定める基準(図表14-1)に適合しない場合、規制対象区域として指定、公示し、台帳を調製し、閲覧に供する(2(3)(イ)(オ)参照)。基準には、土壌溶出量基準(水に溶かしてその溶出量を測定)と土壌含有量基準(土壌に含まれる量を測定)があり、環境基準(1991年追加)に対応して定められている。

(3)　土壌汚染対策法のしくみ(図表14-2参照)
　(ア)　汚染調査の契機

　汚染対策は、調査によって始まる。土壌汚染の性格(1(1)参照)から調査なければ汚染なしとなる可能性が高いので、土壌汚染対策のための法制度が有効に機能するかどうかは、法律に定められた調査義務の範囲と自主調査の活用によることになる。土壌汚染対策法が定める調査の契機には、3種類ある。(i)3条、(ii)4条、(iii)5条それぞれが定める要件に基づく調査である。

　〈3条調査〉「有害物質使用特定施設」(水質汚濁防止法2条2項に規定する特定施設であって特定有害物質〔同法同条2項1号〕を製造・使用・処理するもの)の使用を廃止する場合、土地所有者等は、土壌汚染状況調査を行い、都道府県知事に報告しなければならない。

　ただし、汚染による人の健康被害が生じるおそれがない(関係者以外の者が立ち入ることのできない工場・事業場の敷地として継続利用する場合)ことを都道府県知事が確認(行政処分)した場合、土地所有者等は調査義務の履行が猶予される(3条1項)。もっとも、土地の利用方法の変更により猶予要件を満たさなくなった場合、当該確認は取り消される(3条5項、2009年改正法新設)。

　3条調査は、土壌汚染のリスクの高い工場・事業場に的を絞り、調査を行いやすいその廃止時に調査義務を課している。一方、制定当初は、本条の規定により、(5条〔旧4条〕があっても)法の効果が限定的になるとの意見もあった

図表 14-2　土壌汚染対策法の土壌汚染状況調査と区域指定・解除のフロー図

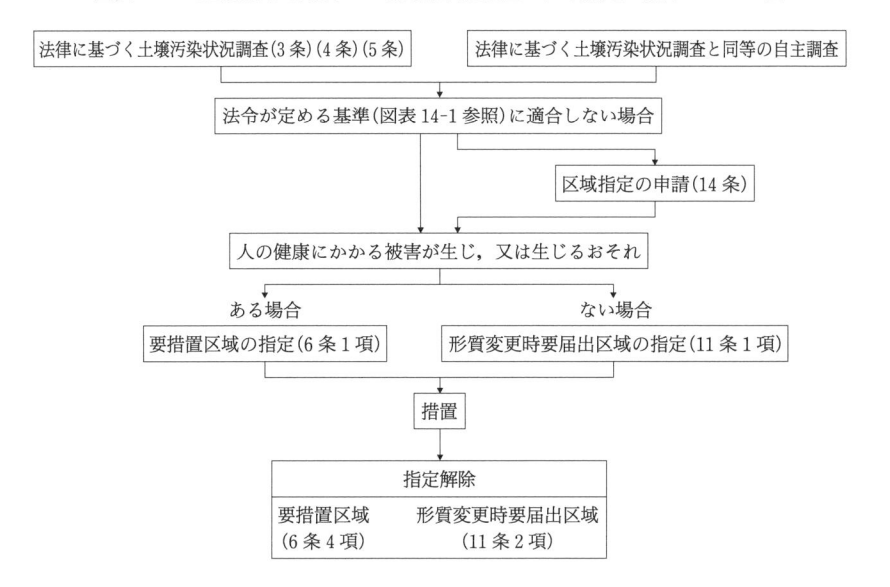

```
┌─────────────────────────────┐    ┌─────────────────────────────┐
│法律に基づく土壌汚染状況調査(3条)(4条)(5条)│    │法律に基づく土壌汚染状況調査と同等の自主調査│
└─────────────────────────────┘    └─────────────────────────────┘
                    │                              │
                    └──────────────┬───────────────┘
                                   ▼
                    ┌─────────────────────────────┐
                    │法令が定める基準(図表14-1参照)に適合しない場合│
                    └─────────────────────────────┘
                                   │         ┌─────────────────┐
                                   │         │区域指定の申請(14条)│
                                   │         └─────────────────┘
                                   ▼
                    ┌─────────────────────────────┐
                    │人の健康にかかる被害が生じ，又は生じるおそれ│
                    └─────────────────────────────┘
                         ある場合        ない場合
                    ┌──────────────┐  ┌──────────────────────┐
                    │要措置区域の指定(6条1項)│  │形質変更時要届出区域の指定(11条1項)│
                    └──────────────┘  └──────────────────────┘
                            │
                          ┌───┐
                          │措置│
                          └───┘
                            │
                    ┌─────────────────────┐
                    │      指定解除          │
                    │要措置区域  形質変更時要届出区域│
                    │(6条4項)     (11条2項)    │
                    └─────────────────────┘
```

(推定汚染箇所数に比較してその範囲が狭いこと，法律施行前の工場・事業場の廃止については適用されないこと，調査猶予の確認のしくみがありその数が極めて多いことなどによる)が，これについては，漸次に対策対象を拡大していく(2009年改正部分参照)という法政策として見ることもできる。

〈4条調査(2009年改正法新設)〉　3000 m² 以上(施行規則22条)の土地の形質変更(土地の掘削など)をする場合，着手日の30日前までに所定事項を都道府県知事に届けなければならない。これに対して，都道府県知事は，当該土地が特定有害物質によって汚染されているおそれがあるものとして環境省令で定める基準に該当すると認めるときは，当該土地の所有者等に対し，土壌汚染状況調査をさせてその結果を報告すべきことを命じることができる。

4条調査は，3条調査の対象とならない汚染がある場合，土地の形質変更による汚染土壌の露出・飛散，地下水汚染，汚染土壌の搬出などを引き起こすことから調査契機の拡大をめざして改正により採用された。条例では，土一定規模以上の土地の形質変更を調査契機としていたものがあり，それらの知見を取り入れたと考えられる。

〈5条調査〉 都道府県知事は,「土壌の特定有害物質による汚染により人の健康に係る被害が生ずるおそれがあるものとして政令で定める基準に該当する土地がある」と認める場合,当該土地の所有者等に対し,土壌汚染状況調査をさせて,その結果を報告すべきことを命じることができる。

5条調査は,3条及び4条による調査では把握できない汚染があり,かつ人の健康に被害が生じるおそれがある場合(飲用に利用している地下水汚染が生じているか確実である場合や人が立ち入り可能な土地があり,対策が講じられていない場合。施行令3条),当該土地の所有者等に対し,調査及び報告の命令を出すことができることを定めている。

上記3つの調査は,土壌汚染状況調査(2条2項)として,法が定める指定調査機関によって行われなければならない。

(イ) 区域の指定

〈2009年改正法によるリスク管理対象区域の分類〉 2009年改正法は,形質変更時要届出区域を新設して,汚染状態に加えて健康被害が生じるおそれの有無等により,区域を分け,リスク管理対象区域を分類した[7]。区域指定の要件と効果は,以下のとおりである。

〈要措置区域の指定(6条)〉 土壌汚染状況調査の結果,都道府県知事が当該土地につき次の2要件に該当すると判断した場合,要措置区域として指定・公示する(同条1項本文,2項)。その2要件とは,①「土壌汚染状況調査の結果,当該土地の土壌の特定有害物質による汚染状態が環境省令で定める基準に適合しないこと」(同条1項1号),②「土壌の特定有害物質による汚染により,人の健康に係る被害が生じ,又は生ずるおそれがあるものとして政令で定める基準に該当すること」(同条1項2号)である。

要措置区域内においては,対策自体を除き,土地の形質の変更をしてはならない(9条)。

〈形質変更時要届出区域の指定(11条)〉 土壌汚染状況調査の結果,要措置区域の指定に関する2要件のうち,①のみ該当し,②に該当しない場合,都道府県知事は,当該土地の形質を変更しようとするときの届出をしなければ

ならない区域として指定・公示する(同条1項)。

土地の形質変更の届出が行われた場合，都道府県知事は，その施工方法が環境省令で定める基準に適合しないと認めるときは，計画変更を命じることができる(12条4項)。

2区域ともその要件を満たさなくなった場合，区域指定が解除され(6条4項，11条2項)，台帳からも削除される(施行規則58条7項。4(2)参照)。

(ウ) 措置の指示と措置命令

都道府県知事は，要措置区域の指定をしたときは，環境省令で定めるところにより，「当該汚染による人の健康に係る被害を防止するため必要な限度において，要措置区域内の土地の所有者等に対し，相当の期限を定めて，当該要措置区域内において汚染の除去等の措置を講ずべきことを指示する」ものとされている(7条1項)。

ただし，次の3要件を備える場合，原因者に指示を出すこととなる。その3要件とは，①原因者が明らかであること，②当該原因者に汚染の除去等の措置を講じさせることが相当であると認められること，③これを講じさせることについて当該土地の所有者等に異議がないことである。

この指示を受けた者は，①指示により示された措置(盛土，舗装，封じ込めなど)，または，②①と同等以上の効果を有すると認められる汚染の除去等の措置として環境省令で定めるものを講じなければならない。これにより，人の健康被害を防止するため汚染の除去等の措置が複数考えられる場合，義務者が選択できるようにしている。

都道府県知事は，指示を受けた者が①②のいずれも講じていないと認めるときは，環境省令で定めるところにより，その者に対し，当該指示措置等を講ずべきことを命じることができる(7条4項)。

(エ) 土壌汚染対策法が定める義務の実効性の確保

〈略式代執行〉 調査報告義務(5条1項)につき，都道府県知事は，①「過失がなくて当該調査等を命ずべき者を確知することができず」，かつ，②これ

を放置することが著しく公益に反すると認められるときは，その者の負担において，当該調査を自ら行うことができる(5条2項)。措置の指示・措置命令についても同様である(7条1項，7条5項)。

〈費用支援〉 義務者の資力が十分でない場合，指定支援法人に設置された基金(官民からの出えん)による助成金によって自治体が義務者の調査・措置等を助成する。

〈行政代執行〉 義務者が調査・措置等の義務を履行しない場合，行政代執行法に基づき，行政代執行を行うことができる。

(オ) 台帳と自主調査による区域指定申請(2009年改正法新設)

台帳は，要措置区域・形質変更時要届出区域の2種類が調製され，公衆の閲覧に供される(15条)。これは，①周辺住民への情報提供，②土地取引，土地の形質変更の際の情報提供，③汚染土壌搬出による新たな汚染の防止などを目的とする[8]。台帳による情報の提供は，汚染土壌を含む土地の評価が関わるため，汚染対策を促進する効果を持つ(情報的手法)。

2009年改正法は，法律によって義務付けられていない自主調査によって汚染が判明した場合について，区域指定の申請制度を設け(14条)，法定調査に比較して数の多い自主調査の成果を法制度と結びつけた。旧法の下では，自主調査で汚染が判明してもそれが活用されなかったので，それへの対応である。

(カ) 汚染土壌の搬出・運搬・処理規制(2009年改正法新設)

〈要措置区域・形質変更時要届出区域内の土壌の搬出(16条)〉 要措置区域・形質変更時要届出区域内の土壌を区域外へ搬出しようとする者は，事前に都道府県知事に届け出なければならない。都道府県知事は，法令の定める基準に適合しない場合，計画変更命令を出すことができる。

〈要措置区域・形質変更時要届出区域内の土壌の運搬基準(17条)〉 要措置区域・形質変更時要届出区域外において汚染土壌を運搬する者は，環境省令で定める汚染土壌の運搬に関する基準に従い，当該汚染土壌を運搬しなければならない。

〈汚染土壌を要措置区域・形質変更時要届出区域外へ搬出する者の委託義務(18条)〉　汚染土壌を当該要措置区域等外へ搬出する者は，当該汚染土壌の処理を汚染土壌処理業者に委託しなければならない。

〈都道府県知事による措置命令(19条)〉　都道府県知事は，17条・18条が定める義務に違反する場合，汚染の拡散防止のため必要があると認めるときは，運搬・搬出者に対し，必要な措置を講ずべきことを命じることができる。

〈管理票の交付義務(20条)〉　汚染土壌搬出者は，汚染土壌の運搬・処理を都道府県知事の許可を受けた汚染土壌処理業者(22条)に委託することになるが，この場合，環境省令で定める事項を記載した管理票を交付しなければならない。

3.　土壌汚染をめぐる訴訟

(1)　民事訴訟

土壌汚染をめぐって民事訴訟を提起する場合には，瑕疵担保責任を理由とした契約解除または損害賠償請求(民法570条および同条が準用する566条)，不法行為責任・債務不履行責任による損害賠償請求が考えられる。

瑕疵担保責任は，土地(売買の目的物)の買主が売主に対して，汚染が「隠れた瑕疵」にあたると主張する場合に問題となる。売買契約時に規制の対象となっている汚染物質が含まれている場合には，一般にこれに当たると考えられるが，売買契約時に規制の対象となっていない場合はどうであろうか。この点につき，買い受けた土地の土壌にふっ素が含まれていたため，売買契約締結後に東京都条例に基づく規制の対象となり，汚染拡散防止措置の費用を請求した事例において，「売買契約の当事者間において目的物がどのような品質・性能を有することが予定されていたかについては，売買契約締結当時の取引観念をしんしゃくして判断すべき」であり，「売買契約締結当時，取引観念上，ふっ素が土壌に含まれることに起因して人の健康に係る被害を生ずるおそれがあるとは認識されておらず，被上告人の担当者もそのような認識を有していなかった」として瑕疵担保責任を認めなかった事例がある(最三小判平成22年6月1日民集64巻4号953頁，判時2083号77頁，環境法判例百選〔第

2版〕45事件)。

不法行為責任による損害賠償請求が認められた事例としては,汚染原因者に対する損害賠償を認めた公調委裁定平成20年5月7日判時2004号23頁,環境法判例百選〔第2版〕109事件がある。債務不履行による損害賠償が認められた事例としては,「買主が同調査を行うべきかについて適切に判断をするためには,売主において土壌汚染が生じていることの認識がなくとも,土壌汚染を発生せしめる蓋然性のある方法で土地の利用をしていた場合には,土地の来歴や従前からの利用方法について買主に説明すべき信義則上の付随義務を負うべき場合もある」(説明義務違反)として損害賠償責任を認めた事例がある(東京地判平成18年9月5日判時1973号84頁)。

(2) 行政訴訟・国家賠償請求訴訟

土壌汚染をめぐって行政訴訟を提起する場合には,土地の所有者等が争う事例として,土壌汚染対策法に基づく処分の取消訴訟等が考えられる。この場合,調査命令前の通知(3条2項)や措置命令前に行われる指示(7条1項)の処分性が問題となる。前者につき,最高裁は,「法3条2項による通知は,通知を受けた当該土地の所有者等に上記の調査及び報告の義務を生じさせ,その法的地位に直接的な影響を及ぼすものというべきである」としてその処分性を認めている(最二小判平成24年2月3日民集66巻2号148頁,判自355号35頁,平成24年度重判解43頁)。その他に,付近住民によって提起される区域指定や措置命令の義務付け訴訟が考えられる。

土壌汚染をめぐる国家賠償請求訴訟は,処分の相手方が提起する場合の他,区域指定をしないなど規制権限不行使を理由として付近住民が提起する場合が考えられる。

4. 土壌汚染対策法の運用と実務

(1) リスク管理とリスクコミュニケーション

2009年改正法は,調査義務の範囲拡大を行うとともに,リスク管理区域を2種類に増やし,リスク管理を充実させた。

一方で，土壌汚染対策法が事案(汚染箇所と土地の用途)に応じた適切なリスク管理を求めているにもかかわらず，実務上，買主の要望等により，掘削除去＋汚染土壌の搬出による対策が数多く行われてきた。これにより，対策費用が高価になることや搬出汚染土壌によるさらなる汚染などが問題となっている。この点について，周辺住民を含むリスクコミュニケーションの向上が期待されている。

(2) 情報公開と住民の権利

　法によれば，土壌汚染が判明して区域指定を行う場合には，台帳が調製され，一般の閲覧に供される。そして，区域指定が解除された場合，台帳から当該情報は削除される。これは，汚染対策を進め，土地の有効活用を行うインセンティブを与えるためである。一方，特定の土地の汚染やその対策履歴が自治体にとどめられる場合には，後の土地履歴調査に有効活用できるし，対策の不備があった場合にも対応しやすい[9]。そこで，一部の自治体においては，削除した情報を保管し，一般の閲覧または情報公開請求により提供されている[10]。

(3) 土壌汚染対策法の民事取引等への影響

　土壌汚染対策義務が課された場合，対策に必要な費用が莫大となることがあるため，土地取引における買主は，契約前に土地の履歴等について調査すべきであるし，M＆A等の当事者は，デューディリジェンスの一環として，土壌汚染リスクの調査を行うべきこととなる。さらに，そのような調査で判明しない汚染が後に判明した場合や対策に長期を要する場合に備えて，環境保険の開発や利用も課題である。

　さらに，法が定める対策義務を考慮に入れて，国や自治体が土地を収用した場合の損失補償額の算定や担保権実行の際に評価額の算定をどのように行うかの課題がある。

(4) ブラウンフィールド

　土壌汚染対策法の制定，改正は，より広範囲の土壌汚染対策義務を課すこ

とになった。一方で，対策に必要な費用が莫大となることがあるため，土地の評価(地価)によっては，調査・対策義務の契機をもたらさないよう汚染土壌が含まれているかまたはその可能性のある土地の利用を放棄するという行動の原因となる。これがいわゆるブラウンフィールド問題である。ブラウンフィールドの発生は，土地の有効かつ適正な利用を阻害し，都市空洞化の原因となる。これについては，法制度が企業行動に与える影響を注視する必要があるとともに，適切なリスクコミュニケーションにより，義務者に必要以上の対策を求めないようにすることが大切であろう。

(5) 土壌汚染対策条例

土壌汚染対策法令が定める規制対象，規制基準，規制手法等よりも厳しい内容を持った土壌汚染対策条例を定めることは，比例原則に適合する限り，可能であろう。この場合，一般には，法律の施行条例と自主条例が混合した条例を定めることになる。

汚染調査義務の対象を拡大する具体例として，神奈川県，大阪府，名古屋市(以上，有害物質を使用している工場等の敷地における土地の改変時に調査義務を課している)，東京都，大阪府(以上，法が対象とする施設以外の施設廃止の場合に調査義務を課している)の各条例がある[11]。

5. 土壌汚染対策法の課題

(1) 運用上の課題

運用上の課題としては，土地の利用目的に応じた汚染対策を行うため，サイト・リスクアセスメントを導入することであろう[12]。上述のとおり，対策は，掘削除去に限らない。2009年改正法は，掘削除去の減少を意図している。

(2) 制度上の課題

〈立法目的〉 制度上の課題現行法は，人の健康被害の未然防止を目的としているが，生活環境や生態系にその範囲を拡大することは，検討課題であ

る[13]）。

〈対象〉　現行法が対象としていない油汚染，操業中の工場・事業場が設置されている土地[14]，操業中の廃棄物処分場，指定区域以外からの土壌搬出などを新たな規制対象とすべきか，検討課題がある。

〈善意無過失の土地所有者の責任〉　土壌汚染対策法は，状態責任に基づいて土地所有者に対策責任を課しているが，善意無過失の土地所有者にまで同一の責任を課してよいか検討の余地がある。予見不可能であった場合にまで多額の汚染対策費用を課すことにより当該土地の財産的価値を否定するような場合には，比例原則の観点から対策義務を限定すべき場合があるし，善意無過失の土地所有者の責任を限定または免責する制度が必要であろう[15]）。

〈注〉
1) 環境基本法の前身である(旧)公害対策基本法には，1970年に追加されている。
2) 土壌汚染と地下水汚染は，各々の汚染が相互に生じる関係にあることにも注意する必要がある。土壌汚染対策法制定前の状況について，牛嶋仁「地下水汚染・土壌汚染の現状と課題」『環境問題の行方』(1999年)155頁参照。
3) 要綱について，牛嶋仁「行政と私人の間の紛争解決手段としての行政指導の機能」季刊行政管理研究76号(1996年)27頁以下，条例について，牛嶋仁「土壌汚染対策条例の意義と課題」寺田友子ほか編『現代の行政紛争』(成文堂，2004年)111頁以下参照。
4) 土壌汚染に関する環境省のサイトは，土壌汚染の現況や土壌汚染対策法施行状況に関する情報が掲載されており，有益である。http://www.env.go.jp/water/dojo.html
5) 2002年土壌汚染対策法およびそれを取り巻く状況について，小澤英明『土壌汚染対策法』(白揚社，2003年)，畑明郎『拡大する土壌・地下水汚染』(世界思想社，2004年)，牛嶋仁「土壌汚染対策法の意義と課題」福岡大学法学論叢48巻3・4号(2004年)263頁以下参照。
6) 2009年改正土壌汚染対策法およびその詳細については，大塚直『環境法〔第3版〕』(有斐閣，2010年)395頁以下，北村喜宣『環境法〔第2版〕』(弘文堂，2013年)406頁以下，松村弓彦ほか『ロースクール環境法〔第2版〕』(成文堂，2010年)192頁以下，小澤英明『土壌汚染対策法と民事責任』(白揚社，2011年)，深津功二『土壌汚染の法務』(民事法研究会，2010年)が有益である。その他，最近の土壌汚染をめぐる状況について検討したものとして，「特集土壌汚染と法政策」環境法研究34号(2009年)11頁以下がある。
7) 大塚直『環境法BASIC』(有斐閣，2013年)196頁は，指定区域を分けて汚染状況

と利用目的に応じたリスク管理を法が定めていることを制度的管理と説明している。
 8) 大塚・前掲(注7)203頁。
 9) 2009年改正土壌汚染対策法の施行通知(環水大土発第110706001号平成23年7月8日)は,「削除された台帳の情報についても,法第61条第1項に基づき,保管し,必要に応じて提供することが望ましい」としている(第4の4.(2))。
10) 国土交通省土地・水資源局土地政策課土地企画調整室「土地取引に有用な土壌汚染情報の提供に関する検討会とりまとめ」(2010年)2-11頁。
11) 2004年時点での条例による規制の詳細は,牛嶋・前掲(注3)「土壌汚染対策条例の意義と課題」参照。
12) 大塚・前掲(注7)205頁。
13) 2009年改正法の参議院付帯決議第五点第二文参照。(名古屋市)市民の健康と安全を確保する環境の保全に関する条例58条の4は,土壌汚染により「生活環境に係る被害が生じ,又は生ずるおそれがある」場合,当該土地を拡散防止管理区域として指定,汚染の拡散の防止等の措置を義務付けている。
14) 2009年改正法の参議院付帯決議第五点第一文参照。
15) 大塚・前掲(注7)201頁,松村・前掲(注6)201頁,北村・前掲(注6)443頁。

第15章 化学物質管理法制の現状と課題

高橋 滋・織 朱實

　従来の日本の化学物質管理政策は，化審法による事前審査制度が中心であった。2009年には化審法の改正が行われ，ハザードベースからリスクベースへと政策が転換され，化学物質の排出情報を提供する枠組みを規定し管理政策の情報的手法として機能するPRTR法(1999年制定)とともに，化学物質のリスク管理政策の枠組みが新たに構築されることとなった。科学的不確実性が高い化学物質のリスクを管理する政策に，どのように予防原則が適用されているのか，また情報的手法がどのようにPRTR法の中に構築されているのかが本稿のポイントとなる。

1. 化学物質規制の特色

(1) 化学物質とリスク

　現代社会においては，多数の化学物質を使用し生活が営まれている。しかし，これらの化学物質の健康や環境への影響は必ずしも明らかになっていない。社会が，化学物質をはじめ先端技術の利益を享受するためには，不確実な危険へとつながる可能性を「リスク」として捉え，コントロールしていく必要がある。特に，化学物質のリスクについては，①リスクの科学的な評価に伴う不確実性が大きいこと，②リスクがいったん出現した場合にはそれによる被害が不可逆的であること，③リスクを伴う行為をすることによって利益を受ける者の範囲が一致しないという非対称性が存在すること[1]から，「予防原則」の適用と多様な政策手法の活用の検討が重要になってくる。

(2) 予防原則

　予防原則は，1960年代後半からドイツにおいて，酸性雨や北海の海洋汚染問題に対応するための基本原則として採用された"Vorsorgeprinzip(事前配慮原則)"に端を発すると言われている[2]。1980年代からは，オゾン層の保

護のためのウィーン条約をはじめとする国際条約，宣言，議定書等で採用され国際的に使用されるようになってきたが，広く普及するようになったのは1992年リオ宣言第15原則による。しかし，国際文書においても「予防原則」の他に「予防的アプローチ」が使用されるなど，明確な定義付けは行われていない。いくつかの代表的な定義に共通しているのは，①人の健康，環境に対する深刻かつ不可逆なリスクがあると予想される場合には，②因果関係について十分な科学的確実性がなくとも完全な科学的証拠がそろうのを待たずに，③費用対効果を考慮した上で，④事前に予防的措置を取ることできる，というものである。

　たとえば『環境法辞典』では，「取り返しのつかない重大な影響については，科学的根拠又は科学的知見が不十分であることを，費用対効果の高い対策の実施を延期する理由としてはならず，予防的措置をとるべきであるとする原則」と定義付けられている[3]。こうした予防原則は「本質的には，政策決定者によってリスクマネジメントの中で用いられる」ものとされており[4]，食品，公衆衛生等の施策において採用されてきたものであるが，近年さらに科学的不確実性が高く，不可逆性，非対称性を有する化学物質管理施策にどのように適用するかが問題となってきている。後述する「化学物質の審査及び製造等の規制に関する法律」(化審法)においても，新規化学物質の事前審査制度，監視が必要とされる化学物質のカテゴリー創設等で予防原則の具体化が図られており，改正によって一層予防原則の適用が拡大したといえる[5]。

(3) 多様な政策手法の活用

　科学的知見が十分でなく，不確実性の高い化学物質の環境リスクの管理を行っていくためには，従来の規制的手法では限界がある[6]。ここにおいては，多様な政策手段を組み合わせながら柔軟に対応することが必要になってくるが，特に予防原則を適用したリスクマネジメントの意思決定を行うためには利害関係者の参加を可能ならしめる情報共有が不可欠となってくる。環境法一般における情報的手法の重要性が高まってきている中，前述したように化学物質による環境リスクは，その不確実性の高さ，リスクが顕在化したときの被害の規模や範囲の大きさ，不可逆性を有すること，ベネフィットとリス

クの引き受け手のかい離等の特色があり，多様な利害関係者が多様な価値観をぶつけあいながら政策決定を行っていくプロセスが重要であり，そこではいかに情報を共有できるかが鍵となってくる。そのためには，利害関係者がリスクの判断を行えるための情報を入手できる制度が必要になってくる。後述する「特定化学物質の環境への排出量の把握等及び管理の改善の促進に関する法律」(PRTR法)は，まさにこうした情報的手法を規定したものとして注目される。

同法は，企業から公開を前提として事業所からの化学物質排出情報を収集しており，情報公開法・条例では限界がある企業の排出データについて国民が容易に入手できる制度的基盤を提供している。公開されるデータは大気・水・土壌・廃棄物という複数環境媒体の排出・移動情報をまとめたものである[7]。こうした情報的手法により市民や行政に化学物質のリスク判断を行う情報が提供され，それに基づき利害関係者による政策決定プロセス参加が図られる意義は大きい。一方で，これらの情報手法が機能するためには，市民と行政と事業者のリスクコミュニケーションをベースとした協働が重要になる点も，現在の化学物質政策の大きな特徴といえるだろう[8]。

2. 化学物質管理政策の変遷

(1) 化審法の制定

日本の化学物質管理政策の大きな転機となったのは，食用油(コメ油)を製造する過程で熱媒体として使用されていたポリ塩化ビフェニル(PCB)が食用油に混入した結果，健康被害が発生した1968年のカネミ油症事件(PCBによる健康被害)である。それ以前のわが国の化学物質管理は，急性毒性を有する毒物や劇物に関する製造・販売・廃棄等の規制，事業場で労働者が直接取り扱う物質に関する規制，工場等からの環境への排出規制などによって，人への健康被害を防止するというものであった。PCBのように，化学的に安定で，環境中で分解しにくい性質を持っており，広く製品等に使用されているような化学物質は，規制の対象となっていなかった。

しかし，カネミ油症事件を契機として，従来は規制対象ではなかった化学

物質にも，通常の使用・消費・廃棄により人の健康に被害を及ぼす可能性のあることが判明し，化学物質の製造・使用等について物質ごとに厳格な管理を行う必要性が認識されるようになった。こうした経緯があって，1973年に化審法が制定された。化審法は，新規の化学物質の製造・輸入前における審査制度を設けるとともに，PCBのように環境中で容易に分解せず(難分解性)，生物の体内に蓄積しやすく(高蓄積性)，かつ，継続的に摂取される場合に人の健康を損なうおそれ(人への長期毒性)のある物質を特定化学物質(現在の第一種特定化学物質)に指定し，製造・輸入の許可制(事実上禁止)や使用に係る規制を規定した[9]。

(2) 化学物質管理関連法令の枠組み

日本の化学物質管理関連法令は，大きく「入口規制」と「出口規制」とに分けることができる。「入口規制」に関わる法律としては，製造や使用段階の規制となる，医薬品に関する薬事法，農薬に関する農薬取締法，食品添加物に関する食品衛生法，一般工業品に対する化審法がある。「出口規制」としては，大気，水等の環境媒体ごとに，大気汚染防止法や水質汚濁防止法，「廃棄物の処理及び清掃に関する法律」(廃棄物処理法)などがある。化学物質に関連する主要な法令について，その目的と所管を**図表15-1**に示す。図表か

図表15-1 主な化学物質管理関連法

法　令	概　要	所　管
化審法	新規の化学物質の製造または輸入の事前審査制度 製造・輸入数量の把握(事後届出)，有害性情報の報告等に基づくリスク評価等による上市後の化学物質の継続的な管理 化学物質の性状等(分解性，蓄積性，毒性，環境中での残留状況)に応じた規制措置	環境省・厚生労働省・経済産業省
労働安全衛生法	労働災害防止のための危害防止基準の確立，責任体制の明確化及び自主的活動の促進等	厚生労働省
農薬取締法	農薬の規格や製造・販売・使用等の規制	農林水産省
食品衛生法	飲食に起因する衛生上の危害の発生を防止	厚生労働省
薬事法	医薬品，医薬部外品，化粧品及び医療機器の品質，有効性及び安全性の確保	厚生労働省
PRTR法	事業者による化学物質の自主的な管理の改善を促進し，環境の保全上の支障を未然に防止	環境省・厚生労働省・経済産業省

らも，所管が複数の省庁にまたがっており，また用途ごとに同じ化学物質でも規制が異なるなど化学物質の総合的なリスク管理が難しいことが分かる。

(3) ハザードベースからリスクベースの管理へ

現代社会においては，経済発展とグローバル化の進展に伴い，多種多様な化学物質が大量に生産・流通・使用されている。日本国内だけでも約2万種類の化学物質が流通しているといわれている中，たとえばダイオキシンのように非意図的に発生する有害化学物質や，次世代への影響が懸念される内分泌かく乱物質など人体や環境に与える影響が十分に解明されていない化学物質も多数存在することが判明してきた。化学物質を利用しその利便性を享受するためには，多種多様な化学物質による人や環境への影響をいかに未然に防止していくのかという検討が必要になる。国際的にも，従来の有害性が明確な化学物質のみを規制するハザードベースの管理方式では十分でなく，曝露量がどれくらいかもあわせて考慮し，管理を考えていくというリスク管理の考え方が必要であることが認識されるようになってきた。こうした国際的動向も背景とし，日本の化学物質管理政策も，ハザードベースからより包括的なリスクベースの管理に移行することとなった[10]。リスクベースの管理とは，有害性が明確でない化学物質についても，暴露量が多くなることにより人への健康影響などが懸念される場合には，それをリスクとして捉え，リスクの程度に応じて管理していくという手法である。

暴露には「直接暴露」と「間接暴露」とがある。たとえば工場内での作業等により，化学物質を直接的に取り込むのが「直接暴露」である。一方「間接暴露」とは，環境中へ排出，拡散された化学物質を，空気を吸う，水を飲む，食物を食べるなどして間接的に摂取(暴露)して取り込むことをいう。化学物質のリスクは，「物質のハザード(有害性)×暴露量(摂取量)」として捉えられる。リスクベースの管理では，物質のハザードの大小に関わらず，取り扱いや使用の方法を管理することで暴露量を制御し，リスクの低減を図ることが可能となる。次節以降で詳述するが，2009年の化審法の大幅な改正をはじめ，近年，わが国の化学物質管理関連法では，国際的な動向にも対応しつつ，リスクベースの管理手法の導入が進んでいる。

また，従来の規制的手法だけでなく，企業による自主的な管理を重視する施策も取り入れられている点が，日本の化学物質管理政策の大きな特徴である。たとえば，PRTR法は，企業自らが化学物質の取扱量，排出量を把握することで，自主管理を促進し，使用・排出量の削減を図ることを目指したものである。さらに，化学物質に関するリスクや安全性などの情報を，サプライチェーンを通じて，原料の段階から製品やサービスが消費者の手に届くまでのすべてのプロセスで流通させる仕組みも整備されてきている。PRTR法や，労働安全衛生法，「毒物及び劇物取締法」(毒劇法)では，特定の化学物質及びそれらを含有する製品(指定化学物質等)を他の事業者に譲渡・提供する際，その性状及び取り扱いに関する情報(Safety Data Sheet：SDS)の提供を義務付けている。こうした製品含有物質の有害性情報やリスク評価結果等の情報提供の推進は，労働者の一層の保護につながるだけでなく，身の回りの製品の中にどれくらい有害化学物質が含まれているのかという，消費者にとって関心がある製品含有化学物質に対する懸念への対応も可能となる。

　このほか，化学物質のリスク管理への市民参加，企業・市民・行政の三者間のリスクコミュニケーションのためのデータ整備など，リスクベースの管理を促進するためのさまざまな法的な枠組みの整備や，プログラムの策定などが進められている。後述するPRTR法によるPRTRデータの収集，公開もその一例である。

　以下では，工業用の化学物質に関する主要な入口規制である化審法と，化学物質の排出情報の収集，提供と企業の自主的な排出削減の取り組みを関連付けた新しいアプローチで注目されるPRTR法について説明する。

3. 化 審 法

(1) 2009年改正の背景
(ア) 国際的動向
　ハザードベースからリスクベースへの化学物質管理政策の転換だけでなく，産業がグローバル化するに伴い，化学物質管理も一国の問題では収まらなくなり，国際的な化学物質の適正管理の取り組みや，規制の国際調和の必要性

がより強く認識されるようになってきた。たとえば、フロン対策のように、各国単独での化学物質管理には限界があるため、国際的に協力して化学物質管理に取り組むことが、地球規模の化学物質の貿易による移動、排出などを背景に強く求められるようになってきたのである。

1992年の地球環境サミットで採択された「アジェンダ21」の第19章「有害化学物質の環境上適正管理」には、①化学的リスクの国際的なアセスメントの拡大及び促進、②化学物質の分類と表示の調和、③有害化学物質及び化学的リスクに関する情報交換、④リスク低減計画の策定、⑤化学物質の管理に関する国レベルでの対処能力の強化、⑥有害及び危険な製品の不法な国際取引の防止が明記されている。

その後、2002年には、国連環境計画(UNEP)管理理事会で、個別の対策を超えた国際的な化学物質管理のための戦略的アプローチが必要であるとの決議がなされ、さらに同年、ヨハネスブルクにおける持続可能な開発に関する世界サミット(WSSD)で採択された実施計画では、「2020年までに化学物質の製造と使用による人の健康と環境への悪影響の最小化を目指すこと」の合意がなされた。このいわゆる「2020年目標」を達成するための具体的な戦略として、2006年2月、ドバイで開催された国際化学物質管理会議(ICCM)で採択されたのが、「国際的な化学物質管理のための戦略的アプローチ(Strategic Approach to International Chemicals Management：SAICM)」である。SAICMでは、2020年目標を達成するための戦略として、科学的なリスク評価に基づくリスク削減、予防的アプローチ、有害化学物質に関する情報の収集と提供、途上国への技術協力推進など詳細な行動項目が定められた。各国の化学物質管理政策では、このSAICMの行動項目をいかに実施し、2020年目標を達成するかが問われることとなった[11]。

(イ) 2009年改正化審法の課題

こうした国際的な流れのもと、また後述するようにEUでは新規化学物質だけでなく、既に市場に流通している化学物質(既存化学物質)を管理する政策が新たに導入されたこともあり、日本の化審法も、より総合的な未然防止政策への転換に向けて改正が行われることとなった。

1973年に制定された化審法は，新たに市場に流通する新規化学物質について，製造・輸入前にその安全性を審査し，登録する審査制度を設けるとともに，PCBのように難分解性で，高蓄積性を有し，かつ長期毒性を有する化学物質を指定し，製造，輸入の許可や使用に関する規制の対象としていた。

その後，事前審査制度については国際的な調和を図る流れもあり，1986年，難分解性を有しかつ蓄積性を有さない物質であっても，長期毒性を有する化学物質については，環境中での残留の状況によっては規制の対象とする制度が導入された。さらに2003年には，動植物への影響に着目した審査・規制制度や環境中への放出可能性を考慮した審査制度等が新たに導入されている。

しかし，化学物質の製造・使用量が増大するにつれ，化審法が対象とする新規化学物質だけでなく，既存化学物質の管理も包括的に実施する必要性が国際的にも認識されるようになってきた。2008年6月，EUで施行されたREACH規則は，域内で既存・新規を問わず全化学物質を年間1トン以上製造・輸入する業者に化学物質の安全性評価と登録を義務付ける新たな化学物質規制である[12]。REACH規則の特徴は，既存物質・新規物質とも統一的に規制すること，化学物質の有害性評価及びリスク評価の責任が行政から産業界へ移行されたこと，サプライチェーンの上流・下流での情報伝達，成形品に含まれる化学物質を登録対象とすることなどである。しかし，日本の2009年改正前の化審法では，法制定以前に流通している既存化学物質については，一部安全性評価が実施された物質があるものの，多くの物質の安全性評価は未了であった。既存化学物質についても事業者に安全評価，物質の登録を義務付けたREACH規則の国際的影響は大きく，わが国を含め各国で既存化学物質の規制をいかに行うかが議論されることとなった。

(2) 改正化審法

REACH規則の制定に見られるようなハザードベースからリスクベースへの政策転換の流れに対応し，また，2020年WSSD目標の達成を目指し，2009年に化審法改正作業が進められた。

2009年の化審法の改正では，従来は管理の対象となっていなかった既存

化学物質を含むすべての化学物質について包括的に管理する体系に改められた。

具体的には，既存化学物質を含めた「一般化学物質」等について，一定数量以上の製造・輸入を行った事業者に届出が義務付けられた。国は，届出によって把握した製造・輸入数量及び有害性に関する既存の知見等を踏まえ，リスク評価を優先的に行う物質を「優先評価化学物質」として絞り込む。物質の有害性情報については，国の情報と事業者から提出された情報を活用し，必要に応じて有害性に関する試験の実施等を事業者に求めることができるものとされた。こうした見直しにより，化学物質のリスク評価を実施し，その結果に応じて製造や使用を規制するリスクベースの管理が行われることとなったのである。

また，環境中に残存する物質の管理を行う観点から，難分解性の性状を有さない化学物質についても新たに規制の対象とするほか，流通過程にある化学物質に関する管理を強化する措置も取り入れられた。

なお，2009年改正では，国際条約との整合性を図るために一部規制の見直しも行われた。これにより「残留性有機汚染物質に関するストックホルム条約」によって新たに製造・使用を禁止される化学物質のうち，例外的に一定の用途での使用が認められる見込みのものについては，他に代替がなく，人健康等にかかる被害を生ずるおそれがない用途に限り，厳格な管理の下で使用が認められることとなった。

2009年改正により，化審法は，以下の3つの構成となった[13]。

①新規化学物質に関する審査及び規制：これまでわが国で製造・輸入が行われたことがない新規物質に係る事前審査，

②上市後の化学物質に関する継続的な管理措置：いわゆる既存化学物質対策で，すべての化学物質を対象としたリスク管理，製造・輸入実績数量(事後届出)，有害性情報の報告等に基づく評価，

③化学物質の性状等に応じた規制：性状に応じて「特定化学物質」「監視化学物質」等が指定され，製造・輸入実績数量の把握，有害性調査指示，製造・輸入許可，使用制限，等。

以下では，2009年改正化審法の概要を説明する。

図表 15-2　化審法の体系

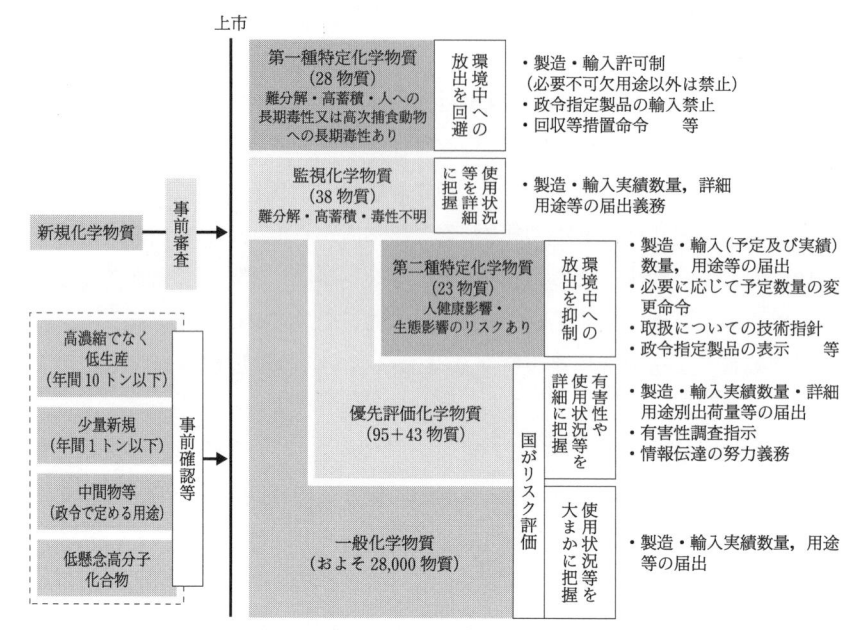

出典：経済産業省〈http://www.meti.go.jp/policy/chemical_management/law/information/seminar12/caravan2012-1.pdf〉(2013 年 11 月 20 日アクセス)

（ア）　新規化学物質の事前審査制度

わが国で新たに製造，輸入される化学物質(新規化学物質)については，対象事業者は，その製造や輸入を開始する前に，厚生労働大臣，経済産業大臣及び環境大臣に対して届出を行い，審査によって規制の対象となる化学物質であるか否かが判定されるまでは，原則としてその新規化学物質の製造，輸入をすることができない。

審査は，以下の「分解性」「蓄積性」「人への長期毒性」「生態毒性」の観点からの評価に基づき行われる。

①分解性：自然的作用による化学的変化を生じにくいものであるかどうか
②蓄積性：生物の体内に蓄積されやすいものであるかどうか
③人への長期毒性：継続的に摂取される場合には，人の健康を損なうおそ

れのあるものであるかどうか
④生態毒性：動植物の生息若しくは生育に支障を及ぼすおそれがあるものであるかどうか

ただし，少量(日本全国での総量が1トン以下)，もしくは中間物，閉鎖系等であれば，国が確認のうえ届出・審査は不要とされ，製造・輸入は可能となる。

こうした手続による新規化学物質届出件数は年々増加傾向にある。2012年度の届出件数は702件，少量新規化学物質の申出件数は31,672件となっている。

新規化学物質は，大臣によるこうした審査を経て，化学物質の性状等に応じた規制が行われることとなる(後述(ウ)参照)。

(イ) 既存化学物質の管理

従来は，新規化学物質のみが届出，審査されたが，2009年の改正では，既存化学物質を含むすべての化学物質について，年間に一定数量以上製造・輸入した事業者に対して，その数量等の届出が新たに義務付けられた。国は，届出を受けて，詳細な安全性評価の対象となる化学物質を，優先度を付けて絞り込む。製造・輸入事業者に対しては，それらの物質について有害性情報の提出を求め，人の健康等に与える影響を国が段階的に評価する。評価結果に基づき，新規化学物質と同様に次項の性状に応じた規制を行う。

(ウ) 化学物質の性状に応じた規制

新規および既存化学物質について，「分解性」「蓄積性」「人への長期毒性」「生態毒性」といった性状に応じ，「第一種特定化学物質」「第二種特定化学物質」「監視化学物質」「優先評価化学物質」という区分で規制が行われる。

市場に出回っている既存化学物質も含めた一般化学物質については，**図表15-4**のような流れでリスク評価が行われる。監視化学物質，第一種特定化学物質を除いた一般化学物質から化学物質の性状によって優先評価化学物質の絞り込みがなされる。優先評価化学物質の指定を経て，長期毒性の評価によって，第二種特定化学物質として必要な規制が行われることとなる。

図表 15-3　化学物質の性状に応じた区分と規制

第一種特定化学物質	難分解性，高蓄積性，長期毒性(人又は高次捕食動物)を有する化学物質。製造・輸入は許可制(原則使用禁止)。政令で指定する特定の用途以外の使用は認めない
第二種特定化学物質	高蓄積性ではないが，長期毒性(人又は生活環境動植物)を有する化学物質のうち，相当広範な地域の環境において相当程度環境中に残留している，またはその見込みがあるもの 製造・輸入の予定数量等の事前届出等の義務付け，必要に応じた製造・輸入の予定数量の変更命令など
監視化学物質	長期毒性(人又は高次捕食動物)の有無は明らかになっていないが，難分解性と高蓄積性が明らかになっている物質 製造・輸入実績数量や用途等の届出，取扱事業者に対する情報伝達の努力義務等の措置を規定 取扱状況の報告や有害性調査により，長期毒性を有することが見込まれる場合，第一種特定化学物質に指定
優先評価化学物質	長期毒性(人又は生活環境動植物)や被害のおそれが認められる環境残留のリスクが十分に低いことが不明な物質 製造・輸入実績数量及び用途等の届出，取扱事業者に対する情報伝達の努力義務等の措置を規定 有害性情報や取扱状況の報告，有害性調査により，長期毒性や，被害のおそれが認められる環境残留が見込まれる場合は，第二種特定化学物質に指定

4. PRTR 法

(1) PRTR 法[14]

化審法とともに，日本の化学物質管理政策で重要な役割を担っているのが，1999年7月に制定された PRTR 法である[15]。同法は，1996年に「加盟国に3年以内の PRTR システムの構築・運営の取り組みの報告」を求めた OECD の PRTR(Pollutant Release and Transfer Register)制度に関する理事会勧告を受けて制定されたものである。化審法が，化学物質そのもののリスク管理の枠組みを規定しているのに対して，PRTR 法は，「有害性のある様々な化学物質の環境への排出量を把握することなどにより，化学物質を取り扱う事業者の自主的な化学物質の管理の改善を促進し，化学物質による環境の保全上の支障が生ずることを未然に防止することを目的」とするものであり(1条)，情報提供，自主管理促進手法として機能している点が大きな特徴で

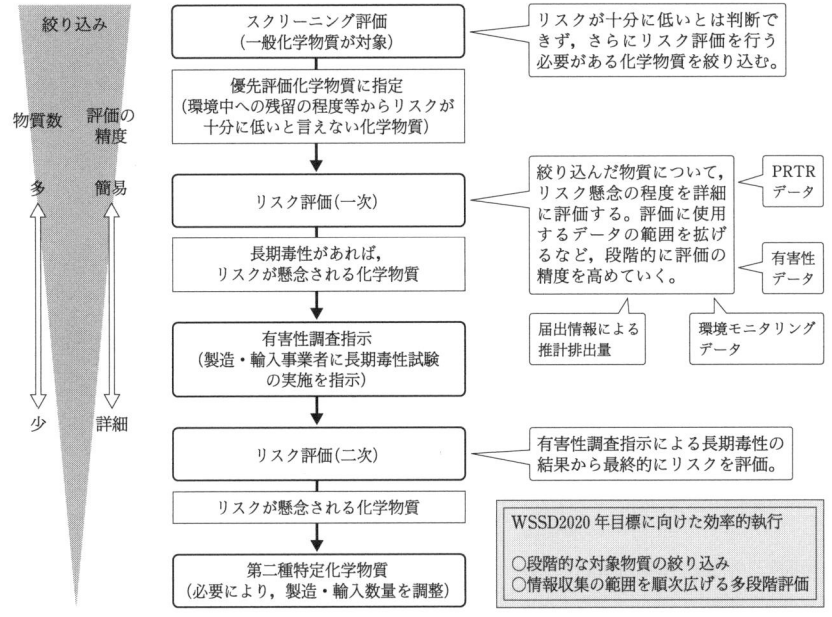

図表15-4 化審法におけるリスク評価の流れ

```
絞り込み
         スクリーニング評価          リスクが十分に低いとは判断で
物質数 評価の  (一般化学物質が対象)        きず，さらにリスク評価を行う
    精度                       必要がある化学物質を絞り込む。
         優先評価化学物質に指定
         (環境中への残留の程度等からリスクが
 多  簡易   十分に低いと言えない化学物質)

         リスク評価(一次)           絞り込んだ物質について，       PRTR
                                リスク懸念の程度を詳細      データ
                                に評価する。評価に使用
         長期毒性があれば，           するデータの範囲を拡げ       有害性
         リスクが懸念される化学物質      るなど，段階的に評価の      データ
                                精度を高めていく。
         有害性調査指示              届出情報による       環境モニタリング
         (製造・輸入事業者に長期毒性試験   推計排出量         データ
 少  詳細   の実施を指示)

         リスク評価(二次)            有害性調査指示による長期毒性の
                                結果から最終的にリスクを評価。
         リスクが懸念される化学物質
                                WSSD2020年目標に向けた効率的執行
         第二種特定化学物質           ○段階的な対象物質の絞り込み
         (必要により，製造・輸入数量を調整) ○情報収集の範囲を順次広げる多段階評価
```

出典：経済産業省資料〈http://www.meti.go.jp/policy/chemical_management/law/information/ seminar12/caravan2012-1.pdf〉(2013年11月30日アクセス)

ある。

PRTR法は，大きく以下の2つの内容を規定している。

①事業者に環境中への排出量及び廃棄物としての移動量についての届出を義務付けるPRTR制度

②事業者が指定化学物質やそれを含む製品を他の事業者に譲渡提供する時に，その相手方に対して化学物質等の成分や性質，取扱い方法等についての情報提供を義務付けるSDS制度

(ア) PRTR制度

PRTR制度は，有害性のある多種多様な化学物質が，どのような発生源から，どれくらい環境中に排出されたか，あるいは廃棄物に含まれて事業所の外に運び出されたかというデータを把握・集計・公表する仕組みである。

対象事業者が自ら届け出る固定発生源データと，国が推計する農薬，交通からの非固定発生源データとがまとめて公表される。

①届出対象物質

対象物質は，「第一種指定化学物質」として，人の健康や生態系に有害なおそれがあり，かつ，環境中に広く存在すると認められる物質で，2013年の時点において462物質が指定されている。

②対象事業者

届出義務が課される対象事業者は，対象物質を製造，原材料として使用あるいは環境中へ排出することが想定される事業者で，政令で定める要件(一定以上の規模，一定量以上の取扱量，指定された業種)に該当する事業者である。届出の対象となる業種は，2013年の時点において24業種となっている。

③報告内容・データ公開

対象化学物質を製造・使用する対象事業者は，環境中に排出した量と，廃棄物として処理するために事業所の外へ移動させた量とを自らが把握し，都道府県知事に年に1回届け出なければならない。

データは，都道府県知事を経由して事業所所管大臣に届け出られる(5条2項3項)。環境省，経済産業省は，そのデータ(固定発生源データ)を整理・集計し，また，家庭や農地，自動車等から排出されている対象化学物質の量を推計する(非点源データ；9条1項)。個別の事業所のデータ及び非点源データは公開され(8条4項，9条2項)，個別事業所のデータについては開示の請求を行うことができるとされる(10条1項，11条)。都道府県は，地域住民のニーズに応じたPRTRデータの集計・公表を行うことができると定められており(8条5項)，地域別，媒体別，業種別，対象物質別，規模別などに集計し，グラフ化して市民に提供している。

個別事業所のデータを集計した結果および非点源データは請求を待たずに公開され(これらは電子ファイルのため容易にアクセス可能)，個別の事業所データも，開示の請求を行うという手続はあるものの「行政機関の保有する情報の公開に関する法律」(情報公開法)よりも廉価かつ容易に入手できる制度構築がなされている。また市民は，事業所を特定することで包括的な排出・移動データを容易に入手することができる。(なお，個別事業所データは，国民の理解

図表 15-5　対象化学物質及び届出制度の概要

項　目	内　容
対象化学物質	人や生態系への有害性(オゾン層破壊性を含む)があり，環境中に広く存在する(暴露可能性がある)と認められる物質として，計 462 物質が指定。そのうち発がん性，生殖細胞変異原性及び生殖発生毒性が認められる 15 物質を「特定第一種指定化学物質」として指定。 注) PRTR 法対象物質と，その物理化学性状や毒性情報は，独立行政法人製品評価技術基盤機構の化学物質総合情報提供システムの WEB サイトから検索できる6)。
対象製品	・対象化学物質(第一種指定化学物質)を一定割合以上(1 質量%以上)含有する製品。 ・ただし，特定第一種のみ 0.1 質量%以上含有する製品*。
対象事業者	以下の要件を満たすすべての事業者 ①対象業種として政令で指定している 24 種類の業種に属する事業を営んでいる事業者 ②常時使用する従業員の数が 21 人以上の事業者(本社及び全国の支社，出張所等を含め，全事業所を合算した従業員数が 21 人以上の事業者) ③いずれかの第一種指定化学物質の年間取扱量が 1 トン以上(特定第一種指定化学物質は 0.5 トン以上)の事業所を有する事業者等又は，他法令で定める特定の施設(特別要件施設)を設置している事業者 特別要件施設： ・鉱山保安法により規定される特定施設(金属鉱業，原油・天然ガス鉱業に属する事業を営む者が有するものに限る) ・下水道終末処理施設(下水道業に属する事業を営む者が有するものに限る) ・廃棄物の処理及び清掃に関する法律により規定される一般廃棄物処理施設及び産業廃棄物処理施設(ごみ処分業及び産業廃棄物処分業に属する事業を営む者が有するものに限る) ・ダイオキシン類対策特別措置法により規定される特定施設
届出時期	毎年 4 月 1 日から 6 月 30 日(最終受付日)まで
届出手続き	年度ごとに所有する事業所における第一種指定化学物質の排出量及び移動量を把握し，事業所ごとに作成した届出書を，事業所が所在する都道府県等へ提出する。
届出事項	①届出者の企業情報 ・事業者名 ・事業所名及び所在地 ・事業所において常時使用される従業員の数 ・事業所において行われる事業が属する業種 ③排出量・移動量 ・第一種指定化学物質ごとの排出量及び移動量

＊政令で指定された第一種指定化学物質の中から，さらに発がん性等のリスクの観点から特定第一種が指定されている。
＊＊特別要件施設は，特別の法律に基づいて届出様式が定められている施設であり，その届け出に基づいての届出が要求されている。

出典：経済産業省〈http://www.meti.go.jp/policy/chemical_management/law/index.html〉(2013 年 11 月 20 日アクセス)より作表

をより深めるため，2008年度以降一般に公開されている。)16)

PRTR法の対象となる化学物質及び届出義務が課される要件については，**図表15-5**を参照されたい。

（イ）　SDS制度

SDS制度は，事業者が対象化学物質または対象化学物質を含有する製品を，取引業者に譲渡・提供する際に，SDSを事前に取引業者へ提供することを義務付けるものである。取引業者がSDSにより使用する化学物質について必要な情報を入手し，適切な管理を行うことを目的としている。

SDSには，製品名，含有する化学物質の名称，化学物質の物理的・化学的性状，その他安全に取り扱うための情報が掲載されている。日本では，毒劇法，労働安全衛生法，PRTR法の3つの法律で規定される約1,500物質を対象に，事業者間での取引に際してSDSの提供が義務付けられている。

なお，SDSは，国内では2011年度までは一般的に「MSDS(Material Safety Data Sheet：化学物質等安全データシート)」と呼ばれていたが，国際的な整合性の観点から，GHSで定義されている「SDS」に統一された。

GHSでは，SDSに以下の16項目をこの順番で記載することとなっている。PRTR法では，これを日本語で記載するよう規定している。

①物質または混合物及び会社情報(PRTR法で適合することが努力義務化されている　JISZ7253では「化学品及び会社情報」)
②危険有害性の要約
③組成及び成分情報
④応急措置
⑤火災時の措置
⑥漏出時の措置
⑦取扱い及び保管上の注意
⑧ばく露防止及び保護措置
⑨物理的及び化学的性質
⑩安定性及び反応性
⑪有害性情報
⑫環境影響情報

⑬廃棄上の注意
⑭輸送上の注意
⑮適用法令
⑯その他の情報

(2) PRTR 法の成果

　PRTR 制度を取り入れた PRTR 法が制定された背景には，従来の規制的手法では化学物質のリスク管理には限界があり，事業者の自主的管理促進も含めた情報公開により化学物質管理を促進する必要性が高まったことがある。
　PRTR データは，個別の環境媒体ではなく，大気・水・土壌・廃棄物という複数の環境媒体への排出・移動情報をまとめたデータで，従来の環境情報よりも一覧性が高い点に特徴がある。これにより，有害性のある多種多様な化学物質についてどのような発生源からどれくらいの量が環境中に排出されたのか，あるいは廃棄物中に含まれて事業所から移動したのかという情報を，事業者だけでなく，市民，行政も容易に入手できることとなった。
　事業者は PRTR データを活用することにより，たとえば環境中への化学物質の排出を自ら把握することで，不要な排出を抑制し，原材料の代替物質への転換などより環境負荷の少ない製造工程への転換を図ったり，同業他社等とのデータの比較により環境負荷低減への一層の取り組みが可能となった。また，市民は地域の事業場や非点源からの排出量を把握することで，その削減を事業者や行政に働きかけたり，自らの化学製品の使用や廃棄についても意識することができるようになった。さらに，行政は PRTR データを地域の実情に応じた環境施策の立案に活用することや環境施策の進捗状況の評価が可能となった。
　平成 23 年度の届出対象事業者から届出された排出量は 17 万 3,843 トンで，前年度比 4.0%(7,257 トン)の減少となった。化学物質の環境中への排出量は減少傾向にあり，PRTR 法による PRTR データの公表は，化学工業協会が行っているレスポンシブル・ケア活動など企業の自主管理活動の進展に寄与するなど，一定の成果をあげていると評価できよう。

5. 化学物質管理政策の課題

今まで見てきたように,わが国の化学物質管理政策は,国際的動向も踏まえハザードベースからリスク管理ベースへと移行してきている。しかし,化審法における総合的化学物質管理のための既存化学物質のリスク評価の実施は,まだ緒に就いたばかりであり,迅速なリスク評価の実施,事業者間のリスク情報をどのように流通させるか,リスク評価における国際的な取組みの連携強化,またリスク評価の実施とあわせ,製品含有化学物質に関わるリスク情報(家具,塗料,日用品,衣類からの化学物質発散,殺虫剤,スプレー等から直接暴露される際の消費者への影響等)を市民にいかに伝えていくかも,今後検討すべき課題となっている。

最後に,化学物質管理政策において重要な「予防原則」「多様な政策手法の活用」であるが,今まで見てきた二法でこれらの課題にどのように対応しているかを整理する。

(1) 化審法と予防原則

化審法では2009年の改正以前から,新規化学物質については,製造・輸入業者が届け出た後,事前審査の判定が通知されるまでの不確実な状態の間は製造・輸入が禁止されており,このことは監視化学物質制度とあわせて予防原則の具体的適用事例とされていた。新規化学物質の届出制度に関しては,北村は,法は届出制としているが,通知を受け取れない限り利用できない点で実質許可制と異ならない運用がなされている点を指摘している[17]。禁止措置等の規制的手法が適用されるためには,リスクとの因果関係が相当明確でなければならないが,化審法の事前審査制度においては,科学的証明が不確定な段階でも予防原則が適用され,直接的な規制が行われているのと同視できる。この点は情報的手法として機能しているPRTR法が実質的にも届出だけを要求しているのと大きく異なっており,化学物質施策を考えるうえで留意する必要があろう。

予防原則の適用については,2009年改正化審法により新規化学物質だけ

でなく，既存化学物質も含め，新規既存を問わずすべての化学物質について製造輸入量の届出がなされることになった。この届出を受けて詳細な安全性評価の対象となる化学物質が優先度を付けて絞り込まれるが，製造・輸入事業者から有害性情報の提出を求め，人の健康等に与える影響を国がスクリーニングし，段階的にリスク評価し，結果に基づき規制を行う。この枠組みにより，科学的不確実性がある段階でも有害性がある場合と同様に対策が講じられるようになっており，従来よりもより広い範囲で予防原則が適用されるようになったと評価できる。

(2) PRTR 法と情報提供手法

PRTR 法は，今まで見てきたように情報提供手法としては画期的な法律であるが，PRTR データ自体は排出量や移動量の情報であり，環境中での人や動植物への暴露量や健康影響を示すものではない点が内在する課題である。企業では，排出量の多い化学物質は削減のプライオリティが高く，削減対策を講じた成果も出しやすいが，環境リスクの観点からは，排出量が少なくても有害性の高い物質への対策も重要であり，その重みを正しく把握するためにはリスク評価を実施することが欠かせない。PRTR データだけでは，環境リスク情報としては十分に機能しないという限界は，OECD の理事会勧告当初から既に認識されていたものであるものの，PRTR データ公開に際してどのように補完的制度構築を行うかは各国に委ねられている。

リスク評価の情報として PRTR データをどのように機能させるかに関しては，情報の入手容易性の課題もある。従来の制度と比較すると PRTR データの入手は容易になっており，これが情報的手法として評価されている点でもある。しかし，市民の関心の低さもあり，より市民が入手しやすくなるような工夫が必要であろう。一般的に市民は，化学物質については漠然とした不安をもっており，ダイオキシン類や環境ホルモンといった用語については敏感に反応する傾向がある。しかし，個別事業所の排出データと環境リスクを結び付け，地域の環境リスクマネジメントを行政や事業者とともに議論するためには，化学物質リスクや環境リスクへの理解をより深める必要がある。そのためには PRTR データの一層の入手容易性を確保すること，そ

のうえでさらに，情報を理解し，リスク情報として活用するためのリスクコミュニケーションの充実が，残された重要な課題となる。

〈注〉
1) 高橋滋「環境リスクと規制」『環境問題の行方』(1999 年) 176-182 頁。その他参考文献として高橋滋「環境リスクへの法的対応」大塚直・北村喜宣編『環境法学の挑戦』(日本評論社，2002 年)，高橋滋「リスク社会下の環境行政」ジュリ 1356 号 (2008 年) 90-97 頁。
2) 予防原則に関する代表的な文献として，植田和弘・大塚直監修『環境リスクと予防原則』(有斐閣，2010 年)，大竹千代子・東賢一『予防原則——人と環境の保護のための基本理念』(合同出版，2005 年)。大塚直「環境法における予防原則」城山英明・西川洋一編『法の再構築III　科学技術の発展と法』(東京大学出版会，2007 年)，松本和彦「環境法における予防原則の展開(1)」阪大法学 53 巻 2 号 (2003 年) 361-380 頁，下山憲治『リスク行政の法的構造——不確実性の条件下における行政決定の法的制御に関する研究』(敬文堂，2007 年)。
3) 淡路剛久編集代表『環境法辞典』(有斐閣，2002 年) 338 頁。
4) Commission of the European Communities: *COMMUNICATION FROM THE COMMISSION on the precautionary principle*, COM (2000) 1 final, Brussels, 2 February 2000.
5) 化学物質政策と予防原則の検討については，大塚直「日本の化学物質管理と予防原則」『環境リスク管理と法』(2007 年) 25-37 頁，大塚直「わが国の化学物質管理と予防原則」季刊環境研究 (2009 年) 76-82 頁。
6) 多様な政策手法の機能については，浅野直人「環境管理の非規制的手法」大塚直・北村喜宣編『環境法学の挑戦』(日本評論社，2002 年) 142-154 頁。
7) PRTR データの意義と機能については，織朱實「環境リスクと環境情報公開—諸外国の PRTR 制度の動向」環境法研究 24 号 (1998 年) 59-77 頁。
8) リスクコミュニケーションについては，織朱實「米国の事業者における環境リスクコミュニケーションへの取り組み」関沢純編著『リスクコミュニケーションの最新動向を探る』(化学工業日報社，2003 年)。
9) 化審法制定の経緯については，北村喜宣「化学物質管理法制」法教 386 号 (2012 年) 124-132 頁，辻信一・及川敬貴「化審法前史——予防原則の源流を求めて」環境法政策学会『公害紛争処理の変容』(2012 年) 263-277 頁。
10) 国際的な化学物質管理の動向については，織朱實編集『化学物質管理の国際動向』(化学工業日報社，2008 年)，上田康治「化学物質問題をめぐる世界と日本の動き」日中環境産業 (Japan-China environmental industry) 48 号 (2012 年) 42-46 頁，勝田悟「環境法による環境化学物質制御に関する課題」比較法制研究 (国士舘大学) 28 号 (2005 年) 85-110 頁。

11) 国際的動向については，前掲(注 7)参照。
12) REACH 規則については，山田洋「既存化学物資管理の制度設計——EU・ドイツの現状と将来」自治研究 81 巻 9 号(2005) 46-68 頁，増沢陽子「REACH 規則制定後の動向——欧州の化学物質法と日本」環境管理 44 号(2008 年) 66-72 頁。
13) 2009 年化審法改正までの経緯およびその概要については，2007 年から 2008 年にかけて開催された産業構造審議会及び中央環境審議会による「化学物質管理制度検討ワーキンググループ合同会合」，厚生科学審議会，産業構造審議会，中央環境審議会による「化審法見直し合同委員会」の議事録や報告書を参照されたい。その他，化審法の参考文献として，増沢陽子「化学物質規制の法」環境法政策学会編『化学物質・土壌汚染と法政策——環境リスク評価とコミュニケーション』(商事法務，2002 年) 1-8 頁，大塚直『環境法〔第 2 版〕』(有斐閣，2006 年) 247-264 頁，大塚直「日本の化学物質管理と予防原則」岩間徹・柳憲一郎『環境リスク管理と法』(慈学出版，2007 年) 25-37 頁，北村喜宣「化学物質管理法制」法教 386 号(2012 年) 124-132 頁。
14) PRTR 法の概要については，環境省「PRTR インフォメーション広場」(http://www.env.go.jp/chemi/prtr/risk0.html)，経済産業省「化学物質排出把握管理促進法 http://www.meti.go.jp/policy/chemical_management/law/)(2013 年 11 月 13 日アクセス)，PRTR 法制定の背景などについては，早水輝好「PRTR 法と今後の化学物質対策」産業と環境(1999 年 12 月)などを参照されたい。
15) PRTR 法については，石野耕也「化学物質排出把握管理促進法の手法と仕組み」岩間徹・柳憲一郎編集『環境リスク管理と法』(滋学社，2007 年) 91-108 頁。
16) 独立行政法人製品評価技術基盤機構(NITE)のホームページで，PRTR マップを参照することができる。PRTR マップは排出量マップと濃度マップで構成されている。〈http://www.prtrmap.nite.go.jp/prtr/top.do〉(2013 年 10 月 16 日アクセス)。
17) 北村喜宣『環境法〔第 2 版〕』(弘文堂，2013 年)。

✦✦✦✦✦✦✦✦✦✦✦✦✦✦✦✦✦✦✦✦✦✦✦✦✦✦✦✦✦✦

環境法事件簿 **3** 水俣病とこれからの法

熊本地判昭和 48 年 3 月 20 日判時 696 号 15 頁，環境法判例百選〔第 2 版〕20 事件
最二小判平成 3 年 4 月 26 日民集 45 巻 4 号 653 頁，判時 1385 号 3 頁，環境法判例百選〔第 2 版〕27 事件
最二小判平成 16 年 10 月 15 日民集 58 巻 7 号 1802 頁，判時 1876 号 3 頁，環境法判例百選〔第 2 版〕29 事件
最三小判平成 25 年 4 月 16 日民集 67 巻 4 号 1115 頁，判時 2188 号 35 頁

以上が代表的な裁判例である。

北見宏介

1. 水俣病の確認から公害認定まで

　八代海(不知火海)は，九州本土と天草諸島に囲まれた内海である。これに面した熊本県水俣村に 1908(明治 41)年に建設された日本窒素肥料(後にチッソ)水俣工場。現在の国道 3 号線沿い，水俣駅のまさに目と鼻の先にあるこの工場が，水俣病と呼ばれる公害病を発生させた。

　チッソ水俣工場は，1932 年以来，ビニールなどの原料となるアセトアルデヒドの生産を行っており，この工程における排水は八代海に排出されていた。この排水にメチル水銀が含まれていた。メチル水銀は海中で薄められはするものの，プランクトンや魚介類の体内に吸収・蓄積され，魚介類の捕食活動を通じた生物濃縮の作用によって，メチル水銀はいっそう濃縮される。こうした水俣湾の魚介類を摂取した人々やその胎児が，神経疾患を発症した。これが水俣病である。

　チッソ付属病院から原因不明の疾患が水俣保健所に届けられた 1956 年 5 月 1 日が，水俣病の発生が公式に確認された日とされる。3 カ月後に設置された熊本大学医学部の研究班は，同年 11 月に魚介類を侵入経路とした重金属が原因となったものと疑われるとする報告を行った。また翌 1957 年，水俣保健所は水俣湾の魚介類をネコに与える実験を行い，発症例が確認された。熊本県は食品衛生法にもとづく採取の禁止を検討したが，照会に対して旧厚

生省公衆衛生局長は「水俣湾内特定地域の魚介類のすべてが有毒化しているという明らかな根拠が認められないので」，摂食しないよう指導することにとどめる旨の回答を行い，漁獲が禁止されることはなかった。

その後，1959年7月になり，熊本大学研究班は，水俣病の原因を有機水銀とする説を発表する。これを受けて，「水俣病患者家庭互助会」の会員らが，チッソを相手に1人あたり300万円の補償金を求めた。しかし，チッソは，すでにチッソ付属病院により行われた工場からの排水を用いたネコの実験で発祥を確認していたにもかかわらず，結果を非公表とし，原因が排水かどうか未確認であることを理由にこれを拒否した。このため，「不知火海漁業紛争調停委員会」があっせんし，見舞金契約案が示された。内容は，チッソが見舞金として死亡者には弔慰金30万円と葬祭料，生存者には年金を支払うというもので，水俣病患者診査協議会が認定した者を対象としていた。さらに，将来水俣病の原因がチッソからの排水と決定しても新たな補償要求を行わないとする条項を含むものであった。貧窮していた患者らは，この見舞金契約を締結した。そして，工場からの排水は，水俣病の原因か否かは未確定とされつつ，この後もさらに続いた。

排水は，産業構造の転換から工場がアセトアルデヒドの生産を中止する1968年の5月まで続いた。水俣工場のアセトアルデヒド製造工程で無機水銀が有機化することを示す論文が発表されてからさらに5年以上を経ていた。結局，政府が水俣病の原因をチッソ工場からの排水とする見解を示し，公害認定を行ったのは，その後の同年9月であった。水俣病の公式確認から12年の間，排水は止められることはなかった。この間には，新潟水俣病の発生も確認されている(1965年)。

2. 患者らによる訴えの提起と救済

水俣病の原因が工場からの排水であることが示されたことにより，患者らは再度，チッソに対して補償を求めることになる。チッソが加害者であるとされ，患者らはもはや低額な見舞金の対象ではないと考えられたからである。患者らから陳情を受けた国は，「水俣病補償処理委員会」を設置すること

し，委員の人選からその結論まですべて委ねる旨の確約書を提出することを患者らに求めた。患者らは，これに応じる「一任派」と，見舞金契約と同じことになることをおそれた「訴訟派」「自主交渉派」とに分裂した。

　1969年6月，訴訟派の患者らは，チッソを相手に損害賠償を請求する民事訴訟を提起する(第1次訴訟)。すでに新潟水俣病を最初として，イタイイタイ病，四日市ぜんそくについて損害賠償請求の訴えが提起されており，いわゆる4大公害訴訟の最後に提起されることとなった。

　判決(熊本地判昭和48年3月20日判時696号15頁)は，チッソの過失を認めるとともに，見舞金契約を公序良俗に反する無効なものとした。判決を受けて，7月にはチッソとの交渉で補償協定が締結される。公健法(締結時は，公害に係る健康被害の救済に関する特別措置法)による認定を受けた患者に対してチッソが補償を行うものであった。

　この補償協定の締結により，大量の認定申請がなされていたが，公健法による認定に関しては，1977年，新たに「後天性水俣病の判断条件について」(いわゆる「52年判断条件」)が通知された。これは，水俣病の認定条件として症候の組合せを要求するというものであったため，認定される患者は激減することとなった。

　そこで，未認定患者らによる訴訟は，52年判断条件の妥当性を争点としつつなおも続いた。また，第3次訴訟以降は国と熊本県を相手に国家賠償も求められることとなった。1995年のいわゆる政治解決策を受け，訴訟の多くは和解という形で終結する。訴訟を続けた水俣病関西訴訟のみが最高裁判決(最二小判平成16年10月15日民集58巻7号1802頁)に至り，ここにおいて国・県の責任が認められた。

　この最高裁判決は，感覚障害だけで診断可能とする原審の判断を是認するものでもあった。これを受けて認定申請の数も増大したが，一方で国は52年判断条件を見直すことはなかったため，水俣病関西訴訟で勝訴した原告であっても，認定申請を棄却されるという事態も生じていた。この原告によるものを含む認定の義務付け訴訟は，最高裁において2013年に原告勝訴の形で終結した(最三小判平成25年4月16日判時2188号35頁)。しかし判決後も国は，52年判断条件それ自体の見直しを行わない方針を示した(報道によると，環境

省による52年判断条件の運用見直し案を不服とする未認定患者らは，運用見直し通知の作成・送付等の差止訴訟を提起した）。

　他方，「水俣病被害者の救済及び水俣病問題の解決に関する特別措置法」が2009年に制定され，加害企業としてのチッソが精算され，消滅することを懸念する声もあるなか，チッソは補償等を行う会社と事業会社とに分社化された。また，同法の救済措置で非該当とされた未認定患者らは，2013年6月に国・熊本県・チッソを相手に訴えを提起した。水俣病事件の被害者救済をめぐる動きはいまも続いている。

3. 水俣病事件が示すこと

　水俣病事件における諸裁判は，本書のなかでも触れられるさまざまな事項に重要な判示を引き出した。チッソの過失についての第1次訴訟の判断や，国・県の権限不行使の違法判断などである。不作為の違法確認判決と国家賠償事件との関係など，理論的に重要な検討素材も多く提供している。また，そもそも公害病という概念が確立したのは，水俣病事件をはじめとする4大公害訴訟によるものともいえる。水俣病事件のもたらした成果は，「会社」といえばチッソのことを指す企業城下町の水俣でなされたこと等も考慮すると，苦闘の末のものといえよう。

　その一方で，水俣病が確認されてから12年間もの間，工場からの排水は止められることはなく，排水がやんだのも訴訟や規制によるものではなかった。この事実は，水俣病の発生局面および発生後の過程の双方において事件での法の機能が不十分であったという評価を導く。また，患者らの救済手段としての訴訟も，原告は老齢の進行のなかで継続しなければならない。多くの訴訟が和解というかたちで終結した背景にはこうした事情が存在し，公害環境訴訟の困難さを強く実感させる。水俣病関西訴訟最高裁判決後の2005年に，「すべての被害者救済」を求めて提起されたノーモア・ミナマタ訴訟は，行政による救済制度自体に対する異議を示す含意も窺わせる。救済局面における行政と司法双方の役割のあり方に意識を向けさせる。さらに，水俣病における「公害の被害は，一企業だけで償うにはあまりにも大きすぎる」

写真 いまも続く水俣病事件(撮影：筆者 2012 年 9 月 6 日)

という指摘からは，補償のあり方や汚染者負担をはじめとした諸原則の実現可能性についていっそうの吟味の必要を認識させる。

　公害問題から環境問題へと，社会的な関心は広がりをみせたが，わが国の環境法制度と，それが機能する条件はいまだ十分とはいえず，改善や新たな制度構想が必要とされる部分がなおも大きい。われわれにとって水俣病事件から得るべき，そして今後に生かさねばならない教訓が多く存在する。

　本書が古稀をお祝いする畠山武道先生は，環境法を学ぼうとする人々に向けて，「『なにかしなければならない』と実感することが大切であり，環境法を勉強するうえで本当のエネルギーになる」と述べられている(「いま注目の 5

法　環境法」『アエラムック　法律学がわかる。』(朝日新聞社，1996年)113頁)。水俣病事件を知り，学ぶ者は，いまなお続く問題状況を前に，また，今後こうした事件を決して起こさないために「なにかしなければならない」と実感することになろう。水俣病事件での事象の多くは，われわれが環境法を学ぶうえでのエネルギーとなる。

〈参考文献〉
富樫貞夫『水俣病事件と法』(石風社，1995年)
高峰武編『水俣病小史〔増補第三版〕』(熊本日日新聞社，2013年)
宮澤信雄編『水俣病事件と認定制度』(熊本日日新聞社，2007年)
原田正純・花田昌宣編著『水俣学講義　第1-5集』(日本評論社，2004-12年)
畠山武道『考えながら学ぶ環境法』(三省堂，2013年)

第IV部
廃棄物・資源循環法制の仕組みと課題

名古屋市港区藤前干潟(撮影:畠山武道・2007年)

第**16**章──一般廃棄物・資源循環法制の現状と課題

勢一智子

家庭から排出される廃棄物を主体とする「一般廃棄物」に関して，法はどのように規制・管理してきたか。その変遷を時系列でみると，衛生管理目的の廃棄物処分法から循環的利用を前提とする資源法への展開がみてとれる。真の循環型社会の実現のために，一般廃棄物・資源循環法領域では，資源管理に主眼をおき，製品の生産過程やライフサイクルを含めて，社会全体の物質フローを最適化する資源管理法制として再設計することが課題である。

1. ゴミと法の視点

　近代法は，「廃棄物」を規制の対象としてきた。そこには，各時代の社会におけるゴミ，そして「資源」の位置づけがみてとれる。ゴミはいかにして「廃棄物」となり，法的にどのように取り扱われてきたか。そして，そのゴミが，いかにして「資源」と捉えられるようになったか。その変遷をたどることにより，廃棄物法制の構造と法理を確認して，その現状と課題を検討する[1]。本章では，一般廃棄物の処理と管理にかかわる廃棄物法制の発展経緯に沿って，以下の3つの視点から検討を試みる。

　(1)　公衆衛生から資源管理へ──法の任務の変遷
　ひとつは，廃棄物法制の任務が公共空間における秩序維持から，それに加えてリサイクルまでを視野に入れた資源管理へと展開している点である。沿革については改めて述べるが，当初は公衆衛生維持を目的として始まった廃棄物法制は，明治期の汚物掃除法から100年余り発展を遂げ，不要物としての廃棄物に対する処理にとどまらず，現在では，資源の循環的利用を前提とする廃棄物管理へ重心移行してきた。この変化は，2000年に制定された循

環型社会形成推進基本法(循環基本法)が廃棄物処理と資源循環利用の両方を包括する体系となっていることからも明確化されている。

このような展開のもとでは，廃棄物管理の内容や担い手とその責任にも変化がもたらされる。秩序維持のための警察規制を主体としてきた廃棄物行政任務は，資源循環を促進するために事業者や市民に働きかける社会的な連携・誘導もその重要な役割となっている。

(2) 法におけるゴミと資源の変遷

ふたつに，前述の展開は，従前の処理対象廃棄物が将来の循環利用資源に転換することになる。廃棄物は，「廃棄物の処理及び清掃に関する法律」(廃棄物処理法)で「汚物又は不要物」を指し(2条1項)，「廃棄物等のうち有用なもの」は「循環資源」となる(循環基本法2条3項)。従前は汚物や不要物であっても，リサイクルの技術水準や市場動向，制度設計に応じて，廃棄物か循環資源かの属性は相関的に変化する。すなわち，使用済みの物質は，ゴミにも資源にもなりうる。廃棄物処理・資源循環法制は，個別リサイクル法の整備により廃棄物の資源化を進展させており，今後もそうした属性の相互互換性および相関性を前提として機能することが想定される(相関的制度メカニズム)。

また，ゴミか資源かの属性の変更は，処理責任の帰属にもかかわる。処理やリサイクルについては，個別法に基づき，処理責任が定められている。例えば，ゴミか資源かにより責任帰属は異なり，それに相応する各主体の役割と責任が設計されることとなる。こうした帰属は，民間事業者の責任の制度的変更により，行政の担うべき責任も変わる関係にあり，ここでも前述のような相関性が官民の処理責任にみてとれる。

(3) モノの全体フローのなかで考える——物質フローとしての把握

そのような相関性に着目すると，廃棄物の管理は，官民による区別ではなく，社会に流通するモノ全体の流れのなかで把握して構成する必要がある[2]。これにはふたつのレベルがある。ひとつは，あらゆる物質のフローのなかで捉えることである。省資源や有害物質への対処など，社会全体で環境負荷低

減に資する物質フローの最適化をはかる視点が重要となる。もうひとつは，それぞれのモノのライフサイクル全体を把握することである。一般廃棄物は，製品物流の最終段階で発生するものであるが，その素材や組成，分量を決定するのは生産段階であり，そこは物流動脈の起点にある。ゴミと法の関係は，その起点から始まっており，廃棄物も生産過程を含む物質フローとして把握することが不可欠となる(源流主義)。

加えて，従前の「廃棄物政策」は，その範囲を広げ，循環「資源」の活用も包括する「循環型社会」を展開する法政策領域となっている。このもとでは，再生資源の活用を含めて，資源戦略として位置づけられることになる。循環型社会では，天然資源と再生資源は，生産段階における選択関係にあり，「廃棄物」は将来の資源でもある。究極には，すべての廃棄物が再利用されるという構図を描くことも可能となる。

以下では，まず，一般廃棄物に関して「ゴミと法」がどのように変遷してきたか，時系列をたどりつつ概観したい。それを受けて，現在の一般廃棄物処理体制について資源管理の観点から現状を検討する。さらに，今後の課題と展望に言及して，まとめとしたい。

2. モノからの分離——廃棄物法の成立

(1) 法による「ゴミ」の成立

近代法における廃棄物法の沿革は，1900(明治33)年の汚物掃除法に遡る。同法は，江戸期からの社会と生活スタイルの変化を背景として制定されたものである。道路などの公共空間の秩序維持と伝染病対応が主な目的であり，いずれも公衆衛生管理の観点から要請された[3]。

同法では，ゴミは汚物として処理対象となった。また，土地の所有者・占有者・使用者は，その地域内で発生する汚物を掃除し，清潔を維持する義務が課されており(1条)，それ以外の地域については，市がその義務を担うとされた(2条)。ここで，廃棄物処分には，土地所有者等の発生者による処理責任と並び，自治体による処理責任というふたつの処理責任の所在が定められた。同法のもとで，現行法につながる廃棄物処理の基本構造が採用されて

いる。

(2) 生活必需サービスとしてのゴミ処理

汚物掃除法に代わり制定された1954年の清掃法により，家庭から排出される廃棄物の収集・処理は，市町村の任務となった[4]。同法の対象は，原則として都市部の家庭から排出される「汚物」であり，ここに，行政サービスとしての廃棄物処理が法制上成立する。同法が公衆衛生の維持を主な目的とすることから，この廃棄物処理は，市民生活の確保に不可欠な，生活必需サービスとして位置づけられたことになる。

この市町村に対する法的任務規定は，廃棄物処理の責任帰属を明確化する。江戸期に廃棄物とし尿がリサイクル資源として市場取引されていたことに対し，同法は，廃棄物等の市町村への引渡しを定め，その専属とする。これは，公衆衛生に適合するよう処理等を実施することを意図するものであるが，同時に民間取扱いを原則として排除することを意味する。

3. 産業廃棄物との分流―― 一般廃棄物処理法体制の確立

(1) 廃棄物の区分―― 一般廃棄物の成立

一般廃棄物の成立は，1970年の公害国会で制定された廃棄物処理法による。新法制定の背景には，高度成長期に激増した産業系不要物が清掃法のもとで適切に処理できなかった事情がある。なお，ゴミが清掃法の定めた「汚物」から「廃棄物」となったのも同法による。

廃棄物処理法の「廃棄物」は，産業廃棄物と一般廃棄物に大別される。事業活動に起因して発生する廃棄物については，排出者に処理責任があることが明確化され，その責任に基づき，事業者の責任および費用において処理する原則がおかれた(汚染者支払原則：Polluter-Pays-Principle：PPP)。PPPは，汚染排出者に対して，その汚染による環境負荷の対処を求めるものである。ここには，産業廃棄物および事業系一般廃棄物が該当する。産業廃棄物以外の廃棄物が一般廃棄物にあたり(2条2項)，市町村責任において処理が義務づけられる。このように，処理責任に起因して，廃棄物はふたつに分流されて

制度上取扱いが法定されることとなる[5]。

(2) 一般廃棄物処理の法制度と原則

一般廃棄物処理については，以下の諸原則および制度が適用される[6]。まず，ひとつは，市町村の処理責任である。これは，汚物掃除法以来の歴史的経緯と公衆衛生維持という公益目的による。そのため，処理費用負担は，PPPではなく，公共負担原則を採用する[7]。収集運搬や処理の業務については，廃棄物処理法上の許可を受けた民間業者が市町村からの委託により担うことが多く，そのための規制措置も法が備えている。

ふたつに，計画照応原則がある。市町村は，区域内の廃棄物処理に関して基本計画を策定し，それに基づき処理体制を確立して適正処理を実施しなければならない(廃棄物処理法6条，6条の2)。ここでは，収集・処分に加えて発生抑制・減量化の措置も含まれる。前掲の処理業等の許可も計画に基づき運用される。

3つとして，域内処理原則が挙げられる。一般廃棄物は自治体単位での域内処理，すなわち市町村が自区域内の施設を使用して処理することが制度的前提となる。この原則の背景には，迷惑施設としての廃棄物処理・処分場があり，市町村責任に基づく処理とは，一般廃棄物処理基本計画の策定，それによる運用体制の構築・維持，処分場確保という一連の廃棄物処理体制を担うことが要請される。

(3) 一般廃棄物をめぐる問題性——リサイクルへの要請

産業廃棄物とは異なる体制として構成された一般廃棄物処理制度であるが，高度成長による大量生産・大量消費の経済システムのもとで一般廃棄物の急激な増大が実務上喫緊の課題となった。

とりわけ，最終処分場の逼迫は，深刻な問題であった。1991年当時，一般廃棄物最終処分の残余年数が7.8年となるなど，一般廃棄物の減量化対策が急務となった。これに対して，市町村では，家庭からの廃棄物収集時に有料指定袋の利用を義務づけることを通じて，経済的ディスインセンティブによる排出抑制が試みられた。また，有料化とあわせて，資源化も強化された。

排出時の分別を細分化し，リサイクルを進めることにより最終処分量を削減する方法である。分別度は，自治体により大きく異なるが，数十分類をとる自治体もあるなど，地域ごとの工夫と努力が窺える。

　以上のような自治体の取組みによっても，一般廃棄物のリサイクル率は全体としては低く(1993年度のリサイクル率3.4%)，なお課題となった。家庭から排出される廃棄物は，減量化や処理容易化へのインセンティブを備えておらず，排出時における静脈対応には限界がある。その原因は，生産過程で発生する産業廃棄物が排出者責任として事業者により処理される一方で，製品となって消費者にわたったものについては，そのルートから外れ，一般廃棄物となって市町村の処理責任となることにある。事業者は，製品が使用された後の廃棄物処理には関心をもたず，そのコスト削減にはインセンティブが作用しない構造にあるためである。それゆえ，一般廃棄物の減量化には，動脈への働きかけ，とりわけ物質フローの「源流」である生産段階における製品設計等の見直しが必要となった。

　こうした問題状況が，1991年の廃棄物処理法の改正につながった。この改正により，廃棄物の排出抑制，分別・再生が法の目的に位置づけられ，廃棄物政策が排出抑制とリサイクルに転換する契機となった。

4. 産業廃棄物との部分的合流──リサイクル制度による変化

(1) 容器包装廃棄物「ペットボトル」の登場

　1990年代に入り，ゴミ減量の要請から，リサイクルの必要性が認識されるようになり，廃棄物法体制もリサイクルにシフトしていった[8]。1991年に前述の廃棄物処理法改正とともに，再生資源利用促進法(現「資源の有効な利用の促進に関する法律」(資源有効利用促進法))が制定され，リサイクル重視の法的根拠が備わった。その後，1995年の「容器包装に係る分別収集及び再商品化の促進等に関する法律」(容器包装リサイクル法)，1998年には特定家庭用機器再商品化法(家電リサイクル法)が定められて，事業者のリサイクルに係る義務が拡大された。

　一般廃棄物のリサイクルにおいて，直接の転機となったのは，ペットボト

ルに象徴される容器包装廃棄物を対象とする容器包装リサイクル法である[9]。この法律により，一般廃棄物のうち，容量で約60%，重量で約20%を占める容器包装廃棄物に対して，特化した処理ルートが導入された。従来は市町村により処理されていた一般廃棄物のうち，法指定の容器包装廃棄物については，生産業者等が再商品化(容器包装リサイクル法2条8項)の責任を担う体制である。

従前の容器包装廃棄物処理は，一般廃棄物として市町村が税金で処分するため，環境負荷低減へのインセンティブは機能しない構造にあった。容器包装廃棄物が増加したのは，廃棄物を市場原理から切り離したことによる帰結であり，外部不経済の典型といえる。それを是正するために，容器包装リサイクル法は拡大生産者責任(Extended Producer Responsibility：EPR)を採用した。容器包装リサイクル法により制度化されたEPRは，PPPを商品が消費者により廃棄され市町村によって処理される時点まで拡大する考え方である[10]。これにより，市町村が処理をしてきた廃棄物の一部が，生産者の責任のもとでリサイクルされる制度となった。

(2) EPRによる動脈との接続

EPRによる各種リサイクル制度の整備は，一般廃棄物処理のあり方とそれに伴う市町村の責任と任務を変更した。EPRのもと容器包装リサイクル法は，いわゆる分担責任を採用した。分担責任とは，消費者に分別排出，市町村に分別収集，そして事業者に再商品化を課し，その総体として，容器包装リサイクルを実現する構造である。EPRは，市町村の廃棄物処理責任の一部を生産者等に移転するものでもある。その結果，廃棄物に対する事業者の責任が，産業廃棄物のみならず，自らが生産した商品の行く末，すなわち一般廃棄物としての処理まで広がることになる。

この制度のもとでは，製品使用後の再商品化まで考慮したうえで製品開発をしなければならない。こうした構造により，事業者には製品をリサイクルしやすいように設計開発するインセンティブが作用する。たとえば，リサイクルしやすい素材の選択，有害物質の使用回避や軽量化など，いわゆる環境配慮設計(Design for Environment：DfE)を導出することが期待される。ここで，

動脈と静脈の構造が接続することになる。

(3) 循環基本法の誕生

こうした廃棄物処理とリサイクルとの統合は，廃棄物法体系にコンセプト転換をもたらした[11]。廃棄物処理とリサイクルの双方の理念的上位法として，2000年に循環基本法が制定されて，法体系としても再統合が実現された[12]。この基本法が，物質循環管理分野を包括し，そのもとに廃棄物処理と各種リサイクルの制度がおかれる形式となる。廃棄物処理とリサイクルを両輪とする現在の「循環型社会」の登場である。

循環基本法では，循環型社会を次のように定義する。「製品等が廃棄物等となることが抑制され，並びに製品等が循環資源となった場合においてはこれについて適正に循環的な利用が行われることが促進され，及び循環的な利用が行われない循環資源については適正な処分が確保され，もって天然資源の消費を抑制し，環境への負荷ができる限り低減される社会」。すなわち，廃棄物処分とリサイクルは，いずれも静脈の物質フローに位置づけられて優劣関係にある。これにより，家庭から排出される一般廃棄物も3R(リデュース，リユース，リサイクル)が優先され，その残りが適正処分されることとなる。

ただし，循環基本法は，後述するように先行する個別リサイクル法に遅れて制定された経緯から，個別法を十分に包括するに至っておらず，なお課題を残している。

5. モノへの再合流――資源管理としての一般廃棄物法政策

(1) 循環型社会を前提とする一般廃棄物――物質フローにおける相関性

4．で述べたような循環型社会においては，全体の物質フローに着目すると，最終処分が必要な廃棄物と将来の資源が一般廃棄物として家庭で「合流」していることになる。そのため，従来は処分対象として捉えられてきた一般廃棄物に対して，可能な限り「資源」として活用していくことが求められる。廃棄物の資源化の促進には，容器包装リサイクル法のように分担責任を負う各主体が取り組むものもあるが，事業者による自主的活動を促す制度

もあり，これら諸制度の総体として，循環資源の物質フローが形成される。

例えば，資源有効利用促進法は，事業者の自主的な取組みに期待するリサイクル制度であるが，パソコンや小型電池など個別製品に対する事業者の回収システムが，一般廃棄物の処分量を削減し，自治体と住民の負担を軽減することにつながる。今後，対象製品が広がれば，家庭から排出される廃棄物がより多く「将来の資源」として再び物質フローの動脈に組み込まれることとなる。

使用済み製品には多種多様な「資源」が含まれている点に着目すれば，一般廃棄物は「都市埋蔵資源」となる。いわゆる都市鉱山としてレアメタルに注目した「使用済小型電子機器等の再資源化の促進に関する法律」(小型家電リサイクル法)は，その一例である。使用済み製品を幅広くリサイクルの仕組みに取り込むことができれば，静脈から動脈につながるサイクルが強化され，真の循環型社会に近づく。

(2) 一般廃棄物における分別収集・リサイクルの現状

ここで改めて，現在の一般廃棄物処理の現状について，2010年度のデータから確認してみたい(以下，( )内は2000年度の数値)[13]。2010年度において，一般廃棄物の総排出量は，4,536万トン(5,236万トン)，国民1人1日あたり976 g(1,132 g)であり，2001年度以降10年連続で減少している。また，直接資源化および資源化等の中間処理の割合は19.5%(14.3%)であり，直接最終処分される一般廃棄物の割合は1.5%(5.9%)となっている。最終処分場は1,775施設(2,077施設)，残余容量は1億1,446万 m³(1億5,720万 m³)であり，残余年数は全国平均で19.3年(12.2年)である。同年度における一般廃棄物処理にかかる経費の総額は，1兆8,390億円(2兆3,708億円)であり，国民1人あたりに換算すると1万4,400円(1万8,700円)となる。数値を2000年度と比較すると，最終処分は減少する一方，資源化処理が増加して，循環型社会に向けた取組みが進展していることが窺える。

他方で，資源循環の質に着目すると，3Rのうちリサイクルが先行し，循環基本法の基本理念であるリデュース・リユースの優先は，十分に機能していない。また，リサイクル推進には相当のコスト負担が伴うことも実証され

ている。たとえば，容器包装リサイクル法の収集等により自治体が負担する費用は，約3,000億円に及ぶと試算されるなど問題となった[14]。加えて，廃棄物の総排出量の減少とリサイクル率の向上は望ましいが，それに伴い，処分場の維持管理が相対的に負担増となる点も対策が求められる。

(3) 資源に着目した総合体制の要請

市町村の現状をみると，市町村による取組みは成果を上げてきているが，法により課された責任として廃棄物の適正処理が前提にあり，事業者によるリサイクル体制との連携には，なお課題がみられる。総合的な資源管理の視点に立てば，両者による廃棄物処理・リサイクル体制が効率的かつ効果的に設計されることが要請される[15]。とりわけ，物質フローの動脈や源流にある事業者のシステムについて，効果的な取組みが不可欠となる。そのためには，市場経済メカニズムに組み込まれた製品設計へのインセンティブがいっそう強化される必要がある。

有害廃棄物の問題についても，源流に立ち返ることが重要である。廃棄物に含まれる有害物質は，生産工程および消費過程に起因するため，動脈における対策が不可欠となる。有害物質を含まない生産方法へと変更することが，廃棄物の資源化を促進することになり，廃棄物を処理する場合にも容易となる。

リサイクル推進により再生資源へのシフトが進むと，官民の区分や廃棄物の分類による縦割りではなく，資源活用の観点からより効率的な体制が求められる。循環基本計画で提示されている「地域循環圏」[16]は，こうした統合型の資源循環システムのひとつのあり方を提案する。ここでは，一般廃棄物の処理施設も，民間施設と並び循環拠点のひとつとなり，一般廃棄物と産業廃棄物の協同処理も実施される。また，従前からの資源物の集団回収に加えて，市民やNPOによる新たな回収・再使用等の体制も整備されることにより，市町村による一般廃棄物処理の集約化が可能となり，その役割も再定義される。処理責任の明確化などなお法的な課題はあるが，重層的な地域資源管理体制として，循環型社会の今後の展望につながる構想である。

6. ゴミと法の将来—— 一般廃棄物・資源循環法制の課題と展望

以上，物質フローの制度的変化に沿って，一般廃棄物法制の現状を概観してきた。これを踏まえて，今後の課題と展望について言及してまとめとしたい。

(1) 「循環型社会」の再展開

まず，循環型社会を支える法制度理念を実質的に確立する必要がある。一般廃棄物処理体制は，EPR による事業者処理責任ルートとの分業として成立している。本格的な循環型社会の実現に向けて，循環基本法のもと既存法制度を含めた再設計が必要である。具体的には，廃棄物処理とリサイクルを統括する循環基本法が後に制定されていることから，先行した廃棄物処理法や個別リサイクル法との整合性が不十分であることが問題となっている[17]。廃棄物・リサイクル関係法のなかで最古参の廃棄物処理法が，実質的には「裏の基本法」となっているとの指摘もある[18]。とりわけ，容リ法において展開された EPR は，一般廃棄物の資源循環を導く重要な考え方であり，本来の理念に合致する個別制度化が求められる。

他方，循環基本法のもとでリサイクル体制への重点移行が進行してきたが，一般廃棄物処理体制についても新たな課題が提起されている。とりわけ，東日本大震災を経験して，災害時や緊急時における一般廃棄物処理の体制確保は喫緊の課題となっている[19]。住民の生活必需サービスを最後に担うのは市町村の処理責任である。リサイクルの重点化により処分インフラが縮小傾向にあることも踏まえて，官民および自治体間連携，広域連携，国外との連携などセーフティネットを備えたリスク対応型の資源循環体制の構築が必要となる。

(2) 持続可能な循環型社会へ

環境基本計画で示された持続可能な社会との関係では，廃棄物・資源循環法制において廃棄物の発生を所与として，その処理を基本構造とする法制度

設計がなお維持されている点も問題となる。従前は，廃棄物は適正処分が原則的対応であったが，現在では，3Rによる循環的利用が原則とされる。すなわち，現行法体系のもとでは，すでに原則と例外が逆転している。こうした発展線を具体的な法政策や法制度設計に反映させる必要がある。

　一例として，ドイツでは，廃棄物・リサイクル分野の基盤的法律である1994年制定の「循環経済・廃棄物法」[20]を2012年に全面改正して，「循環経済法」[21]とした。この法改正は，廃棄物・リサイクル分野における主軸が資源循環にあることを法律名においても明確化したものである。循環型社会を貫徹すれば，廃棄物はもはや処分するものではないという象徴例であろう。加えて，ドイツの例では，資源循環の制度強化が，気候変動防止やエネルギー政策に寄与することも持続可能な発展の観点から強調されている点は重要である。

　日本では，持続可能な社会を実現するために目標とする社会像として，「21世紀環境立国戦略」(2007年6月閣議決定)は「循環型社会」「低炭素社会」「自然共生社会」の3つを提示し，それらの相乗的発展を指向している。循環型社会の実現が，気候変動防止にも自然生態系の保全にも複合的に作用することを念頭において，分野横断的視点から廃棄物処理・資源循環分野の制度設計が必要となる。

(3)　物質フローのトータル設計へ——イニシアティブの所在

　再度，物質フローに立ち返ってみると，社会の物質フロー自体を環境負荷の少ないものに転換していく必要がある。それには，社会経済構造やライフスタイルの変更が伴う。動脈においては，大量生産・大量消費からの転換が不可欠であり，そのためには，経済成長がモノの生産増と直結する仕組みを改善することが求められる。また，市民が消費者である自覚も改めて制度に位置づけられる必要がある。一般廃棄物に関しては，3Rも一次的には消費者の選択にある。たとえば，小型ペットボトルは持運びに便利であり，消費者は選好する。その結果，ペットボトルの流通量は増加している状況にある。もしペットボトルの処理費用が製品価格に十分に組み込まれているならば，市場価格が上昇し，消費者は利便性の選択に価格を反映させることになるだ

ろう。そうした消費者の選択を環境適合的なものにするような，制度設計が要請される[22]。

　また，循環系物質フローを前提とすると「廃棄物」とは何かについても再考が求められる[23]。廃棄物法の沿革に立ち返ると，一般廃棄物は処分対象である不要物から循環的利用対象の資源へと展開されてきた。物質フローとしてみると，その「終点」における「廃棄物」ではなく，資源循環システムの「起点」としてリサイクルの出発点を一般廃棄物が担うことになる。その「起点」で廃棄物がどのような資源としてスタートできるかは，動脈の設計を含めた社会経済システムのあり方に依存する。そうした社会経済システムの一環として一般廃棄物法制も構想していくことが課題であると考える。

〈注〉
1) 廃棄物・資源循環法分野の制度概要については，産業廃棄物制度も含めて，基本体系書として，大塚直『環境法〔第3版〕』(有斐閣，2010年)，北村喜宣『環境法〔第2版〕』(弘文堂，2013年)を参照。なお，現在までの同分野の展開について，第17回環境法政策学会におけるミニシンポジウム「環境法の過去・現在・未来」において議論がなされた(2013年6月15日，於：成蹊大学)。筆者が担当した報告につき，勢一智子「循環の構築・再構築」環境法政策学会編『環境基本法制定20周年──環境法の過去・現在・未来』(商事法務，2014年)を参照。
2) 参照，大塚・前掲(注1)447頁。物質フローとしての把握は，経済学と親和的である。リサイクルに関する経済学の代表的研究として，植田和弘『廃棄物とリサイクルの経済学』(有斐閣，1992年)，細田衛士『グッズとバッズの経済学〔第2版〕』(東洋経済新報社，2012年〔初出：1999年〕)も参照。
3) 廃棄物に係る法制度の沿革につき，参照，溝入茂『明治日本のごみ対策──汚物掃除法はどのようにして成立したか』(リサイクル文化社，2007年)，環境省『平成13年版循環型社会白書』序章。
4) 廃棄物処理法前史につき，参照，北村・前掲(注1)444頁以下。
5) 一般廃棄物と産業廃棄物の定義と区分は，事業系一般廃棄物を含めて，北村・前掲(注1)449頁以下。
6) 法制度の概要につき，参照，大塚・前掲(注1)451頁以下，460頁以下。
7) なお，自治体によっては，収集用のゴミ袋が有料であり，それが廃棄物処理費用にあてられる場合もある。しかし，その収入は処理費の数％程度と少額であり，処理費を充当するには至らず，公共負担といえる。
8) 参照，浅野直人「公害法・環境法の歴史と展望」新美育文ほか編『環境法大系』(商事法務，2012年)17頁。

9) 容器包装リサイクル法の制度と問題点などにつき，参照，大塚・前掲(注1)509頁以下，北村・前掲(注1)521頁以下。容器包装リサイクル法の制度設計につき，寄本勝美『政策の形成と市民』(有斐閣，1998年)も参照。
10) 拡大生産者責任(EPR)につき，容器包装リサイクル法への導入経緯を含めて，佐野敦彦・七田佳代子『拡大する企業の環境責任』(環境新聞社，2000年)，大塚直「環境法における費用負担論・責任論——拡大生産者責任(EPR)を中心として」城山英明・山本隆司編『環境と生命』(東京大学出版会，2005年)113頁以下を参照。
11) このコンセプト転換は，環境省『平成13年版循環型社会白書』では，「循環型社会の夜明け——未来へと続く挑戦」として紹介されている。
12) 参照，循環型社会法制研究会編『循環型社会形成推進基本法の解説』(ぎょうせい，2000年)，植田和弘ほか監修『循環型社会ハンドブック』(有斐閣，2001年)。
13) 数値データは，各年度の環境省「一般廃棄物の排出及び処理状況等について」による。
14) 問題状況につき，大塚・前掲(注1)518頁以下。参照。なお，費用負担の公平化をはかるために2006年の容器包装リサイクル法改正による事業者から市町村への拠出制度が採用されている(10条の2)。
15) 廃棄物と資源が分けられることで物質循環が二分される問題があり，廃棄物処理とリサイクルの一体化の必要性が指摘されている。参照，大塚・前掲(注1)553頁，髙橋信隆「循環型社会の法システム」大塚直・北村喜宣編『環境法学の挑戦』(日本評論社，2002年)263頁。
16) 参照，第2次循環基本計画(2008年3月25日)，第3次循環基本計画(2013年5月31日)，環境省「地域循環圏形成推進ガイドライン」(2012年7月)。
17) 循環基本法の要請と個別リサイクル法による制度の検討として，参照，赤渕芳宏「循環型社会形成推進基本法の理念とその具体化——〈施策の優先順位〉をめぐる課題」新美ほか・前掲(注8)569頁以下。
18) 循環基本法がおく「廃棄物等」という概念が，個別法に反映されておらず，実務上は廃棄物処理法の「廃棄物」概念が中心となっており，循環基本法がめざす「循環的利用」を阻害している点が指摘される。参照，北村・前掲(注1)520頁。
19) 参照，北村喜宣「災害廃棄物処理法制の課題——2つの特措法から考える」都市問題103巻5号(2012年)44頁以下。
20) Gesetz zur Föderung der Kreislaufwirtschaft und Sicherung der umweltverträglichen Beseitigung von Abfällen: Kreislaufwirtschafts- und Abfallgesetz — KrW/AbfG vom 27. September 1994 (BGBl. I S. 2705).
21) Gesetz zur Föderung der Kreislaufwirtschaft und Sicherung der umweltverträglichen Bewirtschaftung von Abfällen: Kreislaufwirtschaftsgesetz — KrWG vom 24. Februar 2012 (BGBl. I S. 212). 同法につき，参照，勢一智子「持続可能な社会における法秩序の行方——ドイツ循環経済法の展開から」環境法研究38号(2013年)237頁以下。

22) 参照，北村・前掲(注1)544頁，勢一智子「循環型社会の法戦略――環境イノベーションを誘導する法政策」環境管理47巻11号(2011年)32頁以下。
23) 参照，ケヴィン・リンチ『廃棄の文化誌――ゴミと資源のあいだ』(工作舎，1994年)。また，畠山武道教授による「ごみはどこへいくのか」(畠山武道『考えながら学ぶ環境法』(三省堂，2013年)第11講タイトル)という問いかけは，廃棄物・資源循環法制のあり方を考える上で不可欠の視座である。

〈附記〉 本章は，科学研究費補助金(基盤研究(C))「持続可能な環境管理法制における多元的構造の分析」(2011年度－2013年度：代表者・勢一智子)による研究成果の一部である。

第17章 産業廃棄物法制の現状と課題

福士 明

　産業廃棄物の不法投棄等の撲滅は，廃棄物処理法の制定以降も大きな政策課題とされ，さまざまな対策が講じられてきた。不法投棄等の量と件数が減少傾向に転じるのは，2000年の廃棄物処理法の改正で事業者処理責任の強化がなされ，それを中核とする「産業廃棄物分野の構造改革」がなされてからである。現在，循環型社会を形成する法体系のなかで，産業廃棄物の適正処理を確保するためのいっそうの法制度の整備が求められている。

1. 産業廃棄物法制の課題

今日，事業活動および家庭生活から大量の廃棄物が生まれている。

(1) 産業廃棄物の適正処理の確保
　廃棄物の処理及び清掃に関する法律(廃棄物処理法)は，これらの廃棄物を一般廃棄物と産業廃棄物に分類し，産業廃棄物については，事業者処理責任原則(「排出者責任原則」ないし「排出事業者処理責任原則」ともいう)のもとで，適正に処理することとしている。しかし，不法投棄・不適正処理(以下「不法投棄等」)の事態が横行しているように，市場原理のもとで産業廃棄物の適正な処理を行うためには，事業者処理責任原則の強化を基盤とした法制度・政策ないし手法のいっそうの整備が必要である。

(2) 循環型社会形成推進基本法と整合した産業廃棄物法制の整備
　また，廃棄物等について，発生抑制，再使用，再生利用，熱回収および適正処分という廃棄物・リサイクル政策の優先順位を定める循環型社会形成推進基本法(循環基本法)と体系的な整合性を図って産業廃棄物法制を構築する

必要がある。

本章では，このような観点から事業者処理責任原則を基軸として産業廃棄物法制の現状を概観し，その課題および方向性について若干の検討を行うこととする。

2. 産業廃棄物法制と処理の責任主体

わが国において最初に本格的な廃棄物対策を講じた法律は，清掃法である。その後，経済成長に伴う廃棄物の飛躍的増大と産業廃棄物対策の必要性を背景として現行法である廃棄物処理法が制定された。

(1) 清掃法──市町村処理責任体制

清掃法のもとでは，市町村が「汚物」(事業活動から生じたものも含む)の処理責任を負う体制となっていた。

(ア) 「汚物」の処理責任

清掃法上，「汚物」は，「ごみ，燃えがら，汚でい，ふん尿及び犬，ねこ，ねずみ等の死体をいう」(3条)とされ，同法は，このような「汚物」を「衛生的に処理」し，「生活環境を清潔にする」ことにより，「公衆衛生の向上を図る」(1条)ための公衆衛生法として制定された。そして，清掃法は，市町村(特別区については，都)が，特別清掃地域内(特別区・市および知事の指定する町村の区域をいう)の汚物を処理するという法政策を採用した。すなわち，同法は，「市町村は，……特別清掃地域内の土地又は建物の占有者によつて集められた汚物を，一定の計画に従つて収集し，これを処分しなければならない」(6条1項)と規定した。もっとも，「当該市町村による汚物の収集及び処分が困難であり，かつ，環境衛生上の支障が生ずるおそれがない」場合には(15条の2)，清掃法は，市町村長が私人に許可を与え，「汚物の収集，運搬又は処分」を行う「汚物取扱業」を営むことを可能としていた(15条1項)。

(イ) 事業活動から生じる汚物の処理責任

市町村長には，清掃法上，事業活動から生じる「多量の汚物」(7条)や「特殊の汚物」(8条)については，それぞれ「土地又は建物の占有者」や「工場，事業場等の経営者」に当該汚物の処理を命ずる権限が与えられていた。しかし，これらの権限はほとんど活用されることなく，清掃法上も，事業者の処理責任は明示されておらず，汚物処理に関する排出事業者の責任は明確ではなかった。清掃法のもとでは，市町村による「汚物」の処理体制が採用されており，その手法は主として市町村自身による直営の汚物処理事業(事業手法)と汚物取扱業に対する許可制(規制手法)であったということができよう。このような法制度とその運用の結果，清掃法の時期においては，「し尿，家庭ごみ等の一般廃棄物の処理施設を除くと，ほとんどの産業廃棄物が処理の基準もなく，ほとんど無処理の状態で河川，海岸，山林原野等に投棄されている」[1]という状況となっていた。

(2) 廃棄物処理法——排出事業者処理責任体制

1950年代半ばから始まる高度経済成長は大量の製品と廃棄物を産出することとなり，この事態に対処するため，1970年第64回臨時国会(いわゆる「公害国会」)において，清掃法の全部改正法として，廃棄物処理法が制定された。

(ア) 廃棄物処理法の制定趣旨

廃棄物処理法の提案理由は，内田常雄・厚生大臣(当時)によって，つぎのように説明されている。

> 今日，わが国における産業活動の拡大，国民生活の向上等に伴って排出される各種の廃棄物は，膨大な量にのぼり，その質もまた著しく変化しております。特に，産業廃棄物の多くは，有害物質や処理の困難な物質を含み，公害の原因ともなっております。
>
> このような実態にかんがみ，産業廃棄物に関し事業者の処理責任を明確にするとともに，その処理の体系を整え，また，市町村が行なうべき一般廃棄物の

処理区域を市町村の全域に拡大するなど，現行の清掃法を全面的に改め，廃棄物の処理に遺憾なきを期すためにこの法案を提案しました。
出典：第64回国会衆議院社会労働委員会会議録1号(1970年12月3日)5頁

（イ）　事業者処理責任原則の採用

　この1970年廃棄物処理法(以下「1970年法」)は，「廃棄物」の概念を創設し，これをその処理責任の観点から，「一般廃棄物」と「産業廃棄物」に分類して管理するという今日の廃棄物処理の原型を確立した。1970年法は，一般廃棄物については，市町村が公共サービスとして処理事業を行うという清掃法の体制を受け継ぎ，産業廃棄物については，事業者の処理責任を明確化し(3条1項(現同条同項)，10条1項(現11条1項))，処理の体系を整備することとなった。

　もっとも，事業者処理責任原則による処理体系の整備とはいっても，1970年法は，「自社処理」と同時に「委託処理」を認めている(12条1項(現同条5項))。そして，産業廃棄物については，市場原理のもとで適正処理をめざすこととして，①産業廃棄物処理業の知事許可制(14条1項(現同条1項，6項))，②産業廃棄物の収集・運搬・処分に関する基準(処理基準)の設定(12条2項(現同条1項)，14条3項(現同条12項))，③産業廃棄物の保管基準の設定(12条3項(現同条2項))，④産業廃棄物処理施設の届出制(15条1項(現許可制・同条同項))，⑤産業廃棄物処理施設の維持管理基準の設定(15条2項(現15条の2の3第1項))，⑥②③⑤の基準を遵守させるための知事による命令制度(12条4項(現19条の3第2号)，15条3項(現15条の2の7第1号))，および⑦不法投棄の禁止(16条(現同条))などによる産業廃棄物処理体制を成立させた。その後，現実には，委託処理が一般的な処理方法となっていったことは，周知の通りである。

（ウ）　1970年法の特徴

　廃棄物処理法の法政策的な特徴として，①廃棄物の発生抑制やリサイクルではなく，あくまでも排出された廃棄物を処理する「後始末法」としての性格を有すること，②公衆衛生の向上をはかる「公衆衛生法」である「清掃法

の後継法」としての性格を有すること，③社会公共の安全・秩序に対する危険を除去する目的のために，人の自由に制限を加える作用を規律する法である「警察行政法」としての性格をもつこと，④産業廃棄物処理業者に対する規制的措置が中心であり，処理業者育成のための補助・助成措置はほとんど講じられていない「業者規制法」としての性格を有すること，および⑤本法を所与として他の廃棄物・リサイクル法政策をコントロールするという「基本法」としての性格をもつことが挙げられている[2]。1970年法の時期には，本法がいわば唯一の廃棄物・リサイクル政策に関する法律であったため，1970年法には，⑤の性格を認めることはできないが，①〜④の性格は現行の廃棄物処理法よりもむしろ純粋な形で認めることができる。その意味で，廃棄物処理法の基本的性格は，1970年法以降，大きな変更はなされていないということができよう。

(3) 事業者処理責任原則に基づく適正処理

廃棄物処理法によって，産業廃棄物については排出事業者が適正処理責任を負うという事業者処理責任原則が明確に採用された。

(ア) 1970年法における事業者処理責任原則の規定

1970年法は，「事業者は，その事業活動に伴つて生じた廃棄物を自らの責任において適正に処理しなければならない」(3条1項(現同条同項))とし，産業廃棄物については，特に確認的に，「事業者は，その産業廃棄物を自ら処理しなければならない」(10条1項(現11条1項))と規定した。

これらの規定は，汚染者支払原則(Polluter-Pays-Principle：PPP)を背景として，事業者(廃棄物の排出事業者)がその事業活動に伴う廃棄物の処理責任を負うことを明確にしたものである。汚染者支払原則は，1972年にOECD(経済協力開発機構)によって示された，受容可能な状態に環境を保持するための汚染防止費用は，汚染者が負うべきであるとする原則である。この原則は，わが国では，独自の展開を遂げ，今日では，公害対策に関する正義と公平の原則として，①汚染防止費用は汚染者が負担すべきであること，②すでに発生した汚染に対する環境復元費用は汚染者が負担すべきであること，および③

汚染による被害者への救済費用は汚染者が負担すべきであるという諸原則を含むものと理解されている[3]。1970年法が採用した事業者処理責任原則は，汚染者支払原則の前記①原則を根拠とするものと位置づけられる。

####（イ）事業者処理責任原則と委託処理

1970年法は，事業者処理責任の原則は，委託処理によっても充足されることを明示し(12条1項(現同条5項))，1976年改正廃棄物処理法(以下「1976年法」)では，委託する場合には，政令で定める基準(委託基準)に従わなければならないとされた(12条4項(現同条6項))。当時の委託の基準は，①許可業者であり，委託内容がその事業の範囲内であること，および②産業廃棄物の種類・数量その他の処分に必要な事項で厚生省令で定めるものを記載した文書を交付すること(廃棄物処理法施行令6条の2(現同条))である。これは，現行法でも基本的な変更はない。

事業者による適正処理とは，保管基準(12条2項(現同条2項))を遵守し，委託処理の場合は，これに加えて，委託基準(12条4項(現同条6項))，自社処理の場合は，処理基準(12条1項(現同条同項))および廃棄物処理施設維持管理基準(15条3項(現15条の3第1項))を遵守した産業廃棄物処理ということを意味する。そして，委託処理の場合は，委託基準を遵守した適法な委託がなされれば，事業者の責任は完全に果たされたのであって，委託を受けた許可業者が不法投棄等を行ったからといって，委託した業者が責任を問われることはないという法政策(以下「適法委託による責任遮断論」)が採用された[4]。

3. 産業廃棄物法制と適正処理の法政策
　　——2000年改正廃棄物処理法以前

1970年法のもとでの適法委託による責任遮断論に基づく廃棄物処理体制は，2000年改正廃棄物処理法(以下「2000年法」)まで存続した。そして，この2000年法以降，「産業廃棄物分野の構造改革」が進められるなかで，統計上は，不法投棄等の量および件数において顕著な減少傾向が継続して観察される。そこで，本章では，この2000年法を一応の分岐点として，適正処理の

法政策を説明することとする。なお，以下では，不適正処理の典型である不法投棄について取り上げる。

(1) 不法投棄の現状・背景・原因

不法投棄は，清掃法時代から刑事罰をもって禁止されてきた。しかし，不法投棄は頻発し，その防止は廃棄物処理法のもとでも大きな政策課題とされてきた。

(ア) 不法投棄の現状

不法投棄の量は，**図表17-1**のように，1995(平成7)年から2000(平成12)年までは，1996(平成8)年の21.9万tを除き，40万t程度で推移している。しかし，2001(平成13)年には，24.2万tに減少し，翌年には，31.8万tに増加するものの，2003(平成15)年以降は，顕著な減少傾向にある。不法投棄件数についても，2002(平成14)年以降は，同様に，顕著な減少傾向がみられる。

(イ) 産業廃棄物の不法投棄の背景・原因

不法投棄の背景・原因としては，つぎのようなものが指摘されてきた。

第1は，廃棄物の「負の財」としての性格である[5]。通常の財(正の財)の場合は，消費者が料金を支払うと消費者の手元に財が来るため，消費者はその財の質をチェックし，その財が料金に見合ったものでなければ二度と買わないことが想定され，その結果，質の悪い財を提供する生産者は，市場で淘汰されることになる。他方，廃棄物の場合は，排出事業者が，処理業者に料金を支払って引き取ってもらうこととなるため，排出事業者は，廃棄物の引渡し後，処理業者が行う廃棄物処理が料金に見合うものかチェックするインセンティブは働かない。排出事業者としては，要するに，最も安価で目の前から廃棄物がなくなるということが最大の関心事となる。

第2は，廃棄物処理業の世界が過当競争の状況にあり，そこでは排出事業者が圧倒的に優位に立つ買い手市場であって，処理業者は適正処理が不可能と考えられるような低価格で処理を請け負うこととなり，その結果，産廃市場では優良業者が育ちにくく，「悪貨が良貨を駆逐する」という状況がみら

314　第Ⅳ部　廃棄物・資源循環法制の仕組みと課題

図表 17-1　不法投棄の件数と投棄量の推移

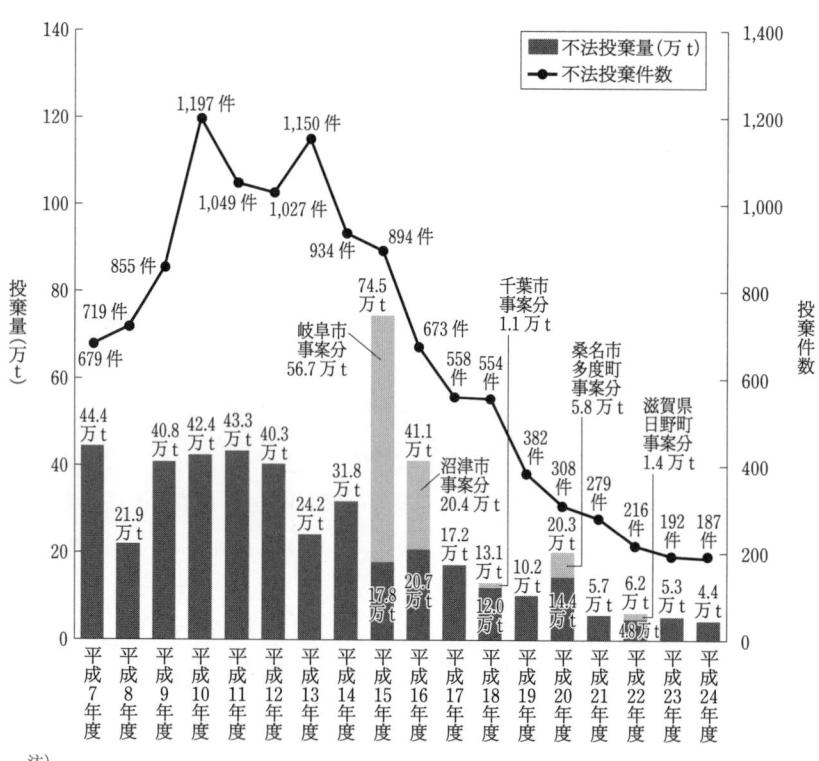

注）
1. 不法投棄件数及び不法投棄量は，都道府県及び政令市が把握した産業廃棄物の不法投棄のうち，1 件当たりの投棄量が 10 t 以上の事案（ただし特別管理産業廃棄物を含む事案はすべて）を集計対象としている。
2. 硫酸ピッチ事案およびフェロシルト事案については本調査の対象からは除外している。

出典：環境省資料（注について一部省略変更している）〈http://www.env.go.jp/press/file_view.php?serial=23583&hou_id=17550〉（2014 年 1 月 3 日アクセス）

れたことである[6]。適法に委託すれば排出事業者の責任がそこで遮断されるという法制度のもとでは，排出事業者としては委託した廃棄物が適正に処理されるかどうかよりも，最安価の料金を提示する処理業者と優先的に契約を締結することとなり，それが結果として，不法投棄の背景となっていたということである。このことが適法に許可業者に委託したとしても不法投棄が発生する大きな背景・原因となっていたと考えられる。

　第 3 は，市場経済のもとで，排出事業者，許可業者および無許可業者は，

最大の利潤を追求して経済活動を行っているが，廃棄物はもともと不要なものであるため，各主体は適正処理費用の負担を回避し，受領した処理料金から最大の利得を獲得し，あるいは廃棄物市場で一儲けしたい等の「ある意味で経済合理的な行動」をとることである[7]。しかし，不法投棄は犯罪であり，こうした不法な利得を得るというインセンティブが発生しない産業廃棄物処理法制の構築が必要である。

(2) 不法投棄防止の法政策

廃棄物処理法の誕生から，産業廃棄物の不法投棄の防止は重要な政策とされ，さまざまな不法投棄防止対策が講じられてきた。

(ア) 刑 事 罰

刑事罰の科刑は，1970年法以来採用されている不法投棄防止対策の柱である。1970年法は5万円以下の罰金であったが(27条)，幾度かの改正を経て現行法では，5年以下の懲役もしくは1,000万円以下の罰金となっている(26条1項14号)。法人の業務としてなされた場合は，3億円以下の罰金が科される(32条1項1号)。このような厳罰化によって，不法投棄の抑制が意図されてきている。

(イ) 二 者 契 約

1991年改正廃棄物処理法(以下「1991年法」)で，排出事業者は，収集運搬業者，中間処理業者および最終処分業者のそれぞれと契約を締結する「二者契約」を行わなければならないとされた(12条3項(現同条5項))。従来は，排出事業者が，収集運搬業者に対して中間処理業者や最終処分業者との契約を任せ，ひとつの契約書に三者が調印するという「三者契約」が行われており，これが排出事業者の処理責任を希薄化し，不法投棄の背景となっていると考えられたため，このような慣行を廃止したものとされている。もっとも，実態はそれほど変わっていないという指摘もある[8]。

（ウ）処理施設の整備

施設の不足は不法投棄の背景となりうる。そして，市場原理による設置だけでは産業廃棄物処理施設の整備方策としては十分ではないところから，1991年法では，公共関与による産業廃棄物処理施設の設置という政策が採用され(15条の5第1項, 15条の6第4号)，2000年法では，その強化をはかるなどの措置がとられている(15条の5第1項(現同条同項))。

（エ）業許可制

産業廃棄物処理業の許可制は，1970年法以来，採用されている。業許可について，1991年法では，5年に1度の許可の更新制を新設して，処理業者の適格性をチェックすることとし(14条2項, 3項, 5項, 6項)，1997年改正廃棄物処理法(以下「1997年法」)では，処理業の欠格要件を拡充し，処理業者の人的な適性をより慎重に考慮して，産廃市場への参入を許可することとしている(14条3項(現同条5項), 6項(現同条10項))。

（オ）産業廃棄物管理票（マニフェスト）制度

産業廃棄物管理票制度は，1991年法で特別管理産業廃棄物に導入され(12条の3)，1997年法以降は，すべての産業廃棄物について取り入れられた(12条の3(現同条同項))。また，1997年法で電子マニフェスト制度も発足している(12条の4(現12条の5))。産業廃棄物管理票制度は，排出事業者が産業廃棄物の処理を委託する際に，処理業者に管理票を交付し，処理終了後に処理業者からその旨を記載した管理票の写しの交付を受けることにより，委託内容通りの処理がなされたかを確認することで適正な処理を確保する制度である。

2000年までには，主たるものとして以上のような対策が講じられていた。しかし，不法投棄の件数および投棄量を大幅に減少させるまでには至っていなかった。

4. 産業廃棄物法制と「産業廃棄物分野の構造改革」
── 2000年法以降の法政策

2000年には，廃棄物処理法の改正で，事業者処理責任が拡大強化され，そのもとで「産業廃棄物分野の構造改革」が進められることとなった。

(1) 事業者処理責任原則に関する学説

1970年法以来，適法委託による責任遮断論が支配していたが，これに対しては，廃棄物処理法の立法過程で，すでに不法投棄をした業者の他に排出事業者の責任を問うべきことが主張されていた[9]。そして，それ以降も，排出事業者は，産業廃棄物の発生から最終処分まで一貫した責任を負うのであって，委託処理の場合でも，優良な業者を選択するなど自己の廃棄物が適正に処理されるように適切に対処する責任を負い，結果的に不法投棄がなされた場合は事業者の過失を推定し，無過失の立証責任を負わせる制度を採用するべきであるといった有力な提案がなされてきている[10]。

こうした法政策の提案は，適正処理という法目的を達成するために，排出事業者が優良業者を選択するインセンティブを創出する法制度を整備することを主たるねらいとするものである。

(2) 2000年法の改正内容

こうしたさまざまな提案がなされていたなかで，2000年法は，第1に，排出事業者は，「委託する場合には，当該産業廃棄物について発生から最終処分が終了するまでの一連の処理の行程における処理が適正に行われるために必要な措置を講ずるように努めなければならない」(12条5項(現同条7項))とする規定を新設し，第2に，このような一般的な注意義務を前提として，次のいずれにも該当すると認められるときは，都道府県知事は，排出事業者に対し，措置命令ができることとした(19条の6第1項(現同条同項))。すなわち，①処分者等の資力その他の事情からみて，処分者等のみによっては，支障の除去等の措置を講ずることが困難であり，または講じても十分でないと

き、および②排出事業者等が当該産業廃棄物の処理に関し適正な対価を負担していないとき、当該収集、運搬または処分が行われることを知り、または知ることができたときその他第12条第5項および第12条の2第5項の規定の趣旨に照らし排出事業者等に支障の除去等の措置を採らせることが適当であるとき、である。

　この改正の趣旨については、国会審議の過程で、岡澤和好・厚生省生活衛生局水道環境部長(当時)が政府参考人としてつぎのように説明している。

> 今回の法改正におきましては、……依然として悪質な不法投棄が後を絶たないという状況のもとで、排出事業者責任の大幅な強化というものを目指しているわけでございます。
> 具体的には、排出事業者責任の原則を明確にいたしまして、事業者が産業廃棄物の発生から最終処分に至るまでの一連の行程における処理が適正に行われるために必要な措置を講じなければならないことといたしまして、また、事業者が処理を委託した後に不適正処分が行われた場合であっても、……不適正処分を行った者等に資力がない場合であって、適正な処理料金を負担していないとき、不適正処分が行われることを知りまたは知ることができたときなど、最終処分までの適正な処理を確保すべき注意義務を怠った場合等につきましては、事業者を措置命令の対象とすることとしたものでございます。

出典：第147回国会衆議院厚生委員会議録第13号(平成12年5月10日)1頁

(3) 産業廃棄物分野の構造改革と不法投棄防止対策

　この2000年法の事業者処理責任の強化を中核とする改革は、産業廃棄物分野の構造改革と呼ばれている。すなわち、「産業廃棄物の排出事業者責任を徹底強化した改正廃棄物処理法を国と地方公共団体が一体となって施行し、排出事業者が信頼できる産業廃棄物処理業者を的確に選択することにより、『悪貨が良貨を駆逐する』構造にある従前の産業廃棄物処理の世界を、顧客である排出事業者から安心される優良な業者が市場の中で優位に立てるように関係者全員の取組を通じて転換する改革」が「産業廃棄物分野の構造改革」である[11]。2000年法では、処理業者の欠格要件の厳格化をはかる(14条3項(現同条5項)、6項(現同条10項))と同時にマニフェスト制度も強化され、中

間処理業者をはさんだ場合でも，排出事業者は最終処分業者が適正に最終処分を行ったことを確認することが義務づけられた(12条の3第4項(現同条5項))。また，2000年には，組織的な犯罪の処罰及び犯罪収益の規制等に関する法律(組織犯罪処罰法)の改正で，犯罪収益の没収の対象に不法投棄等が追加された。

産業廃棄物分野の構造改革以降の不法投棄防止対策の重要なものとしては，次のようなものがある。

(ア) 優良産廃処理業者認定制度の創設

2000年の事業者処理責任の強化によって，排出事業者は信頼できる優良な処理業者を選定して処理を委託する必要性が高められ，そうした排出事業者からの要望に応えられるような産廃処理業者の「格付け」等の情報提供が求められることになった。そこで，環境省は，2005年4月1日施行の廃棄物処理法施行規則の一部改正によって，「産業廃棄物処理業の優良性の判断に係る評価制度」を創設し，評価基準に適合する処理業者は都道府県知事の認定を受けることができることとした。また，2010年には，廃棄物処理法の改正によって，この制度を発展させた「優良産廃処理業者認定制度」が設置され，運用されることとなった(14条2項(現同条同項)，7項(現同項)，廃棄物処理法施行令6条の9(現同条)，6条の11(現同条))。この制度は，通常の許可基準よりも厳しい基準をクリアした優良な産廃処理業者を都道府県知事が認定する制度であり，一定の基準──①5年以上産廃処理業を営んでいる実績があり，かつ遵法性が確保されていること，②事業の透明性が確保されていること，③環境配慮の取組を行っていること，④電子マニフェストに加入しており利用できること，および⑤財務体質が健全であること──に適合している産廃業者については，許可の更新時にそれを認定し，認定業者は通常の5年よりも長い7年間産廃処理業の許可が有効となるなどのメリットが得られるというものである。この制度によって，優良業者が産廃市場で優位に立つことが期待されている。

（イ）廃棄物処理法の執行強化

　また，産業廃棄物分野の構造改革を加速させるために環境省は，2001年に「行政処分の指針について(通知)」(2001年5月15日・環廃産第260号・環境省大臣官房廃棄物・リサイクル対策部産業廃棄物課長通知)を発出し，処理業者が不法投棄をした場合には「行政指導」ではなく許可の取消しという「行政処分」を厳格に行うなど，廃棄物処理法の各種行政処分権限を適切に行使すべきことを求めることとした。2005年には，これを発展させた「行政処分の指針について(通知)」(2005年8月12日・環廃産第050812003号・環境省大臣官房廃棄物・リサイクル対策部産業廃棄物課長通知)が発せられ，現在は，「行政処分の指針について(通知)」(2013年3月29日・環廃産第1303299号・環境省大臣官房廃棄物・リサイクル対策部産業廃棄物課長通知)が通知されている。

（ウ）悪質事業者の産廃市場からの排除

　また，2003年には，廃棄物処理法の改正で一定の悪質な業者に対しては，業の許可を義務的に取り消すこととされ，悪質な業者については一律に産廃市場から排除されることとなった(14条の3の2第1項(現同条同項))。

　不法投棄対策に関しては，このように従来の対策に加え，産業廃棄物分野の構造改革を強力に推し進める措置が講じられた。

(4) 構造改革の成果と今後の課題

　2001年以降には，不法投棄の投棄量，2002年以降になると，不法投棄の件数ともに顕著な減少傾向が認められる。産業廃棄物分野の構造改革との因果関係の立証は難しいが，産業廃棄物分野の構造改革が効果を上げたものと推察することが可能であるように思われる。そして，今後，さらに改革を進展させるために，次のようなことが検討されるべきであろう。

（ア）優良産廃処理業者認定制度の推進

　優良産廃処理業者認定制度は，処理業者に対し許可の期間を5年から7年に延長することなどによって認定を受けるインセンティブを創出するものである。しかし，この許可期間延長によるメリットはそれほど大きくないとも

推測されるところであり，業者のインセンティブをより一層高めるためには，認定を受けた業者が産業廃棄物管理票を免除されることが考えられて良いという提言がなされている[12]。

（イ）排出事業者に対する措置命令の発出

2000年法は，適法委託をしたとしても，一定の場合は，排出事業者に対して措置命令を行うことができるという19条の6第1項の規定を新設したが，これはいまだ適用されたことがないと報告されている[13]。本規定については，排出事業者の厳格責任が原則であり一定の場合に責任を免除するという立証責任の転換が必要であるという改正提案もある[14]。すなわち，産業廃棄物の処分を委託した排出事業者は，原則として，委託先の処理業者が行った不法投棄等によって生じた生活環境の保全上の支障のすべてを除去する義務があるとすべきであり，その例外として，特別に①寄与度が立証できた場合には当該寄与度の範囲に責任をとどめること，②適正な処理対価で処理委託をし，かつ適正処理を確認する適切な措置を講ずるなどした場合には責任を免れること，また③委託先業者が不適正処理を行うことを知り得ないやむを得ない事情があることを立証した場合には責任を免除されることとすべきであるとされている。

本規定については，解釈の明確化による規定の運用が難しいということであるとすれば，排出事業者の過失責任という本規定の趣旨を引き継ぎつつ，本規定をより適用しやすいように改めることも考えられよう。

5. 循環型社会における産業廃棄物法制の課題

2000年には，廃棄物・リサイクル政策に関する基本法である循環基本法が制定された。廃棄物・リサイクル政策に関する個別法は，この循環基本法に適合し相互に横断的に調整された法体系を形成することが望まれる。

（1）循環型社会と適正処理

循環基本法は，「循環型社会」とは，①製品等が廃棄物等となることが抑

制され,並びに②製品等が循環資源となった場合においてはこれについて適正に循環的な利用が行われることが促進され,および③循環的な利用が行われない循環資源については適正な処分(廃棄物としての処分をいう)が確保され,もって(A)天然資源の消費を抑制し,(B)環境への負荷ができる限り低減される社会をいう(2条1項),としている。

(ア) 循環型社会と廃棄物処理法

循環基本法は,循環型社会における廃棄物・リサイクル政策の優先順位として,第1に,発生抑制,第2に,再使用,第3に,再生利用,第4に,熱回収,最後に,適正処分という順番を定めている(5〜7条)。廃棄物処理法は,主として,この適正処分を担当する法律であり,そのための措置は体系的に整備されてきている。特に2000年法以降は,産業廃棄物分野の構造改革によって,不法投棄等の件数および投棄量が減少していると評価することができるように思われる。

(イ) リサイクル政策と廃棄物処理法

廃棄物処理法では,再生利用可能物・不可能物を問わず,「廃棄物」であれば,規制対象となる。そして,特に再生利用を推進する必要性が高い場合には,例外的に廃棄物処理法の規制を緩和(適用除外)するという対応をとっている。そのような制度としては,現在,もっぱら物業者その他省令で定める者の制度(廃棄物処理法14条1項),再生利用業者認定制度(同法15条の4の2)および広域処理認定業者制度(同法15条の4の3)がある。これらの特例制度は,リサイクルを推進するためのものであるが,「廃棄物」概念の縮小[15]や認定手続の簡略化等[16]により,一層のリサイクル推進に資すべきとするという提案がなされている。これらの見解は,リサイクル法と廃棄物処理法の調整のあり方について問題提起をするものである。

(2) 循環基本法と産業廃棄物法制

産業廃棄物法制は,循環基本法と整合し,また他のリサイクル法とも横断的に整合性をはかって体系的に整備されることが望まれる。

(ア) 循環基本法と廃棄物処理法の整合性

廃棄物処理法は，①廃棄物の排出を抑制し，および②廃棄物の適正な分別，保管，収集，運搬，再生，処分等の処理をし，並びに③生活環境を清潔にすることにより，(A)生活環境の保全および(B)公衆衛生の向上を図ることを目的とするものである(1条)。循環基本法における廃棄物・リサイクル政策の優先順位——①発生抑制，②再使用，③再生利用，④熱回収，および⑤適正処分——を評価軸として，これとの関係で，廃棄物処理法の目的規定における上記①〜⑤の政策の記述の有無とその内容および①〜⑤の政策に関する廃棄物処理法の達成手法に関する関係規定の有無とその内容を大まかに表に整理すると**図表17-2**のようになる。

図表17-2によると，循環基本法の政策内容と廃棄物処理法の目的規定における政策内容の記述は必ずしも整合性がとれていないように評価される。

また，廃棄物処理法では「再生」「処理」などの用語法が使用されており

図表17-2　循環基本法の政策順位と廃棄物処理法の目的・手法の関係

循環基本法の政策の優先順位	廃棄物処理法の目的規定(1条)における循環基本法の政策の記述の有無とその内容	廃棄物処理法の達成手法に関する関係規定の有無とその内容
第1は，発生抑制(「製品等が廃棄物等となることの抑制」という用語で規定)	あり。「廃棄物の排出を抑制」として記述。但し，循環基本法の発生抑制の概念とは異なる。	あり。責務規定，基本方針・廃棄物処理計画の策定，多量排出事業者処理計画制度。
第2は，再使用	なし。	なし。
第3は，再生利用	あり。「再生」として記述。但し，循環基本法の「再生利用」と同内容かは，不明。	あり。責務規定，基本方針・廃棄物処理計画の策定，多量排出事業者処理計画制度，もっぱら物業者その他省令で定める者の制度，再生利用認定制度，広域処理認定制度。
第4は，熱回収	なし。	あり。認定熱回収施設設置者制度。
第5は，適正処分(「適正な処分」という用語で規定)	あり。「適正な分別，保管，収集，運搬，再生，処分等の処理」として記述。	あり。一般廃棄物については，市町村の処理責任，産業廃棄物については，事業者の処理責任として，各種の規制措置等を講じている。

循環基本法の用語法とは異なるということができる。したがって，これらを整備するということも考えられるところである。そして，その場合に，廃棄物処理法の整備の方向性としては，①その体系のなかで排出抑制や再生といった目的の達成手法を充実させていく方向と②適正処分以外は，基本的にリサイクル法制に委ねる方向，あるいは③長期的には，廃棄物処理法と資源の有効な利用の促進に関する法律(資源有効利用促進法)との合体をめざす[17]方向がありうる。これまでは①の方向で進んできたとみられるが，今後は，②と③の検討も必要と思われる。

(イ) 循環基本法のもとにおける産業廃棄物法制

本章では，産業廃棄物法制について，適正処理という観点から，現行法である廃棄物処理法の制度や政策および手法を概観してきた。しかし，本来は，産業廃棄物という概念の有用性も含めて，その発生抑制，循環的利用および適正処分の法体系を含めて産業廃棄物法制の現状と課題を検討する必要性があるものであろう。そこで，最後に，循環基本法を前提として，そのような検討をする場合の視点について，2点を指摘しておきたい。

第1は，廃棄物の区分の見直しという視点である。現行法は，「廃棄物」について，その処理責任の観点から，「一般廃棄物」と「産業廃棄物」という区分を設定している。しかし，現行法の「一般廃棄物」には，事業者が排出する「事業系一般廃棄物」も含まれるという問題も指摘されている。そこで，廃棄物の区分については，これを市町村が処理責任を負う「家庭系(生活系)廃棄物」と事業者が処理責任を負う「事業系廃棄物」に大きく分類し，これに加えて，拡大生産者責任の観点から，製造業者が引き取り・処理責任を負う「製品廃棄物」の3分類への転換が検討されるべきことが提案されている[18]。廃棄物法制の構築には，清掃法から継承される廃棄物処理法の適正処理の体制と各種リサイクル法のなかで誕生した拡大生産者責任による資源の循環的利用の体制について，これを見通しよく的確に体系化できる「廃棄物」等の区分概念の検討が必要であるように思われる。

第2は，物質循環の規制という視点である。循環基本法は，「製品等」が「廃棄物等」となることを抑制し，発生した「廃棄物等」については，その

有用性に着目して,「循環資源」として捉え直し,その「循環な利用」(「再使用」,「再生利用」および「熱回収」)を図るべきものとしている(2条1項,3項,4項)。この「廃棄物等」の概念は生産等の過程で生ずる製品以外の物すべてを包含するものであることから,この概念の導入により有価のものについても規制を強化するきっかけができたものであり,今後,循環基本法に基づいてリサイクルに関する規制を行う個別立法が必要であるとの提案がなされている[19]。循環基本法が目標とする循環型社会は,(A)天然資源の消費抑制と(B)環境負荷のできる限りの低減を目的とする社会であり(2条1項),適切な物質循環の確保という観点から,「廃棄物等」の①発生抑制と②循環的利用に関し規制の強化という視点も取り入れた体系的な廃棄物法制を構築することが課題となっているということができよう。

〈注〉
1) 瀬田公和「廃棄物の処理及び清掃に関する法律の概要」ひろば24巻1号(1971年)27頁。
2) 北村喜宣「廃棄物処理法の法制度的特徴」同『産業廃棄物法改革の到達点』(グリニッシュ・ビレッジ,2007年)2頁以下。
3) 大塚直『環境法〔第3版〕』(有斐閣,2010年)65-67頁,北村喜宣『環境法〔第2版〕』(弘文堂,2013年)56-61頁参照。
4) 1976年法では,措置命令制度も創設され,その対象者には,委託基準違反の委託をした者も含まれていた(19条の2第1項(現19条の5第1項))。これについては,「委託基準に違反する委託を行った場合には未だその処理責任を十分に果たしておらず,その処理の結果に対しては,現実に処分を行った者と同様の責任を負うべきもの[である]」(厚生省環境衛生局水道環境部計画課編著『逐条解説 廃棄物処理法』(ぎょうせい,1982年)230頁)と説明されていた。
5) 熊本一規「産廃の処理・リサイクルを公共管理の下に」衆議院調査局環境調査室『平成20年度不法投棄対策施行状況調査報告書』(2009年)62頁。
6) 吉田秀人「良貨が悪貨を駆逐する社会に」いんだすと166号(2001年)26頁。
7) 細田衛士「静脈市場の質と不法投棄」衆議院調査局環境調査室・前掲(注5)84頁。
8) 北村・前掲(注3)459頁。
9) 保木本一郎「廃棄物と汚染者負担」『ガボロジーとエントロピー』(1987年)137頁。
10) 阿部泰隆「廃棄物法制の課題(下)」ジュリ946号(1989年)110頁。その後の提案は,北村喜宣「排出事業者の行政責任──事業者処理原則に基づく処理管理責任の可能性」ジュリ1055号(1994年)13-15頁,大塚直「産業廃棄物の事業者責任に関する法

的問題」ジュリ1120号(1997年)40-43頁参照。
11) 中央環境審議会『今後の廃棄物・リサイクル制度の在り方について(意見具申)』(2002年11月22日)3頁。
12) 北村喜宣「優良業者認定制度と『よりよき規制』」いんだすと295号(2012年)13-14頁。
13) 北村・前掲(注3)501頁。
14) 日本弁護士連合会『不法投棄事件の未然防止及び適正解決を徹底するため廃棄物処理法の改正等を求める意見書』(2004年)14-15頁。
15) 浅野直人「循環型社会における廃棄物の定義・区分の考え方」いんだすと167号(2001年)4頁。
16) 北村「リサイクルと不法投棄」同・前掲(注2)195頁。
17) 大塚・前掲(注3)561頁。
18) 大塚・前掲(注3)458, 562頁。
19) 大塚・前掲(注3)561-562頁。

環境法事件簿 ***4*** 　大量生産・大量消費社会と豊島事件

公害等調整委員会平成 12 年 6 月 6 日調停　公害紛争処理白書平成 13 年度版 19 頁，環境法判例百選〔第 2 版〕112 事件

小川一茂

1. 豊島事件の概要

　瀬戸内海に浮かぶ豊島(てしま)に約 50 万 t ともいわれる大量の産業廃棄物が不法に投棄されたいわゆる豊島産業廃棄物事件は，次のような経緯で起こった。T 社は 1975 年 12 月，香川県(以下県)に対して豊島内における産業廃棄物処理業の許可申請をした。しかし，これに反対する付近住民は産業廃棄物処分場の建設・操業差止請求を高松地方裁判所に提訴するなどの反対運動を展開した。この訴訟の継続中に，T 社は許可申請の内容をミミズの養殖で汚泥や木くずを処分する土壌改良剤化処分に変更した。これにより 1978 年 2 月，県は産業廃棄物処理業の種類を収集業・運搬業・処分業(ミミズによる土壌改良剤化処分)とし，取り扱う産業廃棄物の種類を汚泥，木くず，家畜の糞に限定したうえで，廃棄物処理法 14 条 1 項に基づいて産業廃棄物処理業の許可をした。さらにこの許可には，ミミズの飼料に不適当な産業廃棄物の収集・運搬・処分は行わない，産業廃棄物の収集・運搬・処分にあたっては飛散・流出防止に必要な措置をとり，生活環境の保全に支障を生じないようにするなどの条件が付けられていた。また，同年 10 月には，差止訴訟の原告側住民と被告側 T 社との間で，T 社が産業廃棄物処理業を営むにあたり，豊島の生活環境および自然環境の保全と向上をはかるために関係法令および許可条件を遵守することなどを内容とする裁判上の和解が成立し，事業が本格的に始められることとなった。

　しかし，T 社はしばらくしてミミズの養殖を断念し，1983 年 1 月には県の公安委員会から金属くず商の許可を受け，自動車のシュレッダーダスト

写真　産業廃棄物が搬入された当時の豊島(提供・小林恵(写真家))

(自動車解体くず)などの産業廃棄物を豊島に搬入するようになった。これらの産業廃棄物は廃油や灯油をかけて野焼きにされ，その燃えかすは搬入された産業廃棄物とともに処分場内に埋め立てられた。こうした状況に周辺住民は1984年4月，県に対し公開質問状を出したが，県はシュレッダーダストは有価物であること，野焼きについては県の公害防止条例に罰則規定がないなどの説明をするにとどまった。その後，1988年5月に海上保安庁姫路海上保安署(当時)がT社を廃棄物処理法違反容疑で調査したが，県側のシュレッダーダストは有価物であるという主張を認めたため，立件されなかった。ところが1990年11月に，豊島に許可の範囲外である廃油や汚泥を搬入し，それらを焼却して埋め立てたとして，兵庫県警がT社およびその実質的経営者Mを廃棄物処理法違反の容疑で摘発した。そして1991年1月，兵庫県警はMおよびT社の従業員を逮捕し，神戸地裁姫路支部は同年7月にT社およびM他2名に有罪判決を言い渡し，同年8月にこの判決は確定した。しかしこの刑事事件では，シュレッダーダストについては立件の対象からは外された。

兵庫県警の摘発の後，県は現地調査を行った。調査の結果，T社が許可の範囲を大きく逸脱し，大量のシュレッダーダスト・汚泥・廃油・廃酸などを廃棄していたことが判明したのみならず，国の基準をはるかに超えるPCBやトリクロロエチレンなどの有害物質が検出された。そこで県は従来の説明を変更し，シュレッダーダストを産業廃棄物とする一方，T社に対する産業廃棄物処理業の許可を取り消し，産業廃棄物を速やかに撤去して法に基づく要件を備えた産業廃棄物処分場で処理すること，産業廃棄物の事業場外への飛散・流出を防ぐとともに事業場内の溜水の流出・侵出を防止するための措置をとるよう命令を発した。さらに県は廃棄物対策室を設け，T社およびT社に産業廃棄物の処理を委託した排出事業者に産業廃棄物の撤去を要請した。その結果，一部の産業廃棄物が撤去されたが，シュレッダーダストについては刑事事件として立件されなかったこともあり排出事業者は撤去に応じなかった。こうした状況のなか，1993年11月に付近住民らは県等を相手方として豊島内からの産業廃棄物の撤去等を求める公害調停を申請し，公害等調整委員会(以下公調委)がこれを担当することになるとともに，1996年2月にはT社とMに対し，産業廃棄物の撤去と慰謝料の請求を求める訴訟を提起した。つまり，この事件の解決のために，公害調停と訴訟という2種類の法的手段がとられることとなったのである。

2. 調停・判決の内容

　公害調停についてみると，公調委は直ちに調停委員会を設置して手続を開始した。そこで住民側は産業廃棄物の不法投棄は県が適切な指揮監督を怠ったとして県の法的責任を追及し，県の謝罪と産業廃棄物の島外への完全撤去等を求めたのに対し，県は法的責任が県にないことを主張し，両者の意見は当初から対立した。また，科学技術の面からの事件の解決のために専門委員が任命され，大規模な実態調査も行われた。そして何度にもわたる話合いの末，申請人と県との間で1997年7月に中間合意が，2000年6月に調停が成立した。この調停の内容としては，まず県の謝罪が調停条項のなかに定められ，実際に知事が申請人を含む住民に対し謝罪した。そして，不法投棄され

た産業廃棄物は豊島の隣の直島に建設される焼却・溶融施設において処理することなど，処理事業に関する事項が定められた。加えて，排出事業者との間の調停では，排出事業者が豊島住民に総額約3億8,000万円の解決金を支払うこととされ，このうち約1億7,000万円が県の産業廃棄物などの対策費用にあてられることになった。他方で産業廃棄物の撤去と慰謝料の請求を求める訴訟では，1996年12月に高松地方裁判所で原告の主張を全面的に認める判決が出された(高松地判平成8年12月26日判時1593号34頁，環境法判例百選〔第2版〕51事件)。

この豊島産業廃棄物事件においては，まず，公害調停という手法により解決が図られたことが注目される。一般に，公害調停は実体法上の請求権の有無にかかわらず申請することができるうえに，申請された公害紛争の解決の方法も実体法上規定されている措置にとどまらず，柔軟かつ機動的な解決が可能であるとされている。この事件では，前述のように申請人である豊島の住民と県や産業廃棄物の排出事業者との間でさまざまな内容の調停事項が合意されたが，そのなかには県が謝罪を行うといった，法律の規定によらない，それまではみられなかった調停事項も含まれている。こうした点はまさに公害調停制度の特徴を利用したものといえる。また，この事件で被害が拡大した原因のひとつとしては県が廃棄物の認定を誤り，T社への適切な指導監督を怠ったことが考えられる。この点から，廃棄物処理業の許可権者である地方公共団体の廃棄物処理業者に対する指導・監督・調査のあり方が，周辺地域での環境被害の発生の防止に重要であることが改めて認識された。

3. 事件の影響

この事件では，消費された物の処理，とりわけ不法投棄の実情が白日の下にさらされた。それにより大量生産・大量消費といったそれまでの社会に対する疑問あるいは懸念が生じたことは疑いなく，廃棄物の処理のあり方に対して変化がもたらされることともなった。たとえば，1997年の廃棄物処理法の一部改正は，この事件が大きな契機のひとつであったともいわれる。しかし，この事件の影響は単に法制度に対するそれにとどまらない。産業活動

から廃棄物が発生するということは不可避のことであり，まずはそうした廃棄物の処理に取り組まなければならない。しかし，廃棄物の処理のみに着目するのでは，廃棄物そのものを減らすことにはならない。再び日本のどこかでこの事件と同様の事態が発生するのを防ぐためには，廃棄物の再利用・再資源化といった廃棄される物それ自体を減少させることが必要である。いわゆる循環型社会，持続可能な発展を可能とする社会の成立のためにも，最終的に廃棄される物の量を減少させることは今後も重要となろう。

この事件の発生から30年以上，公害調停の成立から10年以上がすでに経過しているが，いまだに産業廃棄物の完全な撤去・処理という最終的な解決はなされていない。調停事項にある直島での焼却・溶融処理についても直島住民の間で賛否が分かれることとなり，また直島で産業廃棄物が処理されることにより生じる可能性のある風評被害について，県は2000年に「直島町における風評被害対策条例」(平成12年6月6日香川県条例第82号)を制定して，対策を行っている。さらに2012年には豊島の汚染された土壌の県外処理をめぐり，受け入れ先とされていた滋賀県大津市の住民が土壌の搬入中止を求める公害調停を滋賀県公害審査会に申請するという事態も発生した。このように，もはや豊島産業廃棄物事件は豊島だけの事件ではなくなっており，事件の発生から長い年月が経過したいまでも最終的な解決への道程は遠いといわなければいけないだろう。

〈参考文献〉

大川真郎『豊島産業廃棄物不法投棄事件―巨大な壁に挑んだ二五年のたたかい』(日本評論社，2001年)。
南博方・西村淑子「豊島産業廃棄物事件の概要と経過」判タ961号(1998年)35-41頁。
南博方「豊島産業廃棄物調停の成立と意義」ジュリ1184号(2000年)64-68頁。
鹿子嶋仁「直島町における風評被害対策条例」ジュリ1209号(2001年)140-142頁。
鬼塚賢太郎「豊島産廃不法投棄事件」法令ニュース32巻7号(1997年)57-59頁。
土田哲也「豊島産業廃棄物撤去及び損害賠償請求事件――高松地裁平成八年一二月二六日判決」環境法研究24号(1998年)138-145頁。
六車明「公害等調整委員会における環境紛争解決手続の特色――豊島事件の調停成立を契機に考える」判タ1035号(2000年)91-99頁。

第Ⅴ部
自然保護・都市環境管理法の仕組みと課題

住宅地を寸断する都市計画道路(名古屋市千種区)(撮影：畠山武道・2007年)

第18章 自然環境保全

高橋信隆

　自然保護の今日的課題である生物多様性保全を実現するためには，環境基本法制定により環境法体系を一元化した原点に立ち返り，自然保護に関する法律や制度を公害規制法との密接なかかわりのもとに生物多様性という視点から再構成し，全体としての法的枠組のなかに統一的に位置づける必要がある。そのことにより，政策目標としての環境基準のなかに，これまで二元的に把握されてきた公害防止・生活環境保全と自然保護が一元的に位置づけられることになる。

1.「自然保護」から「生物多様性の保全」へ

　自然保護は，公害防止および生活環境保全とともに環境政策の最重要課題の一つであるが，自然保護の法と政策は，今日，かつての特定地域における自然保護や貴重かつ希少な野生動植物の保護にとどまらず，生物多様性保全に向けた法システムの構築という困難な課題に直面している。

　しかし，その母体である自然公園法，「鳥獣の保護及び狩猟の適正化に関する法律」(鳥獣保護法)，文化財保護法などは，制定時の性格や内容を基本的に維持したままであるため，自然保護の今日的課題である生物多様性保全を実現するための法システムとしては時代遅れであるのみならず，その方向性と必ずしも整合的とはいえない要素すら含まれている。

　もっとも，他方で，それらの法律が自然保護に果たしてきた現実的意義や役割も過小に評価されるべきではなく，その意味からは，現行法制度と無関係に理念的な提言を行うだけでは，自然保護制度に内在する問題点や課題すら正確に捉えることはできない。生物多様性保全という自然保護の今日的課題に応えるためには，現行の自然保護法制の基本的性格と特徴を再確認し，

それを踏まえて今後のあるべき姿を構想することが，まず何よりも求められる。そのことによってこそ，自然保護に向けた土地利用規制のあり方，そしてまた，自然保護法制の新たな体系構築などについても，生物多様性保全という今日的課題からの考察が可能となるからである[1]。

2. 自然保護法制の展開と環境法体系における位置づけ

(1) 自然保護法制の展開と特徴

わが国においては，四大公害をはじめとする激甚な公害問題の発生を契機に，人の生命・健康に対する甚大かつ深刻な被害を未然に防止すべく，工場や事業場などの汚染原因物質の排出源に対する規制を中心に公害・環境法制度が構築されてきた。その中心に位置づけられたのが公害対策基本法であったことはいうまでもない。他方で，自然保護についていうならば，同法には自然保護に関する規定も盛り込まれていたものの，かつての国立公園法(1931年)などの法律に基づき独自の取組みがなされてきた経緯もあって，公害防止・生活環境保全に関する法制度とは異なる視点に基づき発展してきたことは，多くの論者の指摘するところである。そのことによる問題点については後に触れることとするが，自然保護法制は，内容的には，①特定地域の自然保護のための法制度(自然公園法，自然環境保全法など)と，②野生動植物の保護のための法制度(鳥獣保護法，文化財保護法など)という2種類の法制度を基本としつつ整備されてきた。

このうち，自然公園法(1957年)は，「優れた自然の風景地を保護するとともに，その利用の増進を図ることにより，国民の保健，休養及び教化に資する」旨を規定し(1条)，わが国を代表する傑出した自然の風景地の「保護」とともに，その「利用」の増進をも目的としている。この点は，野生動植物保護のための制度においても同様であって，例えば鳥獣保護法(2002年)は鳥獣保護のために狩猟の適正化を目的とするが，そこには旧狩猟法(1895年)の基本的性格が維持されており，捕獲してもその生息状況に著しく影響を及ぼすおそれのないものを「狩猟鳥獣」とする(2条3項)など，保護と利用の双方を目的としつつ制度化されている。

そのため，それを「保護」という観点からみるならば，自然保護の対象は一部の美しい自然や貴重な動植物に限られ，地域全体での自然環境保全には自ずから限界を内包していると同時に，保護と利用という時として矛盾しかねない目的を掲げているため，観光開発等に伴ういわゆる「過剰利用」(overuse)の問題など，利用のために保護が犠牲となる事例もしばしば生じていた。1970年代の高度成長期の大規模開発，とりわけリゾート開発や公共事業による自然環境の破壊，および，それに伴う貴重な自然や動植物の喪失などは，まさにそのような矛盾が露呈した典型例といいうる。

(2) 自然環境保全法の制定

そのようななかにあって，自然保護の基本理念を明確にするとともに，自然保護政策を「保護」という観点から総合的に推進する意図をもって制定されたのが，自然環境保全法(1972年)であった。すなわち，自然公園法が自然の風景地の保護と利用を目的としているのに対して，自然環境保全法は，自然度の高い原生的な自然環境を維持し，動植物を含む自然環境の保全を目的とし(1条)，利用を意図していない点に特徴がある。

もっとも，自然環境保全法は，当初，自然公園法を統合することにより，自然保護の統一的体系を構築するための基本法として制定すべく構想されたが，関係省庁の反対・抵抗に遭って頓挫し，その結果，その内容は，人の活動によって影響を受けたことのない原生自然や優れた天然林などの保護に限定せざるをえなかったという経緯がある[2]。

もちろん，貴重かつ希少な自然や動植物が急速に失われつつあった当時の状況下にあって，このこと自体は消極的にのみ評価されるべきではないし，保護と利用を目的としていた自然公園法や鳥獣保護法に対して，自然環境保全法が利用の増進を目的とすることなく，また，景観的に優れているかどうかとは無関係に，自然度の高い原生的な自然環境をそのまま維持し，動植物を含む自然環境の保護のみを目的としている点は，それまでの自然保護法制とは明らかに異なる特徴といいうる。

ただ，自然保護のための基本法としての性格を徹底できず，保護と利用を目的とした自然公園法との統合を果たせなかった点，したがってまた，それ

までの自然保護法制をも整合的に取り込んだ体系的な法制度を構築することができなかったという点は，自然保護施策の実施の面でも，さらには，生物多様性保全という自然保護法制の今日的課題との関連でも，大きな禍根を残すことになる。

(3) 「二元的体系」と「制度内二元化」

自然環境保全法は，自然公園法の統合という所期の目的こそ達成できなかったものの，その制定を契機として，結果的には，自然保護関連の法制度は急速に整備されることになる。しかし，そこでは，大規模開発に伴う自然環境の破壊への対応を軸に諸制度が整備・構築されることとなったため，これ以降，自然保護関連法制は，人の生命・健康の保護を念頭においた公害対策基本法を軸とする公害・環境政策とは異なる理念および法体系のもとに，独自の発展を遂げていく。ここに，「公害規制の基本法としての公害対策基本法」と「自然保護の基本法としての自然環境保全法」という「二元的体系」が構築されることになる[3]。

他方で，これまでのところからも明らかなように，体系的不統一という意味での二元化は，自然保護法制の内部にも存在する。すなわち，自然公園法に代表されるように，保護と利用という性格および目的の異なる，いわば「制度内二元化」とでもいうべき状況が自然保護法制内に存するからである。そして，この意味での制度内二元化もしくは多元的状況は，保護のみを目的とする自然環境保全法の制定により，それまでの自然公園法などの「保護と利用」の制度と「原生自然の保護のみ」の制度が加わり，さらには，後にみるように，それらに「生物多様性保全」が加わるなど，複雑な様相を呈しつつ顕在化することとなる。

環境基本法や生物多様性基本法[4]などが制定されている今日的状況からすれば，本来，自然公園法や自然環境保全法の統廃合も含めた自然保護法制の再構成が検討されるべきであるが，わが国の自然公園制度の特徴や，それを前提に積み上げられてきた公園管理の実態に鑑みるとき，まずは，制度内二元化もしくは多元的な状況をいかなる論理で統合するかが，当面の重要な課題となる。この点は，後述する。

3. 環境政策の新たな枠組みとしての環境基本法

(1) 一元的環境法体系の構築

公害対策基本法のもとでの公害・環境政策は、四大公害事件に代表される悲惨かつ深刻な公害問題への対応ということもあって、典型七公害による健康被害をいかにして防止するか、被害が生じた場合の救済をどうするか、という発想のもとに展開されてきた。ここでの「人的被害の防止と救済」という視点と課題は、これからの公害・環境政策からも決して消え去ることはない。

しかし、とりわけ1990年代以降、公害対策基本法が念頭においたものとは異質な公害・環境問題が顕在化する。いわゆる都市型・生活型公害、地球環境問題、廃棄物問題、環境リスクなどである。ここでは、例えば廃棄物問題にみられるように、処分場建設に伴う地下水汚染により人の生命・健康への危険を惹起させるとともに、森林伐採等に伴う自然破壊により動植物や生態系への影響も深刻化するなど、公害防止・生活環境保全の課題と自然保護の課題とが複雑に絡み合って顕在化するに至る。他方では、伝統的な公害規制法も、例えば水質汚濁防止法にみられるように、水質等の保全を通して、人の生命・健康のみではなく、自然環境や動植物の保護にも寄与してきたことに目が向けられ始める。

このような状況下にあっては、二元的体系を維持したままでは実効的な施策を講ずることができず、公害防止・生活環境保全の法と自然保護の法とを統合しうる基本的枠組の構築が喫緊の課題となる。公害対策基本法と自然環境保全法を柱とする二元的体系として構築されてきたそれまでの公害・環境法制度は、複雑多様化する環境問題に対応した政策実施のために、公害規制と自然保護の基本政策部分を統合した一元的な環境法体系としての再編が必然的に求められることになるのである。このような認識のもとに、環境政策の新たな枠組みを示す基本的な法律として制定されたのが、環境基本法 (1993年) であった。

環境基本法は、公害対策基本法が「公害の防止」を目的として謳っていた

のに対して，「環境の保全」という表現を用いることで，1990年代以降に顕在化したさまざまな課題に対応すべく制定されたが，とりわけ，公害対策基本法に基づく公害規制と自然環境保全法に基づく自然保護を環境基本法のもとに統合することを明らかにするとともに，その目的実現のために，公害対策基本法を廃止し，自然環境保全法の総則の一部を環境基本法に移行させた点は，環境法体系の一元化に向けた新たな枠組みの提示という意味において，極めて重要である。それゆえ，一元的な環境法体系の構築をめざした環境基本法の趣旨からは，環境法としての自然保護法を論じる際には，同じく環境法としての公害規制法との密接なかかわりのもとに，現行自然保護法制の特徴や意義，さらには，その限界や課題を考察することが必要となる[5]。

(2) 生物多様性保全という視点からの環境保全施策の一元化

環境基本法の自然保護に関する条項は，1992年に採択された「生物の多様性に関する条約」(生物多様性条約)を契機としていることもあり，自然保護施策における生物多様性保全という視点の重要性を表現している。

すなわち，同法3条は「生態系が微妙な均衡を保つことによって成り立って」いるとの基本的認識を示すとともに，同法14条では，自然保護施策が，「生態系の多様性の確保，野生生物の種の保存その他の生物の多様性の確保が図られるとともに，森林，農地，水辺地等における多様な自然環境が地域の自然的社会的条件に応じて体系的に保全されること」(2号)および「人と自然との豊かな触れ合いが保たれること」(3号)を旨として策定・実施されるべきであるとするが，これらの規定からは，自然保護が生物多様性保全という視点から展開されねばならないこと，および，現行の自然保護法制が生物多様性保全という基本理念を頂点としているが明らかとなる。

しかし，環境法体系の一元化という観点からは，環境保全施策の指針を定めた環境基本法14条が，自然保護施策における生物多様性保全という視点の重要性を明らかにするのみではなく，「人の健康が保護され，及び生活環境が保全され，並びに自然環境が適正に保全されるよう，大気，水，土壌その他の環境の自然的構成要素が良好な状態に保持されること」(1号)をも掲げ，環境保全に関する基本的施策が，同条の1号から3号に規定する事項を確保

すべく,「各種の施策相互の有機的な連携を図りつつ総合的かつ計画的に行われなければならない」(同条柱書)と規定していることを見逃してはならない。なぜなら,この規定にこそ,公害防止・生活環境保全施策と自然保護施策とを一元化して実施すべきであるとする環境基本法の姿勢が明確に表現されているからである。

したがって,環境基本法のこれらの規定からは,生物多様性保全という視点は,自然保護施策の策定や実施のための基本的指針にとどまらず,一元的な環境法体系に基づく諸施策の策定・実施のための基本的指針であること,および,公害規制と自然保護とを架橋し,統合する基本理念の一つであることが確認されなければならない。

そこで,以下では,これまで述べてきたことを前提に,主として自然公園制度を例としつつ,自然保護制度の現状と問題点,および,そこでの課題解決に向けた具体的取組を概観するとともに,一元的環境法体系のもとで策定・実施される自然保護施策のさらなる課題を探ってみたい。

4. 保護と利用の調和的両立に向けた自然保護の方向性

(1) 自然公園制度の現状と課題

わが国の自然公園(国立公園,国定公園,都道府県立自然公園)は,広大な土地の確保が困難で,かつ,狭隘な土地が多目的に利用されている状況を前提とせざるをえないという事情もあって,国公有地だけではなく,民有地も自然公園の対象とする地域指定制公園制度(以下「地域制」)が採用されており,そこでは,土地の所有形態如何にかかわらず一定地域を保護区として指定し,保護区内での開発等の土地利用を制限・禁止する規制的手法により自然保護をはかる仕組みとなっている。

しかし,国公有地の多くは,例えば林野庁所管の国有林野に代表されるように,すでに自然公園以外の目的で維持管理されている土地であるため,自然公園として指定しても,環境省が自然保護のための土地利用規制を行うに際して他省庁の理解が得られなかったり,他方で,民有地については,開発規制に対しての土地所有者等の合意が得られにくく,保護区の指定が進まな

いという現実がある。とりわけ，自然保護関連法制に含まれる「財産権尊重条項」の存在は，その大きな要因の一つであるとされる。例えば，自然公園法4条は，「この法律の適用に当たっては，……関係者の所有権，鉱業権その他の財産権を尊重するとともに，国土の開発その他の公益との調整に留意しなければならない」と規定するが，かつての公害規制法に存在した経済調和条項に類似したこの種の条項は，自然環境保全法3条，文化財保護法4条3項，種の保存法(絶滅のおそれのある野生動植物の種の保存に関する法律)3条などにも存在し，保護区指定に際しての障害になっている[6]。

同様の問題は，自然公園内の「地種区分」についてもみられる。地種区分制度は，自然保護の重要性の度合いに応じて特別地域，特別保護地区，普通地域に区分し，土地利用規制のあり方に強弱を設けているが，現実の区分作業においては，当該地域の従前からの土地利用関係が大きく影響しているといわれる。優れた自然環境が残されている地域であっても，すでに農業等に利用されているなど，地域住民の日常的利用に供されている状況が形成されている場合には，厳しい規制により土地利用を制約することが難しいからである[7]。

とはいえ，自然公園内に多くの民有地を抱えているわが国の現実からすると，財産権尊重条項を直ちに廃止したり，実際の土地利用関係を考慮することなく厳しい規制を課すことは，おそらく困難である。ここでは，むしろ，地域制を前提に自然公園内での保護と利用という制度内二元化を調和的に両立させ，両者を架橋する仕組みを構想すべきであるし，所有者等の合意を得られないがゆえに保護区の指定が進まないというのであれば，所有者をはじめとする地域住民の日常生活とのかかわりを視野に入れつつ，あるべき自然保護のあり方を構想することが重要であろう。保護区を指定して土地利用を規制するというこれまでの方法は，確かに，一定の美しい自然地域や貴重な動植物の保護にとって有効ではあったが，一方的に土地利用を制限する方法であるがゆえに，所有者等の理解や合意を得られにくいものであった。そうであるならば，規制措置を講ずることは基本としつつも，保護と利用を架橋しうるような自然管理のあり方や，そのための「新たな」手法[8]の活用が検討されなければならない。

(2) 協議による自然保護

この点で注目されるのが，2002年の自然公園法改正で導入された「風景地保護協定」や「公園管理団体」などの制度である。

風景地保護協定制度(43条以下，74条)は，自然公園内での土地所有者等による管理が不十分で風景の保護がはかられないおそれがある地域について，環境大臣，地方公共団体またはNPO法人等の公園管理団体が，土地所有者等との間で風景地を保護するための協定を締結し，土地所有者等に代わって管理する制度である。他方，公園管理団体(49条以下，75条)の制度は，民間団体や市民による自発的な自然風景地の保護および管理の推進を図るため，一定の能力を有する公益法人またはNPO法人等を，環境大臣や都道府県知事の指定によって，風景地保護協定に基づく風景地の管理主体や，公園内の利用に供する施設の管理主体等として位置づけるものである。

これらは，行政・企業・市民・NPO法人などの各主体の参加により実施される，いわば「協議による自然保護」もしくは「協働による自然公園管理」とでもいうべき新たな公園管理のあり方である[9]。自然の生態系は地域ごとに多様であり，それらをどのように保護するかは，当該地域の自然的・社会的条件等を考慮して判断されなければならないが，これらの制度は，地域住民等の意思や経験を実際の自然公園管理に反映させようとする住民参加としての意義を有している[10]。したがって，これらが実効的に機能するためには，地域社会や地元住民との緊密な連携もしくは協働のもとに，地域の日常生活を基礎としつつ保護と利用を調和的に両立させることによって，地域制に基づく土地利用規制の問題点や限界を補う制度として，換言すれば，伝統的な規制的手法の不備・欠缺を補完する「新たな」手法として，さまざまな環境保全手法とともに全体としての法的枠組のなかに統一的に位置づけることが必要となる。同じく2002年改正により過剰利用対策として導入された立入制限地区や利用調整地区の制度(20条以下)も，同様の仕組みとして理解しうる。

(3)　「海中公園地区」から「海域公園地区」へ

　保護と利用を調和的に両立させようとする仕組みは，海の環境保護についてもみることができる。

　従来，海の環境や動植物の保護を目的とする制度としては「海中公園地区」が存在したが，その数や面積が限定されていただけではなく，そもそもが干潮線より海側の「海中」景観を維持する制度であったため，動植物が生息・生育する干潟や海鳥が繁殖する岩礁を保護するための仕組みとはなっていなかった。厳しい規制がかかるために，海を観光資源としたい地元の了解が得られないなど，陸域におけると同様，保護と利用の制度内二元化に起因する問題点が存したためである。しかし，生活排水の流出やレジャー開発による海域環境の悪化に伴い，干潟や浅瀬，藻場などの保護の重要性が再認識されるとともに，生物多様性保全という視点から海域保全のあり方を見直す必要に迫られ，2009年の法改正において，海中公園地区は「海域公園地区」に拡充される(22条)。

　これにより，従来の海中公園地区のように厳しい規制を課す地域から，緩やかな規制にとどめて磯遊びやレジャー等による利用をある程度可能にする地域まで，各海域公園地区の特性に応じた柔軟な選択が可能となった。この制度も，まさに，前述の風景地保護協定や公園管理団体の制度と同様に，保護と利用という制度内二元化を架橋し，地域社会や地元住民の日常生活とのかかわりを視野に入れつつ，保護と利用を調和的に両立させようとする試みとして位置づけることができる。

5. 環境法としての自然保護法制の確立に向けた若干の課題

(1)　自然環境保全手法の体系的把握の必要性

　環境基本法の制定以降，既存の環境関連法律も相次いで改正されるが，とりわけ，自然公園法の目的規定に生物多様性保全という視点が追加されたことの意義は大きい。それは，まさに，生物多様性保全という視点に基づき環境法体系の一元化をめざした環境基本法の趣旨を自然公園法においても徹底することにより，一方では，一元的環境法体系としての環境基本法のもとで，

自然公園管理施策を公害防止・生活環境保全のための諸施策との緊密な連携を保ちつつ実施していくことを明らかにしているからである。生物多様性というロジックこそが公害規制と自然保護を架橋するものであるとの近年の指摘[11]は，その意味では，まさに正鵠を得ている。

　他方で，それは，自然公園制度に内在する保護と利用という制度内二元化を生物多様性保全という視点から調和的に両立させることをも意味する。前述の風景地保護協定や公園管理団体，立入制限地区，利用調整地区，そして海域公園地区などの諸制度は，まさに，そのような施策として位置づけることができる。

　もっとも，生物多様性保全という視点が加えられたにもかかわらず，保護と利用の調和的両立に向けた具体的施策は上記諸制度にとどまっているし，それらの制度に基づく実例も極めて限られている。おそらくは，従来からの特別地域，特別保護地区，普通地域といった地域制の根幹部分が基本的な変更を加えられることなく維持されていることにその要因があると考えられるが，まさに，その点にこそ，環境基本法制定に伴い環境法体系を一元化しようとしたことの趣旨が徹底されていないがゆえの限界が認められる。すなわち，風景地保護協定をはじめとする上記諸制度は，地域制および従来からの地種区分を前提とした土地利用規制という自然公園法の仕組みを前提としつつ，その問題点や限界を補完する制度として創設され，生物多様性保全という視点から環境法体系の一元化をめざした環境基本法の趣旨を具体化するものとしての意義を有しているはずだからである。この認識なくしては，上記諸制度を一元的環境法体系のなかに明確に位置づけることすらできないし，生物多様性保全という視点も，従来の二元的体系および制度内二元化に伴う諸問題解決のキーワードもしくはロジックとはなりえない。

　自然公園法は，前述のように，地種区分制度に基づき，自然保護の必要度に応じて保護区内での一定の行為につき許可や届出を義務づけ，許可基準等の規制基準に違反する者に対しては命令・罰則等により対応する規制的手法を採用している。この点は，他の自然保護関連法においても同様である。これらの手法は，一部の美しい自然地域や貴重な動植物の保護にかなりの成果を挙げてきたといいうるが，地域全体の自然環境や生態系の保護をめざす生

物多様性保全という視点からは，特定の自然地域や動植物の保護を目的とするこれらの規制的手法のみでは限界があり，その不備・欠缺を補完するためのさまざまな手法を講じる必要がある。前述の風景地保護協定制度などは，まさにそのように位置づけられ，性格づけられるものであった。

したがって，ここでは何よりも，さまざまな手法を生物多様性保全の達成に向けた全体としての統一的な法的枠組に位置づけ，各手法を体系的に把握するための法理論を構築することこそが，喫緊の課題である[12]。そのことによってはじめて，公害規制の法と自然保護の法とが具体的な環境保全手法のレベルでも一元化されうるからである。

(2) 政策目標としての生物多様性保全

そのこととの関連では，さらに，環境保全施策の指針を定めた環境基本法14条を改めて想起すべきである。

同条1号は，前述のように，人の健康保護および生活環境保全という従来からの公害・環境政策についてはもちろんのこと，自然環境の保全に際しても，公害規制法が直接に保護の対象とする大気，水などの環境媒体を良好な状態に保持することが不可欠であるとの認識のもとに具体的施策を講ずるべき旨を明らかにしている。それゆえ，この規定との関係では，自然保護施策の策定・実施に際しては，公害防止・生活環境保全のための施策との緊密な連携のもとに，そのあるべき施策を構想・策定し，実施しなければならない。その意味では，まさに，環境基本法上は，生物多様性保全という視点が公害防止・生活環境保全と自然保護とを横断的に貫く政策目標として位置づけられることになる。

他方で，環境基本法16条は，公害防止・環境保全施策の策定・実施に際しては，「人の健康を保護し，及び生活環境を保全する上で維持されることが望ましい基準」すなわち「環境基準」を定めるとともに，その確保に向けて各種施策を総合的かつ有効適切に講ずべき旨を規定するが，重要なのは，同法14条が「この章に定める環境の保全に関する施策」(16条の環境基準を含む──筆者注)の策定および実施に際しては，14条各号に掲げる事項の確保を旨とすべきとしている点である。

生物多様性や生態系を維持・確保していくためには，大気や水の清浄さを保つことは不可欠の前提であるし，その意味からは，大気汚染防止法や水質汚濁防止法などの公害規制法も，生物多様性保全に大きく貢献してきたことは前述のとおりである。しかし，従来のような二元的法体系のもとでは，生物多様性保全のための相互に有機的に連携し合った施策とはなりえない。公害規制に関する法制度が生物多様性保全という視点からの転換を求められているのと同様に，自然保護に関する法制度も，公害規制法との緊密な連携のもとに，そのあるべき姿を構想し，一元的に具体的施策を講じていかなければならない。

　環境基本法14条は，前述のように，公害防止・生活環境保全の施策と自然保護の施策とを一元化して実施すべき旨を規定するが，同条によれば，その規定内容は，環境基本計画(15条)，公害防止計画(17条)，環境影響評価(20条)などとともに，環境基準の設定についても及ぶものとされている。したがって，同法の規定上は，大気，水，土壌，騒音について設定される政策目標としての環境基準のなかに，生物多様性保全という政策課題を明確に位置づけることが要請されているといいうる。そのことによってこそ，公害防止・生活環境保全と自然保護とを一元化しようとした環境基本法制定の趣旨は，政策目標としての環境基準のレベルでもより明確に実現しうることとなるし，前述のさまざまな環境保全手法の体系的な把握も，環境基準を公害防止・生活環境保全と自然保護との終局的な政策目標として位置づけることにより可能となるからである[13]。

〈注〉

1) 自然保護法制の課題解決を提言する論稿は枚挙にいとまがないが，さしあたり，教科書類を除くものとして，以下を参照。畠山武道『自然保護法講義〔第2版〕』(北海道大学図書刊行会，2004年)，畠山武道「自然環境保護法制の今後の課題」大塚直・北村喜宣編『環境法学の挑戦』(日本評論社，2002年)306頁，畠山武道「生物多様性保護と法理論——課題と展望」環境法政策学会編『生物多様性の保護——環境法と生物多様性の回廊を探る』(商事法務，2009年)1頁，畠山武道「自然環境・景観保全の法と政策——法制度の特徴と運用の実際」法セミ658号(2009年)22頁，畠山武道・柿澤宏昭編著『生物多様性保全と環境政策——先進国の政策と事例に学ぶ』(北海道大学出版会，2006年)，加藤峰夫『国立公園の法と制度』(古今書院，2008年)，加藤峰夫

「『地域制自然公園』の基本構造を前提とした発展の方向性——地種区分と公園事業という2つの仕組みの問題点と課題そして活用可能性」大塚ほか編『社会の発展と権利の創造——民法・環境法学の最前線』(有斐閣, 2012年)783頁, 加藤峰夫「自然環境保全関連法の課題と展望」新美育文ほか編『環境法大系』(商事法務, 2012年)697頁, 及川敬貴『生物多様性というロジック——環境法の静かな革命』(勁草書房, 2010年), 北村喜宣「自然保護法制」法教384号(2012年)99頁。逐一の引用は避けるが, 本章も, これらから大きな示唆を得た。

2) 自然環境保全法の制定経緯については, 北村喜宣『環境法〔第2版〕』(弘文堂, 2013年)548頁, 北村喜宣・前掲(注1)99頁参照。

3) 髙橋信隆編著『環境法講義』(信山社, 2012年)350頁以下。

4) 生物多様性基本法の制定意義については, 畠山武道「生物多様性基本法の制定」ジュリ1363号(2008年)52頁。

5) 以上につき, 髙橋・前掲(注3)351頁。

6) 阿部泰隆『行政の法システム(上)〔新版〕』(有斐閣, 1997年)20頁は, 「自然保護関係の法律は, それがいきすぎて, 財産権を侵害しないようにと, 財産権の尊重を謳っている……。これは一種の調和条項で, 自然保護施策にブレーキを掛ける弊害がある」と指摘する。

7) 地域制および地種区分の現状と問題点, および今後のあるべき方向性については, 加藤・前掲(注1)の各論稿に詳しい。本章における以下の内容も, それらの論稿から大きな示唆を得た。

8) 髙橋信隆「環境保全の『新たな』手法の展開」ほか『環境問題の行方』(1999年)48頁(森島昭夫『環境行政法の構造と理論』(信山社, 2010年)3頁以下所収)では, 環境保全手法として近年主張されているさまざまな手法について, 環境保全のための伝統的かつ中心的手法である規制的手法の機能不全や不備・欠缺を補完するものとして性格づけ, それを「新たな」手法と称することにより, 規制的手法も含めた環境保全手法を一体的に把握することの必要性を論ずるとともに, 手法論を軸とした環境法を構想すべく試みたが, 本章で「新たな」手法というときには, それと同義である。

9) このような方向性を自然公園法上の諸制度とのかかわりで具体的かつ実践的に提示するものとして, 「特集 自然公園法50周年・協働による自然公園の管理」国立公園657号(2007年)所収の諸論稿参照。

10) 自然保護における住民参加の重要性を指摘するものとして, 畠山・前掲(注1)の各論稿参照。

11) 及川・前掲(注1)は, 生物多様性保全の環境法体系における位置づけや, 他の環境関連法律への影響につき, 有益な示唆を与えてくれる。

12) このような視点から環境保全のための各手法を統一的に説明する試みとして, 髙橋・前掲(注3)121頁以下参照。

13) 政策目標としての環境基準と環境保全手法との一体的把握の必要性については, 髙橋・前掲(注3)111頁以下参照。

都市環境管理

第19章

荏原明則

　都市環境管理では，安全性，便利性，快適性を要素とする都市における生活環境の総体的な維持・改善について考える。法制面からは都市計画法等による規制等によってまちづくりがなされ，その手法は大別して都市計画制限と都市計画事業がある。後者は施設や一定の地域の面的整備を行い，前者は土地利用制限をかけたうえで個々の開発，建築行為等を中心にしてまちの形成をはかるが，景観問題等を挙げてその問題点を検討する。

1. 問題の所在

　わが国において「都市環境管理」概念の登場は，比較的最近のことである。磯部力氏は，都市環境管理について，安全性，便利性，快適性を基本3要素とする都市における生活環境の総体的な維持・改善という意味で用いている[1]。最近，大学では「都市環境管理講座」も散見する。

　従来から「都市問題」として19世紀以降，産業革命の進行，資本主義の展開に伴い，都市に居住する労働者階級の劣悪な生活環境を中心に各種の問題が起こり，これらへの対応策が大きな課題であり，さらに都市のスプロール化現象により，都市圏の拡大，広域化とその圏内に衛星都市をも含み，大都市圏内部や大都市内部での住宅問題，交通渋滞のほか，郊外での大規模商業施設の展開と都心商業地域の活力低下などに起因する問題にまで広がりをみせた。これらはスラムクリアランスなど諸方策の実施により成果があったものの，なお未解決のものも少なくない。

　都市環境管理では，これら都市問題を踏まえつつ，都市の住みやすさや快適性の観点から公共空間の確保や景観保護なども含めて考える。また，地震

や台風，大雨等による被害(阪神大震災(1995年)，東日本大震災(2011年)等)は安全確保が都市管理の重要な課題として確認された。本章では現行法制度を概観した後，具体例として景観保護を取り上げて検討したい。

2. 都市計画法制の展開

都市環境管理を考える場合には，まず過去にどのような問題があり，それをどのように解決してきたかという歴史的分析や，諸外国ではどのように対応してきたかという比較法的分析，より根本的には都市像をどのように構築するかという問題等として議論がされうる。ここでは，検討の前提となる問題を数点だけ指摘しておこう[2]。

第1に，わが国の近代化は江戸時代のまちを近代的な都市に変えるプロセスでもあり，その際にとられた手法は都市改造のために事業を用いるものであった。江戸時代の都市内の狭い道路の拡幅整備が要求され，これへの対応策としての東京市区改正条例(1888(明治21))，計画立案等による事業がその初期の例である。大正期には(旧)都市計画法の制定(1919(大正8))があった。これと前後して関東大震災による被災，復興計画の作成があり，ここでも土地区画整地や耕地整理等の事業による対策が活用されたが，旧都市計画法による用途地域制度等は充分に展開しなかった。戦災復興計画も基本方針では土地整理を重視しつつ，宅地政策も含んでおり，現行都市計画法(1968，以下「法」)の制定後も事業の活用に重点があった。

第2に，都市計画等は国の仕事とされてきた。旧都市計画法では，「本法ニ於テ都市計画ト称スルハ交通，衛生，保安，防空，経済等ニ関シ永久ニ公共ノ安寧ヲ維持シ又ハ福利ヲ増進スル為ノ重要施設ノ計画ニシテ市若ハキ務大臣ノ指定スル町村ノ区域内ニ於テ又ハ其ノ区域外ニ亙リ施行スヘキモノヲ謂フ」(1条)とし，「都市計画，都市計画事業及毎年度執行スヘキ都市計画事業ハ都市計画委員会ノ議ヲ経テ主務大臣之ヲ決定シ内閣ノ認可ヲ受クヘシ」(3条)としていた。この点は市街地建築物法(1919(大正8))も同様で，建築規制を全国一律基準で行うとしていた。

都市計画権限等を国の事務とする法制度は，戦後も抜本的改正はなく，現

行都市計画法(昭和43法103)制定後も大きな変化はなかった。そして地方分権一括法等による地方分権化によりはじめて地方公共団体に多くの権限が移譲された。建築規制に関しては市街地建築物法に代わり建築基準法(1950)が制定されたが，国から地方への権限移譲は都市計画法と同時期になされた。

3. 現行法制の概要と問題点

都市の環境に関する法制度のうち，わが国の都市計画法制の中心となるものは都市計画法であり，以下，簡単にみておこう[3]。

(1) 都市計画法の目的

都市計画法は，旧法が戦後改革によって改正されず，戦後の高度経済成長政策の展開における人口・産業の大都市への集中，地方公共団体における工業開発の推進展開による，都市および都市周辺地域における土地利用の混乱，地価高騰等に対応するものとして制定された。

法は「都市計画の内容及びその決定手続，都市計画制限，都市計画事業その他都市計画に関し必要な事項を定めることにより，都市の健全な発展と秩序ある整備を図り，もつて国土の均衡ある発展と公共の福祉の増進に寄与することを目的」(1条)と定め，都市計画の基本理念として「都市計画は，農林漁業との健全な調和を図りつつ，健康で文化的な都市生活及び機能的な都市活動を確保すべきこと並びにこのためには適正な制限のもとに土地の合理的な利用が図られるべきことを基本理念として定めるものとする」(2条)。その具体化として都市計画基準が定められる(13条)。この都市計画基準は，国土形成計画等および道路，河川，鉄道等の施設に関する国の計画に適合するとともに，当該都市の特質を考慮して，土地利用，都市施設の整備および市街地開発事業に関する事項で当該都市の健全な発展と秩序ある整備をはかるため必要なものを，一体的かつ総合的に定めなければならず，この場合，当該都市における自然的環境の整備，保全への配慮が要求される(13条)。

(2) 都市計画法の仕組み

　法はその名の通り，「都市計画」に関する法律であって，都市計画の策定，コントロールを定めるが，前述のように都市計画が国の計画に適合し，自然環境への考慮とともに当該都市の健全な発展と秩序ある整備のため必要な事項を一体的・総合的に定めることが要求される。また，都市計画法には，具体的な規制等の規定も含むものの，都市計画の実施のため後述のように多くの法律が制定されている。

　都市計画は都市計画区域および準都市計画区域において定めることとして，マスタープラン，都市計画制限等を含む土地利用規制計画と土地区画整理事業等を含む都市計画事業の計画からなる。

　このような仕組みの意味について，「都市計画は制限を通じて都市全体の土地の利用を総合的・一体的観点から適正に配分することを確保するための計画であり，土地利用，都市施設の整備及び市街地開発事業に関する計画を定めることを通じて都市のあり方を決定する性格をもつもの」と説明される[4]。

　都市計画区域は，都道府県が，市または人口，就業者数その他の事項が一定の要件に該当する町村の中心の市街地を含み，かつ，自然的および社会的条件並びに人口，土地利用，交通量その他の事項に関する現況および推移を勘案して，一体の都市として総合的に整備し，開発し，および保全する必要がある区域を指定する(法5条1項，同法施行令2条)。準都市計画区域は都市計画区域外で一定の要件に該当する区域を都道府県が指定する(法5条の2)。

　都市計画区域の整備，開発および保全の方針(法6条の2第1項)として都市計画マスタープランが策定され，計画的なまちづくりの指針となる(市町村に関し法18条の2)。

　都市計画区域は，ひとつの行政区域で構成されるもののほか，複数の行政区域で構成されるものもある。国土交通省による「平成23年都市計画現況調査」によれば，2011年3月31日現在において都市計画区域に指定された面積は10万979 km^{2}で，国土の約26.7％，都市計画区域内の人口は1億1,981万人で全人口の約94.3％を占める。指定都市計画区域数は1,151区域で，近年の市町村合併により区域数は減少している[5]。

(3) 都市計画制限と都市計画事業

都市計画区域は，市街化区域と市街化調整区域に区分されるが，区分のないいわゆる非線引き地域もある。市街化区域は「すでに市街地を形成している区域及びおおむね十年以内に優先的かつ計画的に市街化を図るべき区域」(法7条2項)とされ，市街化調整区域は「市街化を抑制すべき区域」(法7条3項)とされ開発行為等が厳しく制限される(法34条)。前掲都市計画現況調査によれば，2011年3月31日現在で区域区分設定済都市計画区域は267区域，面積5万2,259 km² であり，市街化区域は面積1万4,441 km²(わが国の総面積の約3.8%)，人口8,187万人(総人口の約64.5%)，市街化調整区域は面積3万7,818 km² であり，市街化区域に人口が極度に集中している。

市街化区域は，さらに用途地域等により詳細かつ具体的な規制がされる(法8条)。このような土地利用規制を都市計画制限と呼ぶが，これにより都市環境の創造と保全をはかろうとするものである。国民は，この土地利用制限のもとで具体的土地利用を行うこととされ，開発許可(法29条以下)や建築確認(建築基準法6条以下)といった許認可により，具体的土地利用，建築行為が規制される。これにより，法的に当該地域の土地利用規制の実効性を確保することになる。これらの規制により，要件を具備した土地利用や建築物の建築等がなされ，時間がかかるものの望ましいまちができることを期待している。

これに対して都市計画事業は，都道府県知事もしくは国土交通大臣の認可または承認を受けて行われる都市計画施設の整備に関する事業および市街地開発事業をいい(法4条12項)，これにより都市基盤を整備し，都市の再生等をはかることをめざしている。都市計画施設には都市計画で決定された道路，公園，河川，一団地の住宅施設等があり(法11条)，市街地開発事業は，一定区域内を一体的に開発整備するもので，土地区画整理事業，市街地再開発事業等がある(法12条)。

これらのうちでは土地区画整理事業や市街地再開発事業等が多用されてきたが，これら事業実施は国からの補助金交付の有無により事実上左右される。さらに，実際には都市再生整備計画事業(旧まちづくり交付金)[6]のように補助

図表 19-1　市街地開発事業の種別と根拠法

種　別	根拠法
1　土地区画整理事業(区域内の土地の交換分合を行い，市街地の整備を目的とするもので，減歩，換地等の手法を用いる)	土地区画整理法(1954年)
2　新住宅市街地開発事業(事業者が一定の区域の用地を取得し，そこに住宅市街地を造成)	新住宅市街地開発法(1963年)
3　工業団地造成事業(事業者が一定の区域の用地を取得してそこに工業団地を造成し，工業地帯とする)	首都圏の近郊整備地帯及び都市開発区域の整備に関する法律(1958年)，近畿圏の近郊整備地帯及び都市開発区域の整備に関する法律(1964年)
4　市街地再開発事業(既成市街地内の区域について，土地の高度利用と都市機能の更新のため建築物，その敷地および公共施設の整備等を行う)	都市再開発法(1969年)
5　新都市基盤整備事業(人口五万以上の新都市の基盤整備を行うもので，用地買収と区画整理の手法を用いる)	新都市基盤整備法(1972年)
6　住宅街区整備事業(土地区画整理だけでなく，土地の権利を共同住宅の床へ変換する等により住宅整備を行う)	大都市における住宅及び住宅地の供給に関する特別措置法(1975年)
7　防災街区整備事業(密集市街地における防災性の向上のために再開発を行う)	密集市街地における防災街区の整備の促進に関する法律(1997年)

金交付による都市整備が法律に基づくものよりも利用されている。これは法律による厳格な要件と手続規制を避けて，より柔軟な手法を地方の実情にあわせて行うためである。ただ筆者の聞き取りでは地方公共団体担当者は，補助金といえども縛りが厳しく必ずしも使いやすい制度ではないと説明する者が少なくなかった。

　都市計画事業は都市計画で決定されるが，その計画決定によって直ちに事業が開始されるわけではなく，事業計画決定・認可等があって開始される。このため都市計画決定をした道路設置を予定区域が，事業計画決定等がなされずに事実上放置される場合等も少なくない。これは都市計画事業には莫大な費用がかかり，事業を一度に実施することは無理であって順位をつけて実施するため，長期間事業実施の目途が立たないという状況が生ずる。都市計画決定段階で事業計画予定地には一定の建築制限がされる(法53条，なお事業計画決定後には法65条)が，これが長期にわたる場合には損失補償の要否も問題となりうる[7]。

わが国のまちづくりは，歴史的には各種の事業を行う手法を多用してきた。このため旧耕地整理事業や土地改良事業，土地区画整理事業等の事業法制の整備とその実施に力点がおかれ，全体としてどのような町を作るか，その計画的側面からみた場合に問題があると指摘されてきた。

(4) 都市計画策定手続と国・地方公共団体・住民の役割

都市計画法では，都市計画区域を指定し，さらに都市計画区域を市街化区域，市街化調整区域と区分し，市街化区域を中心に計画を定めてきた。

都市計画決定手続について法は詳細な規定をもつ(15条以下)。決定主体が都道府県と市町村の場合では異なる点もあるが，大略，計画案作成前における住民意見の聴取(16条)，案の作成，公告・縦覧(17条)，縦覧期間内に意見書提出の機会(17条)，専門家等から構成される都市計画審議会の審議，可とする議決があった場合に都道府県または市町村が都市計画を決定する(18，19条)。ここでは，住民参加が法律上認められることに注目したい。ただ，実際の都市計画決定手続では，公聴会への参加者は少ないし，意見書提出もほとんどなく，手続が空文化されているとの批判もある。阪神大震災直後の復興都市計画の決定手続では大量の意見書が提出されたが，このような例は少ない。

この点は，都市計画の決定権がどこにあるか，あるべきかという問題からも重要である。都市計画法制定時には都市計画行政は国の事務であり，それを機関委任事務として知事等に行わせてきたが，地方分権一括法等による地方分権化により都市計画事務は地方公共団体に移譲されたものの，現在も国の出す技術的助言としての都市計画運用指針等は実務上大きな影響力をもっているし，また都市計画事業等の補助金交付によるコントロールが事実上強いことには留意したい。

近年，多数の地方公共団体では市民が主体としてまちづくりを行う等のための法的仕組としてまちづくり条例や自治基本条例を制定している[8]。特にまちづくり条例は，まちづくりを国から市民の手にという観点から，市民参加を中心に構成される，住民提案に基づくまちづくりをめざしているものが多い。法も都市計画案の提案に関する規定をおき(21条の2以下，平成14年法

改正追加)，住民による提案を法律上の制度へと引き上げた。

(5) 都市計画に関する争訟等

都市計画は，計画決定後告示により効力を発する(法20条3項)。この都市計画決定は取消訴訟の対象とならないとされ，たとえば最高裁は用途地域指定に関する都市計画決定は一般処分であって住民個々人の具体的権利の変動があるとはいえないとして処分性を否定した[9]。この場合には，用途地域指定の都市計画決定段階ではなく，その後具体的に建築物を建築する場合に要求される建築確認において，当該建築計画が指定用途地域による建築制限に適合しないとして建築確認拒否処分がなされた段階で取消訴訟提起が可能となる。もっともこのような場合に判決で当該用途地域指定が違法であるとされた場合には，一定の地域をカバーする用途地域のうち，当該用途地域による規制とは相容れない建築物が認められることになり，計画論からみればふさわしくないとの批判もありうる。また，都市計画事業である土地区画整理事業計画決定についてもそれがいわば，青写真に過ぎず住民の権利利益に具体的な影響がないとする判例があったが[10]，土地区画整理事業の事業計画決定について，最高裁は判例変更をして処分性を肯定した[11]。判決は土地区画整理事業計画決定によって，その対象地域内の住民は，一定の権利制限（土地区画整理法76条）を受けつつ，換地処分を受ける地位に立つことを処分性肯定の理由とした。その他第2種都市再開発事業計画決定行為等についても処分性が肯定されている[12]。

ここでは計画段階での訴訟提起が難しいことに注目すべきである。用途地域の指定等はまさに計画策定行為であるが，前述のように都市計画事業は，その位置が決定された都市計画段階では単に権利制限があるだけで，事業計画決定がなされずに長年放置されることは決して珍しい例ではなく(注5の判決参照)，処分性肯定の主張も強い。

最高裁は，小田急立体交差事業認可事件では付近住民らの原告適格を肯定した後，本案について都知事が都市高速鉄道に係る都市計画の変更を行うに際し鉄道の構造として高架式を採用した場合において，都知事が，建設省の定めた連続立体交差事業調査要綱に基づく調査の結果を踏まえ，上記鉄道の

構造について，高架式，高架式と地下式の併用，地下式の3つの方式を想定して事業費等の比較検討をした結果，高架式が優れていると評価し，周辺地域の環境に与える影響の点でも特段問題がなく裁量権の逸脱濫用はない旨判示した[13]。ここでは司法審査について判断過程統制方式をとったことが注目される。都市計画決定は裁量行為であるが，その司法審査の範囲を広く解することは適当と考えられ，今後はこの審査方式のより深化が期待される。

　以上のような訴訟は個別の事業計画決定等を争うものが多いが，いわゆる東京大気汚染物質排出差止等請求訴訟[14]において原告らは，東京都内の道路網整備によって本件地域内を縦横に結んで幹線道路網を形成しており，本件各道路を走行する自動車から排出される大量の排気ガスにより，本件地域全体の大気を全面的に汚染していると主張して，国家賠償法2条に基づく賠償請求請求等をしたが，これは道路整備計画全体が違法と考えているようにも理解でき，都市環境管理の視点からは注目すべき訴訟であった(判決は特定の道路から50m以内に居住する住民等に対して賠償責任を肯定した)。すなわち，従来個々の道路による環境悪化を問題としていたが，道路網整備に主張の焦点がある点が注目され，このような視点は行政活動について個々の計画ごと，事業ごとに個別に検討するという思考方法をとってきたことに対し，広く都市計画全体，まちづくり全体のなかで個々の問題を検討することの重要性を指摘している。現在，環境影響評価法は都市計画事業の一部を環境影響評価の対象としていることは指摘しておきたい(環境影響評価法38条の6以下，なお都市計画法13条参照)。

4. 都市環境問題

　都市環境問題を具体的に議論する前に，従来からの都市問題について一言述べておきたい。従来から都市のスラム化等による住環境の悪化が挙げられるが，これは単なる住環境の悪化ではなく，そこに居住する住民の多くが生活の厳しい貧困層であることも多く，対応手法としての都市再開発事業等はあるもののその住民への対応は，都市計画の問題とともに生活支援，住宅支援，疾病支援等の社会保障問題でもあり，現在でもホームレス問題等が課題

であって，この点は別に検討が必要である。また，大気汚染，水質汚濁，騒音等の環境問題については，本書**第 13 章**等において検討されているため，本章では必要に応じふれるに止める。

以下では，都市環境問題について安全性，便利性，快適性を基本 3 要素とする都市における生活環境の総体的な維持・改善という面からみてみよう。

法は，都市計画の基本理念として「農林漁業との健全な調和を図りつつ，健康で文化的な都市生活及び機能的な都市活動を確保」とこのため「適正な制限のもとに土地の合理的な利用が図られるべきこと」を挙げ(2条)，都市住民に「良好な都市環境の形成」への協力および努力義務を課す(3条)ほか，「良好な住居の環境を保護するための住居専用区域等の住居系区域の指定」(8条1号，9条1項ないし7項)など，環境の保護，特に住居環境の保護に関する規定は多くみられる。

このうち用途地区制度は，人の生活や活動に対応した土地利用規制として12種を定める(8条1項)。もっともこの用途地区制度は必ずしも充分なシステムとはいえない。たとえば，低層住居専用地域や中高層住居専用地域は良好な住環境を提供することを目的とするシステムであるが，具体的な状況では必ずしも目的達成に十分ではない。たとえば，①中高層住居専用地域に指定されているが実際は2, 3階程度の住宅が連担している街区に，中高層のマンション建築計画が提示された場合である。この場合，土地利用規制を「権利」の制限と考えると，高度規制，建坪率，容積率それぞれが規制値を超えない値でマンション計画を策定しうる。この場合1997年建築基準法改正により，共用廊下等の共有スペースが容積率に不参入とされたため，実際上容積率を大きく超えた建築計画が立案され，全く現状のまち並みとそぐわない建築物が出現することになる。この建築物は場合によっては他の住戸の日照を阻害する場合(この点は昭和56年建築基準法改正により改善された。建築基準法56条の2参照)や，まち並みに適合せず景観上問題となることもある(後に検討)。多くの住民はこの建築計画を知ってはじめて問題の重大さに気づくわけである。

このような問題は，もともと用途地域の指定段階での判断ミス(?)がある場合も多いが，用途地域制度の問題に無関心である住民が少なくないことも

一因である。また，元来用途地域制度はそれ自体としては，どのようなまちを作るかという明確な計画的なまちづくり指針とはなっていないことにも原因があり，都市計画マスタープランもこの面では有効な手法とはなっていない。前述のまちづくり条例は，これを克服すべく市民によるまちづくりをめざすものの一例である。②近年問題となった斜面地マンションや地下室マンションは，1994年の建築基準法改正により地階(地下室)の住宅部分を3分の1まで容積に不算入となったため，従来建設コストの点から未利用であった斜面地(多くは緑地)に建築されたものである。横浜市では，第1種低層住居専用地域，第3種風致地区に指定されていた高低差25mの崖地に地下7階地上3階の高低差30mのマンション(建築確認上は最高の高さ9.35m)が建築され問題となった例がある[15]。上記の地階不算入以外に，建物の高さを測る基準となる地盤面を人工的に操作して，いわば脱法的に高度制限を潜脱しようする例もあった。横浜市等では条例による規制を始めた[16]。その内容は

図表19-2　斜面地・地下室マンション

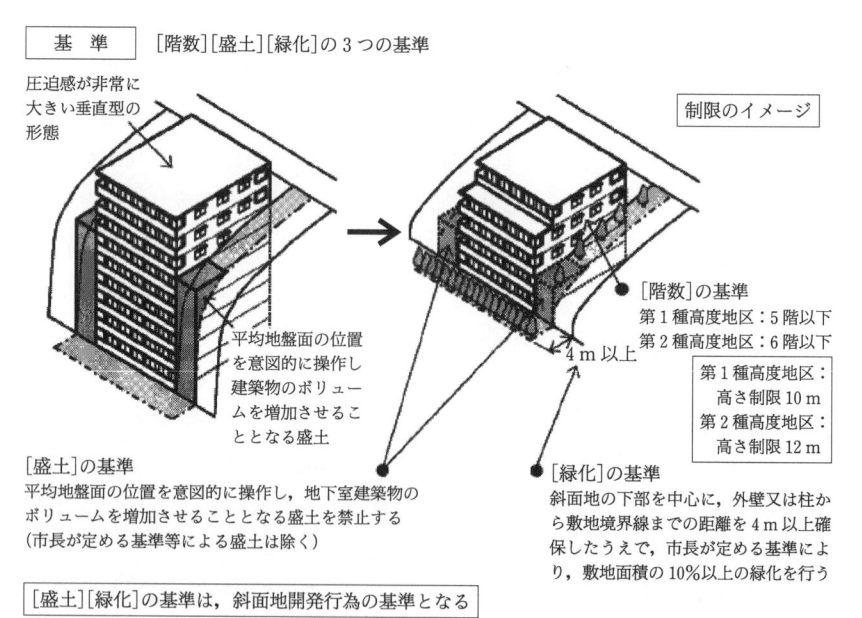

| 基　準 | [階数][盛土][緑化]の3つの基準 |

圧迫感が非常に大きい垂直型の形態

[盛土]の基準
平均地盤面の位置を意図的に操作し，地下室建築物のボリュームを増加させることとなる盛土を禁止する(市長が定める基準等による盛土は除く)

平均地盤面の位置を意図的に操作し建築物のボリュームを増加させることとなる盛土

制限のイメージ

4m以上

[階数]の基準
第1種高度地区：5階以下
第2種高度地区：6階以下

第1種高度地区：高さ制限10m
第2種高度地区：高さ制限12m

[緑化]の基準
斜面地の下部を中心に，外壁又は柱から敷地境界線までの距離を4m以上確保したうえで，市長が定める基準により，敷地面積の10%以上の緑化を行う

[盛土][緑化]の基準は，斜面地開発行為の基準となる

出典：注16参照

下図のように，盛土，階数，緑化規制等を含み，住環境悪化の防止，景観面への配慮がなされている。

5. 都市環境問題と景観保護

(1) 景観保護の歴史

景観問題が法的問題として大きく議論されることはそれほど古くからではない。景観地区制度は景観法の制定時の都市計画法改正によって導入されたが，都市計画法はすでに類似する美観地区制度を有していた(前記改正前の都市計画法8条1項6号)。ただ美観地区制度は指定数も少なく皇居外郭地区(1933年指定)のほか，現在景観地区に指定されている沼津市の沼津市アーケード街(1953年指定)，ほかに大阪市御堂筋地区(1934年指定)等にとどまる。

景観保護は，歴史的に優れた地域の保護のための方策として古都における歴史的風土の保存に関する特別措置法(1966年)や明日香村における歴史的風土の保存及び生活環境の整備等に関する法律(1980年)などがその先駆といえる。金沢市(1968年)や京都市(1972年)等の地方公共団体では景観保護条例を定めて行うことが始まり，その後神戸市条例(1978年)等が続き，昭和末期から多くの地方公共団体で条例が制定された。これらの条例は自主条例であり，地域指定と計画作成，行政指導を主な手法とするものであった。

近時，国立マンション事件を契機に大きな展開があった。すなわち，この事件ではマンション業者からの市への国賠訴訟，行政訴訟を含め多くの訴訟が提起された。これらのうち東京地裁は当該マンション計画が建築確認を得ていたものの，景観保護を理由として当該マンションの高さ20mを超える部分の撤去を命ずる旨の判決をし[17]，これが大きな影響を与えた。この事件の最高裁判決は原告の請求を斥けたものの景観法の規定を引用しながら「良好な景観に近接する地域内に居住し，その恵沢を日常的に享受している者は，良好な景観が有する客観的な価値の侵害に対して密接な利害関係を有するものというべきであり，これらの者が有する良好な景観の恵沢を享受する利益(以下「景観利益」)は，法律上保護に値するものと解するのが相当」と判示したが，景観利益を超えて「景観権」を認めることはできない旨指摘し

た[18]（環境法事件簿1参照）。ここでは人格権的な景観利益を法的利益と認めたことが注目される。

　また，景観法の制定により，従来，地方公共団体による自主条例に基づく行政指導を主な手法とする景観保護行政から，景観地区内での建築計画について景観認定制度の採用が可能となり（同法63条），建築行為自体を禁止するという規制手法の採用が可能となった。

　この景観法制定（および都市計画法改正）時には，屋外広告物法の改正および都市緑地保全法等の改正も行われた（景観三法の制定改正）。都市内での緑地の整備に関しても市町村が，緑の基本計画を定めて，緑地の保全や緑化の推進を総合的，計画的に推進する（都市緑地法4条）他，都市公園等とあいまって良好な都市環境整備がなされるとされた（都市緑地法1条，都市公園法3条2項参照）。都市緑地法は（旧）都市緑地保全法が2004年の法改正により改称されたもので，都市緑地保全が都市景観保護に大きな役割を果たすことを確認しておきたい。緑地率規制の導入は都市内での緑地の確保に向けられているが，最近では緑地率よりも緑視率を重視する地方公共団体もある[19]。

　ところで，数年前に首都圏では珍しく湿地が残っていた神奈川県三浦半島の北川湿地の発生土処分場建設差止事件では，原告らの有する自然の権利，環境権，自然享有権ないしは学問・研究の利益に基づく活動の利益，生命・身体の安全および平穏な生活を営む権利を侵害されるとの主張に対して，横浜地裁は北川湿地を原告とする請求を却下し，その他付近住民等からの請求については受忍限度を超えない等を理由として請求を棄却した[21]。しかし，判決では，北川湿地の代償措置としてのビオトープが不十分である点等を指摘しており，これは人格権侵害を理由とする場合の救済では自然の保護には無力であり，現行法では自然を守るための法制度が不十分であることを示すものといえよう（なお，環境法事件簿6参照）。

(2) 景観法の仕組みと景観行政

　景観法の仕組みと，現段階での景観行政の変化，問題点をみてみよう[22]。これは都市計画法・建築基準法等による従来の定量的な権利規制に加え，定性的な権利規制によるまちづくりを可能性を提供する。

景観法は，地方公共団体が景観保護行政を行う場合に，各地方公共団体が景観計画(届出，勧告等を行う制度)と景観地区(都市計画として設定)の一方もしくは両方を選択して(または全く選択しない)条例を定めて行うことを予定する。このため各地方公共団体の景観条例は，景観法の制度(景観計画，景観地区)を採用して定める部分と自主条例として独自の規定をおく部分とを含みうるため，内容はさまざまである(図表 19-3)。

2013 年 1 月 1 日現在，全国で景観計画を策定した地方公共団体は 360 団体に上るが，景観地区は 20 団体(36 地区)，準景観地区は 2 団体(3 地区)に採用されたにすぎない(図表 19-7)。

国交省の景観に関する数度の地方公共団体調査[24]のうち 2011 年 9 月 1 日

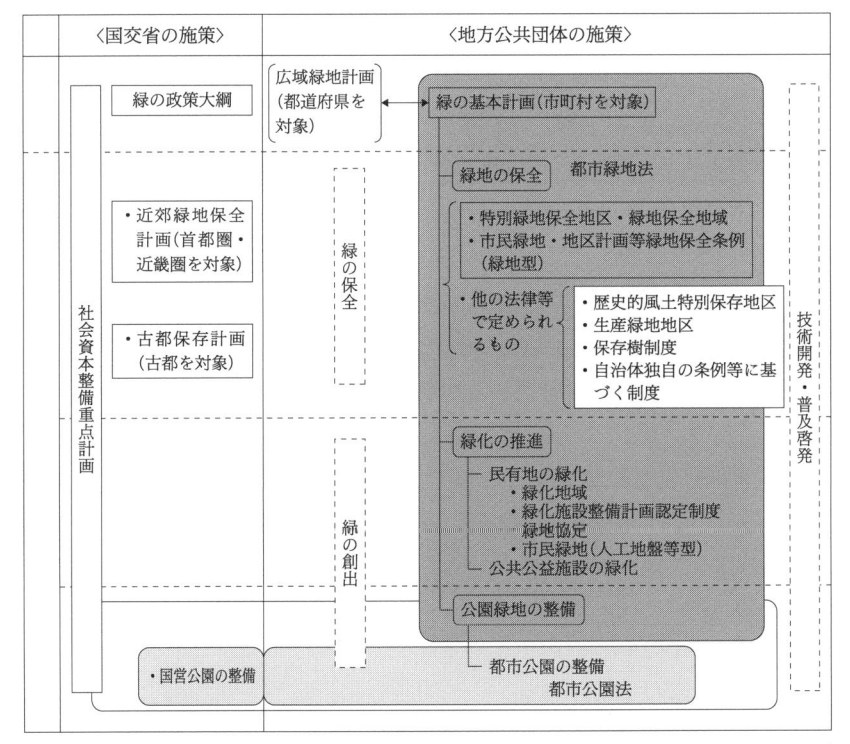

図表 19-3　都市の緑の保全と緑化推進施策の体系[20]

〈国交省の施策〉	〈地方公共団体の施策〉
緑の政策大綱	広域緑地計画(都道府県を対象) → 緑の基本計画(市町村を対象)
・近郊緑地保全計画(首都圏・近畿圏を対象)	緑地の保全　都市緑地法 ・特別緑地保全地区・緑地保全地域 ・市民緑地・地区計画等緑地保全条例(緑地型)
・古都保存計画(古都を対象)	他の法律等で定められるもの：・歴史的風土特別保存地区・生産緑地地区・保存樹制度・自治体独自の条例等に基づく制度
	緑化の推進 民有地の緑化 ・緑化地域 ・緑化施設整備計画認定制度 ・緑地協定 ・市民緑地(人工地盤等型) 公共公益施設の緑化
・国営公園の整備	公園緑地の整備　都市公園の整備　都市公園法

(左側:社会資本整備重点計画／右側:技術開発・普及啓発／中央:緑の保全・緑の創出)

出典：国交省緑地保全・緑化 HP〈http://www.mlit.go.jp/crd/park/shisaku/rgokuchi/gaiyou/index;html〉(2013 年 9 月 25 日アクセス)。

図表 19-4 景観法(平成 16 年制定)の概要

出典：国土交通省 HP〈http://www.mlit.go.jp/common/000232650.pdf〉

時点の調査(1,689 団体回答，回収率 94.1％)25) を中心に紹介しながら現段階での景観保護行政の概要を見ておこう(図表 19-5，図表 19-6～図表 19-16)。

2010 年 7 月 1 日現在の景観法の活用意向の段階では，景観団体となる意向がないものが約 6 割あったが，2011 年 9 月 1 日現在の調査では 5 割に減少し(図表 19-5)，その理由は①都道府県条例等で十分である，②景観阻害問題が生じていない，③職員等の体制確保上の問題等の他，④景観法に関する知識・ノウハウが不足しているが多く(図表 19-6)，ここではまだ景観問題への理解が十分でないようにみられる。

(3) 景観計画の運用と課題

2011 年 9 月時点では，景観計画策定済の地方公共団体(307 団体，315 計画)が挙げる景観計画策定目的は，自然景観保全，住環境保全，歴史的街並み保

第 19 章　都市環境管理　363

図表 19-5　景観行政団体への移行状況と意向

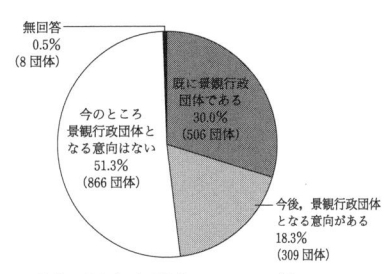

- 既に景観行政団体である　30.0%（506 団体）
- 今後、景観行政団体となる意向がある　18.3%（309 団体）
- 今のところ景観行政団体となる意向はない　51.3%（866 団体）
- 無回答　0.5%（8 団体）

出典：国土交通省 HP<http://www.mlit.go.jp/toshi/townscape/keikanhou-katuyouikou.html>（2013 年 6 月 6 日アクセス）

図表 19-6　景観行政団体にならない理由

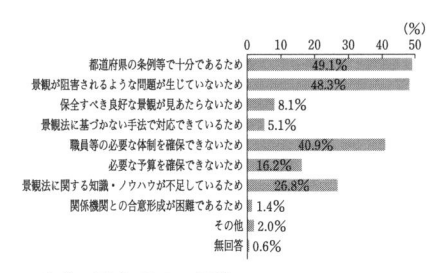

- 都道府県の条例等で十分であるため　49.1%
- 景観が阻害されるような問題が生じていないため　48.3%
- 保全すべき良好な景観が見あたらないため　8.1%
- 景観法に基づかない手法で対応できているため　5.1%
- 職員等の必要な体制を確保できないため　40.9%
- 必要な予算を確保できないため　16.2%
- 景観法に関する知識・ノウハウが不足しているため　26.8%
- 関係機関との合意形成が困難であるため　1.4%
- その他　2.0%
- 無回答　0.6%

出典：図表 19-5 に同じ。

図表 19-8　届出対象行為に関する届出総件数

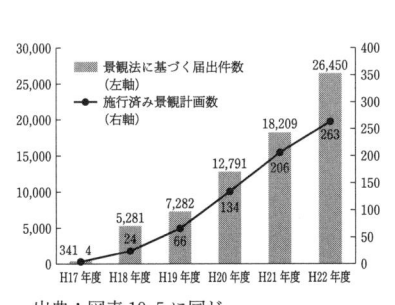

年度	景観法に基づく届出件数（左軸）	施行済み景観計画数（右軸）
H17 年度	341	4
H18 年度	5,281	24
H19 年度	7,282	66
H20 年度	12,791	134
H21 年度	18,209	206
H22 年度	26,450	263

出典：図表 19-5 に同じ。

図表 19-10　審査・勧告・変更命令の運用課題

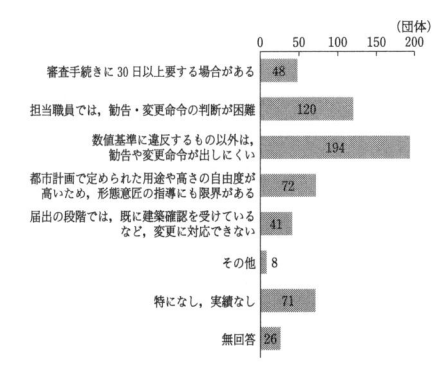

- 審査手続きに 30 日以上要する場合がある　48
- 担当職員では、勧告・変更命令の判断が困難　120
- 数値基準に違反するもの以外は、勧告や変更命令が出しにくい　194
- 都市計画で定められた用途や高さの自由度が高いため、形態意匠の指導にも限界がある　72
- 届出の段階では、既に建築確認を受けているなど、変更に対応できない　41
- その他　8
- 特になし、実績なし　71
- 無回答　26

出典：図表 19-5 に同じ。

図表 19-11　事前協議の目的

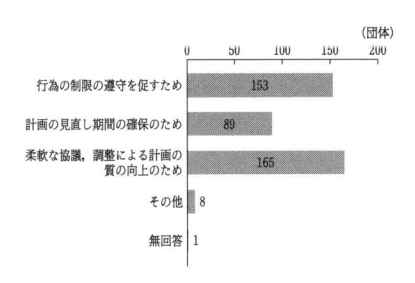

- 行為の制限の遵守を促すため　153
- 計画の見直し期間の確保のため　89
- 柔軟な協議、調整による計画の質の向上のため　165
- その他　8
- 無回答　1

出典：図表 19-5 に同じ。

図表 19-12　景観地区が最適と判断された経緯

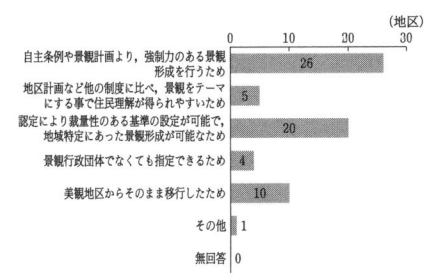

- 自主条例や景観計画より、強制力のある景観形成を行うため　26
- 地区計画など他の制度に比べ、景観をテーマにする事で住民理解が得られやすいため　5
- 認定により裁量性のある基準の設定が可能で、地域特定にあった景観形成が可能なため　20
- 景観行政団体でなくても指定できるため　4
- 美観地区からそのまま移行したため　10
- その他　1
- 無回答　0

出典：図表 19-5 に同じ。

図表 19-7　景観法の活用状況

景観法の活用状況の概要(2013 年 9 月 30 日時点)			
項目	該当する団体数等	内都道府県数：全体で 47 都道府県	内市町村数：全体で 1742 市区町村
景観行政団体	598 団体	46	522
景観計画策定	399 団体	20	379
建築等行為の届出件数(2012 年度)	36,741 件	〈参考〉2012 年度の建築確認申請数 全体：57 万 9,078 件，1 から 3 号：15 万 6,094 件，適判 1 万 8,488 件	
景観重要公共施設の「整備事項」記載	187 団体	7	180
景観重要公共施設の「許可基準」記載	60 団体	2	58
景観重要建築物	305 件	2	55
景観重要樹木	489 件		33
景観協定	44 地区	1	25
景観整備機構	のべ 97 法人	18	49
景観協議会	のべ 46 組織	2	32
景観地区等	計 69 地区		26
景観地区	36 地区		20
準景観地区	4 地区		3
形態意匠法制限地区計画等	29 地区		5

出典：国土交通省 HP〈http://www.mlit.go.jp/common/001026066.pdf〉に一部加筆

図表 19-9　届出対象行為に関する勧告件数

	2005 年度	2006 年度	2007 年度	2008 年度	2009 年度	2010 年度	合計
団体数	—	—	3	4	6	5	18
件　数	—	—	4	104	41	57	206

出典：図表 19-5 に同じ。

存，景観悪化抑制である。景観計画区域について景観計画区域要件(景観法 8 条 1 項)のうち，現にある良好な景観保全(同条 1 項 1 号)，地域の特性にふさわしい良好な景観の形成(同条 1 項 2 号)を挙げるものが多い。これらを受けて景観形成基準項目には，建築物の形態意匠制限(色彩，形態，312 計画)，工作物の形態意匠制限(色彩，形態，307 計画)，建徳物・工作物のその他の制限(208 計画)であり，建築物の高さ(228 計画)，工作物の高さ(194 計画)などが挙げられている。

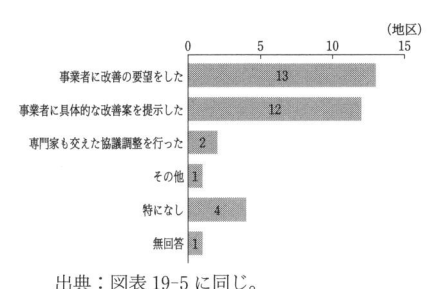

図表 19-13 認定件数

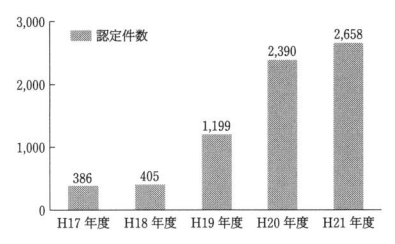

図表 19-14 認定等に関する取組み

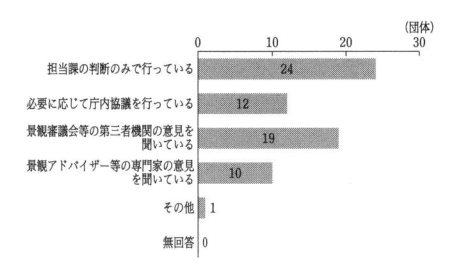

出典：図表 19-5 に同じ。

出典：図表 19-5 に同じ。

図表 19-15 基準を満たさない案件への対応後の取組み

図 19-16 認定制度の運用上の課題

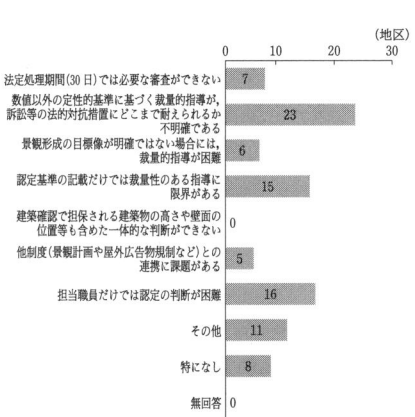

出典：図表 19-5 に同じ。

出典：図表 19-5 に同じ。

　景観計画区域内での届出対象行為(建築物の建築等，工作物の建築等，開発行為等)の届出件数は毎年増加している(図表 19-8)。

　届出の運用の課題としては，色彩の変更など，届出がなされない場合があるという回答が目立つ(190 団体)。

　届出は内容審査を予定するが，行為制限の遵守のために事前相談による行為制限の内容理解(265 団体)，チェックシート(165 団体)など，景観法による規制等が事業者に充分に認知されていないことを窺わせる回答が目を引く。

　届出の内容審査については，第三者機関の意見を聴くもの(178 団体)が多い

が，担当課のみで判断するという回答(78団体)も多い。

景観法では届出内容の審査から，勧告，変更命令という手法をとることを認めているが，勧告の検討を行ったことがある団体は307団体のうち17団体であり，258団体(84%)は勧告の検討を行ったことがない。

勧告の検討対象となった項目としては建築物の色彩(7件)，工作物の色彩以外の形態意匠(4件)等が挙がった。

審査・勧告・変更命令の運用課題としては，数値基準に違反するもの以外は，勧告や変更命令が出しにくい(194団体)とするものが多く，つづいて担当職員では，勧告・変更命令の判断が困難であること(120団体)を挙げる。

このためか，事前相談を条例で義務付け，条例での位置付けがあるものの任意，事前協議制度を置く団体が260団体と多い。その目的は，行為の制限の遵守を促すため(153団体)も多いが，柔軟な協議，調整による計画の質の向上を挙げるものがより多い(165団体)。

(4) 景観地区および認定の運用と課題

景観地区に関する補足調査では，18団体(32地区)から回答があった。景観地区を採用した理由としては，強制力のある景観形成を行うこと(26団体)，認定により裁量性のある基準の設定が可能で，地域にあった景観形成が可能なためとする理由を(重複的に)挙げるところも多い(20団体)ことに注目したい(図表19-12)。

認定件数は年総計2,000件を超すが，不認定は1件のみである(図表19-13)。

認定に関する取り組みは，担当課の判断のみとするものも多いが，第三者機関の意見を聞くもの，景観アドバイザー等の専門家の意見を聞くというものも多い(図表19-14)。これは認定が定量的審査ではなく定性的審査であることが要因と考えられる。

認定申請が基準を満たさない可能性があると判断した案件の有無に関しては14地区(43.8%)，7団体(38.9%)とかなりある。この場合の対応後の取組みとして①事業者に改善の要求をした，②事業者に具体的な改善案を提示したが目立つ。この指導等が効いたのであろうか，③取組みの結果計画が基準を満たす内容に変更されたので認定したとする回答が目立つ(図表19-15)。認定

は法的には許認可であり申請後に改善後に改善要望すること等は法制度からみれば許容されるかは疑問の余地があるものの，開発許可等では従来から事前審査ともいうべき行政指導行政が行われており，従来の実務的感覚からすれば許容されると解しているように考えられる。

認定の効力についても数値基準など最低限の基準の遵守だけでなく，定性的な基準に基づく裁量性を発揮した景観誘導が可能(16地区)，裁量性は発揮できていないが，数値基準の遵守など最低限の景観誘導は可能(16地区)とする積極的評価がなされている。

課題として，数値以外の定性的基準に基づく裁量的指導が，①訴訟等の法的対抗措置にどこまで耐えうるか不明確，②担当職員だけでは認定の判断が困難，③認定基準の記載だけでは裁量性のある指導に限界がある等が指摘するものが多い(図表19-16)。ここでは不認定に対するおそれがみられ，特に訴訟等の法的手段に耐えうるか不明という解答は，認定制度を採用する際の法的検討が十分であったか疑問が残る。

不認定例は現在のところ芦屋市の1件のみである。同件では，不認定理由を

図表19-17　計画地を北西から写す

提供：芦屋市

「本件計画は，建築物の配置，規模及び形態に関し，前記「芦屋景観地区」内における建築物の形態意匠の制限のうち，大規模建築物に関する項目別基準の位置・規模 3 にいう『周辺の景観と調和した建築スケールとし，通りや周辺との連続性を維持し，形成するような配置，規模及び形態とすること』に明らかに反するものと認めざるを得ず，不認定とすべきものと判断する。」

としている。ここでは第 1 種中高層住居専用地域内において従来からの都市計画法・建築基準法等による規制では，当該建築計画はその高さ，建坪率，容積率等が違法ではないにもかかわらず，不認定としており，建築計画が，南側境界の近くに位置し南側壁面がフラットな平面でほぼ直立し，全体が直方体の形状であることを，周囲の景観と調和しない建築スケールでボリューム感のあることから不認定と判断していると評価でき，従来の許認可が一般に定量的規制であったのに対し，定性的基準を用いて不認可としたことに特色がある。

(5) 認定の法的問題

景観法に基づく認定制度は，その基準が定性的であるが，当該基準への適合・不適合により，決定を行うもので，この意味では他の許可と異なることはない。しかし，この基準が定性的であるため，審査基準策定は性質上難しいが，当該建築計画地における要考慮事項等を示し，その意味を明らかにする必要があろう[27]。

景観法は景観認定審査を適合不適合という割切りを求めている。しかし，実際上の問題として景観形成上からみれば，たとえば，計画建築物が敷地境界付近に位置し，フラットな平面の長方形で付近の状況からみて極めて圧倒的なボリューム感のあるマンション建築計画の場合に，ボリューム感を減らして不認定を避ける方法として，建築物の高さを下げる他，セットバック，分棟，分節，色彩による見かけ上の凹凸感の創出等，多くの手法が可能である。このような選択肢が存する場合に，申請を不認可とすべきか，それとも選択肢の存在を指摘すべきであろうか。ここに先のアンケートが選択肢の提示等をする団体がかなりあることを示す理由があろう。

芦屋市は，市域のうち市街化区域内には広く住居系の用途地域が指定され，工業系の用途地域指定がなく，商業系地域も鉄道の駅周辺のみで限定された住宅都市である。同市の都市景観条例(平成21条例25)の特色は，①全市域を景観地区に指定し，②大規模建築物等について，③認定申請前に，景観アドバイザー会議での景観協議にかけ，申請者の意見も聞いたうえで当該建築計画敷地ごとに景観配慮指針を提示し，よりよい景観形成のために認定申請書に配慮指針への見解書添付を要求すること，④認定審査には，(委員による現地調査・審議を経た)認定審査会の答申を聞いて市長が決定する点に特色がある(図表19-18参照)。さらに，景観法では建築計画を問題とするため，建築物や工作物自体を対象とするが，④芦屋市では建築計画を景観面から検討する場合には塀や垣等の外構をも条例により審査対象としている(これは住宅地では，一般に建築物の外側に塀や垣が作られ，商業地区のように建築物自体のデザイン，色が前面に出る場合とは異なることを考慮したものである)。

この認定審査手続には，事前の景観アドバイザー会議での景観協議を経ることを条例上前置していることが注目される(同条例23条)。この景観協議を

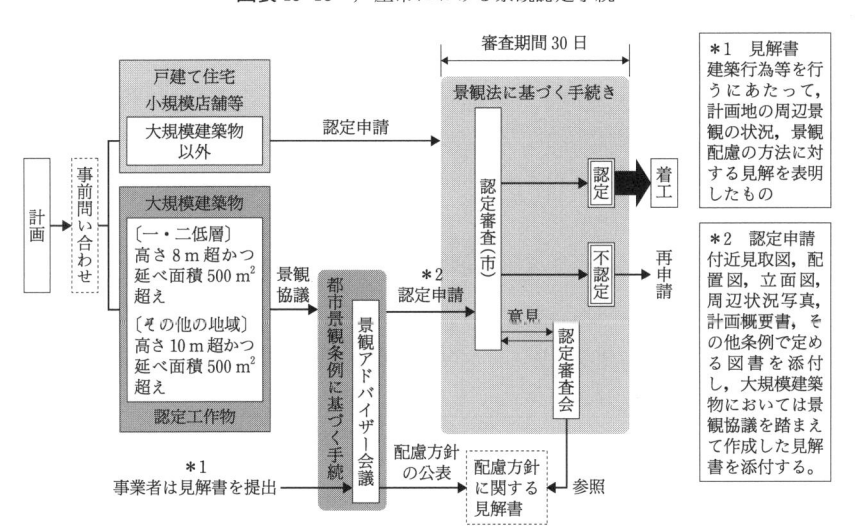

図表19-18 芦屋市における景観認定手続

出典：芦屋市HP〈http://www.city.ashiya.lg.jp/toshikeikaku/keikan/keikan_tebiki.html〉
(2013年6月15日アクセス)

経ることは行政指導であるが，実際は現行条例施行後，景観協議対象の全建築計画申請がこの手続を経ており，景観協議での見解書の提出，その後景観協議を踏まえた見解書の提出が行われている。景観協議後，当該計画地ごとの景観配慮方針が公表されており，これが景観上の観点からの計画見直しの手がかりを提供している。認定審査会もこれを参考に認定審査を行っている。このような手続は，定性的な基準による認定審査をより慎重に，かつ申請者の景観配慮方針へ見解を具体化した申請について判断することを担保するものといえる。この制度は景観配慮方針が建築計画地ごとに異なることを前提とし，より適格な審査をはかろうとするものでもある。担当者からの説明では，この点は不認定処分後に，さらに深化したとのことである。

6. 残された課題

本章では都市計画法制度を概観して，都市環境管理について具体的に景観保護を挙げて紹介したが，検討は十分ではない。本来の予定では，都市における水辺と緑のあるまちづくりについて検討する予定であったが，紙数の関係もあり省かざるをえなかった。水辺については，まちづくりのなかで放置されてきた普通河川が多く，筆者の聞き取り調査ではほとんど管理がなされず，実態すらつかんでいない市町が少なくなかった[29]。さらに過去数十年間に開発行為が低湿地に及んだため，浸水の心配のある地域が増えたとの説明もあり，これらからどのような問題があるか，具体的検討は別稿に譲らざるをえない。

緑の問題については景観保護を検討した際に少し触れたが，法律によって緑被率が要求されているため，緑を整備するが，周りから全くみえないところに緑があることも少なくない。むしろ緑視率を考えた方がよさそうである。景観保護の観点からは，芦屋市でみたように外構を対象として緑のみえ方を含めて考える方がベターであろう。これらは今後の筆者の課題である。

〈注〉
1) 磯部力「都市の環境管理計画と都市自治体」都市問題研究 42 巻 10 号 (1990 年)。

なお、都市環境管理に関する先行研究は多い。さしあたり、山下健次編『都市の環境管理と財産権』(法律文化社、1993 年)、岩橋弘文『都市環境行政法論——地区集合利益と法システム』(法律文化社、2010 年)、亘理格「都市環境関連法の課題と展望——計画法論の視点から」新美育文ほか編『環境法大系』(商事法務、2012 年)783-804 頁等。広く都市保全に関して比較法的、歴史的研究としては西村幸夫『都市保全計画』(東京大学出版会、2004 年)。

2) 以下の点につき、石田頼房『日本近現代都市計画の展開』(自治体研究社、2004 年)。
3) 都市計画法制度については、安本典夫『都市法概説〔第 2 版〕』(法律文化社、2013 年)。
4) 国土交通省「都市計画運用指針〔第 6 版〕」4 頁(2013 年)〈http://www.mlit.go.jp/common/000190584.pdf〉(2013 年 9 月 25 日アクセス)。
5) 国土交通省「平成 23 年都市計画現況調査」(2012 年)1 頁〈http://www.mlit.go.jp/common/000225618.pdf〉(2013 年 9 月 25 日アクセス)。
6) 都市再生整備計画事業(旧まちづくり交付金)は、地域の歴史・文化・自然環境等の特性を活かした個性あふれるまちづくりを実施し、全国の都市の再生を効率的に推進することにより、地域住民の生活の質の向上と地域経済・社会の活性化をはかることを目的とする。都市再生特別措置法第 46 条第 1 項に基づき、市町村が都市再生整備計画を作成し、都市再生整備計画に基づき実施される事業等の費用に充当するために交付金を交付する。国交省 HP〈http://www.mlit.go.jp/toshi/crd_machi_tk_000012.html〉(2013 年 9 月 25 日アクセス)。
7) 最三小判平成 17 年 11 月 1 日判時 1928 号 25 頁(請求棄却、但し、藤田補足意見参照)。
8) NPO 法人公共政策研究所によれば、平成 25 年 4 月 11 日現在で 273 の地方公共団体で自治基本条例、まちづくり条例などを制定している。〈http://www16.plala.or.jp/koukyou-seisaku/policy3.html〉(2013 年 6 月 20 日アクセス)。まちづくり条例に関する文献は多いが、さしあたり、日置雅晴「景観・まちづくり訴訟と新たなまちづくり条例の動向〈公害・環境紛争処理の変容〉」環境法政策学会誌 15 号(2012 年)50-64 頁、野口和夫『まちづくり条例の作法——都市を変えるシステム』(自治体研究社、2007 年)。
9) 最一小判昭和 57 年 4 月 22 日民集 36 巻 4 号 705 頁、判時 1043 号 41 頁。
10) 最大判昭和 41 年 2 月 23 日民集 20 巻 2 号 271 頁、判時 436 号 14 頁。
11) 最大判平成 20 年 9 月 10 日民集 62 巻 8 号 2029 頁、判時 2020 号 21 頁(浜松市土地区画整理事業計画事件)。
12) 最一小判平成 4 年 11 月 26 日民集 46 巻 8 号 2658 頁、判自 108 号 59 頁。
13) 最一小判平成 18 年 11 月 2 日民集 60 巻 9 号 3249 頁、判時 1953 号 3 頁、環境法判例百選〔第 2 版〕43 事件。
14) 東京地判平成 14 年 10 月 29 日判時 1885 号 23 頁、判自 239 号 61 頁。
15) 横浜地判平成 17 年 11 月 30 日判自 277 号 31 頁(盛土が建築物の高さ規制を潜脱す

るもので，建築物が高さ制限違反として建築確認処分を取り消す旨判示した。）
16) 横浜市斜面地における地下室建築物の建築及び開発の制限等に関する条例（2004年），川崎市斜面地建築物の建築の制限等に関する条例（2004年）等。この問題について，金子正史『まちづくり行政法』（第一法規，2008年）155頁以下。本文中の図は横浜市のHPに条例案のパブコメ時に掲載されたもので，現在，地方6団体・地方分権改革推進本部――地方自治確立対策協議会のHPに掲載されている。〈http://www.bunken.nga.gr.jp/kenkyuusitu/kenkyu_16kai/shiryou/3.pdf〉（2013年9月15日アクセス）。
17) 東京地判平成14年12月18日判時1829号36頁。
18) 最一小判平成18年3月30日民集60巻3号948頁，判時1931号3頁。
19) たとえば，芦屋市では，芦屋川特別景観地区では川に面した敷地の建築物に対して原則三分の二の緑化を要求している。また大阪府ではまちの緑視率の公表がある〈http://www.pref.osaka.jp/kannosomu/ryokushiritsu/〉（2013年6月15日アクセス）。
20) 国交省緑地保全・緑化HP〈http://www.mlit.go.jp/crd/park/shisaku/ryokuchi/gaiyou/index.html〉（2013年9月25日アクセス）。
21) 横浜地判平成23年3月31日判時2115号70頁。
22) 以下の分析については，北村喜宣「地域空間管理と協議調整」高木光ほか編『行政法学の未来に向けて』（有斐閣，2012年）341頁参照。また，2010年頃までについて，荏原明則「景観保護制度の運用と課題――芦屋市における景観地区制度の運用を中心に」神戸学院法学40巻3・4号（2011年）493-534頁。なお，この小論中で国立マンション事件最高裁判決の紹介部分に誤訳があり，本稿の記述が正しいため，お詫びとともに訂正したい。
23) 国土交通省HP〈http://www.mlit.go.jp/common/000232650.pdf〉（2013年9月25日アクセス）
24) 国交省の景観法の調査については，同省のHP参照。現在平成21年度から平成23年のものを掲載〈http://www.mlit.go.jp/toshi/townscape/keikanhoukatuyouikou.html〉（2013年6月6日アクセス）。以下の図表19-5〜19-16は上記HPより。
25) 国交省のHP〈http://www.mlit.go.jp/common/000139793.pdf〉（2013年9月25日アクセス）。
26) 芦屋市の景観への配慮方針は計画敷地ごとに公表されている〈http://www.city.ashiya.lg.jp/toshikeikaku/keikan/hairyohousin.html〉（2013年5月1日アクセス）。
27) 芦屋市HP〈http://www.city.ashiya.lg.jp/toshikeikaku/keikan/keikan_tebiki.html〉（2013年5月10日アクセス）
28) 荏原明則「普通河川の利用と管理の法的課題」法と政治62巻2号（2011年）1198頁。

第20章 公共事業と環境保全

下井康史

　公共事業についての法のうち、特に重要な土地収用法と都市計画法は、環境保全に関する制度をいろいろと用意しており、これらの制度をめぐる裁判例にもさまざまなものがある。そして、都市計画についての環境影響評価制度には改善すべき点があり、裁判例についても、土地収用法上の事業認定の取消訴訟における原告適格や、都市計画法上の都市計画事業認可に対する司法審査のあり方など、検討を要する点は少なくない。

1. 公共事業についての法

　公共事業とは、「国や地方公共団体、特殊法人などが、社会資本(インフラ)を整備するために実施する事業」ということができるだろう。道路や高速道路、ダムなどの河川施設、鉄道施設、空港、発電所などの建設事業の他、土地区画整理事業のような市街地開発事業、公有水面の埋立事業や港湾整備事業などである。これらの多くは、環境影響評価がされた後、もろもろの法律に基づく許認可や、土地収用法(以下「収用法」)の事業認定(16条以下)、都市計画法(以下「都計法」)の都市計画事業認可(59条)を受けて実施される。都道府県の収用委員会による収用裁決(収用法47条の2以下)を経て、必要な土地が強制収用されることもある。

　公共事業は、自然環境や生活環境にさまざまな影響を与える。そのため、環境保全の観点から、法制度の内容や運用のあり方が、古くから問題にされてきた。この章では、公共事業に関する法律のうち、特に重要な収用法と都計法を取り上げ、環境保全にかかわる部分に限ってではあるが、法制度の内容と重要裁判例を概観する。

2. 土地収用法

(1) 公共事業をめぐる制度の概要

国や地方公共団体が，その行政活動に必要な土地を入手する場合，土地の所有者らと交渉し，その同意を得て売買契約を結ぼうとするのが通例だろう(任意買収)。しかし，所有者らが土地の売却にどうしても同意しなければ，最後の手段として，その土地を強制的に収用することができる。これにより損失を被る人たちには，補償がされなければならない(損失補償)。

国や地方公共団体などが，正当な補償をすることにより，国民の土地その他の財産を強制的に収用できることは，憲法 29 条 3 項が認めている。これを受けて収用法が，「公共の利益となる事業」に必要な土地の収用につき，その要件・手続・効果，そして損失補償について，具体的な制度を定める(1条)。

(ア) 土地収用ができる事業(収用適格事業)

収用法は，土地収用ができる「公共の利益となる事業」を 50 種に限定する(3条)。道路や河川管理施設，鉄道施設，飛行場，発電所，学校，廃棄物処理施設などに関する事業である。これらの事業を行う者を「起業者」という(8条1項)。国や地方公共団体，特殊法人などの行政主体だけでなく，民間業者も起業者となることがある。

(イ) 事業認定

収用適格事業であっても，無条件に土地を収用できるわけではない。収用をするためには，起業者が，各事業ごとに，国土交通大臣または都道府県知事から事業認定を受けることが求められる(17条1項・2項)。

(a) 事業認定の手続

事業認定がされるためには，一定の手続を経なければならない。起業者による説明会開催(15条の14)の他，起業地(事業を施行する土地。17条1項2号)のある市町村の長が，起業者から提出された申請書類を縦覧に供すること(24

条2項），国土交通大臣や都道府県知事が，公聴会を開催し(23条1項)，かつ，第三者機関の意見を聴くこと(25条の2)などである。申請書類の縦覧期間は2週間であり(24条1項・2項)，その間に利害関係者は，都道府県知事に意見書を提出できる(25条1項)。

　以上の手続は，事業認定をするかどうかの判断において，問題となっている事業が環境に与える影響などを考慮しやすくするためのものである。その多くは，2001年改正の収用法で整えられた。

　なお，国土交通大臣や都道府県知事は，事業認定をする際，「事業認定の理由」などの情報を告示しなければならない(26条1項)。

　(b)　事業認定の要件

　事業認定を受けるためには，4つの要件を満たした事業であることが求められる。①収用適格事業の1つであること，②起業者がその事業を遂行する充分な意思と能力を有する者であること，③事業計画が土地の適正かつ合理的な利用に寄与するものであること，④土地を収用し，または使用する公益上の必要があるものであること(20条各号)である。

　このうち，環境保全に関わるのは，③である。③が認められるのは，日光太郎杉事件についての東京高判昭和48年7月13日(判時710号23頁，環境法判例百選〔第2版〕87事件)によれば，事業によって得られる公共の利益と，その土地がその事業のために提供されることで失われる利益(この利益は，私的なものだけでなく，公共の利益を含むこともある)とを比べた結果，前者が後者よりもまさっている場合であり，この考え方が，今日では一般的なものになっている。さらに同東京高判は，問題となっている土地の付近における景観・風致・文化的諸価値を犠牲にしてもなお事業計画を実施しなければならない必要性や，環境の荒廃・破壊をかえりみず計画を強行しなければならないほどの必要性がなければ，③は認められないとした。この点は，後に詳しく述べる(後述2(2)(イ)(b)(ii)参照)。

　(ウ)　収用裁決

　事業認定を受けた事業について，いずれの土地が収用され，補償金はいくらとなるかは，都道府県の収用委員会が，収用裁決——権利取得裁決と明渡

裁決がある(47条の2第2項・48条・49条)──で決定する。

収用裁決は，起業者が，事業認定の告示があった日から1年以内に，都道府県の収用委員会に対して申請する(39条1項・29条1項)。同委員会は，申請された事業が事業認定を受けた事業と異なっていたり，その事業の計画が，事業認定を申請したときの事業計画書の内容と著しく異なるものであれば申請を却下するが(47条)，そうでなければ，申請を認める収用裁決を下す(47条の2第1項)。

(2) 土地収用をめぐる判例の状況
(ア) 訴訟要件についての論点──原告適格

事業認定や収用裁決が処分(行政事件訴訟法(行訴法)3条2項)であることに問題はない(収用法129条以下参照)。したがって，これらを裁判で争うときは，取消訴訟(行訴法3条2項)をはじめとする抗告訴訟(同条各項)を使うことになる。

事業認定や収用裁決の取消訴訟において，起業地内の土地などにつき権利を有する者であれば，原告適格(同法9条)は当然に認められる。問題となるのは，起業地の周辺に居住しているような人たちについてである。

最高裁の判決はまだないが，下級審は一貫して否定してきた。例えば，圏央道建設事業事件についての東京地判平成22年9月1日(判時2107号22頁)は，まず，事業認定の法的効果が及ぶのは，起業地内の土地などに権利を有するものだけであるとする。そして，収用法の目的は，公共の利益と，起業地内における個々人の具体的な私有財産についての権利との調整であるところ，事業認定要件のうち，③「事業計画が土地の適正かつ合理的な利用に寄与するものである」(前述2(1)(イ)(b)参照)ことを満たしているかどうかは，起業地の周辺も含んだ広範囲な地域の都市環境・居住環境といったさまざまな社会的利益も考慮して判断されるが，このような社会的利益は，起業地を含む地域の住民全般，ひいては社会全体が受けるものであるという。そのうえで，③についての定めは，上記の社会的利益を公益的見地から一般的に保護しようとするものであり，起業地周辺に居住する住民の利益を個別的に保護するものではないとして，これら住民の原告適格を否定する。事業認定の手続(前述2(1)(イ)(a)参照)についても，事業に何らかの利害関係をもつ者の意

見を広く集め，できる限り公正妥当な事業認定をしようという公益目的に基づくものであるから，周辺住民の原告適格を肯定する根拠にはならないとした。さらに，環境影響評価法や環境影響評価条例は，収用法と「目的を共通にする関係法令」(行訴法9条2項)にはあたらないとする。その理由は，収用法において，環境保全が目的であることを示す定めや，環境保全を直接の目的とする手続が用意されていないからだという[1]。

　しかしながら，圏央道建設事業の場合，当該事業認定が，都市施設について定める都市計画の決定(後述3(1)(ア)参照)を前提としていることに留意すべきだろう。都市計画に定める都市施設(都市計画施設。後述3(1)(ア)参照)の建設事業は，収用法に基づく事業認定と，都計法に基づく都市計画事業認可(都計法59条。後述3(1)(ウ)参照)とのいずれによっても施行できるところ，後者の取消訴訟において，3(3)(ア)(b)で後述する小田急訴訟についての最大判は，周辺住民の原告適格を承認しているからである。収用法上の事業認定によるのか，都計法上の事業認可によるのかは，起業者の選択に委ねられるが，このような選択によって原告適格の範囲が左右されるのは不合理であろう[2]。同最大判が，東京都環境影響評価条例を，都計法と「目的を共通にする関係法令」と位置づけていることも想起されるべきである。収用法に基づく事業認定のうち，少なくとも，都市計画に基づく都市施設に関するものであり，かつ，当該計画が環境影響評価手続を経て定められたものであれば，一定範囲の周辺住民につき原告適格を承認することが，最高裁の考えに整合しよう[3]。

（イ）　本案についての論点

（a）　違法性の承継

　土地収用をめぐる主な訴訟は，事業認定や収用裁決の取消訴訟であるが，この2つの取消訴訟における本案審理事項の関係が問題となる。これは，後続処分である収用裁決の取消訴訟において，同裁決の違法だけでなく，先行処分である事業認定の違法も争うことができるのか，つまりは，事業認定の違法が収用裁決に承継されるか否かという論点である。

　かつての学説は，土地収用の場合に限らず，連続する2つの処分が結合し

て1つの効果をめざす関係にあれば承継を認めるという，実体的観点に着眼する考えをとっていた。これに対し，最近の学説には，先行処分に対する訴訟提起の機会が実質的に保障されていれば承継されないという，手続的観点に基づく主張がある[4]。

この点，最一小判平成21年12月17日(民集63巻10号2631頁，判時2069号3頁)[5]は，実体的観点と手続的観点のいずれも示したうえで，東京都建築安全条例4条1項に基づく安全認定処分(建築確認要件としての接道要件につき，制限付加(建築基準法43条2項)の適用除外を認める処分)の違法性が，後続の建築確認(同法6条1項)に承継されるとした。

事業認定と収用裁決の場合について，最高裁の判決はまだなく，下級審の判断は分かれている。2001年改正の収用法が事業認定手続を整えたことにより(前述2(1)(イ)(a)参照)，事業認定の段階で訴訟を提起する機会が十分に保障されたといえるのであれば，平成21年最判が手続的観点をも示したことを踏まえると，今後の判例が，違法性の承継を認めない方向に進むとも考えられよう[6]。

(b) 事業認定の適法性

事業認定取消訴訟の本案で争われるのは，第1に，事業認定が適法な手続を経てなされたかどうか(前述2(1)(イ)(a)参照)，第2に，事業認定の要件(同(b)参照)を満たしているかどうかである。いずれの争点も，事業認定の違法性が収用裁決に承継されるのであれば，収用裁決取消訴訟の本案でも審理の対象となる。以下，第2の点を取り上げる。

(i) 事業認定について行政の裁量が認められる理由

2(1)(イ)(b)で前述したように，環境保全に関わる事業認定要件は，③「事業計画が土地の適正かつ合理的な利用に寄与するものであること」(収用法20条3号)である。この要件を満たしているかどうかの判断につき，行政庁の裁量は認められるだろうか。最高裁の判決はまだないが，平成22年の東京地判(前述2(2)(ア)参照)は肯定する。その理由は，③についての判断が，事業計画の内容，事業計画の達成によってもたらされる公共の利益，収用の対象とされている土地の状況などといった，さまざまな要素・価値を比較する総合判断として行われるべきもので，さまざまな公共の利益と私的な利益とのバ

ランスを考えてなされる専門技術的・政策的なものであることに求められている。この判断に異論をとなえることは難しいだろう。

(ii) 行政の裁量に対する司法審査のあり方——日光太郎杉事件

行政庁の裁量が認められる処分であっても，裁量権の範囲を越えたり(逸脱)，その濫用があった場合には違法とされる(行訴法30条)。問題は，裁量権の逸脱濫用があったかどうかを，裁判所が，どのようなアプローチで審査するかである。

事業認定についてのアプローチ手法を一般的に示した最高裁判決はまだないが，日光太郎杉事件についての昭和48年東京高判が，重要な判断を示している。同判決は，先に紹介した考え方(前述2(1)(イ)(b)参照)を踏まえたうえで，③「事業計画が土地の適正かつ合理的な利用に寄与するものである」かどうかの判断は，さまざまな要素・価値の比較衡量に基づく総合判断としてなされるものであるところ，a)本来最も重視すべき諸要素・諸価値を不当・安易に軽視し，その結果，b)当然尽すべき考慮を尽くさず，または，c)本来考慮に容れるべきではない事項を考慮したり，d)本来過大に評価すべきでない事項を過重に評価したことで判断内容が左右されたのであれば，裁量判断の方法や過程に誤りがあるものとして違法となるとした。行政の判断プロセスをチェックするという(判断過程審査)，それまでにない新しい考え方を示したもので[7]，後に紹介する最高裁判決(後述3(3)(イ)(b)参照)に大きな影響を与えている。

この種の判断過程審査においては，「行政が考慮すべき事項は何か」が重要になる。日光太郎杉事件についての東京高判は，景観や風致，文化的諸価値，そして環境の保全が，「国民が健康で文化的な生活を営む条件にかかわるものとして，行政の上においても，最大限度に尊重さるべきもの」とする。そのうえで，日光国立公園の入口あたりにある太郎杉と呼ばれる巨杉群を含む土地につき，国道を広げるために収用することを認めた事業認定を違法とした。具体的には，まず，a)本来最も重視すべきことがらは，本件土地付近のもつかけがえのない文化的諸価値ないしは環境の保全であるのに，この点が不当，安易に軽視されており，その結果，文化的諸価値や環境の保全という要請と自動車道路の整備拡充の必要性とをいかにして調和させるべきか

の手段,方法の探究において,b)当然尽くすべき考慮が尽されていないとする。そして,オリンピックの開催に伴う自動車交通量増加の予想という,c)本来考慮に容れるべきでない事項が考慮され,かつ,暴風による倒木(これによる交通障害)や樹勢の衰えの可能性という,d)本来過大に評価すべきでないことがらが過重に評価されているとした。以上の判断を踏まえ,③の要件を満たすとした裁量判断の方法ないし過程に過誤があるとし,これらの過誤がなく正しい判断がなされたとすれば,異なった結論,つまりは,事業認定の申請を認めない処分がされた可能性があったとして,当該事業認定を取り消したのである。

日光太郎杉事件についての東京高判は,事業認定についての審査アプローチの面でも,同事件に関する具体的判断の面でも,学説から高く評価されている[8]。

3. 都市計画法

(1) 公共事業をめぐる制度の概要

都市計画とは,都市の土地利用,都市施設の整備,および,市街地開発事業に関する計画であり(都計法4条1項),都計法がさまざまなことを定めている。その中心は,地域割り(ゾーニング)ごとの土地利用規制(第3章)と,都市計画事業(4条15項)についての規制(第4章)とであるが,公共事業にかかわるのは後者である。

(ア) 都市計画事業の種類

都市計画事業には,①都市施設(4条5項)の整備事業と②市街地開発事業(同条7項)がある。いずれも都市計画に定められて施行される。

①の都市施設とは,道路の他,都市高速鉄道,水道施設,河川,学校などである(11条1項)。都市計画に定められた都市施設は,都市計画施設(4条6項)といわれる。

②の市街地開発事業は,いずれも他の法律に従って施行される。土地区画整理法に基づく土地区画整理事業や,都市再開発法の定める市街地再開発事

業などである(都計法12条1項)。

(イ) 都市計画事業を定める都市計画の決定権者・手続

都市計画事業についての都市計画を定めるのは，原則として市町村であるが(都計法15条1項)，都道府県(同項5号・6号)や指定都市(地方自治法252条の19第1項)が定めることもある(都計法87条の2第1項)。

都市計画を決定しようとする市町村は，あらかじめ，都道府県知事と協議しなければならず，町村の場合は，知事の同意が必要になる(同法19条3項)。都道府県や指定都市が決定する場合は，国土交通大臣の同意を得なければならないことがある(同法18条3項・87条の2第3項)。

(ウ) 都市計画事業の認可・承認

都市計画で定めた都市計画事業は，基本的に市町村が，都道府県知事または国土交通大臣から都市計画事業認可を受けて施行する(同法59条1項)。特別な事情があるときは，都道府県が国土交通大臣の認可を受けて(同条2項)，または，国の機関が国土交通大臣の承認を受けて(同条3項)施行する。

都市計画事業が認可・承認されるためには，申請された都市計画事業が，その事業について定めた都市計画に適合しており，事業施行期間が適切なものでなければならない(都計法61条1号)。事業の施行について，行政機関の許認可などが別途必要な場合は，当該許認可などがすでになされているか，なされることが確実であることが求められる(同条2号)。

(エ) 都市計画事業認可・承認の効果

都市計画事業認可・承認の内容が告示されると(都計法62条1項)，当該事業の施行地域において建築行為などをするためには，都道府県知事または市長から許可を受けなければならない(同法65条1項)。

都市計画事業は，収用適格事業(前述2(1)(ア)参照)にあたるとみなされ，収用法の適用を受ける(都計法69条)。都市計画事業の認可・承認は，収用法の事業認定(前述2(1)(イ)参照)に代わるものとされるから(都計法70条1項)，認可や承認に従って土地収用ができることになる。

(2) 都市計画事業について環境保全への配慮を求める制度

これには，都計法が定めるものと，環境影響評価法によるものとがある。

(ア) 都市計画法の制度——都市計画基準

都市計画は，いくつかの都市計画基準に従って定められなければならない(都計法13条)。

その第1は，都市計画が，他の計画と「適合」していることである。他の計画には，環境基本法17条に基づいて都道府県知事が作成する公害防止計画も含まれる(都計法13条1項)。1993年の環境基本法制定以前は，1967年成立の(旧)公害対策基本法19条に基づく同計画への適合が求められていた。

都市計画基準の第2は，都市計画が，計画の種類ごとに示された基準に従い，都市の特質を考慮して「一体的かつ総合的」に定められていること，および，その都市における自然的環境の整備や保全に「配慮」していることである(都計法13条1項)。計画の種類ごとの基準として，①都市施設整備事業については，「良好な都市環境を保持するように定めること」が求められる(同項11号)。他方，②市街地開発事業については，環境保全への配慮が求められていない(同項12号参照)。①と②のいずれであれ，何らかの形で環境に影響を与える可能性は否定できないであろう。にもかかわらず，環境保全への配慮が，①の基準には含められ，②のそれとしては求められていない。制度としてのバランスを欠くように思える。

都市計画基準の制度は，行政による選択の広さが認められざるをえない都市計画決定について，計画内容を可能な限り法律で枠づけようとするものである[9]。もっとも，「適合」や「一体的かつ総合的」，「配慮」といった抽象的表現が多用されており，枠づけの程度は強くない。そのため，裁判所が，都市計画基準への適合性につき，どのような審査をするかが重要になる(後述3(3)(イ)(b)参照)[10]。

(イ) 環境影響評価法の制度

1997年制定の環境影響評価法がアセスメントの実施を求める事業(対象事

業。2条4項)の中には，①都市施設整備事業や②市街地開発事業にあたるものがある。これらの事業で都市計画に定められるものにつき，環境影響評価法は，特別のアセスメント手続(都市計画特例)を用意する。

なお，①都市施設であっても，都市計画で定めずに，つまりは，都市計画施設(前述3(1)(ア)参照)としてではなく整備されるものも少なくない。そのような事業が環境影響評価法の対象事業にあたる場合は，都市計画特例ではなく，同法の定める通常のアセスメントを経ることになる。

(a) 都市計画特例

環境影響評価法の定めるアセスメントは，対象事業を実施する事業者自身が実施する(2条5項)。セルフコントロールの考え方がとられているのだが，これに対し，①都市施設整備事業や②市街地開発事業でもある対象事業については，都市計画を決定する市町村や都道府県，指定都市，国土交通大臣(都市計画決定権者)が，事業者に代わるものとして，都市計画の決定手続とあわせてアセスメントを行う(38条の6第1項・40条1項)[11]。このようにセルフコントロールの例外が設けられている理由は，都市計画決定後の段階で各事業ごとに環境影響評価がされるとなると，事後的に都市計画決定を修正すべき事態が生じるかもしれず，都市計画の法的安定性を阻害しかねないことや，事業者が環境影響評価その他の手続を行っていない限り都市計画を決定できないとするのは，まちづくりに関する都市計画決定権者の基本的な権能を著しく減殺してしまうことに求められている[12]。

都市計画特例によれば，都市計画決定権者は，アセスメントを実施した事業を都市計画に定めようとする場合，環境影響評価書に記載されているところにより，それら事業の実施が与える影響について配慮し，環境の保全が図られるようにするものとされている(42条2項)。計画決定前に都道府県知事や国土交通大臣の同意を得なければならない場合(前述3(1)(イ)参照)，当該知事や同大臣は，評価書の記載事項などに基づき，その都市計画が，環境保全について適正な配慮がなされるものかどうかを審査しなければならない(42条3項)。

(b) 都市計画事業に関する環境アセスメントの問題点

都市計画特例が求めるアセスメントは，都市施設や市街地開発事業を都市

計画で定めるときに実施される(事業アセスメント)。しかし，地域の環境に都市計画が与える長期的・累積的影響を考えれば，事業アセスメントとは別に，さまざまな地域割り(ゾーニング)(前述3(1)参照)の段階における総合的・全体的アセスメント(都市計画アセスメント)の制度が整備されるべきだろう13)。

(3) 都市計画事業をめぐる判例の状況
(ア) 訴訟要件についての論点
(a) 処　分　性

都市計画事業認可は，収用法の事業認定に代わるものとされる(前述3(1)(エ)参照)。事業認定が処分(行訴法3条2項)であることに争いはないため(前述2(2)(ア)参照)，都市計画事業認可も処分とされ，これを争う場合は，取消訴訟(同項)をはじめとする抗告訴訟(行訴法3条各項)を使うことになる。

では，都市計画事業認可の前段階でなされる都市計画決定(前述3(1)(イ))についても，取消訴訟で争うことはできるだろうか。最三小判昭和62年9月22日(判タ675号113頁)は，都市施設を定めた都市計画決定(前述3(1)(ア)参照)の処分性を否定した原審判決を正当とする。その具体的理由は述べられていないが，おそらくは，都市計画決定が，関係者の権利義務関係に個別具体的影響を与えるものではなく，また，その違法性は，同計画決定を前提とした建築不許可(前述3(1)(エ)参照)や都市計画事業認可(同(ウ)参照)の取消訴訟で争うことができるからだろう14)。

処分性をめぐり，かねてから問題とされてきたのが，土地区画整理事業計画(土地区画整理法52条1項)である。かつて，最大判昭和41年2月23日(民集20巻2号271頁，判時436号14頁)は，この計画が事業の青写真にすぎず，その法的効果は一般的抽象的であるとして処分性を否定していた。しかし，この判断は，浜松市事件についての最大判平成20年9月10日(民集62巻8号2029頁，判時2020号18頁，環境法判例百選〔第2版〕96事件)で変更される。

同最大判は，土地区画整理事業計画が決定されると，計画施行地区内の宅地所有者らの権利にどのような影響が及ぶのか，一定の限度で具体的に予測できること，特段の事情のない限りは事業計画に従って具体的な事業が進められ，換地処分(土地区画整理法103条1項)が当然に行われること，施行地区内

の宅地所有者らは，換地処分公告の日まで，法的強制力を伴う建築制限を継続的に課され続けること(同法76条)を指摘したうえで，計画決定により，施行地区内の宅地所有者らは，土地区画整理事業手続に従って換地処分を「受けるべき地位」に立たされるのであるから，その意味で，宅地所有者らの法的地位に直接的な影響が生ずるとして，同計画の決定を処分とした。さらに，後続の換地処分などの取消訴訟が適法であるとしても，その段階では，実際上，すでに工事なども進んでいるから，たとえ当該換地処分が違法であったとしても，その取消しは事業全体に著しい混乱をもたらしかねず，したがって，公共の福祉に適合しないとして事情判決(行訴法31条)が下される可能性が相当程度あるとして，実効的な権利救済を図るためには事業計画決定取消訴訟の提起を認めることに合理性があるとする。

(b) 原告適格

都市計画事業施行認可の取消訴訟において，当該事業の施行地域内における不動産などにつき権利を有する者であれば，原告適格(行訴法9条)は当然に認められる。問題となるのは，施行地域の周辺に居住しているような人たちについてである。

2004年に行訴法が改正される以前，環状6号線事件についての最一小判平成11年11月25日(判時1698号66頁)は，周辺住民らの原告適格を否定していた。しかし，この判断は，行訴法改正後，小田急訴訟についての最大判平成17年12月7日(民集59巻10号2645頁，判時1920号13頁，環境法判例百選〔第2版〕42事件)で変更される。

この訴訟で問題となったのは，東京都に対して建設大臣(当時)が行った都市計画事業認可である。具体的には，小田急小田原線の一定区間における連続立体交差化を内容とする鉄道事業の認可であった。争ったのは，同鉄道事業の事業地周辺に居住している者である。最高裁は，都市計画事業認可に関する都計法の規定が，「事業に伴う騒音，振動等によって，事業地の周辺地域に居住する住民に健康又は生活環境の被害が発生することを防止し，もって健康で文化的な都市生活を確保し，良好な生活環境を保全することも，その趣旨及び目的」に含めていること，これらの規定が，「事業地の周辺地域に居住する住民に対し，違法な事業に起因する騒音，振動等によってこのよ

うな健康または生活環境に係る著しい被害を受けないという具体的利益を保護しようとするもの」であって、「この具体的利益は、一般的公益の中に吸収解消されることが困難」であること等を指摘する。そして、これらの点を考慮すれば、都計法は、都市計画事業認可に関する規定を通じて、「都市の健全な発展と秩序ある整備を図るなどの公益的見地から都市計画施設の整備に関する事業を規制するとともに、騒音、振動等によって健康又は生活環境に係る著しい被害を直接的に受けるおそれのある個々の住民に対して、そのような被害を受けないという利益を個々人の個別的利益としても保護すべきものとする趣旨」を含んでいるとした。そのうえで、当該鉄道事業の事業地周辺に居住する住民のうち、当該事業の関係地域(東京都環境影響評価条例2条5号)として指定されていた地域内に居住している者につき、上記の「著しい被害を直接的にうけるおそれ」があるとして、原告適格を承認したのである。

このような結論を導くにあたり、最高裁は、改正行訴法が追加した同法9条2項をフル活用した。とりわけ、(旧)公害対策基本法や東京都環境影響評価条例の趣旨・目的を「参酌」(行訴法9条2項)した点に注目すべきだろう。これらの法律と条例が、都計法の都市計画事業認可についての定めと「目的を共通にする関係法令」(同項)であるとされたからである(前述2(2)(ア)参照)。

(イ) 本案についての論点——都市計画事業認可の適法性

都市計画事業認可の取消訴訟において、その本案で争われるのは、当該都市計画が都市計画基準にあっているか(前述3(2)(ア)参照)、あっているとして、その都市計画に都市計画事業認可が適合しているか(前述3(1)(ウ)参照)の2点である。以下、第1の点を取り上げる。

(a) 都市計画決定について行政の裁量が認められる理由

都市計画基準に関する都計法の定めは、行政庁による選択の幅を広く認めるものとなっている(前述3(2)(ア)参照)。このことを踏まえ、3(3)(ア)(b)で前述した小田急訴訟の本案についての最一小判平成18年11月2日(民集60巻9号3249頁、判時1953号3頁、環境法判例百選〔第2版〕43事件)は、都市施設について定める都市計画につき、都市計画基準に従って都市施設の規模や配置などに関する事項を定めるにあたっては、「都市施設に関する諸般の事情を総合

的に考慮した上で，政策的，技術的な見地から判断することが不可欠」であるとして，行政の裁量を認める．

　(b)　行政の裁量に対する司法審査のあり方
(i)　社会観念審査と判断過程審査[15]

　かつての最高裁判決には，都市計画関係のものではないが，裁量権の逸脱濫用があるといえる場合を(前述2(2)(イ)(b)(ii)参照)，行政の裁量判断が，①《まったく事実の基礎を欠いている》か，または，(a)〈事実に対する評価が明らかに合理性を欠いている〉など，②《社会通念に照らして著しく妥当性を欠いていることが明らかな場合》に限られるとするものがあった．司法審査の範囲を抑制した考え方といえるだろう(社会観念審査)．

　これに対し，最近では，①に相当する説示部分において，①《重要な事実の基礎を欠く場合》とするものがある．また，②が認められる場合につき，(a)だけでなく，(b)〈当然考慮すべき事項を十分に考慮していないとき〉や，(c)〈考慮(重視)すべきでない考慮要素を考慮(重視)しているとき〉を挙げるものが多い．(b)や(c)を対象とする審査は，日光太郎杉事件についての東京高判(前述2(2)(イ)(b)(ii)参照)と同種の判断過程審査であるが，社会観念審査の枠内での審査である点は異なる．

　以上のような，司法審査の密度を高めようとする審査手法が，最近の最高裁判決に定着しつつあるとされ，都市計画の分野では，先にみた小田急訴訟(本案)についての最判(前述3(3)(イ)(a)参照)が採用する．

(ii)　小田急訴訟(本案)最判

　この種の判断過程審査においては，「行政が考慮すべき事項は何か」が重要になる(前述2(2)(イ)(b)(ii)参照)．

　小田急訴訟(本案)についての最判は，計画的条件・地形的条件・事業的条件に加えて，環境への影響を考慮事項とした．そのうえで，同事件における都市計画決定については，連続立体交差化事業に伴う騒音・振動によって，周辺住民の健康や生活環境に著しい被害が発生することのないよう被害防止を図ること，東京都の公害防止計画に都市計画決定を適合させること，東京都環境影響評価条例に基づく環境影響評価書の内容について十分に配慮し，環境の保全に適正な配慮をすることが要請されるとした．都市計画基準(前

述3(2)(ア)参照)や環境影響評価(同(イ)参照)の重要性を踏まえ、環境保全を重視した考え方といえるだろう。

以上のような考え方のもと、同最判は、当該都市計画決定につき、環境影響評価書の内容について十分に配慮し、環境保全について適切な配慮をしたものであって、都計法の要請に反するものではなく、「鉄道騒音に対して十分な考慮を欠くものであったということもできない」から、「考慮すべき事情を考慮せずにされたものということはできず、また、その判断内容に明らかに合理性を欠く点があるということもできない」とし、同計画を基礎とした都市計画事業(鉄道事業)認可を適法とした。

この事件においては、当該区間における鉄道構造の選択にあたり、環境への影響を比較しないまま、高架式が優れているとの判断がされている。控訴審・東京高判平成15年12月18日(判自249号46頁)は、構造選択の後に環境影響評価がされれば十分であるとしていた。これに対し、最高裁は、高架式を採用した都市計画決定が、環境面を含めた総合的考慮の結果として高架式を適切とした先行調査の結果と、高架式を採用した場合についての環境影響評価の結果とを踏まえたものであることから、考慮すべき事情が考慮されていないとはいえないとする。構造形式の選択にあたり、環境への影響が考慮されていなければ、裁量権の逸脱濫用が認められるという前提であろう。このように、同最判は、行政の裁量判断について、一定程度まで踏み込んだ審査をしているといえるだろう。騒音被害についての考慮が十分であったかどうかが、詳細に検討されているとの指摘もある。しかし先行調査の適切さや代替案の考慮過程への評価に疑問が示されるなど、同最判に対する批判は少なくない。

〈注〉
1) 同様の判断を示すものとして、東京地判平成16年4月22日(判時1856号32頁)、東京地判平成17年5月31日(訟月53巻7号1937頁)、東京高判平成20年6月19日(LEX/DB25441903)、本文で紹介した東京地判の控訴審判決・東京高判平成24年7月19日(LEX/DB25482676)がある。
2) 由喜門眞治「事業認定取消訴訟の原告適格について」水野武夫先生古稀記念論文集刊行委員会編『行政と国民の権利』(法律文化社、2011年)82頁。

3) 安本典夫『都市法概説〔第2版〕』(法律文化社，2013年)190頁。由喜門・前掲(注2)85頁以下は，都市計画決定が先行していない場合でも，収用法20条3号に基づいて，一定範囲の周辺住民につき原告適格を肯定できると主張する。
4) 学説の状況については，石森久広「違法性の承継」法教383号(2012年)4頁以下参照。
5) 平成21年最判については，文献参照を含め，山本隆司『判例から探求する行政法』(有斐閣，2012年)179頁以下参照。
6) 宇賀克也『行政法概説Ⅰ〔第5版〕』(有斐閣，2013年)345頁参照。
7) 二風谷ダム事件についての札幌地判平成9年3月27日(判時1598号33頁，環境法判例百選〔第2版〕89事件，環境法事件簿5参照)も参照。判例の状況については，亘理格『公益と行政裁量』(弘文堂，2002年)263頁以下参照。
8) 畠山武道・下井康史編『はじめての行政法〔第2版〕』(三省堂，2012年)105頁以下(畠山執筆)は，日光太郎杉事件についての高裁判決を，「歴史に残る名判決」であり，「未だにこれを超える判決はない」とする。
9) 安本・前掲書(注3)50頁。
10) 公害防止計画への適合性に関する判例の問題点につき，前田雅子「公共事業と都市計画」芝池義一ほか編著『まちづくり・環境行政の法的課題』(日本評論社，2007年)103頁以下参照。
11) 事業者と都市計画決定権者が一致しない場合に生じる問題につき，畠山武道「都市計画特例と港湾計画アセスメント」畠山武道・井口博『環境影響評価法実務』(信山社，2000年)62頁以下参照。
12) 村松勲「都市計画と環境アセスメント」東京学芸大学紀要第3部門第51集(2000年)3頁以下参照。
13) 畠山・前掲(注11)68頁参照。
14) 昭和62年最判に対する批判については，碓井光明『都市行政法精義Ⅰ』(信山社，2013年)162頁参照。
15) 判例の傾向については，榊原秀訓「社会観念審査の審査密度の向上」法時85巻2号(2013年)4頁，村上裕章「判断過程審査の現状と課題」同10頁参照。

環境法事件簿 5　アイヌ民族と二風谷ダム訴訟

札幌地判平成9年3月27日，判時1598号33頁，環境法判例百選〔第2版〕89事件

鈴木　光

1. 訴訟に至るまでの経緯

　二風谷は，北海道沙流郡平取町を貫流する沙流川の中流域に位置し，太古の昔からアイヌ民族の集落が存在したところである。この地域には，現在も多くのアイヌ民族が居住し，チプサンケ(舟下ろしの儀式)などアイヌ民族の伝統文化が継承されている。二風谷は，また貴重な遺跡の宝庫でもあり，少なくとも27箇所のチャシ跡(高所に築造された砦，城，柵，見張り所，聖地などと推定される遺跡)と，3箇所のチノミシリ(祭りや祈りを行う神聖な地)がある。

　ところが1969年，日本政府は「豊かな環境の創造」を目標とする新全国総合開発計画(第二次全国総合開発計画)を策定し，これを受けて北海道開発局は，1982年，沙流川の治水，近隣地域への水供給，および電力開発などを目的とする沙流川総合開発事業(総事業費約920億円)を発表した。これには，上記の遺跡などを破壊・水没させる二風谷ダムの建設計画や，沙流川の支流である額平川に平取ダムを建設する計画が盛り込まれていた。

　ダム用地の任意買収交渉が始まると，アイヌ民族である原告らは，二風谷はアイヌ文化の聖地であるとして土地(約1.8 haの農地)の譲渡を拒否した。しかし国は，1986年9月に二風谷ダム工事に着手，さらに同年12月には，土地収用手続を用いて用地を強制的に獲得すべく，建設大臣が土地収用法に基づく事業認定を行った(なお事業認定に対する取消訴訟は提起されなかった)。そして1989年には，国の申請および申立てを受けた北海道収用委員会が，原告らの土地について権利取得裁決と明渡裁決を行った(以下，両裁決をあわせて「収用裁決」という)。そこで原告らは，建設大臣に対する審査請求を経た後，

図 二風谷ダムと沙流川，平取ダムと額平川，札幌の位置図

北海道収用委員会を相手取り，収用裁決の取消しを求める訴えを提起した。なお，二風谷ダムは 1996 年 6 月に試験湛水を完了した。

2. 札幌地方裁判所判決

札幌地方裁判所平(行ウ)第九号，権利取得裁決等取消請求事件
平成 9 年 3 月 27 日民事第三部判決(判時 1598 号 33 頁)
請求棄却(確定)。

「土地収用法 20 条 3 号所定の要件は，事業計画の達成によって得られる公共の利益と事業計画により失われる公共ないし私的利益とを比較衡量し，前者が後者に優先すると認められる場合をいう……この判断をするに当たっては行政庁に裁量権が認められるが，行政庁が判断をするに当たり，本来最も

写真 二風谷ダム(撮影：畠山武道)
2003年8月9〜10日，台風10号が北海道を縦断した。二風谷ダムでは，増水による決壊を防ぐため水門を開放。ダム底の堆砂やヘドロが一気に流れ出た。

重視すべき諸要素，諸価値を不当，安易に軽視し，その結果当然尽くすべき考慮を尽くさず，又は本来考慮に入れ若しくは過大に評価すべきでない事項を過大に評価し，このため判断が左右されたと認められる場合には，裁量判断の方法ないし過程に誤りがあるものとして違法になるものというべきである。

　本件において，前者すなわち事業計画の達成によって得られる公共の利益は，洪水調節，流水の正常な機能の維持，各種用水の供給及び発電等であって，これまでなされてきた多くの同種事業におけるものと変わるところがなく簡明であるのに対し，後者すなわち事業計画により失われる公共ないし私的利益は，少数民族であるアイヌ民族の文化であって，これまで議論されたことのないものであり，……慎重な考慮が求められるものである。」

　「B規約〔市民的及び政治的権利に関する国際規約〕は，少数民族に属する者に対しその民族固有の文化を享有する権利を保障するとともに，締約国に対し，少数民族の文化等に影響を及ぼすおそれのある国の政策の決定及び遂行に当たっては，これに十分な配慮を施す責務を各締約国に課したものと解

するのが相当である。そして，アイヌ民族は，文化の独自性を保持した少数民族としてその文化を享有する権利をＢ規約27条で保障されているのであって，我が国は憲法98条2項の規定に照らしてこれを誠実に遵守する義務があるというべきである。」

「アイヌの人々は我が国の統治が及ぶ前から主として北海道において居住し，独自の文化を形成し，またアイデンティティを有しており，これが我が国の統治に取り込まれた後もその多数構成員の採った政策等により，経済的，社会的に大きな打撃を受けつつも，なお独自の文化及びアイデンティティを喪失していない社会的な集団であるということができるから，前記のとおり定義づけた『先住民族』に該当するというべきである。」

「両者〔本件事業計画の達成により得られる公共の利益と本件事業計画の実施により失われる利益ないし価値〕の比較衡量を試みる場合は，……後者の利益がＢ規約27条及び憲法13条で保障される人権であることに鑑み，その制限は必要最小限度においてのみ認められるべきであるとともに，国の行政機関である建設大臣としては，先住少数民族の文化等に影響を及ぼすおそれのある政策の決定及び遂行に当ってはその権利に不当な侵害が起らないようにするため，右利益である先住少数民族の文化等に対し特に十分な配慮をすべき責務を負っている。」

「本件収用対象地付近がアイヌ民族にとって，環境的・民族的・文化的・歴史的・宗教的に重要な諸価値を有していることは明らかであり，そしてまた，これらの諸価値は，アイヌ民族に属しない国民一般にとっても重要な価値を有するものである。」

「起業者たる参加人〔国〕は，遅くとも本件事業認定申請当時には本件計画地域にアイヌ民族に属する住民が多数居住し，アイヌ文化が多く保存，伝承されていることを認識しながら，右事業認定申請前に本件計画事業がその文化にどのような影響を与えるものであるかについて，十分な調査も研究も行っていないのである。そもそも，アイヌ文化は日本の一地方に居住する少数民族の文化であり，その内容も一般に十分理解されているものではないことが明らかであるから，このような場合，環境評価を予め実施するが如く，アイヌ文化に対する影響調査を十分時間をかけて行ない，その結果を踏ま

て慎重な比較衡量をすべきである。すなわち，右の調査結果に基づき，本件ダムの建設そのものが二風谷地域において許されるのかどうか，仮に許されるとしてもその建設位置について本件で行われたように，単に地形，地質及び経済効果のみによって判断するのではなく，具体的なアイヌ文化に与える支障との関係で，たとえばチャシやチプサンケの場所を避けるためには建設位置をどうしたらよいか等の観点に立って比較衡量を行い，これに従って事業計画を策定し，事業認定申請を行ない，認定庁たる建設大臣も，そのような慎重な比較衡量等がなされているかどうかを十分に検討した上で事業認定することが必要であり，またそれが責務として求められていたというべきである。」

「本件において起業者の代理人であるとともに認定庁である建設大臣は，本件事業計画の達成により得られる利益がこれによって失われる利益に優越するかどうかを判断するために必要な調査，研究等の手続を怠り，本来最も重視すべき諸要素，諸価値を不当に軽視ないし無視し，したがって，そのような判断ができないにもかかわらず，アイヌ文化に対する影響を可能な限り少なくする等の対策を講じないまま，安易に前者の利益が後者の利益に優越するものと判断し，結局本件事業認定をしたことになり，土地収用法20条3号において認定庁に与えられた裁量権を逸脱した違法があるというほかはない。

したがって，本件事業認定は土地収用法20条3号に違反し，その違法は本件収用裁決に承継されるというべきである。」

「本件収用裁決は，右のとおり違法であるから，本来これを取り消さなければならないものである。……しかしながら，……本件ダム本体は既に数百億円の巨費を投じて完成しており，またこれに湛水していることが認められる。……既に本件ダム本体が完成し湛水している現状においては，本件収用裁決を取り消すことにより公の利益に著しい障害を生じるといわざるを得ない。……そこで，本件においては，行政事件訴訟法31条1項を適用することとする。」

「本件収用裁決は違法であるが，行政事件訴訟法31条1項を適用して，原告らの本訴請求をいずれも棄却するとともに本件収用裁決が違法であること

を宣言する。」

3. 事件の意義

　本件の意義は多岐にわたるが，ここでは以下の 4 点に絞って検討したい。
　(1)　本判決は，アイヌ民族は先住民族であり，その独自の文化に十分な配慮が必要であると判示した。これはアイヌ民族の先住性を国としてはじめて認めたものであり，歴史的に大きな意義を有する。本判決後，1997 年には北海道旧土人保護法と旭川市旧土人保護地処分法が廃止され，アイヌ文化振興法が制定された。また二風谷アイヌ文化博物館が拡充され，沙流川博物館が設置されるなど，本判決はアイヌ文化の保存・伝承活動を促す大きな契機となった。
　(2)　事業認定の違法性審査について，本判決は，日光太郎杉事件(東京高裁昭和 48 年 7 月 13 日判決，判時 710 号 23 頁，環境法判例百選〔第 2 版〕87 事件)の示した判断方法をもとに，事業計画の達成により得られる公共の利益と事業計画の実施により失われる利益ないし価値を比較衡量すべきであるとし，本件の場合，後者の利益は B 規約 27 条及び憲法 13 条で保障される人権であり，アイヌ民族の文化等であるとした。そして判決は，建設大臣が事業認定の際，アイヌ文化に対する影響の調査研究等を怠っていた点を指摘し，建設大臣は比較衡量ができないにもかかわらず事業認定を行ったと判断し，事業認定の違法性を認めた。さらにこの違法性は事業認定後の事情によっても治ゆされないから収用裁決にも承継されるものとした。
　ところで本判決は，比較衡量に際し，国は先住少数民族の文化等に対し特に十分な配慮をすべき義務を負い，事業がアイヌ文化にどのような影響を与えるかについて十分な調査研究を行うべきであるとした。しかし「十分な配慮」とは結局のところ何を指すのかは判然としない。また仮に「十分な配慮」がされたとしても，ダム建設で得られる公益と失われるアイヌ民族の文化的利益は，そもそも価値や性質が全く異なり，単純な比較にはなじまない。その意味で本判決は，「利益の比較衡量」の難しさや限界を示すものでもあった。

(3)　本判決は、収用裁決の違法性を認めつつも、すでに二風谷ダムが完成し湛水していることに鑑み、収用裁決の取消しを認めず原告の請求を棄却した。いわゆる事情判決である。ダム建設は一般に事情判決の典型的な適用例と考えられているが、実際にダム建設について事情判決が下されたのは、本件が最初である。しかし、判決は事情判決をせざるをえない理由を、単純にダムが湛水し原状回復が社会通念上不可能であることに求めるのではなく、自然豊かな山間に巨大なコンクリート構築物を建設することに対する「素朴な疑問ないし感慨」を表明しつつ、チャシやチプサンケについて一定の保存や配慮がなされたこと、さらに今後、アイヌ文化の保存伝承等について国や地元自治体による具体的な施策が期待できることなどに求めている。ここには良心的な裁判官のギリギリの判断が示されているとみることができる。

　(4)　事件は、原告らの請求棄却となったが、原告・被告とも控訴しなかったので、第一審判決で確定してしまった。こうして二風谷ダムは「違法ダム」というレッテルを貼られたまま、運用を続けることになったのである。

　あわせて計画された平取ダムについては、平取町に設置された「アイヌ文化環境保全対策調査委員会」の答申を受け、2006年、北海道開発局(国)に「平取ダム地域文化保全対策検討会」が設置された。検討会では、本件判決内容に配慮し、ダム建設が予定地周辺のアイヌの文化的所産に与える影響とその保全対策について、議論がなされている。なお、平取ダムは、民主党政権のもとで事業見直しの対象とされたが、北海道開発局の事業審議委員会は、2012年11月、事業継続が妥当であるとの答申をまとめ、2013年1月には、国土交通省が事業継続を決定した。

〈参考文献〉
萱野茂・田中宏編『アイヌ民族ドン叛乱——二風谷ダム裁判の記録』(三省堂、1999年)
房川樹芳「アイヌ民族の「少数先住民族」性に関する考察——いわゆる二風谷ダム判決を素材として」北大法学研究科ジュニア・リサーチ・ジャーナル6号(1999年)245頁
判例評釈として、判タ978号260頁、平成9年度重判解49頁、環境法判例百選〔第2版〕200頁、国際法判例百選〔第2版〕100頁など

第VI部
環境法と隣接学問分野

吉野熊野国立公園・西大台利用調整地区(撮影:畠山武道・2008年)

第21章 環境経済学

有村俊秀

経済学は，外部不経済としての環境問題解決に重要な示唆を与える。市場の外にある環境問題を中に入れることにより，市場は効率的に環境問題を解決できるのである。特に，環境税や排出量取引といった政策は，経済的なインセンティブを利用した有効な政策であることがわかる。実際，近年では温暖化対策として排出量取引制度導入が各国で進んでいる。

1. 経済学と環境問題

本章では，経済学の見地から環境問題にアプローチする環境経済学の考え方を紹介する。経済と環境というと，相対立する概念と捉えられる人も多い。そのため，経済学で環境問題の解決にアプローチするということに違和感を覚える人もいるかもしれない。しかし，限られた資源(人々の労働力や，機械設備などの資本)や時間を有効利用するために，制度・政策を考えるというのが経済学という学問である。環境問題というのは，自然環境という有限な資源を効率的に利用できない状況のことであり，経済学の対象そのものだといえるのである。

2. 市場の効率性

(1) 市場の効率性

経済学では環境問題をどのように考えるのだろうか。そのために，経済学がどのように市場メカニズムを捉えているか説明しよう。経済学では，市場を最も重要な社会の制度として着目し，社会全体の効率性改善に向けた制度設計を考える。

市場には需要側と供給側のふたつの側面がある。**図表 21-1** を使って考えてみよう。需要側では消費者の行動を表している。市場における消費者は，自分の満足を最大にするように行動していると考える。市場で売買されている財の価格をみて，自分がその財を買うのか，買うとすればどのくらい買うのか考えている。もちろん，消費者が使える予算の制約のもとでの行動である。この結果導出されるのが，需要曲線 D であり，**図表 21-1** に右下がりの直線として示されている。

供給側では企業の行動を捉えている。経済学では，企業は基本的には利潤を最大にするように行動するという仮定をおく。このとき，企業は市場での財価格をみて，その財を生産するのか，生産するとすれば，利潤を最大にするためにどのくらい生産するのかを決める。このときの価格と供給量の関係を表すのが右上がりの供給曲線である。

このとき，環境問題がないような社会では，市場の価格に生産に伴う費用が適切に反映されている。価格は，この費用と，消費者の需要（どれだけその財を望んでいるか）を示すという重要なシグナルを示しているのである。市場の均衡は，需要と供給が交わるところで決まる。**図表 21-1** では市場価格が P_0 に決定される。このとき，市場で生産・消費される量は Q_0 である。市場

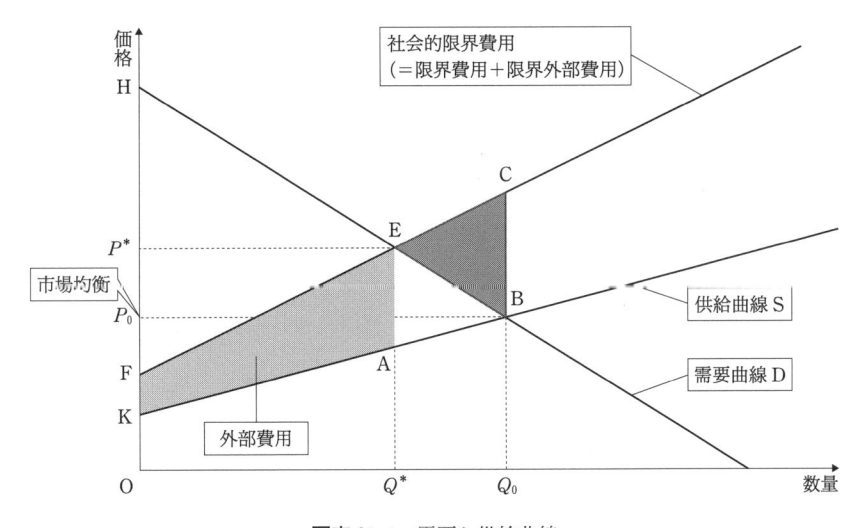

図表 21-1 需要と供給曲線

が競争的であれば，消費者の利益(消費者余剰)と生産者の利益(生産者余剰)の合計である社会的利益(社会的余剰)は最大化されるというのが，ミクロ経済学の示すところである[1]。

3. 市場の失敗——外部不経済

(1) 外部不経済としての環境問題

競争的な市場は効率的な資源配分を達成する制度であるが，失敗もする。たとえば，消費者や企業の行動が，価格を通じないで市場の外で他の消費者や企業に影響を与えれば，この社会的利益は最大化されない。これは資源が効率的に利用されていない状態である。代表的な例が公害・環境問題である。

地球温暖化問題をはじめ，大気汚染，水質汚濁，騒音公害などの被害は，市場を経由しないで，消費者や企業に被害をもたらす。たとえば，大きな幹線道路沿線の住民は，排気ガスなどの大気汚染による健康被害や，騒音の迷惑を受けることがあっても，自動車の運転者から何の支払いを受けることはない。この被害は市場を経由しないでもたらされる。これらの現象が，市場の外で起こるため外部不経済といわれる。

外部不経済は社会に非効率を起こす。それは，環境問題が引き起こす費用が価格に反映されていないために起こるのである。たとえば，地球温暖化問題は，将来海面上昇で低地を中心に被害をもたらすとされている。大気汚染は，医療費などの健康被害を生み出し精神的な苦痛をもたらす。これらすべては何らかの費用を生み出すが，生産者も消費者も負担していないことが多い。環境被害は市場の外にあり，財の価格に反映されていない費用であり，外部費用と呼ばれる。水質汚濁，騒音公害などの被害も，市場を経由しないで消費者や企業に被害をもたらすため外部費用といえる。

(2) 社会的に最適な環境汚染

この外部費用と企業の生産にかかわる私的な費用をあわせたのが社会的費用である。**図表21-1**には，生産量が1単位増加した時に増える社会的費用を表した社会的限界費用が示されている。市場均衡では，価格に外部費用が

反映されていないため，この外部費用を伴う消費活動や生産活動は，社会的に最適な水準より過大になっている。これは有限な自然資源を過剰に利用している状況である(Q_0)。この場合，環境経済学的にみると，三角形 EBC の大きさだけ環境を過剰に利用しているといえる。この社会的損失の部分を死荷重という。

生産・消費量が Q^* に抑制されれば，死荷重はゼロになる。このとき，社会全体の利益の大きさは三角形 FEH となり最大になる。環境経済学では，これが社会的に最適な状態であると考える。なお，社会的に最適な状態でも，四角形 KAEF の分だけ外部費用は残っている。つまり，環境被害をゼロにすることは，消費者や生産者に過剰に負担をかけることになるので，ゼロエミッションは望ましくないということになる。

(3) 外部不経済・外部経済の計測――自然の評価

実際の政策においては，外部不経済の評価が重要になってくることも多い。たとえば，環境被害の補償をすることになれば，その被害の具体的な評価が必要になる。

逆に，自然保護のように環境によい行政サービスの便益(外部経済)を求める必要になることもあるかもしれない。経済学では，ある自然保護のために人々が支払ってもよい金額のことを，環境に対する支払意思額(Willingness to Pay：WTP)という。しかしこの評価は容易ではない。まず，自然環境は市場の外部にあるために，市場価格が存在しないことが多い。このため，市場以外から価格を見つけ出さなければならない。また，環境がしばしば公共財的性質をもつことであるため，フリーライダーの問題が起こり，本当のWTP を示してもらうことが難しいのである。では，環境の経済的価値を見つけるために，実際にはどのような方法が用いられているのだろうか。

代表的な方法は，直接人々に自然環境保護の価値を表明してもらうという方法である。これは表明選好法と呼ばれる。その代表例が，アンケートを用いて，自然環境を保全するためにいくら支払う意思があるかを聞く仮想評価法(Contingent Valuation Method：CVM)である。しかしながら，アンケートに依存する方法であり，妥当性確保には注意が必要な方法である。

4. 政策手段

(1) 直接規制と経済的手段

市場に任せれば，環境被害を伴う経済活動は過剰になる。そのような過剰な経済活動を抑制するにはどうしたらよいだろうか。それには政府による政策手段の導入が必要である。この政策手段にはふたつのアプローチがある。一つは，直接規制，あるいは，規制的手段と呼ばれる政策手段である。たとえば環境被害の大きい工場に対して操業の停止を求めたり，操業レベルの抑制を求めたりすることもある。あるいは，使用する燃料の種類を環境被害の低いものに限定するというのも規制的手段の代表である。環境被害の大きい石炭の使用を禁止し，比較的に負荷の低い天然ガスに限定するなども，その代表例である。

(2) 経済的手段——環境税

もう一つの政策手段は経済的手段である。こちらは消費者が自らの満足を追求したり，企業が利潤を大きくしようとするインセンティブを利用する制度である。環境税がこの代表である。外部不経済の問題は，価格に費用が反映されていないことで起こる問題と考えることができる。したがって，解決方法の一つは，環境被害の費用を価格に反映させることである。環境税は，この方法の代表例の一つと考えることができる。また，市場の外にある環境問題を市場の内部に取り入れる方法であり，内部化とも呼ばれる。

経済学的には環境税を，めざす目的によって2種類に分けることができる。図表21-1のように生産・消費量を Q^* に抑制して死荷重損失をゼロにしようという環境税は，その提唱者に因んでピグー税と呼ばれる。ピグー税を課せば，社会の利益は最大化される。このとき大気汚染等の公害問題による被害が全くなくなるわけではない。あくまで，環境被害を最適な水準に抑えるというのが，ピグー税の目的である。

しかしながら，最適な水準のピグー税を見つけることは容易ではない。というのは，最適なピグー税を把握するためには，需要曲線，供給曲線と限界

外部費用曲線をすべて把握しなければならないからである。計量経済学の手法により，市場データから需要曲線と供給曲線を求めることは理論上可能である。しかし，外部費用は市場の外にあるため，市場データがない。環境経済学は外部費用のさまざまな推定方法を提案している[2]が，不確実性が高く，正確なピグー税の金額を特定することは困難である。

　そのため，現実の政策として用いられるのは，ピグー税とは異なる第2の環境税である。たとえば，ある恣意的に決められた汚染水準，環境基準に環境問題を抑制するために税金を課すのである。この場合，社会的に最適な状態は達成できないかもしれないが，価格メカニズムを通じて，一定の環境目標を最小費用で達成できるという利点は残る[3]。

　環境税として特に知られているのは，二酸化炭素の排出に対して課税する炭素税である。炭素排出量に比例して化石燃料に課税しようという税金である。実際に，化石燃料の炭素含有量から二酸化炭素の排出量がわかるため，化石燃料に課税することができるのである。この炭素税にはつぎのような効果が期待されている。

　第1に，化石燃料が上昇するため，消費者や企業の化石燃料消費を抑制する効果が期待される。化石燃料の値段が上昇すれば，工場などでその使用が抑制される。また，化石燃料を使って発電している電気の料金も上昇するため，電力消費の抑制も期待できる。これらの価格上昇が人々の消費行動を抑制することが期待できるのである。

　第2に，二酸化炭素の排出の少ない燃料への転換が進むと期待される。熱効率でみると温暖化ガス排出の一番大きいのは石炭，ついで石油，つぎに天然ガスである。二酸化炭素排出量の比較的少ない天然ガスに移行してもらうというのが，炭素税のひとつのねらいである。近年話題になっているシェールガスの利用も，炭素税によってさらに進む可能性があるだろう。

　第3に，省エネ機器・設備の普及が進むと考えられる。炭素税の導入により燃料や電気代が上昇するため，省エネ機器・設備の導入のメリットが大きくなるのである。

　第4に，再生可能エネルギー等の新エネルギー導入促進が期待される。太陽光発電の普及が，固定価格買取り制度の導入によって進んだことが知られ

ている。これと同様の効果が炭素税によっても期待される。炭素税が課されれば，炭素を発生しない風力発電や地熱発電の競争力が増すのである。また，コストが高く普及率が低い燃料電池等の新エネルギーも，炭素税導入によって，化石燃料が上昇するとなると，相対的に魅力的になるだろう。そして，利用者が増えれば，それに応じてコストも低下し普及率も上がると期待されるのである。

　日本でも2012年10月より，「地球温暖化対策のための税」として炭素税が導入された。二酸化炭素1tあたり289円が課税された。課税水準は高くないが，税収は省エネルギー促進や再生可能エネルギー導入にあてられることになっており，温暖化対策に貢献すると期待されている。

(3) 直接規制と環境税——自動車NOx・PM法

　従来の環境規制は，汚染者に対して生産技術を規制するなど，生産者や消費者の行動を直接規制することが多い。たとえば自動車の排ガス規制は，技術の満たす基準を指定する直接規制である。直接規制は効果が直接的で導入も容易であるが，環境税に比べて効率が悪いことが知られている。なぜなら，環境税で代表される経済的手段は，価格メカニズムを利用しながら，削減の容易な(つまり削減費用の小さい)汚染者の削減を進めるという特徴があるからである。しかし，直接規制ではこのメカニズムが働かないのだ。

　環境税の直接規制に対する優位性を定量的に示した研究に有村・岩田(2001)[4]がある。日本ではトラックから排出される窒素酸化物質(NOx)や浮遊粒子状物質(PM)を規制するために，指定地域において，汚染物質排出量の多い古いトラックの登録を禁止した(『自動車から排出される窒素酸化物及び粒子状物質の特定地域における総量の削減等に関する特別措置法(自動車NOx・PM法)の車種規制)。

　同研究によると，同規制による費用は5,210億円であるが，健康被害の削減便益は1兆2,022億円であり，社会的純便益が6,812億円であることが示されている。確かに車種規制という直接規制は便益をもたらしている。しかし，環境税を導入すれば社会的純便益は2倍の1兆3,884億円になるという分析結果が示されている。環境税は，汚染者に負担をもたらすような印象を

与えるが，社会全体での便益を最大化するには大変有効な制度なのである。

5. 環境権利の利用——排出量取引

(1) コースの定理

もう一つの経済的手段として排出量取引という制度がある。これは，環境政策手段としては比較的新しい手段で，コースの定理と呼ばれる経済学の考え方に着想を得ている。

きれいで安全な空気を吸う権利は，いったい誰に属しているのであろうか。このような視点から環境・公害問題を経済学的に分析したのが，経済学者のR・コース(R. Coase)である。彼は，環境・公害問題は，所有権の定義が明確でないことが原因であると指摘したのである。所有権さえ明確にすれば，誰にその所有権が属していても，当事者の交渉により社会的利益が最大化される可能性のあることを示した。これは，彼の名に因んでコースの定理と呼ばれる。政府が環境の所有権さえ明確にすれば，当事者間の交渉によって環境問題が解決されるというのである。

はたして，このコースの定理は現実に成り立つのであろうか。多くの場合，公害の被害者と加害者間の交渉はそう簡単ではない。交渉を起こすためには時間を費やさなければならず，そのための費用を無視することはできない。関係当事者が増えれば，それだけ調整も難しくなる。このような交渉を阻害するような費用を取引費用という。取引費用が大きければ，交渉は行われず環境問題は解決しない。また，地球温暖化問題のように，被害者が将来世代である場合，交渉の発生の余地がない。さらに，環境問題は負の公共財[5]であり，その解決にフリーライダー問題が発生する可能性がある。つまり，他人が交渉によって問題を解決してくれると期待して，誰も交渉を開始しない，ということが起こるのである。このように，コースの定理は，そのままでは現実の世界では成立しにくいのである。

(2) 排出量取引

しかし，このコースの定理を応用した環境政策に，排出量取引という制度

がある。多くの場合，政府がある汚染物質を排出してよいという権利を許可証として発行する。汚染者はこの許可証を排出量分だけ保有しなければならない。汚染者は，もし，排出量が保有する許可証より多ければ，他の排出者から購入すればよいし，余剰がでれば売却することもできる。

　この排出量取引の利点は何であろうか。第1に，総量規制を行うことができる。ピグー税がめざすような社会的利益の最大化はできない。しかしながら，排出量を総量で抑制することができる。

　第2に，ある削減目標を達成するための社会的費用を最小化することができる。排出量取引を導入すると，汚染削減の容易な汚染者は汚染を削減し，削減の難しい汚染者は不足分の排出権を入手するということが起きる。つまり，削減費用の低い事業者が汚染を削減し，費用の高い事業者は排出権を購入する。その結果，社会全体での削減費用が最小化され，環境税同様の効率性を保持するのである。

　しかも，コースの定理の指摘する通り，この効率性は排出権の初期割当をどのようにするかということに依存しない。政府がどのように許可証を配分しても社会全体の費用は最小になるのである。政府は，効率性の観点からは，初期配分の方法について心配する必要がないのである。

　排出量取引は，環境を汚す権利を売買しているということで否定的な印象をもたれることも多い。しかし，これによって汚染が増えるわけではない。環境保全の目的を達成しながら，売買を通じて経済全体の費用を最小にできるという，非常に合理的な制度なのである。

(3)　米国の二酸化硫黄排出許可証取引制度

　排出量取引は，米国では，1970年代の後半から大気汚染の政策の一部として取り入れられている。80年代には石油精製業における鉛取引制度として，90年代のカリフォルニアでは二酸化硫黄と窒素酸化物の排出許可証取引制度として，実際の環境政策として用いられた。なかでも，1995年に始まった二酸化硫黄排出許可証取引制度は成功例として有名である。

　同制度は，酸性雨の原因である二酸化硫黄排出を削減するために導入された。1980年に酸性雨対策が議論され始めたころ，全米の二酸化硫黄排出量

の70％以上は発電所が原因となっていた。石炭等の化石燃料燃焼の際に，二酸化硫黄が副産物として排出されるのである。そのため，対象は化石燃料を使用する発電所となった。1990年の大気浄化法では，具体的な削減に関する目標として，二酸化硫黄排出を1,000万t以上削減し，1980年排出レベル以下に減少させるということが掲げられた。

この取引制度のもとでは，規制下にある発電所は排出量に相当する許可証(allowance)を保有しなければならない。排出権(right)と呼ばずに，許可証と呼ぶのは，許可証がSO_2を排出してもよいという「許可」であり，政府が状況に応じては没収することができるというニュアンスが含まれていた。

実際に排出量取引制度を導入する場合，許可証をどのように配分するかが政治的に問題になることがある。この酸性雨対策の市場では，許可証は過去の排出量に基づいて各発電所に毎年無償で与えられていた。排出量が初期保有量より多い場合は，電力会社は他から購入することが必要であり，排出削減により余剰が出た場合は，他の発電所やブローカーに売却することができる。

余剰の許可証を保有する場合，この余剰部分を翌年以降でも利用することが可能である。これはバンキングと呼ばれている。バンキングは，汚染削減のタイミングを，それぞれの電力会社の事情に応じて変えられるというメリットをもたらし，社会全体での排出削減の費用負担の低減にも貢献しているのである。

排出許可証の売買という新しい制度を始めるにあたって，米国の環境保護庁はシカゴの先物取引市場で，許可証のオークションを行った。このオークションは，1995年の規制開始に先立ち1993年に始まった。年1回，3月に開き，価格情報を早く関係者に示そうというのが大きな目的であった。価格は1t60ドルくらいから200ドルの間で取引された。

従来の環境規制は，発電所における燃料の使用を規制するか，特定の公害防除技術を強制する直接規制であった。この排出量取引は，従来の直接規制に比べてどれだけ優れているのだろうか。ある研究[6]によると，直接規制を用いた場合，5年間の削減に必要な費用は92.1億ドルであるのに対し，許可証取引制度を用いれば，その費用は50.2億ドルになるということが示され

た。これは，約47％の費用削減効果に相当する。同じ排出量削減でも，排出量取引による政策の方が経済への影響は小さくなるのである。

(4) 温暖化対策としての排出量取引——京都議定書

このように，排出量取引は，経済への負担を抑えながら環境への負荷を減らすことが可能な政策手段である。二酸化硫黄の排出許可証制度の成功を受け，さまざまな環境問題の対策として取り入れられることになった。なかでも温暖化対策として，さまざまな形で取り入れられた。

1997年「京都議定書」が採択され，先進国の温室効果ガスの削減目標として明文化された。1990年を基準年として2008年から2012年の間の削減目標が国別に決められ，日本は6％，米国は7％，EUは8％削減となった。対象としては，二酸化炭素，メタン，一酸化二窒素，ハイドロフルオロカーボン(HFCs)，パーフルオロカーボン(PFCs)，六フッ化水素(SF6)が決まった。ただし，後者三種類のガスに関しては，基準年を95年としてもよいことになった。

この削減目標を達成するためにさまざまな補完的措置が京都議定書に盛り込まれた。第1の補完措置として，対象国の間での排出量取引が認められている。定められた期間に目標の温暖化ガスの排出削減を実行できない国は，不足分を他の国から求めてよいという制度である。逆に目標以上の削減を行った国は，余剰分を売却して利益を得ることができる。経済学的にみると，削減の易しい国に削減の強いインセンティブを与え，結果として，世界経済全体での負担を軽減できるという合理的な制度である。

第2に，先進国は，排出削減の義務を負わない途上国に投資し，温暖化ガスの排出を削減・抑制し，それによる排出の減少を新たな排出枠(クレジット)として獲得できるという制度がある。ただし，この投資は持続可能な開発の理念に沿ったものでなければならない。そのため，この制度はクリーン開発メカニズム(CDM)と呼ばれている。日本政府は中国で風力発電を導入するなどして，多くのクレジットを得た。

第3に，他の先進国に投資し温暖化ガス排出の削減を行い，その削減分を排出枠として獲得することができる。これは共同実施と呼ばれた。その後，

これに類する制度としてグリーン投資スキームが提案された。日本政府は，ウクライナやポーランドなどの東欧に省エネ技術を提供し，その見返りにこれらの国から排出枠を獲得した。

以上のような取組みにより，日本政府は第一約束期間(2008-2012年)を通じて 9,000 万 t 以上の排出枠を獲得した。国際的な枠組みとして，排出量取引は機能しているのである。

6. 各国で進む温暖化対策としての排出量取引制度

(1) 諸外国で進む排出量取引制度

京都議定書で国際的な排出量取引制度が導入されたが，その後，各国の国内温暖化政策としても排出量取引制度が取り入れられていった[7]。なかでも有名なのは欧州が導入した欧州域内排出量取引制度(EUETS)である。同制度は 2005 年から開始された。発電所，製鉄，石油精製，セメント等のエネルギー集約的な事業所，1万箇所以上が対象となった。現在では低下しているが，最も高いときで排出枠は二酸化炭素 1 t あたり 25 ユーロを超えた。さらに，航空部門まで対象に広げるなど，範囲を拡大しつつある。同制度はこれまで欧州での効率的な二酸化炭素排出削減に貢献してきた。

米国でも[8] 北東部の 10 州が参加し，地域温室効果ガスイニシアチブ(RGGI)という排出量取引制度が 2009 年に開始された。石炭，石油，天然ガスを燃料とする 25 MW 以上の発電所が対象となる。09 年の発電所への二酸化炭素排出枠の初期配分の総量は，およそ 2000 年の排出水準に設定されている。この排出目標(キャップ)は，2015 年まで固定される。その後の 4 年間で，排出枠の量は段階的に減らされ，19 年までに 10%削減される。

また，西部のカリフォルニア州も排出量取引を導入した。カリフォルニアは米国を代表する環境先進州であり，シュワルツネッガー知事のもと，AB32(カリフォルニア地球温暖化対策法)を導入し，同州の温暖化ガス排出量を 2020 年までに 1990 年レベルまでに削減することを決めている。その削減手段の一つとして 2013 年から排出量取引を導入したのである。

オーストラリアでも排出量取引制度が導入されている。オーストラリアは，

2020年までに2000年比5％削減する目標を掲げている(ただし，他国が積極的に取り組む場合は，目標は，15％削減まで引き上げられる)。この目標達成のために，2012年から排出量取引制度を導入した。2012年から2015年までの3年間は，固定価格制度であり，炭素税的に機能している。価格は23ドル(2012年)から25.40ドル(2014年)まで毎年引き上げられる。この時点では，国際取引およびバンキングは不可である。2015年には，価格が変動になり実質的な排出量取引制度になる。ただし，価格上限を設定している。2015年からバンキングは可能となり，さらにボローイングといって将来の排出権を利用する制度が2016年から5％まで認められるようになっている。

さらには，韓国でも排出量取引制度の導入が決定された。韓国は2020年までに温暖化ガスをBAU[9]比で30％削減する目標を掲げている。その目標に基づき，排出枠の割当方法を検討中であり，2015年1月から導入される。

2013年現在，中国でも，北京市，天津市，上海市，重慶市，広東省，湖北省，深圳市といった7つの大規模な市・省を対象に，パイロット事業として排出量取引の導入を進めている。そして，2016年に中国全体での排出量取引制度の導入をめざしている。

(2) 日本における排出量取引制度――東京都キャップ＆トレード制度

日本でも，排出量取引の考え方が，温暖化政策としてさまざまなかたちで取り入れられている。まず，自主参加型国内排出量取引制度(JVETS)という自主的な参加による排出量取引が行われた。大企業が，中小企業に投資して温暖化ガスを削減した分を削減クレジットとして利用することができる国内CDM制度も導入された。また，排出量取引の試行実施など，多様な取り組みが進んでいった。そして，東京都が排出量取引制度を導入した。

東京都の排出量取引は，2010年から始まった。日本ではじめて強制力をもつキャップ＆トレード型の排出量取引である。キャップ＆トレードとは，排出全体にキャップをかけ，対象者間の許可証のトレードを認める制度である。対象となるのは，都内にある温暖化ガス排出量の大きい事業所である。燃料，熱，電気などのエネルギーが年間で原油換算1,500 kL以上の事業所が対象となっている。海外の排出量取引制度が製造事業所を中心としている

のに対し，オフィスビルなどの民生部門が多くの対象となっているのが東京都の制度の特徴である。2013年現在，1,900以上の事業所が対象となっている[10]。

最初の削減対象期間は2010年から2014年であり，平均で8%の削減義務を負うことになっている。削減義務が達成できない事業所は，削減義務量不足分の1.3倍の量の削減義務を負うことになる。一方，トップレベル事業所として優れた環境取組みが認められた場合，削減義務率が緩和されるなど，事業者のインセンティブを活かす制度設計となっている。

(3) 排出量取引の国際リンクの効果

現在，欧州，米国(州レベル)，オーストラリア，ニュージーランド，韓国，さらには中国など，各国で，国内排出量取引制度が導入されている。これら各国の制度を国際的にリンクして，世界規模の炭素市場を作るという構想もある。

実際，オーストラリアは，自国の排出量取引制度をEUETSとリンクすることを決定している。オーストラリアの対象事業所がEUETSの排出枠を購入すれば，自らの削減義務に利用できるようになるのである。これは世界的な炭素市場の第一歩になるかもしれない。

各国排出量取引制度の国際的なリンクが日本にとって有益であることを示す研究もある。武田ほか[11]は，経済モデルを用いて，以下のように示している。日本が国内排出量取引を導入し，国内の削減努力のみで90年比25%削減目標を達成した場合，排出権価格は二酸化炭素tあたり93ドルとなるが，米国およびEUと排出量取引制度がリンクされた場合，排出権価格は49ドルまで低下する。日本は国際リンクを行うことにより，海外から排出権を購入して国内の削減量を減らすことが可能なのである。同研究は主要な経済指標についてみても国際リンクの有効性を示す結果を示している。日本国内のみで25%の排出削減を達成した場合GDPは0.874%減少するが，国際リンクを行うことによりGDP減少を0.39%まで緩和できることを示している。

7. 経済的なアプローチの可能性

　本章では，経済学と環境問題のかかわりについて説明した。環境税や排出量取引といった，環境政策における経済的手段の有効性について論じた。なかでも，排出量取引制度が，京都議定書のみならず，多くの国で導入されていることを紹介した。日本でも 2010 年度，民主党政権のもとで，国内排出量取引制度の検討が環境省や経済産業省を中心に行われた。しかし，排出量取引は環境をお金で売り買いし，金融商品取引のようなマネーゲームにつながるという誤解に基づく批判が多く聞かれた。また，日本のみが導入すると企業の国際競争力に大きな影響が及ぶという懸念も示された[12]。そのため，国レベルの本格的な制度としての導入は進まなかった。

　しかし，オーストラリアのみならず，韓国さらには中国でも制度の導入が進みつつある。原子力発電の停止と，電力市場の自由化の検討が進み，2010 年に比べて排出量取引制度の重要性は増しているといえる。日本国内でも国全体の排出量取引制度について再度検討が必要となるのではないだろうか。

〈注〉
1) 詳しくは，日引聡・有村俊秀『入門環境経済学――環境問題解決へのアプローチ』（中央公論新社，2002 年）等を参照。
2) 外部費用の推定方法の入門書，栗山浩一・馬奈木俊介『環境経済学をつかむ』（有斐閣，2008 年）等を参照。
3) このメカニズムについては，日引・有村・前掲（注 1）の第 2 章（31-47 頁）に詳述されている。
4) 有村俊秀・岩田和之『環境規制の政策評価――環境経済学の定量的アプローチ』（SUP 上智大学出版，2011 年）21-61 頁。
5) 「公共財」とは経済学において，非競合性，および，非排除性を満たす財である。詳しくは，日引・有村・前掲（注 1）等を参照。
6) J. J. Winebrake, A. E. Farrell and M. A. Bernstein, The Clean Air Act's Sulfur Dioxide Emissions Market: Estimating the Costs of Regulatory and Legislative Intervention, Resour. Energy Econom., Vol. 17 (1995) pp. 239-260.
7) 杉野誠・有村俊秀「排出量取引」細田衛士編著『環境経済学』（ミネルヴァ書房，2012 年）155-174 頁に詳しい。

8) 米国については，有村俊秀「環境政策」地主敏樹ほか編著『現代アメリカ経済論』（ミネルヴァ書房，2012年）290-309頁に詳しい。
9) Business as Usual の略。排出削減を実施しない場合の仮想的な経済状況を示す。
10) https://www9.kankyo.metro.tokyo.jp/koukai.html（2013年5月1日アクセス）。
11) 武田史郎ほか「排出量取引の国際リンク及びCDMの経済分析」有村俊秀・武田史郎編著『排出量取引と省エネルギーの経済分析――日本企業と家計の現状』（日本評論社，2012年）41-60頁。
12) 杉野誠・有村俊秀「排出量取引における国際競争力配慮」有村俊秀ほか編『地球温暖化対策と国際貿易――排出量取引と国境調整措置をめぐる経済学・法学的分析』（東京大学出版会，2012年）37-62頁を参照。

第22章 環境社会学

柿澤宏昭

　環境社会学は環境と社会の相互関係を研究対象とした社会学である。その特徴は居住者・生活者・被害者に視点をあて，フィールドワークを基礎として問題の構造や実態を抉り出し，問題を総合的に把握しようという点にある。環境問題が作り出される社会的な仕組みや被害構造に焦点を当てた「環境問題の社会学研究」，自然環境と共存してきた社会の特徴や環境再生への取り組みを対象とする「環境共存の社会学研究」を主たる研究テーマとしてきている。

1. 本章で論じる内容

　本章では，環境社会学の学問的な特徴と主たる研究内容を紹介するとともに，環境社会学が環境問題の解決に向けて果たしうる役割について論じる。
　最初に環境社会学の研究史を概観するとともに，環境社会学の基本的な特徴や研究の内容についてみる。そのうえで，環境社会学の主要研究テーマである公害等の環境問題の研究，自然環境と共存する社会に関する環境共存の研究に分けて，具体的な例を挙げつつその研究内容や手法を述べることとしたい。また，近年大規模災害が多発していることを受け，被害論や災害からの復興にかかわって新たな議論が行われているので，これを紹介しつつ，環境社会学の近年の動向と特徴を確認する。最後に，環境政策形成や環境問題解決に対して環境社会学がどのように貢献できるのかについて議論したい。
　環境法学・環境社会学を含めて環境にかかわる学問分野は基本的には環境問題の解決を目標としており，学問分野間の個別の関係をみるよりは，解決に向けてどう協力できるかが重要である。こうした視点に立って，環境問題の解決に環境社会学がどのように貢献できるのかについて論じ，環境法を学ぶ者の立場から環境問題を解決しようとしたとき，環境社会学とどのような

協働が可能なのかについて考える材料を提供したい。

2. 環境社会学の特徴

(1) 環境社会学の基本的な特徴

環境社会学は，社会学的な手法を基礎として環境問題にアプローチする学問分野である。環境社会学を先駆的に切り開いてきた飯島伸子は，環境社会学の定義を「対象領域としては，人間社会が物理的生物的化学的環境(以下「自然的環境」)に与える諸作用と，その結果としてそれらの環境が人間社会に対して放つ反作用が人間社会に及ぼす諸影響などの，自然的環境と人間社会の相互関係を，その社会的側面に注目して，実証的かつ理論的に研究する社会学分野である」(飯島，1998：1-2)とした。ここにみられる環境社会学の特徴は，第1に学問的基盤を社会学においていること，第2に研究対象を自然的環境と人間社会の相互関係においていることであるといえよう。

環境社会学会は1992年設立され，学問分野として制度化されたが，発足までの環境社会学分野の研究について簡単に振り返ることで，その基本的特徴をみてみよう。環境社会学研究の始まりは，安中地区における鉱業による公害問題が地域社会に与えた影響分析を行った島崎稔らの研究であった。その後60〜70年代には石油化学コンビナートをはじめとする地域開発・公害をめぐる社会学的な研究が進展し，環境破壊や環境汚染の地域住民への影響や被害の構造的把握といった研究が蓄積されてきた。また，80年代には六ヶ所村や沖縄等を対象とした大規模開発による地域社会の破壊を総合的に明らかにする研究が行われたほか，琵琶湖における地域住民の水利用の実態を通して，生活者にとっての環境を問い直す研究も行われた。以上の研究に共通してみられる特徴は，第1に居住者・生活者・被害者に視点をあて，問題の構造や実態を抉り出そうとしていること，第2に研究対象を丁寧に実証的に把握することを重視しようとしていること，第3にフィールドワークを研究手法の基礎としていることである(飯島，1998)。こうした特徴をもっていることから，飯島は環境社会学が他の科学に対して独自性を主張できる点として「居住者の視点，生活者の視点，被害者の視点から環境問題全体に接

近するための方法論や技法を有している」(飯島, 1993:7)ことを挙げている。

(2) 教科書からみる環境社会学の研究内容

次に，環境社会学にかかわる主要な教科書の目次構成をみることで環境社会学という学問分野の内容についてみてみよう。**図表 22-1** は主要な教科書の目次構成を示したものであるが，環境経済学の分野にみられるように研究手法を基本に章立てされているのではなく，問題ごとに章立てされている性格が強い。たとえば最も新しい教科書である舩橋編の『環境社会学』をみると，分担執筆者がそれぞれの得意とする研究対象について，住民・生活者の立場に立って問題や解決に向けた対抗的運動について述べ，そのなかで環境社会学の手法や考え方を説明するという形式をとっている。こうした構成の仕方は環境社会学が成立した時期から現在に至るまで基本的に変化はないが，一方で扱われている問題は，たとえば世界規模の環境問題に代表されるように，時代を反映して変化している。環境経済学者である浅野耕太は，手法を主体として構成されている環境経済学の教科書に対して環境社会学の教科書は「日本において社会の側から環境問題を考えようとする際の，学問分野を

図表 22-1 主要な環境社会学の教科書の目次構成

環境社会学(飯島編著, 1993)	環境社会学(舩橋・宮内編著, 2003)	環境社会学(舩橋編著, 2011)
序章 環境問題の社会史 環境破壊の社会的メカニズム 社会制御としての環境政策 環境問題と被害のメカニズム 環境問題と社会運動 生活環境と地域社会 環境問題と生活文化 開発途上国の環境問題 環境社会学の課題と方法 環境問題の社会学的研究	環境社会学の課題と視点 環境問題の諸段階 公害の原点としての水俣病 新幹線公害 廃棄物問題を考える 自然環境と社会の相互作用 農山村と環境問題 コモンズ 発展途上国と環境問題 社会的ジレンマ論 環境負荷の外部転嫁と社会的ジレンマの諸類型 環境制御システム論 自然エネルギーと地域振興 環境基本条例と環境基本計画 環境問題の解決のために	現代の環境問題と環境社会学の課題 公害問題の解決条件 労災・職業病と公害 廃棄物問題 100年前の公共事業が引き起こす環境破壊 自然保護問題 食料と農業 生物多様性への環境社会学的視座 地球環境・温暖化問題とグローバル世界の展望 エネルギー政策の選択 科学技術と環境問題 環境自治体 環境 NPO と環境

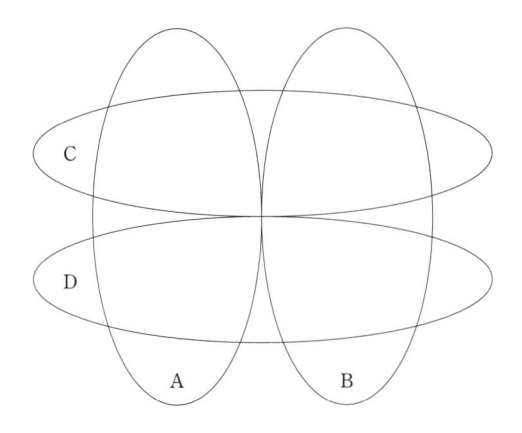

図表 22-2 環境社会学研究の主要テーマの関係図式

A 環境問題の社会学研究
B 環境共存の社会学研究
C 環境行動の社会学研究
D 環境意識・環境文化の社会学研究

出典：飯島 1998：3

問わない，素晴らしい手引となっている」(浅野，2009：64)と述べている。前述した環境問題全体への接近という環境社会学の特徴点が現れているといえよう。

次に，環境社会学の主要な研究テーマについてみてみよう。飯島は**図表22-2**のように主要なテーマを整理している(飯島，1998：2-3)。まず「環境問題の社会学研究」は公害など環境問題が作り出される社会的な仕組みや，被害構造等の研究，「環境共存の社会学的研究」は自然環境と調和して共存してきた社会の特徴の検討や，環境破壊が進む地域の環境再生の取組み等の研究で，この2つの分野が二大研究分野である。そしてこれと交差するかたちで，日常的な環境負荷軽減から公害反対・環境全運動など多様な形態の環境行動を対象とする「環境行動の社会学研究」，人々の環境に関する価値意識(環境破壊に対する認識や環境に優しい生活の選択など)にかかわる「環境意識・環境文化の社会学研究」という研究分野があるとしている。表の教科書の構成内容もほぼこの類型で整理できることがわかる。次節以降では，前二者にか

かわって主要な環境社会学研究の内容について紹介したい。

3. 環境問題の社会学研究

(1) 環境問題の被害論，加害論・原因論

前述のように，環境社会学研究は公害に代表される環境問題を対象として始まり，現在に至るまで主要な研究テーマとなっている。環境問題の発生と解決の過程には，「人間社会内の生産と消費の過程が引き起こす環境の悪化，それによる人々や生物の生存と生活への打撃や悪影響，問題を解決するための努力の展開という三つの段階」(舩橋，2001：32)が存在するとし，これに対応して加害論・原因論，被害論，解決論という3つの問題領域の研究活動が行われてきた。

被害論にかかわっては飯島が被害構造論を展開している(飯島，1993)。水俣病などの公害被害者に対する徹底的なフィールドワークをもとにして，生活者としての被害者をまるごと把握し，公害が身体への被害だけではなく，労働や家庭生活など生活全体に被害を与えていることを明らかにした。さらに，裁判で水俣病として判断されながら行政手続で認定を却下される，あるいは地域社会のなかで差別を受けるなど追加的・派生的な被害を受け，被害者にとって被害がさらに増幅されることを指摘した。また，被害が漁民層に集中するなど脆弱な層に被害が顕在化していることを示し，地域社会のなかで被害を捉えるという視点を提示した。以上の研究によって，健康被害にとどまらない被害の全体像を提示することが可能となったのである。

加害・原因論にかかわっては，被害論とも絡めつつ，受益権・受苦圏という考え方が提示されている。舩橋晴俊らは新幹線にかかわる騒音・振動等の公害の分析を行うなかで，新幹線という高速公共輸送機関の便益を受ける人々と，その運行に伴う騒音・振動の被害を受ける人々が分離しており，これを受益圏・受苦圏の分離として捉えた。さらに，受益者が全国的かつ多数に上っているのに対して，受苦圏は新幹線沿線の狭い範囲に限定されており，受益圏の拡散，受苦圏の局地化が生じていること，加害は総体としての国鉄(当時)という組織機構が行っていることから加害責任の拡散と無責任性を生

じ，問題解決を困難とさせていることを示した。また，スピードダウンを求めた裁判において新幹線の公共性を根拠として請求を棄却したことに対して，公共性を理由とした受忍限度について，受益圏と受苦圏が分離している状況において局地的な被害者に一方的に受忍を強いる社会的不正を生じさせるとして，批判している(舩橋ほか，1985)。このように受益圏・受苦圏という概念装置をもとに，被害の構造を全体的に把握するとともに，公共性のあり方についても切り込んでいるのである。

(2) 社会的ジレンマ論の展開

舩橋はさらに，現代を環境問題の普遍化期であると位置づけ，この時期の加害論・原因論と被害論を理論的に把握するための**概念装置**として社会的ジレンマ論を提唱している。環境問題の普遍化期の特徴として，温暖化など地球規模の新たな問題が多発するようになったことや温暖化ガスの排出にみられるように個人の生活そのものの環境負荷が問題とされるようになったこと等を挙げた(舩橋，2001)。そのうえで，環境問題の普遍化期における問題群発生のメカニズムを，社会的ジレンマ論と受益権・受苦圏を組み合わせる形で理論的な整理を行った。

社会的ジレンマは「複数の行為主体が，相互規制なく自分の利益を追求できるという関係の中で，私的に合理的に行為しており，彼らの行為の集積結果が環境に関わる集合罪の悪化を引き起こし，各当該主体あるいは他の主体にとって望ましくない帰結を生み出す時，そのような構造をもつ状況」(舩橋，1995：6)と定義される。たとえば気候変動問題に関していえば，各個人の温暖化ガスの排出は他人の権利を害することなく可能で，個人の快適な生活のために行われ，こうした行為が世界的に行われることによって気候変動を引き起こし，自らそして地球上のすべての人に被害をもたらすのである。

さらに，受益権・受苦圏の概念と組み合わせることによって社会的ジレンマにはいくつかの類型があることを示している。大きく分けると，受益権と受苦圏が重なる自己回帰型(たとえば気候変動)，両者が格差を伴って重なるもの(たとえば自動車排気ガス公害)，両者が分離するもの(たとえば放射性廃棄物問題)に区分され，それぞれにおいて社会的ジレンマの性格が異なり，問題解決は

それぞれの性格をよく把握したうえで行うべきとした。たとえば分離型である放射性廃棄物の問題についてみると，放射性廃棄物が集積しつつある受苦圏である六ヶ所村は，政治経済システムで格差構造の底辺に位置しているがゆえにこのような被害を引き受けざるをえないことを指摘し，その解決のためには政治経済システム自体の変革が必要であることを示している。以上のように，被害者の立場に立ちつつシステム全体を視野に入れて分析をすることによって問題解決に向けた本質的課題を浮き彫りにさせた。

4. 環境共存の社会学研究

(1) 生活環境主義

環境共存にかかわる社会学研究を代表するのは生活環境主義である。これは鳥越晧之や嘉田由紀子らのグループが琵琶湖周辺をめぐる地域住民と水とのかかわりあいの研究から導き出したものである。たとえば，琵琶湖・沖島の住民は琵琶湖湖水を生活用水として使用していたが，生活用水は朝早く汲み，洗濯は日が高くなってから行うといった時間による湖水利用の使い分け，水を汲むのは桟橋の先で流れの速いところ，汚れのきついものを洗うのは砂浜など場所による使い分けが行われ，それは共同体のなかのルールによって守られてきていたことを明らかにした。このように，生活のなかに自分たちが暮らしている環境を守ることが埋め込まれていたことを明らかにしたのである(嘉田，2002)。

これをもとに鳥越らは生活環境主義を提唱した。これまでの環境問題のアプローチは，一つは技術によって問題を解決する「近代技術主義」，もう一つは手つかずの自然の保護を重要視する「自然環境保全主義」であったとし，地域の人々が形成してきた環境と折合いをつける生活の仕方に注目すべきだとした。現実のありふれた人々の動きに着目し，そのなかで「現在の社会的な，そしてまた社会科学的な行き詰まりを乗り越える方途を模索」(鳥越，1989：4)しようとしたのである。また，嘉田は生活環境主義を「地理的，社会的，心理的に水や自然と人とのかかわりが『近い』状態をみすえ，可能な限りその状態を取り戻し，あるいは新しい政策の中にそのような『近さ』を

埋め込むことを提示しようという視点」としており，今後の政策展開への応用可能性を提起している(嘉田，2002：30)。

(2) コモンズ論の展開

環境共存というカテゴリーでもう一つ注目されるのは，コモンズ研究である。コモンズは一般には共有地を意味し，日本では入会地を対象とした管理ルールや利用の変遷の研究が行われてきたが，環境社会学においては自然資源管理のあり方とかかわらせて新たな研究分野を切り開いている。

井上真は，資源のコモンズを「自然資源の共同管理制度，および共同管理の対象である資源そのもの」とし，「資源の所有にはこだわらず，実質的な管理(利用を含む)が共同で行われることをコモンズである条件とする」(井上，2001：11)とコモンズを幅広く位置づけ，持続的な資源利用への貢献を行おうとした。

たとえば，土屋俊幸は，世界遺産にも指定された白神山地を対象とした調査を行い，世界遺産の主要部分である核心地域については最近まで共用林野と呼ばれる地元の慣行利用地に指定されていたこと，山菜・キノコ採取やマタギ猟など住民による伝統的な山地の利用が続けられてきたこと，そうした利用の継続を背景に，地元の住民は現在も白神山地を「自分たちの山」であると認識していると思われることから，白神山地世界遺産地域の管理問題をコモンズ的な性格をもっているとした。そして，こうした地元住民の意見を反映させるメカニズムがないまま遺産地域のルールが決められ，地域住民が疎外感を抱いていることを示し，新しい森林コモンズを確立することを提唱している(土屋，2001)。

このような議論とかかわって，コモンズとレジティマシー(正統性)をかかわらせる議論も行われている。宮内泰介は，環境と社会の関係について考える時，最も焦点となるのは「環境に対して誰がどんな価値のもとにどうかかわるのか，という問題であり，またそれがどのように社会的に認知・承認されるのか」，すなわちレジティマシー(正統性)の問題であると設定した。そして，コモンズ研究が地域の資源利用・管理にかかわる社会の仕組みを明らかにし，地域における公共性が成り立つ仕組みを明らかにしてきたとする(宮

内，2006)。

　たとえば，阿蘇地域の特有の景観であり観光対象ともなっている草原は，入会地として野焼きや放牧などで維持されてきたが，藤村美穂はこの入会地管理にかかわる研究で，少数の放牧農家が，草地管理の知識・技術をもって管理決定の発言力を維持し，また管理方針の決定にかかわっては結果を引き受ける強い覚悟をもったリーダーの存在が重要な役割を果たしていることを示した。そして「村の自然をめぐる『共』は，決まった集団や領域ではなく，必要に応じて変化するもの＝『公』と連続する側面も見えてくる」とした(藤村，2006：124)。

　こうした研究を通して，改めて公共について問い直し，資源にかかわって生きてきた人々の権利擁護の政策提言に結びつけることによって「環境をめぐるガバナンスを下から創り上げていくというプロセスとなる」ように戦略的に研究を進めることが提唱されている(宮内，2006：27)。先の生活環境主義にも共通するが，地域な住民の知を環境問題の解決に生かそうという発想，そして地域主体の発展＝内発的発展への架橋を意識している。地域の人々の立場に立って問題解決を志向する環境社会学の特徴がここにも表れている。

5. 災害と環境社会学

　以上，環境問題と環境共存という2つの主要テーマにかかわって環境社会学研究の展開をみてきた。このなかで環境社会学において被害論は最も早くから取り組まれた中心的な研究テーマであり，公害や開発に伴う被害が中心的な対象であったことを述べた。2011年の東日本大震災をはじめとして大規模な自然災害が多発し，自然災害を含めた被害と回復について注目が集まっていることから，近年では自然災害も対象に含め，新たな環境社会学研究が展開されている。環境社会学会誌でも2010年，2012年と被害論を特集テーマとして設定しており，本節ではこれを取り上げて環境社会学の近年の研究についてみることとしたい。

　この特集における焦点の一つは，地域社会がもつ災害からの復元・回復力＝レジリアンスであった。たとえば浦野正樹は，地域や社会の脆弱性や災

害の背景としての開発や貧困の問題を指摘しつつ，今後どうするのかを考えるうえで注目すべきがレジリアンス概念であるとした。レジリアンスは「地域や手段の内部に蓄積された結束力やコミュニケート能力，問題解決能力等に目を向けていく概念装置であり，それゆえに地域を復元＝回復していく原動力をその地域に埋め込まれていった文化や社会的資源の中に見ようとするものである」(浦野，2007：32)。

原口弥生は，ハリケーンカトリーナを題材とし，ニューオーリンズにおいては堤防への全面的な依存，緩衝帯であった湿地の開発によって大規模な被害が生じていることを示し，地域環境の維持と生態系の環境容量の低下をもたらさない災害対策が必要とした。そして，地域社会がもつ社会的資源や文化資源のみに着目するのではなく，地域自然の賢明な管理を含む概念としてレジリアンスの再定義化をはかることが必要であるとした(原口，2010)。また，嘉田由紀子らは，治水政策にかかわって伝統的な水害防止の知恵の喪失と過剰な行政依存が問題であるとして，滋賀県内の自治会の調査を行い，地域活動の活発さが地域防災力の高さに結びついていることを示した(嘉田ほか，2010)。

このように，災害に対する地域社会のレジリアンスは地域社会そのもののもつ文化的・社会的資源と，持続的な自然環境との関係構築に規定されているのであり，こうした点で生活環境主義の考え方が応用できるといえる。

福島以降の状況を踏まえて，堀川三郎は，環境社会学の被害論へのアプローチの問題として，被害構造論がより複雑化・大規模化した被害の状況へ対応できていないのではないかとし，被害・加害関係のあり方を改めて問い直す必要があるとした(堀川，2012)。これに対して，藤川賢は，福島原発事故による被害を分析するなかで，被害論が直接的な健康被害にとどまらないこと，家族や生活の崩壊が健康被害をもたらすといった複合的な関係があると述べる。さらに避難・移転に関して，たとえば進学・仕事など生活の都合上家族分散して住まざるをえない状況を，被害ではなく自分たち自身の選択の結果として受け止める場合が存在することを指摘した。また，農林漁業被害が産業再建・地域再建の課題ではなく生活保障の問題とされるなかで，そこでどう行動するのかが「本人の自由」とされるが，現実に産業再建の芽が

ないなかで自由な選択ではないという点に関する議論が欠如している点も指摘した(藤川, 2012)。すなわち, 被害者に選択が強要され, そのなかで分断や潜在化が進んでいる可能性があり, 被害の長期化によってさらに細分化が進むことが懸念されることを示している。

こうした環境社会学的研究のなかで示されてきているのは, 第1に被害とは「法的に認定されるものや経済的に算定されるもの以上のものである」ことであり, 第2に被害者救済にかかわって「何が最善の救済策かを最もよく知っているのは被害者自身だから自分で選んでもらおう」という善意の救済策によって, 強制的に選択をさせられた結果が個人に帰着され, 加害者免責の条件を整えてしまう可能性を指摘していることである(堀川, 2012：17-18)。被害論は深い射程をもっており, こうして示された被害の全体構造を踏まえたうえで解決の方途を探ることを求めているのである。

6. 環境ガバナンスの構築に向けて

環境問題解決を最終的な目標とすることは環境にかかわる諸科学に共通しており, 複雑化した環境問題の解決のためにはそれぞれの科学分野の特性を生かして協力して問題の解決にあたることが求められる。そこで, 本節では環境社会学の環境政策へのアプローチを明らかにするなかで, 環境法学との協力を考える材料を提供したい。

2001年の環境社会学研究誌は「環境政策と環境社会学」という特集を組んでいるので, まずこの特集の掲載論文を取り上げてみたい。環境法学の樫澤秀木は, 環境法の分野において伝統的な規制手法であった水質規制等直接的な規制に対して, 近年では環境アセスメントなど間接的手続規制の比重が高まるなかで環境社会学が重要な役割を果たすことを指摘している。すなわち, 間接的手続規制においては, 関係者間でのコミュニケーションや決定の仕方が問題となるが, これらの問題は社会学的な方法でしか検証できないとして, 環境社会学的研究の必要性を指摘した(樫澤, 2001)。また, 柿澤宏昭は, 環境にかかわる問題が複雑化するなかで, 問題を総合的に把握し, 多様な関係者の協働によって政策形成を行う必要があることを指摘したうえで,

環境社会学が問題の全体的な構造を把握することに精力を注いできたことから，他の社会科学分野の組織者としての役割を果たせるのではないかと論じた。また，環境社会学はフィールド研究を基礎としてきたことから，協働による政策形成にあたって住民のエンパワメントや，協働のあり方の検討に役割を果たすべきことを主張した(柿澤，2001)。

　近年は，環境ガバナンスにかかわる研究も目立ってきた。たとえば，前述のコモンズ論においてもレジティマシー獲得のダイナミズムの研究が環境ガバナンスを下から創り上げるプロセスになるとして，ガバナンス論への架橋を行うなど(宮内，2006)，環境ガバナンス構築に向けた環境社会学からの貢献が論じられるようになってきた。2009年の環境社会学研究では「環境ガバナンス時代の環境社会学」という特集が組まれた。このなかで，茅野恒秀は，群馬県赤谷における国有林の協働管理のプロジェクトの事務局として参加した経験から，プロジェクトマネジメントに環境社会学が果たしうる役割を論じた。環境社会学者がプロジェクトに関与するのに重要なポイントとして，第1に複数の主体が目標を共有して活動する「協働」の場の構築，第2にプロジェクトの主役となる各主体のエンパワメント，第3にプロジェクトの全体像を把握・提示して関係者と常に共有することを挙げた。そして，環境社会学がフィールド研究で鍛え上げてきた「聞く」(社会調査のヒアリング)という技法が重要な役割を果たすとして，「聞く」行為は「埋もれてしまいがちな多様な価値を，合意形成のテーブルに引き上げる機能」をもち，社会関係に基づく主体連関図をより精緻に作り上げ，プロジェクトマネジメントに活用できる」とした。そして前述の柿澤の議論を引き継いで，環境社会学は「社会関係に基づく見取り図を作り，問題を全体として把握し構造を明らかにすることができ」，「その知識を政策につなぐという志向性のもとで」環境ガバナンスの組織者として貢献できると主張している(茅野，2009)。

　一方，佐藤仁は「一般に『ガバナンス』の定義には，政府以外の多数のステークホルダーの参加を意思決定プロセスに反映させ，行為者の説明責任や透明性を要件に求めることが多い。そこには，『協力することがよい』，あるいは『参加のすそ野が広い方がよい』といった価値観が無条件に刷り込まれて」おり，「特定のガバナンスのあり方を理論的に正当化し，実効的なもの

にする前提に知の体系化が存在する」ことの問題点を指摘する。そして，生活環境主義が注目してきたような地域住民の生活のなかで形成されてきた環境とのかかわりあい等の知識(暗黙知)がガバナンスの知の体系化のなかで等閑視される危険性を指摘し，「暗黙知の地位を回復するためには，学問の指向性を問題志向に軌道修正していくこと，理論知の独占を打ち破り，ローカルな知の暗黙知化を防ぐことが重要であり」，これまでも暗黙知の存在に注目してきた環境社会学が「暗黙知を無力化する議論を批判するための知」としての役割を果たすべきであるとしている(佐藤, 2009)。

以上のように，環境社会学はフィールドへの密着性，生活者の視点へのこだわりを基盤とし，環境にかかわる問題の全体像を把握しようという特徴をもっており，この特徴を生かして環境政策の形成や環境ガバナンスの構築に貢献しようとしている。

〈引用文献〉

浅野耕太「隣の芝生は青いか──環境経済学者がのぞいた環境社会学」環境社会学研究15号(2009年)54-67頁

飯島伸子「序章」飯島伸子編著『環境社会学』(有斐閣，1993年)1-8頁

飯島伸子「環境問題の歴史と環境社会学」舩橋晴俊・飯島伸子編著『講座社会学　環境』(岩波書店，1998年)1-42頁

井上真「自然資源の共同管理制度としてのコモンズ」井上真・宮内泰介編著『コモンズの社会学　森・川・海の共同管理を考える』(新曜社，2001年)1-28頁

浦野正樹「脆弱性概念から復元・回復力概念へ」浦野正樹ほか編著『復興コミュニティ論入門』(弘文堂，2007年)27-36頁

柿澤宏昭「総合化と協働の時代における環境政策と社会科学──環境社会学は組織者になれるか」環境社会学研究7号(2001年)40-55頁

樫澤秀木「環境問題とコミュニケーション」環境社会学研究7号(2001年)24-39頁

嘉田由紀子『環境社会学』(岩波書店，2002年)232頁

嘉田由紀子ほか「生活環境主義を基調とした治水政策論──環境社会学の政策的境位」環境社会学研究16号(2010年)33-47頁

佐藤仁「環境問題と知のガバナンス──経験の無力化と暗黙知の回復」環境社会学研究15号(2009年)39-53頁

茅野恒秀「プロジェクトマネジメントと環境社会学」環境社会学研究15号(2009年)25-38頁

土屋俊幸「白神山地と地域住民──世界自然遺産の地元から」井上真・宮内泰介編著

『コモンズの社会学——森・川・海の共同管理を考える』(新曜社, 2001 年) 74-79 頁
鳥越皓之「生活環境主義の位置」鳥越皓之編著『環境問題の社会理論——生活環境主義の立場から』(御茶の水書房, 1989 年) 3-13 頁
原口弥生「レジリエンス概念の射程——災害研究における環境社会学的アプローチ」環境社会学研究 16 号 (2010 年) 19-32 頁
藤川賢「福島原発事故における被害構造とその特徴」環境社会学研究 18 号 (2012 年) 45-59 頁
藤村美穂「土地への発言力」宮内泰介編著『コモンズをささえるしくみ——レジティマシーの環境社会学』(新曜社, 2006 年) 108-125 頁
舩橋晴俊ほか『新幹線公害——高速文明の社会問題』(有斐閣, 1985 年) 310 頁
舩橋晴俊「環境問題への社会的視座」環境社会学研究 1 号 (1995 年) 5-20 頁
舩橋晴俊「環境問題の社会学的研究」飯島伸子ほか編著『講座環境社会学 1 巻 環境社会学の視点』(有斐閣, 2001 年) 29-62 頁
舩橋晴俊・宮内泰介編著『環境社会学』(放送大学教育振興会, 2003 年) 301 頁
舩橋晴俊編著『環境社会学』(弘文堂, 2011 年) 275 頁
堀川三郎「環境社会学にとって「被害」とは何か——ポスト 3.11 の環境社会学を考えるための一素材として」環境社会学研究 18 号 (2012 年) 5-26 頁
宮内泰介「レジティマシーの社会学へ——コモンズにおける承認のしくみ」宮内泰介編著『コモンズをささえるしくみ——レジティマシーの環境社会学』(新曜社, 2006 年) 1-32 頁

第23章 環境倫理学

交告尚史

　自然環境を構成する自然物は，いったん消失すれば回復が困難な存在である。したがって，その存続に十分配慮する必要がある。生命を有する自然物については，それぞれの種を絶やさないようにするべきだと考えるが，実践的には生物の生息空間である大気，水，岩石，土壌をも含めた生態系の維持に努めることになろう。生態系は将来世代の人間のためにもこれを保全するべきであり，そのためには，単に人間の行動を規制するルールを作ればよいというものではなく，人間も生態系の一員であるとの自覚に立って法制度を構築するのでなければならない。

1. 生態系への配慮と環境倫理学

(1) 自然物の価値

　環境倫理学とは，環境との関係で人はどのように振る舞うのがよいのかを考える学問である。その場合の「環境」として，環境法学では，文化的環境，都市環境，生活環境，さらには景観といった種々のものが含まれるのに対し，環境倫理学では，どうしても自然環境が前面に出てくる[1]。それは，環境との関係で人はどう振る舞うべきかと問う際に，自然物に包含されるもののどこまでに内在的価値を認めるのかということが大きな論点になるからである。内在的価値というのは，対象物を人間の道具として扱わないで，そのものに固有の価値があるとみるときに使う語である。ではその内在的価値を認めて配慮すべきはどこまでかと問えば，痛覚を有する動物のみとする説，すべての動物とする説，植物も含める説，動植物からなる生態系に配慮すべしという説，土や岩も含めた自然の全体をみるべしという説などさまざまな答えが返ってくる。

(2) 生物の内在的価値

筆者自身は、生物だけでなく、その生息空間をなす大気、水、岩石、土壌も含めて、それを生態系と捉えて配慮の対象としたい[2]。その際、生物については、種に内在的価値を認める[3]。自然空間のなかで個体を増やして種を維持しているという点において、人間と何ら変わらないという点を重視する。種にとどまって個体にまで行かないのは、人間以外の生物の個体に内在的価値を認めると、たちまち実践が困難になってしまうからである。人間も生態系の一員であるから、生存のためには他の生物の命を奪わなければならない。

また、最近では、生物多様性基本法に多様性の一要素として種内の多様性が書き込まれたことから、遺伝子レベルの多様性が注目を浴びるようになっている。このこととの関係で、筆者は、外国産であれ国内産であれ、遺伝子交雑をもたらしうるような生物の持ち込みには反対である。自然史の流れを大切にしたいからである。持ち込まれた外来種、移入種の個体については、原則として駆除を推奨することになる。

(3) 憲法学の議論から

このような話をはじめて耳にした法学生諸君のなかには、これは本当に真摯な議論なのかと訝る人がいるかもしれない。法律学の議論がたいてい人間の利益を念頭において展開されることを思えば、それもやむをえないことではある。そこで、そうした読者のために、ある憲法学者が日本国憲法への環境権規定の導入をめぐる議論のなかで明らかにした考え方[4]を以下にまとめておく。ただし、これはあくまで議論の筋を解き明かしたものであって、その憲法学者が目下の時点で自ら生圏中心主義(生態系そのものを保護するという思想)を支持して環境権規定の導入を唱えているわけではない。

その人曰く、人間中心主義の立場(人間以外には内在的価値を認めない)で環境を保護するのであれば、現行憲法に道具立ては揃っている。すなわち、憲法13条と憲法25条である。確かに現状では、エコノミーとエコロジーが衝突した場合、その比較衡量において前者が優位し、環境保護運動はたいてい敗北をみることになるが、経済的自由権の規定を存置する以上、どのような環境権規定をおいても一方的な切り札として環境権を使うことはできない。し

たがって，仮に憲法に環境権規定を入れるとすれば，それは生圏中心主義をとる場合のみである。このような人間中心主義から生圏中心主義への移行は，文明論的意義を有する大きな選択である。だが，そうはいっても生圏中心主義を主観法の形式で定式化するのはやはり困難であり，結局は国家目的規定の形式をとることになる。

(4) テーマの絞り込み

環境倫理学のもうひとつの主要テーマとして，人間と環境のかかわりではなく，環境をめぐって生じる人間同士の衡平の問題がある。特に興味深いのは，同世代の人間同士ではなく，現世代と将来世代との間に観念される衡平である。2011年の福島第一原子力発電所事故により，放射性物質が大量に排出されれば広範な土地が長期にわたって使用不能になることが明瞭に認識されたし，そもそも核廃棄物が完全に安全な状態になるのに気の遠くなるような年数を要するというのに，そのようなものを溜め込んでよいのかという問題がある[5]。そして，それ以外にも，例えば動植物の保護に関連して，先進国の人間が南方の国々で薬効成分を含んだ植物を大量に入手し，莫大な利益を上げておきながら，わずかな謝礼の支払いだけで済ませてしまってよいのかというような地域間の衡平も問題になる。こうした事柄ももちろん検討すべき重要課題ではある[6]が，本章では扱わない。

2. 欧米の環境倫理——奄美「自然の権利」訴訟の訴状から

(1) 奄美「自然の権利」訴訟とは

まず，奄美「自然の権利」訴訟(第一審判決・鹿児島地判平成13年1月22日久留米大学法学42号139頁，環境法判例百選〔第2版〕81事件)を紹介するところから話を始めたい。1995年3月のこと，奄美大島でのゴルフ場開発を企図した事業者が鹿児島県知事に対して森林法10条の2に基づいて林地開発許可の申請をしたところ，知事がこれを許可したので，希少動物の生存への影響を懸念した地元の環境保護団体のメンバーらが中心となって，その許可処分の無効確認を求めて提訴した(環境法事件簿6参照)。その際，訴状の当事者欄に

は「鹿児島県大島郡住用村大字市字大浜1510番地外　アマミノクロウサギ」[7]というように記載し（他にオオトラツグミ，アマミヤマシギ，ルリカケス），人間原告の氏名は別紙当事者目録にまとめて記載して提出した。裁判所は動物原告の背後にいる人間は名乗り出るように求めて公示をしたが，名乗り出る者はいなかったので，動物原告の部分は訴状却下となった[8]。

ゴルフ場開発と林地開発許可ということなら，奄美「自然の権利」訴訟第一審判決のすぐ後に出た岐阜県山岡町事件の最高裁判決（最三小判平成13年3月13日民集55巻2号283頁）がある。この判決では，ゴルフ場建設予定地のすぐ傍に住んでいて，森の樹木が伐採されると大雨のときなどに土砂崩れ等が発生して生命・身体の利益を害されるおそれがある住民については原告適格が認められるとされたのであった。それに対して奄美の事件の場合は，原告のなかにゴルフ場建設予定地の傍に住む者はいなかったし，そもそも原告らは生命・身体の利益の侵害を訴えようとしたのではなかった。

(2) 訴状の内容

以下，奄美「自然の権利」訴訟の訴状を筆者なりに読み込んで理解したところを要約しておく。

自然にはさまざまな価値がある。自然はその価値を正しく見積もれば重要な経済的財産であるが，実際には常に過小評価されるため，生物の多様性保全は軽視され環境破壊が地球規模で進行している。しかし，自然が保護されなければならないのは，そのような経済的価値を有するからばかりではない。自然には，現代の人間文明にとっての功利的価値を超えた固有の価値が認められる。したがって，本来，人間の利益に係わるか否かに関係なく，存在するというだけの理由で尊重されなければならない。人間をも含めた生物と非生物が相互に依存して進化し，現に相互に依存して存在するからである。つまり，自然は人間と区別され人間の「外」にあるものではなく，人間を含むとともに人間とひとつのものなのである。自然のうちで人間は特別な存在ではない。そのことは，科学が進歩して自然への理解が進めば進むほど，明瞭に認識されるようになる。このような自然の効用およびその固有の価値は，将来世代の人間にとってもその生存の基盤をなす。

そうした全体自然と自然物(個々の生物,生物の種および島,山,河,湖,湿地などの生態系の単位)に法的な権利が付与される。したがって,本件の真の原告は,アマミノクロウサギ等の自然物とそれを包摂する自然である。しかるに,全体自然と自然物は自ら訴権を行使することができない。そこで,それを人間が代理行使することになる。人間は,全体自然に対して,これを原則的に保護すべき片面的な法的義務を負っており,全体自然と自然物をその破壊から防衛することについて固有の権利を有している。

(3) 背景的知識

原告らは奄美「自然の権利」訴訟と銘打っており,実際に自然に権利があるように述べている部分もあるが,よく読むと,人間の側に片面的な配慮の義務があるというのが原告らの真意であることが窺われる。「自然の権利」というのは,世間の目を引き付けるための戦略であろう。また,原告らは,アマミノクロウサギ等を含む奄美の自然に内在的価値を認めている。そして,原告らは,自然および自然物の代理人として訴権を行使できると主張している。

こうした立論は原告らの深い思索と討論の成果であろうから,一概にそれを特定の思想家の見解と結びつけることはできない。しかし,彼らの思索の素材として,少なくとも,アメリカの自然保護における保全(conservation)派と保存(preservation)派の対立[9],キリスト教の自然観をめぐる議論[10],レオポルト(A. Leopold)の「土地倫理」(land ethics)[11],ストーンの「自然物の当事者適格」論[12],それにアルネ・ネス(A. Næss)のディープ・エコロジーといった事項についての知識があったと推測される[13]。本章では,筆者の目下の関心から,とくにアルネ・ネスのディープ・エコロジーについて,ノルウェーの環境倫理として別に節を設けて解説する。

3. 関係性理論の創造──奄美「自然の権利」訴訟の第2ステージ

(1) 原告適格に関する基礎知識

訴状却下によりアマミノクロウサギやルリカケスらが原告から脱けた後は,

環境ネットワーク奄美という環境保護団体と，そのメンバーとして奄美の森で精力的に自然観察を続ける個人に原告適格が認められるかどうかが主たる争点になった。ここでは，個人原告に着目して解説する。

裁判所に対して行政処分の取消し(本件の場合は無効確認)を求めるには，取消しを求めるにつき法律上の利益を有する者でなければならない(行政事件訴訟法9条1項。現在は2項があるが，当時は存在しなかった)ところ，その法律上の利益というのは実体法上の利益であると理解されている。したがって，本件では，林地開発許可の根拠法律である森林法の射程に収まる利益でなければならないが，判例によれば，単に根拠法律の射程に収まるだけでなく，その利益が根拠法律によって一般的公益とは別個に個別的に保護されている必要がある。

ところで，ゴルフ場事業者に許可が与えられることによって侵害される利益として原告らが主張しているのは，奄美の森で自然と深く対話することで得られる精神的な利益である。そうした利益がそもそも森林法によって保護されているかどうかが問題であるが，仮に保護されているとしても，さらに個別的に保護されているかどうかが問われる。自然と対話するのは誰にでもできることであるから，一般的公益に吸収されてしまうようにもみえる。

原告らがその難点を克服するために編み出したのが関係性理論であった。関係性理論を展開するなかで語られている事柄は，先にみた訴状の内容とはずいぶん趣を異にする[14]。

(2) 関係性概念とふたつの要件

原告らのいう関係性とは，一方で人間と人間，他方で人間と自然とのかかわりのあり方，かかわりを形成する事実を指し示す概念である。特定の関係性が生命・身体の権利や財産権のような伝統的な権利として構成できないものであっても，いくつかの観点に照らしてつぎのふたつの要件を満たすものと認められるときは，法律上の利益を有していると原告らは主張した。①当該関係性が原告等の個別的なかかわり，人格的な関与，精神性を基盤とすること。②原告等が当該個別的関係性とともに，自然および自然環境の有する公共的価値の保護を真摯に企図していること。

まず，原告らが想定している人間と自然のかかわりについて説明しよう。筆者はかつて，実際に原告となられた方の案内で現場を歩いたことがある。そのとき，その方が「ほら，あそこにアカショウビンがいるでしょう」と筆者にそっと声をかけられた。しかし，筆者にはなかなか見つけられず，何分もかかってようやくその姿を目に止めることができたのであった。原告の方々であれば，はるか彼方から鳥たちを視認できるだけでなく，例えばあそこの番は愛の交歓をしているところだというようなことを，たちどころに把握できるのである。

　もっとも，これだけでは，自然観察の能力において原告らが筆者より格段に優れているということにすぎないかもしれない。しかし，原告らは，奄美という「場」(それは奄美の地域社会，すなわち人間と人間の関係を育んでもいる)において，その「場」との濃密な触れ合いのなかで，精神的な高まりを感じ取っているのであり，それは筆者がいくら自然観察の力を身につけても決して得られないものである。

(3)　「法律上の利益」の「法律」の捉え方

　確かに，これは誰にでも得られる利益ではないが，もともと林業の法律である森林法が単独でそうした精神的な利益を保護しているとはなかなかいいがたい。そこで，原告らは，新潟空港判決(最二小判平成元年2月17日民集43巻2号56頁，判時1306号5頁，環境法判例百選〔第2版〕36事件)の法理，すなわち関係法令の系から根拠法律を捉えるという論法に則り，さまざまな「関連法規」を結び合わせて，森林法はそうした精神的利益を保護しているといの結論を導いた。ただし，その「関連法規」には，憲法，国際人権規約の条項，目的を共通にする条約・法令，行政通達などのさまざまなものが取り込まれており，新潟空港判決のいう「当該行政法規及びそれと目的を共通する関連法規の関係規定によって形成される法体系」とは「法体系」の趣旨が異なるように思われる。

(4)　2要件の意義

　関係性理論は，新潟空港訴訟判決の法理を踏まえて，伝統的な「法律上保

護された利益説」で構成された説であるようにもみえる。しかし，他方で，環境行政訴訟では「防衛者としての資格要件」という観点からの考察が必要だとも説かれている。そうすると，前出の①，②の要件には，防衛者としての資格要件の充足を裁判所に認めてもらうための根拠という意味も認められよう。つまり，原告らが自然との対話で得ている利益は，単なる散策者のそれとは差異化されうるものであるし，原告らは，熱心に観察記録をとって研究のために役立てたり，図鑑の制作に協力するなど，単なる散策者には期待できない保護活動に従事しているから，防衛者としての資格要件を満たしているのだという主張ができるということである。したがって，これらのふたつの要件は，特定の関係性を法律上の利益（森林法によって保護された利益）たらしめる機能と，原告となりうる者の範囲をしぼりこむ機能（客観訴訟化の歯止め）を同時に果たしていることになると思われる。

(5) 鹿児島地裁平成13年1月22日判決

　第一審鹿児島地裁の判決は，人間が自然との関係性を築く利益を森林法10条の2第2項3号が保護しているとしても，この不特定多数者の利益を個別的利益として保護する趣旨まで含むと解することはできないと判示した。以下に，判決文の一部を引用する。

　　「……当裁判所は，既に検討したとおり，『原告適格』に関するこれまでの立法や判例等の考え方に従い，原告らに原告適格を認めることはできないとの結論に達した。しかしながら，個別の動産，不動産に対する近代的所有権が，それらの総体としての自然そのものまでを支配し得るといえるのかどうか，あるいは自然が人間のために存在するとの考え方をこのまま押し進めてよいのかどうかについては，深刻な環境破壊が進行している現今において，国民の英知を集めて改めて検討すべき重要な課題というべきである。」

　このように，裁判所は，今後の議論のあり方という観点から見て大いに注目すべき説示を残したものの，原告適格に関しては，結局，関係性理論をと

ると取消訴訟の客観訴訟化を避けられないとの認識から脱けきれなかったのである。

4. ノルウェーの環境倫理と環境法

(1) ディープ・エコロジー概説

　先に述べたように，奄美「自然の権利」訴訟の原告らは，アルネ・ネスのディープ・エコロジーを研究し，訴状の記載に利用した。ネスはスピノザ研究に実績のあるノルウェーの哲学者であるが，1973 年に「シャロー・エコロジー運動と長期的視野に立ったディープ・エコロジー運動」という論文を書いて，先進国に住む人々の健康と繁栄を意図するのみのシャロー・エコロジーと，生命圏のなかでの全生命体平等主義という立場をとるディープ・エコロジーを区別した。この思想は，「自己実現」を鍵概念としており，すべての生命体は生態系のなかで自己開花し相互に関連していく本質的な価値をもっており，そのための普遍的な権利をもつと説いている。ビル・ディヴォール(B. Devall)やジョージ・セッションズ(G. Sessions)といった継承者を得て，アメリカで広く知られるようになり，日本でも英語文献を通してよく研究されている[15]。

(2) ノルウェーにおける自然保護──尾崎和彦の研究から

　他方，アルネ・ネスの母国語すなわちノルウェー語の文献を用いた研究としては，尾崎和彦の『ディープ・エコロジーの原郷　ノルウェーの環境思想』(東海大学出版会，2006 年)がある。尾崎は，北欧全体の文化，社会，宗教について精力的に研究し，何冊もの書物を著してきた哲学者である。

　この作品を読むと，ノルウェーの環境思想を理解するには，北欧神話論[16]，ノルウェー人にとっての野外生活の意義[17]，並びに P・W・サプフェ(P. W. Zapffe)のビオソフィー，アルネ・ネス(尾崎の表記ではアーネ・ネス)のエコソフィー，および S・クヴァーレイ(S. Kvaløy)のエコ・フィロソフィーの思想的系譜と相互関係，これら3つのテーマの総合的な理解が必要であることを教えられる。それをすべて紹介するのは容易ではないので，以

下，本章に特に関係のある部分を要約して記す。

ノルウェーで環境保護運動が高まりをみせたのは1970年代である。その契機になったのが，1970年の自然保護法の制定であった。その序文には，つぎのように記されていた。

> 環境は保護されるべき国の宝である。環境保護とは人間と自然との密接な相互連帯の認識と，自然の質は将来の世代のために保護されなければならないという原則に導かれた資源利用を意味する。

ここには自然固有の価値への言及こそみられないものの，資源利用についての限界が設定されており，国の資源政策に対する人々の関心に大きな影響を与えた。

1970年代は，ダムの建設が進められた時代でもあった。水路の構造が変化したことで，河の流域の野生動植物・気候に大きな影響が及んだ。そのため，巨大ダムの建設は環境破壊の最大原因としておそれられ，それが1970年のマルデーラ運動につながった。これがディープ・エコロジーの思想展開の基盤ともなる。さらには，1972年の環境省創設の背景でもあった。

西中央ノルウェーのマルデーラ地方に世界有数の高度(517 m)を誇るマルデーラ瀑布(Mardølasfossen)がある。この瀑布は「自然の真珠」とも称せられるエイケスダール湖を水源として，エイケスダール渓谷の緑豊かな原生林の真っ只中に落下し，マルダール河に注いで，渓谷に広がる農地に豊富な水を提供している。この瀑布の水を利用して巨大な水力発電所を建設するプロジェクトが政府から発表された。これに抗して発生したのがマルデーラ運動である。アルネ・ネスはガンジーの非暴力主義に徹して抗戦した。

ネスとは違うかたちでマルデーラ運動を引っ張ったのがクヴァーレイであった。彼は，snmという行動的なグループを作り，「水力発電死」から河川を保護するために，いくつかの市民的不服従を指導した。「自然保護が人間保護である」というのが彼の考え方である。映画館，劇場といったものは，人間らしい生活とは何の関係もない。マルデーラ地方は，それぞれ，島嶼，原野，渓谷というノルウェー本来の「3つの異なったタイプの自然環境」，

そして「3つのタイプの人間社会」を代表しており，文字通りノルウェー的多様性を示している。しかるに，水力発電所の建設は，そこに強力な「標準化の要素」[18]を持ち込み，多様性を破壊してしまう。

(3) クリストファーセンによる「緑の法」の提唱

筆者は，1997年の9月から1年間，スウェーデンのウプサラ大学で研究する機会をもった。その際，若手の環境法研究者から一読を勧められたのが，ノルウェーの女性研究者クリストファーセン(A. B. Christophersen)の『緑の法に向かって？──生態学的認識に照らした環境法の発展』という書物[19]であった。

クリストファーセンはまず，環境哲学を発展史的に3段階に区分する。第1段階は，伝統的な倫理論，すなわち結果主義(よい結果をもたらした行為は倫理的に正しい)と義務論(われわれが則るべき原則に実際に則った行為のみが倫理的に正しい)のことである。つぎに，第2段階は，伝統的な倫理論を新しい環境問題に適合させようという立場で，拡大主義と呼ばれる。これは，相変わらず人間にのみ道徳的地位を認める人間中心的拡大主義と動物等をも取り込む非人間中心的拡大主義に分かれる。非人間中心的拡大主義がとられるのであれば，ずいぶん革新的であるように思われるが，著者はこれに満足しない。非人間中心的拡大主義であっても，第2段階にとどまる限り，「倫理的に正しく行動するためには，私はどのように行動すべきか」という思考形態をとっている。それに対して，第3段階の環境哲学では，「私はどういう人間であるのか」，「私はどういう態度をとっているのか」という存在論的な問いかけをしていくことになると彼女はいう。その際には，人々は，生態学的共同体を観念し，自然への帰属意識，自分は自然の一部であるという意識をもっているのでなければならない。今日，そうした第3段階の環境哲学として取り上げうるのは，レオポルドの土地倫理とアルネ・ネスのディープ・エコロジーである。

著者はさらに，環境哲学の3区分にあわせて，環境法をも3区分する。第1段階は，自然の経済的価値に着眼する資源立法，理念的・文化的価値の保持をはかる自然保護立法，自然を私的所有権の対象とみる公害規制立法など，

旧来の法的枠組みである。第2段階の環境法としては，環境に対する権利や持続的発展の観念を明文化したノルウェー憲法110b条や，生物の生息環境を構成する自然物を環境犯罪の対象たる「生活環境」(livsmiljø)に含めたノルウェー刑法152b条などが挙げられる。

さて，肝心なのは第3段階の環境法で，それが書名ともなっている「緑の法」である。緑の法は，新たな自然観に立つ法，すなわち人々が生態学的な共同体感覚に基づいて創造する法である。それはふたつの層からなる。第1の層は，生態学的な層で，人間社会と生態学的な共同体との関係を規律する。それに対して，第2の層は，人間社会内部の関係を規律する。両者の間では，第1の層が上位に来る。人間は，生態学的共同体の一員として人間が負う義務に適っている限りで，人間同士の関係を自由に定めることができる。緑の法は必然的に普遍的な性格を帯びるので，天然資源に対する国家主権から自らを解放しようとするであろうと彼女はいう。

緑の法の主たる関心事は，生態学的共同体における「協働」と「関係」であって，種，地域，資源といった個別要素ではない。したがって，緑の法は，実体法の制定よりも，むしろ「関係」を志向する。それはすなわち，個別の決定や紛争の局面に焦点があてられるということである。人間と生態学的共同体との関係を誰が解決すべきなのか，種々の事件がそれぞれどのように解決されるべきなのかといった問題について，緑の法が規範を提供することになるというのが著者の結論である。

(4) アルタ川判決——環境保護団体の原告適格

奄美「自然の権利」訴訟の第一審判決が出た段階で，筆者は，控訴に及んだ弁護団から意見書の執筆を依頼された。ちょうどそのころ，クリストファーセンの著書で知ったノルウェー最高裁のアルタ川判決(1980年)に関心をもっていて，それを意見書に盛り込むことにした。アルタ川判決の重要性は，アルタ川開発に係る行政措置についてノルウェー自然保護協会が無効を主張した事件で，最高裁判所が自然保護協会の原告適格が認めたところにある。

ノルウェーには行政裁判所はなく，日本と同じように，通常裁判所が行政

事件をも処理している。個別的な行政措置が有効であるか無効であるかの判断を求めるかたちの訴訟形式が設けられていて，これが日本の取消訴訟に相当する役割を果たしているものと思われる。その訴訟の原告適格は，民事訴訟法の規定により，当該行政措置の当事者および当該事件において「法的な訴えの利益」(rettslig klageinteresse)を有する者に認められる。したがって，この事件では，行政措置の当事者ではない自然保護協会に「法的な訴えの利益」が認められるかどうかが問題となる。

この点について最高裁は，「利益団体は，判決が当該団体またはその構成員の権利に対して直接の意味をもたなくても，場合によっては訴え提起に必要な法的利益を有することがある。本件では，行政の法的統制の必要が決め手である」と判示した。要するに，行政統制の観点から環境保護団体の原告適格を認めたわけで，日本の状況に照らし合わせれば驚異である。クリストファーセンの解説によれば，この種の団体の原告適格が認められるに至ったのは，社会の発展，技術の進歩により，ある特定の行為を選択するとそれが大変大きな波及効果をもつようになったので，その行為を第三者機関である裁判所の審査に乗せる必要があると考えられたためである。しかし，やはり，その背景として，マルデーラ運動をはじめとする環境保護運動により，環境保護に関係するシステムの全体がうまく稼働するよう監視しなければならないという国民意識が醸成されてきていたのではないかと筆者は推測する。

ノルウェー自然保護協会は自然保護全般にわたって活動する団体であるが，その後，特定の問題を対象にして設立された団体にも原告適格が認められたようで，環境保護団体の訴訟アクセスに関するオーフス条約の要求はノルウェーにおける判例の展開以上に出るものではないと，ノルウェー国内では判断されている[20]。

5. 生態学的共同体の概念

筆者の理解では，奄美「自然の権利」訴訟の原告らも，自然物の内在的価値を認めているはずである。しかし，内在的価値ということがそれほど強調されているようにはみえない。結局，原告らは，内在的価値を有するか否か

という判定で結論を出してしまうのではなく，関係性という概念を用いることにより，人間と自然との濃密な触れ合いを掬い上げようとしたのであろう。原告らの理論は原告適格を認めてもらうための訴訟法理論として展開されたのであるが，これを環境倫理のひとつの考え方として評価することもできると思う[21]。つまり，特定の場で形成されている人と自然の濃密な関係性は尊重されなければならないという規範を観念するということである。

　環境倫理を公共政策に活かすという観点からも，関係性理論のような捉え方がよいのではないか。関係性理論は，濃密な関係性を育む特定の「場」を前提にしている。その「場」を取り込むかたちで公共事業を企画するような場合[22]は，関係性の存在を十分に尊重して合意形成をはかる必要があろう。また，筆者は，公共政策の実施における現場知と学問知の結合ということに関心がある。つまり，今日では住民参加の必要性ということが普通に語られるけれども，単なる住民参加では不足であり，それに重ねて，現場を知る人の知と，当該政策に関連してくるテーマについて理論的に研究している人の知を結合して，それを政策決定の基礎に据える必要があるということである。そういう観点からも，関係性理論の方が，単純に自然物の価値を問う議論よりは公共政策の実施と親和性があるように思う。

　ところで，クリストファーセンも指摘しているように，「関係」に着目した議論においては，どうしても個別的な決定や紛争解決の局面を考察することになる。しかし，日本では，まだ彼女のいう第2段階の環境哲学に見合う環境法作りができていない。砂利採取法や採石法は自然環境の保全に大いに関係するにもかかわらず，自然環境に十分配慮できるような仕組みにはなっていない。河川法や海岸法は，1条の目的規定に環境保全の語が書き込まれたので，河川敷や海岸の自然環境に配慮しやすくはなったが，災害防備などの本来的目的との関係では，自然環境の保全はやはり劣後するのではないか。こうした状況を改善する必要がある。これは，畠山武道のかねてよりの問題意識でもある[23]。さらに憂慮されるのは，海底資源開発である。深海底の熱水鉱床などを開発できるように，先般鉱業法が改正された。しかし，未知のフロンティアである深海底に乗り出そうというのに，そこに存する生態系への配慮が窺われない[24]。開発を主導する部局が立案すると環境配慮が不

写真-1 工事を終えて開港を待つ新石垣空港(2012年12月28日，筆者知人撮影)

写真-2 今はまだ普通に見られるリュウキュウアサギマダラ(2012年12月28日，筆者知人撮影)

足するというところに制度上の根元的な問題がある。

　しかし，より根元的なのは，やはりわれわれが生態学的共同体の一員であるという意識をもてるかどうか[25]である。いわゆる新石垣空港訴訟で，第2原告(空港用地内の一部を共有する原告が第1原告で，彼らは原告適格を認められた。それ以外が第2原告)らは，自分たちはかけがえのない地球の財産であるサン

ゴ礁と絶滅危惧種である小型コウモリ類など希少な野生生物をつぎの世代に残したいと願って本件訴訟の原告になった者たちであると称し，原告適格を基礎づける法律上の利益として，「個体としてのヒトが自然と触れて得られる人間性の回復や保健休養としての効用等の人間に対して環境が与える有形，無形の福利を享受する利益」があると主張した[26]。筆者の目には，彼らが用いた「かけがえのない地球の財産」，「個体としてのヒトが自然と触れて得られる人間性の回復」という表現は，人間をその他の生物と対等の位置におこうという意思の表れと映る。しかし，これが自然な読み方として受け容れられるようになるのは，まだまだずっと先のことであろう。

〈注〉

1) 都市環境や人工的環境を射程に入れて環境倫理学を構築しようという試みがないわけではない。吉永明弘「自然・人為——都市と人工物の倫理」鬼頭秀一・福永真弓編『環境倫理学』(東京大学出版会，2009年)36頁以下を参照。

2) 筆者の考え方について，以下の拙文を参照していただければ幸いである。交告尚史「環境倫理と環境法」大塚直・北村喜宣編『環境法学の挑戦』(日本評論社，2002年)355頁以下，同「国内環境法研究者の視点から」環境法政策学会編『生物多様性の保護』(商事法務，2009年)42頁，同「特集 生物多様性のこれから——COP 10を踏まえて はじめに」ジュリ1417号(2011年)4頁以下，同「生物多様性管理関連法の課題と展望」新美育文ほか編『環境法大系』(商事法務，2012年)671頁以下。もっとも，交告尚史ほか『環境法入門〔第2版〕』(有斐閣，2012年)の「序幕 環境法への誘い」を読めば，筆者の考え方はあらまし理解できる。

3) 高橋広次『環境倫理学入門 生命と環境の間』(勁草書房，2011年)147-148頁に，「種」の意義に関する興味深い説明がある。

4) 石川健治「憲法改正論というディスクール——WG提案を読んで」ジュリスト1325号(2006年)96-97頁。なお，石川が用いる「生圏中心主義」という語は，今道友信『エコエティカ——生圏倫理学入門』(講談社，1990年)によったものである。

5) この問題については，たとえば加藤尚武『災害論——安全性工学への疑問』(世界思想社，2011年)の第9章を参照。

6) 大塚直「『持続可能な発展』概念」法学教室315号(2006年)67頁以下，特に71頁を参照。

7) 最近の新聞報道(日本経済新聞2012年12月30日)によれば，マングース駆除の効果が顕れて，アマミノクロウサギの個体数は回復傾向にあるという。

8) それから2年後の1997年1月，岡本太郎美術館の建設に反対する川崎市多摩区住民が，原告に動植物を加えて，美術館建設のための公金支出の差止を求める住民訴訟

を横浜地裁に提起した。原告となった動植物は，キツネ，タヌキ，トンボ，クモ，およびバラ科の野草であるワレモコウである。それに対して，裁判所は，「自然物に当事者能力を認めるべき現行法令の根拠はなく，民法その他の法令は，人間社会における紛争を念頭において規定されたものであり，それによる法的効果が帰属する主体は人であることを当然の前提としているものというべきである」として，動植物原告による訴えを不適法却下した（横浜地判平成9年9月3日判自173号73頁）。

9) 岡島成行『アメリカの環境保護運動』(岩波書店，1990年)の第3章，特に85頁以下に興味深い記述がある。

10) リン・ホワイト(青木靖三訳)『機械と神』(みすず書房，1999年)の「第5章 現在の生態学的危機の歴史的根源」を参照。

11) レオポルドの人と思想については，加藤尚武『環境倫理学のすすめ』(丸善，1991年)169-185頁を参照。小坂国継『西田幾多郎の思想』(講談社，2002年)341頁以下は，「山の身になって考える」というレオポルドの思想と「物になって見，物となって行う」という西田の思想との一致点を示し，地球環境問題と取り組むうえで西田の「自覚」の哲学ないし「行為的直観」の思想から大いに学ぶべきものがあると説く。同『環境倫理学ノート――比較思想的考察』(ミネルヴァ書房，2003年)の第8章も参照。

12) 鬼頭秀一『自然保護を問い直す――環境倫理とネットワーク』(筑摩書房，1996年)50-55頁が詳しい。

13) 原告らを支援した弁護士たちがいかなる学習をしたのかを知るには，山村恒年・関根孝道編『自然の権利』(信山社，1996年)を精読する必要がある。

14) 原告らを支える弁護士たちは，奄美の人々との触れ合いを深めるなかで，外国の思想に頼るのではなく，自分たちの理論を作ろうという意識を抱くに至っていた。山田隆夫「奄美『自然の権利』訴訟について――自然の法的価値とその保護」神奈川大学法学研究所・研究年報19(2001年)38頁を参照。なお，この文献は，2000年11月11日に神奈川大学法学研究所の主催で開催された「自然保護と法――アマミノクロウサギ『自然の権利』訴訟の問いかけるもの」と題するシンポジウムの記録である。

15) アラン・ドレングソン・井上有一共編『ディープ・エコロジー――生き方から考える環境思想』(昭和堂，2001年)という書物がある。その第1部には，「シャロー・エコロジー運動と長期的視野に立ったディープ・エコロジー運動」を含むネスの作品が3本収録されている。

16) 尾崎には『北欧神話・宇宙論の基礎構造――『巫女の予言』の秘文を解く』(白鳳社，1994年)という著書があり，そこに示されている知識がディープ・エコロジー研究の前提になっている。北欧神話では，アース神族が父祖である原巨人ユミルを殺害して，その屍から宇宙を創造したことになっている。そのときアースの神々は，巨人族に対してヒュブリスの感情(傲慢，不遜)を抱いた。それに対する罰(ネメシス)が宇宙の破滅，神々の没落で，これをラグナロクという。哲学者フォン・ヴリークト(Georg Henrik von Wright)の理解では，ヒュブリスは神々への反抗というよりも，むしろ「自然の秩序」に対する反抗を意味する。そう考えたとき，「ヒュブリス―ネメシス―

環境危機」という構造がみえてくる。尾崎によれば、ここにディープ・エコロジーの源流がある。
17) ノルウェー人は、むしろ野外こそが生活の場だと考えているらしい。尾崎によれば、ノルウェーには、資本主義経済の発展により修正を受けているとはいえ、1687年にまで遡る一般通行法(allemansferdselrett)の伝統がある。要するに、基本的には、誰もが個人の所有地を通って旅行し、レクレーションのために河川・湖沼を利用する権利を有するということである。
18) この表現は、富山和子の「機械や数式による単純化」に対する批判を想起させる。富山『水と緑と土──伝統を捨てた社会の行方〔改版〕』(中央公論社、2010年)140頁を参照。
19) Anne Bahr Christophersen, På vei mot en grønn rett? Miljørettens utvikling i lys av den økologiske erkjennelse, ad Notam Gyldendal 1997, Oslo. 筆者はすでに、環境と正義38号(2001年)4-5頁で本書を紹介した。本章では、その一部を若干字句を変えて再録している。
20) Inge Lorange Backer, Naturmangfoldloven KOMMENTARUTGAVE Lov 19. juni 2009 nr. 100 om forvaltning av naturens mangfold, Universitetsforlaget 2010, Oslo, s. 31. この書物は、ノルウェーの生物多様性法のコンメンタールである。
21) 鬼頭・前掲(注12)55-63頁を参照。
22) 関係性が生じる「場」は、行政的な区域設定とは異なりうることに注意しなければならない。豊田光世「分断的境界を克服する『包括的再生』の思想──佐渡島の水辺再生の現場から」BIOSTORY vol.17(2012年)30頁以下は、そのことを考えさせる。
23) 畠山武道『自然保護法講義〔第2版〕』(北海道大学出版会、2004年)23頁を参照。
24) 三浦大介「鉱業法の一部改正について」自治研究88巻9号(2012年)52-53頁。
25) 法哲学者の佐藤節子は、憲法学者の小林直樹との論争のなかで、小林は人間も生物の一種であることを認めながら、人間は特別であるとして近代主義の人間観、すなわち尊厳性、理性、良心、自由(意思)などの本質を内蔵する個人に戻ったが、自分は、今日の世界規模の諸問題(環境問題を含む)は人間と自然を対抗関係におく近代主義がもたらしたものであるから、その解決を近代主義に求めることはしないと述べている。佐藤「小林直樹著『法の人間学的考察』の紹介と批判」青山法学論集46巻4号(2005年)53-54頁。
26) 結局、第2原告らの原告適格は認められず、また第1原告らの請求は棄却された(東京地判平成23年6月9日裁判所ウェブサイト掲載判例)。原告らは控訴したが、東京高裁は、平成24年10月26日の判決でこれを斥けた。

環境法事件簿 6　　奄美「自然の権利」訴訟の価値

奄美「自然の権利」訴訟（鹿児島地裁平成13年1月22日判決，判例集未登載，環境法判例百選〔第2版〕81事件）

籠橋隆明

1. アマミノクロウサギ訴訟の始まり

　1995年に，アマミノクロウサギ外3種の野生生物を原告として表示された奄美「自然の権利」訴訟が提起された。この事件は，奄美大島住用村に予定されたゴルフ場開発に対して，鹿児島県知事がなした森林法10条の2に基づく開発許可の取消，無効確認を求めるもので，原告適格，違法性ともに実務的には勝訴を得ることがきわめて困難な訴訟であった。

　しかし，この訴訟は野生生物を原告として表示したこと，「自然の権利」を主張したことから，社会的に大きな注目を浴びることとなった。多くの人たちがこの裁判で動物たちはどんなことをするのだろうかと，何か物語が現実の社会に登場してくるような気持ちで注目することとなった。原告団，弁護団には「よそ者が勝手なことをするな」，「ウサギが大事か人間が大事か。」，「ウサギだけが守られればよいというものではない。」，「人は自然を代弁することなどできない。」といった意見が寄せられ，環境問題の本質にかかわる議論がこの裁判の内外で展開されたのである。

2. 事件の背景

　アマミノクロウサギは，奄美大島及び徳之島にのみ生息する奄美地方固有種のウサギである。正確ではないが生息数は3000から6000の間と言われ，絶滅が危惧されている。1963年に国の特別天然記念物に指定され，また環境省レッドデータブックでは絶滅危惧ⅠB種（EN）とされている。2004年に

は,「種の保存法」に基づく「国内希少野生動植物種」に指定された。アマミノクロウサギが減少していった原因としては森林伐採によって生息区域が狭まり,あるいは個体群が孤立していったということや,マングース,野猫,野犬といった奄美大島にはいなかった肉食獣が入り込み,道路整備とともに奥地に分布するようになったことが指摘されている。人の手によって,島の生態系が攪乱され,破壊され,生態系を象徴するような種が絶滅に追いやられていくことの是非が本件では問われたのである。

奄美「自然の権利」訴訟を理解する上でもう一つ落としてはならないこととして,奄美大島の文化の問題がある。奄美大島は,元来琉球王朝の統治下に置かれていたが,1600年ころに島津藩の統治下に置かれた。それゆえに,奄美の文化は,琉球文化を基本に大和の文化が融合し,固有の文化を持つことになった。第二次世界大戦後,一時米国政府の統治下に置かれたが,1953年には本土復帰を果たし,鹿児島県に編入されている。本土復帰後奄美群島振興開発特別措置法が制定され,奄美大島の公共工事に対しては,国庫より補助金が投入され開発が進められることになる。その結果,島の経済は公共事業に大きく依存することになる。奄美大島の生態系破壊に対しては,このような公共事業のあり方も大きく関係している。

3.「自然の権利」

私たちが知る限り,「自然の権利」(Right of Nature)が日本紹介されたのは,1990年発行の『現代思想』に掲載されたクリストファー・ストーンの論文「樹木の当事者適格」が最初である。ストーンの論文が米国で発表された当時,米国の有力な環境保護団体の一つであるシエラクラブがシエラネバダのミネラルキング渓谷に予定されていた大規模リゾート開発に反対して,内務長官の出した開発許可を争う訴訟を展開していた。この論文は,その訴訟の最高裁判決直前に出版され,連邦最高裁判決にも少なからぬ影響を与えたのである。

1972年,シエラクラブ対モートン事件連邦最高裁判決(Sierra Club v. Morton, 405 U.S. 727 (1972))では,行政事件における原告適格について判例変

更が行われ，原告適格の要件が拡大された。さらに，当時の最高裁判事の一人，ダグラス判事はストーンの論文を引用しつつ少数意見を書き，「…最近の一般公衆の関心は，環境対象物に，彼ら自身の保全のために訴えるための原告適格を与える方向に向かわなければならない。本訴訟は，それ故，ミネラルキング対モートンと名付けられるのがより適当である。」している。つまり，自然物そのものに当事者能力を与え，自然物の名で訴訟を進める道を開くべきだと述べたのである。

ストーン論文が提起した「自然の権利」には，2つの意味が述べられている。一つは，人権享有主体の拡大という点である。ストーンは，女性や黒人が市民権を与えられてきたように，自然にも権利が認められるべきだというのである。もう一つの意味は，「法操作主義的側面」と言うものである。自然物に人権享有主体性を与えることにより，端的に自然が保護されるというのである。例えば，河川の汚染に対して，人の生命身体の保護の限りで救済があったとしても，河川の汚染そのものの回復は取り残される可能性を指摘している。そもそも河川の汚染が人の生活にかかわりがなければ，河川の救済を司法的に解決することはできない。しかし，河川に当事者能力を与えれば問題は解決する。法人たる河川が妨害排除，回復，損害賠償請求を行えるとすれば，河川の回復はより進展するだろう。

4. 自然保護思想としての「自然の権利」

奄美の裁判は，「自然の権利」というテーマがもともと環境思想上の論点を含んでいることから，訴訟に多くの哲学的な観点が持ち込まれた。そもそも自然とは何か，自然は何故価値があるとされるのか，人と自然との関係とは何かといった議論がされたのである。このような展開は，通常の訴訟では考えられない。

その中で，弁護団の最大のテーマが，自然に対して人権享有主体性を認めることが適切かという点であった。女性や黒人が権利を獲得したように自然に権利を与えて良いのだろうか。しかし，いかなるウサギ，クマ，森，海，河川，山，いかなる自然物にどのような権利を与えるかは結局は人が決める

ことではないか。人権制約の原理として人以外の価値である「自然」を持ち込むことは個人の尊厳を最高の価値とする憲法の価値観と矛盾しないか，それはかつてナチスが民族の価値をという超然とした価値のもとドイツの森林保護政策を進めたのと同じではないか。

　結局，弁護団は自然固有の価値をもとに自然の権利を構成することを断念し，自然の価値を人間と自然との関係に置くことにした。自然の価値は人と自然との関係という事実を基礎に人の価値として組み立てることにしたのである。人は自然の一部であること，それゆえに自然との関係は，人の本質にかかわる深い部分から，文化的，社会的，経済的価値といった資源的価値を持つ意味において浅い部分に至るまでの関係を持つ。この関係が，人にとっての自然の価値を決める。自然の権利は，こうした自然の価値を人が代弁することを意味すると考えたのである。

　このような考えは，弁護団だけで生まれたものではない。本件原告らは当初，ウサギを代弁し，「私たちを殺さないで！」というスローガンを掲げてきた。それが後には「奄美が奄美でなくなる。」というスローガンに変わっていった。自然保護の問題を人と奄美の社会との関わりでとらえよう考え始めたのである。奄美人としてのアイデンティティには，奄美の自然が不可分に結びついている，奄美の自然破壊は奄美の文化や奄美人としての人格を侵害するものとしてとらえていったのである。人は自然がなくとも生きていけるかも知れない。しかし，奄美の人が奄美人として生きていくためには奄美の森は必要であると訴えた。私たち弁護団の「自然の権利」は，こうした原告らのアイディアに強く影響を受けている。

5. 奄美「自然の権利」と原告適格

　奄美「自然の権利」訴訟では自然物の当事者能力は認められなかったため，私たちは，自然を代弁する人の裁判として訴訟を進めた。当事者の名称も「アマミノクロウサギこと○○」とした。この人である原告は，奄美大島名瀬市住民であった。島内最大の都市である名瀬市は，ゴルフ場予定地である住用村から遠く離れていた。本件行政処分に対する原告の利益は，自然との

関係で人が受ける利益というものである。行政事件におけるわが国の判例の立場からすれば，原告適格は認められない。当該開発区域に赴き，自然を楽しみ，自然を観察し，自然との関係を具体的に作ることでそこから得られる人格的利益その他の文化的利益は国民の公益的な利益でしかなく，個々の利益とは考えられていない。本件訴訟の判決は，自然の権利に対して好意的ではあったが，原告適格の欠如を理由に却下の判断をした。

　わが国の自然保護に関する法律には，環境基本法，生物多様性基本法，自然環境保全法，鳥獣保護法，種の保存法などがあり，文化財としての保護という点から文化財保護法がある。森林法や都市計画法といった開発規制法は生物の多様性や研究，保養，レクレーションといった価値を一応保護の対象としている。しかし，いずれの法律も，自然の公益的価値を個々の国民の利益とは考えられていない。また，自然保護政策推進に当たっては国民や環境保護団体の参加が必要不可欠とは考えていない。自然物は土地所有権の一部あるいは無主物とされ，国民，自然保護団体がかかわることができないものと考えられている。これらのことが，わが国の自然保護政策を貧弱なものにしていると思われる。

　行政がウサギはいないものとして扱えば，いくらアマミノクロウサギの高密度生息域であるとして自然保護団体が事実を訴えても，行政は，それを無視して開発を許可することができた。市民や環境保護団体が手続に参加する権限が与えられ，それが司法的に担保されていれば，事態は異なったものとなっていただろう。野生生物の置かれている法律の状況は，奄美「自然の権利」訴訟が提訴された時期と現在とで，基本的に変わりは無い。奄美「自然の権利」訴訟は，こうした野生生物，自然生態系の置かれている状況を広く国民にアピールするものとして重要な意義を持った。私たちは訴訟を通じて，日本においてもミネラルキング渓谷事件のような判決が出されるべきであると訴えた。また，自然保護のための施策に国民が参加でき，かつ，自然保護のための法制度が政府によって適正に執行されていない場合には，市民，環境保護団体が政府に適正な法の執行を義務づけ，もしくは政府に代わって法を執行するような司法制度が必要であるとも訴えてきた。自然を人が代弁するという自然の権利の発想はこのようにして原告適格の解釈，あるいは法制

度として実現されるべきであると主張してきた。

6. 沖縄ジュゴン「自然の権利」訴訟

　奄美「自然の権利」訴訟提訴後，全国でいくつかの「自然の権利」訴訟が展開されている。特に特筆するべきは，沖縄県名護市辺野古沖普天間基地代替施設建設をめぐる沖縄ジュゴン「自然の権利」訴訟である。この裁判は，米国軍の辺野古基地利用が米国文化財保護法（NHPA/National Historic Preservation Act）に違反するものとして，沖縄県民，日本環境法律家連盟らがサンフランシスコ連邦地裁に訴えたものである。裁判所は，原告の原告適格を認めた上で審理に入り，2008年には現状がNHPA違反状態であると宣言している。

　日本の自然保護をめぐる訴訟との違いに驚かされるとともに，我々自然保護派の法律家達が目指すべき目標も示されている裁判であると言える。前記のように，奄美「自然の権利」訴訟判決は却下によって終わっているが，同訴訟が提起している問題意識は，今後とも論じられるべき課題だと思われる。

〈参考文献〉

Christopher D. Stone, Should Trees Have Standing?, *Southern California Law Review*, vol. 45 (1972) pp. 450-501.（クリストファー・ストーン「樹木の当事者適格」岡嵜修，山田敏雄訳／畠山武道解説，現代思想1990年11月号，58-98頁）

畠山武道『アメリカの環境訴訟』（北海道大学出版会，2008年）

関根孝道『南の島の自然破壊と現代環境訴訟』（関西学院大学出版会，2007年）

第Ⅶ部

環境保全と被害救済

公害裁判と市民運動(撮影:畠山武道知人・1981年)

第24章　環境民事訴訟[1]

前田陽一

つぎつぎに登場する新たな公害環境問題の現実に対応した法理論の修正・展開により，被害者側の立証上・解釈論上の困難が克服され，損害賠償や差止めの救済の幅が広げられてきた。たとえば，共同不法行為論は，四日市公害事件を契機に大きな展開を遂げたが，近時は建設アスベスト問題への対応を迫られている。そのほかにも，景観などの保護法益論や差止訴訟をめぐる因果関係論など，残された課題は多い。

1. 損害賠償訴訟

(1) 問題の所在

公害環境問題の被害者が加害者に対し損害賠償を請求するには，①加害者の「故意又は過失」，②被害者の「権利又は法律上保護される利益」の侵害，③因果関係，④損害の発生とその額，といった不法行為の要件を被害者が主張・立証する必要がある(民法709条)が，被害者にとっては困難なことが多い。たとえば，特別法で無過失責任に修正されている場合(鉱業法109条，大気汚染防止法25条，水質汚濁防止法19条，「原子力損害の賠償に関する法律」(原子力損害賠償法)3条など)は，故意・過失を主張・立証しなくてよい。しかし，特別法による対応がない場合は，解釈論で対応するしかなく，さまざまな工夫が重ねられてきた。

(2) 権利・利益の侵害と違法性
(ア) 今日までの理論展開
(a) 権利濫用と受忍限度

公害環境問題には加害者の権利行使の側面がある。明治初期の判例には権

利行使による損害発生について不法行為の成立を否定したものもあったが，浅野セメントの降灰公害などを契機に，権利濫用論が学説や判例で発展した。これを受け，汽車の煤煙による由緒ある松の枯死について[1]信玄公旗掛松事件(大判大正8年3月3日民録25輯356頁)は，権利の行使が社会観念上被害者において認容すべきものと一般的に認められる程度を超えて，法律において認められる適当の範囲にあるとはいえない場合には，不法行為が成立しうるとして，損害賠償を認めた。

　この判決は，①権利行使による被害が受忍限度を超える→②権利濫用にわたる→③違法な行為として不法行為が成立する，という考え方とみることができるが，②を媒介するのは過渡的な議論であり，現在は①→③の考え方がとられている。特に，侵害された利益が権利性の強いものでなかったり，権利の中核部分への侵害とはいえない場合には，被害者側の権利・利益と加害者側の権利(行動の自由)との調整をはかる必要性が高いため，被害者・加害者双方のさまざまな事情を総合考慮した受忍限度論などの違法性判断により，不法行為の成否が決せられるのである。

　(b)　受忍限度の違法性の判断要素

　受忍限度の違法性判断では，空港騒音のように加害行為に「公共性」がある場合にこれをどう考慮するかが問題となる。[2]大阪空港事件(最大判昭和56年12月16日民集35巻10号1369頁，判時1025号39頁，環境法判例百選〔第2版〕34事件)は，「侵害行為の態様と侵害の程度，被侵害利益の性質と内容，侵害行為のもつ公共性ないし公益上の必要性の内容と程度」のほか，被害の防止措置の内容と効果などを総合的に考察して判断すべきである，としたが，①日常生活に不可欠な役務の提供のように絶対的な優先順位を主張しうるものとはいえず，②被害住民が多数に上り被害内容が広範・重大であって，③住民の受益と被害との間に「彼此相補の関係」が成立しないことから，「公共性」を考慮はするが重視はしない判断をした。

　特に③は，空港や道路の騒音被害の損害賠償に関する受忍限度の判断で公共性を考慮することへの一定の歯止めとなっている([3]厚木基地第1次訴訟・最一小判平成5年2月25日民集47巻2号643頁，判時1456号32頁，環境法判例百選〔第2版〕37事件，[4]国道43号線事件・最二小判平成7年7月7日民集49巻7号1870頁，

判時1544号18頁，環境法判例百選〔第2版〕39事件）。学説では，周辺住民に犠牲を強いるべきでなく，賠償金を通じて社会が負担すべきであるとして，公共性を損害賠償の受忍限度で考慮すること自体に対する批判も強い。

　(c)　被侵害利益の要保護性

　受忍限度などの違法性判断がされる前提として，そもそも被侵害利益が民法709条の「権利又は法律上保護される利益」にあたることが必要であるが，特に「景観利益」については，かつては，法的根拠の不明確性や（眺望と比較して）地域的・公共的な性質から，否定的に解されてきた。

　しかし，[5]国立景観訴訟（最一小判平成18年3月30日民集60巻3号948頁，判時1931号3頁，環境法判例百選〔第2版〕75事件，環境法事件簿1参照）は，条例や景観法により良好な景観の法的保護がはかられるようになったことを述べたうえで，①(i)都市の景観は，良好な景観として人々の歴史的または文化的環境を形作り，豊かな生活環境を構成する場合には，「客観的価値」を有し，(ii)良好な景観に近接する地域内に居住し，その恵沢を日常的に享受する者は，景観の客観的価値の侵害に「密接な利害関係」を有するので，これらの者が有する良好な景観の恵沢を享受する「景観利益」は「法律上保護に値する」，②違法な侵害に当たるといえるには，少なくとも，刑罰法規や行政法規の規制に違反するものであったり，公序良俗違反や権利の濫用に該当するものであるなど，「侵害行為の態様や程度の面において社会的に容認された行為としての相当性を欠くこと」が求められる，という一般論のもと，本件景観利益は民法709条の「法律上保護される利益」にはあたるが，違法な侵害までは認められないとした。

　本判決は，「景観利益」について「法律上保護される利益」として損害賠償請求の可能性を認めた点に意義がある。また，景観の「客観的価値」への「密接な利害関係」をもって，要保護性のある私益と認めた点も注目される。被侵害利益の客観性を要保護性の判断で問題とした最近の判例として，住宅地内の葬儀場での棺の搬入・搬出等が居室からみえるという被害について，「主観的な不快感にとどまる」として，受忍限度を超えて居住者の平穏に日常生活を送る利益を侵害するものではないとしたものがある（[6]最三小判平成22年6月29日判時2089号74頁）。

（イ）紛争類型からみた判例・裁判例の動向

（a）騒音公害

騒音公害については，前記（ア）の受忍限度と「公共性」の問題のほか，以下の2点を補足しておく。

騒音公害の存在を認識しながら転居してきた者について，「危険への接近」ないし「危険の引受け」の法理により，違法性を阻却したり，賠償額を減額できるか否かが問題となる。[2]大阪空港事件の原審は，住民側に特に公害問題を利用する意図がない限り，適用すべきでないとしたが，最高裁は，被害者が危険の存在を認識しながら被害を容認していたようなとき（かつ，被害が生命・身体にかかわらず，原因行為に公共性があるとき）は，加害者の免責を認めるべき場合がないとはいえないとして，破棄した。ただし，反対意見では，認識だけで免責されるのは，「地域性」と呼ばれる加害状況について一般的な社会的承認がある場合に限定されるべきであり，そうでない場合には，過失相殺による減額にとどめるべきだとされた。その後の裁判例では，反対意見に近い立場が支配的である。[7]横田基地第1次・第2次訴訟（東京高判昭和62年7月15日判時1245号3頁）は，地域性による免責と過失相殺による減額とを区別して，後者のみを適用し，上告審（[8]最一小判平成5年2月25日判時1456号53頁，環境法判例百選〔第2版〕38事件）は，この判断を是認した（過失相殺による減額も相当でないとした[9]厚木基地第3次訴訟・横浜地判平成14年10月16日判時1815号3頁も参照）。

騒音のような継続的不法行為について将来分の損害賠償が請求された場合，判例（[2]大阪空港事件など）は，請求権の成否や額をあらかじめ一義的に明確に認定できないなどとして，原則として認めない立場をとっている。ただし，下級審裁判例には，損害発生継続の高度の蓋然性が予見され，被害が重大であるなどとして，操業差止とともに操業停止までの定期金賠償を認めたものもある（[10]大阪地判昭和62年3月26日判タ656号203頁）。

（b）日照妨害

日照妨害は，隣人等の土地利用の結果として日光が遮られるという消極的生活妨害であって，古くから不法行為の成立が認められてきた煤煙・騒音な

どの積極的生活妨害とは異なる。しかし、最高裁([11]最三小判昭和47年6月27日民集26巻5号1067頁、判時669号26頁、環境法判例百選〔第2版〕71事件)は、①「居宅の日照、通風は、快適で健康な生活に必要な生活利益であり、それが他人の土地の上方空間を横切ってもたらされるものであっても、法的な保護の対象とならないものではな」い、②「土地利用権の行使が隣人に生活妨害を与えるという点においては、騒音の放散等と大差がなく、被害者の保護に差異を認める理由はない」として、日照が保護法益であることを明らかにしたうえで、受忍限度による違法性判断をした。

その後の裁判例の受忍限度の判断では、①被害の程度、②地域性、③被害と加害の回避可能性、④被害建物と加害建物の配置・用途、⑤先住後住関係、⑥公法的規制違反の程度、⑦交渉過程などの要素が考慮されている。

(c) 眺望侵害

眺望侵害は、旅館などの営業利益が関係する場合は別として(第2節(2)参照)、住宅や別荘については、日照妨害よりも法的保護が遅れた([12]横浜地横須賀支判昭和54年2月26日判時917号23頁、環境法判例百選〔第2版〕74事件、[13]大阪地判平成4年12月21日判時1453号146頁、[14]大阪地判平成10年4月16日判時1718号76頁が損害賠償を認めたほか、差止めの仮処分の肯定例も出た〔第2節(2)〕)。

裁判例では、(i)当該眺望が法的保護に値するか否かを判断したうえで、(ii)被害の程度と加害行為の態様などを総合考慮して、受忍限度を超える違法な侵害か否かを判断する傾向にある。(i)については、その場所が眺望の点で格別な価値をもち、眺望の利益の享受を重要な目的としてその場所に建物が建てられた場合のように、眺望利益の享受が社会観念上からも独自の利益として承認されるべき重要性を有するか、(ii)については、侵害を軽減する配慮の有無や、建物の高さの周囲の環境との調和などが考慮されている。

(i)については、上記のとおりここでも保護法益としての客観性が問題とされているが、近郊未開発地の住宅地からの農地・雑木林・市街地を広く見渡す眺望について肯定された事例もある([14])。

(3) 故意・過失

(ア) 過　　失

(a) 公害と過失理論の展開

　過失をめぐる議論は，工場の煙害に関する大阪アルカリ事件に遡ることができる。原判決は，結果(被害)発生の予見可能性の有無で過失を判断する立場をとって過失責任を認めたのに対し，大審院([15]大判大正5年12月22日民録22輯2474頁，環境法判例百選〔第2版〕1事件)は，「事業の性質に従ひ相当なる設備を施した」かという，結果回避可能性ないし結果回避義務違反が必要だとする立場をとって，原判決を破棄し，差し戻した。しかし，差戻審は，農作物の被害を予見できたはずであり，また，施設が老朽化していて外国や日立鉱山の事例のように高煙突で被害を防止することが経済的に可能であったことなどから，相当なる施設を施したとはいえない(過失がある)とした。

　大審院判決は，当時の富国強兵の時代背景のもと，結果回避可能性ないし結果回避義務を問題とすることで加害企業の免責の可能性を広げようとしたものとして，学説の批判を浴びた。もっとも，戦後の公害関係の裁判例は，予見可能性を前提とした結果回避義務を問題としつつ，加害者に厳しい責任を課してきた。たとえば，[16]新潟水俣病判決(新潟地判昭和46年9月29日判時642号96頁，環境法判例百選〔第2版〕18事件)は，化学企業が排水を河川等に放出して処理する場合，「最高の分析検知の技術を用い，排水中の有害物質の有無，その性質，程度等を調査し，これが結果に基づいて，いやしくもこれがため，生物，人体に危害を加えることのないよう万全の措置をとるべきであ」り，「最高技術の設備をもってしてもなお人の生命，身体に危害が及ぶおそれがあるような場合には，企業の操業短縮はもちろん操業停止までが要請される」とした。

　大審院があくまでも「事業の性質」に照らしての結果回避義務を問題としたのに対し，[16]新潟水俣病判決や[17]熊本水俣病判決(熊本地判昭和48年3月20日判時696号15頁，環境法判例百選〔第2版〕20事件)などは，発生が予見される「損害の重大性」に照らしての結果回避義務を問題とすることで，人の生命・身体に危害が及ぶような重大な損害の発生が予見される場合に操業停止までの厳しい結果回避義務を課したものである。また，「最高の分析検知の

技術」などによる高度な調査義務(予見義務)を課することで，結果回避義務の前提となる予見可能性を幅広く認めようとした点も重要である。

(b) 結果回避義務とハンドの定式

一方，上記の流れとはやや異なるものとして，[18]東京大気汚染訴訟(東京地判平成14年10月29日判時1885号23頁)は，自動車メーカーの結果回避義務の判断に関して，①権利侵害の蓋然性の程度，②被侵害利益の重大性の程度，③結果回避義務を課されることにより被告や社会が被る不利益の内容・程度を比較衡量すべきであるとしたうえで，③についてディーゼル車の社会的有用性を考慮してメーカーの責任を否定した。上記①②③の判断は「ハンドの定式」に沿ったものである([15]大阪アルカリ事件も③を考慮する立場といえる)。ハンドの定式に対しては，特に公害について③を考慮して被害者に一方的に犠牲を強いる点に学説上批判が強い[2]。

(イ) 故　意

故意は，結果発生の認識・認容と違法性の認識が要件となる。[19]安中事件(前橋地判昭和57年3月30日判時1034号3頁，環境法判例百選〔第2版〕6事件)は，精錬所の操業当初から被害発生を知り，大増設以降は受忍限度をはるかに超える深刻な被害を与えることを知りながらあえて排煙・排水を継続してきたとして，公害に関する数少ない事例として故意責任を認めた。

(4) 因果関係の立証

(ア) 因果関係の事実上の推認

公害は，汚染から被害発生に至るメカニズムの複雑さから因果関係の立証が難しいが，[16]新潟水俣病事件がいうように，被害者に因果関係の「科学的解明を要求することは，民事裁判による被害者救済の途を全く閉ざす結果になりかねない」。そこで，同判決は，因果関係の立証を，①被害疾患の特性とその原因(病因)物質，②原因物質が被害者に到達する経路(汚染経路)，③加害企業における原因物質の排出(生成・排出に至るまでのメカニズム)の3段階に分けたうえで，原告側が①②の立証をして「汚染源の追求がいわば企業の門前にまで到達した場合」には，被告企業側が③のないことを立証しない限

り因果関係が「事実上推認され」るとして，原告の①②の立証で因果関係を認めた。

さらに，[20]イタイイタイ病事件(名古屋高金沢支判昭和47年8月9日判時674号25頁，環境法判例百選〔第2版〕19事件)は，「臨床医学や病理学の側面からの検討のみによっては因果関係の解明が十分達せられない場合においても，疫学を活用していわゆる疫学的因果関係が証明された場合には……法的因果関係も存在するものと解するのが相当であ」り，「臨床および病理学による解明によって，右証明がくつがえされないかぎり，法的因果関係の存在も肯認さるべきである」とした。

上記2判決は，民事裁判における因果関係の立証は，厳密な自然科学的解明を要するものではなく，経験則(疫学も含まれる)に基づく因果関係の推認を認めるべきだとするものである。これを受け，最高裁は，医療事件において，因果関係の立証は，自然科学的な証明ではなく，経験則に照らした高度の蓋然性を証明することで足りるとした([21]東大ルンバール事件・最二小判昭和50年10月24日民集29巻9号1417頁)。この判示は，その後の公害関係の下級審裁判例においても言及され，公害事件をも含んだ不法行為一般の因果関係の立証に関する原則として確立している。

(イ)　疫学的因果関係をめぐる議論

疫学的因果関係論は，上記最高裁判決の枠組みのもとで理解されるようになり，高度の蓋然性という角度からの再検討がされた。すなわち，疫学的因果関係はあくまでも集団的因果関係を記述するものにすぎず，ある特定の被害者についての原因を記述するものではないので，疫学的因果関係から直ちに高度の蓋然性をもって特定の被害者についての個別的因果関係を推認できるのか否かが問題とされた。

たとえば，非特異性疾患である喘息は，大気汚染の他，ハウスダスト・労働環境などさまざまな原因がありうるが，汚染物質の曝露者の罹患率が非曝露者のそれの5倍以上である場合([22]四日市公害事件・津地四日市支判昭和47年7月24日判時672号30頁，環境法判例百選〔第2版〕3事件参照)には，曝露者の8割以上の個人が汚染物質によって罹患したことになるので，疫学的因果関係か

ら個別的因果関係を推認することができる(個別に他原因が立証されれば推認が覆される)。しかし,[23]千葉川鉄事件(千葉地判昭和63年11月17日判タ689号40頁,環境法判例百選〔第2版〕12事件)のように倍率がそこまで高くない場合は,直ちに高度の蓋然性をもって因果関係を推認できず,個別のレベルで間接事実の積上げをする(他原因として考えられるものを否定していく)ことで,はじめて高度の蓋然性が立証されることになるが,同判決はそれをしていないために批判を受けた。

　一方,特異性疾患であるイタイイタイ病は,カドミウム以外に病因が考えられないので,疫学的因果関係から直ちに特定の被害者についての個別的因果関係を高度の蓋然性をもって推認することには問題がないことになる。

(ウ)　確率に応じた賠償

　前述の喘息の事例で,汚染物質の曝露者の罹患率が非曝露者のそれの2.5倍であり,曝露者の6割が汚染物質で罹患したといえる場合はどうか。確率的心証論と結びつけて6割の限度で賠償を認める学説が有力であり[3],[24]東京地判平成4年2月7日(判時臨増平成4年4月25日号3頁,環境法判例百選〔第2版〕24事件)も,水俣病に罹患している高度の蓋然性までは立証されないが相当程度の可能性が認められる場合に,その可能性の程度を反映した賠償を認めるべきだとした。

　なお,医療事件であるが,C型肝炎による将来の損害額の算定で確率を活用した点が注目される裁判例もみられる[4]。

(5)　複合汚染と共同不法行為[5]
(ア)　伝統的通説・判例への批判

　複合汚染のように複数の加害者の不法行為によって損害が発生した場合は,民法719条の共同不法行為が問題となる。伝統的通説や判例([25]山王川事件・最三小判昭和43年4月23日民集22巻4号964頁,環境法判例百選〔第2版〕17事件)は,同条1項前段について,①各加害者に共謀や共同の認識などの主観的関連共同性は必要がなく,客観的関連共同性(客観的な一体性)があれば足りる,②各加害者が因果関係を含む民法709条の要件を満たす必要がある,と

解して，②の民法709条の要件に①の関連共同性の要件を加重することと引換えに，複数の加害者に連帯責任を課した制度と捉えていた。

しかし，①複数の民法709条の不法行為が競合して一つの損害を発生させた場合も連帯責任となるので，共同不法行為の存在意義を連帯責任に求めることは疑問である，②複合汚染について個別的因果関係の立証をすることは困難であるので，「共同行為」と損害発生との因果関係の立証による負担軽減に存在意義を求めるべきである，とする議論が有力化した。

(イ)　**裁判例・学説の展開**
(a)　四日市公害事件

四日市コンビナートの6社の大気汚染による喘息が問題となった[22]四日市公害事件は，以下の①②の類型化による新たな共同不法行為論を展開した。

①「強い関連共同性」(機能的・技術的・経済的に緊密な一体性)が認められる場合には，加害者の共同行為と損害との因果関係が立証されれば，各加害者について個別的因果関係が「擬制」され，損害全体について連帯して賠償責任を負う(加害者による個別的因果関係の不存在や寄与度の立証による免責や減責は認められない)。

②「弱い関連共同性」(結果発生に対して社会通念上全体として一個の行為と認められる程度の一体性)が認められる場合には，加害者の共同行為と損害との因果関係が立証されれば，各加害者について個別的因果関係が「推定」され，加害者によって個別的因果関係がないことが立証されない限り，損害全体について連帯して賠償責任を負う。

本件の場合は，資本等の関係が深い三菱系3社について①の関係が認められ，うち排出量が少ない2社についても損害全体に対する連帯責任が認められた。残り3社については，立地が近いだけで②の関係とされ，個別的因果関係の不存在の立証に成功しなかったことから，この3社を含めた6社すべてについて損害全体に対する連帯責任が認められた。

(b)　その後の理論展開

この判決は高く評価されたが，上記①②の類型を同じ民法719条1項前段の問題とした点や，その結果，②について免責のみを認め，減責を認めな

かった点に問題を残した。そこで，②の「弱い関連共同性」については，加害者不明に関する同項後段を《誰がどの割合で損害を与えたか不明の場合》を含むものとして類推適用し，加害者側による個別的因果関係の不存在や寄与度の立証による減免責の余地を認める説[6]が主張された。近時の都市型複合汚染の大気汚染訴訟では，同様の説をとる判決が多い（[26]西淀川大気汚染第1次訴訟・大阪地判平成3年3月29日判時1383号22頁，環境法判例百選〔第2版〕13事件のほか，[27]川崎公害第1次訴訟・横浜地川崎支判平成6年1月25日判時1481号19頁，[28]倉敷公害訴訟・岡山地判平成6年3月23日判時1494号3頁，[29]川崎公害第2次〜第4次訴訟・横浜地川崎支判平成10年8月5日判時1658号3頁，[30]尼崎公害訴訟・神戸地判平成12年1月31日判時1726号20頁。[31]西淀川第2次〜第4次訴訟・大阪地判平成7年7月5日判時1538号17頁，環境法判例百選〔第2版〕14事件はやや異なる立場をとる）。

なお，上記の裁判例では被告以外にも多くの汚染源があるため，被告全体の寄与度の割合の範囲で，①減免責の余地のない「強い関連共同性」の類型の責任と，②減免責の余地のある「弱い関連共同性」の類型の責任を問題とする形がとられている。

(6) 損害額の算定と減額
(ア) 一律請求・包括請求

交通事故で負傷した場合，医療費，休業損害，慰謝料などの損害項目ごとに積み上げて損害額を算定している。しかし，公害被害者が集団訴訟を提起する場合，上記の個別損害項目積上げ方式には，①逸失利益の算定の基礎となる収入の多寡など，個々の被害者の事情で算定額に大きな差が生じて，原告団の結束を乱すおそれがある点や，②算定に手間がかかり，裁判の長期化につながる点で，問題がある。

そこで，[16]新潟水俣病事件の原告団は，財産的損害と精神的損害を一括し，死者(1,000万円)と症状等に応じた患者A〜C(1,000万〜500万円)のランク分けによる類型別一律請求をした。判決は，原告の請求を慰謝料のみの請求と捉えつつ，慰謝料の算定要素のなかで逸失利益をも考慮しうるとして，A〜E(1,000万〜100万円)のランク分けによる賠償を認めた。

その後の公害訴訟では，被害者やその家族に生じた社会的・経済的・精神的な損害を包括する「総体としての損害」を請求する包括請求の主張がされるようになった。[26]西淀川大気汚染第1次訴訟は，①精神的損害と財産的損害を含めたものを「包括慰謝料」として請求することは許される，②一律請求は違法ではないが，裁判所はこれに拘束されず個別事情を考慮して算定しうると判示し，その後も同様の裁判例が続いた。

これに対し，[30]尼崎公害訴訟は，①包括請求が個別損害項目積上げ方式に比べて合理的であるか疑問だとしてこれを採用せず，②予備的に請求された慰謝料請求について，公害健康被害補償制度の認定等級と認定期間に応じて算定した。この判断は硬直的にもみえるが，包括請求を否定して純粋な慰謝料の形をとったことには，次に述べる重要な意味がある。

（イ）賠償額の減額——損益相殺・素因減額

損益相殺は，不法行為で損害を被った被害者が同一原因でその損害と同質性のある利得をした場合に，公平の見地から損害賠償額を減額する制度である。公害の被害者が財産的損害の賠償を請求する一方，同じ公害を原因として公害健康被害補償制度による補償給付を得た場合は，補償給付の財産的損害に相当する部分は，同質性のある利得として損益相殺による減額の対象になる(包括請求を財産的損害を含む包括慰謝料の請求と捉えた[26]西淀川大気汚染第1次訴訟は損益相殺による減額をした)。しかし，[30]尼崎公害訴訟は，包括請求を否定して純粋な慰謝料の形をとることで，上記のような損益相殺による減額を回避した点が注目される。

過失相殺(民法722条2項)は，被害者側の落ち度も原因となって損害が発生した場合に減額するものであるが，被害者の心身の状態も原因となって損害が発生・拡大した場合に類推適用による減額ができるか。[31]西淀川第2次～第4次訴訟は，重度の喫煙は減額したが，加齢的要因やアレルギーは減額しなかった([32]最三小判平成8年10月29日民集50巻9号2474頁が，交通事故の被害者について，疾患にあたらない身体的特徴で個体差の範囲内のものを減額対象としなかった考え方と軌を一にする)。その後，[18]東京大気汚染訴訟は，アレルギー(アトピー)素因それ自体は疾患ではなく，国民の相当な割合に存在するとし

て，減額しなかった。

(7) 期間制限

不法行為の損害賠償請求権には，①損害の発生と加害者を知ってから3年の消滅時効と，②不法行為時から20年の期間制限(判例は除斥期間と解する)がある(民法724条)。

②の起算点を加害行為時と解すれば，基準時は明確であるが，長期間(極端な例では20年)経って損害が発生する場合に問題がある。そこで判例は，加害行為時を原則としつつ，「損害の性質上，加害行為が終了してから相当な期間が経過した後に損害が発生する場合」には，「損害の全部又は一部が発生した時」を起算点とする([33]水俣病関西訴訟・最二小判平成16年10月15日民集58巻7号1802頁，判時1876号3頁，環境法判例百選〔第2版〕29事件)。遅効性の被害という新たな問題に対処しうる解釈である。

2. 差止訴訟

(1) 人格権侵害と受忍限度(違法性)――道路公害など

(ア) 差止めの法律構成

公害環境問題は，過去の被害に対する金銭賠償による事後的な救済では十分ではなく，将来に向けて被害を防止するための差止めが必要な場合がある。明文の根拠となる民法の規定がないため理論構成が論じられてきたが，物権と同じく絶対権としての性質を有する「人格権」に対する侵害の効果として，物権的請求権に準じた形で差止めを認めることに今日異論はない。人格権侵害があるとはいえない場合にも，不法行為の効果として差止めを認める説も有力である。

(イ) 人格権侵害の受忍限度(違法性)と公共性

人格権の侵害があっても差止めが直ちに認められるわけではない。加害者側・被害者側の諸事情を総合考慮して，受忍限度を超える違法性が認められる必要がある。また，差止めは，加害者の事業活動のみならずその社会的有

用性(公共性)に対する影響も生じるため、金銭賠償の場合よりも高度な違法性を必要とする説が多い。国道43号線事件([34]最二小判平成7年7月7日民集49巻7号2599頁、判時1544号39頁、環境法判例百選〔第2版〕39事件)が、差止めと損害賠償とで違法性判断において考慮すべき要素は「ほぼ共通する」が、「各要素の重要性をどの程度のものとして考慮するかにはおのずから相違があ」り、「違法性の有無の判断に差異が生じることがあっても不合理とはいえない」、としたのは、上記の違法性段階説をとるものであろうか。

最高裁は、損害賠償に関する判断(同日付の[4]判決)では、本件道路の地域間交通や産業経済活動の面での「公共性」を認めつつも、周辺住民が本件道路の存在によって受ける利益とこれによって被った被害との間に「彼此相補の関係」が認められないことなどを理由に、住民の受けた被害は道路の「公共性」ゆえに受忍限度内ということはできない、とした。これに対し、差止めに関する[34]判決では、上記の点は考慮しておらず、本件道路の地域間交通や産業経済活動の面での「公共性」を高く評価するなど、「公共性」の要素をより重く考慮することで、受忍限度内であるとの判断を導いている。したがって、ふたつの判断の間には「公共性」の考慮の仕方に差異があり、単純に違法性段階説をとるものとはいえない。最近では、[35]諫早湾干拓訴訟(福岡高判平成22年12月6日判時2102号55頁、環境法判例百選〔第2版〕85事件)が、干拓のための潮受堤防締切りの違法性について、被侵害利益である「漁業行使権」の重要性と「防災機能」等の公共性との比較衡量による判断をしている。

(ウ) 道路公害の差止め肯定例

道路公害は、金銭賠償が認められても、公共性から差止めは否定されてきたが、[30]尼崎公害訴訟と[36]名古屋南部公害訴訟(名古屋地判平成12年11月27日判時1746号3頁、環境法判例百選〔第2版〕15事件)では、道路管理者に対し、沿道から一定範囲に居住する気管支喘息患者の原告(前者は24名、後者は1名)に関して、浮遊粒子状物質が一定基準を超えないことを内容とする差止請求を認める判決が出され、注目を浴びた(このような抽象的差止請求は、差止めの方法が多様で強制執行の方法が特定されないことから否定された時期もあったが、間接強制

が可能であることや，差止めの具体的な方法は科学的知識の点で被告の選択に任せた方が合理的であることから，認められるようになった)。

(2) 人格権以外の権利・利益と差止め——眺望・景観など
(ア) 問題の所在

(1)で述べたように，人格権は，絶対権としての物権に準ずるものとして私法上の権利性が確立したものと解されるので，差止請求の根拠となることに異論はない。しかし，眺望や景観は，人格権のような強固な権利性が確立したものとはいえないため，差止請求の根拠となるかが問題となる。

(イ) 眺望利益

眺望利益の侵害は，特定の個人が享受していた眺望が阻害されることによる私益(財産的利益と人格権に至らない人格的利益の側面がある)の侵害の問題である。

営業利益の侵害が問題になる事例では，要保護性が高いため，初期から差止めが認められた([37]東京高判昭和38年9月11日判タ154号60頁(猿ヶ京温泉の旅館)，[38]京都地決昭和48年9月19日判時720号81頁，環境法判例百選〔第2版〕73事件(京都の料理旅館)，[39]仙台地決昭和59年5月29日判タ527号158頁(松島の飲食店))。

これに対し，別荘や住宅の事例では，前述のように，やや遅れて損害賠償肯定例がみられるようになったが，差止め肯定例は，[40]横浜地小田原支決平成21年4月6日(判時2044号111頁)がはじめてである。本件は，眺望への配慮がある程度可能であるにもかかわらず，説明や交渉をいっさい回避し，眺望に全く配慮することなく，35年以上たびたび訪問して愛着してきた眺望をほぼ完全に遮断したなどの事情があり，要保護性の高さや被害の重大性と侵害行為の態様の悪性から，工事続行禁止の仮処分を認めたものである。建築禁止でないのは，当事者の協議を促進させるためである(差止めによるフォーラムセッティングを意図した事例として，住宅地のゴミ集積場の輪番制反対者に対しこのまま6カ月経過した後もゴミを排出した場合の差止めを認めた[41]東京高判平成8年2月28日判時1575号54頁，環境法判例百選〔第2版〕49事件参照)。

(ウ) 景観利益

景観利益は，法的根拠の不明確性のみならず，眺望とは異なり地域的・公共的な性質を有する(私益性が問題となる)点からも，私法上の権利とは解されず，侵害に対する差止請求が否定されてきた([42]京都仏教会事件・京都地決平成4年8月6日判時1432号125頁，環境法判例百選〔第2版〕76事件など)。

はじめての肯定例として，[43]国立景観訴訟第1審判決(東京地判平成14年12月18日判時1829号36頁)は，①土地利用の自己規制によって人工的な景観が保持され，社会通念上もその景観が良好なものとして，土地に付加価値を生み出した場合には，「土地所有権から派生するものとして，形成された良好な景観を自ら維持する義務を負うとともにその維持を相互に求める利益」としての「景観利益」を地権者が有し，その侵害は不法行為を構成しうる，②本件は受忍限度を超える侵害として差止めが認められるとした(景観を侵害する建物の20mを超える部分の撤去を命じた)。しかし，控訴審は第1審判決を取り消し，上告審([5])もこれを維持した。上告審は，前述のように不法行為法上の保護法益としての「景観利益」は認めた(違法な侵害はないとした)が，現時点では「権利性」を有するものとは認められないとしたので，差止めについては否定的といえよう。

第1審判決は，不法行為の効果としても差止めを認める有力説の立場をとった裁判例としても注目されたが，(財産権として構成するための)景観保持による付加価値という議論については，高さ制限による土地評価額の低下の影響の方が大きいのではないかという疑問が出された。環境の共同利用に関する権利義務としての環境権の一環として構成する学説[7]も主張されている。

(3) 因果関係の立証——原発・廃棄物中間処理施設・廃棄物処分場など

(ア) 問題の所在

差止めを請求する場合も，被告の行為に「よって」人格権が侵害される高度の蓋然性があることについて，原告側が立証責任を負うのが原則である。しかし，将来予測の困難や専門性の高い証拠の偏在などから，立証の負担を軽減するための修正をする裁判例が多く，いくつかの類型分けができる。

（イ）　第1の類型──被告側による安全性に関する相当な立証の先行

　安全性の欠けることのないこと（ないし構造基準や維持管理基準を満たしていること）について，被告側が相当な資料・根拠に基づいて立証しなければ，侵害の具体的危険（ないし受忍限度を超える侵害の危険）が推認されるが，被告側が前記の立証に成功した場合には，原告側で侵害の具体的危険などを立証しなければならないとする裁判例がみられる（[44]志賀原発訴訟控訴審・名古屋高金沢支判平成21年3月18日判時2045号3頁，環境法判例百選〔第2版〕94事件，[45]名古屋地判平成21年10月9日判時2077号81頁（中間処理施設からのダイオキシンに関する事例。類似のものとして[46]甲府地決平成10年2月25日判時1637号94頁））。行政訴訟である伊方原発訴訟（[47]最一小判平成4年10月29日民集46巻7号1174頁，判時1441号37頁，環境法判例百選〔第2版〕90事件）の考え方が民事訴訟に影響したとみられる。

（ウ）　第2の類型──原告側の「相当程度の立証」による具体的危険の推認

　上記（イ）は被告側が最初に立証しなければならない。これに対し，原告側が最初に侵害の具体的可能性について「相当程度の立証」をした場合には，具体的危険が存在しないことについて，具体的根拠や必要な資料を提出して被告側が「反証」をしない限り，具体的可能性が推認されるとする裁判例もみられる（[48]志賀原発訴訟第1審・金沢地判平成18年3月24日判時1930号25頁）。

（エ）　第3の類型──「平穏生活権」の侵害による一応の立証

　侵害される権利を操作することで，上記（ウ）と類似した形での立証の負担軽減を導く裁判例もみられる。廃棄物最終処分場周辺の地下水を通じて井戸水などの生活用水が汚染される危険について，「人格権」の一種としての「平穏生活権」の侵害と構成することで，原告側で侵害の高度の蓋然性について一応の立証をした場合には，被告側で高度の蓋然性のないことの立証（法律構成のほか上記の立証が「本証」である点も（ウ）との相違点である）をしなければならないとした仮処分決定（[49]丸森町事件・仙台地決平成4年2月28日判時1429号109頁，環境法判例百選〔第2版〕53事件）や，水道水の汚染の危険について，人格権侵害の問題として類似の判断をした判決がみられる（[50]東京高判平成19

年11月29日判例集未登載，環境法判例百選〔第2版〕62事件）。

（オ） 第4の類型——因果関係の分割による立証責任の一部転換

一方，[16]新潟水俣病事件と同様，因果関係を分割したうえでその一部について立証責任を転換したものもある。[51]千葉地判平成19年1月31日（判時1988号66頁，環境法判例百選〔第2版〕69事件）は，①有害物質の処分場への搬入，②有害物質の処分場外への流出，③有害物質の原告への到達，④原告の利益の侵害，のうち，①③④は原告が立証すべきであるが，②は，被告の方が証拠に近いので，②のないことを被告が立証すべきだとした。

（カ） その他の関連問題——因果関係の立証を要しない場合

その他の関連する問題にも触れておく。被告の行為と具体的危険との因果関係の立証を要しない場合として，公害防止協定に違反する廃棄物の積上げについて，明文の条項がなくても協定の効力として撤去請求を認めた事例がある（[52]奈良地五條支判平成10年10月20日判時1701号128頁）。

3. 今後の課題

（1） 共同不法行為とアスベスト

第1節でみたように，大気汚染公害という当時の深刻な問題に対処するために共同不法行為論は大きく発展した。淡路説以降の「弱い関連共同性」論は，場所的時間的近接性を有する複数の汚染原因が累積的に競合して健康被害を発生させた場合に，民法719条1項後段を類推適用して，共同行為との因果関係の立証による減免責の余地のある連帯責任を導いたものである。

これに関連する問題として，複数の職場を長年転々として粉塵やアスベストへの曝露が累積的に競合して健康被害が発生した場合はどうか。[53]福岡高判平成13年7月19日（判時1785号89頁）は，場所的時間的近接性を欠く点を補うためか，累積的競合による被害発生という客観的要件と，被害発生の危険の認識という主観的要件で同項後段を類推適用する解釈論を展開した。しかし，少なくとも，累積的競合のすべての原因（先の例では曝露した各職場）が

特定されて到達の因果関係が立証されている場合には，加害者不明・択一的競合の規定である同項後段を，どの加害者がどの程度の損害を加えたか不明であるこの場合に類推適用することは可能であって，場所的時間的近接性も主観的要件も不要とする議論が有力である[8]。

最近の問題として，アスベスト建材を加工する建設現場を長年転々としてどのメーカーによるか不明なアスベストへの曝露が択一的ないし累積的に競合して健康被害が生じた場合はどうか(この建設アスベスト問題[9]は，「市場媒介型」の被害とも言われ，瓦礫中のアスベストによる曝露にも通じる問題である)。到達の因果関係は不明であり，「到達(侵害)の可能性のある行為」をした者として同項後段の「共同行為者」に該当するメーカーの範囲を原告側が特定することが非常に困難である点で，従前の問題とは大きく異なる。しかし，裁判例([54]横浜地判平成24年5月25日裁判所HP，[55]東京地判平成24年12月5日判時2183号194頁)では，「共同行為者」として連帯責任を負わせるに足りるだけの「可能性のある行為」をしたメーカーの選別とその範囲の特定に関する立証責任を原告側が負うが，その立証が尽くされていないとして，同項後段の適用を否定するものが続いている。原告側の上記の立証困難をどこまで緩和しうるか，かりに連帯責任を負わせることができない場合であっても，市場占有率などによる分割責任の考え方を導入することができないかなど，残された課題は多い。

(2) 保護法益と景観

景観のような環境問題を民事訴訟で扱うためには，保護法益を私益として構成する必要があり，[5]国立景観訴訟を踏まえて，「享受」，「相互関係性」，「関与」などの要素に着目する議論[10]がみられる(私益と構成する解釈論の限界を超える部分は特別立法による団体訴訟によることになる)。

景観などについて裁判で差止めを請求するためには，私法上の権利としての内実を詰める議論(環境共同利用権などの試み)とともに，不法行為の効果として差止めを認める議論の深化も必要であろう[11]。

(3) 具体的危険と差止め

従来も侵害の具体的危険について，①もっぱら因果関係の問題として立証責任を緩和したり，②平穏生活権を媒介として立証責任を緩和するなどの解釈操作が重ねられてきたが，②を再構成する次の議論が注目される。

原告側が，科学的に合理的な不安があることについて相当程度立証に成功した場合は，被告側で科学的に不合理なリスクがないことを立証しなければならないとするもの[12]で，[5]国立景観訴訟や[6]判決のみならず他の最高裁判例にもみられる保護法益の客観化[13]にも対応した議論といえる。

福島第一原発事故の現実を前に，このようなリスクに対する差止訴訟が重要な課題となっており，議論の発展が期待される（原発事故をめぐっては損害〔算定〕論が重要かつ切実な問題となっていることはいうまでもない）。

〈注〉
1) 環境民事訴訟一般について，吉村良一『公害・環境私法の展開と今日的課題』(法律文化社，2002年)189頁以下，環境法政策学会編『環境訴訟の新展開』(商事法務，2005年)，大塚直『環境法〔第3版〕』(有斐閣，2010年)663頁以下，淡路剛久ほか編『環境法判例百選〔第2版〕』(有斐閣，2012年)，環境法政策学会編『公害・環境紛争処理の変容』(商事法務，2012年)，北村喜宣『環境法〔第2版〕』(弘文堂，2013年)206頁以下。
2) ハンドの定式と公害について，大塚直「不法行為における結果回避義務」星野英一・森島昭夫編『現代社会と民法学の動向（上）』(有斐閣，1992年)35頁。
3) 森島昭夫「因果関係の認定と賠償額の減額」星野・森島編・前掲(注2)235頁。学説の分析について，前田陽一「千葉川鉄事件」淡路ほか編・前掲(注1)33頁。
4) 東京地判平成19年3月23日判時1975号2頁は，将来予測される慢性肝炎・肝硬変・肝細胞癌の転帰ごとの確率に基づいて賠償額を算定した。
5) 共同不法行為論の歴史的展開について，前田陽一「共同不法行為論・競合的不法行為論の再検討」森島昭夫・塩野宏編『変動する日本社会と法』(有斐閣，2011年)511頁。
6) 淡路剛久『公害賠償の理論〔増補版〕』(有斐閣，1978年)127頁以下。
7) 中山充『環境共同利用権』(成文堂，2006年)119頁。
8) 吉村良一「『市場媒介型』被害における共同不法行為論」立命344号(2012年)227頁以下，232頁，前田・前掲(注5)535頁以下，538頁参照。
9) 建設アスベスト問題と共同不法行為論について，淡路剛久「権利の普遍化・制度改革のための公害環境訴訟」淡路剛久ほか編『公害環境訴訟の新たな展開——権利救済

から政策形成へ』(日本評論社，2012年)39頁，吉村・前掲(注8)212頁，前田陽一「民法719条1項後段をめぐる共同不法行為論の新たな展開」『野村豊弘先生古稀記念論文集』(商事法務，2014年近刊)参照。
10) 大塚直「環境民事差止め訴訟の現代的課題」大塚直ほか編『社会の発展と権利の創造』(有斐閣，2012年)578頁。
11) 最近の議論として，淡路剛久「不法行為法における『権利保障』と『加害行為の抑止』」森島・塩野編・前掲(注5)511頁。
12) 大塚・前掲(注10)549頁。
13) 嚆矢として，「適切な医療を受ける期待利益」ではなく「相当程度の生存可能性」の侵害を問題とした最二小判平成12年9月22日民集54巻7号2574頁，判時1728号31頁。

第25章 環境行政訴訟

越智敏裕

　環境行政訴訟は，許認可処分の取消訴訟，差止訴訟，環境規制権限を行使する処分の非申請型義務づけ訴訟等の行政訴訟の形式をとる。平成16年の行政事件訴訟法改正や判例変更を経て，近時活性化しているが，いまだ機能不全の面があり，制度改革による処分性，原告適格等の訴訟要件の緩和，裁量統制の強化，公益団体訴訟制度の導入等が必要である。

1. 環境行政訴訟とは

(1) 環境民事訴訟と環境行政訴訟

　典型的な公害環境紛争は，環境影響を及ぼす者A(たとえば事業者)と，それにより何らかの被害を受ける者X(たとえば周辺住民)，環境法に基づく規制権限をもつ行政Yの三者が登場する三面関係紛争の形態をとる。

　環境影響により一定の不利益を受け，または受けるおそれのある者(X)が原告となって提起する訴訟には，大別して二つの形態，すなわち，環境行政訴訟と環境民事訴訟がある。前者は，環境法に基づく規制権限をもつ行政

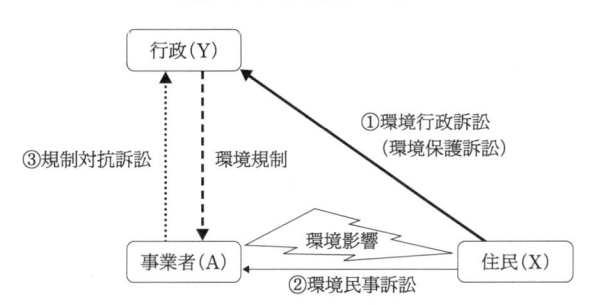

図表25-1　環境訴訟の構図

(Y)を被告とする行政訴訟の形式をとる場合(**図表25-1**の①)であり，後者は，事業活動により環境影響をもたらす事業者らの主体(A)を被告とする民間の損害賠償請求ないし民事差止訴訟の形式をとる場合(**図表25-1**の②)である。

環境規制権限の不行使(ないし不十分な行使)に不満をもつ原告により提起される環境行政訴訟では，行政庁による行為の公法上の違法が争点となる。そこでは，許認可処分などの個別環境法違反が争われ，しばしば裁量権の逸脱濫用の有無も問題とされる。これに対し，環境民事訴訟では，事業者による行為の私法上の違法が争点となる。そこでは受忍限度を超えるか否かや，社会的相当性を欠くか否かが問われる(そのなかで公法上の違法が考慮される)ことが多い。結局，両者は主として被告と違法判断方法の相違により区別されるが，いずれの訴訟が選択されるかは，環境分野，事案ごとの訴訟戦略による(要は勝ちやすい方が選択される)。

この点，環境行政訴訟には，環境規制によって便益を受ける第三者(X)が原告となる場合(**図表25-1**①の環境保護訴訟)と，環境規制の対象となる者(A)が原告となる場合(**図表25-1**③の規制対抗訴訟)の二種類がある。前者は規制権限の不行使の違法を，後者は規制権限の過剰行使の違法を争う訴訟である。ここでは，訴訟制度上の課題が多く，また，環境法学が主たる考察の対象としてきた，前者の環境保護訴訟を念頭におく[1]。

(2) 環境保護訴訟の特徴

環境保護訴訟で守ろうとする環境利益には，分野により濃淡があるものの，i)時空的拡散性(たとえば気候変動対策で守られる利益は数十年後の世界中の人々に帰属する)，ii)不可逆性(たとえば種の絶滅などの環境破壊は原状回復が通常できない)，iii)不確実性(人間の科学力には限界があり環境影響やそのメカニズムを明らかにできない)という特徴があり，この特徴が訴訟にも不可避的に影響している。

環境保護訴訟は，i)のゆえに，個人の権利救済を基本とする主観訴訟制度のもとでは，弱い法的保護しか与えられず司法審査さえ拒否される(訴訟要件を充足しないとして却下される)ことも少なくない。ii)のゆえに，既成事実が形成されれば実効的な司法救済を受けられず，早期の司法審査と仮の救済が特に重要となる(ただし，現状ではいずれも容易に認められない)。iii)のゆえに，行

為と結果(環境影響による原告の被害)との間の因果関係の立証が困難となり，その困難を緩和するための工夫が裁判上試みられてきた。

環境行政訴訟にはかねて制度上の課題が多数あるが，行政事件訴訟法(行訴法)の平成16年改正や判例変更により部分的な改善もみられる。本章では，環境行政訴訟の歴史・分野，その形式・紛争類型を概観したうえで，制度上の課題と課題解決の方向性をみることとしたい。

2. 環境行政訴訟の歴史と分野

(1) 環境規制と訴訟

環境訴訟は民事訴訟から始まったといっていい。いわゆる4大公害訴訟はいずれも環境民事訴訟である。詳細は教科書などに譲るが，不十分な環境規制により公害被害を受けた被害者らが原告となって提起してきた，公害企業を被告とする環境民事訴訟を通じて，環境法は生成，発展してきた。そして，導入ないし変更された環境規制をめぐり，あるいはそれを前提として，環境行政訴訟が提起されていく。

一定の実効性をもつ環境規制が存在する領域では，被害発生が未然に防止されうるから，事後的に事業者の責任を問う環境民事訴訟は，たとえば行政庁による違法な許認可などをめぐる，被害発生前の環境行政訴訟へと移行する傾向がある。そのため，環境法の形成・展開とともに，環境行政訴訟の役割は拡大していく。

これは役割分担の問題であり，環境民事訴訟の重要性が小さくなったという意味ではない。3点，指摘しておきたい。

第1に，環境法による被害の未然防止が常に可能であるとは限らない。環境法およびその運用が必ずしも十分なものとは限らないうえに，規制にはミスがありうる(判断過誤により許認可がされることもある)し，事業者が環境規制を常に遵守するとも限らないためである。すなわち，規制にも失敗があるから，実際に生じた被害の事後救済としての環境民事訴訟は，やはり重要性をもつ(ただし，公害健康被害の補償等に関する法律に基づく公害健康被害補償制度のように，行政上の救済システムが設けられている場合もあるし，規制権限の不行使を理由とする国

家賠償請求による場合もある)。たとえば産業廃棄物処理規制では，環境規制とその遵守がいずれも不十分であるために，環境規制が環境被害の未然防止の面で十分に機能しておらず，行政訴訟よりもむしろ民事訴訟が多用されてきた。

第2に，環境規制も完全ではなく，個別事案に応じた対立当事者の利益調整をし尽くせるわけではないから，公法上の違法がないとしても，私法上の違法が問題とされ，個別事案における紛争解決がなお民事訴訟に委ねられる場合がありうる。

第3に，環境民事訴訟は，未規制領域における被害救済の重要なツールであり，その提起がいわゆる政策形成訴訟として，環境法・政策の形成・発展を促しうることに留意が必要である。たとえば一連の景観訴訟は(それのみによるものではないが)景観法の成立を促した。

(2) 訴訟分野

環境行政訴訟は，『環境法判例百選〔第2版〕』の分類によれば，大気汚染，水質汚濁，騒音・振動，土壌汚染，廃棄物・リサイクル，日照・眺望・景観，自然保護，公有水面埋立，文化財保護，原子力など実に多岐にわたる[2]。これらのなかには，環境民事訴訟が中心となる分野や，そもそも訴訟という紛争解決手段が選択されることが少ない分野もあり，結局，環境行政訴訟の活用状況は，分野により相当異なる。

環境保護訴訟を，①生命・身体・健康被害といった人格権侵害の事後救済を中心とする公害救済訴訟と，②アメニティ・街並み・自然保護といった人格権の外延部分の事前救済を中心とする環境保全訴訟とに大別するとすれば，環境民事訴訟は①に，環境行政訴訟は②におおよそ対応する。

すなわち，すでに発生している公害被害については，損害賠償と加害行為の差止を求める環境民事訴訟の形式がとられることが多い。これに対し，環境被害の未然防止を求める場合には，被害がまだ現実化していない段階で，原告がたとえば受忍限度を超える人格権侵害を受けることの蓋然性を立証するのは容易でなく，また，環境権や自然享有権が裁判所に承認されていないために民事訴訟が機能しにくいため，行政訴訟の形式が選択されることが少

なくない。しかし，自然・文化財保護分野など，訴訟制度の不備から環境行政訴訟が不合理に抑制され，民訴・行訴いずれの訴訟も有効に提起しえない分野があり，訴訟制度自体の改革が必要となっている。

3. 環境行政訴訟の形式と紛争類型

(1) 主な訴訟形式

環境行政訴訟は理論上，訴訟制度が予定するいずれの行政訴訟の形式をもとりうるが，実際に提起されるのは，主として取消，非申請型義務づけ，差止，無効確認，公法上の実質的当事者訴訟であり，なかでも取消訴訟が最も多い。改正で法定された非申請型義務づけ訴訟と差止訴訟は，環境保護訴訟での活用が特に期待されるが，後述の通り十分に機能していない。また，環境被害の不可逆性から，それぞれの本案訴訟に対応する仮の救済も利用されているが，認容されることは稀である。

なお，環境保護訴訟では，特に処分性および原告適格の点で抗告訴訟の活用が困難な場合も少なくないために，民衆訴訟である住民訴訟の形式をとる例が頻繁にみられる点が特徴的である。

(2) 3つの紛争類型

多様な分野でさまざまな訴訟形式をとる環境行政訴訟を紛争類型別にみると，I) 民間開発訴訟, II) 公共事業訴訟, およびIII) 環境規制訴訟の 3 つに大別できよう。

第 I 類型の典型例は，ゴルフ場開発のための森林法の林地開発許可や，マンション建設のための都市計画法の開発許可・建築基準法の建築確認の違法を争う抗告訴訟などである。第 II 類型の典型例は，道路建設のための土地収用法の事業認定や公有水面埋立法の埋立免許の違法を争う抗告訴訟などである。両類型の例はいずれも多数ある。

これに対し，第III類型の具体例として二酸化窒素の環境基準を緩和した告示の取消訴訟が提起された事案[3]があるが，この類型では，訴訟対象に処分性がないとされ，また，公法上の当事者訴訟の活用も容易ではないため，現

行制度のもとでは司法救済を求めることが困難な部類に属し[4]，訴訟制度の改革が必要となる。なお，環境規制訴訟は本来，第Ⅰ，第Ⅱ類型をも包含しうる概念である(特に土地利用計画はそうである)が，ここでいう第Ⅲ類型は，主として行政立法による環境規制を念頭においている。

4. 環境行政訴訟の諸課題と課題解決の方向性

(1) 訴訟対象と計画争訟

　判例学説上，抗告訴訟の対象としうる行政庁の行為は処分概念のもとで限定的に解されており，上記第Ⅰ・Ⅱ類型でいえば，たとえば土地利用に関する行政計画(用途地域規制の緩和や都市施設たる道路の建設に係る都市計画決定等)それ自体の違法を争うことは通常できない。そのため，行政過程が相当進んだ時点でしか提訴が許されず，また現状を凍結する執行停止制度も環境分野では容易に認められないため，訴訟係属前あるいは係属中に，不可逆な環境影響が生じ，既成事実が形成されてしまうという問題があった。

　既成事実が形成されると，すでにされた資本投下のゆえに，本来違法であっても行政裁量の範囲内であると判断されやすく，あるいは請求棄却となる事情判決がされたり，判決言渡が無意味とされ訴え却下となる狭義の訴えの利益の消滅という法理論が用いられるなど，結局，原告敗訴となりやすい。第Ⅲ類型にあっても，環境法に基づく行政立法は一般抽象的規範にすぎないとされるのが普通であり，環境保護訴訟の原告がその違法を直接争うことはなおさら困難である。

　この点，浜松市土地区画整理事業計画事件最高裁大法廷判決(最大判平成20年9月10日民集62巻8号2029頁，判時2020号21頁，環境法判例百選〔第2版〕96事件)は，行政計画の処分性を限定してきた「青写真判決」を，実効的な司法救済の観点から変更した点で重要である。ただし，この判決はその論旨からすると，後続処分を当然に予定する「事業型」行政計画の処分性を部分的に拡大したものであり，事業ではなくゾーニング等の「完結型」行政計画(たとえば用途地域指定に関する都市計画決定等)の処分性を認める趣旨とは解しがたく，射程は狭いと考えられる。

長年にわたり確立されてきた処分概念のもとで訴訟対象を拡大するのは相当に困難であり，また，環境保護訴訟としての当事者訴訟の活用が必ずしも容易でないことからすると，実効的な司法審査を可能とすべく，立法論として，行政計画，行政立法等のより早期の行為を直接の訴訟対象とする訴訟制度の導入を検討すべきである。すでに都市計画法の都市計画決定については，裁決主義のもとでその違法性を争う争訟制度[5]や都市計画を直接の訴訟対象とする違法確認訴訟[6]の創設提案があり，早期の導入が強く期待される[7]。

(2) 原告適格と団体訴訟

行政事件訴訟法(行訴法)は9条2項に解釈規定をおくことで原告適格の拡大を企図し，下級審では相当に緩やかな判断で原告適格を大きく広げる例もみられたが[8]，近時のいわゆるサテライト大阪最高裁判決[9]は原告適格を厳格に制限した。

すなわち同判決は，「交通，風紀，教育など広い意味での生活環境」に関する利益は，「基本的には公益に属する利益」であって，法令に手がかり規定がない限り原告適格を基礎づける利益たりえないとした。自転車競技法に関するこの判示の射程は，個別法令・事案ごとに慎重に検討すべきであるにせよ，法令が原告適格付与の意図をもって規定されることはなく，同判決がいうような手がかり規定は通常ないから，同判決が原告適格の拡大に対し相当の制約効果をもつことは否定できまい。まして主観訴訟の枠組みで自然・文化財保護訴訟の原告適格を容認する道のりは遠くなったといわねばならない。

これは第Ⅰ類型についての判断であるが，特に第Ⅱ類型でも，たとえば公有水面埋立法の埋立免許や土地収用法の事業認定という処分の取消訴訟において，直接的な権利侵害を受けない者についてはなお原告適格なしとして訴えが却下される懸念が大きい[10]。

この問題判決の射程を限定する解釈論的努力も必要であるが，処分の根拠法令が原告の利益を個別的に保護する趣旨を含まねばならないとする「個別保護要件」[11]に拘泥する現在の最高裁の考え方を前提とするなら，主観訴訟の拡大ではなく，むしろ団体訴訟の導入により新局面を開くべきであろ

う[12])。すなわち小田急大法廷判決が想定するような「騒音，振動等による健康又は生活環境に係る<u>著しい被害</u>を<u>直接的に受けるおそれ</u>」(下線筆者)がある場合にしか主観訴訟が機能せず，サテライト大阪判決にいう「広い意味での生活環境」上の利益が原則として原告適格を基礎づけえないのであれば，立法により客観訴訟としての団体訴訟を創設し，司法審査の道を拓くことが必要である[13]。

(3) 執 行 停 止

従来，執行停止制度は，特に「回復困難な損害」要件が厳格に解され，外国人の退去強制等ごく限られた分野でしか認められておらず，環境訴訟では全く機能していなかった。執行停止の機能不全は，事情判決や狭義の訴えの利益の消滅による訴え却下判決へとつながるが，これは司法審査の放棄に等しい。たとえば二風谷ダム判決(環境法事件簿5参照)[14]は，事業認定の違法を認めながら，ダム工事の完成を理由に事情判決により請求を棄却した。

しかし，一度破壊ないし汚染された環境の原状回復は著しく困難であるか，そのための社会的費用は不相当に大きくなるから，環境訴訟はその帰趨を問わず，早期の紛争解決が望ましい。換言すれば，特に第II類型の公共事業は，相当の公共資本を投入して従前の土地利用状態を変更するものであるから，事業が相当程度進行した段階で事業を違法とすることによる社会的コストは常に大きく，類型的に事情判決がされやすいという特徴をもっている。これに対し，第I類型は，事業としての行政過程をもたないために，むしろ訴えの利益の消滅理論による却下判決がされやすいが，いずれにせよ司法審査が機能していないことに変わりはない。

行訴法改正で要件が緩和されたものの，執行停止は現在でも環境行政訴訟で活用されていない。ただし，注目すべき決定にいわゆるタヌキの森決定[15]がある。同決定は，建築確認取消訴訟の認容判決を得た申立人らは，同処分に係る建築物の倒壊，炎上等により，その生命または財産等に重大な損害を被るおそれがあるところ，建築等の工事は完了間近であり狭義の訴えの利益が失われかねないから「緊急の必要」があるとして，執行停止を認めたのである。これは第I類型の事案であり，第II類型の認容確定事例はない

(4) 差止訴訟・非申請型義務づけ訴訟・仮の救済

　法定された差止訴訟は，処分前の，より早期の段階での司法審査を可能とする。多くの差止訴訟では訴訟係属中に処分がされ，取消訴訟に訴えが変更されるが，環境被害の不可逆性に鑑みると，既成事実の形成を可及的に防ぐために，司法過程を行政過程と並行して早期に開始させる差止訴訟の活用が望ましい。

　差止訴訟では訴訟要件として「重大な損害」要件が加重されるところ，判例によれば，取消訴訟を提起し執行停止を受けることでは容易に救済を受けられないものであることが要求されている[16]。

　しかし，環境保護訴訟の対象となる許認可処分は，原告が処分の相手方ではない第三者であるため，紛争類型を問わず，通常，処分それ自体が直接の損害を原告に直ちにもたらすわけではない。むしろ処分により許された事実行為の結果たる環境被害により損害が生ずることになる。そのため，そこには通常，時間差があるから，事前の処分差止訴訟を許容しなくても，処分後に取消訴訟を提起させ，執行停止を活用すれば救済しうるという議論になりやすく，上記の見解を形式的にあてはめると，ほぼ常にこの要件が不充足となりかねない。

　鞆の浦世界遺産訴訟第一審判決（広島地判平成21年10月1日判時2060号3頁，環境法判例百選〔第2版〕78事件）はこの要件につき，事業内容・工程，訴訟の進行，被害回復の困難性を踏まえ実際的に判断して柔軟に処理したが，例外的な救済判決の感もあり，必ずしも一般的な処理であるとはいいがたい。

　たとえば東九州自動車道判決（福岡地判平成23年9月29日 LEX/DB25482703，福岡高判平成24年9月11日 LEX/DB25482703）は，道路建設予定地である所有地の前後の土地の任意買収と道路建設による既成事実の形成を危惧した原告が，事業認定の申請前にその差止訴訟を提起した事案であるが，処分の蓋然性要件は認めたものの，損害の範囲を著しく限定しつつ重大な損害を否定している。

　上記のように，タヌキの森決定を除いて執行停止が容易に認められない現

状に鑑みれば(たとえば事業認定の執行停止を認めた例は見当たらない)，重大な損害要件に関する現在の理解は差止訴訟活用の明らかな障害となっており，同要件は適時の司法審査を拒否するための要件に堕している感がある。審理対象となる処分の特定があり，処分がされる蓋然性がある以上，司法審査を取消訴訟の時点まで敢えて遅らせる必要はなく，上記見解自体を改めるか，上記見解に立ちつつも鞆の浦判決のように柔軟な運用をするか，あるいは立法論として重大な損害要件の削除をする必要がある。

　また，環境保護訴訟としての非申請型義務づけ訴訟は，原告が第三者に対する具体的な規制権限の行使を求めるものであり，廃棄物処理法分野で認容例が2件あるものの[17]，生命・身体への危険がなければ重大な損害要件を充足しないとして却下される傾向があり，十分に活用されていない。差止訴訟と同様に，重大な損害要件を削除し，原告適格があれば司法審査を求める資格があるとすべきである。

　さらに，仮の差止め，仮の義務付けも，「償うことのできない損害」要件が厳格にすぎるため，環境保護訴訟では機能しておらず，要件の緩和が必要である。

(5) 当事者訴訟の活用

　環境法分野での活用例は少ないが，処分という訴訟対象に拘束，限定される抗告訴訟を利用できない場合，処分性の認められない行為による環境被害に対し，公法上の当事者訴訟を活用することも考えうる。

　この点，少なくとも第Ⅱ類型では，計画立案から実際の工事までに長い行政過程が存在するところ，たとえば道路という都市施設に関する都市計画決定がされた場合には，都市計画施設の区域内における建築規制を受けるから，このような建築規制を受けないことの確認を求める当事者訴訟のなかで都市計画決定の違法を争うことも認められると考えたい。特に，第Ⅱ類型では二面関係に近い法関係がみられ，事案によっては周辺住民等の原告の権利義務関係に引き直す余地もあるように思われる[18]。当事者訴訟活用の意義は，早期の司法審査を可能とすることにある[19]。これに対し，第Ⅰ類型の環境保護訴訟では，原告の権利義務関係ないし公法上の法律関係に引き直すこと

が難しい場合が少なくなく，当事者訴訟を十分に活用できるとはいいがたい。

さらに第Ⅲ類型でも当事者訴訟の活用を考えたいところであるが，現在の確認の利益の考え方からすると[20]，規制対抗訴訟はともかくとして，環境保護訴訟では環境被害を原告の権利義務関係に結びつけることが容易ではなく，行政立法などを直接の訴訟対象とする制度の創設が必要と考えられる。ただしこの点，条例に基づく環境影響評価手続の履行請求を当事者訴訟として適法とした裁判例があり[21]，注目される。

(6) 環境影響評価と裁量審査

規制権限の不行使の違法を争う環境行政訴訟では，行政庁が一定の裁量をもつことが少なくない。特に第Ⅱ類型では，専門的・政策的見地から，組織と能力をもつ行政庁が計画裁量をもつことはある意味で当然である。問題は，権力分立における役割分担に照らして，現在の立法，司法による行政裁量の統制が不十分なことである。ここでは，裁量審査に関し，環境影響評価との関係，代替案検討の要否・費用便益分析についてのみ触れておく。

環境影響評価が法令上要求される場合にこれがされないとき，あるいは環境影響評価に実体上，手続上重大な瑕疵があるときは，これを前提とする後続処分は当然に違法となると考える。ただしここで違法という場合，それには個別法との関係で，次のように複数の意味がある。

すなわち，第1に，個別法の処分要件において環境配慮が要請される場合には，当該処分要件の不充足という意味で違法となりうる。個別法ごとに環境配慮のあり方には裁量がありうるが，その裁量権の逸脱濫用と捉えるべき場合もあろう。

第2に，処分の前提となる行政計画等の段階で環境影響評価が要求されている場合には，まず，当該行政計画が違法となる。すなわち，通常は計画裁量があろうが，行政計画における裁量権の行使にあたり，重要な事実の基礎を欠く(事案によっては社会通念上著しい判断の過誤がある)ために，その逸脱・濫用があることになる。前提となる行政計画の策定に際し，環境影響評価が不存在ないし，それに重大な瑕疵があれば合理的な裁量権の行使ができるはずがないからである。ここでは，前提となる行政計画が違法であるがゆえに，

抗告訴訟の対象とされた後続処分もその違法を引き継ぐという意味で，処分は違法である。ここで，当該処分の処分要件に裁量があるとしても，必ずしも改めてその裁量権の逸脱濫用をいう必要はなく，前提行為の違法をいえば足りると思われる[22]。

第3に，法や条例による横断条項が適用される場合には，環境影響評価に関する法令違反があるために適切な審査ができないことを理由として申請を拒否する(あるいは条件を付する)べきであったのにそれをしなかったことの違法(横断条項には裁量があるからその逸脱濫用となる)という意味で，処分は違法であるといえる。

以上の違法は，個別法およびその行政過程次第で重なり合う(同時に複数の意味で違法といえる)が，逆に，後続する行政判断に影響を与えない程度の環境影響評価の瑕疵であれば，直ちに後続処分が違法とされることにはならないであろう[23]。

(7) 代替案検討・費用便益分析と裁量審査

特に第II類型における事業の公共性，合理性，必要性を適切に判断するためには，行政過程において代替案の検討や費用便益分析がされることが必要である。これらは法令により要求されない場合がほとんどである(立法統制が不十分である)が，裁量判断は，これらを考慮することではじめて合理的なものとなり，また，行政の説明責任を果たしうるから，不考慮を正当化しうる特段の事情がない限り，裁量権の逸脱・濫用の疑いを生じさせるというべきである[24]。したがって，司法判断においても，代替案検討・費用便益分析の有無，その内容と判断過程(前提とした事実とその評価を含む)に関する裁量審査がされるべきである。

しかし実際には，司法消極主義のもとで，環境分野に限らず，裁判所の多くが実質的な裁量審査に消極的である[25]。近時，鞆の浦判決など複数の判決が厳密な裁量審査を試みているが[26]，これに対しては批判もあり[27]，本来的には立法による解決が必要である。具体的には，代替案検討・費用便益分析の義務づけの他，合意形成機能の強化，事業見直し・廃止手続の整備等を内容とする公共事業手続法を制定することが望ましい。また，環境影響評

価法の改正で導入された計画段階配慮書手続(同法3条の2以下)の運用を注視し，裁量審査に活用していくことも必要であろう。

なお，違法主張について行訴法10条1項により自己の法律上の利益に関係のない違法事由の主張を厳しく制限する合議体がみられるが[28]，不適切であり，立法論としては，同条項を削除することが望ましい。

(8) 行訴法44条

行訴法44条は，公権力の行使に対する民事仮処分を禁じており，第II類型では処分の公定力を理由に，民事訴訟・仮処分を不適法とする例もみられる[29]。

裁判実務は必ずしも一貫していないが，たとえば都市計画事業認可に係る道路建設工事の民事差止訴訟を適法とした裁判例のように[30]，処分が周辺住民に対する受忍義務を課すものでない以上，公定力の問題が生じることはなく，民事訴訟は封じられないと理解すべきである。

(9) 住民訴訟

環境保護訴訟のなかには住民訴訟の形式をとるものがある。これはたとえば河川法におけるダム・堰の建設行為などそもそも対象としうる処分が行政過程に存在しないことが少なくなく，この場合には通常の抗告訴訟を適法に提起しえないためである。

住民訴訟は，原告の権利利益侵害を根拠としない客観訴訟である点で，他の環境行政訴訟とは異なる。最近の例として一連の八ツ場ダム訴訟[31]や設楽ダム訴訟[32]があるが，これらは主観訴訟では司法救済が得られないような場合に，公金支出の違法を争点として設定することで訴訟要件をクリアーし司法判断を求めようとするものである。

近時，住民訴訟でも勝訴判決が散見されるが[33]，本来は財務会計行為の違法ではなく，行政計画等より早期の段階の行政判断(たとえば河川整備計画)の違法を争う訴訟を正面から認めることが望ましい。

5. 環境行政訴訟の展望

　すべての個別環境紛争を，訴訟を通じて解決することの社会的コストは不相当に大きく，むしろ行政過程における参加手続の整備を前提とした合意形成(紛争予防，利害調整)の充実にこそ力が注がれねばならない。しかし，最終的なチェック手段としての訴訟制度は，環境法の運用に適度の緊張感を与えるものであるから，個別具体的な政策判断の形成段階における実質的な意味での参加と合意形成を担保するものとして，訴訟制度が整備・運用されることが同時に必要である。

　この点，欧州のオーフス条約(環境に関する，情報へのアクセス，意思決定における市民参加，司法へのアクセスに関する条約；Convention on Access to Information, Public Participation in Decision-making and Access to Justice in Environmental Matters)は，環境に関する情報の取得，公衆参加および司法審査へのアクセスを保障する。環境情報が形成・収集されなければ誰も適切な判断ができないし，各主体の参加による批判と討議があってこそより合理的な行政判断をなしうるからである。司法審査はこれらを最終的に担保し，かつ実質化するものといえる。

　民主制のもとでは，専門性と利害調整を行いうる政治部門が，一般抽象的な環境政策の形成において主たる役割を果たすべきことは間違いない。しかし，民主主義のもとで環境問題は選挙の争点となりにくく，また利害の対立する将来世代は選挙権をもっていないため，政治部門だけに環境問題の解決を委ねることは適切でない。私は，少数者の人権と同様に，裁判所が積極的に環境法政策の形成に関与し，政治部門の判断を補完・修正すべき場合があると考えている。

　行訴法改正や判例変更により，わが国の環境行政訴訟はようやくその入口に立ったという感がある。民事・行政の別を問わず，環境訴訟を機能させるためには，行訴法の第二次改正の他，長期的にみて，司法制度を担う人材の養成が不可欠であり，法曹の環境教育を強化し，いわば裁判所のグリーン化を図ることもまた必要である。

〈注〉
1) わが国の規制対抗訴訟は，たとえば米国と比較すれば相当少ない。これは，わが国が環境規制水準を，被規制者にとって比較的容易に遵守可能なレベルに設定し，しかも段階的に導入する法文化と無関係ではない。廃棄物処理法分野にみられるように，規制対抗訴訟も，個別環境法解釈の深化の点で重要な役割を果たしている点に留意が必要である。
2) 環境訴訟の外延は，実は明確でない。公害・環境法に限らず，多くの法律が現在では環境配慮の目的や視点を部分的にせよ有しており，個人や事業者による活動は大なり小なり必ず環境影響を及ぼすためである。たとえば，労働者や消費者の健康被害をめぐる訴訟も環境訴訟の範疇に捉えうる。環境訴訟の外延を確定することは必ずしも生産的な作業ではない。
3) 東京高判昭和62年12月24日判タ668号140頁。
4) 本章では検討しないが，規制対抗訴訟の場合には，公法上の当事者訴訟の活用可能性もあり，環境規制を争う訴訟形態も散見される。
5) 財団法人都市計画協会都市計画争訟研究会「都市計画争訟研究報告書」(平成18年9月)。
6) 国土交通省都市・地域整備局都市計画課「人口減少社会に対応した都市計画争訟のあり方に関する調査業務」報告書(平成21年3月)。
7) 「改正行政事件訴訟法施行状況検証研究会報告書」(平成24年11月，以下「検証報告書」という)でも計画統制訴訟の必要性が指摘されている(105頁)。
8) 一例として墓地埋葬法の経営許可に関する福岡高判平成20年5月27日LEX/DB28141382。
9) 最一小判平成21年10月15日民集63巻8号1711頁。
10) たとえば畠山武道『自然保護法講義〔第2版〕』(北海道大学出版会，2004年)303頁以下。却下例として，たとえば松江地判平成19年3月19日LEX/DB25420862・広島高松江支判平成19年10月31日LEX/DB25421170，大分地判平成19年3月26日LEX/DB28131216・福岡高判平成20年9月8日LEX/DB25440725，東京地判平成23年6月9日LEX/DB25471690のほか，圏央道訴訟判決(後注24)，東京地判平成22年9月1日判時2107号22頁など多数ある。
11) 小早川光郎「抗告訴訟と法律上の利益・覚え書き」西谷剛ほか編『政策実現と行政法』(有斐閣，1998年)。
12) 行政訴訟検討会「最終まとめ」(平成16年10月)(参考資料11)はすでに，団体訴訟の導入論議にあたり参照すべきものとして論点整理を済ませており，検証報告書(110頁)も制度創設の必要性を指摘している。
13) 環境影響評価法の改正論議に際し，東京弁護士会は団体訴訟の導入を提言しており(東京弁護士会「環境影響評価法改正に係る意見書」(平成21年2月))，さらに，日本弁護士連合会(日弁連)も環境団体訴訟法案を公表している(平成24年6月)。
14) 札幌地判平成9年3月27日判時1598号33頁，環境法判例百選〔第2版〕89事件。

15) 最一小決平成 21 年 7 月 2 日判例自治 327 号 79 頁,東京高判平成 21 年 2 月 6 日判自 327 号 81 頁。
16) 最一小判平成 24 年 2 月 9 日民集 66 巻 2 号 183 頁,判時 2152 号 24 頁。
17) 福岡高判平成 23 年 2 月 7 日判時 2122 号 45 頁。拙稿「評釈」現代民事判例研究会編「民事判例 I 2011 年前期」。福島地判平成 24 年 4 月 24 日判時 2148 号 45 頁。
18) 越智敏裕「行政事件訴訟法の改正と環境訴訟の展望」上智法学論集 48 巻 3・4 号 (2005 年) 13 頁, 41 頁以下。
19) たとえば圏央道あきる野 IC 事業認定・収用裁決取消訴訟の場合,東京都知事による都市計画決定がなされたのは平成元年であるのに対し,建設大臣(当時)による事業認定がなされたのは平成 12 年であった。
20) 確認の利益の考え方について,たとえば中川丈久「行政訴訟としての『確認訴訟』の可能性——改正行政事件訴訟法の理論的インパクト」民商 130 巻 6 号(2004 年)1, 20-24 頁。
21) 横浜地判平成 19 年 9 月 5 日判自 303 号 51 頁,環境法判例百選〔第 2 版〕61 事件。
22) 処分要件のなかに前提行為の適法性が組み込まれている場合もあるし(たとえば都市計画事業認可の適法要件(都市計画法 61 条 1 号)),逆に,条文上は切り離されている場合もある(たとえば土地収用法の事業認定(同法 20 条 3 号))から,個別法およびこれに基づく行政過程ごとに違法の説明の仕方は異なりうる。
23) この点,前掲(注 10)の新石垣空港判決は,法対象事業につき「環境配慮がされるものであるとはいえないにもかかわらず,必要な条件を付することもなく当該免許等を付与することができるのは例外的な場合に限られる」とし,「免許等基準審査適合性が明白に認められることに加え,免許等基準審査の結果と環境配慮審査の結果を併せて判断したところ環境配慮審査適合性が認められなくても当該免許等を付与すべきやむにやまれざる事情が認められる場合であることを要する」としている。
24) 東京地判平成 16 年 4 月 22 日判時 1856 号 32 頁は,「代替案の検討を行わなくとも,当該事業計画の合理性が優に認められるといえるだけの事情があればともかく,そうした事情が存在しないにもかかわらず,代替案の検討を何ら行わずに事業認定がなされた場合は,不十分な審査態度であって,事業認定庁に与えられた裁量を逸脱する疑いを生じさせる」とする。しかし,同判決の控訴審(東京高裁平成 18 年 2 月 23 日判時 1950 号 27 頁,環境法判例百選〔第 2 版〕41 事件)は代替案検討に関する法の規定がないことを理由にこの考え方を否定した。
25) 近時の例を挙げると,徳山ダム訴訟(岐阜地判平成 15 年 12 月 26 日判時 1858 号 19 頁,名古屋高判平成 18 年 7 月 6 日 LEX/DB28111939),苫田ダム訴訟(岡山地判平成 17 年 7 月 27 日訟月 52 巻 10 号 3133 頁),圏央道訴訟(あきる野につき前注 24 の裁判例,八王子につき東京地判平成 17 年 5 月 31 日訟月 53 巻 7 号 1937 頁・東京高判平成 20 年 6 月 19 日 LEX/DB25441903・最二小決平成 21 年 11 月 13 日 LEX/DB25471732,高尾につき東京地判平成 22 年 9 月 1 日判時 2107 号 22 頁)など枚挙にいとまがない。

26) 特にII類型では，日光太郎杉判決（東京高判昭和48年7月31日判時710号23頁，環境法判例百選〔第2版〕87事件）などごく一部の例外を除いて原告勝訴の確定判決はなく，公共事業は聖域といえた。しかし裁判所は，無駄な公共事業を止める画期的な判決を出し始めている。たとえば川辺川ダム利水訴訟控訴審判決（福岡高判平成15年5月16日判時1839号23頁）および永源寺第2ダム控訴審判決（東京高判平成17年12月8日 LEX/DB28131608）は，広範な行政裁量を理由に請求を棄却した第一審判決を取り消して，前者は同意取得手続の違法を，後者は調査不足の違法を理由に公共事業を差し止めた数少ない例である。

27) たとえば鞆の浦判決につき，高木光「審査密度(1)」自治実務セミナー49巻7号（2010年）4頁以下。

28) たとえば東京地判平成20年5月29日判時2015号24頁。

29) 名古屋地判平成18年10月13日判自289号85頁。

30) 名古屋高判平成19年6月15日 LEX/DB28131920。

31) 東京地判平成21年5月11日判自322号51頁，水戸地判平成21年6月30日 LEX/DB25451323，さいたま地判平成22年7月14日判自343号50頁，宇都宮地判平成23年3月24日 LEX/DB25470803。

32) 名古屋地判平成22年6月30日 LEX/DB25442671。

33) 栗東新駅起債差止訴訟第1審・控訴審判決（大津地判平成18年9月25日判タ1228号164頁，大阪高判平成19年3月1日判タ1236号190頁）や泡瀬干潟住民訴訟判決（那覇地判平成20年11月19日判自328号43頁・福岡高那覇支判平成21年10月15日判時2066号3頁，環境法判例百選〔第2版〕86事件）などがある。

第26章 公害紛争処理と公害被害補償

下村英嗣

　長い時間・多大な労力・多額の費用を要し，敗訴するリスクのある裁判によっては，公害紛争を迅速に解決し，公害被害者を確実に救済できるとは限らない。そこで，社会問題化した公害の紛争を処理し，被害を救済するために，行政が積極的に関与することが求められる。本章は，公害紛争の処理と公害被害者の救済に関する行政的解決・制度について，公害紛争処理法と公害健康被害の補償等に関する法律を中心に，制定背景，制度内容，その理論的根拠，機能的限界を検討した上で課題と展望を示す。

1. 行政救済の必要性

　人の健康や生命，環境に被害が発生し，または発生するおそれがある場合，（潜在的）被害者は，訴訟を通じて，原因者に対する損害賠償や原因行為の差止，事業の許認可の取消しなどを求めることができる。

　しかし，環境訴訟は，厳格な手続，原因の解明，因果関係の証明，保護法益の成熟度など，解決の前に困難な障害が立ちはだかる場合がある。加えて，環境紛争を訴訟に付せば，これらの障害に起因して，判決の確定まで多くの時間や多額の費用を要し，敗訴するリスクもある。訴訟係属中に事態が悪化し，被害が拡大することも考えられよう。

　そこで，環境問題の解決には，司法によるものだけでなく，迅速な紛争処理や確実な救済を制度化することが社会的に求められる。

2. 環境紛争の行政的解決——公害紛争処理法

(1) 制定の背景

　1967年に公害対策基本法が制定された当時，被害者が利用しやすく，早

期に公害紛争を処理できる救済制度が社会的に要請され，政府は公害紛争処理制度を確立するための必要な措置を講じるよう求められた(21条1項，環境基本法31条1項も参照)。

これを受けて，あっせん，調停，仲裁，裁定の手続により公害紛争の迅速かつ適正な解決を図るため，1970年公害紛争処理法は制定された。裁判外の紛争処理制度は代替的紛争処理制度(Alternative Dispute Resolution：ADR)といわれる。

(2) 公害問題の代替的紛争処理制度(ADR)
(ア) 対 象 紛 争

公害紛争処理法の対象紛争は，公害に関連する紛争(2条)，公害に係る被害についての損害賠償に関する紛争，その他の民事上の紛争である。被害が発生している公害の紛争だけでなく，被害が発生する「おそれ」のある紛争(おそれ事案)や生活妨害などの近隣紛争も対象となる。

(イ) 所 管 組 織

本法の所管組織として，国の公害等調整委員会(公調委)と都道府県の公害審査会がある(3条，13条)。公害審査会は条例で設置されるが必置ではない。

公調委は，総務省外局の独立行政委員会(国家行政組織法の3条委員会)である。委員長と委員は，国会の両院の同意を経て総理大臣が任命する。委員長を含めた委員は職権の独立性と身分が保障される(公害等調整委員会設置法(公調委設置法)5条，7条，9条，10条)。公害審査会の委員は，議会の同意を経て知事が任命する(16条)。

公調委が扱う紛争は，重大事件，広域事件，県際事件である(24条，同法施行令1条)。重大事件とは，生命や身体に重大な被害が生ずる事件をいい，主張被害額5億円以上の事件である。ただし，損害賠償責任の有無や因果関係の存否を争う事件(裁定)に規模は無関係である。公害審査会は，公調委が扱う紛争以外の紛争を扱うが，裁定事件を扱うことはできない。以下では，公調委について述べることとする。

(ウ) 紛争処理手続

　公調委の紛争処理手続には，あっせん，調停，仲裁，裁定がある。それぞれの手続に付された紛争ごとに委員会が構成される。

　あっせんは，紛争当事者の自主的な話合いを促す方法で，当事者が円滑に交渉できるよう，あっせん委員が仲介する(28条以下)。

　調停は，紛争当事者の出頭により意見聴取し，調停委員が現地調査や参考人陳述，鑑定などを行い，積極的に紛争解決に介入する。調停委員会は，調停案を自ら作成し，当事者に受諾を求めることができ，当事者双方が調停案を受諾すれば，和解契約が結ばれる(31条以下)。

　仲裁は，紛争当事者が裁判を受ける権利を放棄し，第3者判断に服することを約束して紛争解決を委ねる方法である。仲裁委員会は，尋問や鑑定を行い，仲裁判断を下す(39条)。この仲裁判断は確定判決と同一の効力を有し，当事者は仲裁判断に不服があっても原則的に不服申立てができない(41条)。

　裁定には責任裁定と原因裁定がある。裁定委員会は証拠調べ(42条の16)に基づき不法行為関連の法律判断を行い，責任裁定は損害賠償責任の有無を，原因裁定は因果関係の存否を判断する。

　責任裁定は，不法行為責任の有無を判断する民事紛争のみを扱い，責任裁定後30日以内ならば，民事訴訟の提起は可能である(42条の21)。裁定後30日以内に訴訟が提起されない場合は合意が成立したものとみなされる(42条の20第1項)。また，責任裁定の申請があった事件の民事訴訟が係属中の場合，受訴裁判所は責任裁定があるまで訴訟手続を中断でき，訴訟手続が中断されない場合，裁定委員会は責任裁定手続を中止することができる(42条の26)。

　原因裁定は，裁判所を拘束せず，権利義務を確定するものではないが，公害被害に関する民事訴訟の受訴裁判所は，公調委に原因裁定を嘱託することができる(42条の31)。責任と原因の裁定やその手続は行政処分ではないので行政事件訴訟で提起することができない(42条の21，33)。

(3) 制度の特徴

(ア) 裁判との類型的比較

紛争当事者の一方が相手方に対して裁判を起こした場合，訴えられた当事者は，応訴しなければならない。判決が下されれば，勝者(勝訴)と敗者(敗訴)が生まれる。したがって，裁判は対決型・決着型の紛争処理といえる。

しかし，裁定以外の手続は，紛争当事者の合意に基づいて委員会が設置され，手続が開始される。各委員会が紛争に介入する程度に差はあるが，紛争当事者は，法的判断で決着をつける裁判と異なり，妥協や譲歩に基づいた協調的関係のなかで双方が納得できる解決策を探る。そのため，協調・協働的な紛争処理といえる[1]。

裁定は，不法行為要件の法的判断をすることから，協調・協働型というよりも対決・決着型になる。裁定委員会は専門的行政委員会であるため，その判断は行政審判の一種である。もっとも，裁判との関係において裁定は，責任裁定で合意が成立した場合を除いて，訴訟提起の可能性が残されており，最終解決にならない場合がある。

また，公害紛争処理制度と裁判の違いに執行力がある。調停，仲裁，責任裁定の義務者に対しては義務履行勧告制度があるにとどまる(43条の2)。例えば，調停案の強制履行には，改めて訴訟を提起することになる[2]。

(イ) 被害者の負担軽減と職権主義

調停，仲裁，裁定の申請手数料は，民事調停や民事訴訟に比べて格段に低額である(公害紛争処理法施行令18条)。また，申請手数料の支払が困難な者には支払いの猶予や減免措置もある(施行令19条)。

裁判で救済を求める被害者にとって，証拠の偏重や科学的問題の解明は物理的にも金銭的にも大きな負担になるが，調停や仲裁においては，文書提出要求(33条)，立入検査(40条)，関係人や参考人の陳述要求，意見聴取，鑑定依頼(10条)，事実の調査(公害紛争の処理手続等に関する規則16条2項，24条)が委員会の職権で可能である。参考人や鑑定人，文書提出や物件提出にかかる費用，鑑定料などは公費で賄われる(44条，施行令17条)。

調停の調査費用は，根拠規定がないものの，実務的には公調委設置法16

条によって公費負担に整理される。たとえば，著名な豊島産業廃棄物水質汚濁被害等調停申請事件では，不法投棄された廃棄物の内容の調査費用(約2億4000万円)が公費で賄われた(環境法事件簿4参照)。

裁定の場合，裁定委員会は証拠調べ(42条の16)や事実の調査(42条の18)を職権で行うことができ，これらの費用も公費で賄われる(42条の16，18)。

(4) 環境政策の形成または実施への影響力

公調委は，個別具体的な紛争に基づいたものでなく環境行政一般について，調停や仲裁，裁定で得られた知見をもとにして総務大臣または関係行政機関の長に意見を述べることができる(48条)。

実際に，紛争処理の内容が新たな公害防止立法に至った例がある。国内タイヤ製造者7社に対して各地の弁護士グループがスパイクタイヤの販売停止などを求め，1987年に公調委で調停を申請した(スパイクタイヤ粉じん被害等調停申請事件)。調停内容は，調停申請者の要求と同じスパイクタイヤを販売停止するものであった。

調停委員長はスパイクタイヤの全面使用規制が社会的に妥当である旨の談話を発表し(実質的な48条の意見申出)，環境庁長官(当時)は実質的にスパイクタイヤ廃止施策を約束した談話を発表するなどを経て，1990年に「スパイクタイヤ粉じんの発生の防止に関する法律」が制定された[3]。環境法の被害防止や予防重視の観点からは，本件が公害のおそれ(リスク)の段階での申請であったことも重要と思われる[4]。

原因裁定の結果は，紛争当事者だけの問題ではなく，地域住民全体に関係する。公調委は，裁定結果を関係行政機関の長または関係地方公共団体の長に通知し，それを公害の拡大防止などに役立たせるため，必要な措置に関する意見を関係行政機関の長または関係地方公共団体の長に意見を述べることができる(42条の31)。加えて，独立性の高い専門機関が客観的で公正に判断した結果は，環境行政にとって重要かつ貴重な情報であり，環境政策に反映される可能性が高い[5]。

(5) 利用状況と課題

紛争処理手続のなかでは，地方公共団体が対応する公害苦情処理(49条)の利用が圧倒的に多い。これまで調停や仲裁，裁定の利用は少なく，近年では調停の利用は減少傾向にあり，公調委の調停事件は水俣病と大阪国際空港騒音に関係する事件が大部分を占める[6]。

調停の減少傾向の原因には，公害事件での賠償金が多額になり，当事者間での合意成立が困難になること，調停に和解契約効果がないことなどがある。民事調停法16条の調停と同様に，公害紛争処理法の調停にも確定判決と同じ効力を認めるよう改める必要があろう[7]。また，民事調停が不調に終わり訴訟へ移行した場合，その訴訟費用が減額されるので，制度利用の動機づけがあるが，公害紛争処理法の調停は訴訟との連携が図られておらず，制度利用の動機づけが弱い[8]。

ところで，調停は，司法判断になじまない紛争の解決に適する場合がある。最近の環境問題は，必ずしも被害の範囲・程度や因果関係などが明確であるとは限らない(科学的不確実性)。科学的不確実性のなかでどの程度まで譲歩できるかの問題はあるが，当事者間で妥協点を探り解決策を形成する方法は，不確実な環境問題の解決策として有用であろう。紛争当事者間の合意から得られた知見は社会的合意を形成する契機となりうる。社会的合意に基づき環境政策が形成されることは，潜在的な被害者の発生を予防することになる。潜在的な被害予防の観点から，より幅広い環境問題や紛争を射程に入れることが望ましい。

図表26-1　調停と裁定の係属件数

	調停			裁定		
	新規受付	終結	未済	新規受付	終結	未済
2008	1	1	1	9	6	16
2009	1	0	2	23	11	28
2010	3	4	1	24	15	37
2011	5	5	1	24	17	44
2012	5	3	3	23	29	38
1970年度以降累計	716	715		184	146	

出典：公害等調整委員会『平成24年度　年次報告』7頁(表2)をもとに作成。

裁定は，2009年から利用件数が大幅に増加した。その要因について，公害等調整委員会は，地方公共団体と公害等調整委員会が連携を強め，公害審議会では解決困難な場合に，当事者に公害等調整委員会が行う裁定制度の意義や内容に関する情報提供等がなされ，活用されるようになったと分析している[9]。

しかし，裁定は，調停に比べ，これまでの利用件数は少ない。原因として，裁定が裁判所の審理を拘束しないこと，事実認定に実質的証拠法則が認められないことなどが指摘される[10]。裁定の意見具申制度を前提に公調委の専門性の高い調査能力をより幅広く活用できれば，公害拡大防止という公益保護に資するものとなろう。

3. 公害被害の行政的救済

(1) 公害健康被害の補償等に関する法律の制定背景と目的

1967年公害対策基本法で政府に対する公害被害の円滑な救済をはかることが要請され(21条2項，環境基本法31条2項も参照)，1969年に「公害に係る健康被害の救済に関する特別措置法」が制定された。同法は，公害健康被害について知事が認定した患者に医療費のみを支給するものであった。この財源は事業者の自発性に依存していたため，資金基盤は不安定であった。

1973年に公害健康被害補償法(旧公健法)が制定された。旧公健法で確立された救済制度の目的は，大気汚染と水質汚濁による健康被害を受けた被害者に対して迅速かつ効率的な解決をはかることである。

旧公健法が制定された背景の1つは，四日市ぜん息損害賠償請求事件訴訟判決(津地四日市支判昭和47年7月24日判夕280号100頁，環境法判例百選〔第2版〕3事件)である。本件判決で汚染原因企業の共同不法行為責任が認められたため，企業側は，判決の他地域への波及をおそれ，公害患者が納得する救済を与えようとしたといわれる[11]。

旧公健法は，1987年に一部改正され，「公害健康被害の補償等に関する法律」(公健法)に改称された。この改正の背景には，第1種地域の被認定者の増加と事業者の費用負担高騰，第1種地域内の硫黄酸化物排出量の大幅な減少

により，産業界が地域指定解除を政府に強く働きかけたことがある(後述3(4)(ア)も参照)。

(2) 認定の条件と手続

公健法では補償対象地域が指定され(指定地域)，第1種地域と第2種地域がある(2条)。

第1種地域は，著しい大気汚染が発生している地域で，慢性気管支炎や気管支ぜん息などの指定疾病(非特異性疾患)が多発している地域である。非特異性疾患は疾病の原因物質が証明されていない疾病である。第1種地域での認定条件は，指定地域に一定期間以上居住ないし通勤し(曝露要件)，かつ指定疾病に罹患していることである(4条1項)。都道府県知事が公害健康被害認定審査会の意見を聴いて，これらの条件を満たすと判断すれば，被害者は認定される(4条)。

第2種地域は，著しい大気汚染または水質汚濁が発生している地域で，原因物質と疾病の間に特異な因果関係がある指定疾患(特異性疾患)が多発している地域である。現在，指定疾病は水俣病，イタイイタイ病，慢性ヒ素中毒の3つが，指定地域は5つの地域が指定されている。第2種地域は，第1種と異なり，知事が個別的に因果関係を判断したうえで認定する(4条2項)。

(3) 補償内容とその財源

汚染原因者の民事責任を踏まえた損害賠償責任に基づき，認定患者には，療養給付・療養費，障害補償費，遺族補償費，遺族補償一時金，児童補償手当，療養手当，葬祭料が支払われる(3条)。

第1種地域の補償費の財源は，全国の一定規模以上のばい煙発生施設(大気汚染防止法2条2項)の設置者から硫黄酸化物の排出量に応じて徴収する汚染負荷量賦課金(52条以下)と，自動車重量税の一部(附則9条)によって賄われる。前者の固定発生源と後者の移動発生源の分担割合は8対2である(施行令附則6項)。第2種地域の補償費の財源は，疾病の原因物質を排出する特定事業者から原因の度合いに応じて徴収される特定賦課金(62条以下)によって全額が賄われる。

第1種地域の汚染負荷量賦課金は，第1種地域内に所在する事業者だけでなく，他の地域の事業者からも強制的に徴収する点に特徴がある。個別的な因果関係は制度的な割切りがなされ，民事責任上の加害者ではなく，単なる汚染者ないし環境負荷発生者による負担である。これに対して，第2種地域の特定賦課金は，明白な因果関係に基づき原因企業のみが負担する。原因企業は民事責任上の加害者として特定賦課金を支払う。

(4) 課題と水俣病救済法
(ア) 第1種地域

第1種地域はかつて41地域が指定されていたが，1987年改正時に指定はすべて解除されたため，新規の患者認定が打ち切られ，既存患者への補償のみとなった。指定地域解除の理由は，第1に，指定地域内事業者と他地域事業者の不公平な負担割合，第2に，硫黄酸化物の濃度が改善された一方で認定患者数が増加し，事業者の負担が高騰したことが挙げられる。

しかし，補償財源確保の目的で徴収された汚染負荷量賦課金が高騰したがゆえに，事業者は法律が意図しなかった汚染物質の排出削減インセンティブをもつようになったことから，新たな大気汚染問題に対する公健法制度の有用性を再認識すべきである。硫黄酸化物による大気汚染は改善されたが，窒素酸化物や浮遊粒子状物質，微小粒子状物質による大気汚染で呼吸器系疾患は幹線道路周辺で高くなっている。

第1種指定地域の復活をめざした東京大気汚染訴訟は，東京高等裁判所の和解勧告により決着し，その和解内容には自動車製造業者の解決金支払，東京都による医療費助成制度創設などが盛り込まれた。これは，新たな大気汚染被害者に対する救済制度の必要性を示している[12]。

(イ) 第2種地域

第2種地域の指定疾病は水俣病，イタイイタイ病，慢性ヒ素中毒の3つであるが，ここでは，このうち水俣病を念頭に述べることとする。

第2種地域では，行政の対策の遅れや毒性の強い汚染物質の排出から，被害者は重篤な症状を患った。公害環境法の整備とともに激甚な被害は発生し

なくなったが，比較的軽度でも生活に支障のある症状をもつ患者の申請は増えている。また，1977 年に認定基準が厳格になった結果，認定判断の作業が大幅に遅れるようになった。そのため，認定をめぐる訴訟が多数提起されるようになった[13]。

そこで 1995 年に当時の政権は水俣病の最終解決をはかったが，水俣病関西訴訟最高裁判決(最二小判平成 16 年 10 月 15 日民集 58 巻 7 号)やこれに付随して複数の訴訟が新たに提起されたことから，2009 年に「水俣病被害者の救済及び水俣病問題の解決に関する特別措置法」(水俣病救済法)が制定された。

(ウ)　水俣病救済法

水俣病救済法は，公健法の認定判断基準を満たなさない者の救済の最終解決を目指して(前文)，水俣病被害者救済と水俣病最終解決を目的とする(1 条)。救済と解決の原則は，すでに認定患者となっている継続補償受給者が将来も補償受給を確実に受け取れること，これから救済を受ける者をできる限りすべて救済すること，原因企業が救済の費用負担責任を果たすことである(3 条)。

救済対象者は，水俣病関西訴訟控訴審判決(大阪高判平成 13 年 4 月 27 日判時 1761 号 3 頁)の内容に即して曝露要件(過去に通常起こりうる程度を超えるメチル水銀の曝露を受けた可能性)と症候要件(四肢末梢優位の感覚障害を有する者に準ずる者)から確定される(5 条)。水俣病の補償または救済を受けた者，認定患者や公健法の認定申請者，訴訟提起者は本法で除外される。本法における申請は 2012 年 7 月 31 日に締め切られ，約 6 万 5 千人が申請した。救済対象者は 3 年以内を目途に確定される。

救済対象者に対する一時金はチッソが負担し，療養費や療養手当は関係県が政府支援のもとで負担する(5 条)。救済対象にならないが感覚障害のある者にも水俣病被害者手帳の交付と療養費の支給がなされる(6 条)。給付水準は最高裁判決の損害認定額と同程度である。

本法に関しては，第 1 に，因果関係が不明瞭な者も救済対象に含まれるため原因者負担原則に厳密に基づいた内容とはいえないこと，第 2 に，国・県とチッソの原因者の責任分担関係が明らかでないこと，第 3 に，因果関係が

不明瞭なことから国・県のチッソに対する求償が困難であることが指摘されている[14]。

2013年4月に，公健法での認定申請棄却処分をめぐって争われた訴訟の最高裁判決が出された(最三小判平成25年4月16日判時2188号35頁)。

本件は，現行の公健法で認定されるには手足の感覚障害に加えて視野狭窄，難聴，歩行障害などの症状の組み合わせが要件とされるため(1977年判断条件)，手足の感覚障害のみで認定申請した原告が認定棄却の処分を受け，認定棄却の取消処分を求めた事件である。

最高裁判決は，公健法について「個々の患者について，諸般の事情と関係証拠に照らしてこの認定を行うこととしているもの」と解釈した上で，「水俣病の意義及び処分行政庁の審査の対象を殊更に狭義に限定して解すべき法的根拠は見当たらないことから，個々の具体的な症状につき個別的な因果関係が諸般の事情と関係証拠によって証明され得るのであれば，水俣病であると認定することが法令上妨げられるものではない」として，手足の感覚障害のみでも患者と認定できるとした(環境法事件簿3参照)。

しかし，水俣病関西訴訟最高裁判決に加え，再度かかる司法判断を受けても，政府は，認定基準が否定されたわけではないとして認定基準を見直さない方針に固執している。そのため，行政により水俣病であることを否定されたにもかかわらず，司法で水俣病と認められた「ねじれ」状態が続く。

水俣病救済法は，公健法の認定基準に該当しないが感覚障害のある被害者(救済対象者)に対して，認定患者への補償金(約1600万〜1800万/年)よりもかなりの少額となる一時金(210万円)を支払う制度である。この格差はあまりにも大きい。あらためて認定制度と被害者救済のあり様が問われていると思われる。

4. 特定原因物質に特化した救済制度——石綿救済法

行政的救済制度には，特定物質に特化したものがある。2006年に制定された「石綿による健康被害の救済に関する法律」(石綿救済法)である。

(1) 制定の背景

石綿(アスベスト)は，耐摩耗性，耐熱性，耐腐食性に優れ，戦中に軍需品の原料として，戦後にほとんどが建築用資材関連で利用されてきた。日本は石綿のほとんどを輸入に依存し，経済成長とともに輸入量も増加した。これまでの国内総消費量は1,000万tに上るといわれる[15]。

石綿繊維は毛髪の約5,000分の1であるため飛散しやすく，それを人が吸引すると，石綿肺，肺がん，中皮腫などを発症し，いったん発症すると多くは1～2年で死亡する極めて有害な物質である。潜伏期間は20年以上で，悪性中皮腫の場合は30～40年といわれる。

石綿の人体への有害性は欧米では早くから指摘され，国際労働機関(ILO)と世界保健機構(WHO)が1972年に石綿のがん原性を認め，1986年には「石綿の使用における安全に関する条約」が採択された。

日本でも，1960年のじん肺法での健康診断実施義務に始まり，1970年代から労働安全衛生法や特定化学物質等障害予防規則で石綿の使用や取扱いに関する規制や基準が実施・強化されていった[16]。環境法分野でも，大気汚染防止法や廃棄物の処理及び清掃に関する法律で石綿関連作業時の規制が導入された(大気汚染防止法18条の5，14，17，廃棄物処理法施行令2条の4第5号)[17]。

労働者が職場で石綿に暴露し，健康被害を受けた場合，労働者災害補償保険法の補償が受けられる(いわゆる労災)。労災対象疾病は，石綿肺，肺がん，中皮腫，良性石綿胸水，びまん性胸膜肥厚である。労働者の家族や周辺住民は労災適用対象とならない。また，労災の適用を受けずに死亡した労働者の遺族は5年で遺族給付の受給権を失う。

しかし，2005年6月にクボタが尼崎市の旧神崎工場周辺で中皮腫に罹患した住民がいることを公表し，職業曝露を中心に石綿対策をしてきた行政関係者をはじめ各方面に衝撃を与えた(クボタショック)。石綿被害を受けたにもかかわらず労災対象にならない人たちに対する救済措置として，石綿救済法が2006年に制定された。

(2) 救済制度内容

石綿救済法の目的は，石綿に起因する健康被害の迅速な救済を図ることで

ある。本法は，公健法と異なり救済対象地域を指定しない。指定疾病は，労災のそれより狭く中皮腫と肺がんである(2条1項)。救済対象者は，労災の対象外で指定疾病に罹患したと認定される者(周辺住民や労働者家族)と労災給付の申請が時効消滅した者(労働者遺族)である。

認定された被害者本人には医療費と療養手当，法律施行後に死亡した被害者遺族には葬祭料，法律施行後に死亡した被害者遺族には特別遺族弔慰金と特別葬祭料が支払われる(3条)。なお，2008年改正で特別遺族弔慰金は，指定疾病に罹患したが未申請のまま本法施行後に死亡した者にも支給されることになった。

給付財源は，事業者，国，地方公共団体の支出で設置される石綿健康被害救済基金である(31条以下)。事業者の負担は，労災保険適用事業主(一般事業主)から徴収する「一般拠出金」(35条)と石綿使用量や指定疾病発生状況などの一定要件に該当する事業主(特別事業主)から徴収する「特別拠出金」(47条，施行令12条)からなる。あらゆる企業が石綿の恩恵を受けてきたことから，一般拠出金に特別拠出金を上乗せる2層制度になっている[18]。

(3) 課　題

公健法が民事責任を踏まえた賠償(補償)制度であるのに対し，石綿救済法は民事責任や国家賠償責任と切り離された文字通りの救済制度である。補償制度というよりも社会保障的な制度であるため[19]，実際に被害者に支払われる給付額は公健法の補償額に比べて低額である。背景として，石綿被害に特有の長い潜伏期間や石綿の広範囲で長期にわたる使用から原因者の特定が困難な場合が多いことがある。

また，石綿の有害性に関する科学的知見の進展と国の規制対策実施時期の関係で国の規制権限不行使の違法性が指摘され，各地で国家賠償訴訟や石綿関連企業に対する損害賠償訴訟が多数提起されている状況にある[20]。

これらの訴訟で勝訴すれば，被害原告は，加害原因者の責任を明確にすることができ，また石綿救済法の給付額よりも多くの補償額を受け取ることができるため，被害者救済の目的を達成できる。たとえば，米軍横須賀基地訴訟(横浜地裁横須賀支判平成21年7月6日判時2063号100頁)では7,684万円の損害

賠償額が認容され，他の原告勝訴の判決でもおおむね 1,000 万円以上の損害賠償額が認容されている[21]）。

　もっとも，因果関係や予見可能性の立証困難，時効などから，すべての石綿関連訴訟で被害原告側の訴えが認められているわけではない。今後は，救済制度のいっそうの充実をはかると同時に，不法行為の要件に関して石綿被害発生の特徴に応じた理論的発展とそれを裁判所に適用ならしめることが必要になろう。

5. 行政救済に関する今後の課題と期待

　裁判ではなく，行政が紛争処理を行い，救済を実施する行政制度は，世界的に注目され，日本が世界に誇る環境法制度である。敗者には何も残らず，勝者になっても満足な結果が得られるわけでない訴訟制度だけで，被害者は救われない。行政救済制度は，実際に社会に対して大いに役割を果たしてきたといえる。

　しかし，公害紛争処理制度や公害健康被害補償制度は，制度創設以来，長い年月を経てきた。行政救済制度の社会への貢献度を思慮すれば，制度が硬直化し時代遅れにならないよう，制度発足時とは異なる状況にも柔軟に対応する制度へと変わっていかなければならない。

　特に近年の環境問題は，原因物質や原因行為が多様化・広範化し，被害範囲が拡大しているし，因果関係の不明瞭なものが出現している。環境基本法で公害紛争処理と公害被害救済に必要な措置をとることが国の責任であると明記される(31 条)ことを考えれば，立法と行政はまさしく円滑に，すなわち柔軟に即応することを期待される。

〈注〉
1) 中川丈久「環境訴訟・紛争処理の将来」大塚直・北村喜宣編『環境法学の挑戦』(日本評論社，2002 年) 189-190 頁。
2) 六車明「公調委における環境紛争解決手続の特色――豊島事件の調停成立を契機に考える」判タ 1035 号 (2000 年) 97 頁。
3) 六車明「公害・環境紛争における裁判外紛争解決機関と関係行政機関との連携

(下)」判時 1648 号(1998 年)5 頁。
4) 大塚直『環境法〔第 3 版〕』(有斐閣, 2010 年)734 頁。
5) 六車・前掲(注 3)5-8 頁。
6) 公害紛争処理法に基づく紛争処理状況については, 公調委 HP〈http://www.soumu.go.jp/kouchoi/index.html〉(2014 年 2 月 14 日アクセス)を参照。
7) 南博方・西村淑子「公害紛争処理の現状と課題」『環境問題の行方』(1999 年)129 頁。
8) 北村喜宣『環境法〔第 2 版〕』(弘文堂, 2013 年)265 頁。
9) 公害等調整委員会『平成 24 年度年次報告』6 頁〈http://www.soumu.go.jp/main_content/000230940.pdf〉(2014 年 2 月 14 日アクセス)。
10) 大塚・前掲(注 4)735 頁。
11) 松浦以津子「公害健康被害補償法の成立過程」ジュリ 822 号(1984 年)85 頁。
12) 大塚・前掲(注 4)646 頁。
13) 熊本地判昭和 51 年 12 月 15 日(判時 835 号 3 頁)や熊本地判平成 5 年 3 月 25 日(判タ 817 号 79 頁)など参照。
14) 大塚・前掲(注 4)648-649 頁。
15) 柳憲一郎「アスベスト救済法」岩間徹・柳憲一郎編『環境リスク管理と法』(慈学社, 2007 年)152-155 頁。
16) 礒野弥生「石綿救済法の動向と課題」環境と公害 38 巻 4 号(2009 年)28-33 頁。
17) 柳・前掲(注 15)156-162 頁。
18) 礒野弥生「アスベスト関係新法の概要と課題」環境と公害 36 巻 1 号(2006 年)57-62 頁。
19) 柳・前掲(注 15)165-166 頁。
20) たとえば, 吉村良一「泉南アスベスト国賠訴訟判決の検討」環境と公害 40 巻 2 号(2010 年)54-58 頁, 池田直樹「アスベスト訴訟と制度改革」淡路剛久ほか編『公害環境訴訟の新たな展開——権利救済から政策形成へ』(日本評論社, 2012 年)291-302 頁。
21) 松本克美「日本におけるアスベスト訴訟の現状と課題」立命館法学 331 号(2010 年)225-240 頁。

環境法事件簿 7　西淀川公害訴訟

大阪地判平成3年3月29日判時1383号22頁，環境法判例百選〔第2版〕13事件，
大阪地判平成7年7月5日判時1538号17頁，環境法判例百選〔第2版〕14事件

村松昭夫

1. 大気汚染公害訴訟の経過

　戦前においても工場排煙による農業被害等を問題にした公害訴訟が取り組まれたことはあったが，大気汚染公害による健康被害の責任を追及した訴訟は1972年7月に判決が出された四日市公害訴訟が最初である。この判決(津地四日市支判昭和47年7月24日判時672号30頁，環境法判例百選〔第2版〕3事件)は，全国各地の大気汚染公害に反対する住民運動を励ますとともに産業界にも大きな衝撃を与え，判決を契機にして世界的にも例をみない「公害健康被害補償制度」がスタートした。「公健法」制度は，基本的には硫黄酸化物(SOx)を排出している企業が資金拠出を行う加害者負担の原則に基づくものであった。また，公害対策の面でも，地方自治体による固定発生源に対するSOxなどの排出規制が強化され，SOxやばいじんの汚染は1970年代には大幅な改善がみられた。

　ところが，その一方で，大都市内では，高速道路などの幹線道路建設が進み，自動車交通が飛躍的に増大し，とりわけトラックを中心にディーゼル車が急増した。そのため，1970年代後半には汚染の主役はSOxから窒素酸化物(NOx)や浮遊粒子状物質(SPM)に変わっていった。また，産業界は「公健法」制度のスタート当初からこの制度への攻撃を強め，1978年4月にはNO_2の環境基準の大幅な緩和も強行され，公害環境行政の後退(公害「冬の時代」)も表面化していった。

　こうしたなかで，公害患者たちは，被害の全面的な救済と公害根絶を求めて新たな裁判に立ち上がった。1975年5月に千葉川鉄，1978年4月に大

阪・西淀川，1982年3月に川崎，1983年11月に倉敷，そして1988年3月の「公健法」改悪による公害指定地域の全面解除後には，尼崎，名古屋南部も提訴し，1996年5月には東京大気訴訟も提訴され，全国の大気汚染公害訴訟は原告数約3,000名の大規模訴訟として取り組まれることになった。なかでも西淀川公害訴訟は原告数が700名を超える全国最大規模の訴訟であり，かつ工場排煙とともに道路からの自動車排ガスの責任も追及したため，いわゆる「都市複合汚染」を裁く訴訟としても大きな注目を集めた。

以下においては，西淀川公害訴訟の経過，判決や和解の内容，その意義について順次述べていきたい。

2. 西淀川公害訴訟の経過

(1) 西淀川公害訴訟とは

大阪市西淀川区は大阪市の西側に位置し，尼崎市や大阪市此花区などとともに古くから臨海部に多くの工場が立地する阪神工業地帯の中核地域であった。そのため，戦後復興期には早くも大気汚染公害が表面化し，高度経済成長期には，川崎，尼崎などとともに全国でも有数の大気汚染の激甚地域となった。また，区内には戦前から国道2号線が通り，1970年代には阪神間の大動脈である国道43号線や旧阪神高速空港線などが次々に開通し，1日30万台を超える自動車が区内を走り回り，自動車公害も深刻化していった。公害の最も激しい時期には，区民の2割が公害病に罹患していたという調査結果もある。

こうしたなかで，西淀川公害訴訟は，1978年4月に1次訴訟が提訴され，その後も順次追加提訴が行われ最終的には原告数は726名を数えた。

また，被告は，西淀川区や隣接する此花区，尼崎市などの周辺地域に立地している関西電力や鉄鋼などの大企業10社と，幹線道路を設置管理している国と旧阪神高速道路公団(以下旧公団という)であった。

請求内容は，激甚な大気汚染による健康被害に対する損害賠償(被害者救済)と有害物質(SO_x，NO_x，SPM)の環境基準以下への排出差止(公害の根絶)であった。

写真 煙をあげる尼崎の工場群，関西電力の発電所の煙突が見える
提供：あおぞら財団（昭和38年2月22日撮影）

(2) 訴訟の争点，経過

訴訟の最大の争点は，いうまでもなく SOx や NOx などの大気汚染と気管支ぜんそくや慢性気管支炎などの公害病との因果関係（いわゆる「疾病の因果関係」）であった。これに，被告工場等からの排煙の到達（いわゆる「到達の因果関係」），被告工場や対象道路が広範囲に存在していたことから，これらの間での共同不法行為の成否，さらに差止請求における原告適格などの争点も加わり，原被告間での激しい攻防が長期間にわたって続き，1991年3月29日の1次訴訟判決まで実に13年を要した。

1次訴訟判決（大阪地判平成3年3月29日判時1383号22頁，環境法判例百選〔第2版〕13事件）は，国・旧公団の公害責任については，自動車排ガスの健康影響がいまだ明らかでないとして否定したが，被告企業10社については，排煙の入り混じりと環境問題を通しての一体性などを理由として共同不法行為責任を認め，損害賠償を命じた。その後，原告らは，被告企業らには判決に基

づく早期解決を求めて粘り強い運動と交渉を重ねるとともに，自動車排ガスの健康影響と国・旧公団の公害責任については，1次訴訟の控訴審や2次〜4次訴訟で追及を続けた。そして，被告企業らとの間では1995年3月2日，被告企業らが原告らに謝罪し，総額約40億円に及ぶ解決金を支払うことを内容とする和解が成立した。

さらに，国・旧公団の公害責任についても，1995年7月5日，自動車排ガスの健康影響をはじめて認め，国・旧公団の道路の設置管理の瑕疵を認める画期的な2次〜4次訴訟判決(大阪地判平成7年7月5日判時1538号17頁，環境法判例百選〔第2版〕14事件)が言い渡された。2次〜4次訴訟判決は，自動車が主要な汚染源となっているNO_2は，SO_2と相加的にみれば健康影響が認められる場合があるとして，具体的には1970年代後半においては西淀川区に現実に存在していたSO_2とNO_2との混合した汚染と公害病との間には因果関係を認められるとした。国・旧公団の瑕疵の内容については，「少なくとも当該道路を供用することによって第三者に健康被害を与える危険性がある場合は……そのような危険性を有したままの道路を供用することは許されない」とし，国・旧公団には「沿道住民等に健康被害等を生ぜしめる危険性がないかどうか」調査する義務があるとし，そのうえで危険性がある場合は道路構造(トンネル化，シェルター化，交差点の立体化等)や道路設備(植樹帯，遮音壁，歩道等)の改善，あるいは道路周辺対策(緩衝緑地，緩衝住宅等)を行い，それでも不十分な場合は走行車両数自体を削減する措置(車線削減，大型車両の進入禁止等)もとるべきであったと判示した。まさに，ひたすら道路を建設して交通容量の拡大を行ってきた国の道路政策を正面から批判するものであった。そして，1998年7月29日，国・旧公団との間でも，国・旧公団が今後も公害対策を積極的に進めることなどを内容とする和解が成立し，約20年に及ぶ訴訟が終結した。

3. 訴訟の和解内容と意義

(1) 企業和解について

企業和解の内容は，被告企業らが公害責任を認めて総額約40億円に及ぶ

和解金を支払うとともに，被告企業らは今後も最大限の公害対策を行うことなどを約束するものであった。何よりも特質されることは，約40億円の和解金のうち15億円が西淀川区の街の再生のための資金拠出と位置づけられたことである。いうまでもなく，公害被害は深刻かつ広範である。深刻な健康被害の裾野には広範な生活被害，地域被害が存在し，健康被害はいわば公害被害の頂点に位置するものである。西淀川区でも，大気汚染はまず地域の生活環境を破壊し，住民の健康を破壊していった。古くは田園と漁村であった西淀川区は，公害によって住民が安心して住める街から不健康でアメニティの失われた街に変わっていった。

公害被害の救済は，こうした公害で破壊された街を再生することなくして本当の意味で達成されるものではない。そして，その責任も公害を発生させた原因者が負担しなければならないものである。その意味で，和解解決にあたって，被告企業らに地域再生のために一定の資金拠出を行わせた意義は極めて大きいものがあり，西淀川再生の貴重な第一歩を築くものであった。マスコミ各社も「すがすがしささえ感じられる画期的な取り組みである」(毎日)，「和解は注目すべき内容を含んでいる。公害紛争解決の新しい流れとして評価したい」(朝日)，「日本の公害裁判史上，画期的な解決と言えよう」(読売)と高く評価した。その後，原告らは，この資金によって1996年9月に公害被害者としてははじめて環境省認可の公益財団法人「公害地域再生センター」(あおぞら財団)を設立し，さまざまな分野の専門家や地域住民の協力を得て，環境再生，地域再生の取り組みを行うと同時に，公害経験の資料収集，日本の公害経験を国内はもとより中国をはじめとするアジア諸国に伝えていく活動，さらに環境学習，環境保健の活動などに精力的に取り組んでいる。

(2) 国・旧公団との和解について

国・旧公団との関係で最大の問題は，現在も自動車排ガスによる深刻な大気汚染が進行しているという点であった。増え続ける自動車交通量は単体規制による効果を減殺し，NO_2汚染，SPM汚染はいっこうに改善されない状況が続いていた。さらに，ディーゼル微粒子などの微細粒子状物質(PM2.5)の汚染も進行していた。したがって，和解の焦点は，国・旧公団が，自動車

排ガス公害を改善するための有効な道路公害対策を提示できるかどうかにかかっていた。

そして，1998年7月29日，全国の大気汚染訴訟ではじめて国・旧公団との和解が成立した。和解内容は，国・旧公団が環境基準を超えるNO_2やSPMなどの大気汚染に，自動車排ガスが影響を与えているという現状認識に立ち，NO_2やPM2.5などの測定体制の強化や国道43号線の一部における車線削減の実施，さらには，今後の公害対策について継続的に協議を行う「西淀川地区沿道環境に関する連絡会」の設置を約束するというものであった。なお，国・旧公団のこうした対応を引き出すにあたっては，原告らが2次〜4次訴訟判決で認められた総額約6000万円の損害賠償金を積極的に放棄するという決断を行ったことも背景にあった。西淀川公害訴訟の国・旧公団との和解は，原告らが子や孫たちにきれいな空気を手渡していくために，自らの健康被害に対する損害賠償を放棄してまで，国・旧公団へ抜本的な公害対策の実施を迫った結果であった。

4. 積み重ねた貴重な成果

西淀川公害訴訟は，全国最大規模の大気汚染訴訟として闘われ，1次訴訟判決と2次〜4次訴訟判決において，共同不法行為論や差止請求の原告適格など重要な法的判断を引き出すとともに，その解決にあたっても，公害地域の再生などの取組みへの資金拠出を勝ち取り，現在のあおぞら財団の活動につなげるなど，次々に貴重な成果を積み重ねた訴訟であったといえるのではないか。

〈参考文献〉

日本弁護士連合会公害対策・環境保全委員会編『公害・環境訴訟と弁護士の挑戦』(法律文化社，2010年)

小山仁示『西淀川公害——大気汚染の被害と歴史』(東方出版，1988年)

西淀川公害患者と家族の会『西淀川公害を語る——公害と闘い環境再生をめざして』(本の泉社，2008年)

第VIII部

国際環境法と国内環境法

ひとり植生の復原に取り組む(ニュージーランド・タラナキ国立公園近郊)(撮影:畠山武道・2005年)

第27章 地球温暖化をめぐる国際法と日本の温暖化法制

高村ゆかり

　気候変動枠組条約と京都議定書を軸に温暖化問題に対処する国際法は発展し，日本の温暖化法制の展開の契機となってきた。日本の温暖化法制は，EU の温暖化法制と対照的に，公正な競争条件，衡平な負担配分の確保のための法の介入が弱く，施策持ち寄り型で体系化に課題がある。温暖化抑制のために大幅な排出削減を実現するには，負担の衡平な配分と公正な競争のためのプラットフォームを作り，長期的な政策の方向性を明確にすることが求められる。そこにこれからの法の役割がある。

1. 地球温暖化問題に対処する法の役割

　地球温暖化問題は，生態系と人類の生存基盤である地球の気候系そのものを変化させるおそれがあるとして，ここ20年以上にわたり，国際政治の議題としても，国内においても環境問題の中で最も高い優先順位が与えられてきた。気候変動に関する科学研究の成果をとりまとめる気候変動に関する政府間パネル(IPCC)の第5次評価報告書(2013年)は，1880年から2012年の間に世界の平均地上気温が 0.85 度上昇し，世界の平均海面水位は 1901 年から 2010 年の期間に 19 cm 上昇し，近年になるほど上昇速度が加速しているとする。温室効果ガスの大気中濃度によるシナリオによって幅があるが，21世紀末(2081〜2100年)に 1986〜2005 年の平均と比して 1.0〜3.7 度の気温上昇が予測されている[1]。世界的に干ばつや熱波，台風の強大化といった異常気象が増加し，世界各地の食料生産に深刻な影響が及ぶと予測される。それにより生じうる食料不足や水不足が地域の紛争を激化させる可能性も示されている[2]。気候の変化はまた，熱波，洪水，火災，干ばつなどに起因する死亡，疾病，傷害の増加といった直接的影響をはじめ，数百万人，とりわけ適応能力の低い人々の健康状態に悪影響を及ぼすおそれがある[3]。

温暖化問題に対して，国際社会は，気候変動枠組条約と京都議定書を採択し，対処を進めてきた。地球温暖化問題の場合，世界全体の排出量の削減・抑制が問題への対処の鍵を握る。それゆえ，世界全体の排出量の削減・抑制に向けた国際協調の基礎を提供する役割を国際合意＝国際法が重要な役割を演じることとなる。排出削減対策が短期的には経済主体にコストとなる可能性があることを考えると，諸国間の国際合意は，国際競争への懸念を緩和する上でも重要である。実際の排出削減は各国がとる対策により実現されるが，各国が効果的な排出削減を実現するのに法はいかなる役割を果たしうるのかが問題となる。他方で，特に，京都議定書の排出削減目標は，基準年の排出量に比して国の排出量を一定の割合削減するという特定の「結果」の実現を義務づける「結果の義務」であり，その実施の手段・方法について国に裁量を与えているため，同じ条約を諸国がいかに義務を履行しているかを比較することで，各国がとる実施の方法――国内法制度――の特質が見える可能性がある。

こうした観点から，本章では，まず，地球温暖化をめぐる国際条約の展開を概観した上で，日本の国内法制とEUの法制を比較することを通じて，日本の温暖化法制の特質について考察する[4]。

2. 地球温暖化をめぐる国際条約の展開

(1) 気候変動枠組条約の国際制度

国連総会は，1989年，「気候に関する枠組条約と，具体的な義務を定める関連議定書を緊急に作成」することを国家に要請するとの決議(国連総会決議44/207)を採択し，1990年，総会の下での政府間交渉プロセスとして，政府間交渉委員会(INC)を設置することを決定した(国連総会決議45/212)。1992年5月9日に採択された気候変動枠組条約は，同年6月の国連環境開発会議で署名のために開放され，1994年3月21日発効した。日本は，1993年5月28日に受諾書を寄託し締約国となった。米国を含め国際社会のほぼ全ての国が批准する普遍的な条約である。

枠組条約2条は，「気候系に対して危険な人為的干渉を及ぼすこととなら

ない水準において大気中の温室効果ガスの濃度を安定化させること」を条約及び締約国会議(COP)が採択する関連する法的文書の究極的な目的と定める。3条は，条約の目的を達成し条約を実施するための措置をとるにあたって指針とすべき原則を定める。特に，3条1項は，「締約国は，衡平の原則に基づき，かつ，それぞれ共通に有しているが差異のある責任及び各国の能力に従い，人類の現在及び将来の世代のために気候系を保護すべき」で，「先進締約国は，率先して気候変動及びその悪影響に対処すべきである」と定め，温暖化問題に対処する責任の国家間での配分の原則を定めていると言える。この原則に基づき，枠組条約は，附属書Ⅱに条約採択時の経済協力開発機構(OECD)諸国(附属書Ⅱ国)を，附属書Ⅰにこれら OECD 諸国と市場経済移行国(附属書Ⅰ国)を記載し，附属書Ⅱ国，附属書Ⅰ国，そしてそれ以外の非附属書Ⅰ国という国の分類を設け，分類によって義務の内容に差異を設けている。まず，全ての国が共通して履行すべき義務として，目録の作成，定期的更新，公表，締約国会議(COP)への提出(4条1項(a))，国家計画の作成，実施，公表，定期的更新(同(b))，実施に関する情報の送付(12条)などがある。さらに，日本を含む附属書Ⅰ国は，気候変動を緩和するための政策と措置の実施(4条2項(a))，これらの政策と措置とそれによる効果の見積もりの情報の送付(同(b))などを行う義務を負っている。加えて，日本を含む附属書Ⅱ国は，途上国への資金の供与(4条3項，4項)，技術移転(4条5項)等を行う義務を負っている。

このように，気候変動枠組条約は，各国の数値目標といった具体的な削減義務を定めておらず，地球温暖化問題への効果的対処に十分ではないという共通認識が京都議定書の交渉と採択をもたらすことになる。他方で，枠組条約は，めざすべき目標と原則を定めるとともに，その最高意思決定機関としての COP やそれを支える補助機関(科学上及び技術上の助言に関する補助機関(SBSTA)や実施に関する補助機関(SBI))，事務局などの条約機関を設置し，定期的に会合を持ち，最新の科学的知見を吟味し，必要な行動を決定することによって，温暖化防止のための国家間の合意の水準を高めていく制度的基礎を提供している[5]。毎年の COP で決定を積み重ねることで，枠組条約を実施するより詳細な規則を作成し，制度を発展させており，他の多数国間環境

条約と同様に，COP を軸とした規範の進化が見られる。

(2) 京都議定書の国際制度

気候変動枠組条約発効の翌年 1995 年にベルリンで開催された第 1 回締約国会議(COP1)で合意されたベルリン・マンデート(決定 1/CP.1)によって，議定書策定プロセスが開始され，1997 年 12 月の COP3 で京都議定書が採択された。2013 年 8 月 1 日現在，日本を含む 191 ヶ国と EU が批准しており，ほぼ普遍的な条約だが，米国は批准しておらず，カナダは 2012 年 12 月 15 日に脱退した。

京都議定書は，約 40 カ国の附属書 I 国に対して，2008～2012 年の 5 年の約束期間の排出量を，原則として 1990 年の排出量を基準に附属書 B に定める比率まで削減・抑制すること義務づけている(3 条 1 項・7 項)。日本は，基準年排出量から 6% 削減することを約束した。法的拘束力のある削減目標は附属書 I 国のみ課せられ，新興国を含む途上国には課されていない。附属書 I 国は，自国内での削減という方法に加えて，市場メカニズムを利用した京都メカニズム(共同実施，クリーン開発メカニズム(CDM)，排出量取引)を通じて排出枠を追加的に獲得することもできる。共同実施は，附属書 I 国が，別の附属書 I 国内で，CDM は，非附属書 I 国(途上国)内で，排出削減や吸収強化の事業を行い，自国外での削減分や吸収分を排出枠として獲得できる制度である(6 条・12 条)。排出量取引は，削減義務を負う附属書 I 国の間で排出枠を取引するしくみである(17 条)。附属書 I 国が認可した法的主体もまた，京都メカニズムに参加することができる。

京都議定書上適応策に関する規定は限られているが，CDM 事業から得られる利益の一部を気候変動の悪影響に特に脆弱な途上国の支援に利用することを定める(12 条 8 項)。京都議定書の下で適応基金の設置が決定され(決定 10/CP.7)，適応基金の資金源として CDM 事業から発行される排出枠の 2% が利用されている。

京都議定書は，枠組条約の報告・審査制度を基礎に，削減義務が遵守されているかを確認するための詳細な報告・審査制度(5 条，7 条，8 条)を設けている。また，不遵守に対処する手続と措置を定める遵守手続・制度の設置を議

定書の締約国会合(COP/MOP)に委ねている(18条)。議定書18条に基づいて設置された遵守手続は，遵守委員会を設置し，不遵守事案を取り扱う手続を定めるとともに，特に，附属書Ⅰ国の排出削減目標や報告義務の不遵守などにはその不遵守を是正するための一定の制裁的措置を定めている[6]。

(3) 現行の2つの国際条約の評価

気候変動枠組条約と京都議定書という現行の二つの条約を軸とした国際制度はいかなる到達点を示し，同時に，いかなる課題を残しているのだろうか。

まず，これら二つの条約は，地球温暖化問題という「市場の失敗」への対応として，排出自由放任から，問題解決のために国家が排出の削減と抑制に向けて政策と措置をとり協力する方向への転換を明確に記した。温暖化対策が，とりわけエネルギー政策と密接に関連しているため，温暖化対策が国ごとに大きく異なれば国家間の競争条件を歪曲するおそれがある。さらに，温暖化対策を積極的にとる国の事業者は，対策をとらない国の事業者よりも競争上不利になる可能性があり，政策の国際的調和をうまくなしえなければ，各国の温暖化対策の推進は国際競争を阻害するものとしてそれを抑制しようとする力学が働く。それゆえ，競争条件の歪曲が生じないよう回避し，温暖化対策を促進するためには，国際的に温暖化政策の調和が図られることが不可欠であり，温暖化問題において国際合意が重要なのはそのためである。2つの条約は，科学的知見に照らしてその削減水準はなお不十分なものであっても，枠組条約，京都議定書採択前と比べて明らかに各国の温暖化対策は進展してきたと言える。

第二に，枠組条約と京都議定書は，実に20年以上をかけて，従来の環境条約にない革新的な手法や制度を含め，気候変動問題に対処する包括的制度の構築に努めてきた。先進国の拠出に依拠しない国際的財源を基にした適応基金や，各国が行う削減対策の費用対効果を高め，対策の実施を支援するために，国際的に市場メカニズムを利用した制度—京都メカニズムはその代表例である。特に，2005年の京都議定書発効を契機に京都メカニズムは本格的に運用され，とりわけCDMの削減効果が明らかになっている。2013年12月1日時点で，登録済みの事業は7400，CDMによって途上国において

排出されるはずであった排出量から 2012 年末までに削減される量は，約 36 億 tCO2 である。これは日本の 2 年分の排出量を優に超える規模の削減量である。さらに，2020 年末までに約 60 億 tCO2 がこれらの事業から追加的に削減されると見込まれる[7]。これに加えて，CDM は途上国の温暖化対策を支援する投資・資金のフローを生み出しており，CDM 事業から発行された排出枠の取引総額は，2008 年に 65 億米ドルに達した[8]。これは，地球環境問題への対処のために途上国に資金を供与する地球環境ファシリティ(GEF)のもとで 2002 年から 2006 年の 4 年間に，温暖化問題だけでなく生物多様性保全など他に 5 つの分野を含めて途上国に資金供与された総額(約 23 億ドル)[9] の 3 倍以上に相当する。CDM が，事業のホスト国である途上国で利用されていない技術に資金を供与し，途上国への技術移転の促進に貢献する機能があることも明らかになっている[10]。

(4) 2020 年までの国際制度

2005 年の京都議定書発効後，京都議定書第 1 約束期間終了後(2013 年以降)の国際制度をめぐる交渉が本格化した。京都議定書に基づく附属書 I 国の削減目標に関する交渉と，米国も批准する枠組条約の下での交渉という 2 つのトラックが並行して交渉は進んだ。2011 年のダーバン会議(COP17)で，「すべての締約国に適用される，条約の下での議定書，別の法的文書又は法的効力を有する合意された成果を作成するプロセスを開始する」ことを決定し，2020 年からその効力が発生し，実施されるよう，2015 年の COP21 に法的文書を採択することを決定した。この決定に伴い，新たな枠組みが始動する 2020 年までの期間，EU をはじめ，京都議定書の第二約束期間(2013 年〜2020 年)において引き続き削減目標を掲げる国は，京都議定書の下で法的拘束力を有する削減義務を負うこととなる。同時に，米国やカナダ，日本など第二約束期間に削減義務を負わない先進国，途上国も含め，すべての国は 2010 年の COP16 で決定されたカンクン合意に基づく一連の実施規則の下で排出削減策を進めることとなった。2020 年までの期間，先進国は，自ら定める数値目標について国際的に説明し，とられた政策，その進捗を報告し，国際的な審査と評価を受けることになる。途上国は，自主的に「その国に適切な

排出削減策(Nationally Appropriate Mitigation Actions：NAMA)」をとることとなる。途上国が NAMA を実施するか，どのような対策を実施するかはその自主性に委ねられているが，自主的に提出された NAMA については，程度の多少はあれ国際的な報告と検証を受けることとなる[11]。

このように，2020 年までの国際制度は，先進国と途上国という国の分類はなお維持しつつも，「削減を約束する先進国と約束しない途上国」という形での義務の差異化ではなく，先進国と途上国の間の義務の差異は相対的なものになった。他方で，京都議定書第二約束期間に削減目標を負う先進国はこれまでの京都議定書のアプローチを踏襲し，第二約束期間に削減目標を負わない先進国は，COP 決定という国際的には拘束力のない形で約束を掲げ，2 年に一度，国際的評価を受けるという形で先進国の間にもその削減の約束の態様に違いが生じることとなった。京都議定書第二約束期間に削減目標を掲げる国も含め，各国の削減目標の水準は各国が決定し，それが国際的な目標となっている。このような削減目標の設定のあり方は，温暖化問題に対処する国際制度として 2 つの課題に直面している。第一に，各国が削減水準を自主的に決めることで，世界全体として長期的な削減目標に見合う水準の削減を確保できないという問題を生じさせている。先進国，途上国を問わず 2020 年目標を積み上げても，カンクン合意で諸国が長期目標として確認した全球平均気温上昇を工業化以前と比して 2 度未満に抑えるという目標を達成する排出経路と比べて 8～12 ギガトン CO_2 といった大きな乖離が生じている[12]。第二に，削減負担の国家間の衡平性が担保されず，そのため，積極的な対策をとろうとする国が，国際競争への影響を懸念し，十分に対策をとっていない国に対して，対策を促すために一方的な措置をとる可能性が拡大している。温暖化問題での国際協調の成否は，温暖化問題に限らず，貿易分野を含め，世界が対立を軸に動いていくのかそれとも国際協調を軸に動いていくのかという今後の世界のありようにも影響を及ぼしうる。こうした 2020 年までの国際制度が抱える問題に，2020 年から始動する予定の 2015 年合意がいかに対処しうるかが課題となっている。

3. 日本における温暖化防止の国内法の展開

(1) 実施のための国内法——温暖化対策法

　政府が気候変動枠組条約締結について国会に承認を求め，1993 年に衆議院外務委員会で審議された際の外務省の答弁によると，1990 年に地球環境保全に関する関係閣僚会議で決定した地球温暖化防止行動計画により気候変動枠組条約が規定する温室効果ガスの排出抑制を実施することが政府の意図であった。京都議定書批准時に国会に提出された説明書[13]では，この議定書の実施のための国内法として，「地球温暖化対策の推進に関する法律」(温暖化対策法)の 2002 年改正案が同じ国会に提出されていると説明している。同時に，この条約の実施に関連する国内法として，「エネルギーの使用の合理化に関する法律」(省エネ法)の 2002 年改正案と「電気事業者による新エネルギー等の利用に関する特別措置法」(RPS 法)案が国会に提出されている，と説明している。

　COP3 の直後 1998 年に制定された温暖化対策法は，まず，枠組条約 2 条の究極的な目的を人類共通の課題とした上で，「地球温暖化対策の推進を図り，もって現在及び将来の国民の健康で文化的な生活の確保に寄与するとともに人類の福祉に貢献すること」を目的とする(1 条)。その上で，温暖化対策に関し，国，地方公共団体，事業者及び国民の責務を定めている。

　温暖化対策法は，その後，2002 年，2005 年，2006 年，2008 年，そして 2013 年に改正された。京都議定書を実施するための国内法という位置づけを与えられた 2002 年改正[14]は，第 1 に，政府が，京都議定書目標達成計画を定め，2002 年 3 月 19 日に決定された地球温暖化対策推進大綱(新大綱)を基礎に，京都議定書の 6％削減約束の達成に向けた具体的裏付けのある対策の全体像を示すこととした。第 2 に，内閣に，内閣総理大臣を本部長，内閣官房長官，環境大臣及び経済産業大臣を副本部長とする地球温暖化対策推進本部を設置し，目標達成計画の案の作成等も所掌事務とした。第 3 に，温室効果ガスの排出の抑制等のための施策として，地方公共団体が目標達成計画を勘案して施策を総合的・計画的に実施することなど国民の取組を強化する

ための措置を拡充した。第4に，森林・林業基本計画等に基づき，森林整備等による吸収源対策を推進することなどを定めた。

　2005年の温暖化対策法改正は，京都議定書の発効直後に国会に提出されたもので，温暖化対策の一層の推進を図るため，温室効果ガスを一定量以上排出する者に温室効果ガスの排出量を算定し，国に報告することを義務付け，国が報告されたデータを集計・公表する「温室効果ガスの算定・報告・公表制度」を導入した。2006年の改正では，割当量口座簿などの京都メカニズムの利用のために必要な法改正が行われた。2008年改正では，排出量の伸び続けている業務部門・家庭部門への対策を抜本的強化のため，温室効果ガス算定・報告・公表制度を見直し，事業者単位・フランチャイズ単位で一定量の排出がある場合にもこの制度の適用対象とすることとした。さらに，地方公共団体実行計画の中で，都道府県，指定都市，中核市及び特例市は，温室効果ガスの排出の抑制等のための施策について定めることとされた。直近の2013年改正では，京都議定書第二約束期間に削減目標を掲げないものの，国は，温室効果ガスの排出抑制及び吸収の目標，事業者・国民等が講ずべき措置に関する具体的事項，目標達成のために国・地方公共団体が講ずべき施策等を内容とする地球温暖化対策計画を策定することを定めた。

(2)　京都議定書目標達成計画

　京都議定書の削減目標の達成に必要な施策・措置は，京都議定書発効直後の2005年4月に策定(閣議決定)され，その後2008年3月に改定された京都議定書目標達成計画が定める[15]。計画は，各省庁からの施策による削減量と森林等吸収源による吸収量(基準年排出量比約3.8%)を積み上げ，それでもなお基準年比6%削減という目標達成に不足する分(同1.6%分と推計)は京都メカニズムを利用して獲得するという形をとる。各省庁から持ち寄られた施策は多岐にわたり，その施策の実施に関わる法(後述)も多岐にわたる。国の排出量の60%以上(業務部門を入れると70%以上)を占めるエネルギー転換部門，産業部門の施策は，基本的に事業者が自主的に目標を設定し，政府がその進捗を審査する自主行動計画に委ねられている。ただし，一定量以上のエネルギーを消費する事業者については，省エネ法の下でのエネルギー効率改善の

ための一定の措置をとることが義務づけられ，一定量以上の温室効果ガスを排出する事業者は，温暖化対策法の「算定・報告・公表制度」の対象となる。

(3) その他の関連する国内法

前述の京都議定書の批准に際し国会に提出された説明書では，京都議定書の「国内実施に関連する法」として，省エネ法の2002年改正とRPS法があげられていた。前者の省エネ法は，2度の石油ショックを経て，1979年に制定された法である。①工場・事業場にかかる措置，②輸送にかかる措置，③住宅・建築物にかかる措置，④機械器具にかかる措置（トップランナー方式）の，大別して4つの分野の措置を定める。もともとはエネルギー安全保障の観点から省エネ対策強化のために制定されたもので，温暖化対策を目的とした法ではなかったが，特に，京都議定書採択以降，1998年，2002年，2005年，2008年，2013年の温暖化対策法の改正とほぼ歩調を合わせて改正されており，温室効果ガスの排出抑制が省エネ法の目的の一つとして確立するとともに，日本の温暖化対策の重要な基幹の法となっている。後者のRPS法は，電力会社に毎年度一定量の再生可能エネルギー電力を利用するよう義務づけるものである。ただし，電力会社に課される利用義務量は低く，再生可能エネルギー導入に効果をさほど発揮せず，それによる温室効果ガス排出抑制効果も限定的であった。

京都議定書の説明書には国内実施に関連する法として言及されていないが，「国等における温室効果ガス等の排出の削減に配慮した契約の推進に関する法律」(環境配慮契約法。平成19年法律第56号)，「特定製品に係るフロン類の回収及び破壊の実施の確保等に関する法律」(フロン回収・破壊法。平成13年法律第64号)，森林・林業基本法(昭和39年法律第161号)をはじめ，目標達成計画には実に多数の法令が記載されている。

温暖化対策法では具体的な施策の詳細を書き込まず，各省庁が所管する分野・事項における施策を持ち寄って，目標達成のための法定計画(2008年度から2012年度は京都議定書目標達成計画。2013年度以降は地球温暖化対策計画)を策定し，進捗度合いに応じてそれを変更，更新していくという形をとる。それゆえ，実施におけるこれらの法令の位置づけは，時間の経過，進捗の度合いととも

に変わりうるものである。

(4) 産業部門の国の中心的な施策としての「自主行動計画」

1997年に日本経済団体連合会(経団連)が「日本経団連環境自主行動計画」を策定し，2010年度の二酸化炭素排出量を1990年度比0％以下に抑制することを目標として掲げた。京都議定書目標達成計画は，国の排出量の60％以上(業務部門を入れると70％以上)を占めるエネルギー転換部門，産業部門の中心的対策手法として「自主行動計画」を位置づけ，現在では，この経団連自主行動計画に加えて，日本経団連傘下の個別業種や日本経団連に加盟していない個別業種の多くが行動計画を策定し，関係審議会等によるこれらの行動計画の定期的な政府による評価と検証(フォローアップ)が行われている。それゆえ，民間団体の自主的な目標表明というよりも，京都議定書の実施のための制度・政策手法と位置づけられる。自主行動計画は，産業・エネルギー転換部門の排出量の約8割，日本の排出量の約5割を対象としている。

個別の業種，個別の事業者が自主行動計画に参加するか否かも，また，自主行動計画において設定される目標の水準も，各業種，各事業者の自主的な判断によって決められる。目標の設定指標も，エネルギー原単位，エネルギー消費量，二酸化炭素排出原単位，二酸化炭素排出量などの業種，事業者によって様々である。2008年に改定された京都議定書目標達成計画では，日本が京都議定書の削減目標を達成するのに，こうした自主行動計画の目標が達成されることが前提とされているため，自主行動計画への参加は義務ではなく，目標の設定・実施もその自主性に委ねられるべきとしつつも，①計画を策定していない業種の新規策定，②目標の定量化，③政府による計画の厳格な評価・検証，④既に現状で目標を超過している場合の目標の引き上げ，とともに，経団連環境自主行動計画の目標が十分に達成され，また，個別業種が自主的な目標の達成に向けて積極的に取り組むことを奨励している。

こうした規制対象となる主体の自主性に委ねる手法は，各主体がその創意工夫により優れた対策を選択できる，高い目標を設定する誘因となり得る，政府と実施主体双方にとって手続コストがかからないといった利点がある。他方で，計画への参加，目標設定が事業者の自主性に委ねられている自主的

手法だけでは，第四次環境基本計画が定めているような 2050 年までに 80％削減といった中長期的な大幅な削減は困難ではないか，また，事業者間，業種間の削減努力の水準が必ずしも衡平なものとならず，競争への懸念から積極的な削減目標を設定するインセンティヴがうまく働かないことなどが懸念される。特に，気候ネットワークが原告となった情報公開法に基づく大規模排出事業者が使用するエネルギー構成などに関する情報公開請求訴訟に表れているように，個々の事業者の排出に関する情報開示が不十分な場合，個々の事業者の削減努力の衡平性を第三者的に検証するのが難しい。

4. 温暖化をめぐる EU の法制度

EU (当時 15 カ国) は，京都議定書で基準年比 8％の削減という目標 (第一約束期間) が定められたのを契機に，欧州気候変動プログラム (ECCP) (2000 年) を設置し，目標達成に効率的かつ効果的な施策を特定する作業を開始した。ECCP は，欧州委員会，専門家，産業界，NGO など多様なセクターからの代表による協議を通じてコンセンサスを構築しようとするマルチステークホルダー協議プロセスである。2000 年から 2004 年までの第 1 次 ECCP (ECCP I) では，エネルギー供給，エネルギー消費 (民生)，運輸，産業などの部門別作業部会で検討を行い，42 にのぼる対策案が示され，これらの案を基に，欧州委員会が法案を提案し，理事会と欧州議会により法制化された。

その中核的措置の 1 つが，2005 年から試行的に実施され (第 1 フェーズ)，2008 年から本格的に実施された EU 域内での排出枠取引制度の導入 (指令 2003/87/EC) である。附属書 I が定める一定規模を超えるエネルギー生産，金属の製造・加工，鉱業，パルプ・製紙活動を行う施設が対象となり，各国が作成し欧州委員会が承認する国家割当計画に基づいて，対象期間中排出が認められる排出上限に相当する排出枠が各施設に与えられる。対象となる施設の事業者は，排出量をモニタリングし，報告し，割り当てられた排出枠の範囲内に排出量を削減するか，排出量に見合う排出枠を購入してその義務を果たす。他方で，保有排出枠以上に排出量を削減すれば余剰排出枠は売却できる。目標を達成できない事業者は，超過した二酸化炭素 1 トンにつき，第 1

フェーズでは40ユーロ，2008年以降は100ユーロの罰金を支払う。さらに，前年の目標の未達成分を，翌年追加的に削減しなければならない。

その他にも，2010年までにエネルギー消費の12％，電力消費の22.1％を再生可能エネルギーでまかなうという目標のもと，各国に電力における再生可能エネルギーシェア目標設定を義務づける再生可能エネルギーによる電力促進指令(RES-E)(指令2001/77/EC)(2001年)，新築の建築物等でのエネルギー効率証書発行義務などを定める建築物エネルギー効率指令(2002/91/EC)(2002年)，2005年までに2％，2010年までに5.75％をバイオ燃料とする目標のもと，各国にバイオ燃料シェア目標設定を義務づける自動車代替燃料・バイオ燃料促進指令(RES-T)(2003/30/EC)(2003年)などの法令が採択された。

リーマンショック，その後の欧州の財政危機などによる経済活動の停滞による排出量減も一因ではあるが，これらの措置の結果，EU15カ国で第一約束期間の年平均排出量は基準年比12.2％削減，それに森林など吸収源による吸収量が年平均1.5％，京都メカニズムの利用による排出枠の獲得が年平均1.9％で，基準年比15.5％の削減を達成した[16]。

EUは，2020年目標として，①温室効果ガスを<u>1990年比</u>で少なくとも<u>20％削減</u>する，②EUのエネルギー消費に占める再生可能エネルギーの割合を<u>20％以上</u>にする，③2020年の予測と比してEUの<u>エネルギー消費を20％節約</u>するという目標を掲げる。この2020年の「20　20　20」目標は，EUの排出枠取引制度の改正(指令2009/29/EU)，EUの排出枠取引制度の対象となっていない部門の削減努力の構成国間の配分(決定406/2009/EC)，再生可能エネルギー促進指令(指令2009/28/EU)，エネルギー効率に関する指令(2012/27/EU)などにより実施されている。

施策の内容は京都議定書第一約束期間と大きな違いはないが，中心的施策の一つである排出枠取引制度に大きな制度改革がなされた。改正排出枠取引制度指令では，2020年目標達成のために，EUの排出枠取引制度対象部門で2005年比21％の削減を行うことを想定し，発行される排出枠は2013年から2020年まで毎年1.74％ずつ直線的に減ることが定められ，事業者が排出枠総量，すなわちどれだけ排出削減の強度を予測できるようになっている。改正の最も大きな変更点は，排出枠の割当方法である。国が，「国家割当計画」

を作成し，欧州委員会の承認を条件に，割当計画にそって排出枠を無料で割り当てられていたが，2013年以降，排出枠の割当は原則としてオークション(競売)によることになった(改正指令10条1項)。各国の国家割当計画による割当は，全体として透明性を欠き，複雑であること，EUの中で国によって無料で割り当てられる排出枠の割当の方法が異なることで事業者間での競争の公正さを確保できないといった問題に対処したものである。なお，EU排出枠取引制度の対象となっていない分野については，構成国の能力に応じて削減努力が配分されている[17]。

EUは，EU全体の排出総量を目標達成に向けて管理するという観点から，主要な発生源(経済部門全体とそれぞれの経済主体)に排出の上限(義務的削減目標)を設定し，必要に応じて達成手段・方法に柔軟性を導入している。排出枠取引制度がその典型的な事例である。例えば，再生可能エネルギーのように構成国ごとに事情が異なる分野・部門については，最低限各構成国が満たすべき条件を明確にしている。いずれの場合も，EU域内での公正な競争条件の確保と温暖化目標の達成のために，法は，そのための共通の目標の明確化と各主体，各国が達成すべき目標を明確にする役割を果たしている。

5. 日本の温暖化法制の特質

(1) 国内法の展開の誘因としての国際条約

日本における温暖化分野の国内法の展開を見ると，気候変動枠組条約採択以降，条約・議定書の採択，発効など国際条約の展開が契機となり，国内法の展開に大きなインパクトを与えてきた。他の先進国と比しても早期に制定された温暖化対策法の制定も，京都議定書の削減目標の達成と議長国としての国際的責務がその制定を後押ししていた[18]。その後の温暖化対策法の改正(それとほぼ歩調を合わせた省エネ法改正)を見ても，京都議定書の実施規則案が2001年11月のCOP7で決定された直後に2002年改正が，京都議定書の発効直後に2005年改正が，京都議定書の第一約束期間開始にあたって2008年改正がなされていることからも裏付けられる。

温暖化分野では，国際—地域—国内レベル相互の政策の波及という現象が

顕著である[19]。もともと米国の二酸化硫黄の排出権取引制度に示唆を受けた京都メカニズムの導入は，EU の排出枠取引制度に始まり，他の欧州諸国，米国北東部の州(RGGI)，豪州，韓国などへ同様の手法の拡大をもたらした。こうした動きが，日本での排出量取引制度の議論を喚起し，東京都，埼玉県での取引制度の導入の契機となった。また，大規模排出事業者が中小事業者の排出削減を支援して排出枠を獲得できる国内クレジット制度の設置につながった。こうした市場メカニズムの世界的な拡大は，一の制度を超えて排出量を取引する市場の形成のために，取引する排出量の認定や検証などに関する基準の調和を促し，国際的に調和した規則の形成へと向かわせる誘因を有し，国際制度形成にも影響を与えることとなる。

(2) 法による介入の最小化(ミニマリズム)

日本における温暖化分野の国内「法」による義務づけは最小限または間接的である(法のミニマリズム)。温暖化対策法上，国は，京都議定書目標達成計画(2013 年以降は地球温暖化対策計画)を定め，公表し，定期的に見直し変更することが義務づけられている(同法 8 条 1，8 条 4，9 条)が，具体的な施策は法ではなく計画に記載される。達成計画に定める施策の「実施」は法令上国の義務でもない。こうした特質は，前述のように，EU が，域内での公正な競争の確保という観点から，削減努力の衡平性の担保に焦点を置き，法による構成国間の共通の規則の構築を進めてきたのと対照的である。とりわけ，産業・エネルギー転換部門の施策について，排出枠取引制度を導入し，EU 規模での統一または調和した法に基づき事業者に排出量の上限を設定し，目標未達成には罰金を科すが，排出枠の取引を認めることで実施方法の柔軟性を与える EU と，事業者の自主性を第一に，私人に対する法的義務化を回避し，政府の下でのフォローアップと社会的圧力というソフトな監視によりその実施を担保しようとする日本と，両国のアプローチの違いは興味深い。

(3) 国内法制の体系化の課題

目標達成計画に記載される施策は，1990 年の行動計画，1998 年の地球温暖化対策推進大綱(旧大綱)，2002 年の「新大綱」と同様に，各所管省庁がそ

れぞれの所管範囲の施策を持ち寄ったものである。それゆえ，とられる施策は，体系のないパッチワーク的様相を有する。前述のように，自主行動計画において，それぞれの業界・団体，事業者の参加は「自主的」で，その目標の水準も「自主的に」設定される。自主行動計画のフォローアップについても，中央環境審議会と産業構造審議会に報告がなされ，進捗について議論されるものの，それぞれの業界・団体の取り組みの詳細な検証は，業界・団体を所管する官庁の下で行われる。その結果，同様の業態で排出構造が類似のものあっても，フォローアップは，異なる省庁の下で，それぞれ行われることになる。例えば，大学病院は文科省，私立病院は厚生労働省の下でその取り組みが検証され，現時点では取り組みを検証する統一の基準や，相互の情報の共有もないまま行われている。こうした施策持ち寄り型の場合，施策実施の効率性や衡平性という観点から課題を抱えることとなる。

　こうした施策持ち寄りのパッチワーク型の国内実施という特質に加えて，温暖化という問題の性質が法の体系性に課題を加える。温暖化問題が，温室効果ガスの排出抑制＝エネルギーの生産と使用のあり方に関わるがゆえに，温暖化をめぐる国内法の形成と実施には，エネルギー政策をはじめとする温暖化抑制以外の政策的考慮が介入しやすい。また，エネルギーの使用の規制は，各国の国民生活や経済活動のあらゆる場面に関わり，実施のための施策が他の分野と比べても比較にならないほど多くなる。それゆえ，他の環境分野と比しても各部門からの施策持ち寄り型の政策実施となりやすい。

　日本のこれまでの温暖化の国内政策は，エネルギー基本計画(2002年エネルギー政策基本法の法定計画)で提示される中長期的なエネルギー需給予測とエネルギー政策の枠組みの中で議論されてきた。東日本大震災前の2010年3月に，民主党政権下で閣議決定され，国会に上程された地球温暖化対策基本法案は，2020年の中期目標だけではなく，基本的施策として，原子力に関する施策，エネルギー使用合理化の促進，排出量取引制度，再生可能エネルギー固定価格買取制度をはじめとする再生可能エネルギーの利用促進に関する規定も置き[20]，エネルギー政策と温暖化政策の統合・体系化の契機が生まれた。しかし，この基本法案は，2012年11月16日，衆議院の解散により期限切れ廃案となった。現行の温暖化対策法においても，「国は，…温室

効果ガスの排出の抑制等のために必要な施策を総合的かつ効果的に推進するように努めるものとする」(20条1)と定めており，温暖化対策の総合的かつ効果的な推進という観点から現行法の体系についてはあらためて検討が必要であろう。

6. 国内法制の今後の課題

　これまで国際条約の展開が日本の温暖化の法政策展開の動因となってきた。しかし，2020年までの温暖化の国際制度の下では，日本は京都議定書第二約束期間に参加しないと表明しており，目標を設定し，実施することが政治的合意に基づくものである。その目標の水準も自主的に設定される。それゆえ，温暖化対策の水準を高めることができるかどうかは，これまで以上に国内の政策決定によることになる。

　今後一層深刻なものになることが予測されている温暖化の悪影響に照らせば，第四次環境基本計画で示された2050年80％削減といった大幅な削減に向けて対策を強化することが必要となる。そのためには，国内法制には，事業者の競争上の懸念に応え，削減コスト負担の衡平な配分と公正な競争のためのプラットフォームを作るという役割が期待される。製品のエネルギー効率基準などこれにも該当する。温暖化対策が少なくとも短期的には対策をとるものに対して一定のコストが生じるものであるから，エネルギーコストの上昇の見通しとともに，政策強化の見通しがつくような長期的な政策の明確さを提供することも国内法の重要な役割であろう。福島第一原子力発電所事故後，省エネ促進や再生可能エネルギー拡大のインセンティヴは高まっており，省エネ対策，再生可能エネルギー普及策を促進し，支援する国内法制は排出削減に効果的であろう。加えて，この間顕在化しつつある異常気象をはじめとする温暖化の悪影響への適応策の策定と実施も急務である。他の政策への温暖化影響の考慮の統合を促進することや，経済的損失のリスクを分散させる保険などの制度の構築，衡平な費用負担など，今後検討すべき法的課題は少なくない。

〈注〉
1) IPCC, *Summary for Policymakers*, in Stocker, T. F. et al. eds., *Climate Change 2013: The Physical Science Basis. Contribution to the Working Group I to the Fifth Assessment Report of the Intergovernmental Panel on Climate Change* (Cambridge University Press, 2013), p. 3 and p. 18. 第5次評価報告書での気温上昇の予測は，第4次評価報告書での予測と比較の基準とする年代が異なっており，第4次評価報告書同様に工業化以前と比較すると，その予測は，第4次評価報告書の予測とほぼ一致している。
2) IPCC, *Climate Change 2007: Impacts, Adaptation and Vulnerability* (Cambridge University Press, 2007).
3) McMichael, A. J. et al., *Climate change and human health: risks and responses* (World Health Organization, 2003).
4) 本章の執筆は，高村ゆかり・島村健「地球温暖化に関する条約の国内実施」論究ジュリスト3号(2013年)11-19頁の執筆作業において得た知見，考察に大きく依拠している。
5) 気候変動枠組条約の国際制度の詳細は，高村ゆかり・亀山康子編著『京都議定書の国際制度』(信山社，2002年)。
6) 京都議定書の国際制度の詳細は，高村ほか・前掲(注5)。
7) UNEP Risoe Centre, December 1st 2013. http://cdmpipeline.org/overview.htm 〈2013年12月1日参照。以下特に断りのない場合には同日に参照した〉
8) Capoor, K. & Ambrosi, P., *State and Trends of the Carbon Market 2009* (2009).
9) Summary of Negotiations on the Third Replenishment of the GEF Trust Fund, GEF/A. 2/7, p. 3, September 19, 2002.
10) Seres, S. et al., *Analysis of Technology Transfer in CDM Projects*, final report prepared for the UNFCCC Registration & Issuance Unit CDM/SDM (2007). http://cdm.unfccc.int/Reference/Reports/TTreport/TTrep08.pdf 及びGillenwater, M. and Seres. S, *The Clean Development Mechanism: A Review of the First International Offset Program* (2011).
11) 高村ゆかり「ダーバン会議(COP17)の合意とその法的含意：気候変動の国際レジームの課題」環境共生 Vol. 19(2012年)14-22頁。
12) UNEP, *The Emissions Gap Report 2013* (2013).
13) 外務省「気候変動に関する国際連合枠組条約の京都議定書の説明書(平成14年3月)」(2002年)
14) 「地球温暖化対策推進法新旧対照表」
    http://www.env.go.jp/earth/ondanka/giteisho/taisyo_hyo.pdf
15) http://www.kantei.go.jp/jp/singi/ondanka/kakugi/080328keikaku.pdf
16) Report from the Commission to the European Parliament and the Council, Progress towards Achieving the Kyoto and EU 2020 Objectives, COM (2013) 698

final, 9.10.2013.
17) EU の 2020 年までの施策の詳細については，拙稿「国際的気候変動政策に関する EU の政策決定」亀山康子・高村ゆかり『気候変動と国際協議──京都議定書と多国間協調の行方』(慈学社，2011 年)。
18) 環境庁(当時)「地球温暖化対策推進法の提案の背景」(1998 年) http://www.env.go.jp/earth/ondanka/ondanref.pdf 「地球温暖化対策推進法の制定に当たって(平成 10 年 10 月 6 日　真鍋大臣談話)」http://www.env.go.jp/earth/ondanka/ondanhou.html
19) 高村・島村・前掲(注 4)論文参照。
20)「地球温暖化対策基本法案」
http://www.env.go.jp/press/file_view.php?serial=15294&hou_id=12257

第28章 生態系保全・絶滅種保護対策

及川敬貴

　生物多様性条約は，南北間の緊張関係を投影した2つの理念を併せ呑んだ形で採択された。条約の発効後に発展をみた国際レジーム(例:「愛知目標」)では，理念間の融合が進んでいる。わが国の生物多様性基本法については，そうした理念間の緊張関係やその融合等の動きを看取しえないが，同法の制定によって，レジームの一部(例:「生物多様性の主流化」)を積極的に実施する体制が整えられた。積極的な国内実施の経験は，国際制度の修正・改善プロセスへフィードバックされうる。本章では，生物多様性をめぐる国際・国内制度の複雑かつ動的な相互関係を描き出す。

1. 生物多様性をめぐる国際・国内制度——その増殖と相互関係

　自然保護という考え方(ロジック)の下で，人間社会(とりわけ先進国)は，貴重・希少な種や美しい景観を守ろうとし，そのためのルール(例:条約や法律)を発展させてきた。しかし，人間は自らの生存のために，そうした生物種や景観を一定程度利用せざるをえない(例:一定量の狩猟・採集活動の許容)。また，希少ではなく，必ずしも美しいとは評価されない生物種・生態系にも多くの機能があることがわかってきた(例:湿地の水質浄化機能)。自然保護では捉えきれない，自然と人間社会との多面的な関係性を包含したロジックが「生物多様性」である。

　法制度の平面では，生物多様性条約(以下「CBD」または「条約」)の採択(1992年)・発効(1993年)が歴史的な転換点となった。爾来，締約国内でも関連制度の整備が進み，わが国でも，この分野の基幹的法律として，生物多様性基本法が制定をみた(2008年)。こうした制度発展状況は，国際制度の「国内実施」のよく知られた定義，すなわち，「締約国が，多国間環境合意となされ

たその改正の下で負う自国の義務を履行するために，採用しおよび／またはとる，あらゆる関連法，規則，政策およびその他の措置とイニシアティブ」[1]に合致するようにみえる。

しかし，時間的・制度空間的な意味での視点を広げてみると，国際・国内制度の発展状況とそれらの間の関係は，上の「国内実施」の定義からイメージされるものよりも複雑かつ動的であることに気がつく。本章では，そのように論ずるための材料として，次の諸点を指摘する[2]。(1)CBD は「生態系中心の環境保護」と「先進国や都市部で生活する人間の価値観から離れた，衡平な資源管理秩序の形成」という，緊張関係を孕んだ 2 つの理念を併せ呑んだ形で採択された。前者には先進国の，後者には途上国の意向が強く反映されている。(2) 2 つの理念が，条約に基づいて発展をみた諸制度(国際レジーム)の中で「融合」し始めている(例：愛知目標)。(3)生物多様性基本法では，衡平性の確保に対応した規定を備えていないので，理念間の緊張関係やその「融合」という状況も看取しえない。しかし，同法の制定によって，国際レジームの一部(例：生物多様性の主流化(CBD 10 条(a)))を積極的に実施するための法的な基盤が整えられた。その先に，わが国での「積極的な国内実施」の経験を，国際制度の修正・改善のプロセスへフィードバックするという未来(課題)を観念しうる。

なお，本章では，「保護」や「保存」を「保全」の中に含ませて叙述を進めていく[3]。

2. 国際制度の発展──条約レジームの生成と展開

生物多様性条約は，自然関連の諸条約の発展とそれらへの反動等を背景として作成された。そして，その発効以来，この条約に基づく諸制度の総体としてのレジームが成長し，締約国の国内制度はもちろん，他の環境条約へも，さまざまな影響が及んでいる[4]。

(1) 生物多様性条約前史──自然保護の光と影

渡り鳥を含む移動性の動物，サケなどの回遊魚，クジラなどの海生哺乳類

は，早い時期から国際的な管理の対象とされてきた。ただし，それらの生物種は，それ自体が重要だから保全対象となったわけではなく，鳥類は狩猟，魚類は水産業との関係で重要視されたにすぎない[5]。その後，西欧諸国を中心に，種の生息地やより広域の生態系を保全するという価値が少しずつ社会へ浸透し，1970年代には，主要な4条約の採択に至る。ラムサール条約(1971年)，世界文化遺産条約(1972年)，ワシントン条約(1973年)，ボン条約(1979年)である(以下「4大条約」)。これらの条約では，国境を越えて種や地域を管理対象とする仕組み(例：付属書や登録簿への登録や保全区域の指定)が導入され，その運用の結果，保全対象となる種や地域は格段の広がりをみた。

こうした中で投げかけられたのが「限られた範囲の種や地域を保全するだけで十分なのか」という問いであった。この問いについては，当初は倫理的な意味合いが濃かったが，自然科学的な裏付けが次第に蓄積されていく[6]。これをうけて，たとえば，1982年の国連総会決議(世界自然憲章)では，「あらゆる種の存続にとって十分な個体数と生息地を確保する」等の文言がとり入れられた。このような立場からは，特定の種や生態系に限定することなく，それらすべてを保全対象とするような国際条約が必要との主張が展開されることになる。

しかし，生物種や生態系は，食糧，工業製品等の原材料，各種エネルギー源でもある。開発途上国では，自らの恒久的主権に基づいて，それらを利用・処分し，もって経済発展を遂げようという希望も強い。この希望は，先進国が自然保護のロジックを逆手にとって，開発途上国の生物資源(例：細菌)を利用して付加価値の高い製品・技術(例：医薬品)を開発し，膨大な利益を得ているとの認識によって増幅されていた。すなわち，「地球上に存在する生物種とその遺伝子は，地球上に暮らす万民の共有物である」というロジックの下で，先進国は，途上国に存する自然資源について，あるときは国境を越えた保護規制をかけ，別なときには自由利用の対象とするという二律背反的な行動をとっているとみなされたのである。それゆえ，開発途上国は，自然関連の条約の適用対象をさらに拡大するという提案を容易には認めなくなっていた。

こうした事情の下で，遅くとも1980年代の後半までに，国際社会は「自

然保護」とは別の新たな資源管理のためのロジックを必要としていたようにみえる。そのロジックが「生物多様性」であった。そして，以下で説明するように，生物多様性が，先進国と途上国が対話を交わすプラットフォームとなり，新たな「制度の胎盤」となっていくのである[7]。

(2) 生物多様性条約――「人間中心の環境保護」からの脱却

　生物多様性条約は，史上初めて，生物多様性を人類の「共通の関心事」として承認した(前文)[8]。生物多様性は，人類の「共通の財産」として規定されたのではない[9]。条約の目的としては，①生物の多様性の保全と②その構成要素の持続可能な利用に並んで，③遺伝資源の利用から生ずる利益の公正・衡平な配分の実現が掲げられた(1条)。そして，生物多様性とは，「種内の多様性，種間の多様性及び生態系の多様性」を含み，「すべての生物の間の変異性をいう」(2条)。

　これらの目的・定義規定に続いて，条約の適用範囲や原則，目的達成のための義務，制度運用のための機構(例：締約国会議や事務局)等の規定がおかれた。たとえば，目的①②については，締約国に対して，保護地域制度の確立(8条(a))，外来種関連のリスク管理(8条(h))，意思決定過程における生物多様性への配慮の組み込み(通称「生物多様性の主流化」)(10条(a))等が求められている。また，目的③との関連では，法的対応のベースラインが国内法であることの確認や遺伝資源へのアクセス条件(15条)等の規定が整備された。これらの規定の大半は，具体的な義務というよりは，単に目標を設定したものと解される余地が大きい。そのため，本条約の性格は，「枠組的なもの」と評されている[10]。

　ところで，目的③における「利益配分」への言及は，旧来の「人間中心の価値観」をより直截に反映したもののようにみえなくもない。ただし，条約の前文では，それを制約する原理が提示されている。すなわち，前文では，経済上その他の手段的価値に先立って，生物多様性の「内在的な価値」が正面から認められた。内在的価値とは，いわば生命の尊厳であり，何らかの手段的価値(例：経済上の価値)とは異なる。この内在的価値の確保を基本に据えることにより，生物多様性条約は「人間中心の環境保護から，人間を含めた

生態系中心の環境保護への転換」を図るための法的基盤になるといわれている[11]。

また，CBDは，「人間中心の環境保護」からの転換に当って，特定の人間の価値観からも距離をとろうとしている。自然と人間社会との関係性は，後者が前者から「恵み」を享受するというだけのものではない。生物種や生態系は(有限な)経済資源でもあり，それを収奪する側(先進国)とされる側(開発途上国)という不衡平な関係性が生ずる源ともなってきた。「恵み」を享受する側(都市住民)とその基礎となる生態系の維持管理(「手入れ」)を負担する側(地域社会)の関係性もまた然りである。条約では，先住民や地域社会の役割とともに，南北問題の解決が開発途上国にとって「最優先の事項」であることが確認された(前文および20条(4))。これらと目的③等を併せて読んだ場合，この条約は，自然資源(生物種や生態系)の管理のあり方を介して生み出された不衡平な主体間関係(とそれを固定化するように作用してきた諸制度)の是正をねらっていることがわかる。すなわち，CBDは，先進国や都市部で生活する人間の価値観から離れた，衡平な資源管理秩序を形成するための法的基盤ともなると考えられよう。こうした理解は，条約発効後のレジームの発展状況からもサポートされる(後述)。

(3) レジームの発展
—— 2つの理念の融合

国際制度の発展状況を捉えるに当っては，「国際レジーム(international regimes)」(以下「レジーム」)に注目する必要がある[12]。レジームとは，条約本体はもちろん，締約国会議，科学委員会，常設委員会，事務局などの条約上の機構とそれらの機能が発揮された結果として生み出された，付属書，議定書，付表，決議，勧告，ガイドライン等の各種制度の総体を指す。4大条約の場合，ガイドラインや決議等によって，「賢明な利用」「絶滅のおそれ」などの条約上の未定義概念はもちろん，条約上の文言ではない「予防原則」などの重要概念の中身もが徐々に明確・精緻化されてきた。そして，条約の実施に当っても，条約上の機構が，遵守の監視や義務違反に対する勧告等の場面で重要な機能を果たすようになったのである。

レジームについては，合意ベースのものであることから実効性に乏しく，具体の管理の中身も条約ごとに違う等の問題が指摘されてきた。しかし，種の絶滅や生態系の破壊は基本的に回復不可能なので，事後の損害回復(例：国際裁判所の判断を通じての損害賠償)という伝統的なアプローチが適切とはいえない。そこで，現代の自然関連条約では，損害の未然防止・予防に焦点を当てた，上述のようなレジームの構築と運用が企図されるようになった。自然関連の条約上の機構(上述の締約国会議等)を中心にしたレジームが急速な発展をみたのが 1970 年代であったといえる。

生物多様性条約についても，そのレジーム(以下「CBD レジーム」)が発展してきた。その構成要素としては，下位の条約である議定書(例：カルタヘナ議定書や名古屋議定書)が広く知られているが，ここでは，生態系アプローチと愛知目標をとり上げたい。それらの制度において，「生態系中心の環境保護」と「衡平性の確保」という 2 つの理念が接近し，「融合」するという注目すべき現象を看取しうるからである。なお，生態系アプローチと愛知目標は，いずれも非拘束的な性質のものであるが，CBD レジームの一部となることにより，自然関連の各種制度の評価・運用・設計を担う当事者(例：国家)の裁量を実質的に制約するという特色を有する。

(ア) 生態系アプローチ

生態系アプローチとは，生態系を基準に据えた資源管理原則であり，「生物多様性条約の基本に置かれている」[13]と評されている。COP 5 (第 5 回締約国会議)の決議において，12 の主要原則とガイドラインが提示された。そこでは，「単なる種の保護よりも，……生態系の構造・機能の保全を優先するべきこと」(第 5 原則)や「地方分権的かつ衡平な資源管理がなされるべきこと」(第 1 および第 2 原則)等の規定がおかれ，「人間中心の環境保護」からの 2 つの意味での脱却の方向性が，より具体的な形で示されている。わが国の生物多様性基本法は，このアプローチの国内推進法として位置づけられよう(後述)。

（イ）愛知目標

　生態系アプローチは，自然資源の管理原則であり，全体として達成されるべき目標ではない。そのような目標として COP 10 で採択されたのが，「愛知目標」である。愛知目標については，保全関連の数値目標の導入（例：2020年までに陸域の 17％を保護地域に組み入れる）が注目されたが，資源管理方法の衡平さ等も求められており（例：目標 11），やはり「人間中心の環境保護」からの 2 つの意味での脱却の道筋を具体化したものといえるだろう。

　この目標も，締約国を直接に拘束する性質のものではない。しかし，COP 10 で採択された「戦略計画」の一部となることで，今後の制度発展を特定の方向へ誘導するという効果が強められている。わが国でも，制度評価や制度設計のさまざまな場面で，愛知目標の達成という観点からの検討が始まっている。たとえば，愛知目標は，「絶滅のおそれのある野生動植物の種の保存に関する法律」（種の保存法）の改正（2013 年）に際して，立法事実の一つとなった。また，その他さまざまな国内法令の施行状況の点検作業に際しても，同目標が頻繁に参照されている。

　CBD レジームの発展過程で看取される興味深い動向の一つが「衡平性の確保」の射程の拡がりである。条約における衡平性の確保への言及は「遺伝資源の利用から生ずる利益の配分」という限られた文脈でなされていた（1条）。これに対して，生態系アプローチ（第 1 および第 2 原則）や愛知目標（目標 11）では，日常的な資源管理（例：農林水産業や宅地開発）の文脈でも，衡平性の確保が求められている。このことは，たとえば，単に緑の量が増えるだけ，生物の個体数が増えるだけ（＝保全と持続可能な利用）で良しとするのではなく，そのために必要な「手入れ」の負担をだれかが一手に負っているのか，そこに不衡平さはないのか等の問題意識が不可欠であることを示唆するものであろう。条約の形成過程では距離があるようにみえた，「生態系中心の環境保護」と「衡平性の確保」という 2 つの理念が，レジームの発展を通じて融合し始めている。

　この他，条約では規定されていないが，CBD レジームで発展をみている概念として，「生態系サービス」がある。これについては，生態系アプロー

チ(第5および10原則)や愛知目標(目標11および14)で言及がなされた。生態系サービスの金銭評価とその市場取引を志向した政策アイデアもレジーム上に現れており、将来的な制度化が進むかもしれない[14]。

(4) その他の環境条約への影響

生物多様性条約とその上に発展をみたレジームは、他の環境条約へも多くの影響を及ぼしている。ラムサール条約のCOP 7の決議では、同条約の登録簿へ掲載される「国際的に重要な湿地」の判断基準に、生物の多様性(水鳥に限らない)が加えられた。世界遺産条約の選定基準も1994年に改定され、自然遺産については生物多様性が評価基準として加えられている。ワシントン条約については、野生生物の取引が同条約の採択時に認識されたほど深刻な脅威となっていない可能性があるとの指摘がなされ始めた。野生生物と人間(とりわけ地域社会)のニーズの関係はより複雑であり、野生生物の取引＝深刻な脅威という図式は単純に過ぎるというのである[15]。ワシントン条約の基本的な立法事実の合理性が、「生態系中心の環境保護」と「衡平性の確保」という二つの観点から捉え直されているものといえよう。世界遺産条約についても、世界遺産と地域社会とのつながりが重視されるようになった。

この他、いわゆるREDD(開発途上国における森林減少および森林劣化からの温室効果ガスの排出の削減)のメカニズムについては、気候変動枠組条約での検討結果に、生物多様性条約の枠組みでの議論(例：COPでの決議)を組み込むことが課題とされている[16]。環境損害の賠償や回復のあり方についても、生物多様性を射程に入れた国際規範が現れ始めているという[17]。

3. 国内制度の発展——条約レジームと基本法の重なりと距離

CBDレジームが発展をみる一方で、調和条項の削除、環境基本法の制定、循環基本法の制定と並ぶ、わが国「環境法のパラダイム転換」は2008年に到来した[18]。生物多様性基本法の制定によって「生物の多様性の確保」が国家政策の基本に据えられ、自然関連の多くの個別法が緩やかに糾合されたのである。以下、CBDレジームの発展状況との重なりだけではなく、それ

との距離も意識しながら，この法律の構造や機能について考察する[19]。

(1) 法令中の生物多様性

環境基本法(1993年)では，「生態系が微妙な均衡を保つことによって成り立って」(3条)いるとの認識が示され，「生物の多様性の確保」が施策策定の指針として掲げられていた(14条2号)。「絶滅のおそれのある野生動植物の種の保存に関する法律」(種の保存法，1992年)，自然再生推進法(2000年)，「遺伝子組換え生物等の使用等の規制による生物の多様性の確保に関する法律」(カルタヘナ法，2003年)，特定外来生物による生態系等に係る被害の防止に関する法律(特定外来生物法，2004年)等でも，生物多様性の確保ないしはその趣旨への言及がなされ，2002年には鳥獣保護法の目的規定へ，生物多様性の確保が加えられている。

開発促進・産業保護を目的としていた法令群(以下「自然資源利用法」)についても，1990年代後半以降，環境保護や生態系保全関連の規定が加えられ始めた。ここでは，この動きを「環境法化」というフレーズで形容することにしたい(後述の**図表28-1**を参照)。

このように，生物多様性の確保に関しては，関連する文言が多くの法令中にバラバラな規定ぶりで存在する一方で，共通する理念，基本原則，法的手法等が，特定の制定法の中に明確かつ整理された形で示されていたわけではない。また，生物多様性の定義は，いずれの法令中にも見当たらなかった。そうした中で制定されたのが，生物多様性基本法(2008年)である。

(2) CBDレジームと生物多様性基本法

生物多様性基本法は，私人に対する一定の行為の義務づけやそれへの違反に対する罰則等を定めるような，規制法ではない。理念や基本原則，それに行政上の計画的管理手法等が書きこまれた基幹的法律である。具体的には，生物多様性からさまざまの「恵沢」がもたらされることを認め，この「恵みを将来にわたって享受できる自然と共生する社会の実現」という理念が掲げられた(1条)。そこでの生物多様性とは，「様々な生態系が存在すること並びに生物の種間及び種内に様々な差異が存在すること」をいう(2条1項)。基

本原則としては，地域の実情に即した保全，持続可能な利用，予防原則・順応的管理による対応等が提示された(3条)。そのうえで，生物多様性戦略という行政上の計画的管理手法(11～13条)と多様な中身の基本的施策が定められている。

この基本法の立法過程や制度構造についてはすでに分析がなされているが[20]，CBDレジームとの重なりと距離という観点から同法を眺めてみると，新たな制度景観が浮かび上がってくる。

(ア) 生態系アプローチの推進法

生態系アプローチ(COP5(第5回締約国会議)の決議で12の主要原則として示された資源管理原則(前節(3)参照))の趣旨は，この基本法の随所にとり入れられている。たとえば，同アプローチの第9原則では「資源管理において，変化は不可避のものと認識しなければならない」とされ，具体的には，「順応的管理」の採用を促す。順応的管理とは，科学的不確実性の存在を肯定し，リスク管理の「前提」となった仮説等の妥当性に対して絶えず「見直し」をかけるという方法論である。生物多様性基本法は，わが国の法制史上初めて，これを資源管理原則の一つとして明記した(3条3項)。

また，生態系アプローチでは，地方分権型の(第2および第11原則)，人為的な境界を横断した(第7原則)，多様な利害関係者(stakeholders)の協働に基づく(第12原則)資源管理が推奨されている。自治体が「共同して」地域戦略を定められるとした基本法13条1項は，これを実現するための法的な根拠となろう。そうした戦略等を決定する際の住民参加を確保する規定も同様である(11条4項や21条)。

(イ) 衡平性の確保への沈黙

(ア)とは対照的であるが，「生態系中心の環境保護」と「衡平性の確保」の融合というレジーム上の制度発展の成果は，生物多様性基本法の規定には反映されていない。生態系アプローチや愛知目標において，農林水産業や土地開発等の「日常的な資源管理」の場面でも「衡平性の確保」が求められつつあることは，先述したとおりである(前節(3)参照)。

CBD レジームと生物多様性基本法との間にこうした距離が生まれた背景事情の一つとして，後者の制定経緯にふれておきたい。この法律は「野生生物保護基本法(案)」を母体として発展をみた[21]。立法者にとって，生物多様性をめぐる「衡平性の確保」という課題は，遺伝資源の利用から生ずる利益の配分(CBD 1 条)という限られた文脈でのみ意識されていたと思われる。資源利用行為それ自体の事前抑制が最重要課題となる野生生物保護法(案)の検討過程において，資源利用後の，しかもそこから生じる利益の配分における衡平性の確保のあり方を論ずる余地は少なかったものと考えられよう。

(3)　積極的な国内実施

　上に見たように，CBD レジームと生物多様性基本法の発展状況には重なりと距離がある。距離がある部分についてはさておき，重なっている部分については，いわゆる「積極的な実施」を進められるだろう。生物多様性条約上の義務には，「できる限り」「適当な場合」等の文言が付されているものが多い。そこで，レジームを構成する国際制度はもちろん，国内制度の設計・運用の場面でも，それらの文言を積極的に解釈していくことが重要となる[22]。

(ア)　生物多様性の主流化へ向けて

　生物多様性喪失の最大の原因は，宅地開発や埋立等の開発行為である。そこで，こうした開発行為に関連する意思決定に生物多様性への配慮を組み入れることの必要性が論ぜられてきた。「生物多様性の主流化」といわれる課題の中核部分であり，CBD 上の義務の 1 つである(10 条(a))。

　この課題への制度的対応として，わが国では，環境配慮義務(「国は，環境に影響を及ぼすと認められる施策を策定し，及び実施するに当たっては，環境の保全について配慮しなければならない」)が定められている(環境基本法 19 条)[23]。また，重大な環境影響が伴う開発行為については，環境アセスメントも実施される(環境影響評価法)。しかし，これらの規範に照らして，開発行為の違法が認められるケースは少ない(例：那覇地判平成 21 年 2 月 24 日(LEX/DB 25440651))。

　一方で，わが国では，1990 年代後半以降，自然資源利用法が「環境法化」

し始め(図表 28-1, 規定の変容)24),その影響が徐々に現れつつある(図表 28-1, 行政実例や訴訟)。

　一言だけの紹介にとどめるが,①②では,改正河川法 1 条に基づいて許認可の名宛人以外の者の原告適格も認められるとの主張がなされた(両判決とも原告適格を否定)。④では,傍論ながら,最高裁が,海岸の占用許可を付与するかどうかの判断に当っては,環境保全に言及した改正海岸法の目的(1 条)の下で地域の実情に即してその判断をしなければならないと述べている。⑥⑦では,住民訴訟における財産的損害の算出に際して,行政が作成した「森

図表 28-1　自然資源利用法の「環境法化」

		規定の変容	行政実例や訴訟
1997 年	河川法改正	治水と利水に加え,河川環境の保全を法律の目的に明記(1 条)。樹林帯を河川管理施設として特定(3 条 2 項)	①東京高判平成 17 年 3 月 9 日(LEX/DB 25410931)(原審判決として) ②長野地判平成 16 年 3 月 26 日(LEX/DB28091797) ③緑のダム論
1999 年	海岸法改正	国土保全や災害防止に加えて,「海岸環境の整備と保全」や「公衆の海岸の適正な利用」を法律の目的に明記(1 条)	④最二小判平成 19 年 12 月 7 日民集 61 巻 9 号 3290 頁,判時 1992 号 43 頁
1999 年	食料・農業・農村基本法制定	「自然環境の保全」を含めた農地の多面的機能の増進を政策課題に掲げる(3 条)	⑤農水省生物多様性戦略
2001 年	森林・林業基本法改正	森林の有する多面的機能として,「自然環境の保全」や「地球温暖化の防止」を明記(2 条 1 項)	⑥札幌高判平成 24 年 10 月 25 日(判例集未搭載)(原審判決として) ⑦札幌地判平成 23 年 10 月 14 日(判例集未搭載) ⑧緑の回廊
2001 年	水産基本法制定	「水産資源が生態系の構成要素である」(2 条 2 項)ことを法律に明記	⑨東京高判平成 22 年 9 月 15 日判タ 1359 号 111 頁
2001 年	土地改良法改正	目的及び原則の部分へ「環境との調和に配慮しつつ」との文言を追加(1 条 2 項)。これをうけた施行令でも「環境との調和に配慮したものであること」を事業の施行に関する基本的要件として追加(2 条 6 号)	⑩大津地判平成 14 年 3 月 11 日(判例集未搭載)(永源寺第二ダム訴訟)

林の公益的機能」の評価結果が用いられた。⑨⑩でも，**図表 28-1** に記した規定が当事者の法的な主張の構成に影響を与えている。③⑤⑧は，新たに提示ないしは導入された政策イノベーションの実例である[25]。

環境法化は，従来のわが国における「生物多様性の主流化」の一場面であったといえるだろう。この動きを加速化させるべく，生物多様性基本法では，

> 「政府は，この法律の目的を達成するため，野生生物の種の保存，森林，里山，農地，湿原，干潟，河川，湖沼等の自然環境の保全及び再生その他の生物の多様性の保全に係る法律の施行の状況について検討を加え，その結果に基づいて必要な措置を講ずるものとする」(附則 2 条)

との規定がおかれた。そこでの「必要な措置」には，法改正もが視野に入ってくるため，この「立法的・行政的対応の義務づけによって」，当該規定は「今後の自然保護政策に大きな影響をもたらす可能性を秘めている」と評されている[26]。実際，2009 年に自然公園法が，2013 年に種の保存法がいずれも生物多様性の観点から改正された。これらの法改正は，附則 2 条の運用成果として整理できる。より分析的に見るならば，生態リスク管理の法的「前提」として君臨してきた個別法の「見直し」が，附則 2 条に基づいて進められたものといえるだろう。基本法 3 条 3 項で規定された順応的管理の趣旨が，附則 2 条を通じて制度評価・設計の平面に投影されたのである[27]。基本法のこうした運用は，国際制度(CBD10 条(a)(生物多様性の主流化)と生態系アプローチ第 9 原則(順応的管理の推奨))の「積極的な国内実施」の具体例として捉えられよう。

ただし，個別法が環境法化した後も，新たな目的(生物多様性の確保)が伝統的な目的(開発促進や産業保護)に劣後してしまう，あるいは，保全の名の下に人間中心的な営みが続いているとの指摘も少なくない[28]。そうした形で「個別的公共性」が跋扈する，すなわち，従来通りの資源利用の偏重施策が続くならば，環境法化を通じての生物多様性の主流化は見かけ上のものとなってしまう[29]。また，環境法化した個別法における環境(生物多様性)配慮

と環境基本法・アセス法上の環境配慮との理論的な関係も十分に整理されているとは言い難い。基本法新時代における生物多様性の主流化の実相に関しては，今後，本格的な分析を要するものと思われる[30]。

（イ）　生態系アプローチの行政的・司法的実践

生態系アプローチは「生物多様性条約の基本に置かれている」と評される資源管理原則であり，レジームの発展を通じて具体化・精緻化をみた(前節参照)。その積極的な国内実施のカギとなるのが，生物多様性地域戦略(以下「地域戦略」)である。地域戦略は，生物多様性基本法13条に基づく法定計画であり，これを策定した・策定過程に入った自治体の数が増加している[31]。地域戦略の法政策的な意義として，次の4点を挙げておきたい。

①国の縦割り立法に由来するさまざまな権限を地域レベルで総合的かつ計画的に活用する。たとえば，動植物の「防除」の権限は，鳥獣保護法や特定外来生物法などの複数の法令におかれ，相互の関係が未整理のままバラバラに使われている。この状況の改善を期待できる。

②「人間中心的な価値観」の現れである自治体間の境界を横断した「共同地域戦略」を策定・実施し，生態系中心の資源管理を進める。たとえば，2つ以上の自治体を跨いだ形での戦略も，基本法新時代においては荒唐無稽な施策とはいえない。CBDがめざす「生態系中心の環境保護」を体現する施策の1つとなりうる。

③地域ごとの資源管理の理念や価値，手法等を明記し，後続する法(政策)的な判断をゆるやかに拘束する[32]。地域戦略は，私人間の保全協定の締結や，意欲的な中身の条例制定に向けた「地拵え(じごしらえ)」の役割を果たす。

④法律に基づく処分や計画決定における環境配慮要件となる。公有水面埋立法や都市計画法では，自治体が策定する法定計画に基づいて，環境

配慮義務が課されうる構造となっている[33]。地域戦略もそうした法定計画の1つである。

①については実例があると聞くが，筆者自身は当該戦略の中身を確認してはいない。②の共同戦略の策定事例もないようである。しかし，③については，興味深い制度発展事例が現れている。たとえば，愛知県では2013年度から「愛知ミティゲーション」と呼ばれる新施策のパイロット事業を開始した。条例改正によって，緑地の量の確保から質の向上への転換を図ろうとするものである。この施策は，同県の地域戦略を契機として，具体の政策へと発展をみた[34]。

最後の④について，公有水面埋立法4条1項3号は，埋立免許の要件として，「埋立地ノ用途ガ土地利用又ハ環境保全ニ関スル国又ハ地方公共団体……ノ法律ニ基ク計画ニ違背セザルコト」，都市計画法13条1項柱書は，都市計画決定の要件として，「地方計画に関する法律に基づく計画……に適合する」と定めている(下線筆者)。法定計画である地域戦略は，これらの規定に基づく環境配慮要件の一部となりうる。そして，そうなることで，環境訴訟へも影響が及ぶかもしれない。鞆の浦世界遺産事件(環境法事件簿8参照)では，瀬戸内海環境保全特別措置法に基づく広島県計画が，鞆地区の景観資源としての重要性を(民主的手続を経て)確定していたことが，仮の差止めの申立人適格(広島地決平成20年2月29日判時2045号98頁)や原告適格(広島地判平成21年10月1日判時2060号3頁，環境法判例百選〔第2版〕78事件)の認定のカギとなった。地域戦略(と後続する法律実施条例等)によって規範化をみた「地域の実情」は，今後，原告適格判断における関係法令(行政事件訴訟法9条2項)やいわゆる判断過程審査における考慮事項の重要な一部となる可能性がある[35]。

生物多様性条約で策定が求められているのは，いわゆる生物多様性国家戦略のみである(CBD 6条(a))。わが国の基本法は，国家戦略に加えて，地域戦略についても定めている点で，「積極的な実施」を展開しているものといえよう。そして，上に指摘したように，今後のわが国では，地域戦略の上にさらなる「積極的な実施」を積み重ねられる。

4. 基本法新時代の制度間関係
　　──国内制度から国際制度へのフィードバック

　条約を締結し，締約国内で法律を定め，それを施行することによって当該条約の目的を実現する。これが最も単純な，国際制度の国内実施のイメージかもしれない。しかし，本章では，生物多様性をめぐる実際の制度発展の過程や制度間の関係が，より複雑かつ動的であることを垣間見てきた。気がついたことをいくつか記して，締めくくりにかえよう。

　生物多様性条約(CBD)の中身はその後に発展をみた諸制度によって具体化・精緻化されている。本章では，生態系アプローチや愛知目標の中で，「生態系中心の環境保護」と「衡平性の確保」が「融合」しつつある状況を紹介した。CBDに反映された南北それぞれの理念が，下位の制度において，有機的な連関を志向し始めたものといえよう。

　もちろん，こうした国際制度，すなわちCBDレジームの発展状況がそのまま国内制度へ反映されているわけではない。たとえば，生物多様性基本法は，「衡平性の確保」について何も定めていないので，上記の「融合」状況へ対応した規定も見当たらない[36]。

　しかし，その一方で，この基本法には，生態系アプローチを積極的に実施するための仕組みがいくつも備わっていることも確認できた。その先に浮かび上がってくるのが，積極的な国内実施の経験を，国際制度の見直しのために活用する未来(課題)である。たとえば，環境法化の促進(基本法附則2条)を通じての「生物多様性の主流化」の実相とはいかなるものなのか。地域戦略(基本法13条)の策定・実施は「生態系アプローチ」の効果的な実践へつながるのか。この基本法の運用経験からその他さまざまな問いが導かれ，今後，それらに関する理論・実証分析が進むだろう。その結果は，CBDレジームの修正・改善のプロセスへもフィードバックされうるはずである。国内制度は，国際制度を受容し，順応するだけの存在ではない。生物多様性という新たなプラットフォームの上で，国内制度と国際制度は互いに多くを学びあえるのである。

〈注〉
1) UNEP, Manual on Compliance with and Enforcement of Multilateral Environmental Agreements 59 (UNEP, 2006).
2) 本章は，残念ながら，これらの諸点に係る素描を提供するにすぎない。本格的な検討作業は，論究ジュリスト7号(2013年)の特集「環境条約の国内実施——国際法と国内法の関係」でなされているので，是非参照されたい。筆者は，本章脱稿後に上記特集に接している。
3) いずれも法令用語であるが，わが国の環境実定法では，それらの使い分けに一貫性がない。畠山武道「環境の定義と価値基準」新美育文ほか編『環境法大系』(商事法務研究会，2012年)27，44-45頁参照。
4) 本節の記述に際しては，磯崎博司『国際環境法』(信山社，2000年)，地球環境法研究会編『地球環境条約集〔第4版〕』(中央法規，2003年)，西井正弘編著『地球環境条約』(有斐閣，2005年)，パトリシア・バーニー，アラン・ボイル『国際環境法』池島大策ほか訳(慶應義塾大学出版会，2007年)，西井正弘・臼杵知史編著『テキスト国際環境法』(有信堂，2011年)，杉原高嶺ほか『現代国際法講義(第5版)』(有斐閣，2012年)，Michael Bowman, Peter Davies & Catherine Redgwell, Lyster's International Wildlife Law (2nd ed.) (Cambridge University Press, 2010) 等を参照している。
5) 当時の国際条約は，「西欧諸国に暮らす人間の価値意識」に基づいていたと考えられる。畠山武道・柿澤宏昭編著『生物多様性保全と環境政策』(北海道大学出版会，2006年)5-7頁，畠山武道ほか編著『イギリス国立公園の現状と未来』(北海道大学出版会，2012年)251頁以下参照。
6) 生態学の発展について，畠山武道「生物多様性保護と法理論」環境法政策学会編『生物多様性の保護』(商事法務，2009年)1頁以下参照。
7) 生物多様性が果たす，プラットフォーム機能については，及川敬貴『生物多様性というロジック』(勁草書房，2010年)17頁以下，とくに23-26頁で論じている。
8) この条約が成立するまでの経緯については，畠山・前掲(注6)や同「生物多様性保護がつくる社会」法律時報83巻1号(2011年)1頁以下などを参照されたい。
9) この区別はもちろん，「共同の遺産」「共有された天然資源」とも混同すべきではない。各類型によって，資源の「法的な管理」の中身は大いに異なる。バーニー，ボイル・前掲(注4)175-185頁参照。
10) Bowman, Davies & Redgwell, note 4 at 594, 596-597 参照。
11) 畠山・前掲(注3)48頁参照。
12) 以下のレジームに関する説明は，バーニー，ボイル・前掲(注4)199頁以下に負うところが多い。
13) 磯崎博司「環境条約の地元における日常的な実施確保」大塚直ほか編『社会の発展と権利の創造』(有斐閣，2012年)737，747頁参照。
14) 生態系サービスとその金銭評価に関する動向とその問題点等について，畠山・前掲

(注3)49-51頁参照。
15) バーニー，ボイル・前掲(注4)718-719頁参照。
16) 古川勉「生物多様性と気候変動」環境法政策学会編『環境影響評価』(商事法務，2011年)163頁以下参照。
17) 高村ゆかり「環境損害に対する国際法上の責任制度」大塚ほか・前掲(注13)711頁以下参照。なお，この論点について，国内制度との連関を視野に入れながら考察を加えた最近の論稿として，二見絵里子「生物多様性損害の「回復」責任に関する位置考察(1・2完)」早稲田法学会誌63巻1号(2012年)157頁以下，同63巻2号(2013年)267頁以下がある。
18) 北村喜宣『環境法〔第2版〕』(弘文堂，2013年)108-109頁参照。
19) 本節は，及川・前掲(注7)をベースとして，その後に執筆した及川敬貴「自然保護訴訟の動向」環境法政策学会編『公害・環境紛争処理の変容』(商事法務，2012年)65頁以下や及川敬貴「生物多様性基本法と「環境法のパラダイム転換」の行方」環境法政策学会編『環境基本法制定20周年(仮)』所収(商事法務，2014年)等で得られた知見を加えたものであるが，いまだ予備的な考察の域を出ないものであることをお断りしておきたい。
20) この基本法の詳細な解説として，畠山武道「生物多様性基本法の制定」ジュリ1363号(2008年)52頁以下がある。
21) 畠山・前掲(注20)参照。
22) この点について，磯崎・前掲(注13)が詳しい。
23) この規定の法的な意味について，北村喜宣「行政の環境配慮義務と要件事実」伊藤滋夫編『環境法の要件事実』(日本評論社，2009年)91頁以下が綿密な検討を施している。
24) 大塚直『環境法BASIC』(有斐閣，2013年)310頁や及川・前掲(注7)60頁以下が「環境法化」をとり上げている。
25) 表中の①②⑦については，及川・前掲(注19)「自然保護訴訟の動向」，③④⑤⑧については，及川・前掲(注7)で簡単にふれた。その他については，機会をあらためて検討を施すものとしたい。
26) 北村・前掲(注18)109頁参照。
27) この解釈については，及川・前掲(注19)「生物多様性基本法と「環境法のパラダイム転換」の行方」で詳しく論じている。
28) 従前から多くの指摘がなされてきた。最近のものとして，交告尚史「生物多様性管理関連法の課題と展望」新美ほか編・前掲注3)671頁以下，荏原明則「普通河川の管理と法的課題」水野武夫先生古稀記念論文集刊行委員会編『行政と国民の権利』(法律文化社，2011年)308頁以下，三好規正『流域管理の法政策』(慈学社，2007年)など。
29) 個別的公共性(＝省庁ごとの公共性)を基本とする行政活動のメリットとデメリットについて，遠藤博也『実定行政法』(有斐閣，1989年)7頁以下参照。

30) 最近の注目すべき研究業績として，神山智美「森林法制の「環境法化」に関する一考察」環境経済・政策学会 2013 年大会報告や内藤悟「資源開発における環境配慮」第 17 回環境法政策学会学術大会論文報告要旨集(2013 年)166 頁以下などがある。
31) 地域戦略については，比較法的な観点からの調査結果も含めて，及川・前掲(注 7)133 頁以下で詳細に考察した。この他，自治体が地域戦略を策定するに際していかなるハードルを抱えているのかについては，千葉知世ほか「生物多様性地域戦略策定の現状と課題」保全生態学研究 17 巻 1 号(2012 年)37 頁以下が検討を加えている。
32) この点については，及川・前掲(注 19)「自然保護訴訟の動向」77 頁で論じた。
33) 北村・前掲(注 18)104 頁参照。
34) 地域戦略策定後の制度発展の状況については，日本自然保護協会による調査研究(「生物多様性の道プロジェクト　2011-2013」)が進行中である。
35) この点は，及川・前掲(注 19)「自然保護訴訟の動向」77 頁で指摘した。北村・前掲(注 18)232 頁も参照されたい。
36) わが国は，世界で最も早く，本格的な人口オーナスの影響を受けるといわれている。そうしたわが国においてこそ，自然資源管理をめぐる都市部と地域との不衡平な関係性(生態系の「手入れ」に係る都市・地域間での負担の不衡平さ)の是正を図るべきではないだろうか。この点に関して，及川・前掲(注 19)「生物多様性基本法と「環境法のパラダイム転換」の行方」で指摘した。

有害廃棄物対策

第29章

鶴田　順・島村　健

　欧米諸国から環境規制の緩いあるいは規制の無い発展途上国に有害廃棄物が輸出され，現地で住民の健康に被害をおよぼす恐れのある環境汚染を引き起こす事件が1980年代に入って多発するようになった。このような問題状況をうけて，有害廃棄物の適正な越境移動を確保することを目的として，1989年にバーゼル条約が採択され，1992年に発効した。日本はバーゼル条約の国内実施法の整備として，バーゼル条約の規制対象物の輸出入の規制のためにバーゼル法を新たに制定し，廃棄物全般の輸出入の規制のために廃棄物処理法を改正した。バーゼル条約とバーゼル法は，有害廃棄物の不適正な越境移動による環境汚染の防止に資する一方で，再生可能資源の国際的な循環利用を阻害してしまうおそれもあるため，汚染性と資源性の双方に配慮した制度設計や運用が必要である。

1. バーゼル条約採択の背景とその内容

(1) バーゼル条約の採択とそれにいたる問題状況

　有害廃棄物の国境を越える移動は，1970年代より欧米諸国を中心に先進国間でしばしば行われてきたが，1980年代に入り，欧米諸国から環境規制の緩いあるいは規制のない発展途上国に有害廃棄物が輸出され，現地で住民の健康に被害をおよぼす恐れのある環境汚染を引き起こす事件が多発するようになった。たとえば，1988年にイタリアからPCBやダイオキシン等を含む有害廃棄物が建築材料という名目で輸出され，ナイジェリアのココに投棄される事件(いわゆる「ココ事件」)が発生した。先進国から発展途上国へ有害廃棄物の輸出がなされる理由は，先進国における処分能力の物理的限界(最終処分場のひっ迫等)，法規制の厳格化，処分費用の高騰，発展途上国側の廃棄物輸入による外貨獲得等である。

　このような問題状況をうけて，経済協力開発機構(OECD)および国連環境

計画(UNEP)を中心に，有害廃棄物の国境を越える移動の国際的な規制の検討が進められ，1989年3月に「有害廃棄物の国境を越える移動及びその処分の規制に関するバーゼル条約」(バーゼル条約)が採択された。バーゼル条約は1992年5月に発効し，日本については，1992年12月にバーゼル条約の締結が国会で承認され，1993年9月に発効した。2013年3月末現在の締約国数は179か国，1機関(European Union)である。

(2) バーゼル条約の規制対象

バーゼル条約は，「有害廃棄物」と「他の廃棄物」等の国境を越える移動を規制している(条約1条)。バーゼル条約の規制対象である「有害廃棄物」とは，条約附属書Ⅳに掲げる「処分」を行うために輸出されまたは輸入されるものであって，条約附属書Ⅰに掲げるもの(①「廃棄の経路」により規定される18種類の廃棄物(医療廃棄物，有機溶剤の製造等から生じる廃棄物，PCB等を含む廃棄物等)と②六価クロム化合物，砒素，セレン，テルル，カドミウム，水銀，鉛や石綿等の成分を含有する27種類の廃棄物)であり，かつ，条約附属書Ⅲに掲げる「有害な特性」(爆発性，酸化性，毒性，腐食性や生態毒性等)を有するものである。条約附属書Ⅳに掲げる「処分」は，「地中又は地上への投棄」や「陸上における焼却」等の最終処分(いわば廃棄のための処理)のみでなく，資源回収や再生利用(リサイクル)等の有効利用を含む作業である。輸出先国で中古品としてそのまま再利用(リユース)する場合には，「処分」目的での輸出にはあたらず，バーゼル条約の規制対象とはならない。バーゼル条約の規制対象である有害廃棄物を同定するにあたっては，有価であるか無価であるかという基準は用いられず，有価で取引されるものも含まれる。

1995年に開催されたバーゼル条約第3回締約国会議でいわゆる「BAN改正」(後述する)が採択されたことを受けて，締約国会議の下に設置された技術作業部会による「有害廃棄物」に該当するか否かを具体的に示すリスト作成の作業が加速した。1998年に開催されたバーゼル条約第4回締約国会議において，附属書Ⅷ(原則として規制対象となる物を掲げるリスト)と附属書Ⅸ(原則として規制対象外となる物を掲げるリスト)が採択されている[1]。

図表 29-1 バーゼル条約の規制対象である「有害廃棄物」の同定のあり方

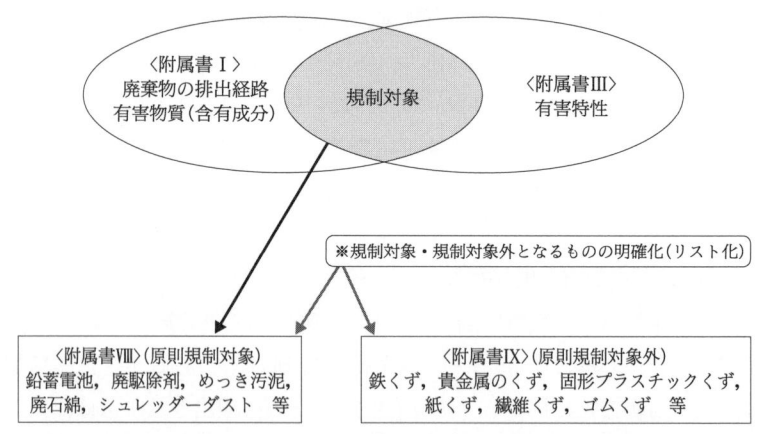

```
      〈附属書Ⅰ〉                        〈附属書Ⅲ〉
     廃棄物の排出経路      規制対象        有害特性
     有害物質(含有成分)
```

※規制対象・規制対象外となるものの明確化(リスト化)

〈附属書Ⅷ〉（原則規制対象）　　　　〈附属書Ⅸ〉（原則規制対象外）
鉛蓄電池，廃駆除剤，めっき汚泥，　　鉄くず，貴金属のくず，固形プラスチックくず，
廃石綿，シュレッダーダスト　等　　　紙くず，繊維くず，ゴムくず　等

出典：環境省大臣官房廃棄物リサイクル対策部適正処理不法投棄対策室・経済産業省産業技術環境局環境政策課環境指導室『廃棄物等の輸出入管理の概要――輸出入をお考えの方に――』(2011年8月)4頁〈http://www.env.go.jp/recycle/yugai/pdf/gaiyou_H24.pdf〉(2013年11月8日アクセス)。

また，「他の廃棄物」とは，条約附属書Ⅱ「特別の考慮を必要とする廃棄物の分類」に掲げられている「家庭から収集される廃棄物」と「家庭の廃棄物の焼却から生ずる残滓」の2種類である。

(3)　バーゼル条約によって締約国に課された義務

バーゼル条約は，その規制対象である「有害廃棄物」と「他の廃棄物」(以下「有害廃棄物」と「他の廃棄物」を合わせて「有害廃棄物等」)の越境移動を禁止するのではなく，人の健康や環境を害することがないようなかたちでの越境移動を確保することを目的としている。そのような越境移動を確保する方策として，バーゼル条約は「事前通告と同意」という手続を採用した。すなわち，輸出(予定)国から輸入(予定)国に対して有害廃棄物等の輸出計画についての通告が事前に書面でなされ，輸入(予定)国からの書面による同意を得たうえで，輸出(予定)国において輸出の許可がなされ，輸出が開始されるという手続である。バーゼル条約のもとでは，輸出(予定)国は，輸入(予定)国から書面による同意を得られない場合には，輸出を許可せず，または輸出を禁止す

る義務を負う。そして，このような手続をふまえることなくなされた有害廃棄物等の越境移動は「不法取引」(illegal traffic)と定義され，締約国はこのような不法取引を防止し処罰するために適当な国内法令を制定する義務を負う。

　このように，バーゼル条約は，有害廃棄物等の越境移動を禁止するのではなく，あくまでもその適正な移動を確保することを目的としている。有害廃棄物の越境移動は，適切に再生利用することができる技術・施設等を有する事業者への輸出である場合は国際的な資源の有効利用となる等，積極的な側面も有するからである。そして，このような条約目的を実現するために，条約の締約国に対して，「事前通告と同意」の手続をふまえた有害廃棄物の越境移動を確保するよう義務付け，不適正な越境移動(不法取引)を防止し処罰するための国内法整備を義務付けている。

　なお，1995年に開催されたバーゼル条約第3回締約国会議では，バーゼル条約の締約国で附属書Ⅶに掲げられた国(OECD加盟国，ECの構成国及びリヒテンシュタイン)(以下「附属書Ⅶ国」)からそれ以外の国(以下「非附属書Ⅶ国」)へのあらゆる有害廃棄物の輸出を一般的かつ全面的に禁止する規定を追加する条約改正決議(Decision III/1. Amendment to the Basel Convention)(いわゆる「BAN改正」)が採択された。しかし，2013年10月末の時点で未発効である[2]。

2. バーゼル条約の日本における実施のための国内法整備

(1)　バーゼル法の新規立法と廃棄物処理法の一部改正

　日本政府は，1991年秋以降，バーゼル条約の早期加入に向けて，関係省庁間でバーゼル条約を国内的に実施するための措置の検討に着手し，1992年6月にバーゼル条約の国内実施のための法案を閣議決定し，第123回通常国会に提出した。同法案は継続審議扱いとなり，第125回臨時国会において審議され，1992年12月に「特定有害廃棄物等の輸出入等の規制に関する法律」(バーゼル法)が制定された。同法は，1993年12月に施行された。

　バーゼル法は，日本におけるバーゼル条約等の「的確かつ円滑な実施を確保するため」(1条)，その規制対象である「特定有害廃棄物等」の輸出入規制等の措置を講じることにより，人の健康および生活環境の保全に資すること

を目的としている(1条)。バーゼル法は特定有害廃棄物等の輸出入の規制を，バーゼル法に「外国為替及び外国貿易法」(外為法)の輸出入規制手続を組み込み，それを準用することで行っている。

また，第125回臨時国会では，バーゼル法の制定とともに，廃棄物全般の輸出入について必要な規制を行い，その日本国内における適正な処理を確保するために，日本の「廃棄物の処理及び清掃に関する法律」(廃棄物処理法)の一部改正も行われた。この改正によって，国内で発生した廃棄物処理法上の「廃棄物」については国内処理を原則としうたうえで(2条の2の5)，廃棄物の輸出入が新たに規制されることとなり，廃棄物を輸出するにあたっては，環境大臣(改正当時は厚生大臣)の「確認」を要するとの規定が(一般廃棄物については10条，産業廃棄物については15条の4の7)，廃棄物を輸入するにあたっては，環境大臣(改正当時は厚生大臣)の「許可」を要するとの規定が(15条の4の5)が設けられた[3]。

この改正以前は，1984年のOECD理事会において採択された「有害廃棄物の越境移動に関する理事会決定及び勧告」等をふまえ，厚生省(当時)が水道環境部長名の通達「産業廃棄物に係る国際移動の適正な実施について」を発出することにより，行政指導として，都道府県知事等が産業廃棄物の搬出や搬入の計画を把握した場合には，関係事業者に対して，その種類・量・有害性の有無・相手国における処理方法等の確認を行うように求めていた[4]。しかしながら，行政指導は，廃棄物の輸出入の手続を強制するものではなく，輸出入事案のすべてを把握することはできず，廃棄物の輸出入の適正な管理を図るうえでの限界が認識されていたため，法制度化を図る必要があった。

その後，廃棄物処理法は，2004年の日本から中華人民共和国の山東省青島への廃プラスチックの不適正な輸出事案(いわゆる「青島事件」)の発生等をうけて[5]，罰則を引き上げ，2005年の改正で，環境大臣の確認を受けずに廃棄物を輸出した者は「五年以下の懲役若しくは千万円以下の罰金」(25条1項12号)に処せられることとした。また，廃棄物の無確認輸出の「未遂罪」(25条2項，罰則は25条1項と同じく「五年以下の懲役若しくは千万円以下の罰金」である)と「予備罪」(27条，罰則は「二年以下の懲役若しくは二百万円以下の罰金」である)を新設した。なお，環境大臣の確認を受けずに廃棄物の輸出等を行った者が代表

者等を務める法人についても，輸出罪と輸出の未遂罪については「三億円以下の罰金刑」，輸出の予備罪については三百万円以下の罰金刑が科せられることとなった(32条)。

　廃棄物処理法に無確認輸出の未遂罪と予備罪が新設される以前においては，船舶への積み込み以前の税関による積荷検査等の輸出通関手続の段階で同法における廃棄物を発見したとしても，その段階で輸出申告を撤回すれば輸出しようとしたことの罪を問われることはなく，無確認輸出行為に対する十分な抑止的効果が働いていないという問題があった。廃棄物処理法における未遂罪と予備罪の新設は，このような問題点の克服を企図したものである[6]。

(2)　バーゼル法の規制対象物である「特定有害廃棄物等」
(ア)　バーゼル法の規制対象物と輸出手続き
　バーゼル法の規制対象である「特定有害廃棄物等」とは，「特定有害廃棄物」(バーゼル法2条1項イの「条約附属書Ⅰに掲げる物であって，条約附属書Ⅲに掲げる有害な特性のいずれかを有するもの」)と「家庭系廃棄物」(2条1項ロの「条約附属書Ⅱに掲げる物」)等であり，日本政府がバーゼル条約の規制対象であると解釈した物(「有害廃棄物等」)と直接に重なるという特徴を有している。この点について，日本政府は，バーゼル法の規制対象物について，「規制の対象となる特定有害廃棄物等を条約附属書を引用することにより定義していることから，条約附属書Ⅰ……が改正された場合には，それに対応して本法に基づいて規制の対象となる特定有害廃棄物等の内容も自動的に変更されることになる」(環境庁水質保全局廃棄物問題研究会編著『バーゼル新法Q&A』(第一法規出版，1993年)126頁)と述べて，バーゼル条約の規制対象物とバーゼル法の規制対象の連続性を強調している。

　また，バーゼル法においても，バーゼル法の規制対象物と非規制対象物をリスト化し明確化を図った告示(「特定有害廃棄物等の輸出入等の規制に関する法律第2条第1項第1号イに規定する物」(平成10年11月6日・環境庁・厚生省・通商産業省告示1号))(バーゼル法告示)が策定されている。告示の「別表一」が規制対象外リスト，「別表二」が規制対象リストとなっており，「有害廃棄物等」の同定にあたっては，前者が後者に先んじて適用されるリストとして位置付けられ

ている[7]。

このように、バーゼル法の規制対象である「特定有害廃棄物」は、バーゼル条約の規制対象である有害廃棄物等をそのまま受けとめるものであることから、特定有害廃棄物にあたるか否かの判断は有害特性等の客観的基準によって行われ、廃棄物処理法の規制対象である「廃棄物」の同定とは異なり、排出者や占有者の意思や取引価値の有無という基準は用いられない[8]。この

図表 29-2 バーゼル法における「特定有害廃棄物等」の同定のあり方

条約附属書Ⅳ(最終処分目的、リサイクル目的)に掲げる処分作業を行うために輸出され、又は輸入される物

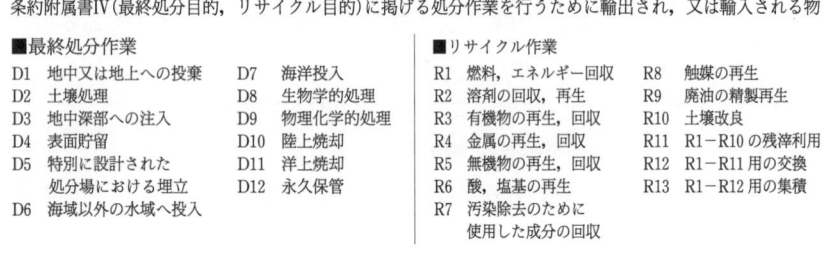

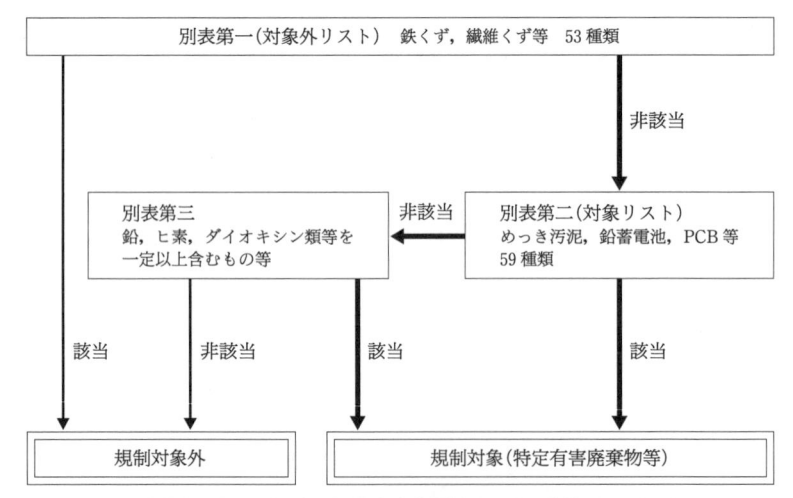

■最終処分作業
- D1 地中又は地上への投棄
- D2 土壌処理
- D3 地中深部への注入
- D4 表面貯留
- D5 特別に設計された処分場における埋立
- D6 海域以外の水域へ投入
- D7 海洋投入
- D8 生物学的処理
- D9 物理化学的処理
- D10 陸上焼却
- D11 洋上焼却
- D12 永久保管

■リサイクル作業
- R1 燃料、エネルギー回収
- R2 溶剤の回収、再生
- R3 有機物の再生、回収
- R4 金属の再生、回収
- R5 無機物の再生、回収
- R6 酸、塩基の再生
- R7 汚染除去のために使用した成分の回収
- R8 触媒の再生
- R9 廃油の精製再生
- R10 土壌改良
- R11 R1−R10 の残滓利用
- R12 R1−R11 用の交換
- R13 R1−R12 用の集積

```
別表第一(対象外リスト) 鉄くず、繊維くず等 53種類
                                │
                            非該当│
                                ▼
別表第三                 非該当    別表第二(対象リスト)
鉛、ヒ素、ダイオキシン類等を  ◄────  めっき汚泥、鉛蓄電池、PCB等
一定以上含むもの等                 59種類

該当│    │非該当        該当│         該当│
   ▼    ▼                ▼              ▼
 規制対象外              規制対象(特定有害廃棄物等)
```

注：これ以外に、条約附属書Ⅱに掲げる物(家庭系廃棄物)及び他の締約国から規制対象を定めた旨の通報を受けて環境省令で定める物も、特定有害廃棄物に該当する。また、OECD加盟国との間での輸出入については、OECD理事会決定で別途規制対象物が定められている。

出典：環境省大臣官房廃棄物リサイクル対策部適正処理不法投棄対策室・経済産業省産業技術環境局環境政策課環境指導室『廃棄物等の輸入出管理の概要―輸出入をお考えの方に』(2011年8月)5頁〈http://www.env.go.jp/recycle/yugai/pdf/gaiyou_H24.pdf〉(2013年11月8日アクセス)。

点に，日本におけるバーゼル条約の実施のための国内法整備として，廃棄物処理法の改正のみではなく，バーゼル法という新規立法も行う必要性があったといえる。

　バーゼル条約の規制対象である「有害廃棄物等」を輸出するにあたっての手続は複雑である。「有害特性を有する有価物」を資源回収や再生利用(リサイクル)目的で輸出する場合は，バーゼル法上の「特定有害廃棄物」にあたるが，廃棄物処理法上の「廃棄物」ではないため，バーゼル法上の輸出手続のみ必要である。同じく「有害特性を有する有価物」(たとえば，使用済みの鉛バッテリー)を，中古品として再利用(リユース)目的で輸出する場合は，バーゼル法上の「特定有害廃棄物」にも，また廃棄物処理法上の「廃棄物」にもあた

図表 29-3　バーゼル法上の「特定有害廃棄物等」と廃棄物処理法上の「廃棄物」の関係

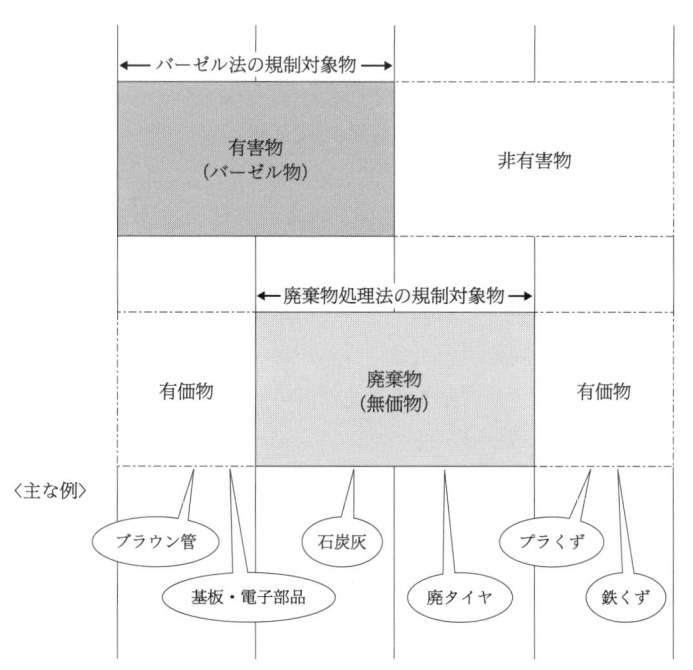

```
          ←―― バーゼル法の規制対象物 ――→
      ┌─────────────────────┬─────────────┐
      │                     │             │
      │      有害物         │   非有害物   │
      │    (バーゼル物)      │             │
      │                     │             │
      └─────────────────────┴─────────────┘
            ←―― 廃棄物処理法の規制対象物 ――→
      ┌──────────┬──────────────┬──────────┐
      │          │              │          │
      │  有価物   │   廃棄物      │  有価物   │
      │          │  (無価物)     │          │
      │          │              │          │
      └──────────┴──────────────┴──────────┘
```

〈主な例〉
- ブラウン管
- 基板・電子部品
- 石炭灰
- 廃タイヤ
- プラくず
- 鉄くず

注：基板・電子部品，石炭灰については，その有害性によりバーゼル法上の有害物に該当するかどうか判断する。
出典：図表 29-2 と同じ(4 頁)。

らないため、いずれの手続も不要である。「有害特性を有する無価物」を資源回収や再生利用目的で輸出する場合は、廃棄物処理法上の「廃棄物」にも、バーゼル法上の「特定有害廃棄物」にもあたるため、双方の輸出手続が必要となる。いずれにせよ、有害特性を有するか否かを問わず、「無価物」を輸出する場合は、廃棄物処理法上の「廃棄物」にあたり、廃棄物処理法上の輸出手続が必要となる。

　（イ）　バーゼル法の制定過程における関係省庁間の調整
　このような輸出手続の複雑さは、バーゼル法の制定過程における関係省庁間の調整に由来する。バーゼル法の制定過程において、環境庁(当時)は、当初、環境庁所管の法令のみで対応することは外為法との関係で無理があるものの、外為法の手続と並行する形で、有害廃棄物等の輸出入を環境庁長官による許可制とする制度の創設を模索していた。他方で、通商産業省(当時、以下「通産省」)の産業構造審議会は、1992年1月に、バーゼル法における輸出入の規制に関して、「既存の制度(筆者註：すなわち外為法)を活用した一元的かつ合理的な輸出入管理体制」(通産省産業構造審議会『答申　有害廃棄物等の国境を越えた移動及びその処分の規制の在り方』(1999年)3頁)の確立を提言していた。1992年3月に通産省と厚生省が共同で作成した法案要綱では、同答申に沿い、有害輸廃棄物等の輸出入を外為法に基づく通産大臣による承認制となり、環境面での審査基準が明記されておらず、措置命令等の発出権者を通産大臣と厚生大臣とし、基本事項の公表以外への環境庁長官の関与を一切排除していた。その後、環境庁と通産省・厚生省間の調整、自由民主党内での調整を経て、最終的には、バーゼル法のもとで、通産大臣が外為法に基づき輸出の「承認」と移動書類の交付を行い、環境庁長官が輸出時の「確認」を行うということで決着し、次のような輸出手続を採用するに至った[9]。

　(3)　バーゼル法における「特定有害廃棄物等」の輸出手続
　バーゼル法は特定有害廃棄物等の輸出入の規制を、バーゼル法に外為法の輸出入規制手続を組み込み、それを準用することで行っている。
　バーゼル法における特定有害廃棄物等の輸出手続は、次のような流れであ

る。まず，①特定有害廃棄物等を輸出しようとする者は，経済産業大臣(以下「経産大臣」)に外為法48条3項に基づく輸出承認の申請を行う(バーゼル法4条1項)。②経産大臣は環境汚染を防止するため特に必要のある一定の地域が輸出先である申請については，その申請の写しを環境大臣に送付する(4条2項)。③環境大臣は当該申請を輸入(予定)国に通告し，申請書に記載する特定有害廃棄物等の処分につき，汚染防止に必要な措置がとられているか否かを確認し，④その結果を経産大臣に通知する(4条3項)。さらに，⑤輸入予定国からの同意が環境大臣から経産大臣に送付され，⑥経産大臣は外為法48条3項に基づく輸出を承認する(4条4項)。そして，バーゼル法は，バーゼル条約が締約国に講じることを義務付けた条約に違反する行為の防止と処罰のための国内法整備等の措置として(4条4項および9条5項)，①の手続に関連して，輸出承認申請の虚偽記載や無承認輸出等について罰則を設けている。

　また，バーゼル条約は，9条2項で，不適正な越境移動(不法取引)の発生時に，輸出国である締約国が有害廃棄物を自国に回収する義務について規定している。この回収義務の実施について，バーゼル法は，14条で，経産大臣及び環境大臣は，特定有害廃棄物等の輸出又はこれに伴う運搬若しくは処分が，バーゼル法または外為法48条3項の規定に基づく政令(輸出貿易管理令)に違反した場合等において，「人の健康又は生活環境に係る被害を防止するため特に必要があると認めるときは」という要件を充足した場合に，当該特定有害廃棄物等を輸出した者等に対し，当該特定有害廃棄物の回収又は適正な処分のための措置等をとるべきことを命ずることができると規定している。当該要件はバーゼル条約に根拠があるものではなく，バーゼル法が独自に設定したものである。そして，この措置命令に違反した者については，「三年以下の懲役若しくは三百万円以下の罰金に処し，又はこれを併科する」と規定している。

562　第Ⅷ部　国際環境法と国内環境法

図表 29-4 バーゼル法における特定有害廃棄物等の輸出手続きの流れ

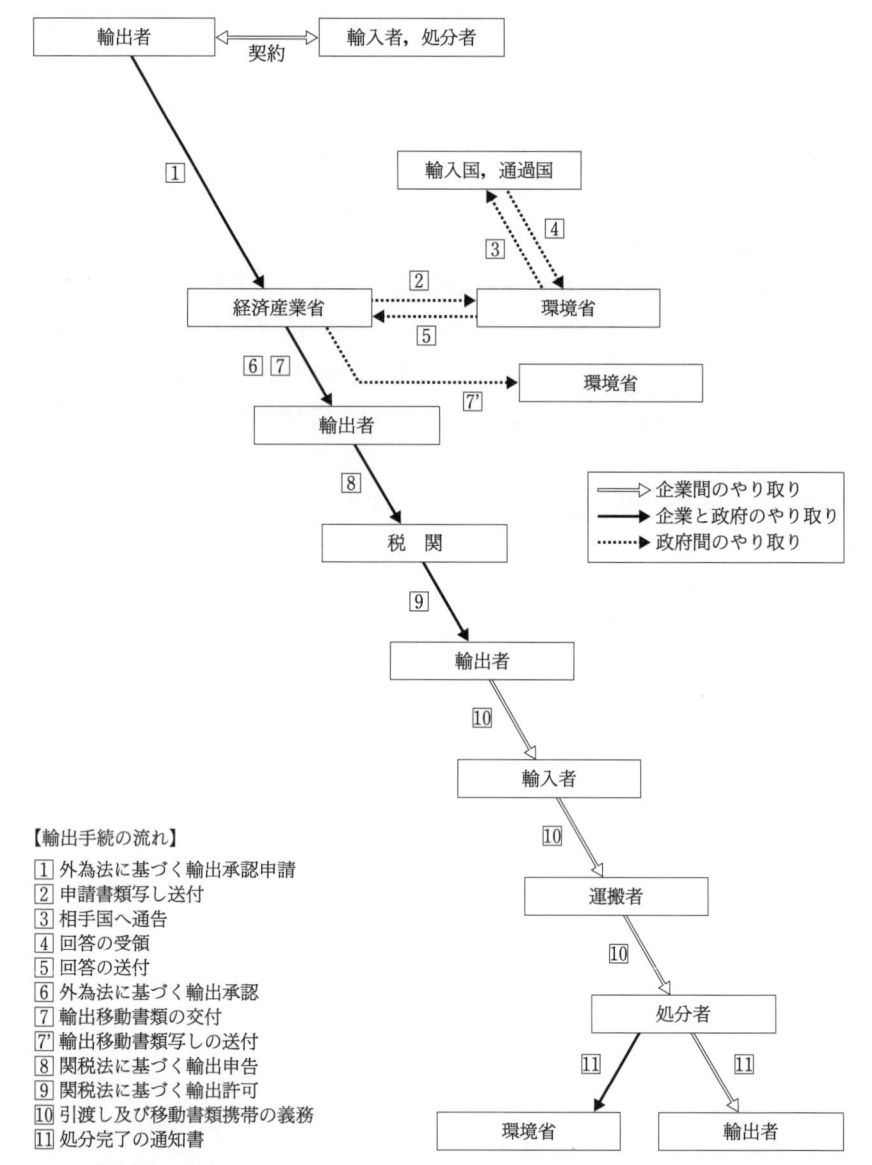

【輸出手続の流れ】
1 外為法に基づく輸出承認申請
2 申請書類写し送付
3 相手国へ通告
4 回答の受領
5 回答の送付
6 外為法に基づく輸出承認
7 輸出移動書類の交付
7' 輸出移動書類写しの送付
8 関税法に基づく輸出申告
9 関税法に基づく輸出許可
10 引渡し及び移動書類携帯の義務
11 処分完了の通知書

出典：図表 29-2 と同じ(9 頁)。

3. バーゼル法の運用の実態と問題点

(1) 1999年の「ニッソー事件」の発生

日本はバーゼル法の制定等によってバーゼル条約によって義務付けられた国内実施のための措置を講じたが，1999年12月に日本からフィリピンに輸出された貨物のなかに，特定有害廃棄物等の一つである「医療系廃棄物」が混入しているとされて，日本とフィリピンの間で外交問題となる事件(いわゆる「ニッソー事件」)が発生した[10]。この事件では，医療系廃棄物が混入しているとされた貨物を，輸出業者が「有価物　古紙(雑多な紙)　混入物(プラスチック)」と偽って申請したため，環境庁が関与する手続(前節(3)で示した輸出手続の②から⑤の手続)が完全に抜け落ちるかたちで輸出されてしまった。

バーゼル法は，上述の通り，その輸出手続に外為法の輸出承認手続を準用しているため(上記①と⑥の手続)，ニッソー事件のように，虚偽の輸出申請がなされた場合に経産大臣が疑いをもたなければ，外為法に基づく通常の輸出手続がなされるのみで，それと並行して，環境省が独自にバーゼル法に基づく手続を開始するということはない。本件を通じて，バーゼル法の輸出規制は，バーゼル条約が設定した「事前通告と同意」手続をふまえずになされた有害廃棄物等の不法取引の防止のための措置として脆弱であることが具体的に明らかとなった。

(2) 輸出規制の実効性向上のための措置

ニッソー事件の発生後，バーゼル法を共同所管する環境省と経済産業省(以下「経産省」)，さらに，バーゼル法を水際で執行する税関等は，輸出しようとする貨物がバーゼル法の規制対象物である特定有害廃棄物等に該当するか否かを判断する基準(該否判断基準)や輸出先国で中古品としての利用(再利用)が可能か否かを判断する基準の明確化・客観化，輸出入業者による「事前相談制度」の利用促進とそこで得られた情報の関係省庁による共有，また，再生可能資源の輸出入業者等に対するバーゼル法等の周知徹底等の措置を講じることで，日本におけるバーゼル条約の実効的な実施を模索してきた。

該否判断基準の提示は，バーゼル法の規制対象物の同定の困難さの克服に資するものであり，これまで，使用済み鉛バッテリー，ポリエチレンテレフタレート製容器等（廃 PET ボトル等），使用済みブラウン管テレビ，鉛蓄電池を内蔵する中古品，使用済み家電製品について提示されている[11]。

　事前相談制度とは，バーゼル法を共同主管する環境省と経産省が，輸出入業者に対して，輸出入承認申請の前の段階で，当該業者が輸出入しようと考えている貨物がバーゼル法の規制対象である特定有害廃棄物等に該当するか否か等についての助言を与える制度である。事前相談制度は，バーゼル法に規定された公式の手続ではなく，また，事前相談で示される該否判断は，貨物の現物を調査するのではなく，輸出入業者から提出された輸出入関係書類や貨物の写真をもとになされるもので，「法的判断」ではなく，あくまでも「行政サービス」であると位置づけられている[12]。

　しかしながら，その後も，日本から「再生可能資源」や「中古品」と称して輸出された貨物が輸出先国の税関で通関できず，日本にシップ・バック（返送）される事例が多数発生している。具体的には，バーゼル条約およびバーゼル法の規制対象物に該当する使用済み鉛バッテリー，異物混入等で品質が悪くてリサイクルできないと判断された廃プラスチックや，輸出先国の税関の検査で通電しなかったため中古品とは認められなかったテレビ等が日本に戻されている[13]。虚偽の輸出承認申請がなされた場合に，「税関で見抜く」ということがない限り，バーゼル法の輸出規制手続が完全に迂回されたまま輸出されてしまうという問題状況が依然として存在するといえる。

　日本政府は，近年，中国政府の関係部局との政策対話を実施し，日中双方の再生可能資源等の輸出入事業者等が参加するセミナーを開催し，環境省ホームページに中国の関係国内法令の日本語訳を掲載する等，日中双方の輸出入事業者における双方の関係国内法令とその運用についての周知徹底につとめている。バーゼル条約は，多数国間条約であるものの，有害廃棄物の適正な越境移動を確保するための条約であることから，有害廃棄物あるいはそれに該当するか否かが曖昧なものの越境移動量が多く，実際に条約上の「不法取引」や返送事案が発生している特定の二国間において，問題状況の克服に向けたさまざまな取組が進められているといえる。

4. 再生可能資源貿易の潜在的汚染性と潜在的資源性

　環境省の報道発表資料によると，平成24年にバーゼル法の手続を経て日本から輸出された特定有害廃棄物等の品目としては，韓国，ベルギー，アメリカ合衆国等に向けられた鉛スクラップ(鉛蓄電池)，錫鉛くず，鉛灰等があり，それらはいずれも金属回収を目的とするものであった。日本に輸入された特定廃棄物等としては，フィリピン，香港，台湾等からやはり金属回収等を再生利用を目的として輸入された電子部品スクラップ，銅スクラップ，銅スラッジ，電池スクラップ(ニカド電池他)等がある[14]。

　特定有害廃棄物等に該当するものに限らず，再生可能資源の貿易が進展していることには，次のような背景がある。日本からの輸出に関しては，使用済みブラウン管テレビから排出される鉛を含有するガラスのように国内において再生利用の需要がなくなった資源や，一部の廃プラスチックのように日本国内において物理的には再生利用できたとしても費用がかかりすぎるために実際には再生利用されない資源が，途上国等に輸出されて，当該国で再生利用されている。日本への輸入に関しては，途上国等に立地している日系企業等から排出される電子部品くずや基板，貴金属含有スラッジ等の再生可能資源が，当該国には精錬施設がない等の事情から適切にリサイクルされないため，日本に輸入されて，日本の精錬施設で再生利用されている。

　バーゼル条約・バーゼル法は，こうした再生可能資源の越境移動により環境汚染が生じることがないよう，有害廃棄物について輸入国への事前通告と当該国の同意を得ることを義務付けるものであった。さらに，前述のBAN改正は，再生可能資源の越境移動が有する「潜在的汚染性」という負の側面を重視し，附属書VII国(OECD加盟国等の先進国)から非附属書VII国(発展途上国)への有害廃棄物の輸出を禁止するものである。他方で，再生可能資源の越境移動には，上記の例のように，一国の国内では資源の再生利用が十分に行われない場合に，再生利用のための条件が整った国に当該資源を輸出することにより，資源の有効利用が可能となるという正の側面(「潜在的資源性」)も有する。BAN改正は汚染性の側面を重視するものであるが，現在のバーゼル条

約・バーゼル法の下でも，規制対象物の範囲を(条約・法改正により，あるいは運用により)拡大すると，再生可能資源の越境移動にかかる手続コストが増し，国際的な再生可能資源の循環利用を阻害するおそれもある[15]。

とりわけ製造業の国際的な垂直分業が発達しているアジア地域においては，有害廃棄物の越境移動による環境汚染の防止という条約本来の目的を損なうことなく，他方で，国際的な再生可能資源の循環利用をできる限り阻害しないような，潜在的汚染性と潜在的資源性の双方に配慮した制度設計・制度運用が求められている。

〈注〉
1) バーゼル条約附属書Ⅷと附属書Ⅸの採択については，上河原献二「有害廃棄物の越境移動に関するバーゼル条約」西井正弘編『地球環境条約』(有斐閣，2005年)232-233頁。
2) BAN改正については，鶴田順「バーゼル条約95年改正をめぐる法的課題」小島道一編『国際リサイクルをめぐる制度変容』(アジア経済研究所，2010年)213-236頁。
3) 1992年12月の廃棄物処理法改正については，込山愛郎「廃棄物の処理及び清掃に関する法律の一部改正について」ジュリ1018号(1993年)109-113頁。
4) 1984年のOECD決定・勧告を受けた日本の対応については，北村喜宣「国際環境条約の国内的措置——バーゼル条約とバーゼル法」横浜国際経済法学2巻2号(1994年)120頁，菊池英弘「バーゼル条約締結に至る政策形成過程に関する考察」長崎大学総合環境研究13巻2号(2011年)2-3頁。
5) 2004年4月，山東省青島の税関と出入検験検疫局は，日本から輸出された貨物に家庭系廃棄物が多数混入していることを発見し，同年5月8日，国家質量監督検験検疫総局は，日本から輸出される廃プラスチックに係る船積み前検査の申請の受付を一時停止した。日本から中国に再生可能資源を輸出する場合には，輸出貨物が中国政府によって世界各地に設立されている船積み前検査機関による検査に合格し，その旨の記載のある証明書を検査機関から取得することが義務付けられているため，検査の申請の受付の一時停止は，事実上，中国政府による日本からの廃プラスチックの輸入禁止措置となった。青島事件については，島村健ほか「国際資源循環の法動態学」樫村志郎編『法動態学叢書 水平的秩序3 規整と自律』(法律文化社，2007年)127-128頁，鶴田順「国際資源循環の現状と課題」法教326号(2007年)6頁。
6) 廃棄物処理法における無確認輸出の未遂罪の適用事例としては，次のような事例がある。2010年3月2日，環境省は，大阪府八尾警察署に対して，使用済み冷蔵庫45台を廃品回収業者等から処理費用を受領(逆有償)して引き取った後，野外に保管し，特段の処理を行うことなく，2009年10月にミャンマーに中古利用名目で輸出しよう

と関税法に基づき輸出申告を行った法人（S 社）とその代表者について，当該冷蔵庫は物の性状，排出の状況，通常の取扱い形態，取引価値の有無および占有者の意思等を総合的に勘案した結果，廃棄物処理法における廃棄物と判断されることから，廃棄物処理法の無確認輸出の未遂罪で告発を行った。本件は，2005 年の改正で廃棄物処理法に輸出の未遂罪が新設されて以降，同罪に基づく初めての告発事例である。その後，S 社とその代表者は，2010 年 6 月 4 日，大阪地方検察庁により起訴され，公判を経て，同年 7 月 27 日，大阪地方裁判所により有罪判決を言い渡され，同年 8 月 11 日，有罪が確定した。

7) バーゼル法との関連におけるバーゼル法告示の法的位置付けについては，島村健「国際環境条約の国内実施；バーゼル条約の場合」新世代法政策研究 9 号（2010 年）144 頁。

8) 廃棄物処理法における「廃棄物」の解釈や捉え方については，北村喜宣『環境法〔第 2 版〕』（弘文堂，2013 年）449-457 頁，島村ほか・前掲（注 5）101 頁。市場における価格変動に直接連動している法概念であるか否かという観点から，廃棄物処理法上の「廃棄物」（連動あり）とバーゼル法上の「特定有害廃棄物等」（連動せず）は対照的に捉えることができる（島村ほか・前掲（注 5）114-115 頁）。

9) バーゼル法の制定過程における関係省庁間の調整等については，北村・前掲（注 4）95-102 頁，菊池・前掲（注 4）4-6 頁。

10) ニッソー事件の詳細については，鶴田順「国際環境枠組条約における条約実践の動態過程」城山英明・山本隆司編『環境と生命』（東京大学出版会，2005 年）216-219 頁。

11) 環境省のウェブサイト上の情報「品目別情報」〈http://www.env.go.jp/recycle/yugai/hinmoku.html〉（2013 年 12 月 6 日アクセス）。

12) 環境省のウェブサイト上の情報「事前相談のご案内」〈http://www.env.go.jp/recycle/yugai/jizen.html〉（2013 年 12 月 6 日アクセス）。

13) 環境省のウェブサイト上の情報「我が国から輸出した貨物の返送に関する情報」〈http://www.env.go.jp/recycle/yugai/shipback/index.html〉（2013 年 12 月 6 日アクセス）。なお，日本からの不適正な有害廃棄物の輸出事案が発生した際のバーゼル法に基づく更なる対応の提案については，鶴田順「バーゼル条約とバーゼル法」新美育文ほか編『環境法大系』（商事法務，2012 年）931-932 頁。

14) 環境省のウェブサイト上の情報「廃棄物等の輸出入の状況」〈http://www.env.go.jp/recycle/yugai/index4.html〉（2013 年 12 月 6 日アクセス）。

15) 廃棄物の適正処理という要請と，リサイクルのための規制緩和という要請が衝突する場面は，国内法のレベルでも存在する。廃棄物処理法の再生利用認定制度（9 条の 8，15 条の 4 の 2），広域認定制度（9 条の 9，15 条の 4 の 3）は，これらの 2 つの要請の調整という課題に制度的に応えようとするものである。このような，汚染性という問題を生じさせないことを事前に確認できるリサイクル事業については規制負担を緩和するという制度を，バーゼル条約・バーゼル法においても採用するということも考えられよう。

環境法事件簿 **8**　鞆の浦世界遺産訴訟

広島地判平成21年10月1日判時2060号3頁，環境法判例百選〔第2版〕78事件

日置雅晴

1. 提訴の背景

　広島県福山市の鞆の浦は，古くは万葉の時代から，良好な天然港湾として瀬戸内海運の要所として栄えた重要港湾であり，江戸時代には朝鮮通信使の宿泊地にもなった。現在でも常夜灯や雁木，波止，焚場(タデバ)などの中世の港湾施設がほぼ現存するという国内では唯一の史跡であり，世界的にも貴重な港湾遺産である。それと同時に，鞆の浦の港外にある仙酔島付近一帯はすでに大正時代に日本で最初に文化財保護法による名勝に指定された景勝地でもある。また陸上の街並みも海運で栄えた往事の面影を残し歴史的な建造物が多数残っている(街並みは係争中に伝統的建造物群保存地区指定がなされた)。

　鞆の浦はこのような貴重な歴史的・文化的地区であり，世界遺産クラスの価値を有するという意見も出ていた。もともと既存の旧市街を貫通していた道路が都市計画により拡幅される計画があったが，そうなると古い街並みは完全に破壊される。他方で街並みの背後に山が迫っている地形から，陸上部では古い街並みを避けた新たな道路の新設が困難な地理的状況にある。

　そのため自動車交通の増加に伴い古い街並みを保存するという理由で港湾部分を埋め立て，架橋してバイパスを通すという計画が広島県・福山市により提唱されてきた。

　このような計画に対しては貴重な港湾都市の文化的景観が破壊されてしまうとして，イコモス(国際記念物遺跡会議(International Council on Monuments and Sites：ICOMOS))が3回にわたり中止勧告を行うなど全世界からも広範な反対の声が上がったが，2006年ごろから行政側は計画実現に向けた動きを強

環境法事件簿8　鞆の浦世界遺産訴訟　569

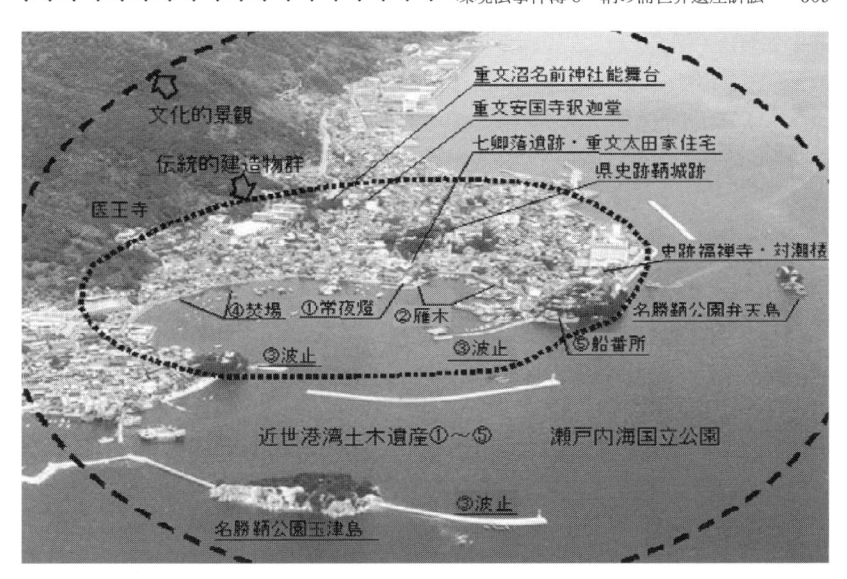

写真1　鞆の浦の歴史的港湾遺産と伝統的建造物の分布

写真2　歴史的港湾遺産を代表する常夜灯（写真1①にあたる。撮影：筆者）

めてきた。

　そこでこの埋立架橋計画に反対する地元住民らが，2007年4月に行政の埋立免許申請に先立って鞆の浦世界遺産訴訟と称して提訴したのが埋立免許の差止訴訟(行政訴訟)である。

2. 訴訟戦略と画期的な差止判決

　差止訴訟は，行訴法改正で新たに創設された抗告訴訟の形態であるが，まだあまり裁判事例がない。それは提訴しても処分が止まるわけではなく，許可がなされてしまえば取消訴訟に変更せざるをえないからである。弁護団では提訴前にそう遠くない時点で許可がなされることを想定して，許可時点で取消訴訟への変更と執行停止を勝ち取ることを当初の目標とした。

　差止訴訟を先行させる訴訟戦略は，同時に従来のような処分時点ではじめて取消訴訟を提訴する場合に比べ，裁判所における審理が早期に進められる点においてメリットがある。処分時点までにある程度審理が行われていれば，処分がなされた時点で取消訴訟に訴えを変更しても，実質的にはかなり主張立証が進んでいるので早期判断が得やすいとともに，裁判官もかなり心証形成が進んでいるので執行停止の判断も引き出しやすくなると考えたのである。

　しかし提訴後の社会情勢の変化は当初の想定とは違う方向に動いた。世界的に盛り上がった支援活動の高まりや自民党から民主党への政権交代などの影響もあり，埋立免許に承認を出す国土交通省が消極的姿勢に転じたことから，広島県は許可を出せない状態で結審を迎えることとなった。

　逆にこのような状態では，差止訴訟の補充性の点が論点となる。判決時点までに出されていた差止訴訟に関する裁判事例では，処分時点における取消訴訟と執行停止で足りるので差止請求を認めないとする判断がなされていた。本件においても審理の途中で申し立てた仮の差止め(広島地判平成20年2月29日決定，判時2045号98頁)においては，許可が出た時点で執行停止を行えばよいとして請求が退けられている。そこで弁護団としては，実際の訴訟過程における審理期間と埋立工事のスケジュール，景観破壊の生じる時期を具体的に比較して，処分後の執行停止では景観破壊の防止には間に合わないことを

強調し，結果的には裁判所はこの主張を採用して事前差止を認容した。

　この背景には，審理中に埋立許可がなされた場合には，従前の審理を行っていた裁判官が取消訴訟を引き続き担当することが想定されるが，許可が出ない状態で差止訴訟を却下した場合，その後改めて埋立許可がなされた場合には，新たな取消訴訟を提訴せざるをえなくなり，その時点で従前の裁判官が担当する保障がなく，仮に別の裁判官が担当することとなれば最初から審理にあたらざるをえないことから，早期の執行停止判断が難しいという現実的な訴訟の流れを踏まえた判断が存在する。

　原告らの訴訟における主張のポイントは，この埋立事業が世界遺産に相当する貴重な文化的景観を致命的に破壊するということを踏まえて，鞆の浦に居住する原告らには景観利益に基づく原告適格がある，景観利益を破壊するような埋立ては公有水面埋立免許の違法事由となる，景観の破壊は重大な損害であり差止めが認められるべきであるというものである。

　広島地裁は提訴以来11回の審理を重ね，2009年2月3日に結審，10月1日に原告らの主張を認めて差止めを認容する画期的な判決を言い渡した（広島地判平成21年10月1日判時2060号3頁，環境法判例百選〔第2版〕78事件）。この判決は，行政事件訴訟法が改正されて行政処分の事前差止訴訟という形態が創設されてから，公共事業について認容されたはじめての事例である。それと同時に，民事上の景観利益を根拠として，鞆の浦地域の文化的景観を侵害するような埋立事業の許可処分に対して旧鞆の浦という行政区画の範囲を含む広範な地域住民に原告適格を認めるとともに，景観侵害などを十分に考慮することなく判断された許可が行政裁量を逸脱して違法となると判断した点においても画期的なものであった。

3. 公判における訴訟活動と支援の拡大

　この訴訟では，11回の弁論が行われたが，原告側は毎回公判廷でかなりの時間を費やして意見陳述や主張の要点の解説などのプレゼンテーションを行った。その際には映像なども駆使して，裁判所や傍聴人にわかりやすい工夫をこらした。

また，鞆の浦の文化的価値を立証するために，江戸時代に朝鮮通信使が鞆の浦を宿泊地とした歴史的事実に関連する資料，街並みのなかに存在する歴史的な建物などの調査資料，鞆の浦の文化的価値に関する専門家の意見書など多彩な文化的価値を立証する資料を提出した。他方で，訴訟の進行を踏まえて早期結審を求めることとし，証人申請についてはすべて取り下げて書証だけによる判断を求めることとした。

　学術的な支援として一番大きかったのは，日本イコモス国内委員会による支援である。日本イコモスは鞆の浦訴訟を支援するために第6小委員会を設置し，多方面の専門家を投入し，いくつかの報告書を作成するなど文化財保護におけるその専門性を生かした支援活動を行ってくれた。

　また，広島県の計画推進のための資料とされたコンサルタント会社による事業検証の報告書が存在したが，これに対しては日本イコモスの専門家による学術的検討に基づく報告書が詳細な検証を行っており，計画の合理性の有無に関する技術的な点においては，このような専門家による具体的な検証作業の存在は大きな力を発揮した。

　社会的な面では，原告や支援者が多数の反対署名を集めるなどさまざまな活動が繰り広げられたが，現実的に大きな影響を与えたのは宮崎駿監督によるアニメ「崖の上のポニョ」(2008年7月公開)のヒットであったかもしれない。このアニメ映画の脚本は，宮崎監督が鞆の浦のある別荘で構想を練ったといわれており，映画のなかにも鞆の浦を思わせるシーンが多数出てくる。この映画のヒットが多数の目をその舞台といわれた鞆の浦に向けさせたのであり，判決の際にはフランスの新聞でも裁判によりポニョの舞台がコンクリートから守られたという報道までなされたほどであり，世論の形成に大きな力となったことは間違いない。

　判決に対して，県は控訴したが，直後に知事の交代があり，新しい知事は地元住民の賛成派，反対派からの意見を聞いて事業を再検討するとして地元協議会をもつこととなり，控訴審の審理は事実上延期状態が続いた。2012年6月25日，広島県知事は協議会の経緯なども踏まえたうえで，埋立事業を中止して，代替案として山側トンネルを検討することを表明し，埋立計画は撤回されることとなった。

〈参考文献〉

イコモス第15回総会における第9決議など〈http://www.international.icomos.org/xian2005/resolutions15ga.pdf〉(2014年1月10日アクセス)

日本イコモス第6小委員会・鞆の浦の問題に関する研究〈http://www.japan-icomos.org/workgroup06/〉(2014年1月10日アクセス)

日置雅晴「原告代理人が語る勝訴判決への道のり」Law & Practice 4号(2010年)57頁〈http://www.lawandpractice.jp/files/yongou/hioki.pdf〉(2014年1月10日アクセス)

結語

環境基本法体制──20年の歩みと展望

畠山武道

　1993年，旧公害対策基本法を廃止し，あらたに環境基本法が制定されてから20年が経過した。その間，同法の定める施策を実施するために多数の法律が制定されたが，大気汚染，水質汚濁については未解決の難題が山積しており，自然環境保全についても大きな進展はない。住民参加，環境情報提供，司法的救済も，EUやアメリカなどに遅れをとっている。環境基本法の掲げる持続可能な社会の形成，環境の恵沢の享受，地球環境保全の推進にむけ，環境基本法の内容や法の仕組み（法体系）を問い直すことが求められている。

1. 環境基本法の10年と20年

(1)　公害・環境法制の整備と環境基本法の制定

　日本において公害・環境問題に対する本格的な取組みが始まったのは，1970年前後である。その後の環境問題をとりまく状況の変化をふまえ，1993年には環境基本法が制定され，環境政策の基本理念や基本的な施策の体系が示された。それから20年以上が経過したが，環境基本法の掲げる3つの基本理念（同法3〜5条）はどの程度実現されたのであろうか。実現されていない事項について，課題は何なのか。本章は，本書全体の記述をふまえ，また筆者の視点をくわえつつ，個別の環境分野を中心に，環境法・環境政策が解決すべき問題を指摘しようとするものである[1]。

　とはいえ，本書でさまざまに分析・検討されている日本の環境法・環境政策を全般的にフォローし，問題点や課題を網羅的に探し出すのは容易な作業ではない。しかも，筆者の主張や意見を列挙するだけでは，説得力も生じないだろう。そこで，本章では，OECD（経済協力開発機構）が1994年，2002年，2010年に実施した環境保全成果審査（Environmental Performance Review。以下，

単に「審査」または「環境審査」という)にもとづく報告書を適宜引用しつつ，これまでの環境法・環境政策の問題点や，解決すべき課題を探ることにした。

　OECDの数々の勧告は，日本の環境法・環境政策の問題を的確に指摘し，その都度日本の政策に大きな影響をあたえてきた。もとより，OECDは，経済成長，開発途上国の援助，貿易拡大などを目標に掲げた自由主義経済を推進するための組織であり，その勧告内容を無条件に肯定すべきものではない。しかし，報告書の記述や分析はほぼ正確であり，そこには，日本国内の政策立案者や研究者が気づきにくい，あるいは国内研究者が提案を躊躇するような事項が率直に指摘されている。勧告の(すべてではないが)大部分を実行することが，環境大国をめざす日本の国際的な責務であろう。

　日本が環境基本法を制定したのは，1993年である。そこで，1994年報告書と環境基本法の制定を重ね合わせ，2002年報告書と2010年報告書を，それぞれ環境基本法制定10年および20年の総括のために参照することも許されるであろう。

　なお，以下の記述や引用においては，1994年報告書をⅠ，2002年報告書をⅡ，2010年報告書をⅢと略称し，日本語訳の該当ページを示すことにする[2]。

(2)　OECDによる環境審査

　さて，OECDによる環境保全成果審査(環境審査)は，1991年のOECD環境大臣会合による承認，閣僚理事会による合意，同年開催されたロンドンサミットにおける政府首脳コミュニケなどを経て翌1992年から開始されたもので，ほぼ8年ごとに加盟各国の環境政策の実施経過を審査している[3]。2001年に決定された「21世紀最初の10年の環境戦略」では，リオサミットで合意した持続的発展を実現するための戦略の一部門として，環境的に持続可能な発展(environmentally sustainable development)を掲げ，つぎの5つを環境的持続性(environmental sustainability)の具体的指標としている。

　①自然資源の効率的な管理を通して生態系(エコシステム)の統合性を維持すること。

②経済成長と環境への負荷を切り離すこと(デカップリング＝経済成長とともに環境負荷が増大するのを防止すること)。
③意思決定のための情報提供を改善すること。また指標をとおして進展を評価すること。
④社会と環境の相互交流(インターフェイス)：生活の質を向上させること。
⑤地球規模における環境上の相互依存：管理(ガバナンス)と協力を推進すること。

　個々の指標の内容は適宜説明するが，加盟国がこの指標を達成したかどうかは，環境審査などによって追跡調査(モニター)することにしている。そのため，最近の審査報告書では，グリーン成長，政策の実施，国際協力，気候変動，廃棄物管理，生物多様性保全という括りがなされ，環境政策の実施(第3章)において，ポリシーミックス，情報提供，市民参加，大気・水管理，化学物質管理が議論されている。

2. 環境基本法制定時の日本の環境政策

(1)　70年代・80年代の環境政策
　さて，1970・80年代を通して公害対策が強力に進められた結果，各地で多数の被害者をもたらした大気汚染，水質汚濁などの激甚型公害は大幅に改善され，日本は公害大国から公害対策大国へと脱皮することになった(I 16頁)。しかし，1973年のオイルショックを契機に厳しい公害規制や負担の大きい被害者救済に対する経済界の不満が高まり，1980年代に入ると，日本の環境政策は足踏み状態になる。1994年報告書は，「環境保全のための基本的な法的枠組みが確立された後，1980年代は，規制緩和と民間活力の活用の動きが政府の政策全体に影響を及した時期であった。新規の法制定は極めて限られ，残された環境問題への対策は既存の公害防止および自然環境保全の枠組みの中で進められた」(I 16頁)と正確に指摘しているが，こうした認識は，多くの環境法研究者に共通するものといえる[4]。

(2) 大気汚染，水質汚濁

大気汚染については，多くの問題が残されており，さらなる努力と新たな対策が必要とされている。大都市地域においては，二酸化窒素，浮遊粒子状物質(SPM)，光化学オキシダントが環境基準をこえており，「とくに都市地域において，将来の見通しは楽観的ではない」（Ⅰ33頁）。

有害大気汚染物質対策も喫緊の課題であり，とくにベンゼンなどの発がん物質，ダイオキシン類，重金属等の残留性・生物蓄積性が問題となる物質について，モニタリングが求められている。「水質や土壌等他の媒体への大気汚染物質の移動の可能性を勘案し，予防的な対応が一層強調されるべきである」（Ⅰ189頁）という指摘は重要である。

水質汚濁に目を移すと，「水質に関する成果は，全体として地味である」（Ⅰ187頁）が，1960年代の公害対策の主要な目標であった重金属や有毒化学物質に関する環境基準(健康項目)は達成されている。他方で，河川のBOD，海域・湖沼・貯水池のCOD達成率はあまり改善されておらず，かなり低い状態に留まっている（Ⅰ57頁）。

水管理について注目すべきは，すでに1994年の時点で，「環境の質の目標の設定をはじめとする水質管理政策は，①主として人間を対象としたアプローチから，生態系の管理により関心を払ったアプローチへと拡大する，②排水口での処理の代わりにプロセス内の技術をさらに用いるなど，後始末的な対策から予防的アプローチへの転換を図る，③水質，底質および大気の関連を踏まえ，環境基準の設定において媒体横断的なアプローチを採用することが必要である」（Ⅰ66頁）とされていることである。

(3) 廃棄物処理

1970年，清掃法を全部改正して「廃棄物の処理及び清掃に関する法律」(廃棄物処理法)が制定された。同法は，ゴミ処理法の延長に産業廃棄物を含めたものであり，廃棄物の収集・運搬，処理施設(最終処分場を含む)が環境にあたえる影響を的確に管理するための法律としては，きわめて不十分なものであった。廃棄物処理法の目的に「廃棄物の排出を抑制し」という文言が加えられたのは，1991年になってからである(本書第16章，第17章参照)。

1994年当時，廃棄物は増大する一方であり，野放図に設置される最終処分場に対する住民の反対運動も強くなりつつあった。報告書は，「住民は新たな都市廃棄物管理施設が計画される際には相談を受けるが，立地する場所および技術が選択されるまで住民には正式な役割は全くないようである。さらには施設により生じ得る環境影響の報告や決定のための統一したガイドラインも存在しない」（Ⅰ 52頁）と述べ，早い段階からの住民参加や事実の公表を進めるべきであったとしている。

(4) 自然環境保全

1994年の審査報告書に限らず，3回の審査報告書の「自然環境」に関する審査結果は，非常に厳しいものである。審査チームは，ニュージーランド，オランダ，ドイツ，カナダ，スウェーデン，ノルウェー，それに韓国の専門家から構成されている。彼らから見ると，日本の自然環境保全には失望せざるをえなかったのであろう。しかし，今日に至るまで状況は改善されず，3回の審査報告書には，毎度同じ記述が登場することになる。

「汚染，生息地の喪失および過剰な狩猟による生態系に対する深刻な影響のために，日本の生物多様性は脅かされており，種は危険にさらされている。すべての日本の脊椎動物のうち，絶滅種，絶滅危惧種，危急種，希少種のすべての合計は，すべての種・亜種の21.5％に達している」「多様な植物についても状況はほとんど変わっていない。日本の野生の植物の17％は絶滅種か，絶滅危惧種か，危急種である」（Ⅰ 70頁）。その後，状況は改善されるどころか，むしろ悪化している（Ⅱ 152頁，Ⅲ 243頁）。

「自然資源の持続可能な利用という概念は，日本政府によって幅広く採用されてきており，現在各資源の管理計画に取り入れられはじめている」（Ⅰ 79頁）。しかし「日本が公表している政策目的と，先に指摘した傾向の間にはギャップが存在する。……手つかずの自然は減少してきており，現在もさらに内陸の山岳地や外の島々へと追いやられつつある」（Ⅰ 80頁）。

バブル経済の時期にリゾートやゴルフ場開発に席巻された日本の自然環境の様子がみえる。報告書の表題のとおり，「日本は，自然保全の面で顕著な進展をみせるか，自然資源のとりかえしのつかない喪失を経験するか，いず

れかに進む岐路に立っている」（Ⅰ 80-81 頁）。

　日本の自然状況に関する記述や問題の指摘には，評価者の危機感が率直に表明されており，提言も具体的かつ詳細である（Ⅰ 191-192 頁）。しかし，環境庁をはじめ国からは，ほとんど反応がなく，市民参加にも目立った進展はなかった。

(5) 情報公開，住民参加，NPO の育成

　報告書は，日本には，環境情報を公衆が入手可能とするための公的なガイドラインも法の規定も存在しないという。環境基本法は環境情報の提供や民間団体の自発的な活動の育成を唱っているが(26～27 条)，環境基本法は，環境政策全体の枠組みにすぎず，個々の製造施設〔工場〕や具体的な地域に関する情報の公開まで求めているものではないからである（Ⅰ 105 頁）。

　報告書は，さらに環境に関する情報やデータを入手する道を国民に開き，これを通じて政策決定に関する住民の関心と参加の向上を図るべきであり，「この一般的な原則への例外は，明示されたものに限られるべきである」という（Ⅰ 105, 108, 195 頁）。環境庁(省)は，15 年後の 2009 年になって，ようやく「環境情報戦略」を作成することになったが，それも依然として断片的なものにとどまっている(Ⅲ 77 頁)。

3. 環境基本法体制 10 年の成果と課題

(1) 1990 年代の動き

　1990 年代の主要課題は，廃棄物の適正処理，リサイクルや省エネルギーの推進などを中心とする循環型社会形成の推進，および地球規模の環境問題への対応であった。

　「再生資源の利用の促進に関する法律」(再生資源利用促進法，1991 年)に始まり，多数の法律が制定ないし改正された。さらに，2000 年には，循環型社会形成推進基本法が制定されている(本書第 16 章)。また，地球規模の環境問題に対応するために，「地球温暖化対策の推進に関する法律」(温暖化対策法，1998 年)，「エネルギーの使用の合理化に関する法律」(省エネ法)の改正(1998 年)，

「特定有害廃棄物の輸出入等の規制に関する法律」(バーゼル法)などが制定された(本書第Ⅷ部)。

　しかし，廃棄物・リサイクル法制については，法律施行後から間もないこともあり，第2回(2002年)の審査報告書には，それほど詳しい分析は見られない。「地方公共団体は容器包装リサイクル法のもとでリサイクル事業への参加が義務づけられておらず，数値目標も設定されていない。家電製品の廃棄時に費用を負担する現在の仕組みは，あまり効果的でない可能性がある」(Ⅱ 120頁)，「家電リサイクル制度において現に使用中または不法投棄された製品の再商品化に必要な追加的な財源に配慮しつつ，その全体費用(収集の行政費用，生産者・輸入業者による輸送・分別費用及び不法投棄された家電製品の再商品化費用を含む)と，収集・再商品化費用を製品価格に完全に上乗せした場合の費用とを比較してみるべきである」(Ⅱ 128-130頁)という具体的な指摘に，OECDの基本的な立場が示されている[5]。

(2) 大気汚染

　2004年報告書は，硫黄酸化物，窒素酸化物や有害化学物質の規制に関する取組みを高く評価するが(Ⅱ 26, 71-72頁)，一方で，遅々として進まない自動車公害・沿道公害について多数の言及がされている。1992年に制定された自動車NOx法は，大都市地域について特例措置を定めていたために十分な効果を発揮せず(Ⅱ 26頁)，そのため2001年にはディーゼル自動車から排出される粒子状物質(PM)を規制対象にくわえて，「自動車から排出される窒素酸化物及び粒子状物質の特定地域における総量の削減等に関する特別措置法」(自動車NOx・PM法)が制定された。しかし，「都市部における大気質と二酸化炭素排出の問題は，日本のアキレス腱である。自動車NOx法に基づき特定地域に対して設定された野心的な目標は，達成が非常に困難だろう」(Ⅱ 69頁)というのが，報告書の見通しであった。

　1990年代における大気質管理対策の中心は有害大気汚染物質であったが，それを規制する法的枠組は一応整った(Ⅱ 75頁)。しかし，深刻な問題になったのが，揮発性有機化合物(VOC)である。非メタン揮発性有機化合物の排出削減については，とくに大規模固定排出源に対して何ら実質的な対策がと

られておらず(II 27, 69頁)，大都市地域における微小粒子状物質(PM 2.5)に対しても懸念が高まっている。報告書は，移動発生源および固定発生源の双方からの PM 2.5 の排出を管理し，環境基準を達成するため，総合的な政策をさらに発展させ，実施することを勧告している(II 67頁)。

(3) 水質汚濁

水質管理の目標達成のために必死の努力を重ねてきた甲斐があって，人の健康の保護に関する環境基準は広く達成され，(湖沼や閉鎖性水域を除く)河川における生活環境の保全に関する環境基準の達成率も徐々に改善している(II 28頁)。さらに報告書は，「1997年の河川法改正は，利害関係者の関与への大きな進展であった。1997年に制定された環境影響評価法は別として，改正河川法は住民の直接参加を定めた唯一の法律であった。利害関係団体は同法改正以前も活動していたが，現在は正式な役割をもち，河川局や地方自治体からもきちんとしたヒアリングを受けている」(II 116頁)と述べる。しかし，この指摘には，留保を付ける必要があるだろう[6]。

報告書のなかで，その後の環境政策に直接の影響をあたえたのが，「水域類型の指定をより効果的なものとするとともに，生態系保全に係る水質目標を導入すること」(II 29, 95頁)という勧告である。同旨の勧告は1994年報告書にもみられたが(I 66, 191頁)，2003年，水生生物の保全に係る水質環境基準(生活環境保全項目)の中に，全亜鉛が加えられることによって，ようやく対応が実現した(その後，ノニルフェノールなどが追加された。本書**第13章**参照)。

(4) 化学物質管理

日本の化学産業は，世界生産高の12％を生産し，アメリカおよび西ヨーロッパとならび，世界最大規模を誇っている(II 223頁)。しかし，PCB汚染問題が発生した1973年までは，工業用化学製品が健康と環境に対する(潜在的)影響について体系的な評価はなされなかった。PCB問題の発生をうけ，同年に「化学物質の審査及び製造等の規制に関する法律」(化審法)が制定されたことによって，PCB同様の有害性(難分解性，高蓄積性，毒性)をもつ化学物質の審査と規制がスタートしたのである。

化審法によって新規化学物質の上市および新たな農薬の登録が規制され，さらに PRTR 法による対策が強化された結果，ダイオキシン類の排出量は 60〜65％削減され，12 種類の有害化学物質の大気への排出量も相当量が削減された (II 220 頁)。

しかし，課題も多い。生態系の保全は，日本の化学物質管理政策の目的に，一般的には健康の保護と並ぶ形では含まれておらず，既存化学物質の大半は未だに安全性評価を受けていない。リスク評価は，ごくわずかの有害化学物質に対して行われただけであり，製品に使われた有害化学物質に係る情報も不十分である (II 220，221 頁)。

(5) 自然環境，生物多様性保全

この分野で評価が高いのは，緑の国勢調査 (自然環境保全法 4 条) のみである (II 31, 35, 168 頁)。多くの動植物の種が絶滅の危機にあり，その状態については，1990 年代においてほとんど改善がみられない (II 31 頁)。自然保護のみを目的とした保護地域は国土の 3％に達せず，とりわけ自然公園では，利用者と開発による圧力は高まるばかりである。生物多様性国家戦略には数値目標がなく，海洋，沿岸地域の生物多様性の管理に十分に対応していない (II 32 頁)。報告書は，生物多様性国家戦略の見直しと改定を求め，施策や保護区管理のための人員や財源の強化をくり返し勧告する (同頁)。これほど厳しい指摘をくり返しうけるのは，文明国の恥 (不名誉) というべきではなかろうか。

4. 環境基本法体制 20 年の成果と課題

(1) 環境アセスメント制度

環境影響評価法が 1997 年から段階的に施行されて以降，2010 年までに，国レベルでは約 20，地方自治体レベルでは約 50 の事業について，毎年，環境影響評価 (EIA) が作成されている (III 84 頁)。しかし，課題も明らかである。報告書は，対象事業の見直し (現在いくつかの重要な事業が EIA 作成義務から除外されている)，事業のタイプの見直し (CCS や水力発電等の新しい技術を採用する事

業が EIA 手続きから除外されている)を求め，さらに，地方レベルにおける環境担当機関のより積極的な関与と，とりわけスコーピング段階における一般市民とのより良いコミュニケーションが有益であるとしている(同頁)。

　環境影響評価法は，2011 年に大幅な改正がなされ，いくつかの欠点が是正された。方法書段階における説明会開催の義務化(同法 7 条の 2)は，上記の指摘に対応したものであるが，その他の指摘に対する対応は十分ではないように思われる(本書第 12 章参照)。

(2) 大 気 汚 染

　2001 年，「自動車から排出される窒素酸化物及び粒子状物質の特定地域における総量の削減等に関する特別措置法」(自動車 NOx・PM 法)が制定され，2010 年までの新しい排出削減目標，乗用車および重量車(トラック・バス)の両方に対するより厳しい NOx および SPM(浮遊粒子状物質)の排出基準，新車の乗用車および軽自動車すべてに対する粒子状物質除去装置の設置などが定められた。また，首都圏，大阪圏のほかに，名古屋圏が対策地域に加えられた(Ⅲ 98-99 頁)。

　2003 年，東京都は，近隣都市と緊密に連携して，厳しい SPM 基準を達成していないディーゼル車の都内乗り入れを禁止する条例を施行し，大阪府は，2009 年に独自のステッカー表示制度を使用して，流入車に対して同様の汚染規制措置を実施した(Ⅲ 99 頁)。報告書は，これらの取組みによって，NOx と SPM の排出量は，3 地域すべてでかなり減少し，2010 年削減目標を達成する過程にあるとしている(Ⅲ 100 頁)。ただし，SPM の年平均濃度は大幅に減少したものの，黄砂汚染と砂嵐のために都市により変動がある(Ⅲ 95 頁)。

　NOx と SPM の排出水準が低下したが，光化学オキシダントの濃度は高まり，頻繁に注意報が発令されている。全国的に，オキシダントの環境基準達成率はきわめて低い(Ⅲ 95-96 頁)[7]。原因は，光化学オキシダントの原因とされる VOC について，移動発生源からの VOC 排出量は半減したが，固定発生源からの排出削減が進まなかったからである。企業による自主的な取組と中小企業に対する支援計画を除いて，VOC の排出(とくに溶剤の使用と大規

模な固定発生源)の低減にむけた具体的な措置は講じられていない(Ⅲ 100-101頁)。

くわえて報告書は，PM 2.5(微小粒子状物質)の排出は体系的に監視されておらず，近い将来において，PM 2.5 の基準を導入することが望まれるとしている(Ⅲ 77 頁，101 頁)[8]。

(3) 水 質 汚 濁

水管理の課題は，湖沼・閉鎖性水域における水質汚染，都市河川の汚染，水道水源の維持などである。この点は，1994 年の審査以来変化がない。2010 年報告書で，記述が増えたのは，面的汚染源に対する対策の強化である。

すなわち，「生活環境項目は，水質汚濁防止法によって指定された汚染源(すなわち，1 日当たりの廃水排出が毎日 50 m³ を超える施設)にのみ適用されており，水質汚染源である多くの小規模施設は対象とされていない。こうした汚染源(小規模な廃水処理施設，ホテル，洗車サービス等)の数が大きく，それらが水質に及ぼす累積影響が高いことがあるために，これらを排出基準管理制度に含める必要がある」(Ⅲ 105 頁)。

また，農業が窒素の汚染負荷量に占める割合については情報がほとんどないが，間接的な証拠によると，農業活動は内陸水および沿岸水域の富栄養化の重要な要因であり，この圧力は将来も継続する傾向にある(Ⅲ 107 頁)。農業による水質汚染については，これまでさまざまな対策が試みられてきたが(2004 年の「家畜排せつ物の管理の適正化及び利用の促進に関する法律」(家畜排泄物処理法)の完全施行など)，日本の農地 1 ヘクタール当たりの窒素(N)とリン(P)の絶対水準は，OEOD 諸国のなかで最も高い水準にあり，長期的な対策が望まれている(同頁)。有機農業等に対する取組みも，日本は EU に比較すると格段に遅れている[9]。

「水量と水質の管理を統合し，河川流域全体を視野にいれたアプローチをとり，水関連諸法規を首尾一貫した法制度とすること」というのが，2002 年の勧告内容であった(Ⅱ 97, 105, 117 頁，Ⅲ 102 頁)。そこで 2010 年報告書は，1999 年に作成された全国総合水資源計画(ウォータープラン 21)の実施状況に注

目する。しかし，その後7つの水系について作成された水資源開発基本計画は，相変わらず「安定した取水を支え，洪水対策に役立つ貯水施設〔ダム〕の建設に重点がおかれ，家庭での水の再利用，雨水回収システムなどの水需要管理については，一連の対策がわずかに導入された」だけである(Ⅲ 113頁)。「貯水〔ダム〕管理から思い切って脱皮し，より統合的な水資源管理に重点を移す必要がある」(同頁)という勧告が，空しく響くだけである。

(4) 化学物質の規制

1973年の化審法が規制の対象としたのは，新規化学物質の製造と輸入および使用のみであり，法律施行時に約2万(正確な数は不明)あるとされた「既存化学物質」は，難分解性および毒性の疑いが認められた時点で規制されることになっていた(Ⅱ 221頁)。しかし，「化学物質がさまざまな環境媒体を通じて人の健康や生態系におよぼす累積的なリスクの評価」(リスク評価)への取組みは，まだ始まったばかりであり(Ⅱ 228頁)，既存化学物質の環境残留性と毒性の評価は遅々として進まなかった[10]。2000年末までにある程度まで点検された既存化学物質は，1247物質にすぎなかった(同頁)。

そこで，「プログラム全体のスピードアップが必要である」(同頁)と考えたOECDは，2002年に「詳細な調査」を実行し，「化学物質管理の効果および効率性をさらに向上させるとともに，生態系保全を含むように規制を拡大すること」など，5つの改善項目を日本政府に突きつけた(Ⅱ 219-220頁，Ⅲ 116-117頁)。

2003年の化審法の改正は，この勧告等[11]に対応したものである。改正により，生態毒性評価が定められ，リスクベースの化学物質の評価・規制が強化された。しかしEUは，2007年から「化学物質の登録，評価，許可および制限(REACH)規則」を施行し，2008年6月から年間1トン以上を製造・輸入する化学物質についてリスク評価をし，2018年5月までに登録することを義務づけたために，日本は再び対応に遅れをとることになった(平成21年版環境白書239-242頁)。そのため，2009年に再び化審法が改正され，年間1トン以上が上市されているすべての工業用化学物質(新規および既存)についてリスク評価を実施する共通の法的枠組が定められた(Ⅲ 119頁。**本書第15章**)。

なお，環境中の化学物質のモニタリングは，1999年の「特定化学物質の環境への排出量の把握等および管理の改善の促進に関する法律」(PRTR法。施行は2001年4月)によって実施されているが，この法律も，リオサミット・アジェンダ21第19章や1996年2月のOECD理事会の実施勧告が契機となったものである(III 120頁，平成12年版環境白書135頁)。

2002年報告書のPRTR制度に対する評価は，「十分に発達している」としつつも，対象となる物質，産業部門およびコミュニケーション方法について，定期的な見直しが行われるべきである，というものであり(III 78頁)，建設業，農業などへの対象業種の拡大や，対象事業所の従業員数・取引量の要件の引き下げに課題を残している。

(5) 廃棄物処理と3R

2010年報告書は，日本は，廃棄物管理からリデュース，リユース，リサイクルの3Rに基づく健全な物質管理への移行に向けた努力において，最前線にいるという(III 7頁)。資源生産性，リサイクル，最終処分量にかかわる数値目標は，達成され強化されてきた(同頁)。したがって，勧告の内容も控えめであり，廃棄物の発生防止(削減と再使用)にむけ，一般廃棄物処理サービスの有料化や回収費用の内部化(製品価格への上乗せ)がはかられるべきであるという指摘にとどまっている。

(6) 自然と生物多様性保全

2010年3月，日本国政府は，第4次の「生物多様性国家戦略2010」を策定した。「しかし，各地における生物多様性の悪化や分断は続いており，いっそうの対策の必要性が明らかとなっている」(III 7-8頁)。それ以下に続く記述は，判で押したように同じである。日本が2010年，生物多様性条約第10回締約国会議(名古屋会議)で打ち上げた里山イニシアティヴと海域保全地区に関する記述が加わったところが目新しい。

「日本は，伝統的な郊外の風景(里山的ランドスケープ)の再生を促進しており，農業生産と生物多様性及び生態系サービスとのバランスを達成することを目的としている。生物多様性の保全が各分野の政策，とりわけ農業，林業，漁

業の分野に組み込まれるよう，より効果的な手法が用いられるべきである。これには，補助金の撤廃や再設計，生物多様性保全へのより適切なインセンティブ付与，里山を含む生態系サービスへの支払制度の確立が含まれる」(Ⅲ 8 頁)という指摘に注目したい。

5. 残された課題——21 世紀の環境法制の拡充に向けて

以上，OECD 報告書のなかから，とくに筆者の関心をひいた環境分野を取り上げ，検討した。そこで最後に，個別の環境分野にかかわらず，環境法全般に通じる問題のいくつかを議論し，本章を終えることにしよう[12]。

(ア) 持続可能な社会のための国家戦略の作成

リオサミットで採択されたアジェンダ 21 第 38 章 38.36 およびヨハネスブルグサミットの実施計画 162(b) は，「持続可能な発展のための国家戦略」の作成とそれをフォローアップする機関の設置を求めている。これを受け，EU 加盟国は国家戦略の作成に着手し，さらに EU 持続的発展戦略(2006 年)をもとに計画の見直しを進めている。これに対して，日本政府は何の対応もとっておらず(Ⅲ 10 頁)，わずかに第 3 次環境基本計画において，「環境的側面，経済的側面，社会的側面の統合的な向上」を唱っているだけである(これは 第 4 次環境基本計画でも継承されている)[13]。

しかし，「各省が制定した計画と第三次環境基本計画との間の優先順位と関係性は不明瞭なままである。……内閣レベルで承認されているにもかかわらず，第三次環境基本計画は，すべての省庁と地方自治体の活動のための一貫した枠組みを定めていない」(Ⅲ 24 頁)。

同様の指摘は，すでに 1994 年報告書の「環境に関する戦略的な政策決定に関与するさまざまな省庁の対応をより適切に統合するため，総合的な国の環境計画が策定されるべきである。このような計画は，部門ごとや個別の媒体ごとのものではなく，連携・統合されたものであり，さらに複数の媒体を志向したものであるべきである」(Ⅰ 195 頁，Ⅱ 33 頁も参照)という記述にみられる。「持続的発展のため国家戦略」を作成し，具体的な数値目標を定め，

政策を統合すべき必要性は一層高まっている。

(イ) 進捗状況の適切な把握と見直し

環境省と中央環境審議会は，環境基本計画の進捗状況を点検し，関係情報を一般公開し，公聴会と世論調査を実施している。地方自治体もまた，独自の評価を行っている。「しかし，こうした精査が年次計画と予算編成に影響を与えている形跡はない。さらに，環境省と中央環境審議会は，ポリシーミックスの費用対効果を十分に評価しておらず，かつ，多くの場合，効果や効率以外の考慮事項が政策決定の指針となっている」(Ⅲ 24-25 頁)。

とくに自治体の環境基本計画について，その形骸化を防ぐために，追跡調査や実績評価を充実させ，環境基本計画，地域の持続的発展計画(アクションプラン)，地球温暖化防止行動計画，さらに環境アセスメント制度を結びつけるための工夫が必要である[14]。

(ウ) 法的手法の見直し

2010 年報告書は，「第 3 章 環境政策の実施」の冒頭において，「廃棄物・水・大気管理などの主要な環境分野のマネジメントは，依然として 1970 年代や 1980 年代に整備された法の枠組みおよび 1993 年に制定された環境基本法に基づいている。レビュー対象期間中の数々の法改正は新たな施策を導入したが，一方で法制度をいっそう複雑なものとした」(Ⅲ 76～77 頁)とする。そして，現在の法体系を統合し，合理化し，よりいっそう一貫性のあるものとするため，「1993 年の環境基本法の包括的な見直しと改正」が求められる(Ⅲ 82 頁)という。

国外の機関からの法律改正を求めるこのような具体的要求には，反発も生じるだろう。しかし，環境基本法の見直しの必要は，すでに国内の多くの研究者からも指摘されており[15]，さらに真剣な議論を重ねる価値がある。

法的手法(手段)について，簡単にコメントしよう。

まず，規制的手法については，媒体ごとに環境基準・規制基準を定め，その達成を確保するという手法は限界にきているように思われる[16]。地域全体あるいは地域毎の環境保全に視点を移し，土地利用計画との連動[17]，需

要管理，大気・水・廃棄物などについて複数の環境媒体を統合的に審査する仕組み(届出ではなく許可制度)を取り入れるべきであろう(Ⅲ83頁)[18]。

とくに水管理については，全国一律基準ではなく，適切に確定された流域(集水域)を単位とし，流域ごとに水質・水量・自然環境の達成目標を定め，バラバラな政策を統合するなどの手法を用いる必要がある(Ⅱ105頁，Ⅲ102，113頁)[19]。その際，諸外国で広く実践されているように，エコシステム・アプローチによる水環境・水循環の復元が重視されるべきである(本書第28章参照)[20]。

公害防止協定に由来する合意的手法について，報告書は全般に好意的であるが，「市民はめったに交渉に参加することはなく，大半の協定が市民の監視を受けていない」ために，これらの協定がどの程度意欲的なものかどうかは，明らかではなく，協定の成果と透明性には，改善の余地があるとする(Ⅲ76，86頁，Ⅱ25頁)。

経団連が進めてきた環境自主行動計画のような，業界任せの自主的取組の重視も，日本の環境政策の特徴である(本書第27章参照)。しかし，自主行動計画に対する報告書の評価は，非常に厳しいものである。自主的取組は，産業間や企業間で費用対効果に優れバランスの取れた削減努力の配分がなされることを保証せず，産業部門には，より厳しい目標の設定を避けるために目標達成を遅らせるインセンティブがあることから，とくに目標設定の過程をより透明化すべきであるとしている(Ⅲ100，194頁)。

(エ) 情報提供・情報公開

毎年の環境白書，自主的なモニタリングや企業による事業報告書など，広範な環境情報の開示が行われており，2009年には「環境情報戦略」が策定された。しかし，「環境の情報およびデータに関するシステムは依然断片的なものにとどまっており，さらに政策と意思決定を統合的に支援するために必要な経済的および財政的な情報を欠いている」(Ⅲ76-77頁)。漫然とデータを収集するのではなく，優先的かつ喫緊の問題に対して，包括的(分野横断的)な形でデータが集積されるべきであり，既存のデータ収集方法の効率化や費用対効果の向上が行われるべきである(Ⅲ90頁)。

（オ）　住民参加の不足，欠如

「中央環境審議会およびその外部の作業部会といった公的な協議メカニズムは数多くあるが，よりいっそうの国民の参加により，環境に関する意思決定にさらなる支援をもたらすことができる。草の根NGOへの支援不足は，産業と経済部門の意思決定者により強い交渉力を与える結果となっている」(Ⅲ 77頁)。この控えめな指摘が意味するところは明らかであろう。

1998年の特定非営利活動促進法の制定を契機に，環境教育，自然保全，まちづくりに関与するNPOが増加した。しかし，NPOの人的・財政的基盤は弱く，それらを連携する全国的組織もない(Ⅱ 35頁，Ⅲ 91-92頁)。これは「国の行政機関や企業の代表者らと全国的な長期の政策目標と解決策を議論する際の，NGOの立場を弱めている。政府の意思決定者と産業界との間の討議への市民参加を強化するために，中央環境審議会とそのさまざまなワーキンググループを含め，公の協議の仕組みが担う役割をさらに発展させ，草の根レベルのNGOへの公的支援を増やすべきである」(92頁。なお，Ⅰ 105頁，Ⅱ 199頁も参照)という指摘に異論はないはずである。

（カ）　司法へのアクセス

環境保全における日本の司法の役割について，報告書の評価は非常に消極的なものである。「日本のNGOは，公共の利益のために訴えを提起する正式な資格を有していない。……NGOは，自然環境問題に関する訴訟は時間と金銭の無駄と考える傾向にある。最終的な判決に至るには長い時間を要し，NGOが勝訴することはめったにない」(Ⅱ 209頁)。あるいは，「1970年代以降，大気汚染関連の疾病，あるいは水銀，カドミウムまたはヒ素中毒に苦しむ多くの公害健康被害者らが，訴訟により健康被害補償を求めた。……しかし，この種の法的手段は多大な時間と費用を要する。訴訟のなかには2000年以前に提訴されたにもかかわらず，近年まで解決に至らなかったという事例が数多くある。また，水俣病やアスベスト関連の疾病を含め，今なお解決に至っていない訴訟もある」(Ⅲ 92頁)という記述もある。

(キ) 税制・財政制度の見直し，経済的手法の利用

　OECD の立場を反映し，報告書のこれらの事項に関する分析や提言は，毎回詳細なものである。その骨子は，環境負荷の増大をもたらす補助金や租税優遇措置の廃止，環境税の導入，排出量取引制度，汚染者負担・利用者負担のための課徴金・賦課金・手数料の賦課などである（Ⅱ 24, 34 頁，Ⅲ 35, 88～89, 100 頁）。これらの手法の長所・短所は，本書**第 9 章**，**第 21 章**で詳細に検討されているとおりである。

(ク) 汚染者支払原則，拡大生産者責任の適用の拡大

　汚染者支払原則と拡大生産者責任の適用拡大の推進役を果たしてきたのが，OECD である。そのために，とくに拡大生産者責任の浸透に関する評価は，毎回厳しいものがある。

　これまで多数のリサイクル関連法が制定され，多くの廃棄物（循環資源等）に拡大生産者責任の原則が適用されているが，実際に実施されているのは，特定家庭用機器廃棄物，使用済自動車などに限られる（Ⅲ 207 頁）。「製造業者は，家電製品が自治体によって回収される場合の輸送コストと，一定の場合のリサイクル施設への投資を支払うのみなので，拡大生産者責任の適用は限定的なものとなっている。欧州で実施されているような，リサイクル費用の製品価格への内部化はなされていない」（Ⅲ 227 頁）という指摘に，OECD の姿勢がうかがえる。

(ケ) 生物多様性保全にむけた取組の強化

　日本は固有種の割合が比較的に高く，そのためもあって，ほ乳類の約 4 分の 1 と淡水魚類の 3 分の 1 強が，OECD の水準に照らすと高い割合で絶滅の危機に瀕している。「この状況は 2004 年の審査以降悪化しており，強い保護政策が必要であることを強調している」（Ⅲ 242 頁）。しかしながら，自然保護は相変わらずさまざまな法律に依拠しており，多様な自然保護区が相互に統一性，一貫性のない実務によって管理されている。自然保護に関する法律を簡素化，合理化し自然保護の全体的な体系に，より一貫性をもたせることが必要である（Ⅲ 243, 258 頁）。

とくに手薄なのが，海岸・海域の保護である。「多くの入り江がある複雑な海岸線と小さな島々が，日本に豊富な海洋生物を提供している。しかし，ごくわずかの海域しか保護されていない」(Ⅲ 17～18頁)。自然保護と生物多様性保護に特化した国有林，海洋地区の割合を大幅に拡大する余地がある(Ⅲ 258頁)。

自然保護における市民や環境 NGO の役割は，諸外国における自然保護運動が国立公園などの設置の原動力となってきたことを考えると，強調しすぎるということがない[21]。OECD が「より包括的な自然保護のシステムがなければならず，そこには市民参加による適切な運営やそのためのプログラム……が含まれていなくてはならない。この中で，当局は国立公園の地域は適切であるかどうか，そして自然保全は原生自然環境保全地域，自然環境保全地域，保護林地域など他の方法によって達成されるかどうかを検証するべきである」(Ⅰ 82頁)と指摘したのは，1994年である。しかし，それ以後，自然環境保全法による保護区の指定はなされず，国立公園の新たな指定も，1987年の釧路湿原国立公園の指定を最後にストップしたままである(2014年3月5日，慶良間地域が沖縄海岸国定公園から分離され，慶良間諸島国立公園となった)。

自然環境・生物多様性保全については課題がつきないが，ここでは理論的な課題として，エコシステム管理・順応的取組を環境影響評価，野生生物管理に実際に組み込み，運用するための理論的枠組や指針の作成が求められていることを指摘しておきたい[22]。

(コ) 財産権，公益尊重規定の削除

自然公園法3条は，「この法律の適用にあたっては，……関係者の所有権，鉱業権その他の財産権を尊重するとともに，国土の開発その他の公益との調整に留意しなければならない」と定めている。この規定は，戦前の国立公園法にはなかったもので，自然公園法制定時(1957年)に，国家権力を使えば何でも制限・規制できるという強権制度に対する疑念を払拭し，新憲法29条の財産権補償規定の趣旨を明確にするための創設された規定であるとされている[23]。

しかし，もはや「国家権力を使えば何でもできる」という懸念を払拭する

ために財産権の尊重を掲げるのは，筋違いである。自然公園法上の特別地域と同程度の規制は，都市計画法その他の法律に広くみられるところであり，自然公園法のみが突出して厳しい規制をしているとはいえない。これらは，おおよそ先進国の自然保護法には見られない規定であり，「公害と戦い，都市にアメニティを供給したという主要な成功の後に，これらに立ち向かったのと同じ決意をもって，自然保全の課題に取り組むことは，とくに日本において所有権が享受している強固な法的保護を考えると，1990年代における日本の主要な課題となるだろう」（Ⅰ 81 頁）という懸念は，まったくの的はずれとは言い難い。早急に削除することが望ましい[24]。

〈注〉
1) 環境法政策学会は，2003 年と 2013 年に，それぞれ環境基本法制定 10 年および 20 年に関するシンポジウムを開催し，おもに総論部分に係わる問題（基本理念，法原則，参加，手法，行政組織）を多面的に議論している。環境法政策学会編『総括 環境基本法の 10 年――その課題と展望』（商事法務，2004 年），および環境法政策学会編『環境基本法制定 20 年――環境法の過去・現在・未来』（商事法務，2014 年）。また，淡路剛久「環境法の課題と環境法学」および阿部泰隆「環境法(学)の(期待される)未来像」大塚直・北村喜宣編『環境法学の挑戦』（日本評論社，2002 年）9，371 頁は，今日に通底する重要な理論上の問題を議論している。あわせて参照されたい。本章では，これらとの重複をさけ，そこでは触れられていない個別の環境分野について，残された課題を示すことにしたい。
2) 審査報告書は，環境省等の監訳により『OECD レポート 日本の環境政策』（中央法規，1994 年，2002 年，2011 年）として出版されている。なお，訳文を変更した個所がある。
3) OECD は，それ以前にも，単発的に加盟国の環境審査を実施している。「日本は多数の公害防除の闘いには勝利したが，環境の質のための闘いには勝利していない」という有名な書き出しではじまる 1977 年の審査報告書（『日本の経験――環境政策は成功したか』（日本環境協会，1978 年）108 頁）も，そのひとつである。畠山武道『考えながら学ぶ環境法』8 頁（三省堂，2013 年）参照。
4) 阿部泰隆・淡路剛久編『環境法〔第 4 版〕』（有斐閣，2011 年）19 頁，大塚直『環境法〔第 3 版〕』（有斐閣，2010 年）14 頁。
5) 廃棄物処理については，1990 年代には，一般廃棄物のリサイクル率は飛躍的に向上し，企業による自主的取組も，産業廃棄物の排出量及び最終処分量の削減に貢献したとしている（Ⅱ 120 頁）。
6) 報告書は，「地域の利害関係団体は洪水管理や河川管理事業の実施に積極的にかか

わることが可能になっている」(Ⅱ 28, 35 頁),「環境に影響を与える事業や政策の立案,実施及び評価に際して,より統合された参加型の取り組みが河川流域管理において始められている」(Ⅱ・35 頁)と述べる。しかし,この評価は過大に過ぎるであろう。嶋津暉之「河川整備基本方針と河川整備計画の策定に住民の参加を」土屋正春・伊藤達也編『水資源・環境研究の現在』(成文堂,2000 年)93 頁,畠山武道「ダム建設と分権改革——ダムの押し付けに大義はあるのか」法律時報 81 巻 2 号(2008 年)3 頁。

7) 平成 25 年版環境白書 218 頁によると,光化学オキシダントの達成状況は,一般環境大気測定局で 0.5%,自動車排出ガス測定局では 0% であった。

8) 2009 年に PM 2.5 の環境基準が定められ,2013 年に当面の対策として,都道府県知事が住民に対して外出の自粛などの注意を喚起するための暫定的な指針が定められた。平成 25 年版環境白書 216 頁によると,現在,都道府県において監視体制の整備がなされているところであり,全国的な評価は難しいが,「多くの地点で環境基準が達成されていない」と推測されている。

9) 畠山武道・柿沢宏昭編著『生物多様性保全と環境政策——先進国の政策と事例に学ぶ』(北海道大学出版会,2006 年)第 3 章以下を参照。

10) 環境白書がリスク評価の手法に言及したのは平成 8 年であるが(同年版の環境白書 283 頁),その後も議論は進まず,日本はこの分野で欧米諸国に遅れをとることになった。2010 年報告書は,ようやく「日本は科学的根拠に基づくリスク評価・リスク管理手法を基本とするようになってきている」と評する(Ⅲ 114 頁)。リスク評価・リスク管理については,本書第 4 章参照。畠山・前掲(注 3)59 頁でもやや詳しく説明した。

11) なお,同年のヨハネスブルグ宣言行動計画第 3 章 22 項では,化学物質について,「人の健康と環境にもたらす著しい悪影響を最小化する方法で使用,生産されることを 2020 年までに達成する」という目標が設定されており,そのひとつとして 2005 年までに行動計画(SAICM)をまとめることが合意されている。2003 年の化審法の改正は,その対応でもある(**本書第 15 章**参照)。

12) 以下に列挙したものは,あくまでも私の関心に即したものである。環境基本法制については,これ以外に多くの課題が残されている。本書収録の諸論文,注 1 に掲げた文献,新美育文ほか編『環境法大系』に収録された諸論文,とくに西尾哲茂・石野耕也「環境基本法の意義と課題」(395 頁)など参照。

13) なお,環境省は,2004 年小池環境大臣のもとで『環境と経済の好循環ビジョン——健やかで美しく豊かな環境先進国に向けて』(ぎょうせい,2004 年)を作成し,自治体に対する補助事業を始めた。現在は「経済の好循環」ばかりが重視されている。

14) 北村喜宣『自治体環境行政法〔第 6 版〕』(第一法規,2012 年)144 頁。

15) 環境法政策学会・前掲(注 1)(2014 年)所収の論稿参照。

16) そもそも「環境基準は公害防止の観点からの基準」を示しているにすぎないのであり,本当の意味での環境基本法の政策目標を包摂しうる環境基準にするための作業は,まだ進んでいない(浅野直人「コメント」環境法政策学会編・前掲(注 1)『総括　環

境基本法の 10 年』51 頁との指摘は，環境基準が公害防止だけではなく，持続可能な社会等にふさわしい環境基準(目標)として措定されるべきことを示唆するものである。

17) イギリスでは，環境許可のほかに，それが「開発」に該当する場合には都市農村計画法による計画許可が必要であり，その際，環境への影響が実質的考慮事項として審査される。Stuart Bell et al., Environmental Law 431 (8th ed. 2013). 日本の都市計画法においては，地域地区による立地規制がなされるだけであるが，一定規模以上の施設については環境許可と開発許可を連動(連結)させる必要がある。とくに廃棄物処理施設については，その必要が高いだろう。

18) 立入検査や強制措置の時間とコストを減らすためにも，環境許可制度の導入が必要である(III 84-85 頁)。届出と許可の違いについては，北村喜宣『環境法〔第2版〕』(弘文堂，2013 年)148-150 頁を参照のこと。

19) 大塚直『環境法 BASIC』(有斐閣，2013 年)143 頁参照。畠山・前掲(注 3)184-185頁でも簡単にふれた。

20) とくにアメリカ合衆国では，この種の実例の検討が熱心になされている。たとえば，Craig Anthony Arnold, Fourth-Generation Environmental Law: Integrationist and Multimodal, 35 *William & Mary Environmental Law and Policy Review* 771 (2011), pp.841-842 n.334 には，流域管理の実例について，膨大な数の文献が掲げられている。

21) 畠山武道ほか編著『イギリス国立公園の現状と未来――進化する自然公園制度の確立に向けて』(北海道大学出版会，2012 年)第 5 章，第 6 章を参照。

22) 主要な論点は，畠山武道「生物多様性保護と法理論――課題と展望」環境法政策学会編『生物多様性の保護』(商事法務，2009 年)10-13 頁に掲げたので，参照いただきたい。なお，これらの問題については，最近の Kalyani Robbins ed., The Laws of Nature: Reflections on the Evolution of Ecosystem Management Law & Policy (University of Akron Press, 2013)が有益な論稿を収録している。

23) 瀬田信哉『再生する国立公園――日本の自然と風景を守り，支える人たち』(アサヒビール・清水弘文堂書房，2009 年)225 頁。これと同趣旨の規定は，自然環境保全法(1972 年)，さらには「絶滅のおそれのある野生動植物の種の保存に関する法律」(種の保存法，1992 年)にもみられる。他に文化財保護法 4 条 4 項にも類似の規定がある。

24) 阿部・前掲(注 1)376 頁，北村・前掲(注 18)68, 124 頁，大塚・前掲(注 19)329 頁。なお，生物多様性基本法にはこの種の規定はない。生物多様性基本法の制定が，パラダイム転換(北村・同前 109 頁)をもたらすことを期待したい。

畠山武道先生　主要著作目録

□著書（単著）

『租税法』，1-389 頁，1979 年〔初版〕，1985 年〔改訂版〕，青林書院
『アメリカの環境保護法』，1-464 頁，1992 年，北海道大学図書刊行会
『自然保護法講義』，1-328 頁，2001 年〔初版〕，2004 年〔第 2 版〕，北海道大学図書刊行会
『アメリカの環境訴訟』，1-364 頁，2008 年，北海道大学出版会
『考えながら学ぶ環境法』，1-330 頁，2013 年，三省堂

□著書（共著）

『行政法Ⅰ──行政は国民にどうかかわりあっているか』，67-89 頁，163-168 頁，1980 年，有斐閣
『現代経済社会と法』現代経済法講座①，151-226 頁，1990 年，三省堂
『環境法入門』，134-179 頁，204-228 頁，2000 年〔初版〕，2003 年〔第 2 版〕，2007 年〔第 3 版〕，日本経済新聞出版社

□著書（編著）

『環境行政判例の総合的研究』，49-78 頁，92-109 頁，143-148 頁，271-296 頁，319-328 頁，365-411 頁，483-494 頁，1995 年，北海道大学図書刊行会
『環境影響評価実務──環境アセスメントの総合的研究』，1-20 頁，59-77 頁，2000 年，信山社
『生物多様性保全と環境政策──先進国の政策と事例に学ぶ』，1-56 頁，2006 年，北海道大学出版会
『はじめての行政法』，31-38 頁，61-110 頁，155-162 頁，2009 年〔第 1 版〕，2012 年〔第 2 版〕，三省堂
『イギリス国立公園の現状と未来──進化する自然公園制度の確立に向けて』，19-121 頁，237-287 頁，2012 年，北海道大学出版会

□論文
1973 年
「許認可の際の同意の性質──「行政行為」概念再考の一素材として①-④」，『民商法雑

誌』，69巻1号60-104頁，69巻5号840-890頁，70巻2号266-317頁，70巻5号822-849頁，1973年-1974年

「アメリカにおける法人税の発達①-④」，『北大法学論集』，24巻2号233-335頁，26巻2号139-199頁，26巻4号591-686頁，28巻2号279-345頁，1973年-1978年

1975年
「租税法――シャウプ勧告の再評価を中心に」，『ジュリスト』，600号，208-215頁

1977年
「公物法の意義と種別」「公物法の問題点」「行政行為の意義と種別」「裁量行為」，杉村敏正・室井力編『行政法の基礎』，青林書院新社，89-93頁，105-113頁

「法人税改革の動向――比較法的考察」，『租税法研究』，4号，1-41頁

1978年
「上司の命令に従わなかったらどうなるか」，塩野宏・室井力編『行政法を学ぶⅡ』，有斐閣，305-310頁

「保安林には，どのようなものがあるか」，「固定資産税は都市近郊農業にどのような影響を与えているか」，稲本洋之助・真砂泰輔編『土地法の基礎(実務編)』，青林書院新社，313-315頁，360-362頁

1979年
「公法関係と登記」，山田幸男ほか編『演習行政法(上)』，青林書院新社，91-97頁

「アメリカにおける税制改革の動向」，『ジュリスト』，685号，108-113頁

「大分八号地計画取消訴訟判決――行政計画と司法審査のあり方」，『ジュリスト』，690号，103-109頁

1981年
「豊中市違法建築給水拒否事件」，『ジュリスト』，750号，117-124頁

「空港建設の行政手続」，成田頼明編『行政手続の比較研究――運輸法制を中心として』，第一法規，328-341頁

「アメリカにおける海浜公開法制の現状」，『立教法学』，20号，1-87頁

1982年
「共働き世帯に対する課税のあり方――子女世話費控除をめぐって」，『ジュリスト』，757号，43-48頁

「入浜権の法的構成について――最近のアメリカの裁判例から」，『今村成和先生退官記念・公法と経済法の諸問題(下)』，有斐閣，33-78頁

「NOx環境基準緩和取消訴訟第一審判決の批判」，『公害研究』，11巻3号，45-54頁

「91条-97条」，南博方編『注釈国税不服審査・訴訟法』，第一法規，113-143頁

「授業料と所得税(上)(下)」，『ジュリスト』，763号129-135頁，764号80-86頁

「産業政策と行政指導」，『公法研究』，44号，207-221頁

1983 年
「京都市古都保存協力税について」,『ジュリスト』, 786 号, 26-31 頁
「法隆寺地名訴訟をめぐって」,『法学教室』, 35 号, 70-74 頁
「下水道建設と行政手続のあり方(上)(下)」,『ジュリスト』, 798 号 76-83 頁, 799 号 86-93 頁
「サンクションの現代的形態」, 新堂幸司編『岩波講座・基本法学(8)紛争』, 岩波書店, 365-394 頁
「産業廃棄物の規制と原状回復費用負担のあり方」,『自治大学 30 周年記念論文集・地方自治の現実と未来』, ぎょうせい, 94-119 頁
「租税優遇措置を争う納税者の原告適格」,『ジュリスト』, 803 号, 97-101 頁
「行政サービスと費用負担――受益者負担金」『ジュリスト総合特集・日本の税金』, 100-105 頁

1984 年
「告示・通達」,『ジュリスト』, 805 号, 204-208 号
「国の財政に関する国会の権伽」,『現代行政法大系(10)財政』, 有斐閣, 17-46 頁
「アメリカ合衆国」,『欧米における港湾輸送事業の実態と規制』(運輸経済研究資料 580575), 27-46 頁
「石油カルテル判決と行政指導」,『ジュリスト』, 813 号, 6-9 頁
「歴史的環境の保全と租税制度」,『ジュリスト』, 820 号, 77-80 頁
「税務行政と情報公開」,『税務弘報』, 33 巻 5 号, 6-14 頁
「アメリカ環境法の動向(1)-(18)」『判例タイムズ』, 532 号 24-31 頁, 534 号 25-32 頁, 357 号 33-39 頁, 539 号 89-96 頁, 545 号 30-38 頁, 549 号 34-42 頁, 552 号 54-61 頁, 556 号 36-43 頁, 561 号 42-47 頁, 564 号 14-20 頁, 577 号 17-22 頁, 602 号 11-16 頁, 614 号 15-20 頁, 627 号 51-55 頁, 630 号 57-64 頁, 639 号 90-97 頁, 640 号 71-78 頁, 657 号 51-59 頁, 1984-1988 年

1985 年
「石油ヤミカルテル事件最高裁判決の検討――行政指導分析に関する従来の理論の再検討」,『経済法学会年報』, 6 号, 63-80 頁
「海浜埋立てをめぐる訴訟の現段階」,『公害研究』, 15 巻 2 号, 41-47 頁
「追加的給付に対する課税の動向」,『ジュリスト』, 850 号, 95-99 頁

1986 年
「地下空間利用の法律問題――総合的研究」,『ジュリスト』, 856 号, 40-43 頁
「処分の取消しの訴えと審査請求との関係」, 室井力編『基本法コンメンタール行政救済法』, 日本評論社, 225-230 頁

1987 年
「エイズ法案をめぐる諸問題」,『ジュリスト』, 888 号, 83-87 号

「処分の取消しの訴えと審査請求との関係」，南博方編『条解行政事件訴訟法』，弘文堂，295-326頁

「オーストラリア税制改革の背景」，『ジュリスト』，894号，123-127頁

1988年

「東京湾に効果的な開発規制を」，『エコノミスト』，8月23日号，94-99頁

「東京湾保全法案要綱とその解説」(関智文との共同執筆)，田尻宗昭編『提言・東京湾の保全と再生』，日本評論社，277-302頁

1989年

「原発は地域を再生させるか」，『公害研究』，18巻3号，45-52頁

「米国財政収支均衡法の制定とその周辺」，『ジュリスト』，939号，182-185頁

1990年

「課徴金・反則金・違反の公表」，『行政法の争点(新版)』，有斐閣，103-103頁

「法学における議論の現段階」「リスク管理の法的システム」，「人間環境系」研究報告集　G027 N26-01」『人体に影響する環境リスクの社会的評価』，21-28頁，56-79頁

「租税特別措置とその統制——日米比較」，『租税法研究』，18号，1-29頁

「フラット税率論争」，『ジュリスト』，964号，115-119頁

「北海道の地域開発を考える」，『北海道自治研究』，262号，2-9頁

1991年

「教育・研修費課税をめぐる問題」，金子宏編『所得課税の研究』，有斐閣，263-288頁

「科学技術の開発とリスクの規制」，『公法研究』，53号，161-173頁

「国内法の適用による越境汚染の規制——米加酸性雨紛争と合衆国大気清浄法の適用可能性」，『山本草二先生還暦記念論文集・国際法と国内法』，勁草書房，471-502頁

1992年

「医と法の対話⑫法学の立場から」，『法学教室』，140号，72-73頁

「法目的の実現と市民・裁判所の役割」，『民事法情報』，70号，6-9頁

1993年

「新しい環境概念と法」，『ジュリスト』，1015号，106-111頁

「レオポルドからストーンへ，そして」，『書斎の窓』，430号，11-16頁

1994年

「アセスメント法になにを期待するか」，『学士会会報』，803号，35-40頁

「行政手続と住民参加」，『都市問題』，85巻10号，43-54頁

「公共事業と行政手続」，『法律時報』，66巻11号，6-13頁

1995年

「アメリカ環境法と国有林の近年の動向」，『林業経済研究』，127号，33-40頁

「行政手続条例の現状と課題」，『北海道自治研究』，315号，2-9頁

「環境の保全と環境計画」，阿部泰隆・淡路剛久編『環境法』，有斐閣，121-139頁

「アメリカ合衆国における自然保護訴訟―原告適格を中心に―」,『公害研究』, 25 巻 2 号, 23-28 頁

「環境法への道案内」「誰が裁判を起こせるか」,『法学セミナー』, 491 号, 37-42 頁, 72-75 頁

1996 年

「官公民分担論」,『ジュリスト』, 1082 号, 16-21 頁

「法律は生物多様性を守れるか」, 環境経済・政策学会編『環境経済・政策のフロンティア』, 東洋経済新報社, 125-133 頁

「行政強制論の将来」,『公法研究』, 58 号, 165-193 頁

「アメリカの森林管理と住民参加」, 木平勇吉編『森林環境保全マニュアル』, 朝倉書店, 13-23 頁

「納税者番号制度のパラドックス」,『税研』, 9 月号, 12-17 頁

「動物や植物を原告にできるアメリカの環境保護訴訟に学べ」,『日本の争点 1996』, 文藝春秋社, 632-635 頁

1997 年

「フクロウ保護をめぐる法と政治――合衆国国有林管理をめぐる合意形成と裁判の機能」(鈴木光との共同執筆),『北大法学論集』, 46 巻 6 号, 513-576 頁のうち 531-559 頁を執筆

「偉才と時代状況の出会い――今村先生の行政法理論」,『ジュリスト』, 1106 号, 30-33 頁

「自然保護の訴訟」, 淡路剛久・寺西俊一編著『公害環境法理論の新たな展開』, 日本評論社, 269-286 頁

「河川環境保全をめざすアメリカ」,『軍縮問題資料(宇都宮軍縮研究室)』, 199 号, 18-23 頁

「地方自治と住民参加」,『都市問題』, 88 巻 5 号, 45-55 頁

「環境アセスメント制度の課題――環境影響評価法の制定と北海道環境影響評価条例の見直し」,『北海道自治研究』, 342 号, 2-22 頁

1998 年

「サンセット法の成果と展望」,『会計検査研究』, 17 号, 23-38 頁

「環境影響評価法と都市計画」,『判例タイムズ』, 962 号, 37-41 頁

1999 年

「アメリカ合衆国の環境法の動向」, 森島昭夫・大塚直・北村喜宣編『環境問題の行方』(ジュリスト増刊), 332-337 頁

「米国自然保護訴訟と原告適格――動物の原告適格を中心に」,『季刊環境研究』, 144 号, 61-66 頁

「20 世紀をふりかえる・自然保護と法」,『書斎の窓』, 487 号, 8-13 頁

2000 年
「アメリカにおける自然保護訴訟」,環境法政策学会編『自然は守れるか——自然環境保全への法政策の取組み』,商事法務,16-20 頁

「地方分権下における公共事業と評価手続」,山口二郎編『自治と政策』,北海道大学図書刊行会,117-200 頁

「合衆国自然保護訴訟における事実上の損害」,金子宏先生古稀祝賀『公法学の法と政策(下)』,有斐閣,499-529

2001 年
「環境影響評価法と取消訴訟の原告適格」,塩野宏先生古稀記念『行政法の発展と変革』,有斐閣,223-253 頁

「アカウンタブルな公共事業への転換——公共事業における住民参加と事業評価」,『地方自治職員研修』,34 巻 1 号,28-30 頁

2002 年
「都市の緑と法」,『環境と公害』,31 巻 3 号,9-15 頁

「自然環境保護法制の今後の課題」,大塚直・北村喜宣編『環境法学の挑戦』,日本評論社,306-321 頁

「野生生物保護における新たな手法の開発」,『アメリカ法』,2002 年 1 号,28-42 頁

2003 年
「環境権,環境と情報・参加」,『法学教室』,269 号,15-19 頁

「ハワイミツスイとウミガメは安住の地を見いだすか——合衆国種の保存法・捕獲禁止規定に関する 2 つの訴訟」,『法学研究』(北海学園大学),39 巻 2 号,271-310 頁

「第 13 章 地理・環境」,五十嵐武士・油井大三郎編『アメリカ研究入門(第 3 版)』,東京大学出版会,172-182 頁

「処分の取消しの訴えと審査請求との関係」,南博方・高橋滋編『条解行政事件訴訟法(第 2 版)』,弘文堂,203-223 頁

2004 年
「行政法の対象と範囲」,芝池義一・小早川光郎・宇賀克也編『行政法の争点(第 3 版)』(ジュリスト増刊),4-7 頁

「レイドロー判決とスカリア時代の終焉」,『法学研究』(北海学園大学),40 巻 3 号,573-623 頁

2005 年
「公共利益訴訟・団体訴訟・市民訴訟(アメリカ法の視点から)」,環境法政策学会編『環境訴訟の新展開——その課題と展望』,商事法務,30-43 頁

「米国市民訴訟の仕組みと動向」,『地球環境学』(上智大学地球環境学研究科),創刊 1 号,1-32 頁

2006 年
「自然環境保護法制の到達点と将来展望」,『ジュリスト』, 1304 号, 102-109 頁
「コロンビア川におけるサケの保護と法政策」,『環境と公害』, 35 巻 3 号, 6-11 頁
「水俣病訴訟からみる立法・司法・行政のあり方」,『都市問題』, 97 巻 8 号, 21-25 頁
「ミネラルキング再訪」,『地球環境学』(上智大学地球環境学研究科), 2 号, 1-28 頁

2007 年
「地域指定制公園における財産権の規制と補償」,『国立公園』, 652 号, 4-7 頁

2008 年
「都市計画道路と行政訴訟——最近の議論をふまえて」,『自治実務セミナー』, 47 巻 5 号, 34-43 頁
「生物多様性基本法の制定」,『ジュリスト』, 1363 号, 52-59 頁
「行政介入の形態」, 磯部力・小早川光郎・芝池義一編『行政法の新構想 II』, 有斐閣, 3-23 頁
「英国国立公園制度史研究序説」,『地球環境学』(上智大学地球環境学研究科), 4 号, 1-28 頁

2009 年
「生物多様性保護と法理論——課題と展望」, 環境法政策学会編『生物多様性の保護——環境法と生物多様性の回廊を探る』, 商事法務, 1-18 頁
「自然環境・景観保全の法と政策」,『法学セミナー』, 10 月号, 21-25 頁

2011 年
「アメリカ合衆国・種の保存法の 38 年——成果と展望」, 水野武夫先生古稀記念論文集刊行委員会編『行政と国民の権利』, 法律文化社, 287-307 頁

2012 年
「アメリカ合衆国におけるプログラム環境影響評価」, 大塚直・大村敦志・野澤正充編『社会の発展と権利の創造』, 有斐閣, 657-683 頁
「環境の定義と価値基準」, 新美育文・松村弓彦・大塚直編『環境法大系』, 商事法務, 27-57 頁
「総括・総論」「公益訴訟(論点整理とコメント)」, 環境法政策学会編『公害・環境紛争処理の変容——その実態と課題』, 商事法務, 1-9 頁, 184-192 頁

2014 年
「公害健康被害補償法と水俣病認定制度——制度の歴史から考える」,『LAW & PRACTICE』(早稲田大学大学院法務研究科臨床法学研究会), 8 号(近刊)
「水俣病認定訴訟最高裁判決の検討」, 大塚直責任編集『環境法研究』(信山社), 創刊 1 号(近刊)

□判例批評・法令解説，演習等
1973 年
「推計課税における差益率等を推計課税の合理性を裏付けるのに十分でないとした事例」,『判例評論』, 168 号, 108-111 頁
1974 年
「青色申告書提出承認取消処分の通知書に附記すべき理由の程度とその瑕疵の治癒」,『法と民主主義』, 91 号, 35-38 頁
1975 年
「青色申告納税者の逋脱行為と逋脱税額の算定」,『ジュリスト』, 596 号, 172-175 頁
1976 年
「第三者に対する医業類似行為者であるの証明行為とその無効確認訴訟の適否」,『医事判例百選』, 158-159 頁
「地方税法 73 条の 2 第 1 項にいう固定資産課税台帳に固定資産の価格が登録されている不動産の意味」,『ジュリスト』, 619 号, 144-146 頁
論文紹介「B. I. Bittker, Income Tax Deduction, Credits, and Subsidies for Personal Expenditures」,『アメリカ法』, 1976 年 2 号, 242-246 頁
1977 年
「大島サラリーマン税金訴訟」,『自治研究』, 53 巻 1 号 130-145 頁
「船員保健法 4 条 2 項の意義ほか」,『判例評論』, 218 号, 123-127 頁
「青色申告提出承認取消処分が取り消された場合に，既になされた役員賞与に対する源泉徴収は違法となるか」,『ジュリスト』, 648 号, 138-140 頁
1978 年
「買収農地の売払い対価を定めた国有地等の売払いに関する法律の合憲性」,『自治研究』, 54 巻 4 号, 128-138 頁
「国家公務員法 100 条にいう秘密の意義——徴税トラの巻事件」,『昭和 53 年度重要判例解説』, 49-51 頁
1979 年
「固定資産税をめぐる法律関係——行政上の関係と私人間の関係」,『行政判例百選（Ⅰ）』, 52-53 頁
「給与所得と必要経費控除——サラリーマン訴訟」,『租税判例百選』, 24-25 頁
1980 年
「大分新産都八号地事件——開発行政計画の取消しと訴えの利益」,『環境・公害判例（第 2 版）』, 186-187 頁
「伊達火発・環境訴訟をめぐって」,『地方自治職員研修』, 13 巻 12 号, 22-25 頁
1981 年
「同族会社の株主である被相続人のした債務免除が否認の対象とならないとされた事

例」,『ジュリスト』, 778 号, 112-114 頁
「演習・行政法」,『法学教室』, 25 号 144 頁, 27 号 102 頁, 29 号 126 頁, 31 号 112 頁, 33 号 126 頁, 35 号 113 頁, 37 号 137 頁, 39 号 101 頁, 41 号 109 頁, 43 号 145 頁, 45 号 133 頁, 47 号 95 頁, 1982-84 年

1983 年
「個人事業主事業税意見訴訟第一審判決」,『判例評論』, 287 号, 171-175 頁
「ローヤルゼリーの表示に関する公正競争規約の認定に対し不服申立ができる者の範囲」,『公正取引』, 390 号, 50-55 頁
「給与所得と必要経費控除――サラリーマン訴訟」,『租税判例百選〔第 2 版〕』, 有斐閣, 24-25 頁
「石油価格のカルテルと行政指導」,『昭和 57 年度重要判例解説』, 234-236 頁

1984 年
「5 年定年制による退職金の支給と所得の分類」『季刊民事法』, 6 号, 1984 年, 170-171 頁
「最近の判例――エアバッグ等の装備を義務付けた自動車安全基準の廃止が, 専断的・恣意的であって, 違法であるとされた事例」,『アメリカ法』, 1984 年 1 号, 297-301 頁

1985 年
「大島サラリーマン税金訴訟最高裁判決」,『法学教室』, 56 号, 134-135 頁

1986 年
「服務違反事例(国家公務員法 99 条の解釈)」,『公務員判例百選』, 134-135 頁
「神奈川県公文書公開条例訴訟控訴審判決」,『判例評論』, 326 号, 188-191 頁

1987 年
「環境基準告示取消請求事件」, 人間環境問題研究会『最近の重要環境・公害判例』, 有斐閣, 31-35 頁
「収入を遡って消滅させることになる事由の発生した場合と所得税法上の是正方法」,『自治研究』, 63 巻 10 号, 131-141 号

1989 年
「清算予納法人税と源泉徴収所得税の調整方法」,『ジュリスト』, 941 号, 132-134 頁
「無許可営業と損失補償」,『街づくり・国づくり判例百選』, 160-161 頁

1991 年
「神道教師が継続的にうけとる寄進と事業所得の関係」,『宗教判例百選』, 96-97 頁
「租税特別措置法 35 条 1 項の例外を定めた租税特別措置法関係通達 35-14 が不合理とはいえないとされた事例」,『判例評論』, 387 号, 153-157 頁

1992 年
「北海道企業立地促進条例」,『新条例百選』, 28-29 頁

1993 年
「公正取引委員会のした消費税導入に関する文書の公表の処分性，ほか」，『判例評論』，412 号，192-196 頁
「行政上の強制執行と民事上の強制執行」，『行政判例百選 I（第 3 版）』，220-221 頁
「競争入札に適するか否かの判断基準」，『地方自治判例百選（第 2 版）』，172-173 頁
1994 年
「厚木基地第一次訴訟」，『公害・環境判例百選』，128-131 頁
1995 年
「新東京国際空港工事実施計画認可の処分性ほか」，『判例評論』，437 号，201-206 号
1997 年
「実質的証拠の原則」，『独禁法審決・判例百選（第 5 版）』，236-237 頁
「沖縄県知事著名等代行職務執行命令訴訟大法廷判決」，『判例評論』，465 号，9-14 頁
1999 年
「行政上の強制執行と民事上の執行」，『行政判例百選（第 4 版）』，240-241 頁
2001 年
「小田急線高架事業認可取消訴訟の意義」，『世界』，695 号，34-37 頁
2002 年
「自己の法律上の利益に関係のない違法の主張」，『法学教室』，263 号，29 頁
2003 年
「競争入札に適するかどうかの判断基準(1)」，『地方自治判例百選（第 3 版）』，92-93 頁
2004 年
「厚木基地第一次訴訟」，『環境法判例百選』，106-109 頁
2006 年
「景観保護における裁判の役割と限界──国立高層マンション事件最高裁判決を中心に」，『自治実務セミナー』，45 巻 10 号，50-55 頁

□書評，巻頭言，回顧，寸評，エッセイ等（一部を掲載）
1984 年
「学会だより・日本公法学会」，『法学教室』，51 号，80 頁
1988 年
「書評・碓井光明著・地方税の法理論と実際」，『ジュリスト』，907 号，98 頁
1989 年
「ライブラリー・阿部泰隆著・国家補償法」，『法学セミナー』，412 号，149 頁
「素人の常識，専門家の非常識」，入江明美・高橋佳代子著『こんにちは裁判官──高層マンション建設に反対した「おばさん隊」の記録』，一光社，168-177 頁

1990 年
「解説・クリストファー・ストーン・樹木の当事者適格――自然物の法的権利について」,『現代思想』,18 巻 11 号,94-98 頁

1992 年
「法目的の実現と市民・裁判所の役割――フクロウ保護をめぐる合衆国の論争に学ぶ」,『民事法情報』,70 号,6-7 頁

「遠藤博也先生を思う」,『ジュリスト』,1001 号,8 頁

「遠藤博也先生の経歴と業績」,『北大法学論集』,43 巻 3 号,475-484 頁

「四全総体制と北海道・歴史と展望」,日本土地法学会編『土地問題双書』,30 号,132-141 号

1993 年
「アセスメント Q&A」,『北海道の自然』,31 号,23-27 頁

1996 年
「環境基本条例とはなにか」,『北海道の自然』,34 号,1-4 頁

「環境法・いま注目の 5 法④」,AERA Mook「学問がわかる」シリーズ 16『法律学がわかる』,朝日新聞社,110-114 頁

1997 年
「生涯の恩師――特訓をうけた頃」,今村先生追悼文集刊行会編『また,時は流れて』,北海道大学図書刊行会(製作),189-191 頁

「書評・北村喜宣著・自治体環境行政法」,『ジュリスト』,1119 号,158 頁

1998 年
「サンライズ・サンセット・サンシャイン――行政活動を市民の立場から評価する」,北海道自然保護協会『北海道の自然』,36 号,11-14 頁

「公共事業と評価手続(上)(下)」,『フロンテア 180』(北海道町村会),26 号 21-25 頁,27 号 25-27 頁

「自然に返すという思想」,『遺伝』,52 巻 9 号,4-5 頁

「環境影響評価と行政訴訟」,環境法政策学会編『新しい環境アセスメント法――その理論と課題』,商事法務,43-46 頁

「学会回顧・環境法」,『法律時報』,70 巻 13 号,85-89 頁

1999 年
「NPO 活動の愉しみ」,『ジュリスト』,1150 号,2 頁

「仏作って魂入れず――形だけの住民参加からの脱皮を」,『北海道自治研究』,362 号,1 頁

「学会回顧・環境法」,『法律時報』,71 巻 13 号,96-100 頁

「住民参加が進むアメリカの自然保護」,『環境機器』,12 月号,75-77 頁

「アメリカ環境法①-⑤」,『環境と正義』,5 月号 12 頁,6 月号 10 頁,7 月号 10 頁,

8・9月号8頁，10月号12頁
2000年
「地方自治体とISO取得の虚実」，『北海道自治研究』，374号，1頁
「21世紀の憲法と環境権」，『信濃毎日新聞』，5月1日(夕刊)，7面
「忙中閑記・誤解だらけのダム事情」，『北方林業』，52巻5号，123頁
2001年
「忙中閑記・一時代を画した環境保護運動家」，『北方林業』，53巻1号，20頁
「ダムを壊す話」，『北海道自治研究』，386号，1頁
「忙中閑記・サケ，ダム，先住民の権利」，『北方林業』，53巻5号，119頁
2003年
「BOOKSHELF 南博方＝大久保規子著・要説環境法」，『法学教室』，275号，118頁
2004年
「水俣・札幌展によせて」，『北海道新聞』，6月8日(夕刊)，27面
「公害問題は解決したのか――札幌・水俣展の開催によせて」，『北海道自治研究』，422号，1頁
「戦後の公害体験を思いおこす」，『北海道自治研究』，429号，2-10頁
2005年
「世界遺産条約とラムサール条約――身の丈にあった保護のあり方をめざす」，『北海道自治研究』，434号，1頁
「有斐閣の名著再見(続)今村成和著・人権叢説(1980年刊)」，『書斎の窓』，549号，38-39頁
2008年
「市民立法の可能性を示した生物多様性基本法」，『北海道自治研究』，474号，1頁
2009年
「ダム建設と分権改革――ダムの押し付けに大儀はあるのか(法律時評)」，『法律時報』，81巻2号，1-3頁
「生物多様性基本法施行1年――名古屋締約国会議にむけて」，『法学教室』，348号，2-3頁
2011年
「生物多様性がつくる社会」，『法律時報』，83巻1号，1-3頁
「ブック・レビュー・北村喜宣著・環境法」，『法学セミナー』，680号，155頁
「環境図書室・北村喜宣著・環境法」，『産業と環境』，11月号，72頁
「原発事故と裁判所・裁判官」，『北海道自治研究』，509号，1頁

□講演記録・ブックレット等
「エネルギー問題と法」，北海道大学放送教育専門委員会編『エネルギーと環境』，北海

道大学，1995年，53-62頁
『行政手続と市民参加』，1-75頁，1995年，北海道町村会
『環境問題と当事者』，1-44頁，1997年，北海道町村会
『産業廃棄物と法』，1-64頁，1998年，北海道町村会
『環境自治体とISO』，1-54頁，2000年，公人の友社

畠山武道先生　略歴

1944 年 4 月 24 日　北海道旭川市生まれ

1967 年 3 月	北海道大学法学部卒業
1969 年 3 月	北海道大学大学院法学研究科修士課程修了
1972 年 3 月	北海道大学大学院法学研究科博士課程修了
1972 年 4 月	北海道大学法学部助手
1973 年 10 月	立教大学法学部専任講師
1975 年 10 月	立教大学法学部助教授
1982 年 10 月	立教大学法学部教授
1989 年 4 月	北海道大学法学部教授
1996 年 12 月	北海道大学評議員(2002 年 12 月まで)
2000 年 4 月	北海道大学大学院法学研究科教授(組織替え)
2000 年 12 月	北海道大学法学部長・法学研究科長(2002 年 12 月まで)
2005 年 4 月	上智大学大学院地球環境学研究科教授
2005 年 4 月	上智学院評議員および地球環境学研究科委員長(2009 年 3 月まで)
2010 年 4 月	早稲田大学大学院法務研究科教授(現在に至る)

学外活動

1992 年 4 月	社団法人北海道自然保護協会理事(2012 年 3 月まで)
2007 年 4 月	認定 NPO 法人水俣フォーラム理事
2011 年 4 月	認定 NPO 法人水俣フォーラム理事長(現在に至る)
2012 年 4 月	一般社団法人北海道自然保護協会理事(現在に至る)

事項索引

あ 行

IARC　57
ISO14001　173, 174
ILC 防止条文草案(2001 年)　80
愛知目標　31, 539, 548
アイヌ　390, 392, 393, 395, 396
アイヌ文化環境保全対策調査委員会　396
アイヌ文化振興法　395
あおぞら財団　511
旭川市旧土人保護地処分法　395
足尾銅山鉱毒事件　247
アスベスト　471, 503
あっせん　494
奄美「自然の権利」訴訟　430
新たな手法　341, 342
アルタ川判決　439
RPS 法　521, 523
暗黙知　426
硫黄酸化物(SOx)　507
石綿　503
石綿による健康被害の救済に関する法律　502
イタイイタイ病　247, 286, 499
一元的環境法体系　338, 344
一律請求　464
一般廃棄物処理基本計画　296
移動発生源対策　236
EPR　52
違法性　36, 455, 466
違法性の承継　377, 378
EMAS　173
EU の排出枠取引制度　526
因果関係　460
インセンティブ　137, 315, 317, 320, 321
VOC 排出施設　241
上乗せ基準　227
上乗せ規制　104
上乗せ条例　109
AB32　409
疫学的因果関係　461

エコアクション 21　174
エコカー減税　159
エコファンド　175
エコポイント　178
エコマーク　170
SDS 制度　275, 278
NGO　593
NPO　580, 591
エネルギー課税　158
エネルギー政策　529
エネルギーの使用の合理化に関する法律　521
FSC　171
FDA　57
OECD(経済協力開発機構)　41, 249, 575
欧州域内排出量取引制度(EUETS)　409
欧州気候変動プログラム(ECCP)　525
横断条項　486
沖縄ジュゴン　217
オークション方式の排出枠取引制度　156
汚染原因者　248, 251, 258
汚染者支払原則(Polluter-Pays-Principle：PPP)　140, 295, 311, 592
汚染者負担原則(Polluter-Pays-Principle：PPP)　41, 42
汚染土壌　247, 253, 256, 257, 259
汚染土壌処理業者　257
汚染土壌の搬出　249, 253
汚染負荷量賦課金　499
汚染防止費用　41
小田急訴訟　385〜387
小田急立体交差事業認可事件　355
オーフス条約　17, 113, 187, 488
汚物掃除法　294
温室効果ガス　148
温室効果ガスの算定・報告・公表制度　522
温暖化対策法　521

か 行

海域公園地区　343
海中公園地区　343

外部費用　400
外部不経済　41, 167, 400
海洋汚染等及び海上災害の防止に関する法律　82
加害論　418
科学的確実性　30, 78
科学的知見　135
科学的不確実性　56, 78, 497
化学物質管理政策　265
化学物質のリスク　263
閣議要綱アセス　197
拡大生産者責任(Extended Producer Responsibility：EPR)　48, 298, 324, 592
確認の利益　485
確率に応じた賠償　462
瑕疵担保責任　248, 257
過失　459
過少禁止　97
過少禁止的比例原則　96〜99
過剰禁止的比例原則　96, 98
過剰利用　20, 336
化審法　268, 582, 586
仮想評価法(Contingent Valuation Method：CVM)　401
課徴金　137, 138, 142
家庭系廃棄物　557
カネミ油症事件　265
ガバナンス　422
カーボン・リーケージ　156
カリフォルニア地球温暖化対策法　409
環境　2
環境影響　198
環境影響評価(環境アセスメント)　27, 31, 32, 76, 87, 190, 193, 197, 198, 383, 388, 485, 543, 583
環境影響評価条例　110, 197, 377, 386, 387
環境影響評価法　35, 36, 197, 377, 382, 583
環境オンブズパーソン　111
環境ガバナンス　424
環境監査　173
環境管理規格　169, 173
環境関連税制　158
環境基準　135, 228, 252, 479, 589
環境基本条例　110, 111, 113
環境基本法　35, 44, 81, 338, 382, 575
環境共存の社会学的研究　417
環境権　3, 110, 478
環境権論　4

環境公益　143
環境授益活動　182
環境審査　576
環境税　146, 402
環境税制改革　157
環境税の逆進性　155
環境損害　52
環境大臣への協議　106
環境中心主義　181
環境と開発に関するリオ宣言　22, 74
環境配慮義務　543, 546
環境配慮設計(Design for Environment：DfE)　298
環境犯罪　142
環境法化　541, 543, 545, 548
環境報告書　139
環境保全成果審査　576
環境保全措置　198
環境保全の実効性　43
環境モニタリング　245
環境問題の社会学研究　417
環境ラベル　170
環境リスク　57, 58
環境倫理学　428
カンクン合意　519
関係性理論　433
監視化学物質　273
管理票　257, 316
関連共同性　462
機関委任事務　105
企業の社会的責任(CSR)　53
基金　141
危険　58
危険への接近　457
危険防御　58
気候変動枠組条約　515, 518
規制型　251
規制基準　135, 227, 250, 252
規制権限不行使　258, 476
規制的手法　63, 226, 340, 589
既存化学物質　269
北川湿地　360
北見道路裁判　35
議定書方式　84
揮発性有機化合物　241, 250
規範の進化　517
基本権　186
基本原則　42

事項索引　613

基本権保護義務　99
基本的事項　200
義務の差異化　520
客観的関連共同性　462
旧公健法　498
旧都市計画法　349
旧まちづくり交付金　352
協議　107, 109, 110
協議による自然保護　342
狭義の比例原則　89, 91, 94〜96
狭義の比例性　92
供給曲線　399
強行法規　140
強制アプローチ　129
行政救済　492
行政計画　480, 485
行政裁量　63, 378, 379, 386〜388
行政指導　130, 142, 248
強制手法　136
行政のリソース　183
行政法的対応　136
行政リソース　134
行政立法　480, 485
協定　140
共同不法行為　462
京都議定書　408, 515, 517, 518
京都議定書目標達成計画　521, 522
京都メカニズム　147, 517, 518
許可　136, 308, 316, 320
近代技術主義　420
クヴァーレイ　436
区域指定　254〜256, 258, 259
掘削除去　247, 259, 260
国立マンション事件　359
クボタショック　503
グランドファザリング　152
グリーン・コンシュマー　168
クリーン開発メカニズム(CDM)　408, 517
グリーン化した市場　166
グリーン購入　169, 171
訓示規定　136
計画段階配慮書手続　200
景観　359〜370, 456, 469, 472
景観協議　370
景観計画　361〜368
景観形成　366
景観三法　360
景観団体　362

景観地区　360, 366〜368
景観認定　360, 368〜370
景観法　360, 478
景観問題　359
景観利益　7, 15, 119, 122〜125, 359
経済的効率性　43
経済的手法　137, 146, 167
経済犯罪　142
警察規制　58
形質変更時要届出区域　254, 256, 257
刑事法的対応　136
K値規制　235
結果回避義務　459
結果の義務　515
原因裁定　494
原因者負担　42, 44, 142
原因者負担原則　41, 42, 150, 251, 501
原因論　418
健康項目　230
健康被害物質　240
原告適格　376, 385, 386, 431, 449, 481, 512, 544, 547
原則(principle)　78
建築基準法(昭和25法)　350
権利　456
原理　90, 91, 98, 99
権利保護手続　186
権利濫用　455
権利利益防衛参画　144
故意　460
合意手法　140
合意的手法　63, 590
公園管理団体　342
公害規制法　227
公海漁業協定　26
公害苦情処理　497
公害経験　511
公害健康被害の補償等に関する法律　498
公害健康被害補償　477
公害健康被害補償制度　51, 465, 507
公害健康被害補償法　498
公害国会　132
公害審査会　493
公害対策基本法　261, 335, 382, 386, 492
公害地域再生センター　511
公害等調整委員会　329, 493
公害病　287, 509
公害紛争処理法　493

公害防止計画　382, 387
公害防止事業費事業者負担制度　51
公害問題　415
光化学オキシダント　584
公共財　405
公共事業　373
公共事業型　248, 251
公共性　455, 467
公共負担　46, 53
公共負担原則　47, 296
公健法　286, 498
公序良俗　140
公調委　493
公聴会　107, 114, 185
交通容量　510
公表　139
公平　30
公平性　43
衡平　27, 28, 30
衡平性　520, 538〜540, 542, 543, 548
小型家電リサイクル法　300
国際行政規則　32
国際法における行政規則　29
国際捕鯨取締条約　24
国際リンク　411
国内行政規則　32
国内実施　534, 543, 545
国立公園法　335
国連海洋法条約　24
国連環境開発会議　22
国連人間環境会議　22
52年判断条件　286, 287, 502
湖沼水質保全基本方針　244
コースの定理　405
国家環境政策法　197
国家割当計画　525
固定価格買い取り制度　403
個別損害項目積上げ方式　464
湖辺環境保護地区　244
ごみ処理料金の有料化　50
ゴミ袋の有料化　153
コモンズ論　421, 425
コンセンサス会議　65

さ　行

災害　422
財産権尊重条項　132, 341, 593
再生可能エネルギー買取法　210

再生可能エネルギー固定価格買取制度　529
再生可能資源の越境移動　565
裁定　494
サイト・リスクアセスメント　260
差止め　466
差止訴訟　475, 483
サプフェ　436
サプライチェーン　175
参加　27, 28, 30, 31, 33
参画手続　182
参画手続の適正化　186
参加権　15
「参加の梯子」論　184
産業廃棄物管理票　143, 321
産業廃棄物管理票制度　316
産業廃棄物税　50, 54, 159
産業廃棄物分野の構造改革　312, 317〜320, 322
三面関係　189
残余汚染　157
CSR　174
CFP　171
市街化区域　352
市街化調整区域　352
市街地開発事業　380, 382, 383
市街地再開発事業　353, 380
事業アセスメント　384
事業者性善説　242
事業手法　140
事業認定　374〜381, 384
資源　398
資源有効利用促進法　300
事後調査　202
事実上の推認　460
自主管理計画　241
自主行動計画　522, 524
自主参加型国内排出量取引制度（JVETS）　410
自主施工者　243
自主調査　248, 252, 253, 256
自主的手法　165
自主的取組手法　63, 227, 590
自主的な取組　53
事情判決　385, 396
市場メカニズム　398, 517, 518, 528
市場を利用した規制手法　167
施設基準　136
自然環境保全　579, 583

事項索引　615

自然環境保全主義　420
自然環境保全地域指定　192
自然環境保全法　336
自然享有権　478
自然公園制度　340
自然公園法　196, 334, 335
事前配慮原則　263
自然物の当事者適格　432
自然保護　533
自然由来汚染　249
持続可能性　20, 22〜25, 28〜30, 33〜37
持続可能な開発　20〜25, 29
持続可能な開発世界サミット　22
持続可能な社会　588
自治基本条例　354
自治事務　105, 109, 111
執行停止　482
CDM（クリーン開発メカニズム）　147, 517, 518
指定支援法人　256
指定施設　243
指定地域制　134
自動車NOx・PM法　404, 584
自動車税制のグリーン化　50
支払意思額（Willingness to Pay：WTP）　401
司法へのアクセス　16, 591
市民的及び政治的権利に関する国際規約（B規約）　392
市民参加（公衆参加，住民参加，市民参画）　28, 64, 180, 580, 591
市民参画手法　143
地元主導の原則　31
社会観念審査　387
社会的限界費用　400
社会的ジレンマ　419
社会的責任投資　175
社会的費用　400
社会的余剰　400
社会的利益　400
車体課税　158
車体課税のグリーン化　159
集積性・蓄積性汚染　155
渋滞税　153
重大な損害　483
住民訴訟　479, 487
住民投票　185, 190, 193
収用委員会　373, 375

収用裁決　375〜377
収用適格事業　374, 381
受益権　418
受益者負担　45, 142
受苦圏　418
ジュゴン保護プログラム　222
受忍限度　455, 466, 476, 478
受忍限度論　5
需要曲線　399
循環型社会　299, 321, 322, 325, 331
循環型社会形成推進基本法　292, 307
循環基本法　292, 299, 307
循環経済・廃棄物法　303
循環経済法　303
循環資源　293, 322, 325
準則（rule）　79
順応的管理　542, 545
準備書　139
準備書手続　201
省エネ法　521, 523
常時　114
状態責任　251, 261
消費者余剰　400
情報公開　185, 259, 580, 590
情報収集手法　142
情報提供手法　281
情報的手法　139, 165, 256
将来世代　144, 431
初期割当　406
除斥期間　466
処分性　135, 258, 384
人格権　466
新規化学物質　270
信義則　258
森林環境税　159
水質汚濁　578, 582, 585
水質汚濁防止法　228, 252
水質環境基準　230
水質総量規制　236
スクリーニング　200
スソ切り　133
ストック型汚染　247
ストックホルム会議　22
ストックホルム人間環境宣言　22, 72
ストーン　432, 448
3R　299, 587
税　137, 138
生活環境影響調査　191

生活環境項目　230
生活環境主義　420, 423
生活者　415
政策の波及　527
政策判断　63
政策目標としての生物多様性保全　345
生産者余剰　400
税制全体のグリーン化　162
税制優遇措置　137, 138
清掃法　295, 308〜310, 313, 324
生態学的共同体　439
生態系　21, 24〜28, 30〜33, 35, 428
生態系アプローチ　25, 27, 30, 538, 542, 546, 548
生態系基盤の原則　30
生態系サービス　539
制度内二元化　337, 344
生物多様性　21, 24, 25, 27, 28, 30, 32, 35〜37, 533, 541, 583, 587, 592
生物多様性基本法　35, 81, 429, 533, 540, 545
生物多様性条約　23〜27, 30, 31, 34, 35, 37, 339, 533, 536
生物多様性地域戦略　546
生物多様性の主流化　30, 31, 543, 545, 548
生物多様性保全　24, 28, 30, 32, 34〜37, 334, 339, 343
生物の多様性に関する条約　339
生物の多様性に関する条約のバイオセーフティーに関するカルタヘナ議定書　79
世界保健機関　57
赤泥　85
責任裁定　494
ゼロ・オプション　204
1972年の廃棄物その他の物の投棄による海洋汚染の防止に関する条約の1996年の議定書　82
先住民族　26, 27, 31, 32, 393, 395
戦略的環境アセスメント　185, 204
素因減額　465
騒音　455, 457
相当の注意義務　74
総量規制　235
総量規制基準　136
総量規制基準値　135
総量規制地域　143
遡及責任　248, 251, 252
遡及適用　251
措置の暫定性　66

措置の指示　255, 256
措置命令　255〜257, 317, 318, 321
ゾーニング　133
その国に適切な排出削減策（Nationally Appropriate Mitigation Actions：NAMA）　519
損益相殺　465
損害禁止規則（no-harm rule）　72
損失補償　141, 374

た　行

第1次地方分権改革　103, 105
第一種事業　200
第1種地域　499
第一種特定化学物質　273
大気汚染　578, 581, 584
大気汚染防止法　81, 227
第3次環境基本計画（2006年）　81
対象事業　382, 383
代替案　485, 486
代替的紛争処理制度　493
台帳　249, 255, 256, 259
第2期地方分権改革　103, 112
第二種事業　200
第2種地域　499
第二種特定化学物質　273
立入検査　143
タヌキの森決定　482
担税力　158
炭素税　153, 403
団体訴訟　481, 482
地域温室効果ガスイニシアチブ（RGGI）　409
地域再生　511
地域指定制公園制度　340
地域主権推進大綱　105
地域主権戦略大綱　105, 106
地域循環圏　301
地域性　457
地域戦略　547, 548
地域の実情　544, 547
地下室マンション　358
地下水汚染　247
地下水浄化措置命令制度　239
地球温暖化　514
地球温暖化対策基本法案　529
地球温暖化対策計画　523
地球温暖化対策推進大綱　521
地球温暖化対策税　50

事項索引　617

地球温暖化対策の推進に関する法律　521
地球温暖化対策のための税　50, 147, 158, 404
地球サミット　22
地種区分　341
窒素酸化物（NOx）　404, 507
チノミシリ　390
チプサンケ　396
地方公共団体実行計画　522
地方分権改革推進委員会　105
地方分権改革推進計画　105, 106
チャシ　390, 396
仲裁　494
抽象的差止請求　467
調査猶予　253
鳥獣保護法　334, 335
調整手法　141
調停　329, 494
眺望　458, 468
調和条項　132
直接規制　226, 404
直接的規制手法　226
直罰制　133, 143, 240
強い関連共同性　463
ディスインセンティブ　137
ディープ・エコロジー　432
締約国会議（COP）　516
適合性の原則　89, 90, 92～95
適正手続　186
豊島事件　327
手続上の利益侵害（手続的な利益の侵害）　218, 219
手続的拘束力　193
手続法規範　86
デューディリジェンス　259
電気事業者による新エネルギー等の利用に関する特別措置法　521
東京大気汚染物質排出差止等請求訴訟　356
統合性の原則　31
統治行為論　220
特異性疾患　462, 499
特定外来生物による生態系等に係る被害の防止に関する法律　81
特定化学物質　266
特定賦課金　499
特定粉じん　235
特定有害廃棄物　557
特定有害廃棄物等　555, 557
特定有害廃棄物等の輸出入の規制　560

都市環境管理　348
都市計画　380～383, 386
都市計画アセスメント　384
都市計画基準　382, 386, 387
都市計画決定　377, 382～384, 387, 388
都市計画策定手続　354
都市計画事業　351, 380～382
都市計画事業認可　377, 381, 384, 385, 387, 388
都市計画施設　380, 383, 386
都市計画制限　351
都市計画特例　383
都市計画に関する争訟等　355
都市計画法　350, 380, 388
都市計画法制　349
都市計画マスタープラン　351
都市再生整備計画事業　352
都市施設　377, 380, 382～384, 386
都市複合汚染　508
土壌汚染状況調査　249, 252～254
土壌含有量基準　250, 252
土壌溶出量基準　250, 252
都市緑地法　360
土地区画整理事業　353, 355, 380
土地区画整理事業計画　384
土地収用法　374, 378, 381, 384, 390, 391, 586
土地の形質変更　253
土地倫理　432
トップランナー方式　523
鞆の浦世界遺産訴訟　483
トランス・サイエンス　63

な　行

内在的価値　428
内部化　149, 402
ナショナルミニマム　112, 113
南北問題　20
新潟水俣病　285, 286
二元的体系　337
二者契約　315
日光太郎杉事件　375, 379, 380, 387
日照　457
ニッソー事件　563
二風谷ダム　390～392, 396
日本経団連環境自主行動計画　524
二面関係　189
任意アプローチ　130, 136
人間中心主義　181, 429
ネス，アルネ　432

618　事項索引

燃料貧乏(fuel poverty)　163
濃度規制　235
ノーモア・ミナマタ訴訟　287
ノルウェー憲法110b条　439

は　行

ばい煙排出規制　233
廃棄物・リサイクル政策の優先順位　307, 322, 323
廃棄物その他の物の投棄による海洋汚染の防止に関する条約　82
廃棄物の処理及び清掃に関する法律(廃棄物処理法)　83, 295, 307～311, 313, 315, 317, 319, 320, 322～324, 327, 330, 578
排出基準　229
排出事業者責任の強化　48
排出量取引　130, 139, 405, 517
排出枠取引制度　146, 525
排水課徴金　147
排水基準　236
配慮義務　193, 221
配慮書手続　204
ハザードベースの管理　267
バーゼル条約　553
バーゼル法　555
バッズ　160
発注者の責任　243
パブリックコメント　185
バンキング　407
判断過程審査　379, 387, 547
ハンドの定式　460
PRTR　169, 176, 274, 583
PRTR制度　275
PRTR法　60, 587
BAT基準　76
被害者　415
被害論　418, 423
B規約(市民的及び政治的権利に関する国際規約)　392, 393, 395
ピグー税　154, 402
微細(小)粒子状物質(PM2.5)　229, 511, 585
非申請型義務づけ訴訟　475, 484
必要性の原則　89, 90, 92～94, 96
非特異性疾患　461, 499
評価項目　32, 213
評価書　139
評価書手続　201
評価の暫定性　62

費用便益分析　485, 486
平取ダム　391, 396
比例原則　44, 58, 63, 85, 86, 89～93, 95～98, 132, 156, 252, 260, 261
比例性　97
風景地保護協定　342
不許可補償　141
複数案　204
負財　160
普天間代替施設　221, 222
負の外部性　150
不法収益の没収　142
浮遊粒子状物質(SPM)　229, 404, 507, 511, 578, 584
ブラウンフィールド　259, 260
粉じん規制　233, 235
分担管理原則　138
平穏生活権　470
並行権限　110
米国国家歴史保存法(NHPA)　217, 219, 221
閉鎖性水域　236
包括慰謝料　465
包括請求　465
報告書手続　202
放射性物質　245
放射性物質に係る環境汚染　213
法治主義　140
法定受託事務　105, 109, 111, 114
法のミニマリズム　528
方法書手続　200
法律上保護される利益　456
法律の根拠　188
補完性原理　103, 108, 112
保護区　340
保護構想　97, 99
保護構想の実効性　97～100
保護と利用　336
保護と利用の調和的両立　340
保護の最大性　97～100
補助金　137, 138, 352, 353
保全(conservation)派と保存(preservation)派の対立　432
北海道旧土人保護法　395
ホット・スポット　155
ボーモル=オーツ税　154
ポリシー・ミックス　149
ボローイング　410

ま 行

まちづくり条例　354
マニフェスト　143, 177
マルデーラ運動　437
慢性ヒ素中毒　499
見える化　165, 177
未然防止　58, 132
未然防止原則(preventive principle)　30, 72
未然防止的アプローチ(preventive approach)　72
緑の分権改革　106
緑の法　438
水俣病　284〜289, 499
水俣病関西訴訟　286, 502
水俣病被害者の救済及び水俣病問題の解決に関する特別措置法　287, 501
民事訴訟　140
民主主義　186
無過失責任　251
命令　130
命令管理型アプローチ　129
モニタリング　61
モントリオールプロセス　28

や 行

有害大気汚染物質　241
有害廃棄物　553
有害廃棄物等の越境移動　555
優先評価化学物質　271
誘導　146, 155
誘導手法　64, 137
優良産廃処理業者認定制度　177, 319, 320
容器包装に係る分別収集及び再商品化の促進等に関する法律　297
要措置区域　254〜257
用途地域　352
予見可能性　459
横出し規制　104
横出し条例　109

ヨハネスブルグ会議　22
予防原則(precautionary principle)　30, 59, 74, 263
予防的アプローチ(precautionary approach)　59, 74, 264
予防的対応　25, 27, 33
弱い関連共同性　463
4大公害訴訟　286, 287, 477

ら 行

ライフサイクル・アセスメント　170
ラムサール条約　25
リオ会議　22
リオ宣言　59
リスク管理　62, 249, 254, 257, 258
リスク関連情報の公表　66, 68
リスク関連情報の収集　60
リスクコミュニケーション　64, 258〜260, 265, 282
リスク評価　60, 61, 586
リスク分析　60, 61
リスクベースの管理　267
リスクマネジメント　264
リスト方式　82
REACH　270, 596
立証責任の転換　77
リバースリスト方式　82
略式代執行　255
領域横断的科学　62, 63
利用可能な最良の技術基準　76
良質な生活環境　12
林地開発許可　430
レオポルト　432
レジティマシー　421, 425
レジーム　537
レジリアンス　422
ロードプライシング　153

わ 行

枠組条約　84

判例索引

大　正

大判大正 5 年 12 月 22 日民録 22 輯 2474 頁，環境法判例百選〔第 2 版〕1 事件　　459
大判大正 8 年 3 月 3 日民録 25 輯 356 頁　　455

昭　和

東京高判昭和 38 年 9 月 11 日判タ 154 号 60 頁　　468
最大判昭和 41 年 2 月 23 日民集 20 巻 2 号 271 頁，判時 436 号 14 頁　　371
最三小判昭和 43 年 4 月 23 日民集 22 巻 4 号 964 頁，環境法判例百選〔第 2 版〕17 事件　　462
新潟地判昭和 46 年 9 月 29 日判時 642 号 96 頁，環境法判例百選〔第 2 版〕18 事件　　459
最一小判昭和 46 年 10 月 28 日民集 25 巻 7 号 1037 頁，判時 647 号 22 頁　　188
最三小判昭和 47 年 6 月 27 日民集 26 巻 5 号 1067 頁，判時 669 号 26 頁，環境法判例百選〔第 2 版〕71 事件　　458
津地四日市支判昭和 47 年 7 月 24 日判時 672 号 30 頁，環境法判例百選〔第 2 版〕3 事件　　461,498,507
名古屋高金沢支判昭和 47 年 8 月 9 日判時 674 号 25 頁，環境法判例百選〔第 2 版〕19 事件　　461
熊本地判昭和 48 年 3 月 20 日判時 696 号 15 頁，環境法判例百選〔第 2 版〕20 事件　　284,286,459
東京高判昭和 48 年 7 月 13 日判時 710 号 23 頁，環境法判例百選〔第 2 版〕87 事件　　395,491
京都地決昭和 48 年 9 月 19 日判時 720 号 81 頁，環境法判例百選〔第 2 版〕73 事件　　468
最一小判昭和 50 年 5 月 29 日民集 29 巻 5 号 662 頁，判時 779 号 21 頁　　188
最二小判昭和 50 年 10 月 24 日民集 29 巻 9 号 1417 頁　　461
熊本地判昭和 51 年 12 月 15 日判時 835 号 3 頁　　506
横浜地横須賀支判昭和 54 年 2 月 26 日判時 917 号 23 頁，環境法判例百選〔第 2 版〕74 事件　　458
最大判昭和 56 年 12 月 16 日民集 35 巻 10 号 1369 頁，判時 1025 号 39 頁，環境法判例百選〔第 2 版〕34 事件　　455
前橋地判昭和 57 年 3 月 30 日判時 1034 号 3 頁，環境法判例百選〔第 2 版〕6 事件　　460
最一小判昭和 57 年 4 月 22 日民集 36 巻 4 号 705 頁，判時 1043 号 41 頁　　371
仙台地決昭和 59 年 5 月 29 日判タ 527 号 158 頁　　468
大阪地判昭和 62 年 3 月 26 日判タ 656 号 203 頁　　457
最大判昭和 62 年 4 月 22 日民集 41 巻 3 号 408 頁　　91
東京高判昭和 62 年 7 月 15 日判時 1245 号 3 頁　　457
東京高判昭和 62 年 12 月 24 日行集 38 巻 12 号 1807 頁，判タ 668 号 140 頁，環境法判例百選〔第 2 版〕10 事件　　135,229,489
東京高判昭和 63 年 4 月 20 日判時 1279 号 12 頁，環境法判例百選〔第 2 版〕79 事件　　142
千葉地判昭和 63 年 11 月 17 日判タ 689 号 40 頁，環境法判例百選〔第 2 版〕12 事件　　462

平成元〜16 年

最二小判平成元年 2 月 17 日民集 43 巻 2 号 56 頁，判時 1306 号 5 頁，環境法判例百選〔第 2 版〕36 事件　　434
東京地判平成 2 年 9 月 18 日判タ 742 号 43 頁　　142
大阪地判平成 3 年 3 月 29 日判時 1383 号 22 頁，環境法判例百選〔第 2 版〕13 事件　　464,507,509

判例索引　621

最二小判平成 3 年 4 月 26 日民集 45 巻 4 号 653 頁，判時 1385 号 3 頁，環境法判例百選〔第 2 版〕27 事件　　284
東京地判平成 4 年 2 月 7 日判時臨増平成 4 年 4 月 25 日号 3 頁，環境法判例百選〔第 2 版〕24 事件　　462
仙台地決平成 4 年 2 月 28 日判時 1429 号 109 頁，環境法判例百選〔第 2 版〕53 事件　　470
京都地決平成 4 年 8 月 6 日判時 1432 号 125 頁，環境法判例百選〔第 2 版〕76 事件　　469
最一小判平成 4 年 10 月 29 日民集 46 巻 7 号 1174 頁，判時 1441 号 37 頁，環境法判例百選〔第 2 版〕90 事件　　470
最一小判平成 4 年 11 月 26 日民集 46 巻 8 号 2658 頁，判自 108 号 59 頁　　371
大阪地判平成 4 年 12 月 21 日判時 1453 号 146 頁　　458
最一小判平成 5 年 2 月 25 日判時 1456 号 53 頁，環境法判例百選〔第 2 版〕38 事件　　457
最一小判平成 5 年 2 月 25 日民集 47 巻 2 号 643 頁，判時 1456 号 32 頁，環境法判例百選〔第 2 版〕37 事件　　455
熊本地判平成 5 年 3 月 25 日判タ 817 号 79 頁　　506
横浜地川崎支判平成 6 年 1 月 25 日判時 1481 号 19 頁　　464
岡山地判平成 6 年 3 月 23 日判時 1494 号 3 頁　　464
大阪地判平成 7 年 7 月 5 日判時 1538 号 17 頁，環境法判例百選〔第 2 版〕14 事件　　464, 507, 510
最二小判平成 7 年 7 月 7 日民集 49 巻 7 号 1870 頁，判時 1544 号 18 頁，環境法判例百選〔第 2 版〕39 事件　　455
最二小判平成 7 年 7 月 7 日民集 49 巻 7 号 2599 頁，判時 1544 号 39 頁，環境法判例百選〔第 2 版〕39 事件　　467
東京高判平成 8 年 2 月 28 日判時 1575 号 54 頁，環境法判例百選〔第 2 版〕49 事件　　468
最三小判平成 8 年 10 月 29 日民集 50 巻 9 号 2474 頁　　465
高松地判平成 8 年 12 月 26 日判時 1593 号 34 頁，環境法判例百選〔第 2 版〕51 事件　　330
札幌地判平成 9 年 3 月 27 日判時 1598 号 33 頁，環境法判例百選〔第 2 版〕89 事件　　391, 489
甲府地決平成 10 年 2 月 25 日判時 1637 号 94 頁　　470
大阪地判平成 10 年 4 月 16 日判時 1718 号 76 頁　　458
横浜地川崎支判平成 10 年 8 月 5 日判時 1658 号 3 頁　　464
奈良地五條支判平成 10 年 10 月 20 日判時 1701 号 128 頁　　471
最一小判平成 11 年 11 月 25 日判時 1698 号 66 頁　　385
神戸地判平成 12 年 1 月 31 日判時 1726 号 20 頁　　464
公調委調停平成 12 年 6 月 6 日公害紛争処理白書平成 13 年度版 19 頁，環境法判例百選〔第 2 版〕112 事件　　327
最二小判平成 12 年 9 月 22 日民集 54 巻 7 号 2574 頁，判時 1728 号 31 頁　　474
名古屋地判平成 12 年 11 月 27 日判時 1746 号 3 頁，環境法判例百選〔第 2 版〕15 事件　　467
鹿児島地判平成 13 年 1 月 22 日判例集未登載（ただし，久留米大学法学 42 号 139 頁），環境法判例百選〔第 2 版〕81 事件（「奄美自然の権利」訴訟）　　430, 446
最三小判平成 13 年 3 月 13 日民集 55 巻 2 号 283 頁　　431
東京地判平成 13 年 5 月 30 日判時 1762 号 6 頁　　67
福岡高判平成 13 年 7 月 19 日判時 1785 号 89 頁　　471
東京地判平成 13 年 12 月 4 日判時 1791 号 3 頁　　122
東京地判平成 14 年 2 月 14 日判時 1808 号 31 頁，判タ 1113 号 88 頁　　122
大阪地判平成 14 年 3 月 15 日判時 1783 号 97 頁　　67
横浜地判平成 14 年 10 月 16 日判時 1815 号 3 頁　　457
東京地判平成 14 年 10 月 29 日判時 1885 号 23 頁　　460
東京地判平成 14 年 10 月 29 日判時 1885 号 23 頁，判自 239 号 61 頁　　371
東京地判平成 14 年 12 月 18 日判時 1829 号 36 頁　　122, 372, 469
福岡高判平成 15 年 5 月 16 日判時 1839 号 23 頁　　491

東京高判平成 15 年 5 月 21 日判時 1835 号 77 頁　　67
東京高判平成 15 年 12 月 18 日判自 249 号 46 頁　　388
岐阜地判平成 15 年 12 月 26 日判時 1858 号 19 頁　　490
大阪高判平成 16 年 2 月 19 日訟務月報 53 巻 2 号 541 頁　　67
東京地判平成 16 年 4 月 22 日判時 1856 号 32 頁　　388,490
最二小判平成 16 年 10 月 15 日民集 58 巻 7 号 1802 頁，判時 1876 号 3 頁，環境法判例百選〔第 2 版〕29
　　事件　　284,286,466,501
東京高判平成 16 年 10 月 27 日判時 1877 号 40 頁　　123
最決平成 16 年 12 月 14 日判例集未登載　　68

平成 17～22 年

東京地判平成 17 年 5 月 31 日訟務月報 53 巻 7 号 1937 頁　　388,490
岡山地判平成 17 年 7 月 27 日訟務月報 52 巻 10 号 3133 頁　　490
最三小判平成 17 年 11 月 1 日判時 1928 号 25 頁　　371
横浜地判平成 17 年 11 月 30 日判自 277 号 31 頁　　371
最大判平成 17 年 12 月 7 日民集 59 巻 10 号 2645 頁，判時 1920 号 13 頁，環境法判例百選〔第 2 版〕42
　　事件　　355,385
東京高判平成 17 年 12 月 8 日 LEX/DB28131608　　491
東京高判平成 17 年 12 月 19 日判時 1927 号 27 頁　　122
東京高判平成 18 年 2 月 23 日判時 1950 号 27 頁，環境法判例百選〔第 2 版〕41 事件　　490
金沢地判平成 18 年 3 月 24 日判時 1930 号 25 頁　　470
最一小判平成 18 年 3 月 30 日民集 60 巻 3 号 948 頁，判時 1931 号 3 頁，環境法判例百選〔第 2 版〕75
　　事件　　7,119,124,372,456
名古屋高判平成 18 年 7 月 6 日 LEX/DB28111939　　490
東京地判平成 18 年 9 月 5 日判時 1973 号 84 頁　　258
大津地判平成 18 年 9 月 25 日判タ 1228 号 164 頁　　491
名古屋地判平成 18 年 10 月 13 日判自 289 号 85 頁　　491
最一小判平成 18 年 11 月 2 日民集 60 巻 9 号 3249 頁，判時 1953 号 3 頁，環境法判例百選〔第 2 版〕43
　　事件　　371,386
千葉地判平成 19 年 1 月 31 日判時 1988 号 66 頁，環境法判例百選〔第 2 版〕69 事件　　471
大阪高判平成 19 年 3 月 1 日判タ 1236 号 190 頁　　491
松江地判平成 19 年 3 月 19 日 LEX/DB25420862　　489
東京地判平成 19 年 3 月 23 日判時 1975 号 2 頁　　473
大分地判平成 19 年 3 月 26 日 LEX/DB28131216　　489
名古屋高判平成 19 年 6 月 15 日 LEX/DB28131920　　491
横浜地判平成 19 年 9 月 5 日判自 303 号 51 頁，環境法判例百選〔第 2 版〕61 事件　　189,490
東京地判平成 19 年 9 月 26 日判例集未登載　　93
広島高松江支判平成 19 年 10 月 31 日 LEX/DB25421170　　489
東京高判平成 19 年 11 月 29 日判例集未登載，環境法判例百選〔第 2 版〕62 事件　　470
広島地決平成 20 年 2 月 29 日判時 2045 号 98 頁　　547
公調委裁定平成 20 年 5 月 7 日判時 2004 号 23 頁，環境法判例百選〔第 2 版〕109 事件　　258
東京地判平成 20 年 5 月 29 日判時 2015 号 24 頁　　491
東京高判平成 20 年 6 月 19 日 LEX/DB25441903　　388,490
福岡高判平成 20 年 9 月 8 日 LEX/DB25440725　　489
最大判平成 20 年 9 月 10 日民集 62 巻 8 号 2029 頁，判時 2020 号 18 頁，環境法判例百選〔第 2 版〕96
　　事件　　371,384,480
那覇地判平成 20 年 11 月 19 日判自 328 号 43 頁　　491
東京高判平成 21 年 2 月 6 日判自 327 号 81 頁　　490

判例索引　623

那覇地判平成 21 年 2 月 24 日 LEX/DB25440651　　543
名古屋高金沢支判平成 21 年 3 月 18 日判時 2045 号 3 頁，環境法判例百選〔第 2 版〕94 事件　　470
横浜地小田原支決平成 21 年 4 月 6 日判時 2044 号 111 頁　　468
東京地判平成 21 年 5 月 11 日判自 322 号 51 頁　　491
水戸地判平成 21 年 6 月 30 日 LEX/DB25451323　　491
最一小決平成 21 年 7 月 2 日判自 327 号 79 頁　　490
横浜地横須賀支判平成 21 年 7 月 6 日判時 2063 号 100 頁　　504
最二小判平成 21 年 7 月 10 日判時 2058 号 53 頁，環境法判例百選〔第 2 版〕68 事件　　140
広島地判平成 21 年 10 月 1 日判時 2060 号 3 頁，環境法判例百選〔第 2 版〕78 事件　　483,547,568
名古屋地判平成 21 年 10 月 9 日判時 2077 号 81 頁　　470
最一小判平成 21 年 10 月 15 日民集 63 巻 8 号 1711 頁　　489
福岡高那覇支判平成 21 年 10 月 15 日判時 2066 号 3 頁，環境法判例百選〔第 2 版〕86 事件　　491
最二小決平成 21 年 11 月 13 日 LEX/DB25471732　　490
最一小判平成 21 年 12 月 17 日民集 63 巻 10 号 2631 頁，判時 2069 号 3 頁　　378
最三小判平成 22 年 6 月 1 日民集 64 巻 4 号 953 頁，判時 2087 号 77 頁，環境法判例百選〔第 2 版〕45 事件　　257
最三小判平成 22 年 6 月 29 日判時 2089 号 74 頁　　456
名古屋地判平成 22 年 6 月 30 日 LEX/DB25442671　　491
さいたま地判平成 22 年 7 月 14 日判自 343 号 50 頁　　491
東京地判平成 22 年 9 月 1 日判時 2107 号 22 頁　　376,489,490
福岡高判平成 22 年 12 月 6 日判時 2102 号 55 頁，環境法判例百選〔第 2 版〕85 事件　　467
東京地判平成 22 年 12 月 22 日判時 2104 号 19 頁　　122

平成 23 年～

福岡高判平成 23 年 2 月 7 日判時 2122 号 45 頁　　490
宇都宮地判平成 23 年 3 月 24 日 LEX/DB25470803　　491
横浜地判平成 23 年 3 月 31 日判時 2115 号 70 頁　　372
東京地判平成 23 年 6 月 9 日 LEX/DB25471690　　489
東京地判平成 23 年 6 月 9 日裁判所ウェブサイト裁判例情報　　445
福岡地判平成 23 年 9 月 29 日 LEX/DB25482703　　483
最二小判平成 23 年 10 月 14 日判時 2159 号 53 頁　　176
東京地判平成 23 年 12 月 16 日判例集未登載　　83
最二小判平成 24 年 2 月 3 日民集 66 巻 2 号 148 頁，判自 355 号 35 頁，平成 24 年度重判解 43 頁　　258
最一小判平成 24 年 2 月 9 日民集 66 巻 2 号 183 頁，判時 2152 号 24 頁　　490
福島地判平成 24 年 4 月 24 日判時 2148 号 45 頁　　490
横浜地判平成 24 年 5 月 25 日裁判所ウェブサイト裁判例情報　　472
東京高判平成 24 年 7 月 19 日 LEX/DB25482676　　388
福岡高判平成 24 年 9 月 11 日 LEX/DB25482703　　483
東京地判平成 24 年 12 月 5 日判時 2183 号 194 頁　　472
最三小判平成 25 年 4 月 16 日民集 67 巻 4 号 1115 頁，判時 2188 号 35 頁　　284,286,502
札幌地判平成 25 年 9 月 19 日 LEX/DB 25502559　　35

Sierra Club v. Morton, 405 U.S. 727（1972）　　447
Okinawa Dugong（Dugong Dugon）v. Robert Gate, US District Court Northern District of California, No.C 03-4350 MHP（01/24/2005）　　217
Okinawa Dugong（Dugong Dugon）v. Donald H. Rumsfeld, US District Court Northern District of California, No.C 03-4350 MHP（03/02/2005）　　217

執筆者紹介(五十音順)＊は編者

有村俊秀(ありむら　としひで)・早稲田大学政治経済学術院教授
磯崎博司(いそざき　ひろじ)・上智大学大学院地球環境学研究科教授
牛嶋　仁(うしじま　ひとし)・中央大学法学部教授
荏原明則(えばら　あきのり)・関西学院大学大学院司法研究科教授
及川敬貴(おいかわ　ひろき)・横浜国立大学大学院環境情報研究院准教授
大久保規子(おおくぼ　のりこ)・大阪大学大学院法学研究科教授
大塚　直(おおつか　ただし)・早稲田大学法学部教授
小川一茂(おがわ　かずしげ)・神戸学院大学法学部准教授
越智敏裕(おち　としひろ)・上智大学法学部教授
織　朱實(おり　あけみ)・関東学院大学法学部教授
柿澤宏昭(かきざわ　ひろあき)・北海道大学大学院農学研究院教授
籠橋隆明(かごはし　たかあき)・弁護士(名古屋E＆J法律事務所)
河東宗文(かとう　むねよし)・弁護士(アース法律事務所)
岸本太樹(きしもと　たいき)・北海道大学大学院法学研究科教授
北見宏介(きたみ　こうすけ)・名城大学法学部准教授
＊北村喜宣(きたむら　よしのぶ)・上智大学法学部教授
黒川哲志(くろかわ　さとし)・早稲田大学社会科学総合学術院教授
桑原勇進(くわはら　ゆうしん)・上智大学法学部教授
交告尚史(こうけつ　ひさし)・東京大学大学院法学政治学研究科教授
島村　健(しまむら　たけし)・神戸大学大学院法学研究科教授
下井康史(しもい　やすし)・千葉大学大学院専門法務研究科教授
下村英嗣(しもむら　ひでつぐ)・広島修道大学人間環境学部教授
鈴木　光(すずき　ひかる)・北海学園大学法学部教授
勢一智子(せいいち　ともこ)・西南学院大学法学部教授
関根孝道(せきね　たかみち)・弁護士(はえばる法律事務所)
髙橋　滋(たかはし　しげる)・一橋大学大学院法学研究科教授
＊髙橋信隆(たかはし　のぶたか)・立教大学法学部教授
高村ゆかり(たかむら　ゆかり)・名古屋大学大学院環境学研究科教授
田中　充(たなか　みつる)・法政大学社会学部教授
鶴田　順(つるた　じゅん)・海上保安大学校准教授
畠山武道(はたけやま　たけみち)・早稲田大学大学院法務研究科教授
日置雅晴(ひおき　まさはる)・弁護士(神楽坂キーストーン法律事務所)
福士　明(ふくし　あきら)・北海学園大学法学部教授
藤谷武史(ふじたに　たけし)・東京大学社会科学研究所准教授
堀口健夫(ほりぐち　たけお)・上智大学法学部教授
前田陽一(まえだ　よういち)・立教大学大学院法務研究科教授
村松昭夫(むらまつ　あきお)・弁護士(大川・村松・坂本法律事務所)
柳憲一郎(やなぎ　けんいちろう)・明治大学大学院法務研究科教授
山下竜一(やました　りゅういち)・北海道大学大学院法学研究科教授
＊亘理　格(わたり　ただす)・北海道大学大学院法学研究科教授

環境保全の法と理論

2014年4月24日 第1刷発行

編著者 　髙　橋　信　隆
　　　　　亘　理　　　格
　　　　　北　村　喜　宣

発行者 　櫻　井　義　秀

発行所　北海道大学出版会
札幌市北区北9条西8丁目 北海道大学構内（〒060-0809）
Tel. 011(747)2308・Fax. 011(736)8605・http://www.hup.gr.jp

アイワード／石田製本　　Ⓒ 2014　髙橋信隆・亘理　格・北村喜宣

ISBN978-4-8329-6791-5

生物多様性保全と環境政策 ―先進国の政策と事例に学ぶ―	畠山武道 柿澤宏昭 編著	A5判・436頁 定価5000円
イギリス国立公園の現状と未来 ―進化する自然公園制度の確立に向けて―	畠山武道 土屋俊幸 編著 八巻一成	A5判・446頁 定価5600円
自然保護法講義［第2版］	畠山武道 著	A5判・352頁 定価2800円
アメリカの環境訴訟	畠山武道 著	A5判・394頁 定価5000円
アメリカの環境保護法	畠山武道 著	A5判・498頁 定価5800円
森林のはたらきを評価する ―市民による森づくりに向けて―	中村太士 柿澤宏昭 編著	A4判・172頁 定価4000円
アメリカの国有地法と環境保全	鈴木　光 著	A5判・426頁 定価5600円
アメリカの国立公園法 ―協働と紛争の一世紀―	久末弥生 著	A5判・240頁 定価2400円
環境の価値と評価手法 ―CVMによる経済評価―	栗山浩一 著	A5判・288頁 定価4700円
サハリン大陸棚石油・ガス開発と環境保全	村上　隆 編著	B5判・450頁 定価16000円
環オホーツク海地域の環境と経済	田畑伸一郎 江淵直人 編著	A5判・294頁 定価3000円
20世紀ロシアの開発と環境 ―「バイカル問題」の政治経済学的分析―	徳永昌弘 著	A5判・368頁 定価6000円
北の自然を守る ―知床，千歳川そして幌延―	八木健三 著	四六判・264頁 定価2000円
北海道・緑の環境史	俵　浩三 著	A5判・428頁 定価3500円

〈定価は消費税含まず〉

―――――北海道大学出版会―――――